미래전과 동북아 군사전략

미래전과 동북아 군사전략

2022년 10월 1일 초판 인쇄
2022년 10월 5일 초판 발행

지은이 | 김남철 · 김홍철 · 연제국 · 최영찬 · 허광환
교정교열 | 정난진
펴낸이 | 이찬규
펴낸곳 | 북코리아
등록번호 | 제03-01240호
전화 | 02-704-7840
팩스 | 02-704-7848
이메일 | ibookorea@naver.com
홈페이지 | www.북코리아.kr
주소 | 13209 경기도 성남시 중원구 사기막골로 45번길 14
우림2차 A동 1007호
ISBN | 978-89-6324-897-4 (93390)

값 25,000원

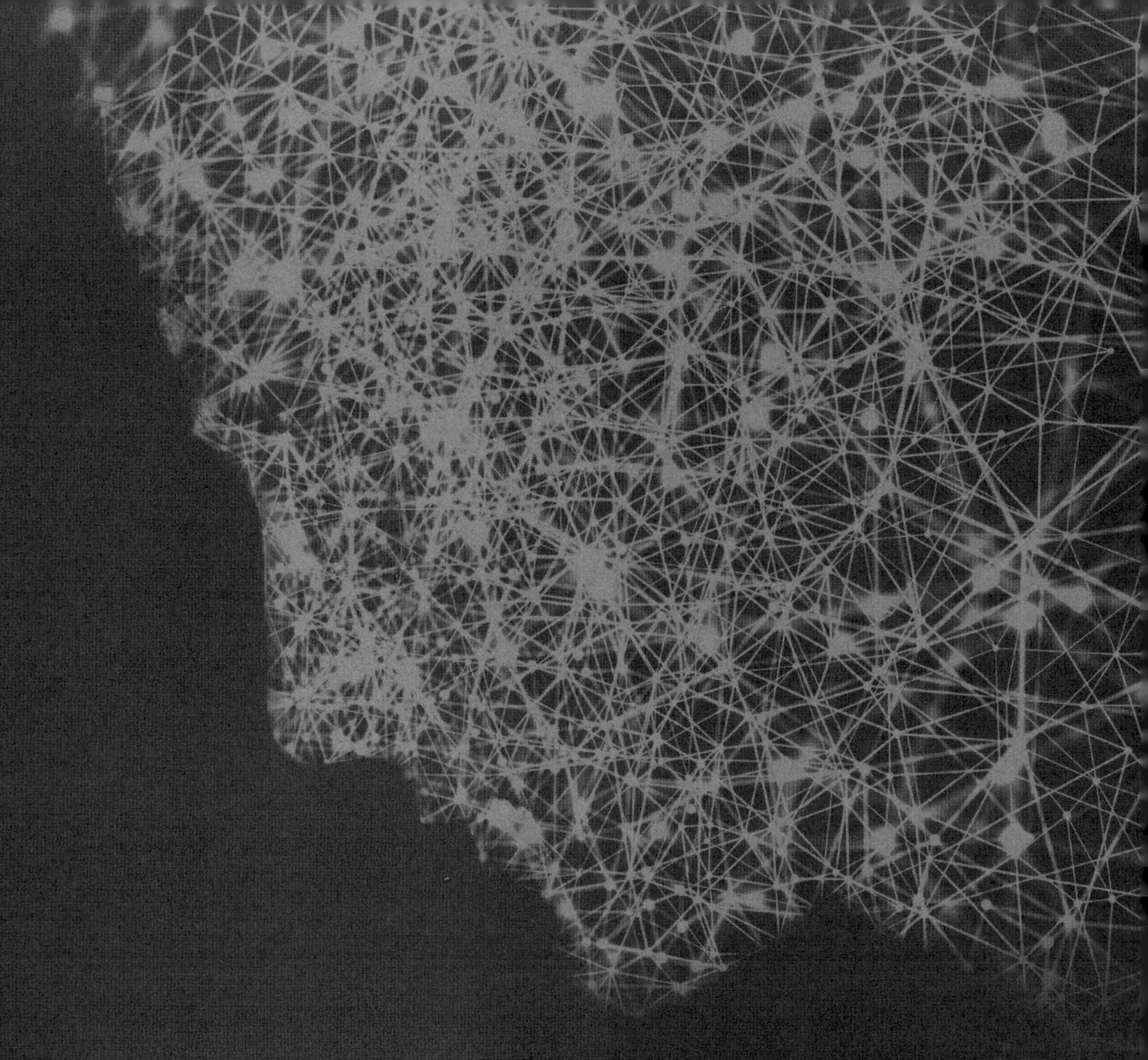

미래전과 동북아 군사전략

Future Warfare & Northeast Asia Military Strategy

김남철 · 김홍철 · 연제국 · 최영찬 · 허광환

북코리아

추천사

'최고의 지략, 합동으로 전승, 조국에 충성'하는 유능한 군사전문가 육성을 위해 불철주야로 혼신의 노력을 다하고 있는 합동군사대학교 교관, 교수님들께 깊은 신뢰와 경의를 표합니다.

합동군사대학교는 1963년 창설된 국방참모대학을 모체로 탄생한 군 최고의 교육기관입니다. 합동군사대학교는 대한민국 국군의 미래가 교육에 달려있다는 사실을 직시하고 최고의 군사전문가 양성이라는 숭고한 기치 아래 우리 군의 합동성 강화를 위해 지금도 꾸준히 정진하고 있습니다. 이와 같은 의미에서 합동군사대학교 교관 및 교수님들이 내놓은 『미래전과 동북아 군사전략』을 발간하게 된 것을 기쁘게 생각하고 축하합니다.

특히, 이 책은 풍부한 실무경험과 전문적이며 다양한 식견을 가진 교관 및 교수님들의 학문적 성취라는 점에서 매우 큰 의미가 있다고 하겠습니다.

이 책은 미래전 양상과 전쟁수행개념의 발전, 경쟁과 협력의 딜레마라는 격랑 속에 있는 동북아 지역의 군사전략에 대한 폭넓은 지식과 종합적인 사고력을 바탕으로 작성된 연구성과물로, 군 최고 교육기관인 합동군사대학교의 위상을 제고하고, 중견 장교들의 교육의 질을 향상시키게 될 것입니다. 아울러, 군의 리더가 되고자 하는 대학생들과 군 간부뿐만 아니라 미래전과 군사전략에 대해 관심을 갖고 있는 일반 독자들에게도 매우 유용한 도서로 활용될 수 있을 것입니다.

저의 바람과 같이 미래 대한민국 국군을 이끌어나갈 장교들이 더욱 유능한 군사지휘관으로서의 역량을 갖추어나갈 수 있도록 이 도서가 시금석 역할을 하며, 이로 말미암아 합동군사대학교가 최고의 군사교육 기관으로서 대표성과 전문성을 갖추기를 기대합니다.

김종하

한남대학교 국방전략대학원장

프롤로그

미래는 현재 이후의 시점으로, 사람마다 의견이 다르겠지만 상당수의 학자는 올바른 예측이 가능한 가장 먼 미래의 시점을 대략 30년 이후로 한정한다. 그 연장선에서 미래전략을 군사전략의 관점으로 재정의해보면, "현재부터 미래로 접근해가는 과정에서 준비되는 자원을 기반으로 미래의 관점에서 설정한 목표를 달성하기 위해 시간의 흐름 속에서 당대에 사용되는 과학(Science)과 술(Art)"이라고 할 수 있을 것이다. 다시 말해, 이것은 미래의 눈으로 현재를 준비시켜 목적을 달성하게 만드는 전략이라고 풀이해도 좋을 것이다.

지금껏 미래전을 준비한다는 차원에서 많은 기관에서 다양한 미래전략이 제안되었다. 그러나 이들은 때때로 행정부의 교체 등과 같은 제도적인 이유뿐만 아니라 전쟁 혹은 금융위기 등과 같은 정치·경제적 충격(shock)에 의해 빛도 보지 못하고 서가의 귀퉁이로 향하는 경우가 허다했다. 더욱 안타까운 것은 4차 산업혁명과 같은 기술의 발전이 이와 같은 이론의 노화 현상을 가속화한다는 것이다. 과거에는 상상하지 못했던 기술들이 전쟁의 패러다임을 변화시키고, 전쟁의 승패와 지속기간 등에 영향을 미쳐 기존의 미래전략을 무효화 또는 진부화시키고 있다는 것이다. 더 근본적이고 철학적인 관점으로 접근해보면 지금과 같은 신기술의 지속적인 대두는 우리가 예측할 수 있는 미래의 최대 기간을 30년이 아닌 수년으로 단축할 수도 있을 것이며, 종국에는 미래전을 준비하는 미래전략의 필요성에 의구심을 가질 정도로 수명을 짧아지게 할 것이라는 점이다. 그렇다면 미래 합동전쟁을 연구하는 우리는 미래전에 대비하기 위한 군사전략을 어떻게 수립해야 할까? 과연 과거의 전쟁사를 통해 나온 전쟁교훈 분석을 기반으로 대응전략을 수립하는 것이 적절한 것일까? 아니면 기술발전을 반영한 전쟁 양상을 추론하여 전략을 수립하는 것이 맞을까? 이 모든 것도 아니면, 인공지능(AI) 로봇을 통해 그동안의 전사(戰史)에 대해 딥러닝을 시켜 적국의 특성에 최적화된 미래전략을 만들게 하는 것이 좋을까?

이에 대한 힌트는 현재 진행되고 있는 러시아와 우크라이나 전쟁에서 어느 정도 찾을 수 있다. 이 전쟁은 강대국인 러시아가 약소국인 우크라이나를 상대로 개전한 것으로, 과거 구소련 핵심국가 간의 전쟁이다. 만약 이 전쟁을 1990년대 냉전 종식 직후의 미래학자 입장에서 예측해본다면, 발발 자체를 상상해보기도 불가능했을 것이고 미래전략에 반영하여 준비하기도 비현실적으로 인식되어 공감대를 형성하기도 만만치 않았을 것이다. 또한, 러시아-우크라이나전은 미래전학자들이 예상한 바와 같이 첨단기술전이기는 하나, 동시에 과거의 전쟁과 다를 바 없는 마찰, 공포, 파괴 등과 같은 속성을 그대로 유지하고 있다. 이를 두고 일부에서 30여 년 동안의 기술발전은 전쟁의 본질을 변화시키지 못했고, 이를 예측하지 못한 미래전략은 무용하다는 주장도 제기되고 있다.

다른 관점에서, 만약 러시아-우크라이나 전쟁을 5~15년 전의 미래학자들이 예측해본다면 어땠을까? 냉전 직후의 상황과는 다르게 2008년 부쿠레슈티 선언 및 조지아 전쟁, 2014년 크림반도 합병 등의 사례를 통해 전쟁 발발 예측은 다소 쉬울 수도 있었을 것이다. 또한, 마찰과 안개 같은 전쟁의 특성으로 정확한 양상 예측은 여전히 어렵겠지만, 그간 발전된 신기술이 반영된 무기체계의 효과를 찾아보는 것은 큰 수고를 하지 않아도 될 정도다.

그렇지만, 전쟁의 발생과 기술발전에 의한 무기체계의 효과에 대한 예상은 어느 정도 가능하다고 해서 미래전략과 계획이 전쟁에 잘 적용되어 승리를 이끄는 결과를 나타낼 것이라고 단정할 수는 없다. 러시아-우크라이나 전쟁 사례를 다시 살펴보면, 이것은 세계 2위 군사 강국인 러시아와 세계 22위의 우크라이나 간에 발생한 전형적인 강대국과 약소국 간의 전쟁이다. 개전 초만 하더라도 병력, 전차 등의 주요 전투장비 비율은 러시아가 3~6배 정도 격차를 유지하고 있었고, 전투기 수의 경우는 15~20배 이상 차이가 있었다. 전쟁 경험 측면에서도 푸틴은 조지아 전쟁, 크림반도 합병 등을 통해 베테랑으로 배우 출신의 젤렌스키와는 차이가 있었다. 누가 보아도 러시아의 압도적인 승리를 예상할 수밖에 없었다. 그러나 젤렌스키 대통령은 러시아의 침공에 맞서 아프가니스탄 대통령과는 사뭇 다르게 국내에 머물면서 총동원령을 발령하며 국민의 결사항전을 종용했다. 또한, 국제사회에 러시아의 전쟁 부당성을 알리고 지원을 요청하며 국제협력전을 주도했다.

게다가, 러시아의 크림반도 합병 이후 위기의식을 통해 시작된 2015년부터의 국방개혁은 서구식 군사전략의 도입 및 훈련과 함께 하부 단위 지휘관에게 임무지휘를 할 수 있도록 권한을 위임하는 형태로 변화시켰다. 이것은 러시아보다 신속한 전쟁 의사결정을 할 수 있게 만들었고, 정보우세를 기반으로 한 의사결정의 상대적 우위는 러시아군의 작전 템포를 무너뜨리는 성과를 거두었다. 나아가, 젤렌스키 대통령의 전략적 소통의 결과로 국제사회의 지원을 받게 된 우크라이나는 개전 초반 힘의 불균형을 극복하고, 푸틴의 계획 변경 및 전쟁의 양상을 변화시키는 결과를 초래할 수 있었다. 그렇다면 이와 같은 전쟁양상 예측과 진행 및 결과의 불균형은 왜 발생하는 것일까? 결국, 크림반도 합병 같은 정치적 충격에 반응하는 국가 리더의 성향, 동맹은 아니지만 정의 실현을 희망하는 어나니머스 같은 사이버 단체, 자발적 용병, 여타 국가들의 군사적 지원 등과 같은 예상하지 못한 돌발 또는 개입변수(Intervening Variable)의 존재는 미래전 양상과 결과 예측에 불확실성을 더 높일 수 있다.

요약하면, 미래전략은 미래의 전쟁에서 승리하기 위한 전략을 수립하는 것이다. 그러나 이것은 미래라는 목표 연도를 잘 특정하지 못하면 오히려 예상보다 이른 미래의 전쟁으로부터의 정치적 쇼크에 크게 영향을 받는 자체 모순성을 지니고 있다. 또한, 미래전의 발발을 잘 예측하여 전략 및 작전계획을 작성했다고 하더라도 전쟁 발생 당시의 과학기술발전 수준에 의해 군사력 운용이 달라질 수 있다. 즉, 과거 전략 및 계획 수립 당시에 존재하지 않았던 신기술이 현재의 전쟁에서 양상을 크게 바꿀 수도 있다는 것이다. 결론적으로, 미래전략을 수립하는 과정을 난해하게 만드는 변수들을 종합해보면, ① 미래전략 목표 연도 설정의 정확성, ② 전쟁 발발을 기점으로 달성될 수 있는 과학기술 수준 예측의 적절성, ③ 정치 및 전략적 환경 변화 등과 같은 개입변수의 유무, ④ 새로운 변수에 반응하는 리더의 성향, ⑤ 동맹 및 새로운 형태의 협력세력 활용방법 등으로 볼 수 있다. 이것은 기존의 전략기획의 틀에서 측정할 수 있는 요소라기보다는 미래 전쟁이 일어나는 어느 한 시점에서의 관찰된 현실로 현재에서 예측하기란 거의 불가능할 수 있다. 심지어 2020년 랜드(RAND) 연구소에서 야심 차게 발행한 2030년 미래전 관련 내용에서도 러시아-우크라이나 전쟁을 예상하지 못해 유럽과 NATO의 분열을 그리고 있는 등 많은 예측 실패를 보여주고 있다. 그렇다고 현대의 미래전 학자들이 세운 미래전략이 무조건 뒷방으로 가는 것을 당연하게 받아들이자는 주장을 하는 것은 아니다.

전략기획 틀에 맞게 미래전략(정테제, thesis)을 수립하되, 위의 다섯 가지 혹은 오차항(Error Term)에 있을 다른 개입변수들을 찾아서 전략의 반테제(anti-thesis)로 활용하여 보완하는 노력을 하자는 것이다. 이를 통해 찾을 수 있는 합테제(synthesis)가 결국 변수를 가장 많이 고려한 미래전략이 될 수 있을 것이다. 이 전략은 영구적인 것이 아니라 해마다 새로운 변수를 고려한 새로운 반테제를 활용하여 다시 보완하고 새로운 합테제를 반영한 미래전략을 만드는 변증법적 과정을 계속한다면 변수나 쇼크에 가장 면역력이 강한 미래전략이 될 수 있을 것이다.

혹자는 우크라이나전 사례가 한반도의 미래군사전략과 무슨 상관이 있는가를 질문할 수 있다. 거기에는 중요한 공통점이 있기 때문이다. 하나의 예로, 시카고 대학의 존 미어샤이머 교수는 "폴란드와 한국이 주변부 국가(Rim Land States)와 중심부 국가(Heart Land States)를 인접하는 부분에서 통로 같은 역할을 하고 있어 지정학적으로 매우 불운한 국가"라고 말했다. 우크라이나는 폴란드와 인접한 국가로 러시아의 구소련 영광 재건이라는 정치·전략적 목표와 NATO의 동진 정책이 충돌하는 경로에 있는 지역이다. 우크라이나 내부적으로도 2014년부터 돈바스 지역에서 친서방(NATO, EU) 세력과 친러시아파 간의 내전으로 고통을 겪고 있던 국가다. 한국은 미국과 중국 간의 패권경쟁이 가열되는 상황에서 북·중·러 동맹을 직면하고 있는 첨병 국가다. 아울러, 1950년 한국전쟁 이후 종전이 이루어지지 않은 정전국가로 북한의 핵미사일 위협과 지속적인 도발을 상대하고 있는 국가로 언제 전쟁이 일어나도 놀랍지 않은 상황이다. 지정학적으로도 유사하지만 불확실한 전략적 환경과 전쟁 재발 우려 측면에서도 공통점이 많다고 볼 수 있다.

현실주의 학자의 대가인 케네스 왈츠(Kenneth Waltz)와 강대국과 약소국 간의 분쟁을 연구한 하버드 대학의 어렝귄 토프트(Arrenguin-Toft) 교수 등과 같은 학자들은 전쟁에서의 성공적인 전략은 모든 국가가 연구를 통해 이를 이해 및 적응(socialization)하고 효과적인 대응책을 마련하기 위해 노력한다고 주장한다. 우리가 상대하고 있는 중국과 북한도 예외는 아닐 것이다. 동맹의 한 축인 러시아와 국제협력전을 수행하고 있는 우크라이나의 성공전략을 세밀하게 연구하고 각국의 상대국에 적용할 수 있는 미래전략을 준비할 것이다. 이에 대해 동맹국인 미국은 상대방의 전략을 무력화시키기 위한 노력은 비용만 많이 들고 단기간에 효과는 있을지 몰라도 이내 다시 도전을 받는다고 평가하고, 초격차를 만들 수 있는 새로운 개념의 미래전략을 수립한다는 차원에서 모자이크전 등 다양한 개념을 제시하고 있다.

그렇다면, 지정학적 전쟁 트랩 속에 있는 우리 군은 과연 미래를 위해 어떤 준비를 하고 있을까? 모르고 있을 수도 있겠지만 선뜻 떠오르는 개념, 비전, 계획 등은 부족한 듯싶다. 물론, 동맹국인 미국의 전략개념을 준용하는 것도 나쁘지 않은 방안이 될 수 있다. 하지만 한반도 전장에 적합한 우리의 미래전략을 수립하고 지속적으로 발전시켜나가는 것은 누구의 일도 아닌 우리의 몫이다. 우리에게도 상대방의 전략을 뛰어넘는 새로운 미래전략 및 이에 맞는 군사력 건설이 필요하다. 이를 위해 북한에 대한 우리의 군사전략(정테제)에 러시아-우크라이나에서 새롭게 등장한 개념(반테제)을 활용하여 5~15년을 목표로 하는 미래전략을 수립한다면 합테제로서의 1차 미래전략으로 문제가 없다고 본다. 여기에 해마다 변화가 반영된 전략기획의 틀을 적용하여 앞에서 제시한 다섯 가지의 개입변수를 고려한 변증법적 과정을 거친다면, 미래에 대한 불확실성이 어느 정도 완화된 미래전략을 유지해나갈 수 있지 않을까 하는 생각이 든다.

합동군사대학교는 현재 및 미래전장을 주도할 합동군의 고급장교를 양성하는 곳이다. 또한, 현재의 현상을 직시하고 미래에 관측될 현실들이 최대한 반영된 합동전쟁 양상을 예측하여 전쟁에서 승리할 수 있도록 미래 지휘관들이 합동성을 배양할 수 있도록 교육하는 곳이다. 이를 위해 뜻을 모은 5명의 군사전문가가 혼신의 노력으로 작성한 연구 결과를 "미래전과 동북아 군사전략"이라는 제하의 책자에 담았다. 1부의 3개 논문은 미래전 양상과 변화하는 다양한 전쟁수행개념에 대해 설명하고 있다. 2부에서는 군사지휘관과 군사전략에 대해 이해를 도울 수 있는 3개의 논문을 포함했다. 3부에서는 한국과 주변국의 군사전략 및 우리의 전작권 전환 관련 강대국의 전략이익 변화를 이해할 수 있도록 5개의 논문을 실었다. 이 책은 미래를 이끌어갈 지휘관들이 한국과 주변국의 군사력 현황 및 발전 방향을 이해하고, 미래전에서 최적의 전략과 개념을 제시할 수 있도록 도움을 주기 위해 작성했다. 포함된 논문들은 모두 독자들 자체적으로 미래전략(정테제)을 구상해보는 데 필요한 내용들이다. 그리고 미래에 대한 반테제와 합테제를 만들어가는 변증법적 과정은 책을 읽는 모든 이들의 과제로 남겨놓기로 한다.

미·중 패권경쟁으로 인해 대만 및 남중국해 지역 등에서의 강대국 간 전략적 경쟁은 위험하다는 표현이 부족할 정도다. 여기에, 북한은 핵무기의 고도화로 미국의 레드라인을 넘나드는 도발을 하며 한국과 국제사회를 위협하고 있다. 내일 전쟁이 일어난다고 해도 놀랍지 않은 상황이다. 과거 이곳 황산벌에서 계백의 5천 백제군은 10배가 넘는 신라군을 상대로 결전을 벌였다. 그리고 백제는 20배가

넘는 소정방의 당나라 군대를 상대로 싸우다 결국 패배했다. 앞으로 펼쳐질 미래에서는 과거보다 더 힘겨운 상대와 겨루게 될 수도 있다. 비록 과거 백제와는 다르게 현재의 우리에게는 든든한 동맹인 미국과 16개의 참전국, 다수의 잠재적 협력국과 단체들이 있다. 그러나 과연 우리가 이 전쟁의 승리를 장담할 수 있을까?

영국의 철학자 윌 듀런트(Will Durant), 아일랜드의 극작가 조지 버나드 쇼(George Bernard Shaw) 등 저명한 인사들은 "역사는 반복될 것이며, 그럴 때마다 치러야 할 비용은 증가할 것이고, 예상하지 못한 일은 반드시 발생할 것"이라고 했다. 또한, 독일의 철학자 카를 마르크스(Karl Marx)는 "역사는 처음에는 비극으로, 두 번째는 희극으로 반복된다"라고 말했다. 즉, 역사가 반복될 것이라고 인식하고 충분히 대비하지 않으면 똑같은 비극적인 경험을 할 것이고, 그 이후에도 대비하지 않으면 비극을 또 한 번 경험하는 우스꽝스러운 상황을 초래한다는 의미일 것이다. 결국, 역사의 반복을 차단하고 가치 있는 미래전략을 창조하는 최고의 길은 미래에 대한 심도 있는 연구와 충분한 준비를 통한 방법뿐일 것이라는 믿음에 도달하게 된다.

많은 이들이 그 시작을 이 책과 함께하길 바란다!!!

선승구전(先勝求戰)의 자신만만한 미래 우리 합동군 건설을 기원하며,
자정이 가까운 시간 황산벌 합동군사대학교 미래합동전쟁연구소에서

합동군사대학교 총장 공군 준장 김홍철

목차

3부 동북아 군사전략

1부

미래전과 전쟁수행개념의 발전

1장

다영역 작전과 한국의 전쟁수행방식 변화[1]

허광환

1. 서론

미국은 중국과 러시아를 장차 동급의 잠재적 적국으로 인식하고, 이들에 대한 새로운 전쟁수행방식을 발전시키고 있다. 그 이유는 중국이 인도·태평양 지역에서 미국을 대체하는 역할을 추구하면서 역내 질서를 자국 중심으로 재편하기 위해 진력하고 있을 뿐만 아니라 러시아가 과거의 영광을 재현하고자 국경 주변 지역 국가들에 대한 영향력 확대를 꾀하는 등 수정주의 국가(revisionist state)적 성향을 보이고 있기 때문이다.[2]

---

1 이 글은 『군사연구』 147, 2019에 발표한 논문을 수정 및 보완한 것이다.

2 지효근, 「미국의 새로운 전투수행개념 발전과 한국군에 대한 함의: 다영역작전(Muiti-Domain Operation)을 중심으로」, 『군사연구』 147, 2019, p. 165.

미국은 이들 국가가 머지않은 시기에 자국과 대등한 군사능력을 보유하게 될 것이며, 전 영역에서 미국과 다중의 교착상태(stand off)를 유지하여 미국이 기존까지 누리고 있던 군사적 절대 우위를 상쇄할 수 있을 것으로 평가했다.[3] 즉, 이 두 적대국은 가까운 시기에 첨단 과학기술의 적용과 미국의 전쟁수행방식에 관한 정교한 연구를 통해 미국이 누려온 군사적 우위의 전 영역에 도전할 수 있는 능력을 갖추게 될 수 있다는 평가다. 최종적으로 동급의 적들은 미국의 군사력 투사와 전개, 주도권 확보, 군사력 운용에 대해 효과적으로 대응할 수 있는 능력과 체계를 구축하게 되고, 미국은 이들이 구사하는 반접근/지역거부(A2/AD) 능력[4]을 억제하거나 격퇴할 수 있는 충분한 훈련, 조직, 장비, 전투태세를 갖추지 못해 지금까지의 군사적 우위를 상실하는 상태가 될 것이다.[5]

이러한 상황인식을 기초로 미국은 전쟁수행방식의 혁신과 새로운 군사력 건설 방향을 모색했다. 이것이 '다영역 작전(Multi-Domain Operations)'이다.[6] 다영역 작전은 미국의 정치지도자들에게 중국과 러시아의 A2/AD 체계를 격퇴할 수 있는 혁신적인 방법을 제시한 것이다. 현재까지는 개념발전 수준이지만 전투실험과 능력의 개발, 해·공군의 검토와 지원을 통해 합동군의 작전수행개념으로 발전하는

---

3 U.S. Army Training and Doctrine Command. TRADOC Pamphlet 525-3-1, *The U.S. Army Operating Concept: Win in a Complex World 2020-2040* (2014. 10. 31), http://www.tradoc.army.mil/tpubs/pams/tp525-3-1.pdf (검색일: 2018. 11. 26), p. 44.

4 A2/AD(Anti-Access/Area Denial) 능력은 미 합동군이 작전지역으로 진입하는 것을 방지하기 위해 구축된 가상 적국의 장거리 타격 및 대응능력과 작전지역 내에서 우군부대 행동의 자유를 제한하기 위해 구비된 단거리 타격 및 대응능력을 통칭한다. 미국은 중국과 러시아의 이러한 능력의 통합 운용능력을 'A2/AD 전략'으로 지칭했다.

5 U.S. Army Training and Doctrine Command. TRADOC Pamphlet 525-3-1, *The U.S. Army in Multi-Domain Operations 2028* (2018. 12. 6), https://www.tradoc.army.mil (검색일: 2019. 1. 5), pp. 6-7.

6 미 육군에서 처음 작전수행개념을 제시할 때는 '다영역 전투(Muiti-Domain Battle)'라는 명칭을 사용했으나, 다영역 전투가 너무 전술적 수준에 한정된다는 오해의 소지가 있어 미 합참에서 '전투'를 '작전'으로 변경하여 합동군의 작전수행개념임을 명확히 하고 2018년 5월부터 '다영역 작전'을 공식 명칭으로 사용하게 되었다. 다영역 전투에 대한 최초 개념은 U.S. Army Training and Doctrine Command. TRADOC Pamphlet 525-3-1, *Multi-Domain Battle: Evolution of Combined Arms for the 21st Centry 2025-2040* (2014. 10. 31), https://www.tradoc.army.mil/Portals/14/Documents/TP525-3-1.pdf (검색일: 2018. 11. 26) 참조.

경로를 밟고 있다.

그런데 다영역 작전에서 제시하고 있는 작전 틀에 의하면, 한반도는 지리적으로 미 합동군의 근접지역에 해당한다. 즉 미국·중국 또는 미국·러시아 간 경쟁에서 국가이익의 충돌이 발생한다면, 한반도는 자동으로 강대국 무력 충돌의 전투 현장이 될 수 있다는 의미다. 그러므로 분쟁에 연루될 수밖에 없는 한국은 미국의 다영역 작전에 대한 이해와 적용에 대한 검토가 필요하다. 한국의 전쟁수행방식은 한·미 연합작전을 근간으로 하고 있기 때문에 미국의 전쟁수행방식의 변화는 한국군의 전쟁수행방식의 변화에 결정적인 영향을 줄 수밖에 없다. 따라서 이에 관한 연구와 대응책 마련이 필수다.

한국군은 6·25전쟁 이후 휴전선을 따라 구축된 거점 위주의 선방어 개념을 고수하고 있다. 이것은 휴전협정에 따라 자연스럽게 형성된 남·북 간의 대치 상황에서 고착된 작전수행개념이다. 즉, 북한의 선제 기습공격으로 현 전선 유지가 곤란할 경우 한강선 저지 전선을 축차적으로 후퇴하면서 지연전을 실시하다가 해외로부터 증원군이 도착하면 전선을 재정비해서 반격작전을 실시한다는 사고에서 탄생했다.[7] 이 개념에는 어떤 희생을 감수하더라도 수도권은 반드시 고수되어야 하고, 한반도에서의 장차전도 6·25전쟁의 재판이 될 수밖에 없다는 아픈 경험이 녹아있다. 적의 초기 충격력을 흡수하고 반드시 현 전선에서 저지함으로써 조기에 공세작전으로 전환하여 실지회복과 통일을 달성해야 한다는 사명감이 내포되어 있다. 그러나 다영역 작전은 이러한 전쟁수행방식과는 많은 차이가 있음을 상기할 필요가 있다.

필자는 미국의 다영역 작전 관점에서 한국군의 미래전 수행방식을 연구한다. 그 이유는 한국군이 현재 적용하고 있는 선방어 개념이 미래전 수행개념에 적합한 것인지 알고 싶기 때문이다. 새롭게 등장하고 있는 전쟁수행방식인 미국의 다영역 작전이 한국의 작전환경에도 적합한 것인가? 국군은 연합 및 합동작전 능력

---

7 조영길, 『자주국방의 길』, 도서출판플래닛미디어, 2019, p. 7.

향상을 위해 무엇을 준비해야 하는가? 동북아시아 지역분쟁뿐만 아니라 한반도 위기 시 미국의 다영역 작전이 한국의 작전수행개념과 조화되고 효과적으로 작동될 수 있을 것인가? 한국의 부대태세와 군사력 건설 방향에 어떠한 영향을 줄 것인가? 이러한 질문에 해답을 얻게 된다면, 한국의 미래 군사력 운용과 건설 방향에 공감대가 형성되고 국민의 지지를 얻게 되어 '작지만 강한 군대'를 건설하는데 견인차 역할을 할 수 있을 것이다. 또한 제2의 6·25전쟁 같은 전면전이 발생하더라도 최단 시간, 최소의 희생으로 한반도 통일이라는 전략목표를 달성하기 위한 통찰력을 얻게 해줄 것이다.

2. 이론적 배경 및 분석의 틀

1) 전역구상과 합동작전 모델

전역 목표는 시간 및 공간이 광범위하여 한두 차례의 주요 작전이나 전투만으로 최종상태에 도달할 수 있도록 해주지 못한다. 따라서 전역 및 주요 작전 계획은 일련의 전투를 수행하는 순서 또는 절차를 포함하며, 군사력과 비군사적 자원의 연속적이고 동시적인 운용을 전제로 한다.[8] 즉 전역은 시간·공간·목적 측면에서 일련의 주요 작전들이 성공적으로 연계될 수 있도록 배열되며, 개개의 전투들이 작전목표와 군사전략목표를 달성할 수 있도록 조직된다. 전투를 연속적·동시적으로 조직한다는 것은 전투를 사용하는 방법을 결정하는 것으로 전술적 수준의 부대들이 어디에서 누구와 무엇을 위해 전투를 수행하는지를 선정하고, 가장 유리한 상황에서 전투를 수행할 여건을 조성할 수 있도록 계획한다는 의미다.

8 육군대학 전략학처 작전술과, 「작전술과 작전적 수준에 대한 올바른 이해」, 『군사평론』 410, 2011, p. 268.

전투에서의 승리가 전쟁에서의 승리를 담보하지 못하지만, 개별적인 전투에서의 승패는 전역 전체에 영향을 미친다. 작전적 수준의 지휘관은 전투 결과를 작전적 성과로 확대하고, 더 나아가 전략적 승리로 귀결시켜야 한다. 이를 위해서는 전역계획 수립 시부터 전역 전체의 관점에서 요망하는 전술적 성과가 무엇이며, 그러한 성과가 작전적·전략적 성과로 연계될 수 있도록 일련의 전투를 최적화되게 배열해야 한다.

군사작전은 목적, 규모, 위험, 전투 강도 등을 고려하여 다양한 도전에 대응하는 군사적 활동, 과업, 임무, 작전 등을 의미한다. 군사작전은 임무나 과업을 달성하도록 의도적으로 구성된 일련의 활동이다. 군사작전의 범주는 평화로부터 전쟁에 이르기까지 '분쟁의 연속체(conflict continuum)'로 묘사된다.[9] 〈그림 1-1〉에서 보는 바와 같이 군사작전의 범주는 군사적 개입(military engagement), 안보협조(security cooperation), 억제(deterrence), 위기 대응(crisis response) 및 제한된 군사 대비 작전(limited contingency operations), 그리고 대규모 전투 작전(large-scale combat operations)으로 대별된다.

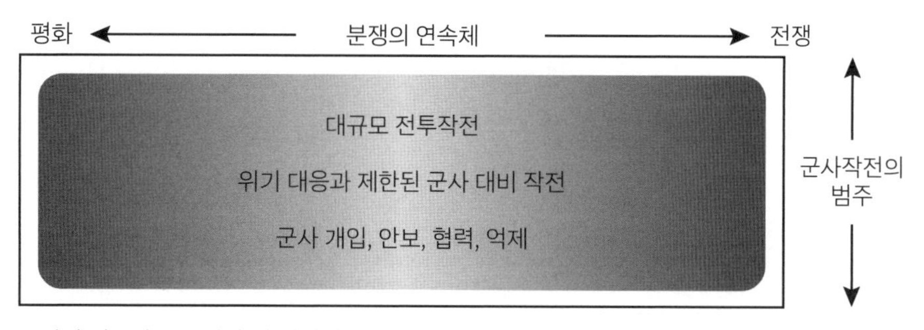

국가의 지도자는 분쟁의 전 범위에서 폭넓고 다양한 군사작전과 활동을 통해 국력의 요소인 군사력을 운용할 수 있다.

〈그림 1-1〉 분쟁의 연속체에서 개념적 군사작전

출처: U.S. Joint Chiefs of Staff. JP 3-0. *Joint Operations*, p. V-4.

---

9 U.S. Joint Chiefs of Staff. JP 3-0. *Joint Operations* (Pentagon Washington D.C.: JCS. 2017), p. V-4.

이 글에서 전역은 대규모 전투작전에 해당하는 군사작전수행을 전쟁수행방식 변화의 초점으로 삼는다. 전역은 일련의 주요 작전을 구상하여 가장 효과적인 방법으로 동시 또는 단계별로 전투를 통합한다. 〈그림 1-2〉에서 보는 바와 같이 기본적으로 작전을 단계화하여 전투력 발휘의 극대화를 도모한다.

각 단계는 전역 또는 주요 작전이라는 맥락에서 연계되고 의미가 있어야 한다. 단계화를 명분으로 전역이나 작전을 의미 없는 다수로 분할하지 않는 것이 중요하다.

전역은 단일의 주요 작전으로는 작전목표를 달성할 수 없을 때 필요하다.[10] 작전적 수준의 지휘관은 단계별로 작전이나 활동을 배열함으로써 시간·공간·목적 측면에서 예하부대의 작전과 능력을 통합하고, 합동부대가 작전한계점에 도달

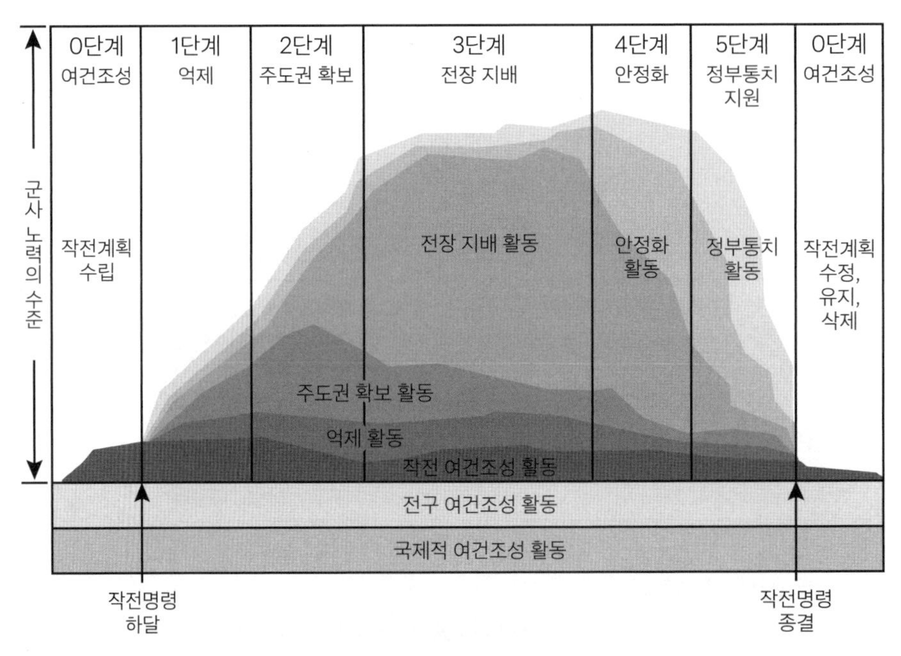

〈그림 1-2〉 주요 군사활동에 기초한 작전 단계화 모델

출처: U.S. Joint Chiefs of Staff. JP 3-0. *Joint Operations*, p. V-13.

---

10 합동참모본부, 합동교범 5-0 『합동기획』, pp. 3-85~3-86.

하지 않고 최종상태를 달성하는 방법을 제시해야 한다. 따라서 전역이나 주요 작전의 단계화는 시간보다 조건에 기초한 개념적 모델이며, 단계의 전환은 작전중점, 목표, 작전성격, 지휘 및 지원관계의 변화 등을 고려하여 지휘관이 결정한다.

이와 같은 군사교리에 근거하여 미 육군이 미래 대등한 수준의 적대국과의 전역에서 승리하기 위해 새롭게 발전시키고 있는 전쟁수행방식인 다영역 작전(Multi-Domain Operations)을 분석하고자 한다.

2) 한국작전전구(KTO)[11]에서의 전역 수행

한반도는 정전상태로 반세기 이상을 지나고 있다. 정전협정은 전쟁을 수행 중인 교전 쌍방 군 사령관 사이에 상호 전투 등 적대행위나 무장행동의 일시적·잠정적 중지 등에 관해 합의하는 순수 군사적 성격의 협정이다. 정전 또는 휴전이란 "교전자 간에 합의된 적대행위의 일시적인 중지(a temporary cessation of hostilities agreed to by belligerent)"를 의미한다. 정전협정은 교전 중인 어느 일방이 완전히 패배하거나 무조건 항복하도록 강요당하기 전에 전투를 중단시키는 하나의 수단으로 이용될 수 있으며, 교전국 간에 평화적 해결을 위한 협상의 진행이나 적대행위의 일시적인 중지, 그리고 제3자 또는 국제기구가 중재할 기회를 제공한다. 전쟁을 수행 중인 쌍방 군 사령관 사이에 체결한 정전협정은 국제규범·조약·협정으로서 지위를 갖는다. 국제법적으로 정전협정은 '전쟁의 법적 지위(legal status of war)'에 영향을 미치지 않으며, 정전에 관한 합의에서 명시되지 않은 다른 모든 관련 사항

---

11 한국작전전구(KTO: Korea Theater of Operation): 유엔사/연합사의 전시 작전구역으로 지정되어 대부분의 전투작전이 시행되는 구역이다. 한반도에 인접한 공해 및 공역 그리고 남북한의 영해, 영공 및 영토가 포함된다. 한국작전전구 경계선은 유엔사/연합사의 예하구성군사와 한국작전전구 외부에서 작전하는 부대 간의 해군 및 공군작전을 위한 협조선이며, 유엔군/연합군 사령관이 전시교전규칙을 적용하기 위한 협조선이고, 미 증원부대에 대한 작전통제가 전환되는 지점임을 표시한다. 합동참모본부, 합동교범 10-2『합동·연합작전 군사용어사전』, 합참, 2014, p. 576.

에서는 전쟁이 지속될 수 있다.[12] 정전협정의 체결이 법적으로 전쟁의 종결을 의미하는 것이 아니라는 뜻이다. 따라서 한국은 한반도 평화 체제가 완성되기 전까지는 휴전상태에 있는 국가로서 언제든지 전쟁상태로 재돌입할 수 있다는 사실을 잊어서는 안 된다.

한국은 한·미 연합방위체제를 근간으로 모든 위협에 적시적으로 대비할 수 있는 군사적 대비태세를 유지하고 있다. 한반도 미래전 양상을 예측하고 승리할 수 있는 작전수행개념을 수립하기 위해서는 현재의 전역수행체제가 어떻게 작동되고 있는지를 이해해야 한다.

한국이 자주국방을 위한 독자적인 전쟁계획을 수립한 것은 1971년 6월경 박정희 대통령의 극비 지시에 의한 '태극72계획'이다.[13] 미 7사단이 철수를 완료하고 문산 축선에 배치되어 속칭 '인계철선(tripwire)' 역할을 하던 미 2사단이 후방지역으로 이동을 완료하는 등 미국의 돌발적인 정책변화에 대비하여 유사시 한국군 단독으로 전선을 방어할 대책이 시급해진 것이다. 전쟁계획을 직접 기획해본 사람이 한 사람도 없어서 전군에서 작전 분야에 전문성이 있는 20여 명의 중·대령급 장교들을 선발하고, 그들에게 기존의 한국 방어계획을 분석해서 문제점을 도출하고 그것을 보완하는 방향으로 작성했다고 한다.

당시 유엔군사령부 한국방어계획(작계 5022)의 기본 작전수행개념은 북한의 선제 기습공격으로 현 전선 유지가 곤란할 경우, 한강선까지 전선을 축차적으로 후퇴하면서 지연전을 실시하다가 해외로부터 증원군이 도착하면 전선을 재정비해서 반격작전을 실시하는 개념이었다.[14] 이것은 한강선 이북의 수도권을 적에게 양보하는 것을 전제로 하고 있다.

이 계획에서 분석된 문제점은 첫째, 작전환경의 변화였다. 6·25전쟁 시와 달리 남한 인구의 1/3과 정치, 경제, 교육시설이 밀집해 있는 수도권을 상실한다면,

---

12 이상철, 『한반도 정전체제』, 한국국방연구원, 2012, pp. 9-10.

13 위의 책, p. 120.

14 조영길, 앞의 책, pp. 53-56.

전쟁에서 승리한다고 해도 폐허 속의 평화일 수밖에 없게 되는 것이다. 만약 북한이 수도권을 점령한 후 휴전협상으로 전술을 바꾼다면, 미국을 비롯한 국제사회의 여론이 어떻게 변할지도 알 수 없는 일이었다. 따라서 수도권의 안전은 어떤 희생을 감수하더라도 반드시 확보해야 하는 절대적 과업으로 식별되었다.

둘째, 증원전력의 불명확성이었다. 한강선에서 전력을 재정비하여 반격작전을 실시하기 위해서는 해외전력의 적시적인 증원이 선결요건이었다. 그러나 증원전력에 관해서는 그 규모와 도착시기가 명시되어 있지 않는 개념계획으로 되어있었다. 그러므로 유사시 북한의 공격을 저지하고 수도권을 확보하기 위해서는 한국군의 전력증강이 필수적인 요소로 식별되었다.

셋째, 유엔군사령부 반격계획의 모호성이었다. 한강을 최후방어선으로 하여 적의 공격을 저지하고, 전선이 재정비되면 반격작전을 실시한다는 작전수행개념은 명시되어 있었지만 그 개념을 구현할 구체적인 계획은 준비되어 있지 않았다. 반격작전의 목표도 현 전선(휴전선) 회복에 있었고, 그 이후의 계획에 대해서는 언급이 없었다. 적의 기습공격으로 막대한 희생을 치른 후에 반격작전으로 전환해서 고작 휴전선을 회복하는 선에서 전쟁을 끝낸다는 것은 한국군의 입장에서 받아들이기 어려운 계획이었다. 한반도에서 다시 전쟁이 발생한다면 반드시 통일을 이룩하고자 하는 것이 국민의 일반적인 통념이었다.

이러한 문제점 분석을 통해 '태극72계획'에서 제기된 가장 중요한 변화는 '수도권 고수와 공세적 방어개념'이었다. 이것은 당시 미군 사이에서 '50마일 후퇴'로도 불리던 유엔군사령부 작전계획의 축차적 방어계획을 전면 부정하고 현 전선에서 결전을 시도하여 수도권을 사수한다는 개념이었다. 또한 반격작전 단계에서 현 전선을 회복한 다음 지체 없이 공격을 계속하여 수도권의 안전범위를 약 100km(멸악산맥선)로 확대한 후, 상황에 따라 북으로 공격을 계속한다는 개념이었다.

이 글에서 필자가 구상한 전역수행 모델은 군사비밀로 지정된 작전계획과는 관련이 없으며, 영관 장교들을 교육하는 교수의 입장에서 한국의 미래전 연구에 대한 붐 조성과 통찰력 제공이라는 목적을 갖고 미국의 교리에 입각하여 논리적으로 추론한 것이다.

북한이 한국을 상대로 전면전을 개시할 경우에 관한 모의시험은 브루스 베넷의 연구에 잘 설명되어 있다.[15] 이를 요약해보면, 북한이 전쟁을 결심하는 경우는 '다른 어떠한 대안들보다 전쟁이 유리하다고 결론을 내릴 때'다. 즉, 김정은 체제가 지도력이 계속 악화될 경우 통제력 강화를 위해 전쟁이 유일한 잠정적 대안이라고 생각할 수 있다. 김정은 체제 같은 독재체제에서 권력상실은 사형선고와 동일하게 평가되며, 어떤 대가를 치르더라도 이를 피하려고 할 것이다. 만약 이 체제가 평시 상황에서 생존할 수 없다고 판단하고 전쟁에서 승리할 수 있다는 미약한 희망만 보인다면, 아주 절망적인 상황에서는 그 희미한 희망을 선택하게 된다는 것이다.

북한의 군사전략목표는 '군사력을 이용하여 북한 체제하에 한반도를 재통일'하는 것이다. 재통일목표는 1950년 이후부터 변경되지 않고 있다. 북한이 군사전략목표를 달성하기 위해서는 첫째, 한국을 점령하기 위한 충분한 군사력을 투입하여 대규모의 미 지상군이 한국에 전개되기 이전에 부산(비무장지대로부터 500km 거리) 및 기타 한반도의 남부지역까지 확보해야 한다. 둘째, 한국전쟁에 미국의 개입을 억제하거나 미군의 개입을 중단하도록 유도해야 한다. 셋째, 일본에서 공군·해군 및 군수지원을 위한 작전기지 운용을 거부하도록 일본을 강요할 수 있어야 한다. 만약 강제가 실패할 경우 일본을 응징하고 일본 내에서 미군 작전을 방해할 수 있어야 한다. 넷째, 중국 혹은 러시아로부터 북한의 노력 및 통일에 대한 국제적 지원과 인정을 획득할 수 있어야 한다. 다섯째, 전쟁 초기에 서울을 포위하고 가능한 한 신속하게 통제할 수 있어야 한다. 이것은 부산을 점령하는 것보다 늦어질 수도 있다. 여섯째, 한·미 연합 공군 및 기타 형태의 공격으로부터 북한을 방어할 수 있어야 한다. 미군의 한반도 전개 소요시간[16]을 고려할 때, 만약 미군이 북

---

15 브루스 W. 베넷, 육군교육사령부 역, 『남북한의 군사변혁에 따른 장차 한국에서의 전쟁에 관한 두 가지 견해』, 육군교육사령부, 1997, pp. 7-23.

16 미군의 한반도 전개 소요시간은 미 해병 1개 여단 및 미 육군 1개 중여단이 장비와 함께 2주 정도, 육군

한 공격 이전에 전개를 시작하지 않았다면 북한군은 약 2~4주 이내에 반드시 부산을 점령해야 한다. 북한은 부산 점령에 초점을 맞춤과 동시에 한국 국민에게 저항할 경우 보복 당한다는 것을 깨닫게 하는 데 중점을 둔 무자비한 제병협동 공격을 감행할 것이다.

한국의 전역계획은 이와 같은 북한의 기도를 억제하고, 억제 실패 시에는 전면전에서 승리하여 한반도 통일 여건을 조성하는 일련의 주요 작전으로 구성될 수 있다. 전역의 단계화 모델을 적용해본다면, 첫째, 0단계 '여건조성'이다. 여건조성은 전쟁 이전 단계로 한반도 위협 상황을 분석하고 위협별 대응책을 강구하며 국력의 제 요소를 활용함으로써 전쟁 예방과 국제 안보협력 강화에 중점을 둔다. 둘째, 1단계 '억제'다. 1단계는 북한의 군사적 도발을 억제하고 국지도발 시에는 도발의지를 분쇄하며, 전면전 확대를 방지하는 데 중점을 둔다. 즉 한·미 연합방위태세 유지와 전쟁수행능력을 제고하고, 이러한 능력을 북한에 명확하게 인식시키며, 주변국과의 군사외교 활동을 통해 북한의 군사적 도발을 억제한다. 셋째, 2단계 '주도권 확보'다. 주도권 확보는 북한군의 기습공격을 거부 및 격퇴하는 데 중점을 둔다. 수도권의 안전[17]을 확보 및 유지함과 동시에 수도권 북방에서 북한군의 공격을 저지하고 공세종말점에 도달하게 만드는 것이다. 넷째, 3단계 '전장지배'다. 전장지배는 수세에서 공세로 전환하여 북한지역으로 전장을 확대하는 단계로, 북한 정권 및 군사적 능력을 제거하고 북한 전 지역을 군사적으로 장악함으로써 제3국이 북한지역 내에서 군사활동을 전개하지 못하도록 하는 데 중점을 둔다. 다섯째, 4단계 '안정화'다. 안정화는 수복지역에 대한 북한 주민 통제 및 생필품 지원을 위한 민사작전에 노력을 집중하는 단계다. 여섯째, 5단계 '정부통치 지원'이다. 정부통치 지원은 경찰이 통제 가능한 수준으로 북한지역이 안정화된 상태에서 국가기관이 모든 민사업무를 인수함으로써 군은 재배치되어 종전 이후

경사단은 전개 시작 이후 약 20~25일 만에, 육군 중사단은 약 30일 만에 도착할 수 있다. 위의 책, p. 8.

17 수도권의 안전이란 국가기능이 정상적으로 작동하고, 도시기능이 유지되며, 시민의 안전이 확보된 상태를 의미한다.

로 돌아가는 단계다.

결국 전역의 최종상태는 한반도에서 북한의 군사적 위협이 완전히 제거되고, 국군이 국경선 일대를 포함한 북한 전 지역에 배치되어 국제사회로부터 통일한국으로 인정받음과 동시에 주변국가와 안정된 안보환경이 조성되어야 하며, 북한지역이 안정화되어 정부 주도하에 재건 및 인도적 지원이 이루어지는 것이다.

3) 분석의 틀

연구가설은 "다영역 작전이 미래 미국의 작전수행개념이라고 한다면, 한국의 미래 작전수행개념은 다영역 작전수행개념을 적용할 수 있어야 한다"이다. 이 가설은 세계 유일의 군사적 최강대국인 미국이 2028~2050년대의 미래전에서 승리하기 위해 변화될 작전환경과 전 세계적 차원에서의 위협을 평가하여 작전적 수준에서 새로운 전쟁수행방식으로 고안해낸 작전수행개념이므로 미래전 양상이나 작전수행개념을 선도할 것임을 전제로 하고 있다. 이러한 까닭에 미국이 다영역 작전 개념을 도출하게 된 경로를 답습해본다면 한국의 미래전 양상과 작전수행개념을 모색하는 데 타당한 추론이 가능해진다.

다음 〈그림 1-3〉은 분석의 틀을 보여준다. 이론적 배경에서 살펴본 바와 같이 작전술과 전역구상을 통해 미국의 미래전 수행방식과 6·25전쟁 수행방식, 그리고 한반도 미래전 수행방식을 동일한 변수관계를 적용하여 비교함으로써 유사점과 차이점 분석에 중점을 둔다.

미국의 다영역 작전은 작전환경, 위협인식, 군사전략을 독립변수로 하여 작전술을 적용한 전역구상을 통해 전역목표를 달성하기 위한 작전수행 방법을 탐색한 결과 채택된 작전수행개념이다. 즉 종속변수를 미래전 작전수행개념으로, 독립변수를 작전환경, 위협인식, 군사전략으로, 매개변수를 작전술에 의한 전역구상으로 선정하여 이들의 관계를 분석하여 여러 가지 대안 중에서 미국에 최적화된 '다영역 작전'을 채택한 것이다.

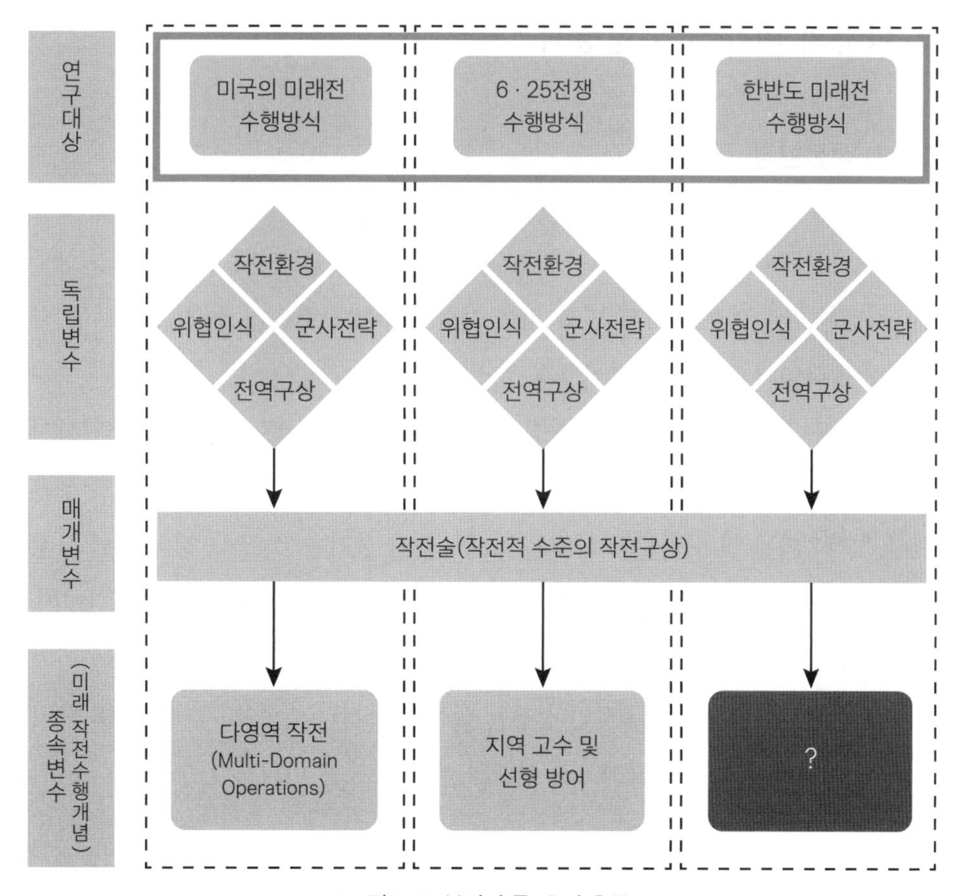

〈그림 1-3〉 분석의 틀: 유비 추론

다영역 작전 개념을 한국의 작전수행개념에 적용하기 위해서는 다영역 작전의 탄생 배경과 본질을 정확히 파악해야 한다. 미국이 새로운 작전환경과 위협인식, 군사전략의 변경을 통해 미래 국제체제에서 패권국의 지위를 유지하고자 만들어낸 개념인 만큼 동일한 변수를 적용하여 시나리오를 구성하고 상호 비교하여 공통점과 차이점을 식별해낼 수 있다면 한국의 미래전 양상과 작전수행개념을 규명하는 데 객관성과 신뢰성을 높여줄 것이다.

3. 미국의 미래전 수행방식

1) 작전환경

미 육군교육사령부와 미래사령부가 공동의 노력으로 미래 연구의 핵심 산물인 「작전환경과 전쟁 특성의 변화」라는 팸플릿을 발간했는데, 여기서 제시된 작전환경이 다영역 작전의 탄생 배경을 잘 설명해준다.

미국은 2050년까지의 작전환경 변화를 예측하기 위해 2017~2035년까지는 '가속화된 인류 진보의 시대', 2035~2050년까지는 '경쟁 평등화 시대'로 구분했다.[18] 가속화된 인류 진보의 시대는 적대국들이 신기술, 신교리, 전략 개념 수정 등의 이점을 활용해 다양한 영역에서 미 군사력에 효과적으로 도전하는 기간이며, 경쟁 평등화 시대는 기술력에서 현저한 발달과 군사 역량 면에서 융합이 이루어지는 기간이다. 이 기간에 전통적인 전쟁은 극적이고 거의 혁명에 가까운 변화를 맞이하며, 이러한 변화는 궁극적으로 전쟁의 본질 자체를 변화시킬 수도 있다고 간주한다.

작전환경의 변화는 가속화된 인간 진보의 시대에서부터 전쟁의 특성을 변화시키기 시작한다. 이러한 변화는 전쟁을 포함한 모든 영역에서 경쟁하고, 더 빠른 분석과 결심을 요구하며, 시간과 공간 측면에서 더 제한적인 기회를 활용할 수밖에 없게 만든다. 이것을 '기회의 창(Window of Opportunity)'이라고 묘사한다. 장기적 또는 압도적인 우세달성이 제한되고 일시적·순간적인 우세달성만이 가능한 경쟁 평등의 시대가 되었다는 의미다.

미국이 예측한 작전환경과 전쟁의 특성 변화를 다음과 같이 요약해볼 수 있

---

18 U.S. Army Training and Doctrine Command, *The Operational Environment and The Changing Character of Warfare* (https://www.armadninoviny.cz/domains/0023 -armadninoviny_cz/useruploads/media/The-Operational-Environment- and-the-Changing-Character-of-Future-Warfare.pdf)[검색일: 2020. 8. 2], p. 2.

다. 첫째, 정신과 인식 차원의 중요성 증대다. 인간 상호작용의 속도와 널리 퍼져 있는 연결 수단과 결합한 첨단기술의 확산은 어느 국가도 능력에서 절대적·전략적 우위를 차지하지 못하게 하며, 일시적으로 우위를 달성하더라도 순식간에 상대국이 거기에 적응할 수 있게 한다. 어떤 국가가 특정 기술이나 역량에서 실질적인 우위를 가질 수는 있지만, 그것 때문에 결정적인 우위를 점할 수 없다는 것이 전략적 동등성이다. 이러한 조건이라면 전쟁의 물리적 차원은 인식과 정신적 차원보다 중요성이 떨어지게 된다. 군사작전은 적대국의 의지를 목표로 하는 정신적·인지적 차원을 활용하려는 경향이 증가한다. 결과적으로 군사력 운용에 대한 권한의 제한이 줄어들고, 정보작전을 동반한 하이브리드 전략, 개인 또는 구분된 주민, 국가 기간시설에 대한 직접적인 사이버 공격, 테러리즘, 대리부대 사용, 대량살상무기 등이 적대국의 의지를 분쇄하기 위해 널리 사용될 것이다.

둘째, 외교·정보·군사·경제력, 즉 국력의 통합성이다. "전쟁은 다른 수단에 의한 정치의 연속"이라는 클라우제비츠의 전쟁관이 현재에도 지속되고 있음을 인식할 수 있다. 국가안보를 굳건히 하기 위해서는 범정부 차원에서 다른 국력의 요소들과 동맹 및 협력국과의 집단안보 요소도 고려할 수 있어야 한다. 국력요소들 간의 상호작용은 정부기관 전체의 친밀한 통합이 필요하며, 합동 의사결정체가 신속하고 효과적으로 정치·경제·군사·경제력의 효과를 물리적·인지적·정신적 영역에 투영해보아야 한다. 군사작전은 안보문제 해결의 핵심적 요소이지만, 국가안보목표의 최종상태를 달성하는 결정적인 수단이 될 필요는 없다. 효과적이고 신뢰할만한 군사적 억제력을 구축하는 것이 정책 도구로서 훨씬 중요하며, 다른 국력의 요소들과 융통성 있게 통합됨으로써 다차원과 다영역에 걸쳐 운용될 수 있어야 한다.

셋째, 군사력의 한계성이다. 21세기 중반의 군대는 역사상 그 어느 시기보다 더 많은 능력을 갖추게 되지만, 고강도 분쟁을 시작하는 데는 더 많은 제한을 받게 된다. 군사력과 군사력의 분쟁은 너무 파괴적이며, 인간의 새로운 속도와 인공지능의 상호작용, 그리고 확장된 원거리에서 발생한다. 동등한 전력의 적대국과 상대하기 때문에 잘 훈련된 부대도 대체하기 어려운 심각한 인력 및 장비 손실을 겪을 것이다. 로봇들, 무인차량, 그리고 인간-기계 합동팀 활동이 부분적인 해결책을 제시해주지만, 전쟁은 취약한 인간에 의해 지속될 것이다. 군사력은 값비싼 장비와 심지어 더 소중한 인명을 대체할 수단이 생길 때까지 오직 단기간의 전역을 수행할 수 있을 뿐이다. 군은 인공지능, 생명공학, 인간-기계 인터페이스, 신경이식 지식, 그리고 인간의 수행 능력과 학습 능력을 향상시키는 기타 분야에 대한 발전을 고려해야 한다.

넷째, 정보의 우월성이다. 공세와 수세 간의 끊임없는 투쟁에서 정보는 가장 중요한 요소이며, 모든 수준의 전쟁에서 가장 유용한 수단이 된다. 행위자가 적의 군사적 수단에 공격하지 않고도 적의 의지를 표적으로 삼아 직접적인 영향을 미칠 수 있는 정보작전 능력이 점점 더 증대되고 있다. 과거에 국가들은 적의 수단, 즉 적의 군대 또는 국가 기반시설과 국민을 대상으로 직접적인 물리적 공격을 가함으로써 적의 의지를 꺾으려 했다. 정교하고 미묘한 차이를 가진 정보작전, 사이버작전을 통해 영향을 받은 청중을 직접적으로 표적화할 수 있는 이점의 활용, 다른 형태의 영향을 줄 수 있는 작전, 신뢰할만한 능력을 갖추고 증강된 부대 등은 전투가 벌어지기 전에 적의 의지를 굴복시킬 수 있다. 즉, 적대세력 또는 적대국의 정치지도부 및 국민에게 국가의 번영과 생존이 위태롭게 되는 대가치고는 얻을 수 있는 가치가 너무 작다는 것을 인식시켜 무력 도발의지를 스스로 단념하게 하는 것이다. 가장 효과적인 작전은 적이 특정 활동을 수용하거나 복종하도록 강요하기 위해 국력의 모든 요소를 동원하는 것이다. 이는 목표를 달성하기 위해 신뢰성 있는 군사력으로 뒷받침되는 정보작전을 활용하기 쉽고 저렴하며 효과적이다. 또한 국가가 정치, 경제, 심지어 정보 분야에서 성공하기 위한 여건을 조성하는 수단으로 군사력 운용을 검토하게 될 것이다.

다섯째, 전장공간의 확장이다. 국가·비국가 행위자, 심지어 개별적으로도 재래식 및 비재래식 수단을 사용하여 군과 민간 기반 시설을 표적으로 삼을 수 있다. 전투지대에 전개되는 장병들은 개인 거주지, 본대시설, 승선항을 포함한 전략적 지원지역으로부터 근접지역으로 이동하는 모든 전개기간 동안 지속해서 취약한 상태에 놓이게 된다. 적대세력은 대량살상무기, 극초음속 재래식 무기, 사이버 무기, 정보전을 포함한 점점 더 정교해진 파괴 능력으로 비군사적 기반시설과 심지어 인구도 표적으로 삼을 수 있는 역량을 갖추게 된다. 대등하거나 거의 대등한 적대국 간의 한정된 지역 작전에 중점을 둔 제한전쟁은 상대국의 본토를 타격할 수 있을 만큼 전례 없는 능력을 보유할 수 있게 됨으로써 더욱더 위험해질 것이다. 미 본토 또한 전쟁의 영향을 피할 수 없을 것이다.

여섯째, 전쟁 윤리의 변화다. 전쟁의 전통적인 규범, 전투원과 비전투원의 정의, 심지어 군사 활동의 요건이나 개전 이유(casus belli)가 모든 전쟁수준에서 뒤바뀌어 요동치게 된다. 국가정책에 영향을 미치기 위한 사이버 활동과 정보작전은 전쟁의 수준을 향상시킬 것인가? 국가 기간시설을 표적으로 사이버 능력을 사용하여 사회적 효과를 달성한다면 합법적인가? 군사시설의 전력을 지원하기도 하지만 민간병원 또한 지원하는 무인체계에 의해 통제되는 전력망을 표적으로 삼을 수 있는가? 대량살상무기를 사용하는 한계점은 무엇인가? 군인을 대상으로 자율로봇을 사용하는 것은 합법적인가? 로봇이 가용한 상황에서 인간 전투원을 위험한 상황에 투입하는 것이 윤리적인가? 이와 같은 질문은 더 많을 수 있으며, 이에 대한 답변은 개별 행위자에 따라 달라질 것이다.

2) 위협인식

미국은 가까운 미래에 "미국의 국익이 끊임없는 무질서와 국제질서의 경쟁적 규범 모두로부터 도전에 직면하게 될 것이다"라고 예측했다.[19] 국제질서의 규

---

19 경쟁적 규범(contested norm)은 점증하고 있는 강력한 수정주의 국가들이 미국과 미국의 국익에 불리한 그들만의 통치 질서를 만들기 위해 국력의 모든 요소를 이용하는 비국가 행위자를 선택하는 것과 관련되고, 끊임없는 무질서(persistent disorder)는 국내질서나 좋은 정부를 유지하는 데 실패하고 있는 약소국가들의 증가를 의미한다. 이러한 평가를 지지하는 간행물로는 the Joint Operating Environment 2035; Worldwide Threat Assessment of the U.S. Intelligence Community, Senate Select Committee on

범에 도전하는 경쟁국으로서 주된 위협은 중국과 러시아로 간주한다. 중국과 러시아는 미국과 거의 동급의 잠재적 적대국으로서 수단은 일부 다르지만, 작전적·전략적 교착상태의 효과를 창출하는 데 필요한 능력과 접근방법을 추구하고 있다고 인식한다. 따라서 다영역 작전의 핵심 개념은 러시아와 중국의 위협을 극복하고 미국의 패권 질서를 유지하는 데 초점이 있다.

미국이 인식하는 중국은 시간이 지나면 미국에 가장 강력한 경쟁국이 될 만한 비전과 전략적 종심을 보유한 위협국이라는 것이다. 러시아와 달리 중국은 독립적인 전자 사업과 세계 수준의 인공지능 개발 등 경제·기술적 기반을 갖추고 있으며, 향후 10~15년 이후면 현재 러시아의 체계를 능가할 수준에 도달하기에 충분하다는 것이다. 중국은 범세계적으로 군사력을 투사할 수 있는 세계적 수준의 군사력을 빠르게 건설 중이라고 판단된다.

러시아와 중국은 미 합동군의 능력과 정치적·군사적 교착상태를 형성할 수 있도록 전 영역과 전자기 스펙트럼, 정보환경에서 상대적 우위 달성을 시도하고 있다. 만약 이러한 도전이 성공한다면, 교착상태는 이러한 동급의 경쟁자들에게 미국과 그 동맹국들이 값비싼 비용을 지불할 수밖에 없게 만드는 전략목표 추구에 필요한 행동의 자유를 보장해준다. 그들은 제휴한 여러 나라들과 비국가 행위자들과 함께 점진적으로 미국이 동맹과 협력국에 제공하고 있는 안전보장 체제를 손상시킴으로써 국제질서에 도전할 것이다. 실패한 국가나 약소국들이 미국의 결정적인 대응을 촉발하는 것을 회피하기 위해 철저하게 계산된 단기간의 공세적 무력분쟁에서 중국과 러시아의 주된 표적이 된다. 중국과 러시아는 신속히 군사작전으로 전환하여 긴장을 고조시킬 수 있는 능력을 보유함으로써 미국과 동맹국이 군사적으로 대응하기 전에 주도권을 장악하고 유지할 수 있는 수단을 보유할

Intelligence, Feb 2016; Military and Security Developments Involving the People's Republic of China 2015, Annual Report to Congress; and David E. Johnson, The Challenges of the "Now" and Their Implications for the U.S. Army (Santa Monica, Calif: RAND Corporation, 2016) 참조. TRADOC Pamphlet 525-3-1, *The U.S. Army in Multi-Domain Operations 2028*, p. 6 재인용.

수 있다.

미국이 판단하고 있는 중국과 러시아의 의도는 경쟁과 무력분쟁에서 교착상태를 형성하기 위해 다양한 정치적·군사적 A2/AD 전략과 시스템을 운용하는 것이다. 경쟁에서 두 나라는 외교적·경제적 조치, 비정규전, 정보전, 지역 내 사회적 문제와 소수민족 분쟁, 인종, 민족 간의 갈등 확대, 재래식 전력의 전개 위협 또는 전개를 통해 미국과 동맹 및 협력국들의 관계를 분열시키고자 노력한다. 대상국가와 동맹국 내부에 불안을 조성하여 정치적 분리 입장을 갖게 함으로써 전략적 모호성을 증대시키고, 우방국의 인식·결심·반응 속도를 감소시킨다. 무력분쟁에서 중국과 러시아는 A2/AD 시스템을 운용하여 미 합동군을 시간·공간·기능적으로 분리시키고자 한다.

미국의 위협인식은 중국과 러시아의 의도가 무엇인지를 분명하게 규정하고 있지 않다. 러시아와 중국이 왜, 어떤 상황에서, 어떤 방식으로 경쟁하고 무력분쟁을 일으킬 것인지에 대한 문제규정이 없다. 그렇다 보니 임무 자체가 너무 포괄적이라 모호하고, 임무가 모호함에 따라 제대별로 해결해야 할 과업 도출이 어려우며, 과업이 명확하지 않다 보니 전투에서 승리하기 위한 논리나 이론이 들어있지 않다는 비판을 받고 있다.[20]

3) 군사전략

국제정치학에서 현실주의자란 "모든 국가는 자국의 국가이익을 위해 노력한다"는 관점을 취하는 사람들을 의미한다. 현실주의자들은 국제사회를 "국가보다 상위에 있는 어떤 권위 있는 조직도 존재하지 않는다"라는 점에서 '무정부상태(anarchy)'라고 상정한다. 국가보다 상위에 있는 권위를 가진 조직이 없으므로 국가 사

---

20 Huba Wass de Czege, *Commentary on "The US Army in Multi-Domain Operations 2028"* (Carlisle, PA: US Army War College Press, April 2020), pp. 9-20.

이의 갈등을 해결하는 궁극적인 방법은 각 국가가 보유하고 있는 힘을 사용하는 것이다. 도덕이나 국제법이 없다는 것은 아니지만 국가들의 궁극적인 행동을 규정하는 것은 힘(power)이지 도덕 혹은 국제법이 아니다. 힘의 사용을 통한 갈등의 해소는 언제라도 국가 간에 전쟁이 발발할 수 있다는 의미다. 현실주의 국제정치학은 이처럼 세계가 전쟁상태인 무정부상태에 있으므로 지구상의 모든 국가는 궁극적으로 자국의 생존을 위해 노력할 수밖에 없다고 가정한다. 결국 국제정치란 국가들의 힘이 충돌하는 힘의 정치 혹은 권력정치(power politics)의 영역이 될 수밖에 없다고 보고 있다.[21]

이러한 맥락에서 다영역 작전에 지침을 준 미국의 군사전략은 아시아를 제패할 강대국의 부상을 견제하고 억제하며, 분쟁 시에는 격퇴하는 것이다. 특히 중국의 도전에 초점을 맞추고 있다.

미국의 전략가들은 중국의 군사전략을 '반접근/지역거부(A2/AD)' 전략이라고 부른다. 제1 도련선은 일본-필리핀-남중국해를 잇는 선으로 중국의 근해를 방어하기 위한 선이고, 제2 도련선은 사이판-괌-인도네시아를 잇는 선으로 사실상 태평양을 동서로 양분하는 선이다. 중국은 궁극적으로 2개의 도련선 안쪽 지역을 자신들의 영해처럼 지배하고 싶어 한다.

중국은 국제 해양법에서 인정하는 배타적 경제수역(EEZ)조차 무시하고 미국의 군함들이 이 지역에서 활동하는 것을 물리적으로 방해하거나 미 해군에 군사공격 위협을 가하기도 했다. 중국이 남지나해 인공섬에 비행장을 건설하고 인공섬 주위에 12해리 영해를 선포하자, 미국은 이를 항행의 자유를 심각하게 위협하는 것으로 인식하고 이 지역에 군함을 진입시키거나 폭격기를 날게 하는 등 강력하게 대응하고 있다. 2015년 10월 27일 중국의 스프래틀리군도 인공섬의 영해에 9,200톤급 이지스구축함 라센호를 투입, 항진하는 무력시위를 벌였다. 이어 12월 18일에는 미국의 B-52 전략폭격기 2대가 인공섬 주변 상공을 비행하기도

21 이춘근, 『미중 패권경쟁과 한국의 전략』, 김앤김북스, 2016, p. 119.

했다. 2016년 1월 30일에는 이지스구축함 커티스 윌버호가 중국이 선포한 파라셀군도 내 인공섬의 영해에 진입하여 항진하기도 했다. 아직 양국 군대 간에 실탄 사격이 오간 일은 없었지만, 언제라도 군사분쟁으로 비화될 가능성을 내포하고 있다.[22] 중국이 바다를 영토로 인식한다는 것은 적국이 바다를 통해 침략해오는 것을 단순히 방어한다는 목적을 넘어 자신의 영토라고 생각하는 바다를 마치 육지를 지배하는 것처럼 완전하게 지배하겠다는 의지다.

미국은 중국 해군이 근해와 원해에서 동시에 작전을 수행할 수 있는 전략의 필요성을 인식하여 '도련선 방어' 개념에서 '방위층(Defensive Layer) 개념'으로 변경시켰다.[23] 제1 방위층은 연안으로부터 540~1,000해리 떨어진 해역으로 동해 전체, 일본 열도 전체, 필리핀 열도 전체, 인도네시아의 보르네오섬 북부 지역 및 말레이시아, 태국에 연해 있는 바다를 포함한다. 대함 탄도미사일과 잠수함이 제1 방위층을 지키는 주된 방어수단이라고 할 수 있다. 제2 방위층은 연안으로부터 270~540해리 떨어진 해역으로, 한국의 동해 일부, 일본의 규슈, 오키나와를 모두 포함한 바다이며, 필리핀의 루손섬, 베트남 남부까지 포함된다. 잠수함과 항공기가 제2 방위층을 지키는 주된 방어수단이다. 제3 방위층은 중국이 상정하는 최종 방위층으로 중국의 해안선으로부터 270해리 떨어진 해역이다. 서해 전체, 제주도, 이어도, 센카쿠열도, 대만, 베트남의 중부지역에 이르는 바다를 모두 포함한다. 수상함과 잠수함, 항공기, 해안방어 순항미사일 등이 방어의 주된 수단이 된다. 중국의 방위층 개념은 방위를 강조한 이름과 달리 동남아시아 국가들에게는 공세적이고 위협적인 개념이 아닐 수 없다. 서해와 동해 전체가 중국의 해양 방위층에 포함된 실정이다.

---

22 위의 책, p. 267.

23 위의 책, p. 272.

4) 전역구상

전역구상은 작전술을 활용하여 전역 또는 주요 작전의 계획 및 시행의 기초가 되는 개념적 기본 틀(framework) 또는 구조(construction)를 형상화하는 것이다. 전역의 전체적인 윤곽을 가시화해봄으로써 전구(theater) 상황을 포괄적으로 이해하고, 상황에 대한 이해를 기초로 해결책을 모색하며, 지속적인 분석과 평가를 통해 최적의 적응방안을 결정하기 위함이다. 다영역 작전은 미래의 작전수행개념이기 때문에 전역계획으로 구체화된 사례는 존재하지 않는다. 그러나 다영역 작전의 작전환경과 위협인식, 그리고 미군의 기본교리를 적용해본다면 그들이 예상하는 전역에 대한 구상을 추론해볼 수 있다.

(1) 다영역 작전의 전역구상

다영역 작전의 작전환경 평가에서 주목할 점은 과학기술의 획기적인 진보로 인한 급속한 사회변화이고, 군사과학 기술의 평준화로 전쟁수행방식의 차이가 점점 모호해진다는 점이었다. 이러한 조건으로는 어떤 국가도 경쟁국에 대한 압도적인 군사적 우위를 차지하기가 쉽지 않다. 따라서 범세계적 수준의 정보를 위한 투쟁이 주도권 확보의 관건이었다. 정보를 위한 경쟁은 범세계적으로 퍼져있는 사이버, 전자기 스펙트럼, 정보환경, 그리고 심리적 수단들을 잘 활용할 수밖에 없다. 정신과 인식 차원의 우위성, 외교·정보·군사·경제력의 통합성, 군사력의 한계성 극복, 전장공간의 확장성, 전쟁 윤리의 변화로서 치명성, 합법성, 인간성 등에 대한 도전을 극복해야 한다.

필자가 구상한 다영역 작전의 작전선/노력선은 〈그림 1-4〉와 같다. 다영역 작전의 전역구상이 현 교리상의 작전단계화 모델과 다르다는 사실은 미국의 전쟁수행방식이 분명하게 달라지고 있음을 알 수 있게 한다. 작전의 기본 틀을 변경시킴으로써 '경쟁 평등화' 시대가 올지라도 미국이 세계적 우위를 유지하겠다는 결의를 표현하고 있다. 주요 차이점을 다음과 같이 대별해볼 수 있다.

첫째, 전역의 작전단계화 측면이다. 미국의 대규모 전투작전을 위한 전역계획은 주로 0~5단계 작전단계화 모델을 적용했다. 0단계 여건조성, 1단계 억제, 2단계 주도권 확보, 3단계 전장 지배, 4단계 안정화, 5단계 정부통치 지원이 그것이다. 〈그림 1-4〉를 보면, 다영역 작전은 대규모 전투작전이 수행될지라도 '경쟁-무력분쟁-경쟁으로의 회귀'라는 3단계 전역 수행 개념을 적용한다. 냉전 시대에 구소

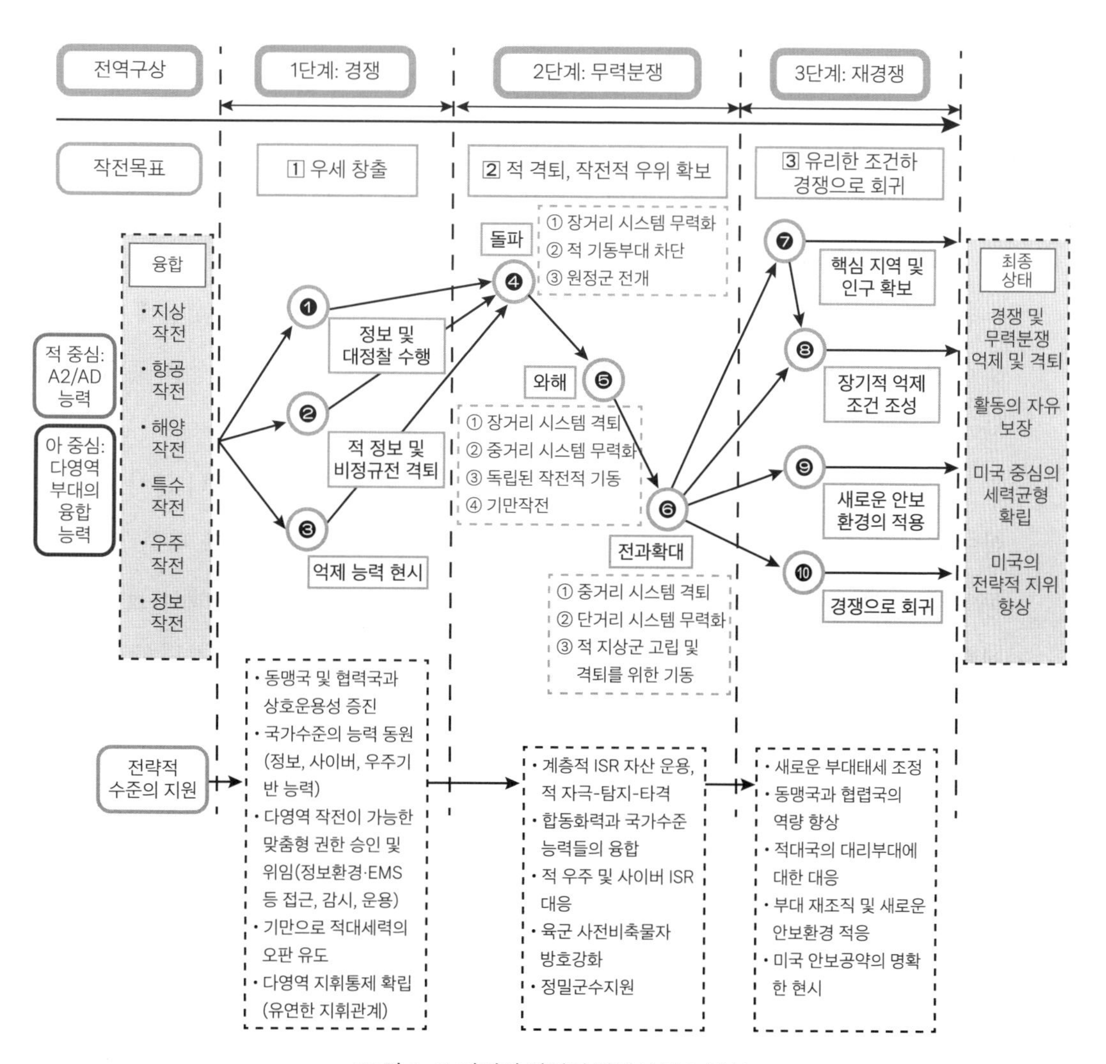

〈그림 1-4〉 다영역 작전의 작전선 및 노력선

출처: 작전수행개념을 기초로 연구자가 역설계한 구상임.

련을 상대로 한 전면전은 안정화와 정부통치 지원까지 적대세력의 영토 점령과 미국에 우호적인 정부 수립까지 압도적인 미국의 승리를 전제로 했다. 그런데 다영역 작전에서는 핵무기를 보유한 미국과 거의 대등한 적대국을 대상으로 대규모 전투작전에 의한 완전한 승리를 목적으로 하지 않는다. 다만 분쟁 억제 및 확산을 차단하고 전면전의 수준에 못 미치는 단계에서 정치적 협상을 통한 분쟁 해결을 목적으로 한다.

둘째, 전역의 최종상태 측면이다. 기존의 전쟁수행방식은 적의 군사적 능력을 격멸하고 영토를 점령함으로써 실효적으로 지배하는 것을 최종상태로 했는데, 다영역 작전에서는 지역안보를 불안정하게 하고 역내 패권적 지위를 차지하려는 수정주의 국가들의 의지를 변경시켜 새로운 안보환경에 적응토록 강제하는 것이다. 미국 중심의 세계질서 체제에 도전하는 강대국들의 A2/AD 체계를 수일에서 수주 이내에 돌파하여 와해시키고 유리한 조건을 조성함으로써 정치적 협상에 응하게 만드는 것이다. 이렇게 함으로써 미국은 범세계적으로 전략적 위상을 증대시키고 자국에 호의적인 국제질서를 만들어갈 수 있다.

셋째, 작전목표 측면이다. 전통적으로 작전목표는 적의 영토점령이나 군사능력의 파괴에 중점을 두고 선정되었다. 다영역 작전에서는 정치적 협상을 위한 '행동의 자유' 확보에 초점을 두고 있다. 즉, 전략적·작전적·전술적 수준에서 적대세력의 의지에 영향을 미칠 수 있는 핵심 또는 고가치 표적만 선별하여 무력화 또는 파괴함으로써 행동의 자유를 확보하는 데 목표가 있다. 행동의 자유를 확보한다는 것은 주도권을 장악한다는 의미로 정치적 협상에 유리한 입장에 서게 된다는 뜻이다. 결국 현상 유지나 정전상태로의 환원이 작전목표라고 할 수 있다.

넷째, 군사력 운용 방법의 측면이다. 전통적으로 군사작전은 육·해·공군과 해병대 등 각 군의 고유영역과 독특한 특성을 중심으로 합동성이나 상호의존성에 기반을 둔 작전이 정형화되었다. 각 군의 전문성과 강점이 자군 중심의 사고로 인해 합동성을 저해하거나 경쟁 현상이 나타나기도 했다. 그런데 다영역 작전은 각 군의 고유영역을 구분하기보다는 전 영역을 교차할 수 있는 다영역 작전능력에 기반을 둠으로써 합동성의 진보된 형태로 교차영역 시너지를 강조하고 있다. 적대국이 전 영역에서 미국과 교착상태를 형성할 수 있게 됨에 따라 동맹국을 상대로 한 분쟁지역에 미국의 군사력 투사가 제한되는 상황에 부닥치게 된다. 미국은 동맹국이나 협력국으로부터 분리되기 전에 적극적·주도적인 개입을 통해 어떠한 영역에서든지 '우세의 창'을 만들어 행동의 자유를 확보하고자 한다. 이를 위해 지상·해상·공중·우주 및 사이버·전자기 스펙트럼 능력까지 합동군의 능력을 '융합'함으로써 A2/AD 능력을 돌파하고 일시적 우세를 달성함으로써 유리한 위치를 차지할 수 있도록 각 군의 능력을 요구하는 시간과 장소, 목적에 따라 적절한 형태와 규모로 결합하는 형태의 작전을 구사한다.

다섯째, 군사적 개입형태와 부대태세의 변화 측면이다. 미국은 통상적으로 동맹국이나 협력국이 도발을 받거나 침략을 당했을 때 일정 조건이 충족될 때만 군사적 개입을 결정했다. 개입조건이 불명확해진다면, 미 증원전력이 전개되기 전에 심각한 국면에 직면하게 되거나 증원전력이 투입될 수 없는 상황도 발생할 수 있었다. 동맹의 신뢰성 문제가 제기되는 이유이기도 하다. 미국은 이러한 문제를 해결하기 위해 전역구상에서부터 기존의 작전단계를 통합하여 '경쟁'단계로 간주하고 여건조성, 억제, 주도권 확보 단계에서의 군사 활동을 포함했다. 이것은 미국의 국익과 연결된 지역에 평상시부터 동맹국 및 협력국들의 안보문제에 적극적으로 개입함으로써 미국 중심의 국제질서에 도전하는 세력들을 견제하고 도발을 차단하겠다는 의도를 포함한다. 다영역 작전의 기본 교의가 '정밀히 조정된 부대태세', '다영역 부대' 그리고 '융합'의 3요소로 구성된 이유이기도 하다.

(2) 작전수행개념

〈그림 1-5〉는 미래 작전환경에서 다영역 작전을 수행하는 동영상 화면을 캡처한 것이다. 공지전투의 속성을 계승하고 있으면서도 완전히 새로운 전투력 운용방식을 보여주고 있다.

다영역 작전은 이러한 공지작전의 한계를 극복하고 미래의 작전환경에서 미

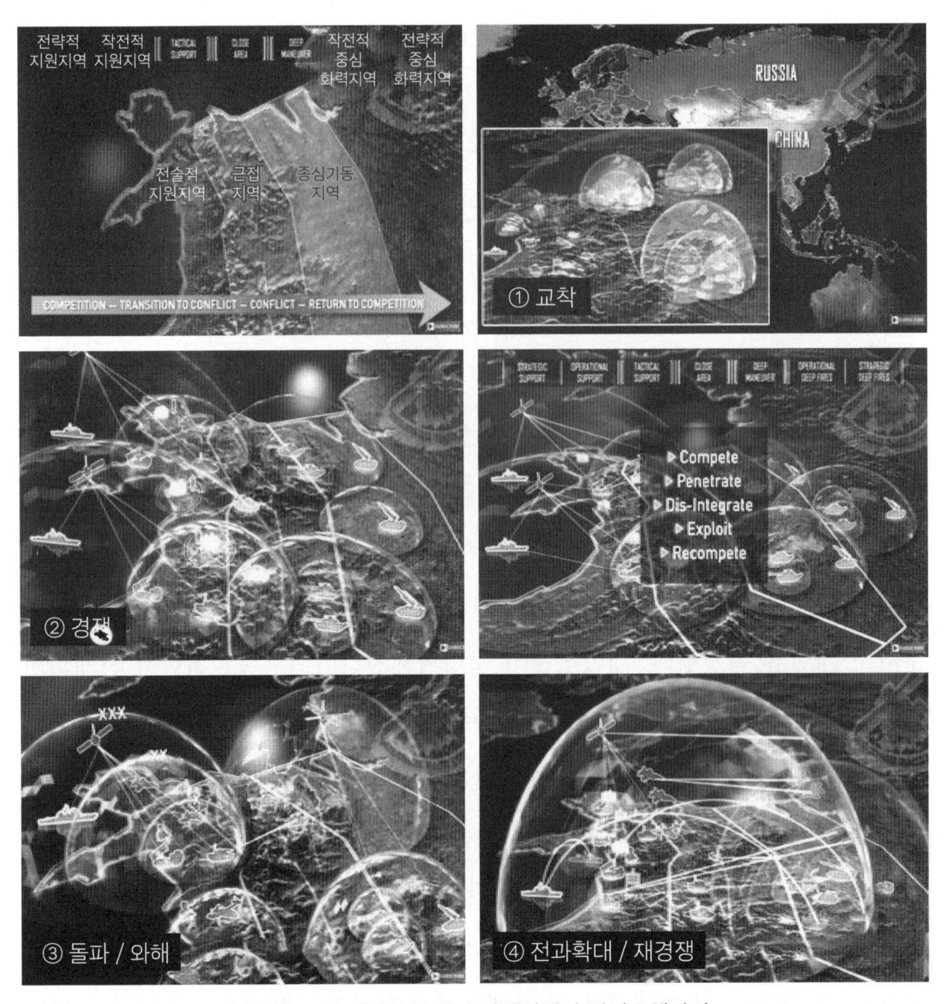

〈그림 1-5〉 다영역 작전의 전장편성과 작전수행과정

출처: U.S. Military Prepares for 21st Century in multi domain Operations 2028, https://www.youtube.com/watch?v=1Z19Qy0Q7aQ (검색일: 2020. 8. 16) 동영상에서 캡처하여 필자가 재편집함.

국의 승리를 보장하기 위한 새로운 전쟁방식의 요구에서 시작되었다. 핵심적인 변화는 전장의 기본 틀을 변경한 것이다. 공지작전의 전장편성인 후방·근접·종심지역의 개념을 시간·공간·인지적 차원에서 확장된 개념의 전장편성으로 새롭게 인식했다. 즉 후방지역은 전략적·작전적·전술적 지원지역으로, 종심지역은 종심기동지역과 작전적·전략적 종심화력지역으로 확장되었다. 또한 기존의 지상·해양·공중 영역에서 우주 영역과 사이버 및 전자전 스펙트럼의 공간에 영향력을 행사할 수 있는 범위로 확대되었다. 과학기술의 발달로 인간이 통제력을 발휘할 수 있는 공간이 확장된 것은 자연스러운 현상이겠지만, 이러한 작전환경에서 '어떻게 싸워 이길 것인가?'에 대한 문제 해결을 위해서는 새로운 접근방식이 필요할 수밖에 없다.

4. 한국의 미래전 수행방식

1) 작전환경

다영역 작전의 작전환경 예측이 한국의 작전환경 변화와 일치할 수는 없다. 국가가 처해있는 국제·지역·국내적 정치·군사·경제·사회·정보·기반시설 면에서 고유성, 다양성, 차별성 등 다양한 변수들이 작용하기 때문이다. 그렇다고 한국이 맞이할 작전환경이 미국의 예측과 완전히 다를 것이라고 보는 시각도 경계할 필요가 있다. 미래의 작전환경은 세계화가 심화되면서 국가 간에 상호 연계되지 않는 부분들이 거의 없기 때문이다. 변화에 걸리는 시간과 과정, 수준과 범위, 방법과 인식에서 차이는 보이겠지만 전체적인 환경 변화의 흐름은 수용할 수밖에 없다.

국제질서의 중심이 인도·태평양지역으로 이동하면서 주변국 간 경제적 협력과 상호의존성이 높아지고 있다. 동시에 초국가적·비군사적 안보문제로 인한 지역 간 갈등과 분쟁의 가능성 또한 매우 높아질 것이다. 동북아지역은 미국, 중국, 일본, 러시아의 전략적 이익이 상호 교차하는 곳이기 때문이다. 이 지역은 한반도 비핵화, 영토분쟁, 역사문제, 군비경쟁 등 주변국 간 이익이 충돌하면서 전통적 갈등요인에 따른 안보위협이 지속되고 있다고 평가받는다.[24]

---

24 대한민국 국방부, 『2018 국방백서』, p. 8.

다영역 작전에서 제시한 작전환경이 러시아와 중국의 A2/AD 능력의 향상에 초점이 맞추어져 있었다면, 한국의 경우는 당면해 있는 북한의 변화와 주변 3강의 역동적 변화 모두와 연계되어 있어서 훨씬 복잡하고 한정하기 어렵다. 그러나 공통점은 중국과 러시아의 영향력 증대가 한반도의 작전환경 변화에 핵심적인 영향 요소라는 것은 분명하다.

군사전문가들이 예측하는 미래전의 특징은 효율성, 통합성, 신속성, 비살상과 경제적 효과라고 규정된다.[25] 효율성은 최소의 노력으로 최대의 효용을 얻는데 중점을 둔다는 의미다. 통합성은 육군, 해군, 공군에 의한 개별 작전의 개념이 희석되고 임무별 최적의 조합을 갖춘 합동작전이 주종을 이룬다는 뜻이다. 연합 및 합동전투가 가능한 C4ISR+PGM[26] 체계를 통한 지휘통신 및 타격복합체가 융합되어 정보지식이 자유롭게 유통된다. 이로 인해 실시간 지휘-결심-타격이 가능한 네트워크 기반의 전장이 조성된다는 것이다. 신속성은 인공지능, 자율무기 시스템들을 통해 빠른 작전이 수행되고 최적화된 작전 편성으로 임무 수행의 신속성이 증폭되는 현상을 의미한다. 비살상과 경제적 효과는 전투의 결과뿐만 아니라 인도적·정치적·외교적·사회적 결과도 전쟁 일부로 간주할 수 있으므로 비살상·비파괴 전투를 지향하게 된다는 뜻이다.

따라서 미래전에서는 적 군사능력의 파괴에 목적을 두기보다는 적의 의지를 어떻게 분쇄할 것인가에 초점을 둘 것이며, 최소한의 투입으로 최대한의 성과를 얻는 경제적 성과기반 작전과 최소한의 핵심표적만 타격함으로써 인명피해의 최소화를 추구하게 된다. 다영역 작전에서 예측하는 미래전의 양상이 한반도에서 동일한 양상으로 펼쳐진다고 보기는 어렵다. 가상 적국들의 의도나 능력에 관한

---

25 육군교육사령부, 『미래전 승리를 위한 강한 육군의 전투발전 방향』, 한국전략문제연구소, 2017, pp. 95-96.

26 C4ISR+PGM: 지휘 · 통제 · 통신 · 컴퓨터(Command and Control, Communication), 정보 · 정찰 · 감시(Intelligence, Surveillance, Reconnaissance)+정밀유도무기(Precision Guided Missile)의 복합체계를 의미한다.

판단이 다르고, 정치·경제·사회·문화적인 정책 선호도 다르며, 과학기술의 진보 속도가 다르기 때문이다.

미국이 예측한 2050년경 미래전의 양상은 다양한 작전공간을 넘나드는 다영역 작전, 인간·드론봇·AI가 결합한 유·무인 복합전, 위협의 근원을 최단 시간 내 제거하는 새로운 형태의 비대칭전 등으로 정리해볼 수 있다.[27]

미국은 다영역 작전에서 전면전을 구상하지 않는다. 경쟁 또는 무력 분쟁의 단계에서 전면전으로 확산되는 것을 막고 정치적 협상으로 분쟁을 해결하고자 한다. 이를 위해 미국은 자국의 이익이 걸려 있는 분쟁지역에는 평시부터 적극적인 군사개입을 추구한다. 따라서 한반도에서의 전쟁 양상은 위기 단계나 국지도발, 또는 국지전 단계에서 정치적 협상으로 종결을 시도하는 제한전이 될 수밖에 없다.

2) 위협인식

한국은 한·미 연합방위태세를 근간으로 하다 보니 미국의 국가전략 차원에서 판단된 위협의 우선순위에 따라 지배적인 영향을 받고 있다. 미국은 중국의 군사적 부상을 주위협으로 간주하면서 인도·태평양 전략을 새롭게 했다. 현상타파 국가로서의 중국, 악성국가로 부활하려는 러시아, 불량국가로서의 북한, 지역 내의 테러, 불법무기 거래, 인신매매, 해적, 악성 전염병, 자연재난 등 초국가적 위협을 구체적으로 명기했다. 미국은 태평양 국가로서 미래에 인도·태평양지역이 가장 중요하다고 천명하고 있다.[28] 따라서 한국의 위협인식은 미·중 패권경쟁, 그리고 미국과 북한의 핵문제에서 파생되는 위협에 초점이 맞춰져야 한다.

한국의 참된 위협은 북한이 아니라 중국이다. 지금 북한이 전쟁을 일으키면 한미연합군에 의해 북한은 패망하게 될 것이다. 북한의 체제는 붕괴하지만, 한국

---

27 육군본부, 『육군 기본정책서 '19~'33(육군비전 2030)』, 육군본부, 2019, p. 29.

28 U.S. Department of Defense, *Indo-Pacific Strategy Report*, pp. 1-2.

도 불바다가 되면 한국경제는 끝장이다. 그러므로 한국도 북한도 전쟁을 피하고자 하는 속내를 보유하고 있다는 점을 전제로 한반도에서 전쟁이 일어날 가능성은 작다고 보고 있다.[29]

결국 한반도는 탈냉전이라는 세계적인 흐름과 어긋나게 미국과 중국의 패권경쟁, 미국·일본 동맹의 강화와 중국·러시아의 전략적 연대가 충돌하는 신냉전의 논리가 작용하고 있다. 또한 남북한의 대치 체제가 남아있으면서 북한의 핵 개발과 급변사태의 가능성, 경제난 등 갈등과 충돌이 이어져 불안정한 안보환경이 지속될 수밖에 없다.

3) 군사전략

한국의 국방목표는 "외부의 군사적 위협과 침략으로부터 국가를 보위하고, 평화통일을 뒷받침하며, 지역의 안정과 세계평화에 기여하는" 것이다.[30] '외부의 적'은 한국의 주권, 국토, 국민, 재산을 위협하고 침해하는 세력을 뜻하며, '평화통일의 뒷받침'은 한국 주도의 국방역량을 구축하여 한반도의 평화를 힘으로 뒷받침한다는 의미이고, '지역의 안정과 세계평화에 기여한다'는 것은 국제 평화유지활동 및 국방교류 협력 등에 적극적으로 참여함으로써 동북아지역의 안정은 물론 세계평화에 기여함을 의미한다.

군사전략은 북한의 위협과 잠재적 위협, 그리고 비군사적 위협에 동시에 대비함으로써 "외부의 도발과 침략을 억제하고, 억제 실패 시 최단시간 내 최소피해로 전쟁에서 조기에 승리를 달성"하는 것을 목표로 한다.[31] 이러한 군사전력 목표를 달성하기 위해 전방위 위협에 대해서는 한미동맹을 기반으로 주도적인 억제·대응능력을 구비하고, 북한의 위협에 대해서는 위협감소를 통해 전쟁 가능성을

29 민희식, 『위기의 한반도』, 도서출판혜심, 2016, p. 100.

30 대한민국 국방부, 『2018 국방백서』, p. 33.

31 위의 책, p. 36.

감소시키며 장기적으로는 평화체제 구축을 위해 군비통제 전략을 수립하여 시행하고, 북한의 도발과 침략을 억제하며, 억제 실패 시에는 최단 시간 내 최소피해로 전쟁을 조기에 종결한다는 전략개념을 가지고 있다.

위와 같은 군사전략은 미국의 동북아시아 재균형 전략과 맥락이 같다. 위협인식에서 중국과 북한의 위협을 가장 우선시하고 있으며, 미국의 동맹국으로서 전진배치군의 역할을 한국이 수행할 수 있기 때문이다. 다영역 작전의 기본 틀에서 한국은 전술적 지원지역과 근접지역에 해당하며, 북한지역은 종심기동지역, 중국과의 국경지대는 작전적 종심화력지역, 중국 본토는 전략적 종심화력지역에 해당한다. 유사시 북한의 공격을 저지하고 중국의 개입을 차단하는 결정적인 역할은 바로 한국군이 수행할 수밖에 없기 때문이다.

4) 전역구상

한국의 미래전 전역구상은 작전환경, 위협인식의 변화, 군사전략을 전략지침으로 삼아 다영역 작전의 개념을 기초로 하여 작전적 수준에서 일련의 주요 전투들을 가시화해보는 노력이다. 전역의 최종상태와 작전목표, 중심과 결정적 지점, 작전선/노력선을 구상해봄으로써 한국의 미래전 수행에 이상적인 작전수행개념을 도출해볼 수 있을 것이다.

(1) 한반도 전면전 시나리오와 전역구상

전면전은 김정은 군사집단의 기습공격과 한국군 단독 전쟁수행 시나리오다.[32] 김정은이 전쟁을 결심하게 된 배경은 한국의 정치상황 변화에 기인한다. 북한에 우호적인 정권이 교체되어 강경정책을 추진하는 정부가 출범하게 되었으며, 현재의 경제 사정이 어떠한 방도(개방, 인민 경제체제 개혁)를 채택하더라도 계속 중국

32 정진호, 『한반도 전쟁 시나리오』, 도서출판성산, 2012, pp. 176-223.

에 종속될 뿐 회생 기미가 보이지 않는다. 북한 주민들은 악화한 경제상황에 점점 더 김정은의 정치체제에 불만을 표출하는 사례가 많아진다. 김정은은 이대로 방치하다가는 정권에 위기가 닥칠 것을 고민하게 된다. 내부의 불만을 외부의 탓으로 돌리는 방법을 강구하던 김정은은 가장 가까운 남쪽에서 부유하게 사는 한국을 이용할 방법을 생각해낸다. 6·25전쟁 시 3일 만에 서울을 점령했던 경험을 떠올리며 지금이라도 한국의 서울 정도는 순식간에 점령할 수 있을 것이라 확신한다. 미국의 증원부대가 전개되기 전에 제한된 목표를 점령하고 서울의 자원들을 탈취하여 북한 주민들에게 공급하며, 핵무기 위협을 앞세워 북한에 유리한 조건에서 정치적 협상을 통한 종전을 강요한다면 당면한 문제들을 해결할 수 있다고 결론을 내린다. 북한의 우방인 중국과 러시아는 국경 인접 국가에서 전쟁을 벌이는 데 동의하지 않겠지만, 막상 전쟁이 시작되면 그들의 국가적 이익을 생각해서 북한을 지원할 수밖에 없을 것으로 판단한다. 생각대로만 된다면, 최소 전쟁경비로 최대 전쟁 결과를 획득할 수 있다고 확신한 김정은은 기습남침을 결심한다.

시나리오는 다영역 작전의 기본 틀에서 보면, 중국과의 경쟁공간인 근접 지역(close area)에서의 무력 분쟁에 해당한다. 다영역 작전과의 차이점은 도발의 주체가 중국이 아닌 북한이라는 점이고, 동맹국인 한국군이 전진배치군의 구실을 하고 있다는 것이다. 작전단계 측면에서 보자면 1단계 경쟁단계가 실패하고, 곧바로 2단계 무력분쟁으로 신속히 전환해야 하는 상황이다. 북한의 기습남침이 노리는 최고의 효과가 바로 이것이다. 경쟁단계에서 작전적 우위를 차지할 수 없는 북한이 선택할 수 있는 마지막 카드인 셈이다.

이러한 상황에서 한국작전전구가 선포된다. 주적은 북한이고, 전쟁수행지역은 한반도에 인접한 공해 및 공역 그리고 남북한의 영해, 영공 및 영토가 포함된다. 유엔군/연합군사령관이 전체 작전의 통합지휘관이 된다. 전시작전통제권이 전환되면, 한국군 장성이 연합군사령관을 수행하게 되어있으므로 전구사령관이 되어 한국군 주도-다국적군 지원의 전역을 수행한다.

〈그림 1-6〉에서 보는 바와 같이 전역의 작전단계화 모델이 5단계에서 '경

쟁-무력분쟁-재경쟁'의 3단계로 변경되었다. 여건조성이나 억제, 주도권 확보는 별도의 작전단계로 구분하지 않고 '경쟁'단계로 통합했다. 현대전이 평시와 전시의 구분이 모호하고, 위협의 형태도 다양하고 복잡해서 전면전으로 단계별 확전을 하지 않는다고 판단한 것이다.

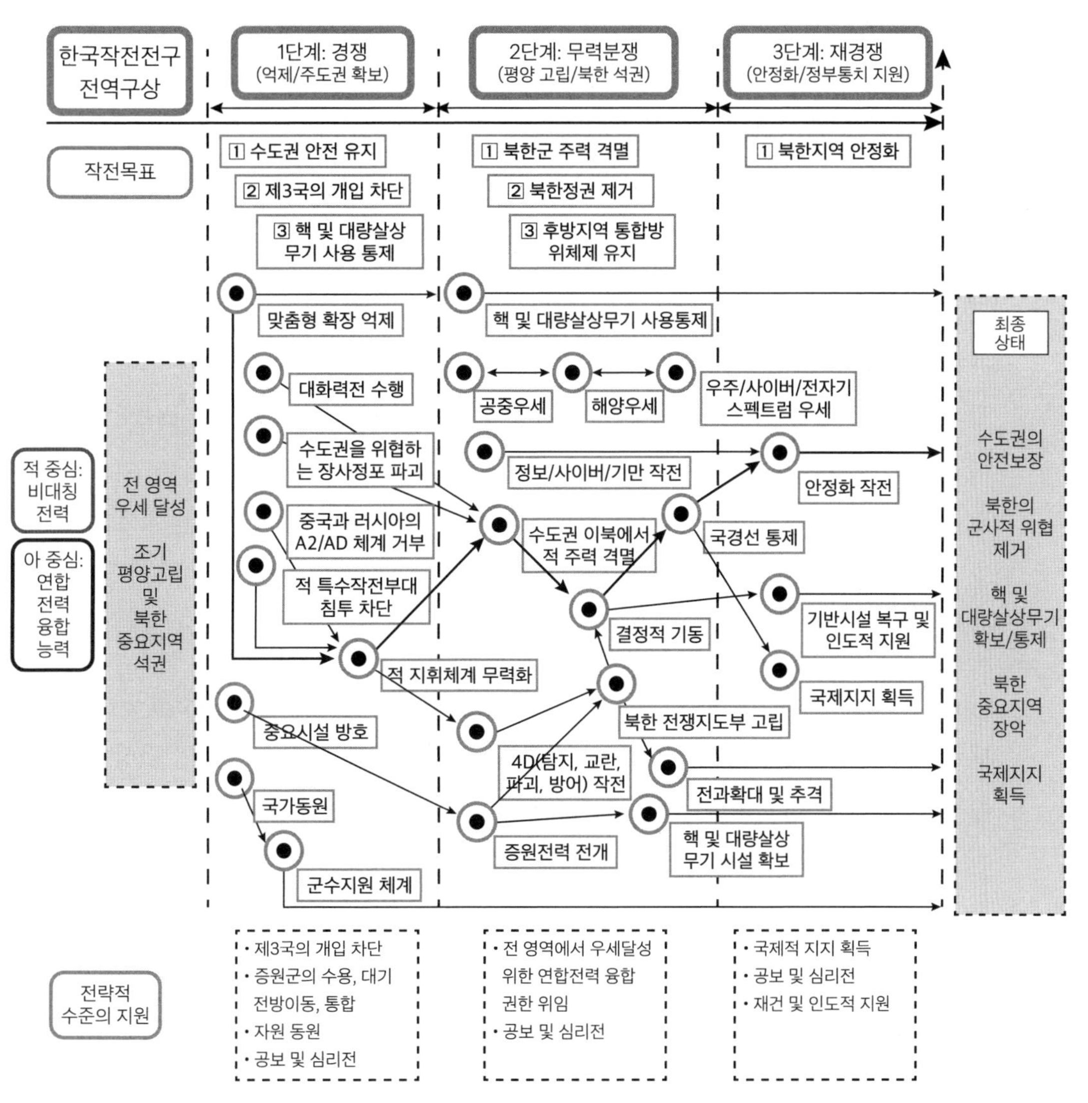

〈그림 1-6〉 한국작전전구의 작전선 및 노력선

출처: 연구자가 합동교리에 의거 구상함.

미국은 국익에 영향을 받거나 동맹국이 있는 지역에는 경쟁단계에서부터 주도적으로 개입하여 분쟁을 예방하고 억제하며, 필요시 무력분쟁으로 신속히 전환할 수 있는 준비를 갖춘다는 것이다. 이것은 군사과학기술의 진보로 시간과 공간에 제약을 받지 않게 되면서 압축된 전장구성이 가능해졌기 때문이다. 위기를 기다렸다가 여건을 조성하고 억제하고 주도권을 잡기 위한 노력을 기울이는 것은 시간적 소요가 많아지며, 다층 교착상태를 만들어낼 수 있는 거의 대등한 수준의 적대국에 접근이 차단되거나 거부될 기회를 허용할 수 있기 때문이다.

한국과 같이 남북이 휴전선을 사이에 두고 대치하고 있는 상황은 경쟁단계에 해당하며, 곧바로 무력분쟁으로 확전될 수 있다. 따라서 전면전 중심의 부대 태세보다는 위기 시나 국지도발에 대한 대비태세 중심으로 변경을 검토할 필요가 있다. 작전목표 측면에서 제3국의 개입차단과 핵 및 대량살상무기 사용 통제가 중요한 과제로 드러나고 있다. 단순히 주적인 북한과 중국의 위협을 별도로 판단하고 대응하기보다는 중국과 북한의 연계성을 함께 묶어서 중국의 지원이나 주도하에 북한의 도발 형태가 어떻게 달라질 것인가를 판단해야 한다. 특히 이 두 가지 문제는 한·미 동맹의 공동 노력이 통합되어야 하므로 경쟁단계에서 미국의 능력을 어떻게 활용할 수 있을 것인가를 집중적으로 발전시켜야 한다.

아군의 중심을 '연합전력의 융합 능력'으로 선정했다. 연합합동작전에서는 각 나라가 자국의 고유 능력을 중심으로 타국의 작전과 협조하거나 지원하는 형태로 이루어졌으나 융합은 전략적·작전적·전술적 수준의 융합으로 과업 달성에 필수적인 능력들만 선별적으로 결합하여 다영역 부대를 편성함으로써 시간·지역·공간에 제약받지 않고 요구되는 곳에 투입하는 방식이다.

한국의 경우 한·미 연합방위체제를 유지하고 있으므로 다영역 부대 편성 시 상호운용성이 보장될 수 있도록 부대 융합의 방법과 적합한 형태의 구조가 무엇인지를 검토해야 한다.

주요 작전을 진행하면서 휴전선으로부터 순차적으로 국경선까지 진출하는 방식의 전투는 적합하지 않다. 북한군 격멸이나 북한 전 지역을 점령하는 목적보다는 다영역에서 우세의 창을 만들어 다양한 방향이나 형태로 적의 A2/AD체계를 돌파-와해-전과확대함으로써 기동의 자유를 확보하고 협상에서 유리한 여건을 만드는 것이다. 적 지도자의 전쟁 의지를 분쇄하는 게 목적이므로 적 부대 격멸이나 적 영토 점령보다 지휘체계의 무력화 또는 파괴에 역점을 둔다. 인적·물적 피해를 최소화하고 시간과 비용을 절약하기 위해서다.

최종상태에서 국제사회의 지지를 얻는 것은 미래의 안보환경에서 남북한 어느 한쪽의 일방적인 승리를 기대하기 어렵다는 의미다. 그래서 다영역 작전에서는 유리하게 조성된 안보환경에서 새로운 경쟁의 시작을 전개하고 있다.

(2) 작전수행개념

다영역 작전은 지상에서부터 우주 및 사이버·전자기 스펙트럼 영역까지 확장된 전장공간처럼 보이지만, 실제 군사력의 운용은 한 번에 전 영역을 감시할 수 있도록 압축된 전장환경을 만들고 있다. 시간과 공간에 구애됨 없이 목표달성에 최적화된 능력을 융합함으로써 상대방의 의지를 말살하여 분쟁을 예방하거나 억제하고 필요시에는 파괴하여 정치적 협상을 강압하여 종결하는 방식이다.

이를 위해 평시를 경쟁단계로 보고 미국의 국익과 관계되거나 동맹국이 있는 곳에 적극적으로 개입하여 분쟁을 예방하거나 억제하고, 필요할 때 신속히 무력분쟁의 단계로 전환하여 '기동의 자유'를 확보하고 협상에 유리한 여건을 조성하는 데 초점을 맞추고 있다. 이러한 개념을 한국에 적용한다면, '전 영역 동시·통합 입체기동작전'이 된다. 전 영역은 미국의 '다영역(muiti-domain)'에 해당하는 개념으로 한국작전전구(KTO) 내에서만 군사작전을 수행한다는 기존의 생각을 버리고 동맹국이나 협력국들이 보유하고 있는 모든 능력을 포함하여 전략적·작전적 지원지역으로 편성하여 평상시부터 경쟁공간을 넓혀간다는 것이다. 한국의 경우, 미국 본토나 일본, 필요시 영국이나 프랑스 지역까지도 전략적·작전적 지원지역에 포함할 수 있어야 한다.

동시·통합 입체기동은 다영역 작전의 '융합(convergence)' 개념에 해당한다. 목표달성을 위해 육·해·공 각 군의 책임지역을 분리하거나 부대별 작전수행 지역을 나누어주는 방식보다는 목표달성에 최적화된 능력들을 결합하여 동시에 통합된 노력이 투사되게 하는 방식이다. 임무수행 필수과업을 결정하고 그 과업수행에 최적화된 각 군의 능력을 선별적으로 결합하여 한 팀으로 동시·통합함으로써 시간과 공간의 제약 없이 기동의 자유를 발휘하는 것이다.

한국의 경우 육·해·공 3군 병립제를 유지하고 있으므로 전역계획에 의거하여 각 군에 명시과업이 할당되고, 각 군의 제대지휘관들이 주어진 가용자원과 능력 범위 내에서 과업수행방법을 결정하여 작전을 수행한다. 그러다 보니 합동성의 발휘가 최대의 관건이었다. 군별 고유한 특성과 강·약점을 보유하고 있으므로 합동성이 발휘되지 않으면 전투의 효율성이 확연히 떨어진다. 다영역 작전은 기존 합동성의 개념을 '교차영역 시너지'라는 개념으로 승화시키면서 군별 다양한 능력의 결합을 추구하고 있다. 한국군이 이 개념을 적용하려면 합동군사령부를 편성하여 지휘관계를 적시에 적절하게 조정 및 통제해줘야 한다.

한국작전전구의 전역구상에서 전역의 작전단계화를 경쟁-무력분쟁-재경쟁의 3단계로 적용했을 때 평시와 전시의 구분보다는 위기관리와 대응이라는 빠른 템포의 조치들에 초점이 맞춰지고, 대응에서도 권한과 책임, 시간과 공간의 제약보다는 적시·최적의 3군 능력 발휘에 중점을 두게 된다. 전역계획도 위기, 국지도발, 전면전 시의 명확한 구분보다는 경쟁과 무력분쟁으로 단순화함으로써 무경고하에 남침을 받는 사태를 방지해야 한다. 무력분쟁보다는 경쟁단계에서의 조치가 더 중요하다. 전면전이 발발한다면, 그 피해는 걷잡을 수 없이 커져서 승리하더라도 전쟁하지 않았을 때보다 얻을 수 있을 게 없기 때문이다.

따라서 한국에서 다영역 작전 개념을 적용한다면, 전 영역 동시·통합 입체기동작전이 되어야 한다. 전 영역 동시·통합 작전의 목적은 전 영역 우세달성으로 조기에 평양을 고립하고, 북한 중요지역을 석권하는 것이다.

전 영역 우세달성은 경쟁단계에서부터 한·미 동맹의 연합전력을 활용하여 해상·공중은 물론 우주·사이버·전자기 스펙트럼 영역에서 우세를 달성하고, 무력분쟁으로 확전될 시에는 즉시 전면전 태세로 전환하여 평양을 조기에 고립시켜 북한 정권을 제거하고, 북한 중요지역을 석권함으로써 북한군과 북한 주민들을 분리하고, 북한군을 마비 또는 파괴함으로써 제3국의 개입을 차단하는 것이다.

다영역 작전은 영토를 점령하기 위한 공격·방어 작전을 적용하기보다는 중심이나 핵심표적에 대한 직접적인 정밀타격으로 저항의지를 분쇄하고 기동의 자유를 확보하는 데 중점을 둔다. 저항의지를 제거하는 데는 전쟁지도부나 지휘체계를 무력화시키는 것이 될 미래에는 인공지능 드론이나 비행체들이 표적을 찾아 비행하다가 표적과 함께 자폭하는 무기들이 보편화될 것이다. 기동에 의한 충돌보다는 정밀타격에 의한 무력화와 중요지역에 대한 잠정적인 통제가 우선시됨으로써 대규모 병력에 의한 전투수행방식은 퇴보할 수밖에 없다. 인명중시의 영향도 있지만, 무기의 치명성과 정교함으로 인해 병력규모에 의한 전투 집단은 희생만 클 뿐 성과의 지속성을 유지하지 못한다. 대규모의 돌파와 포위가 전투에서의 승리는 가져올 수 있지만, 전략적 승리를 담보하지 못하는 시대가 되었다. 정치의 수단으로서 전쟁은 도발국의 정치지도자를 직접 제거함으로써 정치적 협상에 의한 분쟁의 해결이 주로 유행하는 패턴이다. 이는 전쟁으로 인한 손실과 파괴를 방지할 수 있고, 시간과 경비가 상대적으로 적게 소요되기 때문이다.

북한의 경우, 비대칭전력을 활용한 배합전으로 단기속결전을 시도할 수 있지만, 6·25전쟁에서 증명된 바와 같이 시간이 지날수록 정치적 목적을 달성할 가능성은 없어진다. 한국의 방어선을 돌파하는 식의 공격은 자멸을 초래할 수 있다. 한국은 2019년 군사력 전문분석 단체 GFP(Global Fire Power) 군사력 순위 세계 7위이고 북한은 세계 18위다.[33] 거의 3배의 군사력을 가진 국가를 1을 가진 국가가 공격한 전례는 찾아보기 힘들다.

한국이 염려해야 하는 것은 중국과 러시아의 A2/AD 능력이다. 특히 미국이 미래의 적대국으로 지정한 중국은 북한과 유일한 혈맹관계를 유지하고 있기 때문

---

33 송흥원 편저, 『세계분쟁지역 군사안보지도』, 지문각, 2020, pp. 278-279.

이다. 북한이 도발한다면, 중국의 개입은 자명한 사실이다. 한·미 동맹이 휴전선으로부터 북한 전 지역을 순차적으로 점령하는 식의 선형작전은 너무 큰 손실과 시간을 소비하게 된다. 특히 대규모 지상군 투입은 작전 템포를 둔화시킬 수 있다. 다영역 작전의 개념처럼 장·중·단거리 시스템을 조기에 무력화 또는 파괴하고, 북한군을 고립시키며, '우세의 창'을 만든 후에 다양한 방면에서 다양한 형태의 다영역 부대를 투입하여 평양을 조기에 고립시킨다. 이후 필요하면, 북한의 중요지역을 석권함으로써 협상의 유리한 여건을 창출하고, 정치적 협상을 통해 무력분쟁을 해결한다. 신속하게 제3국의 개입을 차단하고, 통일 여건을 조성하는 것이다. 근본적인 차이는 작전의 목적이 북한군 격멸이나 북한 전 지역 점령이 아니라 정치협상에 유리한 조건을 창출하는 데 있다.

5. 결론

미래 작전환경과 위협인식의 변화를 중심으로 한국이 미래에 어떠한 전쟁수행방식을 채택해야 하는가에 대한 해답으로 미국의 '다영역 작전' 개념을 활용한 한국의 '전 영역 동시·통합 입체기동작전'이라는 작전수행개념을 제시해보았다.

전 영역 동시·통합 입체기동작전은 지상·해양·공중·우주·사이버·전자기 스펙트럼의 전 영역에서 우세의 창을 만들어 평양을 조기에 고립시키는 데 중점이 있다. 병행하여 북한 중요지역을 선별적으로 장악하면서 협상의 유리한 조건을 조성한다. 이후 유리한 조건으로 협상을 통해 한국의 정치적 목적을 달성하고 국제적 지지를 얻는 전쟁수행방식이다.

지금의 선형방어 후 반격작전은 휴전선으로부터의 축차적인 반격을 전제로 하지만 새로운 개념은 적 부대의 격멸이나 지역점령을 목표로 하지 않기 때문에 수많은 살상과 파괴, 과다한 노력과 자원의 소모, 장기화의 폐단을 방지하는 데 중점을 두었다. 장차전은 물리적 파괴나 영속적인 영토의 점령보다는 정신적·인지적 영역의 중요성이 대두되고 있다. 적 정치지도자의 저항의지를 분쇄하는 것이 가장 효과적인 전투수행방식이 되고 있다. 이것은 초지능·초연결시대가 도래하면서 영토의 구분보다는 영역에서의 지배가 우선시되고 있기 때문이다. 미래에는 시간과 장소에 제약을 받지 않고 기동이 가능한 인공지능 자율로봇들이 무기화됨으로써 요구되는 핵심표적만 정밀타격할 수 있는 압축된 전장환경이 조성되기 때문에 기동부대와 화력지원부대의 조합보다는 기동과 화력이 결합된 비행체가 행동의 자유를 획기적으로 향상시킬 전망이다.

다영역 작전개념은 다양한 다영역 부대들의 독립된 기동을 전제로 한다. 네트워크화된 전장에서는 감시·정찰-결심-타격이 거의 실시간대에 이루어질 수 있다. 이러한 환경에서는 일정한 진출선을 가진 대규모 부대의 기동은 오히려 상대국에 좋은 표적을 제공하는 꼴이 된다. 따라서 선형작전이 아닌 다양한 방향에서 다양한 형태의 부대들이 다양한 기동형태로 동시에 진격함으로써 적의 지휘체계를 교란하고, 순식간에 주요 대응체계를 제압함으로써 전쟁지도자의 저항의지를 말살시켜버리는 데 중점을 두는 것이다. 전쟁의 종결은 상대국의 완전한 정복이 아니라 협상에 의한 정치적 해결을 시도한다. 민주주의의 확대는 강압적으로 이루어지는 것이 아니기 때문이다.

한국의 전 영역 동시·통합 입체기동작전 개념을 구현하기 위해서는 한국의 현재 전방방어 위주의 부대태세 검토, 다영역 부대 편성 방안, 연합전력 융합 방안 등을 세부적으로 검토해야 한다. 미국은 다영역 작전을 구현할 수 있는 능력개발을 위해 다영역작전부대(MDTF)를 편성하여 전투실험을 하고 있으며, 합동훈련 시나리오를 만들어 다영역 작전의 수행절차를 발전시키고 있다. 미 육군은 2028년까지 1개 전구에서 다영역 작전수행이 가능한 완전한 육군을 만든다는 목표 아래 육군 현대화 계획을 추진하고 있다.

이 연구는 불확실한 미래 예측을 전제로 현행 군사교리에 근거한 필자의 추론으로 이루어졌기 때문에 객관적이고 과학적인 검증 데이터가 없다는 한계점을 가지고 있다. 세계 최강국인 미국의 미래전 수행 논리를 모방하여 그들의 사고방식으로 한국의 작전수행개념을 구상해본 수준에 불과하다. 작전술은 인지적 접근임을 고려할 때 개인별 능력, 지식, 판단력, 영감 등 사람마다 다르게 추론할 수 있다. 그러므로 여기에 제시된 전 영역 동시·통합 입체기동작전은 미래 한국작전전구의 작전수행개념 중 하나일 수밖에 없다. 다만 가치를 찾는다면, 미국의 새로운 전쟁수행방식인 다영역 작전을 이해할 수 있는 논의의 장을 제공했으며, 한국작전전구를 대상으로 한 전역구상에 대한 기본 틀, 접근방법에 관한 연구가 없었는데 처음으로 시도해봤다는 점일 것이다.

향후 한국작전전구 차원에서 한국군의 부대 배비 조정, 한국적 지형에 적합한 다영역 부대 편성, 합동성의 진화 개념인 합동부대 '융합' 방안 등이 연구된다면, 전 영역 동시·통합 입체기동작전을 온전히 구현할 수 있는 핵심 요체가 완성될 것이다.

참고문헌

김상현·최세현. 『2019~2029 시나리오 한반도』. ㈜쌤앤파커스, 2019.

김재창. 「우리는 미래의 새로운 전쟁에 대비해야 합니다」. 『News of Aroka』 32, 2017.

김행복. 『한국전쟁의 전쟁지도: 한국군 및 유엔군 편』. 국방군사연구소, 1999.

노양규. 『미군 작전술의 변화와 한국군 적용 연구』. 충남대학교 대학원 군사학과 박사학위논문, 2010.

대한민국 육군. 『육군비전 2050』. 육군본부, 2020.

박대광. 『미국과 중국의 군사혁신 경쟁과 미국의 패권』. 고려대학교 대학원 정치외교학과 박사학위논문, 2002.

박휘락. 「한반도 평화체제로서의 정전체제 분석과 강화 방안」. 『군사논단』 77, 2014.

브루스 커밍스. 조행복 역. 『브루스 커밍스의 한국전쟁』. 현실문화연구, 2017.

브루스 W. 베넷. 육군교육사령부 역. 『남북한의 군사변혁에 따른 장차 한국에서의 전쟁에 관한 두 가지 견해』. 육군교육사령부, 1997.

양해수. 『북한군의 기습도발에 대한 한국군의 인식과 대응에 관한 연구』. 원광대학교 대학원 정치외교학과 박사학위논문, 2015.

육군교육사령부. 『미래전 승리를 위한 강한 육군의 전투발전 방향』. 한국 전략문제연구소, 2017.

육군대학 전략학처 작전술과. 「작전술과 작전적 수준에 대한 올바른 이해」. 『군사평론』 410, 2011.

조영길. 『자주국방의 길』. 도서출판플래닛미디어, 2019.

주재우. 『팩트로 읽는 미중의 한반도 전략』. 종이와 나무, 2018.

최장옥. 『제4세대 전쟁에서 군사적 약자의 장기전 수행전략에 관한 연구』. 충남대학교 대학원 군사학과 박사학위논문, 2015.

최정민. 「북한 핵 억제전략 연구를 통한 한국의 군사적 대응방향 제시」. 『군사논단』 77, 2014.

클라우제비츠. 류제승 역. 『전쟁론』. 책세상, 1975.

한용섭 외. 『미 · 중 · 러의 군사전략』. 한울엠플러스(주), 2018.

Huba Wass de Czege. *Commentary on "The US Army in Multi-Domain Operations 2028."* Carlisle, PA: US Army War College Press, April 2020.

Thomas X. Hammes. *The Sling and the Stone: On War in the 21st Century*, St. Paul, MN: Zenith Press, 2006.

U.S. Army Training and Doctrine Command. *The Operational Environment and The Changing Character of Warfare.* https://www.armadninoviny.cz/domains/0023-armadninoviny_cz userupoloads/media/The-Operational-Environment-and-the-Changing-Character-of-Future-Warfare.pdf)(검색일: 2020. 8. 2)

______. TRADOC Pamphlet 525-3-1. *Multi-Domain Battle: Evolution of Combined Arms for the 21st Centry 2025-2040* (2014. 10. 31), https://www.tradoc.army.mil/Portals/14/Documents/TP525-3-1.pdf (검색일: 2018. 11. 26)

______. TRADOC Pamphlet 525-3-1. *The U.S. Army in Multi-Domain Operations 2028* (2018. 12. 6), https://www.tradoc.army.mil (검색일: 2019. 1. 5)

______. TRADOC Pamphlet 525-3-1. *The U.S. Army Operating Concept: Win in a Complex World 2020-2040* (2014. 10. 31), http://www.tradoc.army.mil/tpubs/pams/tp525-3-1.pdf (검색일: 2018. 11. 26)

U.S. Department of Defense. *Indo-Pacific Strategy Report*. Washington D.C.: DoD, June 1, 2019.

U.S. Joint Chiefs of Staff. JP 3-0. *Joint Operations*. Pentagon Washington D.C.: JCS. 2017.

______. JP-1. *Doctrine for the Armed Forces of the United States*, Pentagon Washington D.C.: JCS. 2017.

2장

강대국들의 하이브리드전(Hybrid Warfare)과 주요 사례분석[1]

김남철

1. 서론

21세기 초 세계적 이슈 중 하나는 2022년 러시아의 우크라이나 침공이다. 러시아가 우크라이나를 군사적 수단을 이용하여 침공하면서 전 세계의 이목이 집중되었고, 동시에 군사적으로 하이브리드전[2]이 재조명받고 있다. 미국과 북대서양조약기구(NATO)의 서방이 정치·외교, 경제, 군사적 수단을 이용한 강도 높은 대러시아 제재를 단행하고 있음에도 러시아는 우크라이나의 북대서양조약기구

---

1 이 글은 『한국군사학논총』 11(2), 2022에 발표한 논문을 수정 및 보완한 것이다.

2 하이브리드전(Hybrid Warfare)은 일반적으로 2014년 러시아의 크림반도 합병과 우크라이나의 돈바스 전쟁에 러시아가 개입하면서 적용한 전투방식을 말하며, 북대서양조약기구(NATO)가 2014년 '하이브리드전'으로 명명했다. 미국과 북대서양조약기구에서는 '하이브리드전(Hybrid Warfare)', 러시아에서는 '차세대 전쟁(New Generation Warfare)'이라는 용어를 사용하고 있다.

가입 저지를 통한 완충지대 유지와 우크라이나 동부의 루간스크와 도네츠크공화국의 독립을 승인하면서 자신들의 정치적 목적이 달성되기 전에는 전쟁을 멈출 기미를 보이지 않고 있다.

냉전 종식 이후 발생했던 전쟁사례들을 살펴보면, 초강대국 미국이 수행한 전쟁에서 승리는 없었다.[3] 반면에 러시아의 크림반도 병합과 중국의 남중국해 점령은 성공사례로 평가받고 있다. 이러한 평가는 현대에 들어서 전쟁수행방식이 변했다는 것을 의미한다. 즉, 군사력만으로 전쟁의 승패를 결정하던 시대가 지났음을 의미한다. 이는 전쟁수행방식에서 커다란 변곡점이 되고 있다. 정부 주도의 제 국력요소를 복합적으로 조합하여 전쟁을 수행하는 흐름이 새롭게 주류의 전쟁수행방식으로 등장한 것이다. 사실, 군사행동체계인 군사교리에서는 현대의 전쟁에서 제 국력요소인 DIME(Diplomatic, Informational, Military, Economic: 외교, 정보, 군사, 경제), MIDFIELD(Military, Informational, Diplomatic, Financial, Intelligence, Economic, Law, Development: 군사, 첩보, 외교, 재정, 정보, 경제, 법, 개발) 등을 종합적으로 운용해야 한다며 전쟁은 전통적 전쟁과 비정규전으로 구분할 수 있고, 이 두 가지 전쟁수행방식을 창의적 · 역동적 · 협동적으로 조합하면 좋은 결과를 낼 수 있다고 강조해왔다.[4] 이러한 이론적 강조는 러시아의 우크라이나 침공 사례를 통해 현대의 전쟁수행양상으로 적용되고 있음을 보여주었다.

또한, 기존에 정립된 전쟁의 정의[5]를 기준으로 2014년부터 전개되어온 러시아의 크림반도 합병, 돈바스 지역에서의 우크라이나 사태, 그리고 러시아의 우크

3 1991년 걸프 전쟁에서의 승리가 있으나, 전쟁 목적이 단지 쿠웨이트의 원상회복이었기에 가능했던 것으로 평가된다. 6 · 25전쟁, 베트남 전쟁, 아프가니스탄 전쟁, 이라크 전쟁 모두 결과적으로 성공사례로 평가받지 못하고 있다.

4 US JCS, *Doctrine for the Armed Forces of the United States* (2017), pp. Ⅰ-5~Ⅰ-13; US JCS, Joint Doctrine Note 1-18 *Strategy* (2018), pp. Ⅱ-5~Ⅱ-8.

5 합동참모본부가 발간한 군사용어사전에는 전쟁(戰爭, War)을 "상호 대립하는 2개 이상의 국가 또는 이에 준하는 집단이 정치적 목적을 달성하기 위해서 자신의 의지를 상대방에게 강요하는 조직적 폭력 행위이며 대규모의 지속적인 전투"라고 정의하고 있다. 합동참모본부, 합동교범 10-2 『합동 · 연합작전 군사용어사전』, 합동참모본부, 2020, p. 267.

라이나 침공을 전쟁이라고 정의하기가 어려워졌다. 국제적 전쟁인지, 국가 간 전쟁인지, 국가 내부의 내전인지 구분이 모호해졌다.[6] 그리고 중국의 남중국해 내해화 역시 전쟁이라는 정의로 설명하기가 쉽지 않다. 이것은 국제관계에서 핵심적 요소로서 모호성의 대두를 알려주고 있다. 하이브리드전은 모호한 정책, 전략, 전술이 매우 효과적이라는 것을 입증해주고 있으며, 모호성을 특징으로 하는 회색지대 전략과도 매우 밀접한 관련성을 가지며 진화하고 있다.

일반적으로 시간이 지나면 모든 것은 변하게 마련이다. 군사전략도 변화해왔다. 핵무기 등장 이래 국가들은 공멸의 공포에서 탈피하기 위해 군사적 승리보다는 억제를 우선시하는 목적의 변화를 가져왔다. 그리고 핵무기를 사용하지 않는 전략을 지향하는 대신에 첨단과학기술을 접목한 재래식 무기를 이용하는 수단의 변화를 추구하고 있다. 그리고 군사적 수단 위주의 전통적 전쟁에서 전통적 전쟁과 비정규전의 조합을 통한 방식의 변화를 이루어왔다. 정치적 목적을 달성하기 위해 수단과 방법을 변수로써 진화시켜온 것이다.

그 가운데 전쟁수행방식의 변화가 커다란 주목을 받고 있다. 21세기 초 전쟁수행방식으로 중국은 초한전을, 러시아는 '게라시모프 독트린'이라는 차세대전을, 미국은 모자이크전을 주창하고 있다. 이러한 주요 강대국들의 전쟁수행방식은 공통적으로 현재 및 미래의 전쟁수행방식이 하이브리드전으로 진화했음을 의미한다. '세계경찰'이라고 불리던 미국이 초강대국의 위치에 있음에도 러시아의 우크라이나 침공 문제에서 군사개입은 하지 않으면서 다른 방법으로 러시아에 대응하는 현실을 목도하면서 이러한 전쟁양상의 변화는 시대적 흐름이자 필연적인

6 미국 국방부는 국제무력분쟁(International Armed Conflict), 비국제무력분쟁(Non-International Armed Conflict), 혼합무력분쟁(Mixed Armed Conflict), 국내무력분쟁(Internal Armed Conflict)으로 구분하고 있다. 국제무력분쟁은 두 국가 혹은 그 이상 국가 간에 발생하며, 비국제무력분쟁은 국가와 비국가 행위자 2개 또는 그 이상의 국가 행위자 간에 발생하며, 내전, 봉기, 반군, 반란, 군사점령 저항 등이 포함된다. 혼합무력분쟁은 한 국가가 반군세력과 반군세력을 지지하는 다른 국가의 적대행위에 동시에 대응하는 것으로, 국내무력분쟁은 한 국가의 내부에서 발생하는 것으로 정의내리고 있다. U.S. JCS, Joint Doctrine Note 1-19 *Competition Continuum* (2019), p. 3.

것으로 보인다.

본 연구의 목적은 현대의 전쟁수행방식으로 재조명받고 있는 하이브리드전의 개념과 전쟁수행단계를 정립하여 주변 강대국들이 수행한 사례를 분석하는 것이다. 21세기 초 하이브리드전의 특징은 첫째, 시대적 환경요인인 세계화 및 정보화 시대의 산물을 접목하여 진화한 것이고, 둘째, 전쟁의 목적이 더욱 제한전쟁의 성격을 띠고 있다는 것이다. 셋째, 국가전략적 수준의 전쟁활동으로 수행된다는 것이다. 주요 강대국들의 사례를 분석해본 결과 하이브리드전 수행은 과거에도 존재했던 것이며, 현대에 들어 그 유효성이 입증된 전쟁수행방식으로 하이브리드전 수행은 '정치적 핵심취약점 공략 → 대리자 운용 → 정권약화(정권교체) → 종결' 단계의 모습으로 진행된다고 주장할 것이다.

논문의 구성은 먼저 현대전 수행방식인 하이브리드전의 개념을 살펴보고, 하이브리드전 수행단계를 정립하며, 이어서 주변 강대국인 미국·중국·일본·러시아의 하이브리드전 수행 사례분석을 한 후, 한반도에서 하이브리드전 수행이 주는 함의를 고찰해본다.

2. 하이브리드전의 개념과 단계

1) 하이브리드전의 개념

하이브리드전의 핵심은 약자의 전쟁수행방식의 진화를 말한다. 미국을 상대로 하는 중국과 러시아는 약자다. 따라서 지금의 하이브리드전에 대한 논의는 중국과 러시아의 하이브리드전과 이에 대응하는 미국의 대하이브리드전이 주를 이룬다. 물론, 하이브리드전은 당시의 안보환경을 고려하여 달리 적용될 수 있을 것이다. 중국과 러시아는 미국이 아닌 상대국가에 대해서는 강자의 입장에서 하이브리드전을 수행하고, 미국은 초강대국의 지위에 있음에도 약자인 상대국가에 대해 첨단과학기술 기반의 미국식 하이브리드전을 수행하기도 할 것이다.

1991년 12월 26일 소련이 해체되면서 미국은 초강대국으로 등장하게 되었고, 중국과 러시아는 압도적인 군사력의 차이가 나는 미국과 전면전을 통해 국가전략목표를 달성하겠다는 생각을 단념해버린 것으로 평가된다.[7] 반면에 중국과 러시아는 2001년부터 20여 년간 미국이 수행한 아프가니스탄 전쟁과 이라크 전쟁을 분석하여 압도적인 군사적 승리에도 전쟁에서 실패한 요인분석을 통해 미국과 싸워 이기는 방법으로서 새로운 전쟁수행방식을 제시했다.

이러한 하이브리드전은 중국의 초한전(超限戰, unrestricted warfare), 러시아의 차세대전(New Generation Warfare)이라는 모습으로 구체화되어 세상에 알려졌고, 미국은 중국과 러시아의 도전에 대비하는 모자이크전(Mosaic Warfare)을 준비하고 있다.

이렇게 등장한 미국, 중국, 러시아의 현대 전쟁수행방식을 시대 순으로 살펴본다. 먼저 중국은 1999년 챠오량과 왕샹수이가 초한전을 발표했다. 초한전은 모든 한계를 초월하는 전쟁이라는 의미로 미국의 걸프 전쟁 분석을 바탕으로 미래 전쟁양상을 예측한 중국의 전쟁수행론이라는 평가를 받고 있다. 세계화와 과학기술의 발전은 전쟁에 영향을 미치게 되었고, 미래의 전쟁은 군사적 영역에 국한된 것이 아니라 군사·비군사·초국가적 영역으로 확대되었으며, 전쟁을 수행함에 있어서 제 국력요소를 조합해서 운용해야 한다고 주장했다.[8]

---

7 Global Fire Power에서 발표한 2022년 각국의 국방비는 미국 770억 달러, 러시아 154억 달러, 중국 250억 달러이며, 군사력 순위는 미국 1위, 러시아 2위, 중국 3위였다. Global Fire Power, *2022 Military Strength Ranking*, https://www.globalfirepower. com/countries-listing.php (검색일: 2022. 4. 6); 챠오량과 왕샹수이는 화약을 중심으로 하는 무기체계가 정보를 중심으로 하는 무기체계로 변화하는 단계에 있으며, 전쟁의 사례에서 첨단과학기술군이 비정규전과 기술 수준이 낮은 전쟁에 제대로 대처하는 못하는 경우가 있고, 첨단과학기술을 이용한 첨단무기는 군비경쟁의 함정에 빠지게 되어 구소련처럼 국가파산의 원인이 되기도 한다고 분석한다. 또한 인위적인 주가폭락, 컴퓨터 바이러스 주입, 적국 환율의 이상동향, 인터넷상 적국 지도자의 스캔들 유포 등과 같은 것이 신개념의 무기라고 제시하면서 전자에너지 무기, 컴퓨터 로직폭탄, 네트워크 바이러스, 언론 등의 정보무기가 전쟁수행방향을 변화시켰다고 강조했다. 챠오량 · 왕샹수이, 이정곤 역, 『초한전: 세계화 시대의 전쟁과 전법』, 교우미디어, 2021, pp. 21-28.

8 『초한전(超限戰)』 한국어 번역판에서 저자들은 초한전이야말로 최초의 하이브리드전 이론이라고 밝히고 있다. 챠오량 · 왕샹수이, 이정곤 역, 『초한전: 세계화 시대의 전쟁과 전법』, 교우미디어, 2021.

더불어, 미래 전쟁은 더 이상 전쟁이 아니라 인터넷상의 싸움, 대중매체의 교전, 선물환 거래의 공방 등 우리가 결코 전쟁으로 보지 않는 것이 전쟁이 될 것이며, 24가지 작전형태를 제시하면서 중국에 있어 비장의 카드는 전장과 비전장, 전쟁과 비전쟁, 군사와 비군사의 조합이라고 강조한다. 즉, 중국의 새로운 전쟁수행방식으로 군사·비군사·초군사적 영역이나 작전유형을 초월하여 서로 다른 작전형태를 묶음으로 조합시킨 다양한 전법의 적용을 주장하고 있다.

〈표 2-1〉 초한전에서 제시하는 24가지 작전형태

군사	초(超)군사	비(非)군사
핵전	외교전	금융전
재래전	사이버전	무역전
생화학전	정보전	자원전
생태전	심리전	경제원조전
우주전	기술전	법률전
전자전	밀수전	제재전
게릴라전	마약전	언론전
테러전	여론조작전	이념전

출처: 챠오량 · 왕샹수이, 이정곤 역, 『초한전: 세계화 시대의 전쟁과 전법』, p. 139.

또한, 중국공산당 중앙군사위원회는 전략환경 변화를 고려하여 2003년 12월 인민해방군의 '정치공작조례'를 발표하면서 "여론전, 심리전, 법률전이라는 삼전(三戰)을 진행하여 적에 대해 와해공작을 전개한다"라고 전시 정치사업 중점을 규정[9]했는데, 삼전은 초한전과 맥락적으로 깊은 관련성을 가진다.

중국의 삼전은 상대국가와의 전쟁에서 평시부터 여건을 조성하는 다양한 활동에 중점을 둔 것으로 평가되며, 초한전은 전쟁에서 부전승하기 위한 군사·비군사·초군사적 분야의 조합을 강조하고 있어 국가전략적 수준의 전쟁활동으로 해석된다.

9 합동군사대학교, 『중국 국방전략』, 합동군사대학교, 2021, pp. 114-121.

〈표 2-2〉 삼전(三戰)의 개념

구분	정의	임무	대상	특징
여론전	여론을 무기로 사용 여론 선동, 여론 분열 유도	적 전투의지 와해하여 유리한 여론환경 조성	국제사회 대중	여론 주도권 탈취적 발 언권 통제
심리전	전략적 의도로 정보와 매체를 활용하여 적에게 심리적 압박	적 전투의지 약화, 와해 적 분열	국제사회 적군	싸우지 않고 적 굴복
법률전	법률에 근거 위협 및 제재 등 수단을 동원하여 정치적 주도 권과 군사적 승리 쟁취	유리한 환경 조성	국제사회 대중	군사행동의 합법성 보증

출처: 합동군사대학교, 『중국 국방전략』, 합동군사대학교, 2021, p. 116.

둘째, 러시아의 차세대전(New Generation Warfare)이다. 소련의 붕괴 이후 러시아는 미국의 아프가니스탄 전쟁과 이라크 전쟁의 교훈[10]과 2008년 조지아 침략과 2014년 크림반도 합병 등의 분쟁을 통해 새로운 전쟁수행방식을 발전시켜왔으며, 일반적으로 '차세대전' 또는 '게라시모프 독트린'으로 불리고 있다. 러시아는 차세대전에서 전쟁의 목표를 분쟁에서 승리하는 것이 아닌 정권교체를 새로운 목표로 설정했고, 군사력 외에 어떠한 수단도 이용될 수 있다고 규정했다. 이는 재래식 부대와 이에 앞서 다수의 지역주민을 분쟁에 가담시키는 것을 최우선으로 하며, 군사개입 전에 정보기술을 이용한 사이버전과 정보작전 수행에 중점을 두고 있다.[11] 즉, 러시아는 정치적 목적을 달성함에 있어 군사적 수단보다는 정보기술을 이용한 언론전, 법률전, 사이버전 그리고 경제제재 같은 비군사적 수단을 더 중요한 요소로 활용하고 있다.

그레고리 트레버튼(Gregory F. Treverton)은 하이브리드 위협을 가할 수 있는 수단들로서 선전(propaganda), 가짜뉴스(fake news), 전략적 누설(strategic leaks), 자금조달

10 미국이 수행한 전쟁에서의 군사력 사용을 위한 접근방법과 러시아의 게라시모프 독트린은 맥락을 같이한다고 분석하고 있다. Charles K. Bartles, "Getting Gerasimov Right", *Military Review* (Jan-Feb 2016) 96(1), p. 32.

11 Asymmetric Warfare Group, *Russian New Generation Warfare Handbook* (Fore Meade: Asymmetric Warfare Group, 2016), pp. 2-4.

조직(funding organization), 정당(political parties), 조직적 저항운동(organized protest movements), 사이버 수단(cyber tools), 경제적 지렛대(economic leverage), 대리자와 미인식 전쟁(proxies and unacknowledged war), 준군사조직(paramilitary organizations) 등을 제시했고,[12] 와심 아흐마드 쿠레시(Waseem Ahmad Qureshi)는 하이브리드전 수행 도구들로 선전(propaganda), 국내 및 국제 언론(domestic and international media), 소셜 미디어(social media), 가짜뉴스(fake news), 전략적 누설(strategic leaks), 조직자금(funding of organizations), 정당(political parties), 저항(protests), 과두정치인(oligarchs), 종교(religions), 사이버전과 사이버 도구(cyber warfare and cyber tools), 경제적 지렛대(economic leverage), 대리자 및 비국가 행위자(proxies/nonstate actors), 미인식 전쟁(unacknowledged war), 법률전(lawfare), 준군사조직(paramilitary organizations), 비대칭전(asymmetric warfare) 등을 이용하는 것을 포함한다고 강조한다.[13]

〈그림 2-1〉에서와 같이 러시아의 하이브리드전은 군사력 중심의 재래식 능력과 더불어 대리자 및 비국가 행위자에 의한 반란 같은 비정규전 전술, 테러리즘, 범죄활동, 그리고 정치적 수단(외교), 경제적 수단(경제제재 및 파괴), 정보적 수단(선전, 오정보, 역정보, 정보작전), 사회적 수단(국내 인구와 심리작전)을 이용할 수 있다.[14]

이를 통해 러시아가 수행하는 하이브리드전은 과거의 미사일, 전투기, 폭탄, 전투원 중심의 재래전보다는 정권교체, 반군활동, 분란, 스파이, 언론 및 소셜 미디어를 이용한 선전, 대리자를 이용한 전투 등의 형태를 사용하여 상대국가를 대상으로 국제법의 규칙을 따르지 않으면서 비군사력 운용의 비중을 급격히 늘린 전쟁수행을 하고 있음을 확인할 수 있다.

---

12 Gregory F. Treverton, Andrew Thvedt, Alicia R. Chen, Kathy Lee, and Madeline McCue, *Addressing Hybrid Threats*(Swedish Defence University, 2018). p. 4.〔Online〕: https://www.hybridcoe.fi/wp-content/uploads/2020/07/Treverton-AddressingHybridThreats.pdf

13 Waseem Ahmad Qureshi, "The Rise of Hybrid Warfare", Vol. 10 *NOTRE DAME J. INT'L & COMP. LAW* 173 (2020).

14 Manon van Tienhoven, *IDENTIFYING HYBRID WARFARE (*Leiden University, 2016), pp. 18-21. https://studenttheses.universiteitleiden.nl/access/item%3A2665253/view. (검색일자: 2022. 3. 28)

〈그림 2-1〉 하이브리드전의 형태

출처: Manon van Tienhoven, *IDENTIFYING HYBRID WARFARE* (Leiden University, 2016), p. 21.

셋째, 미국의 대하이브리드전으로 2017년 8월 미 국방성 산하 방위고등연구계획국(DARPA: Defense Advanced Research Projects Agency)은 '모자이크전(mosaic warfare)'이라는 새로운 전투방식을 제안했다. 이 전쟁수행방식은 강자의 첨단과학기술을 이용한 전쟁수행방식의 진화로 설명할 수 있다.

테러와 전쟁하던 시기의 미국은 중국과 러시아를 테러와의 전쟁을 함께 수행하는 전략적 파트너에 가깝게 생각했다. 그러나 2017년 트럼프 행정부는 국가안보전략(National Security Strategy)에서 미국 우선주의를 내세움과 동시에 현상변경을 원하는 수정주의 국가로서 중국과 러시아를 불량국가인 이란과 북한, 그리고 테러단체와 함께 미국의 도전세력으로 명시했고, 중국은 인도·태평양에서 미국을 대체하려 하고 있으며, 러시아는 강대국의 지위를 회복하려고 한다면서 전략적 경쟁자로 확실히 지정했다.[15] 이러한 기조는 바이든 행정부에서도 이어지고 있다.[16]

---

15 White House, *National Security Strategy of the United States of America* (December 2017), p. 25.

16 바이든 행정부도 2021년 국가안보전략 중간지침에서 미국은 새로운 위협이 야기되는 현실을 마주해야 한다면서, 중국은 경제, 외교, 군사, 기술적 역량을 결합하여 안정적이고 개방적인 국제체계에 지속

백악관의 국가안보전략을 바탕으로 미국 국방부는 2018년 국가방위전략(National Defense Strategy)에서 미국의 번영과 안보에 가장 큰 도전은 중국과 러시아라는 수정주의 국가들과의 전략적 경쟁의 재등장이라고 규정하면서, 중국은 남중국해에서 군사화하면서 약탈적 경제를 사용하여 이웃국가들을 위협하는 경쟁자이고, 러시아는 주변국들의 국경을 침범하고 이웃국가들의 경제, 외교, 안보 결정에 대한 거부권을 추구하는 위협으로 지목했다.[17]

이에 따라 미국은 중국과 러시아를 강대국 간 경쟁의 시대에 경쟁해야 할 도전국들로 명시하고, 이들의 도전에 대비하는 모자이크전을 제시했다. 방위고등연구계획국(DARPA)은 "중국과 러시아는 미국이 테러와의 전쟁을 수행하던 25년간 미국의 전쟁수행방식을 분석해왔고, 미국 주요 군사력의 핵심노드를 무력화할 수 있는 수준의 전력을 건설했으며, 반접근/지역거부(A2/AD: Anti-Access/Anti-Denial) 전략을 채택하여 분쟁지역에서 미국의 군사력 접근을 차단함으로써 남중국해 및 크림반도에서 미국의 군사개입이 실패했고, 미국은 장기적 경쟁에서 잘못된 접근을 했다"고 분석했다.[18]

모자이크전은 경쟁자들이 미군의 작전개념을 인지하고 있고 무력화할 능력을 보유함으로써 경쟁자에 의해 네크워크 연결성의 단절과 혼란을 가정하고 접근하는 전쟁수행개념이면서, 미국이 누리는 첨단과학기술을 이용한 유·무인 복합체계, 다영역 C2 노드 등을 모자이크처럼 자유롭고 신속히 구성하여 전투 수행이 가능한 새로운 비대칭 무기체계 조합을 활용하는 전쟁방식이다. 또한, 군사작전을 소모중심(Attrition Centric)에서 의사결정중심(Decision Centric)으로 전환하고 네트워크화된 다양한 전력을 분산하여 전장 상황에 맞게 적절히 조합하여 신속하게

적으로 도전할 수 있는 유일한 경쟁자로 규정하고, 러시아는 국제적 영향력을 높이고 세계무대에서 파괴적인 역할을 수행하고자 한다면서 위협으로 명시하고 있다. White House, *INTERIM NATIONAL SECURITY STRATEGIC GUIDANCE* (March 2021), pp. 7-8.

17 U.S. Department of Defence, *Summary of the 2018 National Defense Strategy of the United States of America* (January 2018) pp. 1-2.

18 Timothy Grayson, "Mosaic Warfare," *DARPA STO* (27 July 2018).

대응하는 전쟁수행방식이다. 4차 산업혁명의 인공지능(AI) 능력을 포함한 인간과 기계가 팀을 이뤄 전략적 직관력을 가진, 그리고 적국이 따라잡을 수 없는 군사력을 갖추는 것을 목표로 한다.[19]

앞에서 살펴본 주요 강대국의 전쟁수행방식의 공통점을 분석해보면, 첫째, 손무(孫武)의 귀환, 곧 손자병법(孫子兵法)의 현대적 적용이다. 손무는 『손자병법』 「시계편(時計編)」에서 "병자 궤도야(兵者 詭道也)"라며 12가지 방안을 제시했다. 이것은 대부분 상대국가의 의사결정에서 판단 착오를 유발하여 실수하게 만드는 것이다. 특히, "실이비지 강이피지(實而備之 强而避之: 적이 견실하면 대비하고, 적이 강하면 피하라)"라고 제시했는데, 손무의 가르침대로 중국과 러시아는 미국의 강점을 피하고 취약점을 공략하고 있다. 또한, "공기무비 출기불의(攻基無備 出基不意: 무방비인 곳을 공격하고, 예상 밖의 곳으로 출격하라)"라는 교훈에 따라 사이버 공간을 공략하며 정보무기를 비롯한 비군사적·비물리적 수단의 운용으로 변환하고 있다.[20]

둘째, 수단과 방법을 활용함에 있어서 창의적인 조합이다. 전통적 전쟁과 비전통적 전쟁의 조합, 군사적 수단과 비군사적 수단의 조합, 군인과 민간인의 조합, 물리적 수단과 비물리적 수단의 조합, 규칙과 모호성의 조합 등을 확인할 수 있다. 손무는 『손자병법』 「모공편(謀攻編)」에서 "백전백승 비선지선자야 부전이굴인지병, 선지선자야(百戰百勝, 非善之善者也; 不戰而屈人之兵, 善之善者也: 백전백승이 최고가 아니다. 싸우지 않고 적의 군대를 꺾는 것이 최상이다)"를 강조한다. 이는 전쟁을 하지 않고 승리하는 것, 곧 '온전함의 추구'를 강조하고 있다. 이에 따라 "상병벌모, 기차벌교, 기차벌병(上兵伐謀, 其次伐交, 其次伐兵: 최고의 전략은 적국의 전략을 사전에 차단하는 것이고, 그다음이 외교적으로 무력화시키는 것이고, 그다음이 적을 공격하는 것이다)"을 강조함으로써 비군사적 수단에 의한 승리를 중요하게 제시하고 있다.[21] 현대의 전쟁양상에서 이러한 변화는 당연한 흐름으로 수용되고 있다.

---

19 최영찬, 『미래의 전쟁 기초지식 핸드북』, 합동군사대학교, 2021, pp. 105-119.

20 화산, 이인호 역, 『화산의 온전하게 통하는 손자병법』, 뿌리와이파리, 2016, pp. 78-80.

21 위의 책, pp. 180-186.

셋째, 세계화 및 정보화시대의 산물인 정보기술의 이용이다. 정보우위를 달성하고 정밀타격을 위한 발전뿐만 아니라 상대국가의 통신체계, 네트워크, C4I체계 등을 파괴하고 국제 · 국내의 미디어와 소셜 네트워크를 이용한 인지전을 수행하여 상대국가가 혼란에 빠지도록 정보기술의 이용을 발전시켰다. 게다가 4차 산업혁명기술인 인공지능(AI)의 적용도 포함되고 있는 추세다. 이미 20년 전인 2002년 2월 전 미국 국방부 장관 도널드 럼스펠드(Donald Henry Rumsfeld)는 정보와 지식의 중요성에 대해 ① known knowns(알고 있음을 인지하고 있는 것), ② known unknowns(알지는 못하지만 인지하고 있는 것), ③ unknown unknowns(알지도 못하고 인지하지도 못하는 것)의 세 가지 유형을 제시[22]했는데, 세 번째 유형이 바로 현대 전쟁수행방식의 변화를 통찰하고 있다.

조지프 나이(Joshph S. Nye)는 『권력의 미래』에서 강제력과 포섭력을 설명하면서 스마트 파워를 강조하는데, 주요 강대국의 전쟁수행방식을 보면 맥락을 같이 하고 있음을 알 수 있다.

〈표 2-3〉 관계적 권력의 세 가지 양상

구분	설명
변화강제	A가 위협이나 보상을 활용해서 B에게 본래의 기호와 전략에 어긋난 행동을 하도록 변화시킨다. B는 이런 사실을 알며 A의 권력의 영향을 감지한다.
의제제어	A가 B의 전략 선택을 제한하는 방향으로 행동의 의제를 통제한다. B는 이런 사실을 알 수도 모를 수도 있으며, A의 권력을 인식할 수도 인식하지 못할 수도 있다.
기호확립	A가 B의 기본적인 신념, 인식, 기호가 생성되고 형성하는 과정에 개입한다. B는 이런 사실을 인식하지 못하거나 A의 권력이 미치는 영향을 실감하지 못할 가능성이 크다.

출처: 조지프 나이, 윤영호 역, 『권력의 미래』, 세종서적, 2021, p. 45.

조지프 나이는 다른 사람들에게 본래의 기호와 다르게 행동하도록 강제하는 능력인 강제력(Commmanding Power)과 다른 사람들의 기호에 영향을 미쳐서 그들

22 http://archive.defense.gov/Transcripts/Transcript.aspx?TranscriptID=2636.

에게 당신이 원하는 것을 유도하고, 당신이 그들에게 변화를 강제할 필요가 없도록 만드는 능력인 포섭력(Cooptive Power)을 설명하면서, 앞의 〈표 2-3〉에서와 같이 관계적 권력의 세 가지 양상을 변화강제(Commanding Change), 의제제어(Controlling Agendas), 기호확립(Establishing Preference)으로 구분했다. 강제력은 강압과 보상을 통해 원하는 결과를 이끌어내는 능력인 하드파워의 기반이고, 포섭력은 의제구성, 설득, 유인 같은 포섭수단을 통해 원하는 결과를 이끌어내는 능력인 소프트파워의 바탕을 이룬다.[23]

현대 전쟁수행방식에서도 두 번째, 세 번째 양상으로 관계적 권력을 사용할 수 있다는 것을 하이브리드전 등 주요 강대국의 전쟁수행방식을 통해 확인할 수 있다. 정보화 시대의 사회적 네트워크, 국가 간 교류 네트워크는 중요한 권력자원이 될 수 있고, 강제력만을 추구하는 것이 아닌 포섭력에 우선한 정책 추진이 전쟁수행방식에도 적용된 것으로 분석해볼 수 있다. 네트워크 같은 불완전한 사이버 공간에서 미국은 세계 최강의 능력과 공격력을 보유하고 있지만, 동시에 사이버 네트워크에 의존하기 때문에 다른 국가들의 공격에 매우 취약하다고도 할 수 있다.[24] 인터넷을 통한 세계 언론 및 소셜 미디어 역시 인지전을 펼치고 보이지 않는 전쟁을 할 수 있는 매우 유용한 도구[25]가 된 것이 현대의 전쟁양상이다.

---

23 조지프 나이, 윤영호 역, 『권력의 미래』, 세종서적, 2021, pp. 40-52.

24 위의 책, pp. 337-338.

25 인터넷 통계사이트인 인터넷 월드 스테이트(internetworldstate.com)가 공개한 2019년 6월 기준 세계 인터넷 이용통계에 의하면, 전 세계 인터넷 이용자는 45억 3,600만 명으로, 전 세계 인구의 58.8%에 이를 것으로 추정했다. http://biz.chosun.com/site/data/html_dir/2019109109/2019090900022.html. 한편, 미국의 시장조사기관인 퓨리서치(Pew Research)에 따르면, 선진국의 스마트폰 보급률은 70% 이상이며, 스마트폰 이용자 수는 중국(9억 1,200만 명), 인도(4억 3,900만 명), 미국(2억 7,000만 명), 한국(3,920만 명)이며, 전 세계 스마트폰 보급률은 2007년 1.8%에서 2016년 49.35%, 2020년 78.05%로 급증했다고 발표했다. https://madtimes.org/news/articleView?idxno=9203.

2) 하이브리드전의 단계

하이브리드전을 전략의 구성요소로 살펴보면 목적(ends), 방법(ways), 수단(means)에서 정치적 목적을 달성하기 위해 방법과 수단을 변수로 하는 전쟁수행방식이다. 경우에 따라 정치적 목적 자체는 상수일 수도 변수일 수도 있다. 정치적 목적도 안보환경에 따라 변하기 때문에 하이브리드전은 전략의 3요소 모두 변수로 작용할 수도 있는 전쟁수행방식이라고 할 수 있다. 이 글에서는 국가가 정치적 목적 달성을 위해 하이브리드전을 수행하는 것을 전제로 하기 때문에 목적(ends)은 상수로 전제한다.

(1) 전쟁 목적(ends)의 변화

하이브리드전에서 과거와 달라진 전쟁의 목적(정치적 목적) 변화를 이해할 필요가 있다. 손무의 귀환이라고 설명할 수 있을 정도로 하이브리드전에서는 부전승(不戰勝)을 추구한다. 하이브리드전에서 추구하는 목적은 첫째, '상대국 약화 및 자멸전략'이다. 부전승을 하는 방법은 상대국을 정치적으로 불안정하게 유도하여 내부적으로 스스로 싸우게 만들어 자멸을 이끌어내는 것이다.

두 번째는 '친우방국가 건설'이다. 초강대국으로서의 미국, 강대국으로의 회귀를 꿈꾸는 러시아나 신형국제관계를 위한 중국몽을 주장하는 중국[26] 등 강대국들은 지역패권을 추구하고 있고, 이것은 곧 세계적인 수준에서 동맹이나 협력국의 확대를 통해 달성할 수 있을 것이므로 친우방국가 건설이 중요한 전쟁의 목적이라고 할 수 있다.

---

26 시진핑은 2012년 11월 중화인민공화국의 공산당 중앙위원회 총서기로 추대되면서 '중국몽'이라는 정치 지도 개념을 언급했고, 중국은 1949년 중화인민공화국 건국 이후로 100주년이 되는 2049년까지 중화인민공화국 내에서 중국몽을 구현하는 노력을 기울이고 있다. 중국몽은 2021년까지 전면적 소강사회를 건설하고, 2035년까지 사회주의 현대화를 실현하며, 2049년까지 사회주의를 유지한 가운데 부강하고 민주적이며 문명적이고 화합하는 조화된 사회주의 현대화 강국을 건설하는 것을 의미한다. 권희영 · 이현복, 「시진핑 제19차 당대회 보고 주해」, 『중국학논총』 58, 2017, pp. 525-527.

(2) 게라시모프의 분쟁 단계

러시아의 하이브리드전은 범정부적 접근법을 취하고 있다. 곧, 군사전략을 넘어 국가전략적 수준에서 전쟁을 수행하고 있다. 러시아는 은밀한 행동으로부터 공개적인 전투행위까지 다양한 분쟁의 스펙트럼 형태를 취하고 있다. 러시아의 하이브리드전 진행은 처음에는 은밀한 행동(covert action)을 통해 정치적 목적을 달성하는 것이고, 이것이 불충분하거나 효과적이지 않으면 빨치산 부대(partisan foeces)를 이용한다. 그럼에도 목표를 달성할 수 없다면 정규군을 투입하는 공개적 전투행위(overt combat)로 전환한다.[27]

러시아의 하이브리드전 수행은 제한전쟁을 위해 만들어졌으며, 국가가 섬멸전을 추구하는 것이 아니라 상대국가의 정치체계를 파괴하지 않는 가운데 자신들의 정치적 의지를 강요하는 것이다. 러시아의 하이브리드전은 적에 대해 상대적인 우위를 확보하는 방법을 찾거나 적을 내부에서 약화시키기 위한 작전을 지속적으로 수행하기 위해 다영역에서 작전을 수행하려는 정보화시대의 산물이다. 이 과정에서 특수작전, 정보전, 사이버전, 전자전을 핵심적으로 사용한다. 러시아 하이브리드전의 목적은 제한전쟁을 수행하는 것으로 지속적인 갈등을 조성함으로써 적국의 자원과 정치적 힘을 약화시키는 것이다.[28]

러시아 분쟁수행의 핵심국면은 정보작전을 통해 상대국가의 지역주민을 우군화하는 것과 러시아 정규군의 전투력을 보존하고 군사개입을 모호하게 하기 위해 지역주민과 용병들을 대리군으로 투입하는 것이다. 2014년 크림반도 전역에서 러시아군은 지역주민으로 위장하고 지역사회에 분산되어 우크라이나의 의사결정에 혼란을 야기했고, 러시아군의 개입을 불분명하게 함으로써 크림반도 지역 내부의 분쟁으로 보이도록 했다.[29]

---

27 Amos C. Fox, Andrew J. Rossow, Making Sence of Russian Hybrid Warfare: A Brief Assessment of the Russo-Ukrinian War, *THE LAND WARFARE PAPERS*, No. 112, MARCH 2017, pp. 1-4.

28 ibid., p. 12.

29 Asymmetric Warfare Group, *Russian New Generation Warfare Handbook* (Fore Meade: Asymmetric

게라시모프 독트린을 분석한 바틀리스(Bartles)는 러시아의 분쟁 진행단계를 〈그림 2-2〉에서와 같이 숨겨진 기원-긴장 확산-갈등행위 개시-위기-해결-평화회복의 6단계로 전개된다고 설명하면서, 러시아의 전쟁수행방식은 최후의 수단으로서 군사력을 운용하는 기존 전쟁수행의 기본적인 개념과는 다른 방식으로,

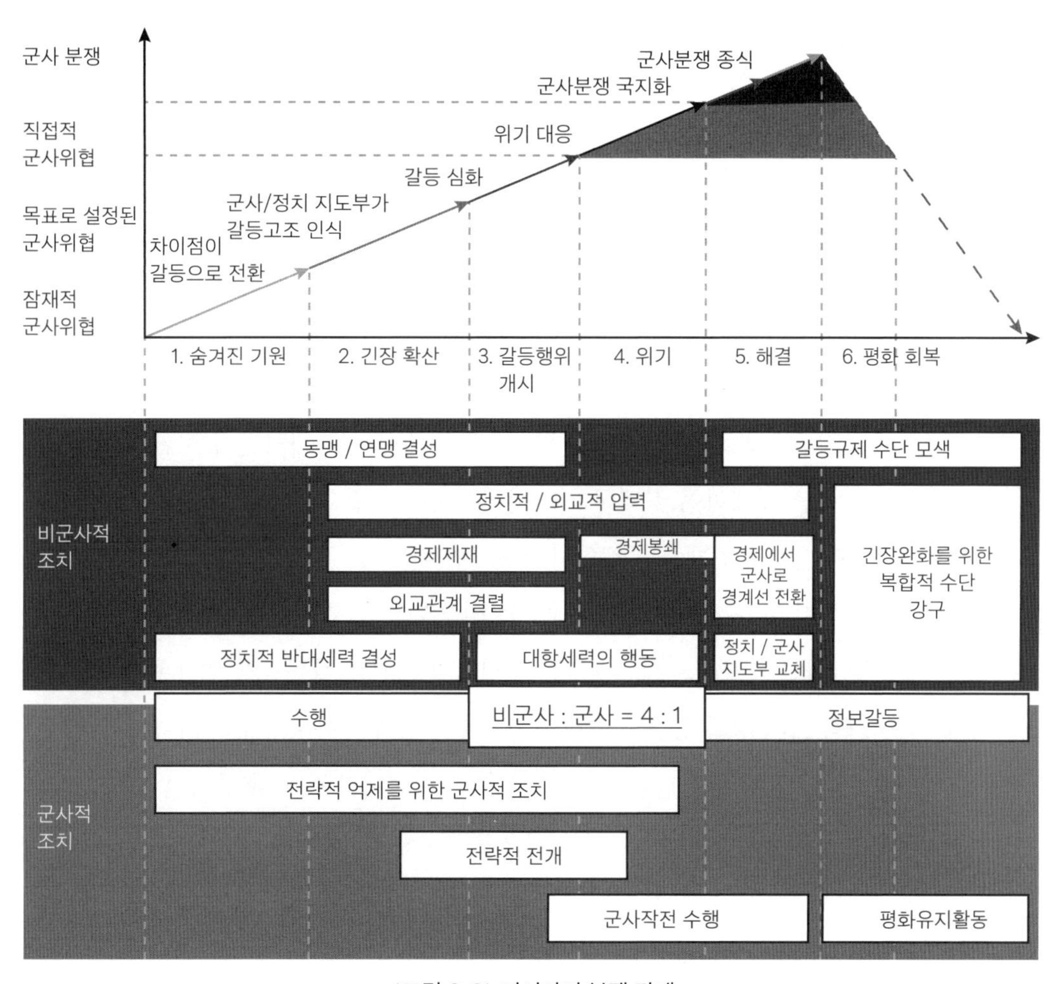

〈그림 2-2〉 러시아의 분쟁 단계

출처: Charles K. Bartles, "Getting Gerasimov Right," *Military Review* (Jan-Feb 2016) 96(1), p. 35.

Warfare Group, 2016), pp. 13-14.

각 단계에서 비군사적 수단을 활용한 조치에 중점을 두고, 분쟁을 종식하는 단계에서는 군사적 조치도 필요하다는 것을 강조하고 있다. 비군사적 조치와 군사적 조치가 4 : 1의 비율로 수행되고 있다고 분석하면서 비군사적 조치에는 경제제재, 외교관계 단절, 정치적·외교적 압력 등이 포함되며, 중요한 것은 서방에서는 비군사적 조치들을 전쟁을 피하는 방법으로 간주하는 반면 러시아는 비군사적 수단과 군사적 수단의 이용에 관해 국가 차원의 전쟁수행을 위한 수단의 총동원으로 해석했다고 설명한다.[30]

분쟁 진행단계를 세부적으로 살펴보면 1단계인 숨겨진 기원(covert origin)에서는 비군사적 조치로서 언론, 인터넷, 소셜 미디어, 비정부단체 등을 활용하여 상대국가의 정부에 대항하는 정치적 반대세력을 결성한다. 2단계인 확산(strains)에서는 상대국가의 정치 및 군사지도자가 갈등 고조를 인식하면 경제제재, 외교관계 단절, 정치적·외교적 압력을 행사한다. 3단계인 갈등행위 개시(initial conflicting actions)에서는 갈등이 심화되면 상대국가의 정부에 대한 대항세력들이 시위, 저항, 전복 등의 행동을 전개하여 상대국가의 질서유지를 어렵게 만들고, 억제를 위한 군사적 조치와 전략적 전개를 수행한다. 4단계인 위기(crisis)에서는 본격적으로 위기가 대두됨에 따라 1~3단계에서 수행하는 비군사적 조치와 더불어 군사작전을 수행한다. 5단계인 해결(resolution)에서는 분쟁해결을 위한 갈등규제 수단 모색, 정권교체, 군사적 조치 강화 등을 시행한다. 6단계인 평화 회복(reestablishment of peace)에서는 긴장완화를 위한 복합적 수단 강구 및 평화유지활동 등 포괄적인 조치들을 시행하여 친우방국가를 건설한다는 것으로 해석할 수 있다.

(3) 카버(Philip A. Karber)의 분쟁 단계

우크라이나에서 러시아가 수행한 하이브리드전을 분석한 카버(Karber)는 하이브리드전 진행단계를 〈그림 2-3〉에서와 같이 정치적 전복-대리자 투입-개입-

---

30 Charles K. Bartles, "Getting Gerasimov Right," *Military Review* (Jan-Feb 2016) 96(1), p. 34.

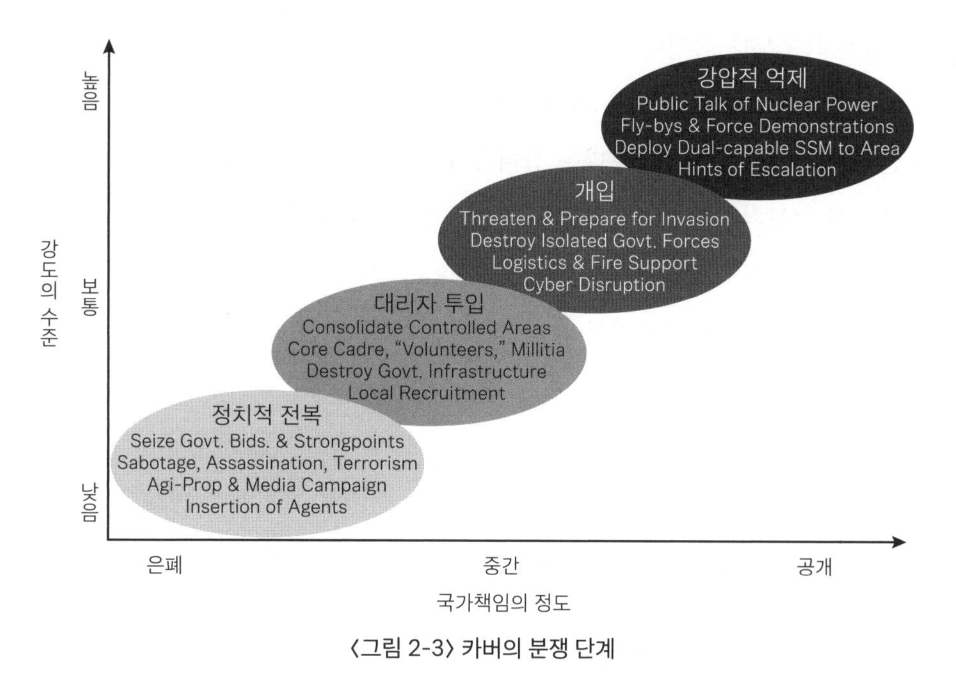

〈그림 2-3〉 카버의 분쟁 단계

출처: Bret Perry, "Non-Linear Warfare in Ukraine: The Critical Role of Information Operations and Special Operations," *Small War Journal*, 14 August 2015.

강압적 억제의 4단계로 전개된다고 분석했다. 1단계인 정치적 전복(political subversion)에서는 언론조작 등과 같은 정보작전과 시위, 암살, 테러 등 상대국가 지하조직의 저항을 장려하는 것을 중심으로 전개된다. 2단계인 대리자 투입(proxy sanctum)에서는 비재래식 전쟁 수행을 위한 특수부대의 투입이 요구되는 강도가 높아진 단계다. 3단계인 개입(intervention)에서는 정보작전과 특수부대 작전의 강도 증가와 더불어 재래식 군사력의 사용으로 나타난다. 4단계인 강압적 억제(coercive deterrence)에서는 본질적으로 전략적 강압을 하는 것으로 핵위협과 대규모 군사훈련 등 무력현시를 시행한다는 것이다.[31]

정치적 전복과 대리자 투입 단계에서는 비군사적 요소인 정보작전과 군사적

31 Philip A. Karber, *The Russian Military Forum: Russia's Hybrid War Campaign: Implications for Ukraine & Beyond* (2015).

요소로서 특수부대 작전이 주를 이루고, 개입 및 강압적 억제 단계에서는 군사적 요소를 중심으로 목표 달성을 위해 운용한다는 것이다. 이러한 맥락에서 살펴보면 군사력 위주의 전쟁수행보다는 상대국가의 정부를 약화시키기 위한 정보기술을 이용한 정보작전과 대리자 투입, 반정부단체를 이용한 테러나 분리주의 운동 등이 핵심적 요소로 사용됨을 확인할 수 있으며, 단지 비군사적 요소에 집중하기보다는 군사적 요소를 조합해서 운용한다고 분석할 수 있다.

(4) 강대국의 하이브리드전 수행 단계

하이브리드전의 특징은 세계화·정보화된 시대적 환경에서 변화된 전쟁의 목적인 친우방국가 건설 및 상대국가의 자멸유도를 달성하여 부전승하는 데 있다. 세계화·정보화된 환경에서는 상대국가의 정치지도자 및 국민에게 미디어와 인터넷 등을 이용한 선전을 펼침으로써 상대가 알지 못하는 사이에 인식을 변화시켜 전쟁의지에 영향을 주는 것이 중요하다. 이를 현대에 들어서 '인지전', '5세대 전쟁'이라고도 표현하고 있고, 이러한 방식은 회색지대에서 모호함을 핵심적 특징으로 한다.

게라시모프가 제시하는 6단계와 카버의 4단계 분쟁 단계의 핵심개념을 중심으로 둔 상태에서 전략의 구성요소인 목적(ends), 방법(ways), 수단(means)을 포함하는 6하 원칙[32]으로 강대국들의 하이브리드전을 분석해보면, 먼저 전쟁 목적의 변화다. 21세기 초 강대국 간의 경쟁에 따라 약소국에 대해서는 친우방국가 건설, 강대국 상호 간에는 상대국 약화(불안정)를 주목적으로 한다.

둘째, 전쟁수행방법에서는 자국이 온전한 상태에서 부전승하기 때문에 직접적으로 군사적 수단을 사용하는 것보다 비군사적 수단을 통해 그리고 시대적 환

---

32 6하 원칙을 적용하는 것은 전략의 구성요소인 목적은 why, 방법은 how, 수단은 what에 해당하며, 현대의 전쟁수행은 누가(who), 언제(when), 어디서(where) 분야도 변수로 활용하기 때문이다. 행위자가 다양해졌고, 전·평시의 구분이 모호하며, 회색지대를 포함한 분쟁이 현대전쟁양상의 특징이기 때문이다.

경에 부합한 정보기술을 이용해서 정치적 목적을 달성하려 한다는 것이다.

셋째, 국가 간 충돌보다는 상대국가 내부의 전쟁으로 전환시키는 것을 채택했다. 하이브리드 전쟁을 수행하는 상대국가는 적이다. 적국과의 전쟁에서 부전승을 거두기 위해, 곧 전쟁의 목적을 친우방국가 건설 또는 적국의 자멸유도 전략을 구사하기 위해 중요한 것은 적국과의 국가 간 전쟁을 적국 내부의 전쟁으로 전환시켜 관리하는 것이다. 군사력은 보조적 수단으로서 지원하는 형태를 취한다.

넷째, 전쟁을 수행하는 방법으로서 기존에 보유한 수단들의 조합 그리고 기존의 수단과 새로운 수단의 창의적 조합을 선택했고, 정부가 주도하는 가운데 비국가 행위자를 포함하는 것이다.

따라서 이러한 하이브리드전의 특징을 반영하여 게라시모프와 카버의 분쟁단계와 전략의 구성요소를 접목하여 주요 강대국들이 수행하는 하이브리드전의 수행 과정을 제시하여 주요 사례들을 연구하고자 한다. 전쟁수행과정은 친우방국가 건설 및 상대국 약화(불안정)라는 현대에 새롭게 정립된 전쟁의 목적을 상수로 전제하여 제시한다. 부전승하기 위해서는 상대의 국력에 따라 약간 상이하게 적용할 수 있다. 강자를 대상으로 할 때는 상대국가의 정치적 불안정을 이용하여 목적을 달성하는 형태를 취하고, 약자를 대상으로 할 경우에는 상대국가 내부의 분란을 조성하여 스스로 자멸하도록 유도하여 목적을 달성하는 것이 부전승에 부합한다.

첫 번째 단계는 상대국가의 정치적 취약점을 공략하는 것이다. 정치적 취약점에 대한 공략은 직접적 군사개입보다는 국제·국내 미디어, 인터넷, 소셜 네트

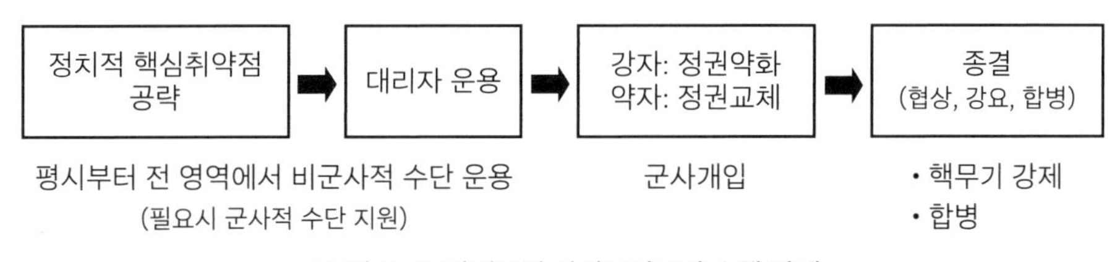

〈그림 2-4〉 강대국의 하이브리드전 수행 단계

출처: 게라시모프와 카버의 분쟁 단계와 전략의 구성요소를 포함하는 6하 원칙에 의거 재구성

워크(facebook, twitter, instagram 등), 유튜브 등을 통해 상대국의 정치지도자와 국민을 대상으로 인식을 전환시키는 인지전을 수행하고, 비군사적 수단에 의한 강압 등으로 유리한 여건을 조성한다. 또한, 정보혁명과 세계화에 따른 국제적 협력이 필요한 사안들과 과학기술 사용에 대한 양면성[33]을 이용한다. 미국은 적이 알고도 따라올 수 없는 첨단과학기술 기반의 3차 상쇄전략을 추진하고 있으나, 짧은 시간 안에 적국들이 상대적 저비용으로 그 기술을 사용하게 될 것으로 예상된다. 또한 범세계적 네트워크와 군사지휘통제체제를 무력화시키기 위해 공략할 것이다.[34] 이를 '시스템파괴전'이라고 한다.

두 번째 단계는 대리자를 운용하는 것이다. 적국의 반정부세력, 분리주의자, 비정부단체, 우군 동조세력 등을 포섭하는 것이 중요하다.[35] 마오쩌둥의 인민전쟁, 루퍼트 스미스의 인민전쟁, 분란전과 대분란전 같은 전쟁수행이 이 시대에도 유의미하다는 것을 반영한 것이다. 아프가니스탄 및 이라크 전쟁 후 새롭게 전쟁지역 주민들의 민심확보가 전쟁에서 매우 중요함을 재차 인식하게 되었다. 대리자들을 지원하여 상대국가 내에서 테러, 폭동, 반란 등을 일으켜 정치·사회적으로 불안정하게 만드는 것이다. 이때 '리틀 그린맨',[36] '리틀 블루맨' 같은 정체성이

---

33 브루스 버코비츠(Bruce Berkowitz)는 "현대 전쟁에 있어서 진보된 기술은 많은 전쟁양상의 변화를 이루어왔으나 승리를 보장해주지는 않는다면서, 더 발전된 기술은 더 치명적인 군대의 능력을 의미함과 동시에, 군대가 정보기술에 의존하게 될수록 새로운 종류의 취약점들이 나타날 수 있을 것이다"라고 강조하고 있다. 버코비츠, 문장렬 역, 『새로운 전쟁양상(the new faces of war)』, 국방대, 2008, pp. 4-7.

34 윤정현은 기술적 네트워크의 범세계적 확산에 따른 초연결사회의 취약성에 대비하는 첨단기술의 확보가 사활적인 안보의제로 부상함에 따라 군사전략의 변화를 요구하고 있다고 강조한다. 윤정현, 「4차 산업혁명과 사이버전의 진화」, 『4차 산업혁명과 신흥군사안보』, 한울아카데미, 2020, pp. 84-85.

35 조지프 나이(Joseph S. Nye)도 군사적 자원을 통해 창출된 강압적인 하드파워는 일정한 수준의 소프트파워와 병행된다고 강조하면서 전쟁에서 지역 거주민들 중 일부를 동맹세력으로 포섭하는 능력과 민심확보의 중요성을 깨달아야 한다고 설명한다. 조지프 나이, 윤영호 역, 『권력의 미래』, 세종서적, 2021, pp. 63-64.

36 리틀 그린맨(little green man)은 부대마크나 군번, 명찰 등이 없어 신원 파악이 어려운 초록색 군복을 입은 군인을 뜻하며, 2014년 러시아가 크림반도 합병 당시에 '러시아로의 합병을 원하는 민병대'라고 주장했던 존재들이나 이후 러시아 특수부대원으로 확인됐다. 장수현, "크림반도 합병 때 활약한 러 의문의 전투부대 '리틀 그린맨' 등장", 『한국일보』, 2022년 2월 22일자. https://www.hankookilbo.com/News/Read/A2022022213440000810. 리틀 블루맨(little blue man)은 중국의 '해상민병대'를 지칭하

모호한 부대를 투입하여 효과를 극대화한다.

세 번째 단계는 강자를 대상으로 할 경우에는 정권약화(불안정)를, 약자를 대상으로 할 경우에는 정권교체를 달성하는 것이다. 강자를 대상으로 군사적 수단에 의한 충돌 없이 다른 수단에 의한 강압이나 설득으로 적국 내부적으로 정치적 불안정을 야기한다. 약자를 대상으로 할 때는 적국의 내부 분쟁에 의한 친우방 성격의 정권교체를 달성하고 국제적 명분을 확보하여 군사를 개입한다.

네 번째 단계는 전쟁 종결단계로서 협상이나 강요에 의해 전쟁을 종결한다. 전략적으로 유리한 위치에서 협상하거나 친우방 성격의 정권교체에 따른 합병을 승인하는 형태를 취한다. 하이브리드전은 항상 전쟁상태에 있다는 것을 전제로 하기 때문에 사태 해결 후에는 다시 적국에 대한 협력과 경쟁을 병행한다. 여기에서 주의할 것은 아프가니스탄 전쟁과 이라크 전쟁에서 확인한 바와 같이 새로운 친우방 성향의 정부가 정치적 불안정을 해소하고 국민의 지지를 얻어야 성공적으로 목적이 달성될 수 있다. 그럼에도 오늘날 추구하고 있는 자국을 온전히 유지한 가운데 전쟁에서 승리하기 위해서는 매우 적합한 전쟁수행방식이 될 것이다.

강자를 대상으로 하는 하이브리드전의 목적은 상대국가의 정권약화(불안정)를 달성하는 것이다. 이에 부합한 전쟁수행 단계는 '정치적 취약점 공략 → 대리자 운용 → 정권약화(불안정) → 종결(협상, 강요)'의 순으로 진행되고, 약자를 대상으로 하는 하이브리드전의 목적은 상대국가의 자멸을 달성하는 것이다. 이에 부합한 전쟁수행 단계는 '정치적 취약점 공략 → 대리자 운용 → 정권교체 → 종결(협상, 강요, 합병)' 순으로 진행될 것이다.

며, 파란 제복을 입은 군인을 뜻한다. '리틀 그린맨'과 유사하게 해군 소속은 아니지만 해군의 지휘를 받는 준군사조직이다. "中, 남중국해서 비정규 해양민병대 '리틀 블루맨' 운용", 『연합뉴스』, 2021년 4월 13일자. https://www.mk.co.kr/news/world/view/2021/04/354576/.

3. 주요 사례분석

2014년 이후 하이브리드전이 주요 전쟁수행방식으로 대두되었으나 새로운 전쟁수행개념은 아니다. 국가전략에서 정치적 목적 달성을 위해 수단과 방법을 운용하는 하나의 술이며, 과거에도 존재했던 방식이나 21세기에 들어와서 그 중요성이 더욱 강조되고 있는 전쟁수행방식이다. 한반도 주변을 둘러싸고 있는 미국, 중국, 러시아, 일본의 과거 사례를 살펴보면 현재의 하이브리드전 개념에 부합한 것이라는 점을 확인할 수 있다.

1) 미국의 하와이 병합

하와이는 미국의 인도태평양사령부가 위치한 곳이며, 진주만이라는 해군기지가 위치한 태평양의 전략도서다. 미국은 1820년대 선교사들과 선원들이 하와이에 도착하면서부터 하와이 왕국과 관계를 맺기 시작했다. 이후 선교사들과 그 후손들이 무역과 상업을 독점하여 영향력을 증대시키면서 원주민들로부터 정치권력을 빼앗았고, 1850년대 이후부터 미국인이 하와이의 주도권을 장악했다. 1860년 이후에는 사탕산업의 호황에 힘입어 원주민들로부터 토지를 강탈하면서 미국으로의 병합을 추구했다. 1875년 미국과 하와이 왕국 간 상호주의 조약을 체결하여 하와이 왕국에서 재배된 설탕에 대해 미국 시장에 대한 무료 접근을 허용하고, 하와이 왕국은 자국의 영토를 미국의 동의 없이 외국에 할양할 수 없다고 명시했으며, 1884년에는 진주만 조약을 통해 진주만 해군기지를 미국 해군이 배타적으로 사용할 수 있도록 했다.[37]

이러한 가운데 하와이 왕국 내에서는 민족주의 여론이 일어나게 되었고, 1891년 릴리우오칼라니(Liliuokalani) 여왕이 하와이 왕국의 군주가 되면서 강력한

37 조웅, 「1898년 미국의 하와이 병합과 논쟁」, 『미국사 연구』, 1997, pp. 49-51.

반미정책을 추진했다. 1893년 여왕은 새로운 헌법 개정을 통해 미국인 농장주들의 면세 혜택을 폐지하려고 했다. 이에 하와이 주재 미국 공사인 스티븐스(John Stevens)가 쿠데타를 일으켜 하와이 왕정은 사라지고 1894년 7월 4일 미국인 돌(Dole)을 대통령으로 하는 새로운 하와이공화국을 수립했으며, 이후 미국인을 중심으로 하는 미국과의 합병운동이 일어났다.[38]

1897년 6월 16일 윌리엄 맥킨리(William McKinley) 대통령은 하와이에서 일본인 이민문제로 인한 일본과의 전쟁 위협을 예방하고 외세의 공격으로부터 태평양 해안을 수호하게 될 것이라며 하와이공화국과 병합조약을 체결했다. 이후 1959년 하와이는 미국의 50번째 주가 되었다.

하이브리드전 분쟁단계로 살펴보면 1단계(정치적 핵심취약점 공략)에서 미국은 하와이 왕국으로 미국인을 이민 보내고, 하와이 왕국의 정치적·경제적 약점에 대해 문화적 우위와 사탕산업을 통해 무역과 상업을 독점했다. 2단계(대리자 운용)에서 미국은 하와이로 이민 간 미국인을 이용했다. 그들의 정치적 영향력이 확대되어 하와이의 주도권을 장악하게 되었고, 이들은 미국으로의 합병을 추진했다. 3단계(정권교체)에서 반미성향의 하와이 군주가 등장하자 쿠데타를 통해 미국인을 대통령으로 하는 하와이공화국을 수립하여 정권을 교체했다. 또한, 필요에 의거 1893년 1월 17일 미국 해병대를 개입시켜 무력시위를 통해 여왕을 퇴위시키고 하와이공화국을 수립했다.[39] 4단계(종결)에서 새로운 하와이공화국은 미국에 병합을 요청했고, 미국 대통령이 이를 승인하여 미국의 주가 되면서 미국의 영토로 편입되었다.[40]

---

38 최장군, 「미국의 영토형성과 독도 고유영토론에 대한 인식」, 『日語日文學』 62, p. 405.

39 안종철, 「하와이원주민 문제의 역사적 쟁점과 미 연방대법원의 관련 판결분석」, 『法史學研究』 48, 2013, p. 284.

40 하와이 병합은 미국이 멕시코를 병합할 때 사용했던 방식과 매우 유사하다. 다른 국가로 미국인을 이민 보내고 이민 간 미국인이 정치적 영향력을 확대하여 정권을 장악함으로써 미국에 합병을 요청하면 미국이 승인하는 형태로 'Newlands Resolution'이라고도 한다.

2) 일본의 한반도 병합

메이지유신을 통해 후발 산업국가가 된 일본은 청일전쟁과 러일전쟁의 승리로 동아시아의 제국으로 부상하게 되었고, 대륙진출을 위한 북진정책을 추진했다. 러일전쟁 이후 일본은 1890년 주창된 주권선-이익선[41] 논리에 따라 한반도에 대한 배타적인 영향력 확보를 국가정책으로 결정했다.[42]

1904년 러일전쟁에 승리한 일본은 한반도 병합을 위한 외교활동을 전개했다. 1905년 제2차 영일동맹[43]과 1905년 가쓰라-태프트 밀약,[44] 포츠머스 조약[45] 등으로 미국, 영국, 독일, 프랑스 등 강대국들이 일제의 한반도 침략을 묵인하도록 조치한 후 1905년 을사늑약을 강제로 체결했다.

이에 따라 대한제국은 1907년 7월 네덜란드 헤이그에서 열린 제2차 만국평화회의에 이준 특사를 파견하여 을사늑약의 불법성을 폭로하고 한국 주권회복을 강대국에게 호소하는 외교활동[46]을 했다. 그러나 이후 일본은 한반도 병합 문제를 일본제국이 대한제국을 흡수통합하는 연방적 합방과 고종이 합방에 동의하지 않을 때는 한국 황제를 퇴위시키고 황태자를 새로운 황제로 즉위시킨 후 통감이 관백[47]의 자격으로 대한제국의 내정을 감독하고 각 부의 대신과 차관으로 일본인을 등용하는 것을 대책으로 확정지었다. 이러한 대책에 따라 1906년 통감부를 설치

---

41 주권선은 일본 본토를 지칭하며, 이익선은 자국 영토의 안위와 상호 밀접하게 관계되는 인근지역을 말한다. 주권선-이익선 논리는 부득이한 경우 무력을 사용해서라도 이익선을 보호하여 일본 본토의 안전을 확실하게 해야 한다는 것이다.

42 전상숙, 「국권상실과 일본의 대한반도 정책」, 『東亞硏究』 59, 2010, pp. 15-24.

43 1902년 제1차 영일동맹은 동아시아에서 러시아 제국의 남진정책에 대비하여 영국과 일본제국이 체결한 군사동맹이었고, 1905년 8월 12일 제2차 영일동맹은 러일전쟁에서 승리한 일본이 한반도 지배를 외교적으로 보장받은 동맹이다.

44 미국의 필리핀에 대한 지배권과 일제의 대한제국에 대한 지배권을 상호 승인하는 문제를 회담한 내용을 담고 있는 대화기록이다.

45 일본제국은 러일전쟁의 승리로 러시아로부터 대한제국에 대한 지배권을 확보하게 되었다.

46 한국민족문화대백과사전, “헤이그 특사사건”, http://encykorea.aks.ac.kr (검색일: 2022. 4. 1)

47 정무를 총괄하는 일본의 관직으로, 일본의 천황을 보좌하여 정무를 집행하는 관직을 말한다.

했고, 1907년 7월 22일 고종황제를 강제 퇴위시키고 7월 24일 정미7조약을 강제 조인했으며, 8월 1일에는 대한제국의 군대를 강제 해산했다. 1908년 가쓰라 내각이 들어서면서 한반도에 대한 배타적 지배권 확립은 본격화되어 1909년 7월 6일 내각회의에서 한반도 병합방침을 공식 결정하고, 제3대 통감인 데라우치에게 전권을 위임했으며, 한국병합준비위원회를 설치하여 병합 후 통치방침을 준비했다. 1910년 8월 22일 데라우치는 이완용과 병합조약을 체결했고, 이것은 8월 29일 발효되었다.[48]

하이브리드전의 진행단계로 살펴보면, 1단계(정치적 핵심취약점 공략)로 일본은 조선의 부정부패와 내부의 적을 공략했다. 조선 말기에 뿌리 깊은 당파싸움으로 극도로 부패했고, 숭문천무(崇文賤武) 정신을 강조하면서 부국강병(富國强兵)에는 힘쓰지 않았다. 일본은 이를 이용하여 조정의 간사한 신하들을 매수하여 조선에서의 지배권 확립을 위한 계획을 서서히 진행했으며, 조선의 내부는 1882년 임오군란, 1884년 갑신정변, 1894년 동학혁명 등으로 국가 내부의 분열과 혼란이 진행되고 있었기 때문에 일본의 공략은 성공적으로 전개될 수 있었다.

2단계(대리자 운용)는 1895년 청일전쟁에서 승리한 일본이 조선의 개화파들을 중심으로 친일정부를 수립한 후 갑오개혁이라는 국정 개혁을 단행하기도 했다. 또한 1905년 11월 18일 이토 히로부미는 친일파를 활용했다. 학부대신 이완용, 군부대신 이근택, 내부대신 이지용, 외부대신 박제순, 농상공부대신 권중현을 앞세워 대한제국의 외교권을 박탈하고 통감부를 두어 지배한다는 내용의 을사보호조약을 가결했다.[49]

3단계(정권교체)는 1906년 통감부를 설치하여 실질적인 외교권을 탈취했다. 1907년 고종을 강제 퇴위시키고 순종에게 일제와의 합병을 알리는 조서를 발표하게 했다. 군사적 수단의 지원으로서 1907년 헤이그 특사사건, 고종 퇴위, 정미

---

48 이태진, 「한국병합조약인가, 한일합방조약인가?」, 『역사비평』, 2006, pp. 280-285.

49 박윤식, 『대한민국 근현대사 시리즈: 구한말-일제 강점기』, 도서출판휘선, 2014, pp. 47-49.

7조약, 군대 강제 해산의 충격으로 의병활동이 크게 일어나게 됨에 따라 일본은 보병 1개 사단, 기병 1개 연대, 헌병 6천 명의 군사력으로 개입하여 강력한 의병 토벌을 시행했다.

4단계(종결)로 1910년 8월 22일 대한제국의 마지막 어전회의에서 총리대신 이완용은 한일합방을 해야 하는 이유를 설명하고 한일합병안을 가결시켜 데라우치와 한일병합조약을 체결했으며, 8월 29일 발효되었다.

3) 러시아의 크림반도 병합

우크라이나는 소련의 붕괴 이후 독립했으나 오늘날에는 서방과 러시아 사이에서 안보적 이해가 충돌하는 지역이 되었다. 러시아는 소련으로부터 독립한 동유럽 국가들이 북대서양조약기구(NATO)에 가입하고, 폴란드 · 루마니아까지 확대된 미국 미사일방어체계의 구축을 중대한 안보위협으로 인식하게 되었다. 러시아는 우크라이나를 서방과 러시아의 완충지대로 관리하면서, 우크라이나가 북대서양조약기구에 가입하지 않고 친러시아 국가로 남기를 원하고 있다.[50]

2014년 4월 2일 러시아의 크림반도 병합은 대표적인 하이브리드전으로 세상에 알려졌다. 2010년 우크라이나의 대통령으로 당선된 야누코비치는 친러 노선을 채택했다. 2013년 11월에는 유럽연합(EU)과의 포괄적 자유무역협정 체결 중단을 발표했다. 그러자 야권과 일반대중이 반발하며 대규모 반정부 시위를 시작했다. 친러 성향의 정부는 이를 무력으로 진압하면서 사태가 악화되어 유러마이단 혁명으로 발전했고, 2014년 2월 23일 우크라이나 의회가 사태 악화의 책임을 물어 야누코비치 대통령을 탄핵하자 야누코비치는 친러 성향의 크림반도로 탈출했다. 이로써 우크라이나는 다시 친서방 성향의 투르치노프 국회의장이 대통령

---

50 육군군사연구소, 세계전쟁사 연구총서 2018-1 『2014년 돈바스 전쟁의 작전경과 및 작전적 특성』, 육군군사연구소, 2018, pp. 4-10.

권한을 대행하는 과도정부를 출범했다.[51]

러시아는 유로마이단 혁명으로 우크라이나에 친서방 정권이 들어서자 친러 성향의 크림반도에서 친러 세력과 '리틀 그린맨(Little Green Man)'이라는 정체성이 모호한 러시아 특수부대를 이용하여 크림공화국의 정부청사와 의회, 공항 등을 점령했고, 크림공화국 총리는 2014년 3월 1일 러시아에 정치·군사적 지원을 요청했다. 2014년 3월 2일 러시아 상원은 크림반도에서 군사력 사용을 승인하면서 러시아군을 투입하여 크림반도를 장악했다. 크림공화국은 러시아로 병합을 결정짓는 주민투표에서 97%의 찬성으로 우크라이나로부터 독립을 선언하고 러시아로의 합병결의안을 채택했다. 이에 따라 러시아는 4월 2일부로 크림반도를 남부군관구로 편입함으로써 크림반도를 공식적으로 합병했다.[52]

분쟁 진행과정을 살펴보면, 1단계(정치적 핵심취약점 공략)에서 러시아는 우크라이나의 친서방과 친러 성향으로 분리된 정치적 취약점을 공략했다. 2단계(대리자 운용)에서 크림반도와 우크라이나 동부에 위치한 친러 성향 지역의 반정부세력들을 잘 활용함과 동시에 모호성을 가진 특수부대를 활용했다. 3단계(정권교체)로 친러 성향의 크림공화국을 군사적으로 지원하고, 이들이 러시아에 지원요청을 했을 때 러시아군을 직접 투입했다. 마지막 4단계(종결)에서 크림공화국 내부에서 러시아로의 합병결의안이 통과됨에 따라 이를 승인하고 러시아로 합병했다. 따라서 러시아의 크림반도 합병은 군사적 수단을 중심으로 한 전쟁의 수행 없이 정치적 목적을 달성한 대표적 사례로 평가된다.

4) 중국의 남사군도 내해화

중국의 남사군도(南沙群島, Spratly Islands) 내해화 사례는 상대국가의 영토에서

51 위의 책, pp. 6-7.

52 육군군사연구소, 『2014년 러시아의 우크라이나 개입』, 육군군사연구소, 2015, pp. 10-13.

발생하는 사례는 아니나, 하이브리드전의 수행이 맥락적으로 적용된 사례다. 남사군도는 남중국해 남부 해상에 있는 군도다. 지리적으로 남사군도의 동쪽에는 필리핀, 서쪽에는 베트남, 남쪽에는 말레이시아와 브루나이, 북쪽에는 중국이 위치하고 있다. 이 군도는 천연자원과 해상교통로(SLOC: Sea Lines of Communication)로서 중요한 가치를 지니고 있어 중국을 비롯한 인접국들이 영유권 분쟁을 일으키고 있는 곳이다.

남사군도를 둘러싼 이해 당사국들은 국제법적으로 영해와 배타적 경제수역의 기준이 되지 못하여 국제법상 영유권을 주장할 수 없는 곳들이라는 점을 공략하고 있다. 그래서 국가별 다양한 논리로 남사군도의 영유권을 주장하고 있다.[53] 특히 이 지역에서의 실효적 지배를 강화하기 위해 군사력 사용을 포함한 다양한 활동을 추진하고 있다.

또한, 남사군도는 중국의 내해화 추진과 미국의 인도·태평양 전략의 '자유롭고 개방된 인도·태평양' 추진이 충돌하는 미·중 패권 경쟁 지역이기도 하다. 이에 따라 중국은 시진핑의 집권 시기인 2000년대 후반 이후 남사군도의 영유권 분쟁에 더욱 적극적으로 대처하고 있으며, 2010년 남사군도를 핵심이익으로 규정하고 더욱 적극적인 대미전략을 추진하고 있다.[54]

중국은 남사군도에서 실효적 점유를 강화하기 위해 국가 주도하에 대외적으로 군사력을 사용하지 않는 것처럼 보이려고 준군사조직인 해상민병대[55]를 활용

---

53 남사군도의 영유권을 주장하는 국가는 중국, 대만, 베트남, 필리핀, 말레이시아, 브루나이 등 6개국이다. 이 국가들은 역사적 권원, 선점이론, 지리적 근접성 같은 다양한 논리로 중국 · 대만 · 베트남은 남사군도 전부를, 필리핀 · 말레이시아 · 브루나이는 남사군도 일부에 대한 영유권을 주장하고 있다. 현재 중국 7개, 대만 1개, 베트남 29개, 필리핀 8개, 말레이시아 4개, 브루나이 1개의 도서를 점유하고 있다. 박향기, 「중국의 남사군도 영유권 분쟁전략의 변천에 관한 고찰」, 『군사연구』 136, 2013, p. 211.

54 위의 논문, p. 228.

55 중국의 해상민병대는 평상시에는 어로활동에 종사하다가 국가의 필요에 따라 무장조직으로 조직개편을 할 수 있는 준군사조직이다. 중국은 해상민병대를 활용하여 주변해역에 대한 영향력을 확대하고 있는데, 해상민병대는 중국 해군과 해경의 작전지휘를 따르며 중국의 해양권익수호 임무를 수행한다. 이상회 외, 「중국 해상민병대의 국제법적 지위와 효과적 대응방안에 관한 연구」, 『한국해양경찰학회보』 11(2), 2021.

하고 있다. 이는 2014년 러시아의 크림반도 병합 당시의 '리틀 그린맨' 활용 사례를 해상에 적용한 것으로 평가되고 있다. 또한 2021년 1월 22일 중국은 중국 해경의 임무와 권한을 명시한 「중국해경법」을 제정하여 2월 1일부로 시행했다. 중국 해경은 해상민병대와 함께 남사군도 영유권 분쟁에 중요한 수단으로 활용되고 있다. 중국의 관할해역 내에서 외국의 군함이나 관공선에 대해 강제퇴거 조치를 취할 수 있고, 어선이나 관공선 등의 외국 선박에 대한 중국 해경의 무기 사용 가능성을 열어놓은 것이다.[56]

게다가 중국은 남사군도에 인공섬을 조성하고 군사기지화하고 있다. 존 아퀼리노 미국 인도태평양 사령관은 남중국해에서 중국이 건설한 인공섬 중 미스치프·수비·피어리 크로스 암초 등 3곳을 완전히 군사화했다고 발표했다. 그리고 중국은 썰물 때만 물 위로 드러나는 곳에 시멘트를 쏟아 붓고 비행장 등의 군사시설을 건설하는 등 적어도 7곳에 인공섬을 조성한 것으로 알려졌다.[57]

중국은 군사기지화한 인공섬을 정식 섬으로서의 지위를 확보하기 위해 노력 중이다. 2020년 5월 16일 중국 관영매체 『Global Times』는 남중국해에 조성한 일부 인공섬에서 2013년부터 농업작물을 재배하기 시작했고 수확을 앞두고 있다고 보도했다.[58] 만약 중국이 인공섬을 국제법적으로 정식 섬의 지위를 받게 되는 경우 그동안 미 해군이 실시해온 항행의 자유 작전(FONOP: Freedom of Navigation Operations)에 대한 실효성과 명분이 사라지는 상황이 되는 것이다. 이를 두고 미국의 전문가들은 중국이 정식 섬으로 인정받음으로써 영유권을 확실히 하고 미 해

56 장혜진 외, 「중국 해경법(海警法)의 주요 내용 및 안보적 함의」, 『국방주간논단』 1849호(17), 2021.

57 이민석, "美 인도태평양사령관 '中 남중국해 인공섬 3곳 군사화했다'", 『조선일보』, 2022년 3월 21일자. https://www.chosun.com/international/us/2022/03/21/HSSKOTES5BFDRDQRBHBT32DMGQ/

58 UNCLOS 제121조는 섬의 지위를 사람이 거주하고(human habitation), 경제적 활동(economic life)이 나타나야 정식 섬으로 지위를 인정하며, 연안국은 이를 통해 섬을 중심으로 12마일 영해와 200마일 배타적 경제수역(EEZ)을 선포할 수 있다고 규정하고 있다.

군의 항행의 자유 작전에 대응하고 있다고 분석하고 있다.[59]

남사군도에서 중국의 분쟁 진행과정을 보면 1단계(정치적 핵심취약점 공략)에서는 국제관계에서의 무정부상태라는 취약점을 공략하고 있다. 암초들로 구성된 남사군도에서 영해와 배타적 경제수역의 기준이 적용되지 않는 점을 적극적으로 활용하고 있다. 2단계(대리자 운용)에서는 군사력을 운용할 때 불러올 국제적 파급력을 차단하기 위해 해상민병대와 해경을 투입했다. 3단계(실효적 점유를 위한 인공섬 건설)에서는 국제법적으로 공식적인 섬으로 인정받아 도서 영유권을 확보하기 위해 비행장 등 군사기지를 건설했다. 4단계(종결)는 현재 진행 중인데, 중국은 남사군도의 암초들을 군사기지화하면서 인공섬들이 공식적인 섬으로 인정받아 중국의 영유권을 확실히 하려는 기정사실화 조처를 하고 있다.

주요 강대국의 네 가지 사례를 통해 보면, 하이브리드전은 과거에도 현재도 수행 중인 전쟁수행방식이라는 것을 확인할 수 있다. 사례에서 확인된 공통점은 상대국의 정치적 핵심 취약점을 공략하고, 대리자를 활용함으로써 적의 정권약화 및 불안정을 유도하며, 이를 틈타 정권을 교체하여 친우방 성향의 국가를 만들어 분쟁을 종결 지었다는 점이다.

5. 결론

21세기 초 한국의 안보환경에도 직접적 위협인 북한의 복합적 위협과 잠재적 위협인 중국의 복합적 위협에 직면하고 있는지 살펴보면 결론적으로 "한국 역시 하이브리드전이 진행 중이다"라고 말할 수 있을 것이다.

하이브리드전의 진화를 다시 정리해보면, 첫째, 과거의 전쟁교훈 및 전쟁담론의 현대적 반영이다. 전략은 목적, 수단, 기간 등에 따라 다양하게 구분할 수 있

59 한국군사문제연구원, 『한국군사문제연구원 뉴스레터』 770, 2020.

는데, 하이브리드전은 상호 반대되는 개념들 간 조합으로의 진화다. 직접전략과 간접전략의 조합, 대칭전략과 비대칭전략의 조합, 단기전략과 장기전략의 조합, 하드파워와 소프트파워의 조합, 공격과 방어의 조합이라고 평가할 수 있다.

둘째, 전쟁수행의 외연 확대다. 전략의 구성 3요소를 포함하여 6하 원칙과 연계하여 살펴보면, 전쟁의 목적(why)은 군사적 승리에서 정치적 목적 달성을 위한 전쟁으로, 수단(what)은 군사적 수단 중심에서 제 국력요소의 종합적 사용으로, 방법(how)은 군사력 중심에서 군사적 수단과 비군사적 수단의 조합, 상대국가와 경쟁과 협력의 조합으로 확대되었다. 또한, 전쟁의 주체(who)는 국가 중심에서 비국가 행위자를 포함하는 형태로, 시기(when)는 전시에서 전시와 평시의 구분이 없는 항상 전쟁 중으로, 공간(where) 측면은 지상, 해상, 공중에서 지상, 해상, 공중, 우주, 사이버, 인지/심리의 전 영역으로 확대되었다.[60]

하이브리드전으로의 변화가 주는 함의는 첫째, 그 어떤 강대국도 군사력 중심의 전쟁을 수행할 수 없다는 것이다. 제 국력요소의 종합적 운용을 통한 새로운 총력전의 시대가 도래한 것이다. 양극 또는 다극체제를 이룰 수 있는 주요 강대국인 미국, 중국, 러시아는 군사적 대결을 회피할 것이고 다른 수단과 방법으로 다영역에서 보이지 않게 경쟁할 것이다.

둘째, 군사이론과 군사교리의 중요성이 증대되었다. 전쟁수행방식에 대한 담론이 중요하다. 군사교리화를 통해 전투준비, 작전대비가 가능해야 한다. 미국은 아프가니스탄 전쟁과 이라크 전쟁에서 제대로 준비되지 않았기 때문에 그 결과는 참담했다.

셋째, 새로운 총력전의 수행이지만 전쟁수행은 국방부가 주도해야 할 것이다. 국가통수기구(NCA) 및 군사지휘기구(NCMA)의 지침에 따르지만, 현실에서 다

---

60 마이클 하워드는 전략을 사회적 · 병참적 · 작전적 · 기술적 차원의 네 가지로 제시했고, 콜린 그레이는 인간과 정치(민족, 사회, 문화, 정치, 윤리), 전쟁준비(경제와 병참, 조직, 행정, 정보와 첩보, 군사이론과 교리, 군사기술), 전쟁수행(작전, 지휘, 지리, 마찰, 교전상태, 시간)이라는 세 가지 범주에서 17가지 차원이 전략의 수립과 실행에 기여하는 요소들이라고 강조했다. 콜린 S. 그레이, 기세찬 · 이정하 역, 『현대전략』, 국방대안보문제연구소, 2015, pp. 16-55.

른 행정부처는 안보위협과 이에 대한 대비를 주도하지 않는다. 현대의 전쟁양상이 비군사적 수단 중심의 운용이 주요 흐름이기는 하지만, 전쟁은 국가안보의 영역이다.

넷째, 국가 간 전쟁과 국가 내부적 전쟁을 동시에 고려해야 한다. 대부분 전쟁에서 결정적 패배는 내부의 전쟁에서 실패했을 때 발생하기 때문이다.

하이브리드전에 대비하는 한국군의 대응방향을 제시하면, 첫째, 명확한 국가안보목표의 재정립이 필요하다. 부전승을 추구하는 현대 전쟁수행방식의 변화를 고려할 때, 현재는 당면목표로서 한반도의 안정과 평화 정착, 궁극적 목표로서 한반도 통일이라는 두 가지 목표를 설정함으로써 혼란이 발생하기도 한다. 당면목표와 궁극적 목표의 공존보다는 현재 시점에서는 당면목표에 집중하는 국가안보정책을 추진해야 할 것이다.

둘째, 대리전 및 완충지대의 위험에서 탈피해야 한다. 현대전에서 강대국 간의 전쟁은 핵공포로 인해 직접적 전쟁을 회피할 것이고, 대리전 형태를 취할 가능성이 항상 존재한다. 우리의 영토가 전쟁터가 되어서는 안 된다. 현대의 전쟁인 이라크 전쟁과 아프가니스탄 전쟁은 승패 없이 국가만 피폐해지는 결과를 보였고, 2022년 발생한 러시아의 우크라이나 침공에서 보는 바와 같이 서방과 러시아의 대립으로 우크라이나 국토가 전쟁터가 되어 큰 피해를 가져오고 있다. 이스라엘의 전략처럼 자국 영토 내 전쟁이 발생했을 때 신속하게 전장을 상대국가로 전이하는 군사전략이 필요하다.

셋째, 하이브리드전의 특징에 대비해야 한다. 주도적으로 조치할 수 있도록 변화가 필요하다. 플랫폼 기반에서 벗어나 시스템 기반으로 군 차원에서는 합동성 발휘, 국가 차원에서는 제 국력요소의 통합이 달성되어야 할 것이다.

넷째, 북한의 하이브리드전에 대비해야 한다. 세계는 하이브리드전의 전쟁양상 속으로 빠져들 것이다. 그러면 한국과 동맹국인 미국도 대중국 경쟁, 우크라이나 사태, 대만 사태, 남중국해 문제 등으로 복잡해질 것이고, 북한은 그 우선순위에서 밀려날 가능성이 크다. 즉, 북한의 도발이 증대될 것이라는 예측이 가능해진다. 확실한 북핵 및 WMD 대응체계를 갖추어야 하며, 동시에 평시부터 선전을 통한 남남갈등 유도, 국방, 금융, 수송체계나 네트워크에 대한 사이버 공격 등에 대비해야 한다.

럼스펠드의 격언을 잊지 말아야 할 것이다. "현대전쟁에서의 승리는 나의 정치적 목적을 달성하기 위해 하는 행동을 적이 알지 못하게 해야 하며, 적이 알아차렸을 때는 이미 승리할 수 있는 부전승하는 전쟁으로 진화하고 있다."

하이브리드전을 대비함에 있어서 제한사항도 있다. 먼저, 하이브리드전의 전쟁수행방식을 기본으로 했을 때 군사력 건설은 매우 어려운 일이 될 것이다. 하이브리드전은 상대가 다양한 수단과 방법을 조합하는 전쟁을 의미하므로 누가, 어디에서, 어떻게, 어떠한 수단과 방법으로 도발하거나 공략해올지 알 수 없다. 따라서 어떻게 군사력을 운용하고 건설할 것인가의 문제에 모호성을 더해주게 된다. 결국, 의사결정자들의 우선순위 선정에 맡길 수밖에 없으며, 가시적 모습으로 보여주어야 하기에 플랫폼 위주의 전력건설이 될 가능성이 크다. 또한 하이브리드전은 전 영역에서의 다양한 수단과 방법의 조합이지만 전 영역에서 대비하도록 국방예산이 허용되지 않는다. 따라서 하이브리드전에서의 군사력 건설에 관한 세부적 연구가 필요할 것이다.

또한, 미국은 아프가니스탄 전쟁과 이라크 전쟁에서 친우방국가 건설의 변화된 전쟁 목적을 적용했으나 실패했다. 이유는 정권교체 이후 신정부의 국내적 안정 유지에 실패했기 때문이다. 따라서 약자를 대상으로 하는 하이브리드전은 전쟁 이전에 충분한 전략적 계산과 상대국의 신정부에 의한 국내 안정화 달성을 위한 방안들에 관한 세부적 연구도 필요하다.

참고문헌

권회영 · 이현복.「시진핑 제19차 당대회 보고 주해」.『중국학논총』 58, 2017.

박윤식.『대한민국 근현대사 시리즈: 구한말-일제 강점기』. 도서출판휘선, 2014.

박향기. 「중국의 남사군도 영유권 분쟁전략의 변천에 관한 고찰」. 『군사연구』 136, 2013.
브루스 버코비츠. 문장렬 역. 『새로운 전쟁양상(The New Faces of War)』. 국방대, 2008.
안종철. 「하와이원주민 문제의 역사적 쟁점과 미 연방대법원의 관련 판결분석」. 『法史學硏究』 48, 2013.
육군군사연구소. 세계전쟁사 연구총서 2018-1 『2014년 돈바스 전쟁의 작전경과 및 작전적 특성』. 육군군사연구소, 2018.
______. 『2014년 러시아의 우크라이나 개입』. 육군군사연구소, 2015.
윤정현. 「4차 산업혁명과 사이버전의 진화」. 『4차 산업혁명과 신흥군사안보』. 한울아카데미, 2020.
이상희 외. 「중국 해상민병대의 국제법적 지위와 효과적 대응방안에 관한 연구」. 『한국해양경찰학회보』 11(2), 2021.
이태진. 「한국병합조약인가, 한일합방조약인가?」. 『역사비평』, 2006.
장혜진 외. 「중국 해경법(海警法)의 주요 내용 및 안보적 함의」. 『국방주간논단』 1849호(17), 2021.
전상숙. 「국권상실과 일본의 대한반도 정책」. 『東亞硏究』 59, 2010.
조웅. 「1898년 미국의 하와이 병합과 논쟁」. 『미국사 연구』 5, 1997.
조지프 나이. 윤영호 역. 『권력의 미래』. 세종서적, 2021.
챠오량 · 왕샹수이. 이정곤 역. 『초한전: 세계화 시대의 전쟁과 전법』. 교우미디어, 2021.
최영찬. 『미래의 전쟁 기초지식 핸드북』. 합동군사대학교, 2021.
최장군. 「미국의 영토형성과 독도 고유영토론에 대한 인식」. 『日語日文學』 62, 2014.
콜린 S. 그레이. 기세찬 · 이정하 역. 『현대전략』. 국방대안보문제연구소, 2015.
한국군사문제연구원. 『한국군사문제연구원 뉴스레터』 770, 2020.
합동군사대학교. 『중국 국방전략』. 합동군사대학교, 2021.
합동참모본부. 합동교범 3-0 『합동작전』. 합동참모본부, 2018.
______. 합동교범 10-2 『합동 · 연합작전 군사용어사전』. 합동참모본부, 2020.
화산. 이인호 역. 『화산의 온전하게 통하는 손자병법』. 뿌리와이파리, 2016.

Asymmetric Warfare Group. *Russian New Generation Warfare Handbook*. Fore Meade: Asymmetric Warfare Group, 2016.
Bartles, Charles K. "Getting Gerasimov Right." *Military Review*, Jan-Feb, 2016.
Fox, Amos C. Rossow, Andrew J. "Making Sence of Russian Hybrid Warfare: A Brief Assessment of the Russo-Ukrinian War." *THE LAND WARFARE PAPERS*, No. 112, March 2017.

Grayson, Timothy. "Mosaic Warfare." *DARPA STO*, July, 2018.

Karber, Philip A. *The Russian Military Forum: Russia's Hybrid War Campaign: Implications for Ukraine & Beyond*, 2015.

Qureshi, Waseem Ahmad. "The Rise of Hybrid Warfare." Vol. 10. *NOTRE DAME J. INT'L & COMP. LAW 173*, 2020.

Tienhoven, Manon van. *IDENTIFYING HYBRID WARFARE*. Leiden University, 2016.

Treverton, Gregory F. Andrew Thvedt, Alicia R. Chen, Kathy Lee, and Madeline McCue. *Addressing Hybrid Threats*. Swedish Defence University, 2018.

US Department of Defence, *Summary of the 2018 National Defense Strategy of the United States of America*, January 2018.

US JCS, *Doctrine for the Armed Forces of the United States*, 2017.

______. Joint Doctrine Note 1-18 Strategy, 2018.

______. Joint Doctrine Note 1-19 *Competition Continuum*, 2019.

White House, *National Security Strategy of the United States of America*, December 2017.

______. *Interim National Security Strategic Guidance*. March 2021.

이민석. "美 인도태평양사령관 '中 남중국해 인공섬 3곳 군사화했다'". 『조선일보』, 2022년 3월 21일자. https://www.chosun.com/international/us/2022/03/21 /HSSKOTES5BFDRDQRBHBT32DMGQ/

장수현. "크림반도 합병 때 활약한 러 의문의 전투부대 '리틀 그린맨' 등장". 『한국일보』, 2022년 2월 22일자. https://www.hankookilbo.com/News/Read/A2022022213440000810

한국민족문화대백과사전, "헤이그 특사사건", http://encykorea.aks.ac.kr(검색일: 2022. 4. 1)

"中, 남중국해서 비정규 해양민병대 '리틀 블루맨' 운용". 『연합뉴스』, 2021년 4월 13일자. https://www.mk.co.kr/news/world/view/2021/04/354576/

https://www.globalfirepower.com/countries-listing.php (검색일: 2022. 4. 6)

http://archive.defense.gov/Transcripts/Transcript.aspx?TranscriptID=2636 (검색일: 2022. 3. 11)

http://biz.chosun.com/site/data/html_dir/2019109109/2019090900022.html (검색일: 2022. 3. 21)

https://madtimes.org/news/articleView?idxno=9203 (검색일: 2022. 3. 7)

3장

미래분쟁과 뉴미디어: 분쟁영역의 확장, 물리영역에서 인지영역으로 진화, 그리고 두 영역의 승수[1]

최영찬

1. 서론

'뉴미디어(new media)'는 신문, 방송 등 기존 매체에 더하여 과학기술의 발달에 따라 새롭게 나타난 인터넷, 스마트폰 등과 같은 커뮤니케이션 매체다.[2] 뉴미디어의 특징은 디지털화, 종합화, 영상화, 상호작용화 등으로 대표될 수 있으며, 이 중에서 기존의 매체와 대별되는 특징은 디지털화, 상호작용화 등이다.[3] 이러한 특징

1 이 글은 『한국군사학논집』 78(2), 2022에 발표한 논문을 수정 및 보완한 것이다.

2 진승현, 「뉴미디어 영상 수용환경 분석을 통한 미디어의 효율적 활용방안 연구」, 『영상기술연구』 18, 2003, p. 25.

3 고민정 · 김승훈 외, 「차세대 뉴미디어 기반 양방향 맞춤형 콘텐츠 기술개발 기획」, 『문화체육관광부 연구용역보고서』, 2009, p. 51.

들로 인해 뉴미디어의 영향력은 날로 증대되어왔다.

뉴미디어가 작게는 사회집단 간 이익 다툼부터 크게는 전쟁을 포함하는 분쟁(conflict)에 영향을 미치게 되는 이유는 무엇일까? 뉴미디어가 분쟁에 영향을 미치는 근본적인 이유는 인간의 사회화(socialization) 과정에서 '뉴미디어가 어떤 역할을 담당했는가?'로 설명할 수 있다.[4] 현대사회의 뉴미디어는 기존에 학교, 종교, 가정이 담당했던 사회화의 많은 부분을 담당한다. 따라서 뉴미디어로부터 분리된 존재로 살아가기 힘든 세상이 되었다. 인간은 사회적 관계 속에서 정의되는 존재로, 그냥 내가 아니라 누군가의 가족, 어느 지역 구성원이라는 틀 속에서 정의된다. 이러한 맥락에서 뉴미디어는 사회와 세계에 관한 정보를 제공하고, 이를 통해 인간의 사회화 과정에 깊숙이 관여하고 있다고 보아야 한다.

뉴미디어가 분쟁에 영향을 주는 좀 더 현실적인 이유는 누구나 정보를 쉽게 만들 수 있으며, 이를 제한 없이 전달할 수 있기 때문이다. 신커뮤니케이션 기술과 뉴미디어의 출현은 정보습득의 다양성을 증가시켜줄 수 있을 뿐만 아니라 서로 간 동시 공존감(co-presense)과 공론장(public sphere)을 형성한다.[5] 따라서 사실상 국가가 정보를 독점하는 것이 불가능해지고, 이로 인해 여론을 고려하지 않는 분쟁은 생각할 수 없게 되었다. 이는 종군기자가 1854년 크림전쟁에 참가한 이래,[6] 분쟁과 언론 간의 관계에 커다란 전환을 의미한다. 또한, 뉴미디어는 익명의 다수에 의해 정보수집과 생산, 그리고 실제와는 다른 정보의 조작과 전파를 가능하게 만

---

4 김현민, "미디어, 분쟁 그리고 평화", 『한국콘텐츠진흥원 전문가 칼럼』(2010. 5. 1) https://blog.naver.com/tim0128/150049008337

5 이종군 · 이세희, 「전통적 미디어와 뉴미디어의 정치적 영향력 비교분석」, 『사회과학연구』 24(1), 2016, p. 3; 현대는 사람과 미디어 간의 상호의존성은 더욱 깊어지고 글로벌 사회 개념이 소셜 미디어를 통해 구체적으로 체감되며 인터넷, 스마트폰을 통해 어느 곳, 어느 누구와도 무엇에서든 동시 공존감(co-presense)를 느끼는 시대다. 김미경 · 김유정 외, 『소셜미디어 연구』, 커뮤니케이션북스, 2012, p. 87.

6 최초의 종군 취재기자는 1854년 크림전쟁을 취재했던 영국 『타임스(Times)』의 윌리엄 하워드 러셀(William Howard Russell)로 영국 육군을 따라다니며 전투현장을 생생하게 보도했다. "전사 속 정신 전력, 크림전쟁과 국민여론", 『국방정신전력원 블로그』 https://m.blog.naver.com/ PostView.naver?isHttpsRedirect=true&blogId=jungsin3560&logNo=221758678967

들었다. 이러한 현상은 최근의 분쟁사례들로부터 쉽게 확인할 수 있는 사항이다.

전황의 실시간 전달과 상대방의 인식에 영향을 주기 위한 정보의 가공 노력은 미래에 발생할 분쟁에서 더욱 심화될 것이다. 왜냐하면, 뉴미디어는 분쟁의 새로운 영역인 인지(cognition)에 영향을 미칠 수 있으며, 이는 분쟁을 수행하는 국가에 군사력의 파괴로 대표되는 물리영역(physical domain)과의 융합을 통해 분쟁에서 승수(synergy) 효과를 가져다줄 수 있기 때문이다. 코헨(Cohen)은 실시간으로 분쟁을 보도하는 뉴미디어 역시 분쟁의 대상이 되고 있고, 뉴미디어가 갖는 엄청난 기술적 능력은 기존의 분쟁과 국제정치 이론을 바꿔놓을 수 있게 되었다고 주장했다.[7]

미래분쟁은 기존 분쟁양상과 다를 바 없이 정부와 군, 국민 간 상호작용에서 진행될 것이다. 하지만 획기적인 뉴미디어의 발달로 정부나 군이 아닌 국력의 한 요소인 국민(여론)의 역할이 더욱 부각될 것이다. 베트남전에서 사진 한 장의 위력, 그에 따른 반전여론의 조성과 종전은 이를 신뢰성 있게 뒷받침해준다.[8] 이는 "텔레비전에 보도된 몇 개의 사진 등으로 인해 베트콩의 패배가 승리로 전환되었다"고 언급한 영국 참모총장 웨스트모어랜드(Westmoreland)의 발언을 통해서도 잘 알 수 있다.[9] 따라서 미래분쟁에서 국민의 지지에 영향을 주는 분쟁의 정당성 문제는 분쟁 결과에 큰 영향을 미치게 된다.

현대의 군사작전은 적 군사력보다는 국내외 여론, 국민적 지지 자체가 분쟁의 승리를 위한 공격목표가 되는 경향이 뚜렷이 나타나고 있다.[10] 2006년 이스라

---

7 코헨은 리얼타임으로 분쟁을 보도하는 미디어의 기술적 능력은 기존 전쟁과 국제정치이론을 바꿔놓을 수 있음을 갈파했다. Bernard C. Cohen, "A View from the Academy." in W. L. Bennett and D. L. Paletz (eds.). *Taken by storm: The Media, Public Opinion, US Foreign Policy in the Gulf War* (Chicago: University of Chicago Press, 1994).

8 1968년 2월 1일, 길거리에서 행해진 베트콩(군인들과 가족들을 죽인 암살단원) 즉결 처형 사진을 찍어 퓰리처상을 수상하고 최고의 종군기자가 된 애덤스(Eddie Adams)는 "그 장군은 베트콩을 죽였고, 나는 그 장군을 내 카메라로 죽였다. 사진은 세계에서 가장 강력한 무기다. 사람들은 사진을 믿지만, 사진은 조작하지 않아도 거짓말을 한다. 사진은 절반의 진실일 뿐이다"라고 언급했다. "미군의 베트남전 철수를 이끈 한 장의 사진, 그 진실은… 〈박상현의 일상속 문화사〉", 『세계일보』, 2020년 12월 18일자.

9 Stanley Karnow, *Vietnam: A History* (London: Penguin Books Ltd, 1984), p. 545.

10 2010년 '아랍의 봄'에서 민주주의의 춘풍을 불게 했던 소셜 미디어는 사회주의나 권위주의 체제를 가

엘과 헤즈볼라 간 분쟁에서 목도한 바와 같이, 분쟁 결과에 결정적인 역할을 한 것은 정보를 쉽게 만들고 전송할 수 있는 기기들과 이러한 기기들을 통해 발송될 수 있는 영상과 사진들이었다. 전통적 군사력에서 열세에 놓인 헤즈볼라는 뉴미디어를 활용해 전 세계 사람들의 마음(the mind)을 얻었다. 또한, 이를 통해 이스라엘의 평판(reputation)과 신뢰를 떨어뜨리고, 정치적 의지를 약화시켰다.

뉴미디어는 분쟁의 주된 수단으로 사용되어왔고, 과학기술의 발달에 따라 그 영향력이 더욱 증대될 것으로 예상되는 상황에서도 국내에서는 미래분쟁과 뉴미디어와의 관계에 집중한 연구들이 매우 부족한 실정에 있다. 지금까지 미래분쟁에서 뉴미디어의 역할에 대한 국내 연구가 제대로 이뤄지지 않았을 뿐 각국은 뉴미디어를 분쟁의 주된 수단으로 활용하고 있다. 이러한 경향은 이스라엘과 헤즈볼라 분쟁 등 일련의 중동지역 분쟁에서 더욱 두드러지게 나타나고 있다.[11]

이러한 맥락에서 본 연구의 목적은 보편적으로 생각해온 전쟁수행방식의 일반적인 수준과 사고방식의 변화를 의미하는 전쟁 패러다임 변화 측면에서 그 수단으로 뉴미디어가 어떠한 의미를 가지며, 미래분쟁에 어떠한 함의를 주는지를 설명한다.

이를 위한 연구방법은 사례연구를 시도하는 것이다. 사례는 국가 대(對) 비국가 단체 간에 발생한 3개의 중동지역 분쟁으로 한정했다.[12] 그 이유는 우선, 뉴미

진 국가들에는 심각한 위협으로 받아들여졌다. 소셜 미디어를 통해 자발적으로 조직된 군중이 무소불위 독재자들을 권좌에서 물러나게 하는 사건을 지켜보면서 권위주의 국가들은 심각한 딜레마에 빠졌다. 소셜 미디어를 비롯한 디지털 기술은 사회경제적 발전의 발판이면서 다른 한편으로 체제의 붕괴를 가져올 수도 있는 폭탄이기도 했다. 디지털 기술 없이 경제적 도약을 꿈꾸기 어렵지만, 디지털 기술이 가져올 수 있는 파국을 마냥 지켜볼 수만은 없는 노릇이었다. 더구나 구글, 페이스북, 트위터 등 미국의 IT 기업이 주도하는 소셜 미디어는 통제하기 곤란했다. "〈전쟁과 미디어〉 인터넷, 통제할 것인가 이용할 것인가: 소셜미디어, 평화와 전쟁 사이에서(下)", 『국방일보』, 2019년 12월 18일자.

11 그 밖에 뉴미디어가 군사적 수단으로 사용된 사례로 러시아의 크림반도 합병과 돈바스 전쟁, 중국의 남중국해 내해화 전략을 들 수 있으나, 본고에서는 다른 사례들에 비해 뉴미디어가 정치적 · 군사적으로 더 큰 영향력을 발휘했던 중동의 사례를 제시했다.

12 러시아의 크림반도 합병, 돈바스 전쟁, 최근 우크라이나 침공 등 국가 대 국가 간의 분쟁에서도 뉴미디어는 분쟁의 주수단으로 활용되었다. 러시아의 우크라이나 전쟁에서 대규모 가짜 폭탄테러 협박 이메일 발송(한 달간 1천여 건), 위장작전(false flag operation) 부대 활동들은 이를 말해주고 있다.

디어 활용사례들이 국가 대 국가 간 분쟁보다 국가 대 비국가 단체 간의 분쟁에서 더욱 적극적으로 활용되는 경향이 있다고 판단했기 때문이다. 비국가 단체는 분쟁에서 승리하기 위해 분쟁 수행과 정당성을 부여하는 주체인 여론과 국민의 지지(the mind)를 확보하는 데 더욱 적극적일 수밖에 없으며, 이를 위해 뉴미디어를 적극 활용하고 있다. 둘째, 중동지역의 이슬람주의 성향의 비국가 단체들의 급성장 배경과 미디어의 전략적이고 효율적인 활용이 여타의 국가집단과 차별화될 수 있는 특징이기 때문이다.[13]

연구목적에 따른 연구문제는 다음과 같다. 뉴미디어에 집중해야 하는 이유는 무엇인가? 미디어전의 정의는 무엇이며, 그 범주는 어디까지인가? 뉴미디어 활용을 위한 환경은 어떻게 변화했는가? 뉴미디어는 실제 중동지역 분쟁에서 어떻게 활용되었는가? 미래분쟁에 뉴미디어가 주는 함의는 무엇인가? 미래분쟁에서 뉴미디어가 어떠한 역할을 할 것으로 전망할 수 있는가?

2. 미래분쟁과 미디어전에 대한 고찰

1) 미디어전 개념에 대한 선행연구 검토

스콜라리(Scolari)의 주장과 같이, 전통적 미디어와 뉴미디어에 대한 개념적인

---

13 이슬람주의 성향의 비국가 단체의 급성장 배경은 미디어의 활용을 들 수 있다. 2004~2006년 사이에 뉴미디어(페이스북, 유튜브, 트위터 등)가 상용화되자, 알사하브(al-Sahab, 알카에다가 만든 전문 미디어 조직)는 100달러짜리 카메라와 인터넷을 이용하여 전 세계인의 인식을 조작하는 전술을 개발하고, 이를 다른 비국가적 행위자인 헤즈볼라, 하마스 등에게 전파했다. Hanna Rogan, "Abu Reuter and the E-Jihad: Virtual Battlefronts from Iraq to the Horn of Africa", *Georgetown Journal of International Affairs*, Vol. 8, No. 2(Summer/ Fall, 2007), pp. 89-96; 헤즈볼라, 하마스를 포함한 테러리스트들은 그 구성원들을 매혹하고 정보를 모으기 위해 소셜 미디어를 자주 이용하며, 온라인에서 조직된 테러리즘의 대략 90%는 소셜 미디어의 활용을 포함한다. 윤해성 · 박성훈, 『SNS 환경에서 범죄현상과 형사정책적 대응에 관한 연구』, 한국형사정책연구원, 2014, p. 97.

구분은 어려운 일이다. 그 이유는 과거에 등장했던 신문, TV 등도 당시에는 뉴미디어였지만, 현재는 전통적 구미디어가 되었기 때문이다.[14] 따라서 그 정의는 정보통신기술 발달 등 환경변화에 따라 달라질 수 있는 상대적인 개념이다.

그러나 사전적인 정의를 바탕으로 뉴미디어의 일반적인 개념을 구분해볼 수 있다. 뉴미디어는 종래의 전통적 미디어인 라디오, TV 이상의 수단에 의한 새로운 정보의 처리·배포·전달 가능성 전체를 포함하여 정의되었다. 전송 형태의 다양화와 함께 처리 기능의 고도화, 새로운 기계 인터페이스의 다양화, 기록 매체의 대용량화·고밀도화·고기능화에 힘입어 뉴미디어로 취급되는 범위는 더 넓어져서 새로운 통신 기능을 부가한 망 서비스 기능, 새로운 단말 기능에 의한 응용 서비스 기능, 새로운 전송 능력들을 갖는 매체와 신호 처리기술에 관한 모든 것을 포함하고 있다.[15] 따라서 일반적으로 뉴미디어는 라디오, TV 등 전통적 미디어가 아닌 컴퓨터나 인터넷 등 디지털화된 기술과 매체를 활용하는 미디어로 정의할 수 있다.

국내에서 미디어전의 개념에 대한 논의는 2014년에 들어서면서부터 시작되었다. 국내에서 미디어전에 대한 연구는 이종혁·김찬석·정원준의 연구와 이를 바탕으로 작성된 육군본부의 미디어전 가이드북이 대표적이다.

이종혁은 미디어전을 "법과 제도의 틀 속에서 평시 및 전시 단계에 이르는 과정 중 커뮤니케이션 담당 부서 차원에서 공식적으로 대응할 수 있는 전략적이며 적극적인 형태의 여론관리 활동"으로 정의했다. 또한, 미디어전은 "기존의 유사 개념인 여론전, 심리전, 사이버전과 차별되는 소통 관련 부처를 중심으로 한 체계적인 전시 국면 대국민 소통 대응방안"으로 정의했다.[16]

---

14 Carlos A. Scolari, "Mapping Conversations about New Media: the Theoretical Field of Digital Communication," *New media & society*, Vol. 11, No. 6 (2009), pp. 943-964.

15 컴퓨터인터넷IT용어대사전. https://terms.naver.com/entry.naver?docId=830599&cid=42344&category Id=42344(검색일: 2022. 3. 29)

16 이종혁은 그의 연구에서 미디어전을 4세대 전쟁에서 발생하는 세부 전쟁양상 중 하나로 보았고, 심리전, 여론전, 사이버전 등을 미디어전의 범주에 포함하고 있으며, 육군본부에서도 전쟁의 발달과 함께 전장 및 전쟁 대상이 확대되며, 관련 개념 역시 확장되는 상황으로 인식하여 미디어전을 유사 개념들을 포함하는 상위 개념으로 이해했다. 유사 개념들에 대한 정의는 다음과 같다. ① 심리전은 적군을 대

김찬석은 미디어전을 "우리 군이 평시 또는 준전시 상황부터 분쟁 발발 이후까지 승리를 목적으로 대적 또는 주요 이해관계자를 대상으로 하는 일련의 활동"으로 개념화했다. 그는 "우리 군의 정신전력을 높이기 위한 교육 및 사기증진 활동, 군의 신뢰 강화를 목적으로 국민을 대상으로 한 소통활동과 적군을 대상으로 한 여론전 및 심리전, 적국의 민간인을 대상으로 한 우리 정부와 군에 대한 반감 완화를 목적으로 한 소통활동"도 포함했다.[17]

정원준은 미디어전과 유사한 개념인 심리전, 여론전, 사이버전 개념은 적의 도발이나 국지전, 전면전 등이 발발한 후 시행되는 '사후적 또는 대응적(reactive) 접근방식'이라는 점에 반해, 미디어전은 앞의 유사 개념들보다 더 큰 개념으로 정의했다. 즉, 미디어전은 적의 도발이나 국지전, 전면전 등이 발생하기 전부터 "사전적(proactive)으로 준비, 예방 그리고 대응 등의 평시에서부터 전시 국면에 이르는 전 과정을 포괄적으로 포함하는 커뮤니케이션 활동"으로 유사한 개념들과 차별된다는 것이다.[18]

육군본부에서는 위 학자들의 견해가 반영된 '육군의 미디어전 수행체계 연구 용역'을 바탕으로 미디어전의 중요성과 군사적인 대응방안을 제시했다. 2017년 10월 26일 육군은 "미래전으로 전쟁 패러다임이 변화하면서 군의 강한 정신력과 국민의 지지를 전쟁승리를 위한 핵심요소"로 강조하고, 미디어전 수행방안 세미

상으로 하여 적의 사기 저하 및 분열을 유도하는 것을 목표로 하며, 선전 및 기타 행위를 통해 군사작전이자 전투 승리 등의 군사임무에 기여하는 역할을 말한다. ② 여론전은 심리전을 포함하는 개념으로 적군뿐만 아니라 지역사회, 대상국가의 국민 등 전쟁 이해관계자를 대상으로 하며, 대상국가의 국민을 대상으로 특정이슈를 쟁점화시켜 사회적 혼란을 야기하는 활동을 의미한다. ③ 사이버전은 심리전, 여론전을 포함하는 상위 개념으로 해킹 등 공격행위를 통해 적의 무기 및 사회시스템 붕괴 등을 목적으로 실행되며, 익명성, 실시간 리얼리티 등을 통해 무지의 동조, 무지의 추종을 꾀하는 것을 목적으로 하는 활동이다. 미디어전과 유사 개념들의 관계에 대해서는 이종혁, 「4세대 미디어 전쟁 대비 홍보 및 공보전략 연구」, 『광운대학교 산학협력단 연구보고서』, 2014; 육군본부, 『미디어전 가이드 북: 미디어전 이렇게 합시다』, 육군본부, 2017 참조.

17 김찬석, 「전쟁양상 변화와 미디어전의 개념 및 필요성」, 『육군 미디어전 수행체계 연구 최종보고서』, 2017, p. 12; 육군본부, 『미디어전 가이드 북: 미디어전 이렇게 합시다』, p. 15.

18 정원준, 「군 위기관리와 미디어전 전략」, 『육군 미디어전 수행체계 연구 최종보고서』, 2017, p. 20.

나를 통해 미디어전 운영방안, 상황별 미디어전 수행방법 등을 담은 가이드북을 발간했다. 육군본부에서는 미디어전을 "평시 또는 준전시 상황에서부터 전쟁 발발 이후까지 전쟁 승리를 목적으로 대적 또는 주요 이해관계자를 대상으로 하는 일련의 커뮤니케이션 활동"으로 정의하고, 미디어전의 범주에 미디어전과 유사 개념인 심리전, 여론전, 사이버전을 포함했다.[19]

미디어전에 대한 선행연구들은 국내 연구성과물이 부족한 가운데에서도 미디어전의 개념 정립과 미디어전과 연관된 개념, 한국의 군사적인 대응방안에 대한 논점을 제시했다는 점에서 의미가 있다. 특히, 뉴미디어전은 국가이익과 목표 달성에 유리한 환경을 조성하기 위한 국력의 제 요소 및 수단을 활용하여 주요 행위자들의 인식, 신념, 행동의 변화를 유도하기 위해 실시하는 통합된 노력인 전략적 소통(strategic communication)의 중요한 분야로 부각되고 있다. 이러한 추세에 부합하여 미디어전에 대한 개념 정립과 중요성을 부각시키기 위한 국내의 노력은 시기적절한 조치로 판단된다.

왜냐하면, 기존의 전통적인 미디어는 공보 위주의 개념으로 분쟁의 단순한 수단에 불과했지만, 미디어 사용 환경의 획기적인 변화는 미디어전의 중요성을 더욱 높이는 계기가 되었기 때문이다. 뉴미디어는 분쟁에서 승리하기 위해 필수불가결한 요소이자 분쟁수행의 주체인 국민의 지지를 얻는 중요한 수단으로 사용되고 있다. 또한, '인식과 인지 전쟁(battle for heart & mind)' 등 미래분쟁 양상을 고려해볼 때, 미래분쟁에서 뉴미디어는 단순한 도구가 아니라 국가정책의 필수요소라고 할 수 있기 때문이다.

하지만 기존 연구는 실제 분쟁에서 미디어가 어떻게 활용되었으며, 왜 군사적으로 미디어의 활용성이 증대되는지에 대한 구체적인 논의가 미비했다. 또한, 미디어전을 포괄적으로 개념화했으나, 미디어의 군사적 활용분야와 분쟁 유형별 역할과 전망에 대한 논의가 부족하다는 점은 본 연구와 차별된다.

---

19 육군본부, 『미디어전 가이드 북: 미디어전 이렇게 합시다』.

2) 미디어전 수행 환경의 획기적인 변화

2021년 7월 기준 전 세계 스마트폰 사용자는 53억 명(10명 중 약 7명)으로 전 세계 인구의 67%가 스마트폰을 사용하고 있다.[20] 우리나라도 예외는 아니다. 2018년 기준 한국의 스마트폰 가입자 수는 5천만 명으로, 이는 전체인구(5,180만 명)의 97%에 해당한다.[21]

모바일 혁명 덕택에 사람들은 더 이상 정보 소비자 또는 수용자의 위치에 머물지 않고 정보 생산자가 되었는데, 그런 생산자가 잠정적으로 지구상에 53억 명이나 존재한다. 53억 명이 만들어내는 정보의 양과 그로 인한 파급력은 이제 상상할 수 없을 정도로 커졌다. 아울러, 생산된 정보의 사실관계를 일일이 확인한다는 것은 거의 불가능에 가까운 일이 되었다. 뉴미디어를 통해 생산된 정보가 가진 치명성은 진위 여부에 대한 판단이 매우 어렵고, 그 정보를 접하는 사람들의 숫자만큼이나 사람들이 목격하는 현실과 그에 대한 인식도 제각각이라는 데 있다.

이러한 현상은 우리나라에서도 발생하고 있으며, 이는 여론형성에 중요한 역할을 하고 있다. 우리나라 구성원 중 83.5%가 소셜 미디어를 통해 뉴스를 접하며, 여론형성에 미치는 영향력은 TV가 84.2%, 인터넷 포털 80.3%, 소셜 미디어 73.8%, 인터넷 신문 66.4% 순이었다. 주목할 만한 것은 사람들은 뉴미디어를 통해 대부분의 뉴스를 접하고 있으나, 허위정보를 제일 빠르게 확산시키고 있는 것도 뉴미디어라는 것이다. 허위정보 확산 순위는 소셜 미디어가 77.5%로 가장 높았고, 인터넷 포털이 71.3%, 인터넷 신문이 66.9%였으며, TV는 44.6%였다.[22]

키릭(Kirik)은 그 이유에 대해 다음과 같이 언급했다. “가짜, 거짓 또는 조작된 내용과 소셜 미디어의 트롤(trolls: 악플, 루머)로 인해 국가와 사회 또는 사회의 다른

---

20 “세계 스마트폰 사용자 53억 명 돌파… 세계인구의 67%”, 『Korea IT TIMES』, 2021년 9월 3일자.

21 “한국 스마트폰 가입자 5,000만 돌파, 보급률 세계 1위… 1인 1스마트폰 시대 활짝”, 『CIVIC뉴스』, 2018년 8월 27일자.

22 한국언론진흥재단, 『2021 소셜미디어 이용자 조사』, 한국언론진흥재단, 2021, pp. 8-11.

집단 사이에서 투쟁이나 싸움이 발생하며, 내용의 진위 여부가 밝혀지더라도 잘못된 인식이나 오해를 깨는 것은 매우 어렵다. 왜냐하면 사람들은 자신의 의견을 반영하는 것을 지지하고 싶어 하기 때문이다. 이는 사람들의 인식 능력 감소를 야기한다. 이로 인해 혼란이 촉발되며 지속되는 경향이 있다".[23] 이러한 주장은 오늘날 국가들에 의해 뉴미디어가 왜 무기화되는 경향이 있으며, 적극적으로 사용되고 있는지 그 이유를 설명해준다.

2018년 유엔 안보리의 시리아 내전 임시휴전 협상에서 러시아 대표는 "우리는 파편화된 미디어 세상 속에 있다. 다른 이미지, 다른 이야기, 사실이란 존재하지 않는··· 글로벌 미디어들이 협잡해서 루머를 발산하고 있다"고 항의했다. 미국 정부관리도 "우리는 소셜 미디어로 이런 장면에 대해 알고 있으나, 무엇이 진실인지 가리는 데는 많은 시간이 소요되고, 그러고 나면 러시아와 시리아가 다른 이야기와 장면을 보여주는데, 사실이 무엇인지에 대한 논쟁에 빠져든다"고 언급한 바 있다.[24]

분쟁의 참화를 겪는 무고한 민간인, 특히 어린이, 노약자 및 여성의 이미지가 전 세계로 전송됐을 때, 국제사회가 이에 관심을 기울이고 개입하도록 만드는 것이 우리가 지금 집중해야 하는 분쟁의 현실이자 미래다.

3. 분쟁 수단으로서 뉴미디어 활용 사례 분석

1) 이스라엘-헤즈볼라 분쟁(2006): 군사작전보다 정치적인 지지와 국제여론 영향력 행사에 초점을 둔 분쟁

'제2차 레바논 전쟁'이라고도 지칭되는 이스라엘과 헤즈볼라 간 분쟁은 군사

---

23 Fahri Aksüt, *Social media evolves to warfare tool: Expert* (2020. 4. 26) https://www.aa.com.tr/en/science-technology/social-media-evolves-to-warfare-tool -expert/1818953

24 "스마트폰+소셜미디어=누구나 CNN", 『국방일보』, 2019년 8월 6일자.

작전보다는 정치적 지지의 동원과 국제여론의 영향력 행사에 초점을 둔 분쟁이다.[25] 특히, 이 분쟁은 텔레비전이나 인터넷, 소셜 미디어 등과 같은 미디어의 중요성, 정치적·군사적 리더십의 결핍으로 인해 나타난 분쟁의 본질에 대한 몰이해와 분쟁 지도능력의 부재, 분쟁에서의 범죄행위 등과 같은 주요 논제들이 전쟁사의 무대에 본격적으로 등장하기 시작한 분쟁이기도 하다.[26]

이 분쟁은 헤즈볼라가 이스라엘 병사 2명을 납치한 것에 대한 보복으로, 2006년 7월 13일 이스라엘 육군이 탱크를 이용하여 레바논의 도시를 공격함으로써 발발했다. 다수의 아랍 국가들은 이스라엘을 공개적으로 비난했고, 이스라엘은 연일 레바논 주요 거점에 대해 폭격을 개시했다. 이 과정에서 레바논 피난민이 타고 있던 민간인 버스가 폭파되는 등 민간인 사상자가 속출했는데, 헤즈볼라는 뉴미디어를 활용하여 분쟁수행 의지에 영향을 주려고 노력했다. 그 영향으로 이스라엘은 유럽 국가들로부터 레바논 난민을 무단으로 폭격했다는 비난에 직면했다.

위성을 활용한 알자지라를 비롯한 주요 중동언론[27]에서 레바논 민간인의 피해상황이 실시간으로 보도되었다. 또한, 이스라엘의 알자지라 중계팀에 대한 공습은 방송의 비난수위를 더욱 증가시키게 되었고, 결국 이로 인해 뉴미디어전에서

---

25 "하이브리드 전쟁 시대가 도래했다", 『문화일보』, 2007년 4월 26일자에는 서구의 하이브리드전 개념이 2006년 이스라엘-헤즈볼라 전쟁 경험에서 도출됐다고 언급하고 있다. 정규전도 아닌 것이, 그렇다고 과거의 게릴라전과도 다른 형태의 전쟁, 그리고 군사작전보다는 정치적 지지 동원과 국제여론 영향력 행사에 더 큰 방점이 찍힌 전쟁 형태를 개념화했다고 주장함으로써 하이브리드전과 뉴미디어 간의 관계를 구체화한 것이다. 이러한 개념은 러시아 내에서 '게라시모프 독트린'이라 불리는 "선전포고 없이 정치·경제·정보 및 기타 다른 비군사적 조치를 현지 주민의 항의 잠재력과 결합시킨 비대칭적 군사행동 개념"으로 발전해왔으며, 실제 크림반도 합병, 돈바스 전쟁에서 적용되었다. 그 과정에서 뉴미디어는 가짜뉴스 배포, 여론형성과 심리전 역할을 사용하는 주수단으로 사용되었다.

26 박일송, 「제2차 레바논전쟁의 전쟁사적 함의」, 『한국군사학논총』 73(3), 2017, p. 4.

27 1991년 런던에 본부를 둔 중동방송센터(Middle East Broadcasting Center, MBC)가 첫 전파를 발사했고, 아랍 라디오와 텔레비전 네크워크(Arab Radio and Television Network, ART), 알자지라 방송, 그리고 레바논 국제방송사(Lebanese Broadcasting Corporation International, LBCI)가 연이어 설립되었다. 알자리라 방송은 2011년 9·11테러 당시 오사마 빈 라덴의 비디오테이프를 공개하며 주목받게 되었다. 1996년 11월 시작된 이 방송은 쿠르드족 문제나 여성 차별 등 아랍사회의 금기사항들을 과감하게 보도함으로써 아랍세계에서 가장 많이 시청되는 뉴스채널로 성장했다. 이창호, 「매스미디어와 정치: 평화의 원천인가, 갈등의 원천인가」, 『국제평화』 2(2), 2005, pp. 46-47.

완패하게 되었다. 중립을 지키던 레바논 다른 종파들도 이스라엘의 백린탄(화학무기)[28] 사용 및 여러 비인도적 무기를 문제 삼고 공개행보에 나설 움직임을 보이면서, 이스라엘은 결국 150명이 넘는 전사자 및 다수의 피해를 입으며 철수하게 되었다.

헤즈볼라는 과거 크고 작은 지역 내의 분쟁에서 승승장구하던 이스라엘군에게 굴욕적인 패배를 안겨주었는데, 이러한 헤즈볼라의 분쟁수행방법은 창의적이고 참신한 것이었다. 이에 당황한 이스라엘군은 효과적인 대응을 하지 못하고 정치·군사적으로 손발이 묶이고 주도권을 박탈당한 상태에서 분쟁을 수행해야 했다.[29]

이스라엘과 헤즈볼라 분쟁은 혼란스러우며 때로는 기만적이었다. 그 이유는 헤즈볼라가 의도적으로 뉴미디어를 활용하여 보도한 내용을 기반으로 CNN, NBC 등 주요 언론기관들이 편향적인 보도를 시작했기 때문이다. 주요 언론기관들은 이스라엘군의 공격에 의해 피해를 입은 시민과 파괴 상황을 지속적으로 강조해서 보도했다. 헤즈볼라는 외국 언론들에 이스라엘의 공격에 의해 파괴된 민간시설과 민간인 피해를 보도하는 것을 허용했다.[30]

또한, 사망자, 특히 여자와 어린이를 집중적으로 보여주었다. 신기한 일은 이들 주요 방송매체는 젊은 헤즈볼라 전사(戰士) 혹은 군대 적령기의 젊은 헤즈볼라 소속 사람들을 한 명도 보여주지 않았다는 점이다. 테러리스트들은 군복을 입고 있지 않았기 때문에 그들이 군인인지 아닌지 알 수 있는 방법도 없었다. 헤즈볼라의 의도된 상황조성과 SNS를 통한 전파, 세계 유수의 주요 언론매체의 보도는 이스라엘에 불리한 상황을 조성하기에 충분한 것이었다.[31]

---

28 백린탄(White Phosporus)은 치명적 화학무기로 화상, 연기흡입, 섭취 세 가지로 사상자를 발생시킨다. 1949년 제네바협약에서 민간인 거주지역에 대한 사용이 금지되었다.

29 박일송, 앞의 논문, p. 2.

30 Andrew Mackay & Steve Tatham, *Behavioral Conflict* (Saffron Walden, UK: Military Studies Press, 2011), pp. 40-41.

31 Clarence E. Williamson, 이춘근 역, "이스라엘-헤즈볼라 전쟁의 진실", https://cfe.org/bbs/bbsDetail.

헤즈볼라는 루트왁(Luttwak)이 주장한 바와 같이, 전쟁에서 불필요한 사상자를 최소화하는 개념인 '탈영웅 전쟁양상(post-heroic warfare)'[32]을 선호해 온 세계인과 이스라엘의 보편적인 인식을 공격하기 위해 로켓을 배치했고, 뉴미디어로 이스라엘에 의해 피해를 입은 민간인을 알리기만 하면 되었다. 헤즈볼라는 이러한 작전으로 전 세계적인 반이스라엘, 반미주의를 조장할 수 있었다.

헤즈볼라가 이러한 상황을 조장할 수 있었던 대표적인 사건은 7월 13일 콰난(Quanan)에 대한 이스라엘의 공격이었다. 헤즈볼라는 이스라엘의 폭격으로 최대 60명에 달하는 여성들과 아이들이 죽었다고 보도했고, 주요 언론매체들은 이를 특종으로 발표했다. 하지만 얼마 후 그 숫자는 27명으로 축소 발표되었다. 헤즈볼라가 처음 밝힌 사실에 의하면, 이스라엘은 정말 잔인한 일을 한 것처럼 보였다. 이스라엘도 곧바로 콰난의 빌딩이 있는 지역에서 하마스의 로켓이 발사되는 장면을 보여주는 비디오를 공개했으나, 이 같은 증거는 별 관심을 끌지 못했다. 오히려 이스라엘의 사과가 널리 방영됨으로써 이스라엘이 잘못했다는 사실을 세계에 알렸을 뿐이다.

이스라엘은 분명히 그 건물을 표적으로 삼지 않았음을 강조했으며, 나중에 알려진 정보에 의하면, 여성들과 어린이들이 피난하기에 6시간이나 충분한 시간적 여유가 있었다. 그 빌딩은 6시간 동안 무너지지 않고 있었다. 결국, 헤즈볼라가 여성들과 아이들을 빌딩에서 나오지 못하게 한 것이다.[33]

또한 이스라엘의 카나마을에 대한 폭격은 사실 여부가 확인되지 않은 상태에서 헤즈볼라에 분쟁을 유리하게 이끌 수 있는 결정적인 상황을 조성했다. 이스라엘의 공격으로 4층짜리 건물 잔해 속에서는 최소 54구 이상의 시신이 발견되었는데, 이 사건은 단일 공습으로는 최대 규모의 피해를 입혔고, 절반 이상인 37구

---

php?cid=mn2006122315137 & pn=2&idx=22722.

32 루트왁은 '탈영웅 전쟁양상'이라는 용어를 대중화시켰다. Edward N, Luttwak, "Toward Post-Heroic Warfare." *Foreign Affairs* 74 (May/June, 1995) pp. 109-122.

33 Clarence E. Williamson, 이춘근 역, "이스라엘-헤즈볼라 전쟁의 진실".

의 시신은 잠옷을 입은 아이들이었다. 헤즈볼라는 SNS를 통해 이 전황을 전 세계로 전파했고, 세계 유수의 언론들은 진위 여부 확인 없이 이를 앞 다투어 보도하기 시작했다.[34]

레바논 측은 이스라엘이 의도적으로 민간인 거주지역을 공격했다고 주장했고, 이스라엘은 헤즈볼라가 민간인을 인간방패로 사용하여 사상자를 늘렸다고 주장했다.[35] 하지만 누구의 주장이 맞는지는 중요하지 않았다. 카나마을 공격의 영향으로 시민들이 베이루트 도심에서 시위를 벌였고, 유럽연합(EU) 집행위원회와 영국 등 서방세계는 이스라엘의 무차별 폭격을 비난했으며, 이란의 대변인은 "이스라엘과 미국 관리들이 전쟁범죄로 기소되어야 한다"고 주장했다.

이스라엘 정부 대변인은 "카나 바로 옆에 위치한 헤즈볼라의 로켓발사 지역을 겨냥한 것일 뿐 민간인을 해칠 의도는 아니었다"고 해명했고, 이스라엘 측은 "이번 실수에 대해 철저히 조사하겠다"면서도 "헤즈볼라가 민간인을 인간방패로 사용하려 한다"며 책임을 떠넘겼다.[36] 하지만 결국 유엔 안보리가 소집되었고, 사태의 안정된 해결을 촉구하는 휴전 결의안이 만장일치로 채택되었다.

헤즈볼라는 "강점을 회피하고 약점을 공략하라. 우리 전사를 보호하는 것이 적에게 손실을 주는 것보다 더 중요하다. 성공이 확실할 때만 공격하라. … 미디어는 총탄 같은 효과를 발휘하는 무한한 총과 같다. 민간인은 보물이다. 이들을 보살펴라" 등과 같은 뉴미디어를 활용한 분쟁 수행원칙을 개발하여 적용하고자 했다.[37]

뉴미디어의 발달은 폭력행위나 테러리즘이 가상공간에서 활동하는 것을 가

---

34 전황 취재를 통해 사진을 독점하고자 한 서방 언론들의 무분별한 행태는 당시 헤즈볼라 관할 지역을 취재했던 BBC 기자 로빈슨(Nick Robinson)의 증언으로 밝혀졌다. 그는 CNN과 인터뷰에서 한 장의 사진을 얻기 위해 헤즈볼라의 미디어 전술을 묵인했다고 시인했다. Andrew Mackay & Steve Tatham, *Behavioral Conflict*, pp. 40-41.

35 "Might in the Air will not Defeat Guerillas in this Bitter Conflict," 『The Times』, 2006년 6월 2일자.

36 "이軍 '카나 학살' 어린이 37명 떼죽음", 『동아일보』, 2006년 7월 31일자.

37 Matt M. Matthews, *We Were Caught Unprepared: The 2006 Hezbollah-Israeli War* (US Army Combined Arms Center, 2008), p. 7.

능하게 만들었다. 헤즈볼라를 포함한 테러리스트들은 이러한 뉴미디어의 특징들을 즐겨 사용한다. 헤즈볼라는 알카에다, 하마스 같은 테러리스트 집단들과 같이 그 구성원들을 매혹하고 정보를 모으기 위해 소셜 미디어 사이트들을 자주 이용하기도 하는데, 온라인에서 조직된 테러리즘의 대략 90%는 소셜 미디어의 활용을 포함하고 있다. 따라서 헤즈볼라는 SNS를 통해 새로운 잠재적인 구성원들에게 어떠한 제한사항도 없이 호소하는 것이 가능해졌고, 필요한 군사적·정치적 정보도 모을 수 있었다.[38] 이를 통해 헤즈볼라는 정치적으로나 전략적으로 분쟁을 승리로 이끌 수 있었다.

제2차 레바논 전쟁은 34일이라는 비교적 단기간의 전쟁이었지만, 전쟁사적 측면에서 다양한 의미와 교훈을 준다. 특히, 분쟁에서 미디어나 SNS 등의 역할이 과거 그 어느 때보다 더욱 강조되고 있음을 보여주었다.[39]

2) 시리아 내전(2011): 최초의 소셜 미디어 분쟁

2011년 4월부터 바샤르 알아사드 독재정부의 유혈 진압을 계기로 촉발된 시리아 내전은 러시아, 이란, 헤즈볼라가 정부군을 지지하고, 터키와 미국 등 국제연합군이 반군을 지원하면서 복잡한 양상으로 전개되었다.

이 내전은 이러한 정치적 상황과 디지털 기술의 발전이 맞물리면서 진행되었다. 시리아 정부가 외국기자의 취재를 원천적으로 금지했기 때문에 시민들의 스마트폰과 디지털 캠코더에 의한 영상은 시리아 내전의 참상을 세계에 알려주는 거의 유일한 통로였다. 특히, 알아사드 대통령의 정부군이 반군에 대해 사린가스 등 화학무기를 동원한 공격이 보도되면서 국제사회의 이슈가 되었고, 이를 발단

---

38 윤해성·박성훈, 『SNS 환경에서의 범죄현상과 형사정책적 대응에 관한 연구』, 한국형사정책연구원, 2014, p. 97.

39 박일송, 앞의 논문, p. 24.

으로 시리아 내전은 '최초의 소셜 미디어 전쟁'이 되었다.[40]

이도훈은 약 40만 명의 사상자와 500만 명이 넘는 난민을 양산한 시리아 내전의 기록들은 시민참여 영상, 액티비즘[41] 영상 및 다큐멘터리의 세 가지 형태로 전 세계로 전파되었다고 주장했다.[42] 시민참여 영상은 시민들이 내전상황을 직접 찍은 것으로, 이 영상들은 소셜 미디어를 통해 전파되어 대중의 분노를 유발했다. 액티비즘 영상은 미디어 활동가들에 의해 조직적으로 만들어진 것으로 주로 내전 상황과 관련 소식을 국내외적으로 알리는 데 쓰였다. 끝으로 다큐멘터리는 비교적 장기간에 걸친 조사에 의한 기록으로 정부군과 싸우는 모습과 파괴된 공동체를 재건하고자 하는 시민들의 의지를 중점적으로 다루었다.

시민참여 영상은 시리아 내전의 결과에 큰 영향을 미쳤다. 그중 사린가스에 노출되어 하얗게 질려 숨진 시리아 어린이들 사진은 시리아 내전의 참상을 함축하는 이미지였다. 이 사진은 소셜 미디어를 통해 빠르게 전파되었다. 이는 시리아 반군이 정부군의 폐를 꺼내 먹는 동영상만큼 많이 유포된 이미지로 국제사회의 주목과 분노를 끌기에 충분한 것이었다.[43] 터키 해변에서 숨진 채 발견된 시리아 난민 꼬마 쿠르디의 사진이나, 폭격 속에서 기적적으로 살아남은 다섯 살 꼬마 옴란의 사진 등도 우리에게 익숙한 장면이다.[44]

요크의 주장처럼 이러한 시리아 내전 기록들은 인터넷을 통해 저널리스트들이 직접 내전을 보도할 수 없는 상황을 극복할 수 있었고,[45] 반정부 조직과 공동체

---

40 "네트워크 강화", 『IPD FORUM』, 2016년 8월 16일자.

41 사회적 · 정치적 변화를 가져올 목적으로 의도적인 행동을 하는 행동주의를 말한다.

42 이도훈, 「시리아 혁명과 참여 다큐멘터리: 디지털 영상의 제작과 전파를 통한 연대 가능성」, 『현대영화연구』 42, 2021, pp. 171-172.

43 "중동 민주화의 주역, SNS 신화는 착시였다", 『중앙일보』, 2014년 1월 22일자.

44 "〈전쟁과 미디어〉 스마트폰, 소셜미디어… 누구나 CNN, CNN 효과는 여전히 유효한가?", 『국방일보』, 2019년 8월 7일자.

45 Jillian C. York, "From TuniLeaks to Bassem Youssef: Revolutionary Media in the Arab World," in *The Participatory Condition in the Digital Age*, eds. Darin Barney et al. (Minneapolis: University of Minnesota Press, 2016), p. 44.

간 연대와 이를 통한 대규모 반정부 시위를 가능하게 함으로써 내전에 중요한 영향을 미쳤지만, 동시에 인터넷은 정부에 의해 감시되었으며, 심지어 시민들을 속이는 데 활용되기도 했다.

시리아 내전은 모바일 혁명시대에 소셜 미디어의 CNN 효과[46]가 발휘된 '첫 번째 소셜 미디어 분쟁'이었다. 베트남전이 텔레비전에 의해 그 결과가 결정된 전쟁이라고 한다면, 시리아 내전은 디지털 기기들과 인터넷의 대중적 보급에 의한 분쟁이었다.

3) 이스라엘-하마스 가자지구 분쟁(2008, 2014, 2021): 소셜 미디어 분쟁, 그리고 그 분쟁의 재현

가자지구 분쟁은 2008년 12월 27일 이스라엘이 하마스의 로켓공격을 최소화하기 위해 가자지구를 공습한 계기로 시작되었으며, 이 분쟁은 2014년 7월 최대의 전면전으로 확대되었다. 2014년 6월 12일에는 이스라엘 소년 3명이 요르단강 서안에서 괴한에게 납치된 뒤 변사체로 발견되었고, 이스라엘 정부는 납치범에 대한 근거가 전혀 밝혀지지 않은 상황에서 하마스가 이들의 납치살해의 배후라고 일방적으로 주장하며 하마스의 근거지인 가자지구와 요르단강 서안에 폭격을 가했다. 2021년 5월 7일에는 이스라엘이 알악사(Al-Aqsa) 모스크에서 시위를 벌이던 팔레스타인 시위대를 강경 진압하며 사상자가 나오게 되었다. 이에 분노한 하마스가 이스라엘을 로켓으로 공격하자 이스라엘이 가자지구를 공습하여 양측 간의 분쟁은 더욱 확대되었다.

46 CNN 효과란 분쟁의 참상에 대한 인도주의적 언론 보도가 국제사회나 정책 당국이 전쟁에 개입하도록 유발하는 효과를 일컫는다. CNN이라는 뉴스채널로 상징되는 24시간 실시간 뉴스가 미치는 정책적 영향력을 통칭하기 위해 1990년대에 등장했다. 이 용어는 1991년 걸프전 당시 소비자가 집에서 TV로 CNN의 생중계를 보느라 바깥에 나가지도 않고 쇼핑도 하지 않은 데서 생긴 용어다.

이 분쟁은 '한 손엔 총, 한 손엔 뉴미디어를 든 SNS 전쟁'으로 일컬어진다.[47] 특히, 이스라엘은 2006년 헤즈볼라와 벌인 분쟁에서 고전했던 가장 큰 원인의 하나로 국제여론의 지지를 얻지 못했다는 인식을 바탕으로 적극적인 뉴미디어전을 수행했다. 이스라엘은 국가정보부를 설치하고 미디어전을 수행할 전문가들을 등용했다. 이스라엘군 대변인을 통해 "블로그와 뉴미디어는 세계 여론을 잡기 위한 기본적인 전쟁 영역이며, 유튜브나 각종 블로그가 이스라엘의 행동을 외부에 알리는 데 중요한 역할을 담당하고 있다"며, 적극적인 미디어전을 수행할 것을 독려했다.[48] 결과적으로, 이스라엘은 2008년 하마스와의 분쟁에서 너무나 현격한 사망자 수의 차이와 백린탄 같은 사건으로 정치적인 곤경에 빠지긴 했지만, 2012년, 2014년, 2021년 하마스와 군사작전 시 현격한 사망자 수의 차이에도 불구하고 이스라엘은 이전 같은 맹렬한 국내외적 비난을 받지는 않았다.[49]

이스라엘 방위군(IDF: Israel Defense Forces)은 세계 최초로 트위터를 통해 선전포고를 하기도 했다.[50] 또한, 군사작전 하루 전 유튜브에 하마스로 인한 이스라엘 피해, 공중 촬영된 하마스의 공격태세 등에 관한 영상 47개를 게시했다. 이 영상들은 영어 및 아랍어 해설로 구성되어 조회 수가 무려 754만여 회에 달했는데, 블로그에도 탑재된 지 몇 시간 만에 20만 회의 조회 수를 달성했다. 또한 이스라엘 시민들은 개전 2시간 만에 "군사작전은 인도적 차원의 자위적 조치"라는 글을 페이스북 그룹을 통해 수십 개의 언어로 전 세계 수백만 명과 친구 맺기를 하면서 이스라엘에 대한 지지를 호소했다.[51]

하마스 측도 아랍어나 영어로 된 웹사이트를 지속적으로 업데이트하고, 하마

---

47 "한 손엔 총, 한 손엔 뉴미디어… 'SNS 전쟁'", 『SBS 보도자료』, 2014년 8월 3일자.

48 "이스라엘-하마스 이젠 '인터넷 전쟁' 유튜브 · 페이스북 등 여론몰이… 美 하마스, 로켓 공격 중단을", 『매일경제』, 2009년 1월 2일자.

49 김지용, 「미디어 전쟁과 청중비용 효과의 다귀결성: 헤즈볼라와 하마스의 미디어 전술을 중심으로」, 『국가안보와 전략』 21(4), 2021, p. 34.

50 "이스라엘, 트위터로 선전포고하고 생중계", 『경향신문』, 2012년 11월 15일자.

51 Andrew Mackay & Steve Tatham, *Behavioral Conflict*, pp. 42-44.

스 알아라비아 TV, 알자지라 TV뿐만 아니라 BBC 등 세계 방송사를 통해 복면을 한 무장요원 모습을 방영하는 한편, 민간인들을 '인간방패'로 만들기 위해 "대피하라는 이스라엘의 경고는 거짓말이다. 집에 가만히 있는 것이 안전하다"라는 선동을 통해 팔레스타인 민간인의 피해를 부추겼으며, 피해가 발생하면 이를 뉴미디어를 통해 보도하는 등 대(對)이스라엘 심리전을 수행했다.[52]

하마스 지지자들은 이스라엘 공격으로 폐허가 된 가자지구 모습을 담은 동영상을 유튜브나 페이스북 등에 탑재하기도 했다. 프랑스의 휴전 제안이 이스라엘에 의해 거절된 후에는 SNS을 통해 거짓 선동, 특히 여론을 선동하기 위해 사실을 조작하여 보도했다. 대표적으로 시리아나 이라크 분쟁지역에서 찍은 사진을 가자지구에서 찍은 사진처럼 위장해 SNS로 퍼뜨리거나 이스라엘 방위군이 팔레스타인 민간인을 공격하고 있다는 글을 SNS에 각 나라 언어로 번역해 배포했다.

또한, 하마스는 이스라엘군이 백린탄을 사용해 민간인을 공격했다고 가짜뉴스를 보도했다. 공포영화의 한 장면이나 시리아 내전 당시 아사드 정권의 공격으로 숨진 어린이들의 시신 사진을 이스라엘의 만행이라며 SNS를 통해 선동했고, 심지어 할리우드 공포영화 「파이널 데스티네이션 4」의 한 장면 등도 심리전에 활용했다. 사람의 머리가 산산조각 나 있는 모습, 이스라엘 공습으로 숨진 어린 여아들을 급히 옮기는 장면 등은 뉴미디어를 활용한 가짜뉴스였다.[53]

뉴미디어를 활용한 심리전은 매우 감성적이었다. 하마스가 보도한 사진은 사진만으로도 세계인의 감성을 자극하기에 충분했지만, 설명을 덧붙임으로써 더욱 여론몰이를 했다. 예를 들어 "곱슬한 검은 머리의 아이가 얼굴을 모래사장에 박은 채 엎드려 누워 있다. 그런데 두 다리가 제각각이다. 부상당했는지 죽었는지 알 수 없는 아이를 안고 두려움에 가득 찬 한 팔레스타인인이 현장을 벗어나려 애쓰고 있다. 아이들 놀이터였던 해변은 참극의 현장으로 바뀌었다. 맑은 날 해지는

---

52 "하마스의 비열함 '땅굴테러와 인간방패'", 『뉴데일리』, 2014년 7월 18일자.

53 "하마스, SNS 거짓 선동하다 들통 '망신살'", 『뉴데일리』, 2014년 7월 17일자.

수평선이 황홀하게 아름다운 지중해만 여전히 푸르렀다"는 식[54]의 설명은 세계인의 분노를 이끌어낼 수 있었으며, 종국에는 이스라엘의 평판에 큰 상처를 냈다.

개인의 SNS에 의한 심리전도 진행되었다. 팔레스타인 가자지구에 살고 있는 16세 소녀 파라베이커가 이스라엘의 폭격을 받는 가자지구 상황을 트위터에 올리고, "이 불빛은 햇빛이 아니라 이스라엘의 미사일이 터지는 장면"이라고 설명했다. 이는 다수의 소셜 미디어 이용자에 의해 리트윗되었다.[55]

2021년 5월 두 국가 간의 재충돌 시에도 뉴미디어전은 재현되었다. 독일의 공영방송 도이체벨레(DW)는 하마스의 선전도구로 전락한 어린이들의 실태를 조명하면서 어김없이 SNS상에 가짜뉴스가 등장했다고 언급했다. 대표적으로 우는 소녀가 책을 안고 있는 사진은 분쟁의 고통을 보여주는 이미지로 인기몰이를 했다. 하지만 이 사진은 2014년 분쟁 때 촬영된 것이었다. 또한, 이스라엘의 공습으로 피해를 입은 가자지구 모습으로 소개된 사진 역시 이번 사태와 관련이 없는 2017년 프랑스 메이크업 자선단체의 행사 사진이 섞여 트위터에 게재되었다.[56]

한편, 이스라엘은 하마스, 국제사회, 국민 등 명확한 대상과 목적을 선정하고, SNS를 활용한 분쟁을 수행했다. 조상근 박사(2021)는 이를 'SNS를 활용한 인지전(cognitive warfare)'으로 명명하고, 이스라엘이 하마스의 인지영역뿐만 아니라 물리적 영역까지도 파괴할 수 있도록 SNS를 군사작전의 주수단으로 활용했다고 언급했다. 즉, 뉴미디어를 활용한 군사작전을 수행하여 분쟁의 시너지 효과를 창출했다는 것이다. 그는 이스라엘의 미디어전을 다음과 같이 분석했다.

우선, 대(對)하마스에 대해서는 〈그림 3-1〉과 같이 언론과 트윗을 통해 가자지구에 은폐 및 엄폐하고 있던 하마스의 거점인 지하터널을 식별했다. 또한, 정밀타격 영상을 SNS에 공개하여 군사행동 수단의 정당성을 확보하고 상대 진영에 전

---

54 "가자지구의 비극을 전하는 사진 한 장", 『한국일보』, 2014년 7월 20일자.

55 "16살 소녀, SNS에 폭격사진 '햇빛 아닌, 미사일… 오늘 죽을지도 몰라요' 도움 요청", 『경향신문』, 2014년 7월 30일자.

56 "이 · 팔 충돌에서도 어김없이 등장한 SNS 가짜뉴스", 『한국일보』, 2021년 5월 20일자.

장 공포를 조성했다면서 이스라엘 방위군은 SNS를 군사작전의 보조적 수단이 아닌 주수단으로 활용하여 작전성과뿐만 아니라 전략적인 심적 효과도 거두었다고 강조했다.

둘째, 이스라엘 방위군은 선제공격의 정당성 확보와 부수피해를 방지하기 위해 지속적으로 주요 외신과 인터뷰를 통해 첨단감시정찰 자산을 사용하여 정교한 작전계획을 수행하고 있다고 밝혔다. 또한, 국제사회의 비난을 최소화하기 위해 정밀타격 영상을 공개함과 동시에 공군 조종사가 타격목표 주변에 민간인을 발견하고 임무를 취소하는 영상도 SNS에 공개함으로써 국제사회에 대한 뉴미디어전도 수행했다.

셋째, 아이언돔이 국민의 생명과 재산을 보호하고 있다고 강조하고 하마스가 발사한 로켓을 무력화하는 영상과 고도의 전투준비태세가 갖추어진 아이언돔 포대(운용요원)를 SNS 영상의 주요 콘텐츠로 활용했다. 이스라엘 정부와 군이 함께 SNS를 활용한 대국민 뉴미디어전도 수행하여 국론을 집결하는 데 노력했다.

그러나 압도적인 화력을 앞세운 이스라엘의 비인도적인 공격으로 인한 참상

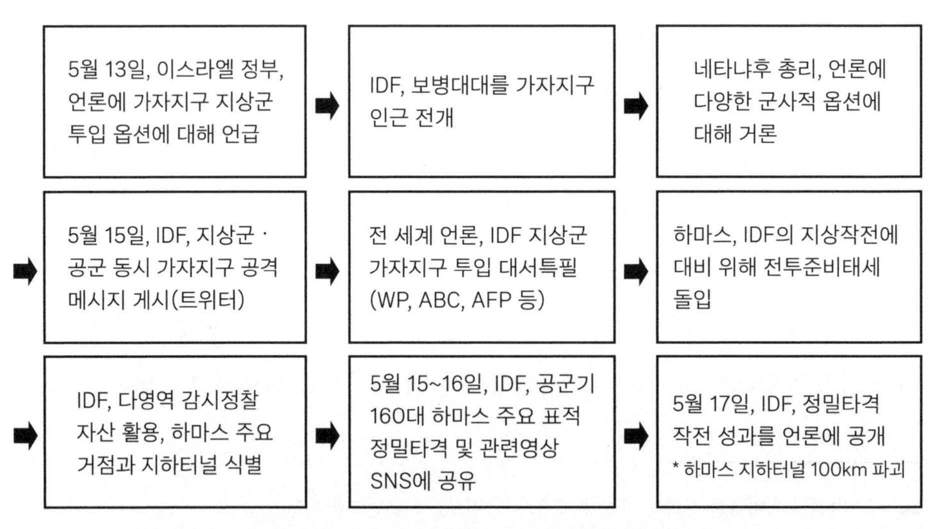

〈그림 3-1〉 2021년 이스라엘 방위군의 뉴미디어를 활용한 군사작전

출처: 조상근, "2021년 이스라엘-팔레스타인 분쟁: SNS를 활용한 인지전(Cognitive Warfare)", 『조선일보』, 2021년 5월 24일자.

이 중동의 뉴미디어들을 통해 알려지면서 중동의 민심은 하마스 편으로 급속히 기울었다. 친미 아랍정권들조차 이러한 민심의 향배를 무시할 수 없게 되었다.[57] 가상세계 대결에서 하마스에 대한 '온라인 동정여론의 급증(sudden spike of online sympathy)'은 이스라엘의 공격 속도를 절반 이상으로 감소시켰으며, 반면에 이스라엘 선전활동 노력도 도약을 가져오게 하는 결과가 초래되었다.[58]

이스라엘과 헤즈볼라 간 분쟁과 마찬가지로 이스라엘과 하마스 간의 분쟁에서도 그 결과는 군사력의 차이에 의해 결정되지 않았다. 승패를 결정했던 요인은 물리적인 표적을 공격하는 군사력이 아니었다. 전통적인 군사력에서 열세에 놓인 비국가 무장단체들은 뉴미디어라는 '새로운 무기'를 사용하여 전 세계 사람들의 인지(cognition)를 공격하여 그들의 마음(the mind)을 얻었으며, 이를 통해 이스라엘의 평판(reputation)과 신뢰를 하락시키는 동시에 정치적인 의지(will)를 약화시켰다.

4. 뉴미디어가 미래분쟁에 주는 함의 및 전망

1) 뉴미디어가 미래분쟁에 주는 함의

중동지역 분쟁 사례분석을 바탕으로 전쟁 패러다임 변화 측면에서 뉴미디어가 미래분쟁에 주는 함의는 다음과 같다. 우선, 뉴미디어는 이미 분쟁의 주수단으로 변모했으며, 뉴미디어가 분쟁에 영향을 미치는 분야는 '인지영역(cognition domain)', 즉 미래분쟁을 '가슴과 마음을 얻는 분쟁(battle for heart & mind)'으로 변화시켰다. 둘째, 분쟁에서 뉴미디어의 무기화 경향성이 증대되고 있다. 셋째, 기존 물리영역에 더욱 집중되었던 분쟁은 인지와 물리영역의 시너지 효과를 추구하는 방

57 홍미정, 「이스라엘/하마스-헤즈볼라전쟁」, 『KNSI 현안진단』 37, 2006, p. 8.

58 Peter. W Singer & Emerson T. Brooking, *LikeWar: The Weaponization of Social Media* (Boston: Mariner Books, 2018), p. 196.

향으로 전개되고 있다. 넷째, 뉴미디어는 분쟁을 수행하는 국가 간의 평판전쟁(reputation warfare)[59]을 일상화하게 만들었다. 이를 좀 더 세부적으로 분석해보면 다음과 같다.

(1) 분쟁 영역의 확대

미래분쟁에서 뉴미디어는 인간의 인지와 심리를 변화시킬 목적으로 활용될 것이다. 뉴미디어를 통해 실시간 다량으로 보도되는 내용이 사실이 아니라고 하더라도 그 책임을 물을 수 있는 주체가 모호하다. 이러한 모호성, 비대칭성과 책임의 비귀속성으로 대표되는 뉴미디어의 본질적인 특징들은 미래학자들이 언급하고 있는 미래분쟁의 일반적인 특징들과 유사하다. 물리력을 사용하여 상대방의 군사력을 파괴하는 기존 분쟁양상은 이미 상대방을 넘어 전 세계인의 '인지영역(cognition domain)'을 지향하고 있다.[60]

이는 미래분쟁이 어떠한 양상으로 전개될 것이라는 논리적인 추론을 가능케 하고 있다. 왜냐하면, 미래분쟁 양상은 지금의 현대전에서 벌어지고 있고, 21세기에 벌어진 분쟁들은 미래전 양상을 예견케 해줄 수 있기 때문이다.[61] 그 주수단은 군사력이 아닌 모호성, 비대칭성과 책임의 비귀속성을 갖는 뉴미디어가 될 가능성이 높다.

---

59 평판전쟁은 2010년 글로벌 홍보회사인 웨버 쉔드락의 레슬리 게인즈 로즈가 제시한 것으로, 뉴미디어의 부정적 영향을 극복하고 대내외적으로 좋은 평판을 유지한 가운데 기업 활동을 하기 위해서는 뉴미디어를 포함한 언론들의 부정적인 평가를 극복하는 것이 중요하며, 좋은 평판을 유지하지 못한다면 기업에 심각한 피해를 입힐 수 있음을 강조했다. 이와 마찬가지로, 각국은 뉴미디어를 통해 좋은 평판을 유지한 가운데 분쟁을 수행해야 분쟁의 정당성을 확보하여 효과적이고 효율적으로 분쟁을 수행할 수 있다. 평판전쟁을 위한 전략들에 대해서는 레슬리 게인즈 로즈, 「평판전쟁(Reputation Warfare)」, 『HBR』, 2010 참조.

60 1세대 전쟁부터 3세대 전쟁까지는 물리적인 군사력으로 상대방의 군사력을 파괴하는 것을 목적으로 했다면, 4세대 전쟁과 5세대 전쟁은 상대방의 전쟁 수행 의지와 인지 조작을 목적으로 비군사적인 수단을 활용하는 양상으로 특징 지어지고 있다. 미래전쟁 양상별 주요 내용은 최영찬, 『미래의 전쟁 기초지식 핸드북』, 합동군사대학교, 2021 참조.

61 김강녕, 「미래전쟁 양상의 변화와 한국의 대응」, 『한국과 국제사회』 1(1), 2017, p. 124.

특히, 미디어전의 한 형태인 심리전도 거짓과 왜곡, 정보 조작 등을 통해 상대방의 인식에 영향을 미칠 목적으로 수행되었다.[62] 국가 간의 분쟁에서 무력사용의 목적이 상대방에 대한 아측의 의지를 강요하기 위한 것이라고 본다면, 심리전이란 분쟁의 목적을 달성하기 위해 비폭력적 수단을 사용하는 분쟁의 한 형태다.[63] 이미 여러 국가들은 비방전과 선전선동 등 심리전 수행과 작전 지역에서 정보를 즉각적으로 얻기 위해 뉴미디어를 광범위하게 사용하고 있다. 이를 통해 각국은 그들의 지역사회를 설득하여 개입이나 군사작전을 하게 할 뿐만 아니라 상대국가의 사회를 분리시키고 약화시키려고 한다.[64]

이러한 심리전 수행을 위한 분쟁 시 선전활동은 종래에는 수주 혹은 수개월에 걸쳐 수행되었으나, 걸프전에서는 분 단위, 코소보전에서는 초 단위로 수행되었다.[65] 특히, 2003년 이라크전은 심리전 부대에 의한 전술, 전략 심리전을 포함하여 인터넷, 휴대폰 문자메시지 등 사이버 심리전의 본격적인 시작을 알렸다. 이라크전에서 미군은 광범위하고 다양한 심리전을 수행함으로써 국가정책뿐만 아니라 군사작전의 한 분야로 심리전을 목표 달성의 주수단으로서 운용했다.[66]

제2차 세계대전 시에는 종군기자가 전황을 취재하고 그 기사가 신문으로 인쇄될 무렵이면 분쟁은 이미 끝난 후가 되곤 했다. 따라서 그 기사는 전투 결과에 아무런 영향을 미칠 수 없었다. 하지만 오늘날에는 전황이 실시간 중계될 뿐만 아니라 보도내용의 진위가 밝혀지기도 전에 분쟁이 종결된다. 또한, 분쟁수행 과정에서 뉴미디어들에 의해 '성형(shape)된 내용들'은 분쟁의 결과에 지대한 영향을 미치고 있다. 이러한 맥락에서 뉴미디어가 미래분쟁 수행의 중요한 수단이 되며, 분쟁의 역학관계와 전략을 뒤바꿔놓을 수도 있다는 점을 중시할 필요성이 있다.

---

62 이상호, 「소셜미디어(SNS)기반 사이버 심리전 공격실태 및 대응방향」, 『국가정보연구』 5(2), 2013, pp. 59-88.

63 황훈, 「설득 커뮤니케이션 차원에서 본 한국전쟁 심리전 평가」, 『군사』 30, 1995, pp. 164-165.

64 Fahri Aksüt, *Social media evolves to warfare tool: Expert.*

65 김종숙, 「미래전의 보도심리전 발전방향」, 『국방저널』 9, 2001, p. 127.

66 최광현, 「미래 국방심리전 발전방향」, 『국방정책연구』, 2005, p. 193.

뉴미디어는 미래분쟁의 도구, 즉 '상대방의 가슴과 마음에 영향을 미치는 단어의 무기(weapon of words)', 그리고 비물리 영역에서 물리적 영역의 대상에게 영향을 미칠 수 있는 '대량파괴의 무기'로 사용된다. 저렴하고 쉽게 액세스할 수 있는 뉴미디어는 네크워킹 및 조직 기능을 향상시켜 분쟁을 수행할 능력을 배가시킬 수 있다. 또한, 대중적인 서사(narrative) 또는 여론을 형성하기 위해 그래픽 이미지와 아이디어를 신속하게 배포할 수 있는 능력은 뉴미디어를 테러리스트, 반란단체 또는 분쟁 중인 정부의 전략적 무기로 변화시켰다.[67]

'인지영역의 전투에서 이길 수 없다면, 분쟁에서 승리를 구가할 수 없는 시대'가 도래한 것이다. 멘델바움(Mandelbaum)은 미국이 이라크, 소말리아, 보스니아 3개 지역에 파병한 이유는 돈도, 영광도, 전략적 계산도 아닌 '동정(sympathy)' 때문이었다고 주장했다.[68] 그는 기아에 허덕이는 사람들을 보도하는 뉴미디어가 미국의 군사개입이라는 정치적인 결정을 하게 만들었다고 주장했다. 결국, 뉴미디어가 미국인의 인지에 영향을 주었다는 것이다. 2021년 8월 아프간에서 미국의 철수는 이러한 주장을 더욱 신뢰성 있게 뒷받침해주고 있다. 100년 전쟁, 30년 전쟁에 이어 세 번째로 긴 21년이 걸린 분쟁인 아프간전에서 미국은 2천 명의 사망자와 2만 명의 부상자, 약 2천조 원의 전비를 소모하고도 승리하지 못했다.[69] 여기서 주목할 점은 미국이 실패한 이유 중 하나가 뉴미디어 분쟁에서 패배했다는 점이다. 아프간 반군은 AK소총과 휴대폰, 노트북을 가지고 다니며 분쟁을 수행했다. 그들은 단지 소셜 미디어를 통해 자신들의 영웅적인 모습으로 지지자를 확보하고, 미군 공습의 피해를 노골적으로 편집해 반미 감정을 충돌질하기만 하면 되었다.

---

67 Catherine A. Theohary, "Information Warfare: The Rple of Social Media in Conflict," *CRS Insight* (March 4, 2015), p. 1.

68 Michael Mandelbaum, "The reluctance to intervene," *Foreign Policy* No. 95 (Summer, 1994), pp. 3-8.

69 "Afghanistan mirrors US evil acts, contrasting China's goodwill: Global Times editorial," 『Global Times』, 2019년 7월 9일자.

반면, 미국은 대부분 전투에서는 승리했으나, 주민의 마음을 얻지 못해 실패했다. 미군에게 중요한 것은 현지 주민들이 미군을 지원자나 친구로 인식하도록 해야 했다. 하지만 많은 주민들은 미군을 파괴자 또는 점령군 정도로 이해했다. 탈레반이나 알카에다는 미군의 잘못, 특히 오폭으로 주민의 고통을 널리 알리기만 하면 되었다. 그것만으로도 이슬람 주민은 분노했고, 미군을 가해자로 인식했다.[70]

이는 아프간전에 참전했던 영국 장군의 발언을 통해서도 잘 알 수 있다. 그는 "탈레반은 심리전에 90%, 군사력 사용에 10%의 노력을 기울인 반면, 우리는 군사력 사용에 90%, 심리전에 10%의 노력을 기울였다. 전장에서 조작된 인식은 현실이 되고, 이는 곧 진실로 고착된다. 탈레반은 이를 활용하여 세계인과 상대방의 인식을 공격하는 데 성공했다"라고 언급했다.[71]

뉴미디어를 활용하여 우리의 인지에 직접적인 영향을 미치는 분쟁은 미래에 우리가 직면해야 할 분쟁의 모델일 것이다. 기술이 발전하고, 그 기술이 더욱 정교해지며, 인터넷 연결성이 전 세계적으로 확산됨에 따라 "트렌드(trend)를 지배하는 자가 서사(narrative)를 통제할 것이고, 궁극적으로 서사는 사람들의 의지(will of the people)를 통제하게 될 것"이다.[72]

현대의 분쟁양상은 어떤 국가가 상대방 국가의 군사력을 파괴시키는 양상(1~3세대 전쟁)에서 벗어나 '무장단체나 테러리스트들이 학교나 법원을 공격하여 민간인 사상자를 유발하여 상대방 국가(정부)가 보호를 제공할 수 없다는 점을 인식시키고 불안감과 공포심을 조장함으로써 정치적 의지를 꺾는 양상(4세대 전쟁)'으로 변모되었다. 이러한 분쟁양상은 '직접적인 공격은 없으면서 전투원이 직접 교사나 법관(내부 영향력자)이 되어 학생들 혹은 대중의 인식(인지)을 조작하고 의도

---

70 최영진, "소셜미디어기반 선전전, 전투만큼 중요해졌다", 『국방일보』, 2020년 11월 29일자.

71 Andrew Mackay & Steve Tatham, *Behavioral Conflict*, p. 59.

72 Jarred Prier, "Commanding the Trend; Social Media as Information Warfare." *Strategic Studies Quarterly* (Winter, 2017), p. 81.

된 방향으로 유도하는 양상(5세대 전쟁)'으로의 변화를 예고하고 있다. 이제 미래분쟁은 적의 관찰(observe)을 조작하고 지적 능력(intellectual strengh) 파괴에 중점을 둘 것이다.[73] 따라서 미래분쟁에서 뉴미디어의 역할은 단순한 정보 전달과 생산에만 머무르지 않고 분쟁수행의 주수단으로 등장하게 될 것으로 판단된다.

(2) 뉴미디어의 무기화 경향성 증대

뉴미디어는 전통적인 전투공간에 추가적인 복잡성을 가중시켜 분쟁 성격을 변화시켰다. 가상환경에서 거의 전 세계적으로 제한 없는 접속을 통해 사람들의 태도와 신념에 영향을 미침으로써 전투에서 수많은 기회를 창출할 수 있게 되었다. 특히, 뉴미디어는 복합전, 비대칭전, 차세대전, 신세대전 등 다양한 명칭으로 불리며, 아직까지 통일된 정의가 없음에도 분쟁의 한 형태로 특징 지을 수 있는 하이브리드전의 주요 수단으로 활용되었다.[74]

분쟁 수단으로서 뉴미디어는 국제규범의 한계, 분쟁양상의 변화라는 요소로 인해 그 효과가 극대화되는 경향이 있다. 최근 분쟁은 비군사적 수단의 활용이 증대되고 군사적 수단도 은폐되어 사용되는 경향성이 증대되었다. 특히, 각국은 책임을 묻기 힘들고, 주체를 명확히 확증하기 곤란한 비군사적 수단을 즐겨 사용하게 되었다.

---

73 대니얼 애봇(Daniel H. Abbott)은 존 보이드(John Boyd)의 OODA(관찰, 판단, 결심, 행동) 루프를 이용하여 미래분쟁 양상을 도식화했으며, 분쟁세대가 진화하면 할수록 상대방의 영역으로 더욱 깊숙하게 들어가는 경향성이 증대한다고 주장했다. Daniel H. Abbott, *The Handbook of 5GW; The Fifth Generation War?* (MI: Nimble Books LCC, 2010), pp. 169-180.

74 Sanda Svetoka & Anna Reynolds, *Social Media As a Tool of Hybrid Warfare* (NATO Strategic Communications Centre of Excellence Riga, 2016), p. 4; 하이브리드전의 본질 중 가장 대별되는 요소이며, 학자들 사이에서도 공감대가 형성되고 있는 특징은 모호성(ambiguity)과 이를 통한 책임의 비귀속성(non-attribution) 조성이다. 분쟁과 평화의 경계선이 모호한 회색지대에서 분쟁 행위를 하여 모호성을 달성하며, 부인 가능성을 지속적으로 유지하고, 그 분쟁 행위가 국제법이나 국가 간에 통용되는 일반적인 규범에 위반되지만, 책임을 귀속하기 곤란하여 외교, 군사, 경제적으로 부정적인 결과들을 최소화하면서 자신의 목표를 달성하는 분쟁양상이 하이브리전이다. 뉴미디어는 하이브리전의 특징인 모호성과 책임의 비귀속성을 유지하면서 분쟁을 효과적으로 수행할 수 있는 수단으로 사용되었다.

과거와 현재에는 과학기술을 통해 전쟁을 가시화하는 등 불확실성을 제거하는 데 노력해왔지만, 결국 분쟁의 본질적 요소인 불확실성을 완전히 제거하는 것이 불가능해졌다. 따라서 각국은 분쟁에서 불확실성을 제거하는 분쟁수행 방법뿐만 아니라 전장에서 불확실성을 더욱 가중시켜 승리를 달성하는 전략에도 주목하게 되었다. 이러한 전략에 기초한 대표적인 분쟁양상은 하이브리드전, 인지조작전쟁인 5세대 전쟁, 주민의 마음을 얻기 위한 심리전과 정보전에 기초한 4영역전 등이다. 즉, 과학기술전의 맹목적인 추종이 반드시 승리를 보장할 수 없다는 인식이 발현되었으며, 이에 따라 불확실성을 더욱 가중시켜 승리를 달성할 수 있는 분쟁양상이 주목받게 된 것이다. 따라서 미래분쟁의 주수단으로 뉴미디어의 공세적인 활용이 요구된다.

그렇다면, 미래분쟁에서 뉴미디어의 무기화 경향성, 즉 군사적 활용성이 증대되는 이유는 무엇인가? 스베토카와 레이놀즈(Svetoka & Reynolds), 싱어와 브루킹(Singer & Brooking)의 주장은 군사적으로 뉴미디어가 왜 활용되는지 그 특징을 잘 대변하고 있다. 두 학자의 주장에 근거하여 뉴미디어의 군사적 활용, 즉 뉴미디어가 무기화되는 구체적인 이유를 여섯 가지로 제시해볼 수 있다.[75] 우선, 접근성(accessibility) 때문이다. 스마트폰 등 최신기기로 누구나 실시간으로 정보를 촬영·편집·공유할 수 있다. 더욱이 이러한 장치들은 상대적으로 저렴하고 소득 수준이 낮은 지역에서도 모바일 네크워크가 발달하여 정보를 공유하는 기술을 사용하는 데 제한이 거의 없다.

둘째, 뉴미디어의 빠른 속도(speed)다. 빠른 시간 내에 뉴미디어의 정보를 전파할 수 있어 무기화된 뉴미디어의 영향으로 인한 충격이 매우 짧은 시간에 달성될 수 있다. 그만큼 분쟁에 미치는 뉴미디어의 영향력은 폭발적일 수 있음을 의미한다.

---

75 Sanda Svetoka & Anna Reynolds, *Social Media As a Tool of Hybrid Warfare*, pp. 5-8; Peter. W Singer & Emerson T. Brooking, *LikeWar: The Weaponization of Social Media*, p. 124.

셋째, 익명성(anonymity)이다. 세계 인구 중 53억 명이 책임의 비귀속성이라는 환경에서 자신의 의견을 전파할 수 있는 뉴미디어의 특징은 뉴미디어의 무기화를 더욱 가속시키는 요인이다. 따라서 익명의 사용자는 시각 및 텍스트 콘텐츠를 조작하고, 가짜 정보와 소문을 퍼뜨리거나 온라인상에서 처벌받지 않고 다른 사람을 공격하여 청중을 조정할 수 있게 되었다. 점점 더 많은 사람들이 뉴스를 확인하기 위해 트위터 및 페이스북 같은 네트워크화된 뉴미디어 사이트에 눈을 돌리게 됨으로써 뉴미디어는 점점 더 우리의 인식(cognition)과 태도(attitude)를 형성할 수 있게 된 것이다.

넷째, 많은 양의 정보 교환(high volumes of information exchanged daily)을 가능케 하기 때문이다. 매일 많은 양의 정보가 뉴미디어를 통해 교환되어 유용한 정보와 유용하지 않은 정보의 구분이 모호하므로 이를 활용하는 것을 매우 어렵게 한다. 정보 중 일부는 필수적이고 유용할 수 있는 반면, 다른 이들에게 '소음(noise)'일 수 있다.

다섯째, 지리 및 콘텐츠의 경계가 없다(no geographic or content-related border). 전통적인 미디어의 역할 중 하나는 특정 주체에 대해 특정한 주제를 발전시키고 토론을 형성하는 게이트 키퍼의 역할이었다. 하지만 뉴미디어는 전통적인 미디어에서 자신의 의견을 표명할 기회를 얻지 못했던 주체인 소수자, 과격 단체, 극단주의자들이 청중에게 다가갈 기회를 제공할 수 있게 된 것이다.

끝으로, 친숙함(familiarity)이다. 뉴미디어는 친숙함을 통해 정보의 독성을 더해가며, 진실을 대체할 수 있게 되었다. 싱어와 브루킹은 소셜 미디어를 통해 전달되는 메시지는 속도나 도달범위와 함께 의심과 혼란을 유발하고, 무시, 왜곡, 산만, 실망 및 분열을 발생시킬 수 있다고 언급했다. 또한, 잘못된 정보와 왜곡된 정보의 확산이 뉴미디어를 통해 이루어질 수 있으며, 점점 정보의 독성이 진실성을 대체할 수 있는 이유를 친숙함 때문으로 언급한다. 친숙함은 악성 메시지 수용의 핵심요소로, 요구를 더 많이 들을수록 비판적으로 평가할 가능성이 낮다고 평가했다. 즉, 악성 메시지의 수용은 그 메시지가 진실이기 때문이 아니라 친숙함 때문

이라는 것이다.[76]

이러한 특징들은 뉴미디어가 사람들의 인식을 형성하고, 사회를 재설계할 수 있으며, 무엇이든 뉴미디어를 통해 현실로 변환될 수 있다는 것을 말해준다. 뉴미디어를 통해 국가와 사회 집단에 대한 사람들의 신뢰감은 의도적으로 파괴될 수 있게 되었고, 더욱이 뉴미디어를 통해 양극화되거나 급진적인 사람들의 잠재의식을 지배하는 것이 더욱 쉬워졌다. 이러한 이유로 인해 통제·억제되지 않은 뉴미디어의 인프라가 상황을 더욱 심화시키고 있다. 이에 따라 우리가 사는 현실 세계는 이러한 시뮬레이션이나 인공 세계의 일부가 되어가고 있다고 보아야 한다.

특히, 급격한 과학기술의 발달과 새로운 정보환경 등 뉴미디어를 무기화하기 좋은 환경이 조성되어 뉴미디어가 현실을 조작할 수 있게 됨으로써 한 국가의 행정, 사회, 군대 또는 경제를 약화시킬 수 있게 되었다. 뉴미디어의 영향력은 내부 갈등, 사회 급진화, 급진주의를 일으킬 수도 있게 되었다. 조작된 콘텐츠, 특히 사회에서 민감하고 논란이 되는 문제에 대한 조작된 콘텐츠는 가상 플랫폼(세계)에서 분쟁과 갈등을 야기했고, 이 문제는 불행히도 실제 환경으로 이전되고 있다.[77]

뉴미디어의 군사적 활용분야에 대해서는 다양한 견해가 존재한다. 니센(Nissen)은 정보수집(intelligence collection), 표적화(targeting), 심리전(psychological warfare), 사이버 작전(cyber operation), 방어(defense), 지휘통제(command & control)라는 여섯 가지를 제시하고 있으며,[78] 프리어(Prier)는 악성 비국가 행위자들의 네트워크와 이를 통한 정보의 조작과 혼란, 소셜 미디어에 노출된 사람들의 온라인 선전에 대한 취약성 조성이라는 두 가지를 주장하고 있다.[79] 또한, 리나드게일과 잉크스(Rhynard-Geil & Inks)는 정보작전(information operations), 정치적 조작(political manipulation),

---

76 Peter. W Singer & Emerson T. Brooking, *LikeWar: The Weaponization of Social Media*, p. 124, 206.

77 Fahri Aksüt, *Social Media Evolves to Warfare Tool: Expert*.

78 Thomas Elkjer Nissen, *The Weaponization of Social Media* (Copenhagen: Royal Danish Defence College, 2015), pp. 62-90.

79 Jarred Prier, "Commanding the Trend: Social Media as Information Warfare." pp. 76-77.

디지털 혐오 발언(digital hate speech), 급진화 및 극단주의자들과 전투조직 모집(radicalization & recruitment)의 네 가지를 제시하고 있다.[80]

니센의 분류에 따라 그 내용을 제시해보면 다음과 같다. 첫째, 정보수집이다. 뉴미디어는 콘텐츠와 대화를 포함하여 군사정보를 집중적으로 검색 및 분석할 수 있도록 해준다. 따라서 물리영역에 존재하지 않고도 표적화된 조직의 상황과 정보환경을 더욱 쉽게 이해할 수 있다. 소셜 미디어를 통해 잠재적인 구성원들에게 어떠한 제한도 없이 호소하는 것이 가능하며, 동시에 군사·정치적 정보들을 모을 수도 있다.[81] 또한, 온·오프라인의 전장에서 심리전과 군사적 표적 선택을 지원할 수도 있으며, 미래위기에 대한 조기경보 신호를 식별하는 데도 유용한 원천이 될 수 있다. 이는 리나드게일과 잉크스가 주장하는 정보작전의 기본분야에 해당한다.

둘째, 표적화는 뉴미디어가 물리적 영역에서 군사행동을 위한 잠재적인 표적을 식별하고 공격하는 데 활용되는 것을 말한다. 또한, 직접적인 소셜 미디어 계정 해킹, 훼손 및 공격 등도 포함된다. 이 분야는 프리어의 주장과 같이 소셜 미디어에 노출된 사람들이 악성 비국가 행위자들이나 급진주의자들의 온라인 선전에 표적화되는 취약성이 조성될 수 있음을 의미한다고 볼 수 있다.[82]

셋째, 뉴미디어는 심리전에도 중점적으로 활용될 수 있다. 특히, 뉴미디어는 특정 군사적 효과를 달성하기 위해 상대방의 인지영역, 즉 상대방의 가치, 신념, 인식, 감정, 동기, 추론 및 행동에 영향을 주기 위한 정보전파, 사실의 조작 등을 실시할 수 있다.

특히, 반군과 테러조직 등의 소셜 미디어 활용은 윤리적·법적 제한이 없으며, 공식적으로 전쟁을 선포하지 않고 전·평시 경계도 모호하게 유지한 가운데 상대방에 대한 선전, 속임을 위한 방대한 양의 정보를 유포할 수 있다. 특히, 뉴미디어

---

80 Meghann Rhynard-Geil & Lisa Inks, *The Weaponization of Social Media: How Social Media Can Spark Violence and What Can be Done About It* (Portland: Mercy Corps, 2019), pp. 8-15.

81 "Terrorist group recruiting through social media," 『CBC News 보도자료』, 2012년 1월 10일자.

82 Jarred Prier, "Commanding the Trend; Social Media as Information Warfare," p. 77.

의 개방성은 특정 세력에게 자신의 주장을 합리화시키는 '규제되지 않은 환경 속에서 제한 없는 기회'를 제공할 수 있게 되었다. 또한 뉴미디어의 익명성은 가상환경에서 극단적인 견해를 퍼뜨리고 잘못된 정보를 숙고하도록 만들 수 있다.

넷째, 사이버 작전에도 활용될 수 있다. 뉴미디어 플랫폼의 급속한 성장과 함께 사이버 공간에서의 작전활동은 물리적 정보시스템을 교란할 수 있고, 목표 달성을 위한 태도와 행동에도 영향을 미칠 수 있게 되었다. 2013년 시리아 해커가 AP통신 트윗 계정을 공격하여 백악관이 공격당하고, 미국의 대통령이 부상당했다고 허위 트윗을 게시한 지 3분 만에 S&P500지수가 1조 3,650억 달러 하락한 것과 같이 뉴미디어를 통한 사이버 작전은 실제 현상을 급격히 조장할 수 있게 되었다.[83]

다섯째, 테러조직이 암호화된 소셜 미디어를 사용하여 지지자들을 더욱 급진화하는 데 반해, 아측의 사이버 보안에 대한 인식부족은 반군에 매우 취약하다. 따라서 적대국(집단)에 의해 뉴미디어를 적절히 사용하지 못하도록 방어 부분도 군사적으로 중요한 분야다. 오늘날 뉴미디어가 보유한 높은 수준의 연결성은 강점이다. 하지만 이는 잘못된 정보와 공포를 빠르게 확산시켜 단시간 내에 공황상태를 초래할 수 있다는 것을 의미하기도 한다. 따라서 다수의 신뢰를 기반으로 하는 네크워크로 구성된 뉴미디어는 허위 정보의 보급과 선전의 원천이 되고 있으며, 궁극적으로 이는 우리의 인식과 신념을 조작하기 위한 비옥한 토양을 제공한다는 점을 인식해야 한다.

끝으로, 지휘통제 목적을 위한 뉴미디어 사용은 비국가 행위자, 특히 반군에게 매우 중요하다. 뉴미디어 기반 지휘통제는 비국가 행위자의 C2 네트워크 공격을 곤란하게 한다. 왜냐하면, 공격할 중앙집권식 네트워크, 노드 또는 물리적 대상을 찾기 곤란하기 때문이다. 아울러 뉴미디어는 지휘통제 차원에서 군집(swarming) 전술에도 유용하게 사용될 수 있다. 즉, 공통의 관심을 가진 비국가 행위자들을

---

83 Sanda Svetoka & Anna Reynolds, *Social Media As a Tool of Hybrid Warfare*, p. 15.

더욱 용이하게 동원하거나 조정하는 데 활용할 수 있다. 비국가 행위자들은 그들 간 네크워크를 통해 더 작은 숫자로도 충분히 혼란을 조성할 수 있다.[84] 또한, 알카에다 같은 비국가 행위자들이 운영하는 사이트를 통해 어떻게 사제폭발물을 만들고 폭발시킬 수 있는지, 특정 행위에 대한 계획과 수행 등 공통상황을 함께 인지하고 시행하는 데 뉴미디어를 제한 없이 사용할 수 있게 되었다.[85]

(3) 인지와 물리영역의 시너지 효과 추구

뉴미디어전은 미래분쟁의 주수단으로 사용범위가 점점 확장될 것으로 예상되지만, 근미래에 발생한 분쟁에서 각국은 뉴미디어를 활용하여 상대방의 인지와 태도의 변화를 추구하는 뉴미디어전과 물리적인 공간에서의 군사작전의 통합을 통해 승수효과(synergy)를 추구하는 방향으로 분쟁수행 방법을 틀짓게 될 것이다. 앞의 사례 분석에서 이스라엘 방위군의 대(對)하마스 군사작전은 인지와 물리 영역의 시너지 효과를 추구한 대표적인 사례로 평가된다. 또한, 이스라엘 정보 수장인 카르메라 아브네르는 이스라엘과 하마스의 분쟁을 앞두고 "분쟁은 3개의 전선이 형성되고 있다. 하나는 물리적 충돌, 둘째는 소셜 네트워크(SNS), 셋째는 사이버전"으로 전망했다.[86] 이는 군사작전에서 승수를 추구하기 위해 각 전선의 통합이 절대적으로 필요함을 강조한 것으로 평가할 수 있다.

분쟁에서 뉴미디어는 기존 영역인 육·해·공, 사이버, 우주 영역에 이어 그 여섯 번째 분쟁영역으로 인지영역을 추가시켰다. 인지영역에 대한 공격은 적의 심리적 의지를 꺾고, 아군의 의지를 보호하며, 군사작전 정당성의 주체인 여론과 국민의 지지를 확보하기 위한 고도의 인지전쟁으로 분석할 수 있다. 이러한 인지전쟁은 최근 과학기술의 발달에 따른 뉴미디어의 등장과 함께 새로운 전쟁양상으

---

84 Jarred Prier, "Commanding the Trend: Social Media as Information Warfare," p. 76.

85 윤해성 · 박성훈, 『SNS 환경에서의 범죄현상과 형사정책적 대응에 관한 연구』, 한국형사정책연구원 pp. 97-98.

86 "이스라엘-하마스, 사이버, SNS에서도 전쟁 중", 『세계일보』, 2012년 11월 20일자.

로 주목받고 있으며, 이는 물리전과의 통합을 통해 분쟁의 승수효과를 달성하는 방향으로 전개되고 있다. 2014년 러시아의 크림반도 합병, 돈바스 전쟁 및 최근 우크라이나전을 통해 나타난 '가짜 깃발작전(false flag operation) 부대'[87]의 활약은 인지와 물리 영역의 승수효과를 추구하는 현대전과 미래전 양상을 가늠케 하고 있다.

2012년 이스라엘과 하마스 분쟁에서 뉴미디어는 작전도구로 수용되기 시작했다. 따라서 온라인 플랫폼은 또 다른 전장이 됐다. 전쟁과 정책이 인터넷을 바꾸고 있는 것처럼 뉴미디어 무기화를 통해 인터넷이 전쟁과 정책을 바꾸고 있다. 테러리스트들이 공격을 생중계하고, 트위터 전쟁으로 실제 사상자가 발생하며, 허위정보가 퍼져 전투 결과뿐만 아니라 국가의 운명도 바뀌었다. 이에 따라 전쟁, 기술, 정책이 스마트폰에서 펼쳐지는 새로운 유형의 전투공간에 통합되어 운용되었다.[88]

(4) 뉴미디어를 통한 평판전쟁(reputation warfare)의 일상화

뉴미디어를 활용한 공격행위는 2006년 이스라엘-헤즈볼라 간 전쟁에서 나타난 바와 같이 자국의 평판을 하락시킴으로써 불리한 상황에서 분쟁을 종료하거나, 분쟁에서 패배하게끔 만들었다. 미래분쟁은 가상공간을 전쟁터로 삼아 발생할 것이며, 분쟁 시 어느 편이 더 호의적인 여론을 얻는가의 싸움, 즉 좋은 '평판(reputation)'을 얻기 위해 노력하는 상호 양보할 수 없는 투쟁이 될 것이다.

각국은 뉴미디어를 이용하여 자국에 호의적인 여론을 조성함으로써 전황을 유리하게 이끌고자 한다. 반면, 상대방에 대해서는 잔혹성, 비인간성을 확대 · 유포하여 혐오스럽고 부정적인 여론을 조성하고자 노력한다. 따라서 분쟁을 수행하

---

87 러시아는 오랫동안 자국이나 파트너를 희생자로 묘사하고 책임을 회피하며, 혼란을 일으키고 전쟁의 구실을 만들기 위해 '거짓 깃발작전'을 수행해왔다. 실제 크림반도 합병, 돈바스 전쟁, 우크라이나전에 사용되었던 대표적인 거짓 깃발작전 부대로는 나이트 울브스(Night Wolves), 친러시아 자경단인 베르쿠트(Berkut), 리틀 그린맨(Little Green Man) 등을 들 수 있다.

88 "네트워크 지식: 소셜 미디어 플랫폼이 일상 활동의 일부가 되면서 군과 안보 분야가 안전장치를 통합하고 있다", 『IPD FORUM』, 2020년 6월 15일자.

는 국가에 '전쟁에서 정당성(justice in war)' 확보는 매우 중요한 요소가 되었다.[89] 만일 정당성을 확보하지 않은 채 분쟁을 시작했을 경우, 국제적 여론의 반대와 더불어 자국민의 반대에도 부딪히게 되기 때문이다.

클라우제비츠는 전쟁의 유일한 원인은 정치이며, 이것의 수행은 정부와 국민 간 상호작용이라고 강조했다. 또한, 미국이 군사력을 운용하기 전에 반드시 충족되어야 할 기준(criteria)[90]을 소위 '와인버거 독트린(Weinberger Doctrine)'으로 제시했던 미국의 전 국방장관인 와인버거(Weinberger)도 "미국이 군사력을 사용하기 위해서는 국민과 의회의 지지(congressional & public support)가 있어야 함"을 강조한 바 있다.[91] 이는 국민의 지지가 수반되지 않는다면 성공적인 분쟁수행을 보장할 수 없음을 강조한 것이다. 그 이유는 국가의 구성요소 중에 국민이 분쟁을 수행하는 가장 핵심적인 주체이기 때문이다.

국민의 분쟁수행 의지는 분쟁의 준비에서부터 반드시 고려해야 할 중요한 요소이고, 이러한 국민의 분쟁수행 의지는 정부의 노력에 의해 통합되며, 국민(여론)의 지지로 표출된다. 또한 이러한 국민(여론)의 지지는 군대에 의해 구체적인 전투력으로 승화된다. 따라서 분쟁 발생 초기부터 당사국 간에 분쟁의 책임이나 명분을 두고 치열한 공방이 발생한다. 미디어를 통해 전파되는 전황들은 자국민의 분쟁수행 의지와 사기에 영향을 줄 뿐만 아니라 세계 각국의 분쟁여론을 형성한다. 상대방의 잔혹성, 비인간성 등은 사실 여부와 무관하게 매우 빠른 속도로 널리 유포되기 마련이고, 뉴미디어를 통해 반복하여 보도되고 전송됨으로써 당사국의

---

89 전쟁에서의 정당성 문제는 전쟁을 정당한 수단과 방법을 이용하여 수행하는 것을 의미한다. 전쟁에서 정당성은 전쟁에 지대한 영향을 미치게 된다. Michael Walzer, *Arguing about War* (Connecticut: Yale University Press, 2004), pp. 11-13.

90 조지프 아벨라(Joseph R. Avella)가 정리하여 제시한 미국의 군사력 사용기준 여섯 가지는 ① 사활적 이익(Vital Interests) ② 최후의 수단(Last Resort) ③ 명백한 정치군사적 목표(Clear Political & Military Objectives) ④ 명백한 승리의도(Clear Intention of Winning) ⑤ 국민과 의회의 지지(Congressional & Public Support) ⑥ 재평가와 재조정(Reassessment & Reevaluation)이다.

91 해리 서머스, 권재상 · 김종민 역, 『미국의 걸프전 전략』, 자작아카데미, 1995, p. 23; Joseph R. Avella, 최영찬 역, 「군사력 사용시 평가기준」, 『교육발전』 22, 2000.

이미지 형성은 물론, 자국민과 세계인의 분쟁여론 조성에 지대한 영향을 미치게 된다.

더욱이 보도내용이 충분히 조사되어 그 진위 여부가 밝혀질 때쯤이면, 이미 그 분쟁은 종결된 이후가 될 수도 있다. 보도내용이 사실이 아닌 것으로 밝혀진 이후에도 모호성을 유지할 수 있다. 상대방의 잔혹성, 비인간성을 부각하는 문제는 매우 손쉽게 수행될 수 있는 반면, 진실 여부를 밝히는 문제는 많은 시간과 노력을 필요로 한다.

뉴미디어는 공론장 형성이 가능하고, 53억 명이 생산하는 정보의 파급력, 정보의 진위 구별이 제한되는 모호성, 책임의 비귀속성 증대는 각국이 분쟁 수단으로서 뉴미디어의 역할에 더욱 집중하게 되는 요인으로 작용했다. 뉴미디어로 생산한 정보는 단기간 내에 진위 여부를 확인하는 것이 불가능하고, 영향력은 메가톤급 효과를 나타낸다. 아울러, 불특정 다수에 의해 동시다발적으로 발생하기 때문에 각국은 평판을 온전하게 유지한 가운데 분쟁 수행이 어렵고, 이를 통제하는 것도 한계가 있다.

4차 산업혁명이라는 과학기술의 혁명적 진보는 인공지능이 주도하는 미디어 탄생을 재촉하게 될 것이며, 이는 분쟁 시 각국의 평판에 더욱 큰 영향을 미치게 될 것이다. AI미디어는 AI알고리즘을 활용하여 생성·인식·분류·예측하여 이용자에게 최적의 형태로 제공하는 미디어로, 생성 및 소비의 주체가 AI로 확장된 개념이다.[92] AI미디어의 확산은 개인, 국가에 긍정적인 효과와 함께 분쟁 시 평판을 하락시키는 부정적인 영향도 끼칠 수 있다. 왜냐하면, 개인에게는 맞춤형으로 콘텐츠를 소비할 수 있고 미디어 생산자 역할을 강화시킬 수 있으나, 유해콘텐츠 생산도 용이하게 할 수 있기 때문이다. 또한, 국가기관이 모든 정보를 장악한 빅브라더가 될 위험성도 있다. 이로 인해 정보독점 및 보도 편파성, 정치성을 조장

---

92 김성민 외, 『세상을 바꾸는 AI미디어: AI미디어 개념정립과 효과를 중심으로』, 한국정보통신연구원 미래전략연구소, 2018, p. 34.

하는 것이 더욱 용이해질 수 있다. 결국, AI미디어의 발달로 인해 분쟁에서 상대방의 평판을 하락시켜 국제여론과 국민적인 지지를 더욱 용이하게 조성할 수 있게 된다.

액슈트(Aksüt)나 니센(Nissen)의 언급과 같이, 미래분쟁에서 "가상세계에서 분쟁과 갈등들이 실제로 이전되어 나타나게 되는 현상"은 더욱 심화될 것이다. 이로 인해 실제 정치·사회·경제·군사적 혼란은 더욱 증폭될 것이며, 이는 군사작전에 직접적인 영향력을 미치게 될 것이다. 상대방이 뉴미디어를 사용하여 지속적으로 새롭고 정교한 영향력 행사 방법과 여론조작 방법을 개발하는 동안 자국의 좋은 평판을 유지하기 위한 뉴미디어 플랫폼과 보안 서비스가 이를 따라잡는 '고양이와 쥐의 게임(game of cat and mouse)'은 지속될 것이다.[93]

2) 미래분쟁에서 뉴미디어의 역할 전망

뉴미디어는 새로운 분쟁양상의 탄생을 알리고 있다. 이제 분쟁은 실제 세계와 가상세계에서 동시에 발생할 것이다. 물리적 전투에 기반한 분쟁수행방식도 중요하지만, 뉴미디어를 수단으로 하는 가상세계에서 사람들의 인지와 태도를 변화시키는 분쟁에서 이기지 못하면 승리를 보장할 수 없다. 이제 분쟁양상은 인지에 중점을 둔 분쟁으로 진화하고 있으며, 그 중심에 뉴미디어가 존재하게 되었다.

미래분쟁에서 사람들이 어떻게 인식하고 있느냐에 따라 분쟁에서 많은 것이 결정될 수 있으므로 뉴미디어를 결코 부차적인 요소로 평가할 수 없다. 오히려 핵심 전투공간에서 뉴미디어의 역할에 주목할 필요성이 있다. 왜냐하면, 사람들은 뉴미디어를 통해 상황에 대한 특정 인식을 공유하고, 의견과 태도를 결정하며, 궁극적으로 행동을 결정할 수 있기 때문이다. 따라서 모든 수준의 지휘관들은 뉴미디어의 특성과 잠재력, 특히 미래분쟁 유형별로 뉴미디어가 미치는 영향과 역할

---

93 Sanda Svetoka & Anna Reynolds, *Social Media As a Tool of Hybrid Warfare*, p. 41.

에 대한 이해가 필요하다. 이를 바탕으로 뉴미디어의 역할들은 미래분쟁을 수행하는 데 분쟁을 잘 관리하고 작전을 수행하는 전 작전과정에 통합되어 운영되어야 할 필요성이 있다.

뉴미디어는 오랫동안 공공기관의 공보를 담당하는 영역에 존재했다. 하지만 정보의 조작화와 무기화로 인해 이미 공보 영역을 넘어섰다. 뉴미디어가 미래분쟁에 미치게 될 잠재적인 역할은 분쟁 유형별로 〈표 3-2〉와 같이 제시해볼 수 있다. 여기서 제시된 분쟁 유형별 뉴미디어의 영향들은 각 유형에만 한정되지 않으며, 모든 분쟁 유형에 적용될 수 있는 일반적인 영향들을 나타낸 것이다.

먼저, 국가 간 전쟁은 두 국가 또는 그 이상의 정부 간 분쟁을 의미한다. 국가 간 분쟁에서 뉴미디어는 한 국가의 재래식 전쟁 전략의 한 부분으로서 국가의 정보작전을 지원하는 매개체로서의 역할을 수행한다. 또한, 적들의 국내관계를 약화시키거나 혼란을 가중시키며, 공공분야에 혼란을 조성할 목적으로 실시하는 협조된 오정보 캠페인을 수행하는 역할을 할 수 있을 것이다.

둘째, 내전 및 국가형성을 위한 갈등이란 정부와 비정부 집단 간 분쟁을 의미하며, 비국가 행위자들은 뉴미디어 플랫폼을 사용하여 국제적인 동맹 등 네트워크를 형성하고 이를 통해 재원을 확보할 수 있다. 또한, 국가에 대항하여 반정부 폭력조직을 형성할 수도 있다. 아울러, 온라인을 통한 이념과 정체성을 분할하며, 고정관념, 양극화 및 불만을 지속시킬 수 있는 근원으로서의 역할을 수행할 수 있다.

셋째, 대중시위 및 폭동 분야에서 뉴미디어는 기존의 억압적인 정권에 대해 반대조직을 형성하기 위해 시민들을 효과적으로 동원할 수 있으며, 이러한 동원은 비폭력적일지라도 국가기관과의 폭력적 충돌을 야기할 수 있는 영향력을 발휘할 것이다.

넷째, 공동체 간의 갈등은 비국가 집단들 간의 폭력행위를 의미하며, 의도적으로 혐오 발언이나 위험한 발언을 증폭시키거나 다른 정체성을 보유한 그룹의 구성원들에 대한 반감 조장 및 폭력을 촉발시킬 수 있다.

다섯째, 선거 폭력은 정치가들과 지지자들이 자신의 목표를 달성하기 위해 사용하는 폭력으로, 이념과 정체성에 따라 경쟁관계를 증폭시키거나 증오와 폭력을 야기할 수 있을 것으로 판단된다. 이는 뉴미디어를 사용하는 주체에 따라 국가적으로 이념적 갈등과 정체성의 혼란을 야기하여 국가와 사회를 혼란과 불안정하게 만들 수 있는 주수단으로도 매우 유용하게 활용될 수 있다.

〈표 3-2〉 분쟁 유형별 뉴미디어 역할

분쟁 유형	뉴미디어의 역할 전망
국가 간 전쟁	• 재래식 전쟁 전략의 일환으로 대중의 인식에 영향 • 적들을 혼란스럽게 하며, 내부관계를 약화시키기 위한 조성된 허위정보 캠페인을 포함, 국가를 지원하는 정보운영의 벡터 제공 가능 • 예: 러시아의 우크라이나 가짜 깃발 작전(false flag operations)
내전 및 국가형성 갈등	• 정부와 비정부 행위자 간의 갈등 조장, 국가에 대한 폭력조직 형성 • 반대조직의 대의 홍보, 국제적 네트워크를 통해 자원 확보 • 온라인을 통한 이념, 정체성 분할(고정관념, 양극화 및 불만의 근원 형성)
대중시위 및 폭동	• 사회구성원에 의한 자발적 행동을 수반하는 대중시위 조장 • 억압적 정권에 대항하여 시민들을 더 효과적으로 동원할 수 있게 지원 • 이러한 동원은 비폭력적일지라도 국가기관과 폭력적 충돌 야기
공동체 간 갈등	• 공유된 정체성에 따라 발생하는 비국가 그룹 간의 폭력행위 • 혐오발언이나 위험한 발언 증폭(타 정체성 그룹에 반감 조장 및 폭력 촉발)
선거 폭력	• 정치적 활동가들과 지지자들이 목표달성을 위해 사용하는 폭력 • 이념과 정체성에 따라 정치적 경쟁관계 증폭, 증오와 폭력 야기
폭력적 극단주의	• 정치·이념·종교·사회적 목표를 달성하기 위해 사용되는 폭력 • 극단주의 선전 확산을 위한 국제적인 홍보도구(잠재적 지지자 모집, 급진화) • 지리적으로 분산된 요원들 간의 군집 등 전술적 운영을 위해 사용

출처: Meghann Rhynard-Geil & Lisa Inks, *The Weaponization of Social Media: How Social Media Can Spark Violence and What Can be Done About It*, p. 16. 재구성[94]

끝으로, 폭력적 극단주의는 정치적·이념적·종교적·사회적 목표를 달성하기 위해 사용되는 폭력을 의미한다. 이는 중동지역의 이슬람주의 비국가 단체가

94 리나드게일과 잉크스(Meghann Rhynard-Geil & Lisa Inks)의 연구는 분쟁 유형별 뉴미디어의 역할에 대한 연구가 매우 부족한 상황에서 미래분쟁과 뉴미디어 간의 관계를 예측해볼 수 있다.

표방하고 있는 바와 같이 극단주의 선전을 확산하기 위한 국제적인 홍보도구로도 사용될 수 있으며, 잠재적 지지자들을 모집하고 급진화하는 데도 매우 유용하게 사용될 수 있다.

또한, 지리적으로 분산된 요원들 간의 전술적 작전운용을 협조하기 위해 사용할 수 있다. 즉, 뉴미디어는 비국가 단체의 본질적인 특징인 국제테러리스트, 폭력단체, 마약 밀수입 카르텔, 인종분쟁 등의 지도부를 쉽게 연결하고, 또 쉽게 분리 가능한 네트워크를 형성함으로써 다양한 네트워크를 정치적으로 동원해주는 역할을 용이하게 수행할 수 있다.

5. 결론

뉴미디어의 비옥한 토양인 고도화된 인터넷 기반의 가상세계는 국가와 국가, 국가와 비국가 집단 간 치열한 분쟁의 장이 되고 있다. 우리와 상대방 모두 특정한 이미지, 서사(narrative) 등을 통해 서로의 인지(cognition)와 태도(attitude)를 형성하려 하고 있다. 이를 위해 분쟁의 전략적인 목적 달성에 필요한 것들을 홍보하고, 특정 이익과 목적에 맞게 성형(shape)하고 있다. 뉴미디어는 이러한 추세를 더욱 강화시켰으며, 국가의 목표를 달성할 수 있는 강력한 창작자(creator) 또는 무기(weapon)로 등장했다.[95]

미래분쟁에서도 상대방의 인지와 태도를 형성하기 위한 가상공간 내 활동은 지속될 것이다. 또한, 가상세계의 활동들은 실제 현상들로 나타나게 될 것이다. 뉴미디어에 대한 의존도가 증가하고 있는 것과 일상이 점점 네트워크화될수록 가상

---

95 칼포카스는 소셜 미디어가 국가 브랜드를 잘 관리할 수 있는 수단이자, 국가 브랜드를 공격할 수 있는 도구가 될 수 있다고 언급했다. 여기서 브랜드란 명성 또는 평판(reputation)과 같은 의미로 판단된다. 이에 대해서는 Ignas Kalpokas, "Information Warfare on Social Media: A Brand Management Perspective." *Baltic Journal of Law & Politics* Vol 10. No. 1 (2017) 참조.

공간 내에서의 선(善)과 악(惡), 적(敵)과 아(我) 모두를 위한 사용은 지속될 것이다.

이제 미래분쟁은 우리가 싸움을 하고 있는지조차 모르는 분쟁이 될 수 있다. 이러한 분쟁양상은 현재에도 일어나고 있을 개연성도 존재한다. 적의 영역에 더욱 깊숙이 들어가 인지영역을 조작함으로써 적이 어떠한 행동도 취하지 못하도록 만드는 경향성은 날로 증대될 것이다. 또한, 분쟁의 배후세력은 짐작할 수 있으나 실체가 모호하여 특정할 수 없는 양상으로 전개될 것이며, 주수단은 뉴미디어가 될 것이다. 정보환경이 급속도로 변화할수록 뉴미디어를 활용하여 사람들의 인식과 행동을 통제하기 위한 활동은 미래분쟁의 필수적이며 강력한 무기가 될 것이다.

또한, 각국은 뉴미디어를 활용하여 상대방의 인지와 태도의 변화를 추구하는 공세적인 뉴미디어전과 물리적인 공간에서의 군사작전의 연계성에 기반한 상호 통합과 융합을 달성하기 위해 노력할 것이며, 이를 통해 미래분쟁에서 군사작전의 승수를 추구하는 방향으로 분쟁수행방법을 틀짓게 될 것으로 판단된다.

미디어는 평시부터 분쟁의 전 스펙트럼에 이르기까지 ① 군 내부적으로 승리에 대한 확신 고양 ② 외부적으로는 전쟁수행에 대한 지지와 신뢰 증진 ③ 상대방에게는 전쟁수행 의지 약화와 오판의 가능성을 사전에 차단하는 것이며 ④ 이를 통해 전쟁수행의 효과성과 효율성을 극대화시키는 미래분쟁 수행을 위한 핵심 무기(critical weapon)로 인식하는 사고의 전환이 필요하다.

상대방 인식 영역의 위협, 지적인 능력의 마비 및 조작 등을 수행할 수 있는 뉴미디어전은 국가목표를 달성하기 위한 전략적 소통의 한 분야로 주목해야 하는 분쟁 양상으로 진화되고 있다. 뉴미디어의 발달이 전쟁 패러다임의 변화를 촉구하고 있다. 이러한 맥락에서 뉴미디어전의 활용과 대응을 위한 국방정책과 군사전략 수립, 뉴미디어전을 수행할 수 있는 조직으로의 개편 등은 시급히 추진해야 할 정책들이다.

이 논문은 미래분쟁 영역이 물리영역에서 인지영역으로 확장되고 있음을 강조하고, 전쟁 패러다임 변화 측면에서 뉴미디어가 갖는 의미를 분석한 것이다. 즉,

본 연구는 미래분쟁의 특징들과 뉴미디어의 특징들을 분석하고, 그 연계성을 분석하려는 것이다. 이 분석과정에서 제한된 몇몇 사례를 사용했다. 따라서 일반성(genernality)을 확보하는 데는 한계가 있을 수밖에 없다. 다양한 사례에 대한 연구를 통해 미래분쟁에서 일반성을 갖는 뉴미디어의 역할을 더욱 구체화할 필요가 있다.

뉴미디어가 미래분쟁에 미치는 영향력에 비해 그간 이에 대한 연구는 매우 미흡했다. 이로 인해 본 논문은 풍부한 선행 연구자료를 바탕으로 하지 못했다. 본 연구에 이은 후속 연구가 지속될 수 있기를 기대한다.

참고문헌

고민정 · 김승훈 외. 「차세대 뉴미디어 기반 양방향 맞춤형 콘텐츠 기술개발 기획」. 『문화체육관광부 연구용역보고서』, 2009.

김강녕. 「미래전쟁 양상의 변화와 한국의 대응」. 『한국과 국제사회』 1(1), 2017.

김미경 · 김유정 외. 『소셜미디어 연구』. 커뮤니케이션북스, 2012.

김성민 외. 『세상을 바꾸는 AI미디어: AI미디어 개념정립과 효과를 중심으로』. 한국정보통신연구원 미래전략연구소, 2018.

김지용. 「미디어 전쟁과 청중비용 효과의 다귀결성: 헤즈볼라와 하마스의 미디어 전술을 중심으로」. 『국가안보와 전략』 21(4), 2021.

김종숙. 「미래전의 보도심리전 발전방향」. 『국방저널』 9, 2001.

김찬석. 「전쟁양상 변화와 미디어전의 개념 및 필요성」. 『육군본부 연구용역보고서』, 2017.

김현민. 「미디어, 분쟁 그리고 평화」. 『한국콘텐츠진흥원 전문가 칼럼』, 2010.

레슬리 게인즈 로즈. 「평판전쟁(Reputation Warfare)」. 『HBR』, 2010.

박일송. 「제2차 레바논전쟁의 전쟁사적 함의」. 『한국군사학논총』 73(3), 2017.

육군본부. 『미디어전 가이드 북: 미디어전 이렇게 합시다』. 육군본부, 2017.

윤해성 · 박성훈. 『SNS 환경에서 범죄현상과 형사정책적 대응에 관한 연구』. 한국형사정책연구원, 2014.

이도훈. 「시리아 혁명과 참여 다큐멘터리: 디지털 영상의 제작과 전파를 통한 연대 가능성」. 『현대영화연구』 42, 2021.

이상호.「소셜미디어(SNS)기반 사이버 심리전 공격실태 및 대응방향」.『국가정보연구』 5(2), 2013.

이종군 · 이세희.「전통적 미디어와 뉴미디어의 정치적 영향력 비교분석」.『사회과학연구』 24(1), 2016.

이창호.「매스미디어와 정치: 평화의 원천인가, 갈등의 원천인가」.『국제평화』 2(2), 2005.

정원준.「군 위기관리와 미디어전 전략」.『육군본부 연구용역보고서』, 2017.

조상근.「2021년 이스라엘-팔레스타인 분쟁: SNS를 활용한 인지전(Cognitive Warfare)」.『유용원 군사세계 전문가광장』, 2021. 5. 24.

진승현.「뉴미디어 영상 수용환경 분석을 통한 미디어의 효율적 활용방안 연구」.『영상기술연구』 18, 2003.

최광현.「미래 국방심리전 발전방향」.『국방정책연구』 21(2), 2005.

최영찬.『미래의 전쟁 기초지식 핸드북』. 합동군사대학교, 2021.

한국언론진흥재단.『소셜미디어 이용자 조사』. 한국언론진흥재단, 2021.

합동참모본부.『합동 · 연합작전 군사용어사전』. 합참, 2020.

홍미정.「이스라엘/하마스-헤즈볼라전쟁」.『KNSI 현안진단』 37, 2006.

황훈.「설득 커뮤니케이션 차원에서 본 한국전쟁 심리전 평가」.『군사』 30, 1995.

Avella, Joseph R. 최영찬 역.「군사력 사용시 평가기준」.『교육발전』 22, 2000.

Summers, Jr, Harry G. 권재상 · 김종민 역.『미국의 걸프전 전략』. 자작아카데미, 1995.

Abbott, Daniel H. *The Handbook of 5GW: The Fifth Generation War?* MI: Nimble Books LCC, 2010.

Aksüt, Fahri. *Social media evolves to warfare tool: Expert*. https://www.aa.com.tr/ en/scien-e-technol-gy/social-media-evolves-to-warfare-tool-expert/ 1818953, 2020.

Cohen, Bernard C. "A View from the Academy." in W. L. Bennett and D. L. Paletz (eds.). *Taken by storm: The Media, Public Opinion, US Foreign Policy in the Gulf War*. Chicago: University of Chicago Press, 1994.

Kalpokas, Ignas. "Information Warfare on Social Media: A Brand Management Perspective." *Baltic Journal of Law & Politics* Vol 10. No. 1. 2017.

Karnow, Stanley. *Vietnam: A History*. London: Penguin Books Ltd., 1984.

Luttwak, Edward N. "Toward Post-Heroic Warfare." *Foreign Affairs* No. 74. 1995.

Mackay, Andrew. & Tatham, Steve. *Behavioral Conflict*. Saffron Walden, UK: Military Studies Press, 2011.

Mandelbaum, Michael. "The reluctance to intervene," *Foreign Policy* No. 95. 1994.

Matthews, Matt M. *We Were Caught Unprepared: The 2006 Hezbollah -Israeli War*. US Army Combined Arms Center, 2008.

Nissen, Thomas Elkjer. *The Weaponization of Social Media*. Copenhagen: Royal Danish Defence College, 2015.

Prier, Jarred. "Commanding the Trend: Social Media as Information Warfare." *Strategic Studies Quarterly*, Winter, 2017.

Rhynard-Geil, Meghann & Inks, Lisa. *The Weaponization of Social Media: How Social Media Can Spark Violence and What Can be Done About It*. Portland: Mercy Corps, 2019.

Rogan, Hanna. "Abu Reuter and the E-Jihad: Virtual Battlefronts from Iraq to the Horn of Africa." *Georgetown Journal of International Affairs*, Vol. 8, No. 2. 2007.

Scolari, Carlos A. "Mapping Conversations about New Media: the Theoretical Field of Digital Communication." *New media & society* Vol. 11, No. 6. 2009.

Singer, Peter W. & Brooking, Emerson T. *LikeWar: The Weaponization of Social Media*. Boston: Mariner Books, 2018.

Svetoka, Sanda & Reynolds, Anna. *Social Media As a Tool of Hybrid Warfare*. NATO Strategic Communications Centre of Excellence Riga, 2016.

Theohary, Catherine A. "Information Warfare: The Role of Social Media in Conflict." *CRS Insight,* March, 2015.

Walzer, Michael. *Arguing about War*. Connecticut: Yale University Press, 2004.

York, Jillian C. "From TuniLeaks to Bassem Youssef: Revolutionary Media in the Arab World," in *The Participatory Condition in the Digital Age,* eds. Darin Barney et al.. Minneapolis: University of Minnesota Press, 2016.

"가자지구의 비극을 전하는 사진 한 장". 『한국일보』, 2014년 7월 20일자.

"남중국해 이슈로 미 · 중 SNS전쟁". 『아시아경제』, 2020년 7월 21일자.

"네트워크 강화". 『IPD FORUM』, 2016년 8월 16일자.

"네트워크 지식: 소셜 미디어 플랫폼이 일상 활동의 일부가 되면서 군과 안보 분야가 안전 장치를 통합하고 있다". 『IPD FORUM』, 2020년 6월 15일.

"미군의 베트남전 철수를 이끈 한 장의 사진, 그 진실은… 〈박상현의 일상속 문화사〉". 『세계일보』, 2020년 10월 20일자.

"세계 스마트폰 사용자 53억명 돌파… 세계인구의 67%". 『Korea IT TIMES』, 2021년 9월 3일자.

"소셜미디어 기반 선전전, 전투만큼 중요해졌다". 『국방일보』, 2020년 11월 29일자.

"스마트폰+소셜미디어=누구나 CNN". 『국방일보』, 2019년 8월 6일자.
"이 · 팔 충돌에서도 어김없이 등장한 SNS 가짜뉴스". 『한국일보』, 2021년 5월 20일자.
"이스라엘, 트위터로 선전포고하고 생중계". 『경향신문』, 2012년 11월 15일자.
"이스라엘-하마스 이젠 '인터넷 전쟁' 유튜브、페이스북 등 여론몰이… 美 하마스, 로켓 공격 중단을". 『매일경제』, 2009년 1월 2일자.
"이스라엘 · 하마스, 사이버 · SNS에서도 전쟁 중". 『세계일보』, 2012년 11월 20일자.
"이軍 '카나 학살' 어린이 37명 떼죽음". 『동아일보』, 2006년 7월 31일자.
"〈전쟁과 미디어〉 스마트폰, 소셜미디어… 누구나 CNN, CNN 효과는 여전히 유효한가?" 『국방일보』, 2019년 8월 7일자.
"〈전쟁과 미디어〉 인터넷, 통제할 것인가 이용할 것인가: 소셜미디어, 평화와 전쟁 사이에서(下)". 『국방일보』, 2019년 12월 18일자.
"전사 속 정신 전력, 크림전쟁과 국민여론". 『국방정신전력원 블로그』. https://m.blog.naver.com/PostView.naver?isHttpsRedirect=true&blogId=jungsin3560&logNo=221758678967.
"중동 민주화의 주역, SNS 신화는 착시였다". 『중앙일보』, 2014년 1월 22일자.
"하마스, SNS 거짓 선동하다 들통 '망신살'". 『뉴데일리』, 2014년 7월 17일자.
"하마스의 비열함 '땅굴테러와 인간방패'". 『뉴데일리』, 2014년 7월 18일자.
"하이브리드 전쟁 시대가 도래했다". 『문화일보』, 2007년 4월 26일자.
"한 손엔 총, 한 손엔 뉴미디어… 'SNS 전쟁'". 『SBS 보도자료』, 2014년 8월 3일자.
"한국 스마트폰 가입자 5,000만 돌파, 보급률 세계 1위… 1인 1스마트폰 시대 활짝". 『CIVIC 뉴스』, 2018년 8월 27일자.
"CNN 효과". 『중앙일보』, 2003년 4월 1일자.
Global Times. 2019년 7월 9일자.
"IS 소셜미디어 활용전략". 『서울경제』, 2016년 4월 19일자.
"Might in the Air will not Defeat Guerillas in this Bitter Conflict." The Times, 2006년 6월 2일자.
"Terrorist group recruiting through social media." CBC News 보도자료, 2012년 1월 10일자.
Williamson, Clarence E. 이춘근 역. "이스라엘-헤즈볼라 전쟁의 진실". https://cfe.org/bbs/bbsDetail.php?cid=mn2006122315137&pn=2&idx= 22722
"16살 소녀, SNS에 폭격사진 '햇빛 아닌, 미사일… 오늘 죽을지도 몰라요' 도움 요청". 『경향신문』, 2014년 7월 30일자.

2부

군사지휘관과 군사전략의 이해

4장

용병술과 군사혁신의 이해와 적용: 창조적 파괴

허광환

1. 서론

이 글의 목적은 국가 및 국방정책 기획의 중책을 담당하게 될 합동교육과정 학생 장교들에게 용병술과 군사혁신에 대한 올바른 개념을 공유하고자 함이다. 즉, 용병술과 군사혁신에서 본질은 '창조적 파괴'에 있다는 것으로 기존의 고정관념을 깰 수 있는 용기와 창의성 발휘의 중요성을 인식하는 데 있다.

용병술과 군사혁신에 대한 이해는 국가의 생존과 번영에 직결되는 군사력 운용과 건설에서 사고 과정의 핵심적 요소다. 국가 간의 전쟁에서 군사력의 운용은 전쟁의 승패를 좌우한다. 군사력 운용의 무궁한 변화는 용병술에서 창출된다. 그러므로 용병술의 적용은 전쟁승패의 결정적 요소라고 할 수 있다. 또한 지속해서 변하는 전장환경에서 승리하기 위해서는 작전환경에 맞는 군사력 건설이 이루어져야 한다. 모든 나라가 군사력 건설을 추진하게 됨으로써 평범한 방법으로 군사력을 건설하게 된다면, 승리를 보장하기 어렵게 된다. 따라서 국가들은 잠재적 적국들로부터 반드시 승리할 수 있는 군사력 건설을 추진할 수밖에 없는데, 이것을 '군사혁신'이라고 칭하고 있다.

제한된 국방예산으로 최적의 국방태세를 확립하는 것은 국가안보에서 중요한 과제다. 용병술은 미래의 전쟁을 규정하고 구상하는 데 기반이 되는 지식체계가 될 것이며, 군사혁신은 현실적 군비경쟁에서 패하지 않을 군사태세를 확립하는 데 중요한 수단이 된다.

용병술과 군사혁신의 개념을 이해하기 위해서는 전쟁의 양상을 혁명적으로 변화시켰던 전쟁사례를 분석해보는 것이다. 일반적인 전쟁 양상의 진화과정에 중점을 두는 것이 아니라 과거의 전쟁 양상과 전쟁방식 면에서 완전히 새로운 측면에 초점을 맞춘다. 전쟁방식과 양상에서 도약적 발전을 이룬 분야를 정리하다 보면 '창조적 파괴'라는 사고과정을 추론해볼 수 있을 것이다. 이러한 연구를 통해 급변하는 세계 안보환경 속에서 한반도 평화와 안정을 위한 용병술과 군사혁신 방향을 추정해볼 수 있는 통찰력을 얻을 수 있다.

세계 최고의 군사 강국인 미국은 중국의 강대국 부상과 러시아의 과거 강대국 지위의 회복을 추구하는 수정주의 국가들의 위협에 대비하기 위해 새로운 전쟁방식의 강도 높은 군사혁명(RMA: Revolution in Military Affairs)을 추진하고 있다. 우리나라도 '국방개혁 2.0'이라는 명칭으로 군사혁신을 추진 중이다.

기존의 패러다임에서 벗어나 이전과는 완전히 다른 새로운 형태의 개념과 지식을 창출해냄으로써 전쟁의 수행방식과 양상을 근본적으로 변경시켜 미래의 적국보다 압도적 우세를 달성하는 것이 용병술과 군사혁신의 적용이다. 예를 들면 미국이 걸프전에서 보여주었던 '충격과 공포'의 압도적인 군사력 운용과 새로운 개념의 첨단과학 무기체계로 단 21일 만에 압승을 이루어냈던 경우를 들 수 있다. 기존 재래식 전쟁수행과는 완전히 다른 형태의 전쟁 양상과 방식을 적용하여 전쟁 패러다임을 순식간에 바꾸어버렸다.

미래전에서 승리하기 위한 용병술과 군사혁신을 적용하기 위해서는 새로운 개념과 기술을 활용할 수 있는 지혜가 필요하다. 용병술 측면에서는 위협의 양상이 복잡하고 다양하여 기존의 개념으로는 효과적인 대응이 어렵다는 것이고, 군사혁신 측면에서는 인공지능(AI), 사물인터넷(IoT), 가상현실(VR), 증강현실(AR), 빅데이터 등 4차 산업혁명의 첨단기술들이 기존과는 완전히 다른 개념과 무기체계의 운용을 요구하게 된다는 것이다.

이러한 맥락에서 이 글은 용병술과 군사혁신에 관한 올바른 개념을 지니게 함으로써 한반도의 미래전 승리를 일구어낼 수 있는 비판적 · 창의적 사고의 중요성을 체득하게 할 것이다.

연구 방법은 문헌연구와 사례연구가 될 것이다. 우선 용병술과 군사혁신에 대한 주요 논쟁을 통해 바른 개념이 무엇인가를 정의해본다. 이후 전쟁사례 분석을 통해 어떤 요인들이 군사혁신을 달성하는 핵심적 요소인지를 규정한다. 이러한 추론은 비판적 · 창의적 사고가 군사혁신의 원천이었다는 것을 밝혀줄 것이다. 용병술과 군사혁신의 원천이 비판적 · 창의적 사고에 기반을 두고 있다면, 무기체계 같은 과학기술 중심의 군사혁신보다 인간중심의 군사혁신 추진이 더욱더 효과적이라는 사실을 인식하는 기회가 될 것이다.

2. 이론적 배경과 분석의 틀

1) 용병술 관련 주요 쟁점과 개념

군사학(軍事學, Military Science)은 국가안보와 관련된 군사 분야의 제반 문제를 연구하는 학문이다. 국가안보란 국가의 생존과 번영을 위한 안전과 평화가 확보된 상태를 의미한다. 국가안보의 직접적인 수단이 군사력이므로 군사 분야의 주요 문제는 군사력의 운용과 건설에 관련된 문제들이다. 이러한 문제들을 해결하기 위해 활용하는 지식의 체계를 '용병술'이라고 칭한다.

용병술은 과학의 성격과 술의 성격을 모두 내포함으로써 단순한 의미로 정의하기 어렵다. 체계적으로 이론화할 수 있는 과학적 부분을 제외하고, 술(術)적 영역에서는 체계적인 지식보다 인간 고유의 개성과 경험에서 연유된 직관적 통찰력이 다양하게 발휘되기 때문이다.

용병술의 개념을 이해하기 위해서는 우리에게 잘 알려진 군사사상, 군사이론, 군사교리의 관계를 살펴볼 필요가 있다. 먼저 군사사상은 전쟁에 대한 올바른 인식을 토대로 전쟁을 어떻게 준비 · 지도 · 수행할 것인가에 관한 전쟁지도 및 수행신념과 이를 바탕으로 한 군사력 건설 및 운용에 관한 사고체계라고 기술할 수 있다.[1] 군사이론은 군사사상을 논리적으로 규명하여 학문적으로 체계화한 것으로 군사적 관점에서 사회현상에 대한 인과관계를 밝힌다. 전쟁의 원인과 결과를 과학적으로 파악하여 특정의 법칙을 도출해낸 논리적 지식체계다. 즉 국가목표 달성을 위한 군사력의 역할, 운용, 발전, 유지 또는 지원과 이에 관련된 사항으로 용병과 양병 문제의 진단과 해결의 논리를 제시한다.[2] 군사교리는 군사사상과 군사이론을 기초로 국가의 전쟁목적, 국방정책, 전쟁환경 등 특정 상황과 조건에서 최선의 해결책이라고 믿는 공식적인 군사 활동 지침을 기술한 것이다. 군사교리는 시간의 흐름에 따른 경험의 축적과 작전환경의 변화, 새로운 무기체계의 등장 등에 따라 지속해서 변화한다.

군사사상 · 군사이론 · 군사교리는 전쟁이라는 사회현상을 연구하는 지식체계라는 점에서 공통점이 있지만, 군사 현상을 보는 초점에서 차이가 있다. 즉 군사사상은 개인의 사고나 신념에, 군사이론은 군사문제의 인과관계 설명에, 군사교리는 군사행동의 지침에 연구 목적이 있다. 이들 간의 공통점을 고려해볼 때 이들을 개별적 지식으로 간주하기보다는 상호 연계된 유기적 지식체계로 이해하는 것

---

1 유재갑 외, 『전쟁과 정치』, 한원출판사, 1989, pp. 12-13.

2 국방대학교, 『안전보장이론』, 국방대학교, 1985, p. 11.

이 바람직하다. 즉 군사적 관점에서 사회현상을 진단하고 논리적으로 이론화하며, 이를 공식적 군사행동의 지침으로 규정하는 일련의 과정에서 지각·평가·실천 측면이라는 단계적 차이가 있을 뿐이다.[3]

용병술 관련 주요 논쟁의 첫 번째는 용병술이 전략, 작전술, 전술로 구성된 용병술체계라고 주장하는 것이다. 용병술체계로 보는 관점은 미국의 교리에서 전략, 작전술, 전술로 구분되어 사용되고 있는 용어를 우리말의 '용병술'이라는 개념에 포함하는 과정에서 '체계'라는 단어를 첨부하여 용병술체계라고 칭한 데서 확산했다. 이렇게 판단하는 이유는 미국 교리에는 정작 우리말 '용병술체계'에 해당하는 용어가 없다. 오히려 '전쟁술(art of war)'이나 '군사술(military art)'이라는 용어가 일반적이다. 전략, 작전술, 전술을 체계 내의 한 부분으로 구분함으로써 이들 간의 엄격한 구분을 시도하여 여러 가지 오해를 초래했다고 생각된다. 예를 들면 전략적 수준, 작전적 수준, 전술적 수준이라는 정의에 맞게 전략, 작전술, 전술을 계층별로 나누고, 군 지휘관들은 해당 제대에 맞는 역할을 하기 위해 해당하는 계층별 용병술만 적용한다는 잘못된 편견이다. 더하여 계급 수준에 따라 사용하는 용병술이 구분되어 있으므로 초급장교는 전술만 이해하면 된다는 식의 피동적이고 근시안적 사고에 집착하게 된 점들이다.

용병술은 전쟁이라는 사회현상을 객관적 시각에서 기술·설명·해석하여 이해함으로써 새로운 예측을 가능하게 하고, 이로 인해 전쟁을 예방하고 대비하기 위한 지적 사고의 결과물이다. 전쟁이라는 사회현상을 이해하기 위한 접근방법으로 용병술 활용이 필요한 것이다.

전쟁에 대한 전략적 접근은 무력 사용 또는 사용 위협을 통해 정치적 목표를 달성하기 위한 국가의 군사적 수단을 개발하고 자국 또는 동맹국의 군사력을 어떻게 운용할 것인가와 관련된 전쟁 기획 및 결심 분야에 해당하는 지식과 능력의 활용 영역이다. 작전술적 접근은 군사작전에서 승리하기 위해 전역과 주요 작전

3 육군교육사령부, 『군사이론 연구』, 육군교육사령부, 1987, pp. 21-22.

에 대한 작전구상과 계획수립 분야에 해당하는 지식과 능력의 활용을 의미한다. 물론 작전적 접근을 할 때는 그 국가의 전략을 고려하여 전략목표를 달성할 수 있도록 군사작전이 구상되고 실행되어야 한다. 전술적 접근은 군사작전을 통해 전쟁에서 승리하기 위해 전투력을 조직하고 운용하는 분야에 해당하는 지식과 능력의 활용이다. 물론 국가 및 군사전략과 전역계획이 수립된 상태라면 그것을 충족시킬 수 있도록 전투 및 교전 방법을 구상하고 실행해야 한다.

이러한 맥락에서 용병술은 계층적 체계라기보다는 용병술이라는 전체 영역에서 각자 고유의 분야가 존재하며, 전쟁이라는 사회현상을 분석하는 관점에 따라 전략적 · 작전적 · 전술적 차원의 지식체계를 활용한다고 이해하는 것이 바람직하다.

둘째, 용병술이 전쟁수행의 수준과 동일한 개념으로 착각하는 주장들이다. 용병술이 전쟁수행의 수준과 동일하다고 생각하는 관점은 교리를 잘못 이해한 결과에서 연유한다. 미군은 월남전 패인을 분석하는 과정에서 전략의 범위가 확대되고 전술적 수단이 광범위해짐에 따라 전략적 요구사항을 실제 전장에서 구현하기 위해서는 전략과 전술이라는 이분법적 용병술만으로는 충분하지 않다는 것을 인식했다. 즉 전략지침을 군사작전으로 전환하고, 전술활동을 조직 및 지도하는 새로운 영역의 필요성을 식별하게 된 것이다. 미군은 이 새로운 영역을 '작전술'이라고 칭하고 용병술을 전략, 작전술, 전술의 3개 영역으로 구분하여 교리에 반영했다.[4] 그들은 우세한 전략과 전술, 그리고 월등한 군사력을 보유하고 있더라도 전략과 전술을 연계하는 중간 군사 지휘관의 역할이 없다면, 전쟁목적을 달성하기 어렵다는 교훈을 교리화한 것이다.

효율적인 전쟁수행을 위해 군 최고 통수권자로부터 말단 병사에 이르기까지 부대 수준을 고려하여 군사적 활동을 '전쟁의 수준'이라는 용어로 군사교리를 정

4 미국의 작전술과 작전적 수준에 대한 인식과정에 대해서는 해리 서머스, 민평식 역, 『미국의 월남전 전략』, 병학사, 1983 참조.

립했다. 즉, 전쟁수행의 모든 활동을 전략·작전·전술적 수준의 활동으로 구분하여 이들 활동이 상호 연계되어 합목적적으로 실행되도록 보장한 것이다. 1982년 야전교범 100-5 『작전(Operations)』이 그 산물이다. 이후 1986년 개정판을 발간하면서 '전쟁의 수준(Levels of War)'[5]과 '작전술(Operational Art)'이라는 용어가 동시에 사용되었다. 미군 교리에 용병술로서의 작전술과 전쟁의 수준으로서 작전적 수준이 병행하여 사용됨으로써 작전술과 작전적 수준이 동일한 개념인 것처럼 착각을 불러왔다.

전쟁의 수준과 작전술이 우리 교리에 동시에 수용됨으로써 작전술이 곧 작전적 수준과 같은 개념이라는 오해를 불러왔다. 이것은 먼저 살펴본 '용병술체계'의 논쟁과도 상통한다. 즉 작전술이 군사력 운용에 관한 이론과 실제라면, 작전적 수준은 전쟁의 수행 주체 중 작전적 수준에 해당하는 행위자의 주요 활동을 규정한 것이다. 다시 말해 작전적 수준은 작전적 수준의 행위자를 위한 공식적인 지침이지만, 작전술은 모든 전쟁수행 주체들이 활용해야 할 지식과 능력이라고 인식해야 한다.

셋째, 용병술이 술과 과학인가 아니면, 이론과 실제인가에 관한 주장들이다. 용병술은 지적 사고의 과정을 거쳐 논리적 해결방안을 모색한다는 점에서 과학과 술에 해당한다. 그런데 국가의 존망과 국민의 생사를 결정하는 전쟁에 관해서는 논리적 이론이나 직감 또는 영감에 전적으로 의존하기에는 불확실성에 대한 위험이 존재한다. 계산된 모험이 아닌 무모한 도전이 될 수 있기 때문이다. 교리에서는 이러한 부분들을 강조하기 위해 주로 사용하는 술어가 '과학과 술'이다. 사전적 의미로 과학이란 "보편적인 진리나 법칙의 발견을 목적으로 한 체계적인 지식으로 넓은 의미에서는 학문을 뜻하고, 좁은 의미에서는 자연과학"을 의미한다. 술은

---

5 전쟁의 수준은 전쟁을 수준별로 나누어 전략적 전쟁, 작전적 전쟁, 전술적 전쟁이라고 분류할 수 없는 성질의 것임을 감안하여 전쟁 수행의 수준(levels of warfare)으로 대체하여 사용하고 있다. U.S. Joint Chiefs of Staff. *Doctrine for the Armed Forces of the United States* (Pentagon Washington D.C.: JCS. 2013), p. I-7.

재주, 꾀, 방법, 계략, 술책, 술법 등을 뜻하는 말로 어떤 목적달성을 위한 계획과 행동 능력 모두를 포함하는 단어다. 과학이 객관적 · 체계적 · 논리적 지식의 측면에서 이론이나 학문에 가깝다면, 술은 계략, 술책, 술법 등 주관적 · 창의적 · 임시변통의 성격이 강하다는 측면에서 실제에 가깝다. 이러한 맥락에서 용병술을 '과학과 술' 또는 '이론과 실제'라고 표현하는 것은 다른 표현, 같은 의미로 이해하는 것이 타당해 보인다.

넷째, 작전술의 역할을 설명했듯이 용병술은 각각의 역할이 있고 마땅히 구분되어야 한다는 주장이다. 용병술은 전략, 작전술, 전술을 모두 망라한 용어다. 그러다 보니 전략과 작전술, 전술이 단어도 틀리고 의미하는 바도 다른데 왜 동일한 용병술이라고 정의하느냐는 의문이기도 하다. 쉬운 예로 '자동차'를 들어보자. 자동차를 표준국어대사전에서 찾아보면 "원동기를 장치하여 그 동력으로 바퀴를 굴려서 철길이나 가설된 선에 의지하지 아니하고 땅 위를 움직이도록 만든 차"라고 정의한다. 그리고 승용차, 승합자동차, 화물자동차, 특수자동차, 이륜자동차가 있다고 기술된다. 그렇다면 승용차와 승합차, 그리고 화물차가 같다고 할 수 있을까? 이들이 모두 자동차라는 면에서는 같다고 할 수 있으나, 목적이나 용도 측면에서 본다면 서로 다르다고 할 수 있다. 승용차는 사람을, 승합차는 사람과 화물을, 화물차는 화물을 주로 수송하기 위해 만들었기 때문이다. 전략 · 작전술 · 전술의 경우도 용병술이라는 점에서는 같다고 할 수 있다. 그런데 목적과 용도의 측면에서 보면 다를 수밖에 없다.

사전적 의미로 역할은 "자기가 마땅히 하여야 할 맡은 바 직책이나 임무, 구실, 소임, 할 일"을 뜻한다. 또는 "영화나 연극 따위에서 배우가 맡아서 하는 소임"을 말한다. 용병술에서의 역할은 활용하는 사람에 의해 결정된다. 즉, 용병술은 임무나 소임을 받은 사람에 따라 사용될 뿐이다. 다시 말해 용병술의 역할이 따로 있는 게 아니라 임무나 소임을 받은 사람의 목적과 용도에 따라 용병술의 활용 분야가 결정될 뿐이다. 그러므로 교리로서 용병술은 전략, 작전술, 전술의 엄격한 구분을 강조하고자 한 것이 아니라 상황과 목적에 맞게 선택적 활용의 중요성을 강조하기 위함으로 이해해야 할 것이다.

다섯째, 용병술은 부대 규모나 제대에 따라 구분되고, 부대 지휘관은 거기에 해당하는 용병술에만 정통하면 된다는 주장이다. 용병술이 부대 규모나 제대로 구분된다는 생각은 군의 조직 특성에서 연유된 것이다. 군부대는 통상 상급제대, 중간제대, 하급제대로 구분할 수 있다. 그렇다 보니 용병술도 상급제대 용병술, 중간제대 용병술, 하급제대 용병술이 따로 있는 것처럼 여겨질 수 있다. 상명하복의 군 속성상 하급부대 지휘관들은 상급부대 지휘관들이 지시한 사항에 대해 전술적 행동만 잘하면 된다는 식이다. 이들에게 작전술이나 전략의 이해는 필요하지 않다는 것이다. 이런 식이면 군에 있어서 계급의 고하가 그 사람의 지식수준을 결정한다는 논리와 같다. 계급이 높으면 무조건 지식이 뛰어나고 계급이 낮으면 그 사람의 지식수준도 비천하다는 논리인데, 이것은 이해할 수 없는 억지다. '용병술의 역할'이라는 표현은 잘못된 것임을 위에서 살펴보았다. 용병술이 계급이 있느냐는 질문과 비슷한 의문이다. 용병술이 군사력 운용과 건설에 관한 이론과 실제라고 본다면 용병술의 구분은 이를 활용할 사람의 목적과 역량에 관한 문제이지, 부대와 계급에 따른 문제는 아니다. 단순히 부대 규모나 계급에 따라 어떤 것은 활용하고, 어떤 것은 활용할 수 없다고 생각하는 것은 매우 우매한 사고다. 구구단을 익힌 사람에게 구구단은 초등학교에서만 사용하고 중학교, 고등학교, 대학교에서는 절대 사용하지 말아야 한다고 가르치는 것과 같은 이치다. 다시 말해 용병술은 부대 규모나 제대에 따라 구분되는 것이 아니라 임무를 담당한 사람이 문제해결의 목적과 용도에 맞게 전략, 작전술, 전술을 총망라하여 창의적으로 적용해야 한다.

결국 용병술은 "국가전략 개념 하에 전쟁을 준비하고 수행하는 활동으로서 국가안보전략 목표 달성을 위한 전략, 작전술, 전술을 망라한 이론과 실제"라고 정의함이 타당하겠다.

2) 군사혁신의 개념

군사혁신이라는 용어는 1990년대 초반 미국이 군사적 변혁을 추구하는 과정에서 처음 사용되어 일반화되었지만, 전문가들의 연구 범위와 관점에 따라 정의와 개념이 상이하다.

군사혁신(RMA: Revolution in Military Affairs)은 전쟁방식과 성격을 근본적으로 변화시키는 도약적인 군사기술이나 용병술, 조직 등의 변화를 가리킨다. 군사혁신을 달성한 국가는 기존의 전쟁수행개념과 방식을 한순간에 진부화시킬 수 있으므로 기존의 방식에 머물러 있는 국가들에 대해 압도적인 군사적 우위를 차지할 수 있게 된다. 대표적인 사례가 제2차 세계대전 초기에 독일군이 보여준 전격전이다. 독일은 전차와 항공기라는 기술적 변화에 맞춰 이들을 통합적으로 운용하는 전격전이라는 새로운 개념을 창안하고, 이를 실현하기 위한 대규모 기갑부대인 팬저사단 편성, 급강하 폭격기 전력화 등 군사혁신을 달성했다. 반면 프랑스는 제1차 세계대전의 교훈을 분석하여 마지노선을 구축하는 등 기존의 전쟁방식을 보강하는 차원에서 전쟁에 대비했다. 그 결과 마지노선을 우회한 대규모 기갑부대의 우회 고속기동전에 속수무책으로 당하고 말았다. 즉, 군사혁신을 달성한 군대는 그렇지 못한 군대를 압도할 수 있다는 사실을 보여준 사례다.

미국의 군사혁신 전문가인 크레피네비치(Andrew F. Krepinevich) 박사는 군사혁신의 조건으로 첫째, 새로운 기술(emerging technologies)을 이용하여 새로운 군사체계를 개발(evolving military system)하는 것, 둘째, 작전개념의 혁신(operational innovation)을 달성하는 것, 셋째, 조직의 수용(organizational adaptation), 즉 군사혁신은 이상 세 가지 상호작용으로 전쟁의 성격과 그 수행방식을 근본적으로 변화시킬 때 달성된다고 정의한다.[6] 우선 '새로운 기술'은 과학기술의 잠재력을 활용하여 기존의 무기체계의 한계를 극복하거나 전투수단의 상대적 우위를 달성하는 요소라고 정의

---

6 Andrew F. Krepinevich, "The pattern of Military Revolutions," *The National Interest* (Fall, 1994).

할 수 있다. 두 번째 '작전개념'은 군사력의 운용 방법에서의 혁신, 즉 용병술의 혁신적 활용이라고 정의할 수 있다. 세 번째 '조직의 수용'은 아무리 좋은 무기체계와 개념이 있더라도 그것을 조직에서 수용하지 못한다면 군사혁신의 효과가 발현되지 못하게 되므로 군에서의 수용이 필수적인 요소라는 의미다. 이러한 맥락에서 정의해보면, 군사혁신이란 "혁신적인 개념과 새로운 무기체계, 조직의 수용이라는 세 가지 요소가 상호작용하여 기존의 전쟁과는 확연히 다른 전쟁 양상과 전투력 운용의 효과를 창출하는 군사력 운용 및 건설 방법"을 말한다.

대표적인 사례로는 나폴레옹의 국민군에 의한 총력전 시대의 개막, 몰트케의 과학기술 잠재력인 철도·전신 등을 활용한 집단군의 분산 기동 포위 작전을 통한 독일의 통일전쟁, 제2차 세계대전 시 전격전과 팬저부대, 항모와 상륙작전, 전략폭격전의 등장, 그리고 걸프전 시 '충격과 공포'의 입체고속기동전 시대의 서막을 열었던 것 등이다.

군사혁신은 기본적으로 미래 예측을 전제로 한다. 군사혁신을 위해서는 두 가지 측면의 예측이 요구된다.[7] 첫째는 미래의 전쟁에서 사용될 군사기술과 군사력에 대한 예측이다. 새로운 무기체계를 개발하고 이를 운용할 새로운 군사조직을 창설하는 것이 전쟁의 미래와 관련된 일이다. 전쟁의 미래는 순수하게 기술적인 측면에서 추진된다. 군사기술 또는 군사용으로 사용할 수 있는 민간기술이 전쟁의 미래를 도약적으로 변경시킬 수 있는 결정적 요인으로 작용한다. 두 번째 예측은 미래의 전쟁이다. 이것은 군사기술보다는 정치, 경제, 사회적 변화에 따라 나타나는 전쟁의 양상 또는 형태 변화에 초점을 맞춘다. 군사력의 운용보다는 어떤 전쟁을 수행하게 되는가에 집중하는 예측이며, 군사력의 형태보다는 군사력 사용 방식과 목표 등이 핵심 사안으로 주목받는다.

전쟁의 미래에 관련된 모든 군사혁신이 성공하는 것은 아니며, 미래 전쟁에

---

7 이근욱, 「미래의 전쟁과 전쟁의 미래: 이라크전쟁에서 나타난 군사혁신의 두 가지 측면」, 『신아세아』 17(1), 2010.

대한 예측이 항상 성공한다는 보장도 없다. 기술을 개발하고 이를 군사부문에 응용하기 위해 많은 무기체계를 설계하고 시험하지만, 동시에 이 과정에서 상당수의 무기체계가 폐기되기도 한다. 또한 미래 세계에서 등장하게 되는 전쟁을 잘못 예측하고 그에 기반하여 구축한 군사력이 쓸모없게 되는 경우가 존재한다. 그러므로 군사혁신을 추진하는 데는 신중한 접근이 필요하다.

군사혁신에 대한 접근방법 중 하나는 전쟁사례에 나타난 현상을 중심으로 그러한 현상을 만들어내는 과정을 고찰하여 어떤 요인들이 어떻게 상호작용했는지를 밝혀내는 방법이다. 다른 하나는 결과를 중심으로 이러한 결과를 만들어낸 독립변수를 찾아내는 방법이다. 즉 인과론적 관점에서는 작전적 요구와 과학기술의 잠재력, 조직문화 등 내부 요인들의 상호작용을 통해 혁신적 아이디어를 바탕으로 군사혁신의 과정을 설명하는 견해이고, 결과론적 관점에서는 개념의 발전, 무기체계의 개발, 조직구조 변화 등 외부적으로 드러난 현상에 주목하여 새로운 전쟁 양상을 만들어낸 군사혁신의 원인 요소들을 밝혀낸다는 견해다. 이 두 가지 견해의 장단점을 종합하여 포괄적 관점에서 성공사례 분석을 통해 공통적 요인을 식별하고, 군사혁신 추진과정을 추론함으로써 우리 군의 군사혁신 방향을 모색하는 것이 가장 효율적인 접근방법이 될 것이다.

3) 분석의 틀

용병술과 군사혁신의 개념을 이해했다면 이들을 어떻게 적용하는 것이 합리적인 활용인가를 살펴볼 필요가 있다. 역사적으로 경험했던 군사혁신의 사례를 분석해봄으로써 이들 적용에 대한 통찰력을 얻을 수 있을 것이다.

〈그림 4-1〉 분석의 틀에서 보는 바와 같이 군사혁신의 접근방법인 포괄적 관점에서 원인과 현상을 동시에 살펴보고자 한다. 우리는 이미 전쟁의 결과를 알고 있으므로 그 전쟁에서 어떤 개념과 무기체계, 조직구조의 변화가 있었고, 이 요소들의 결합이 어떻게 새로운 전쟁 양상과 전쟁방식을 만들어냈는지 추론할 수 있다.

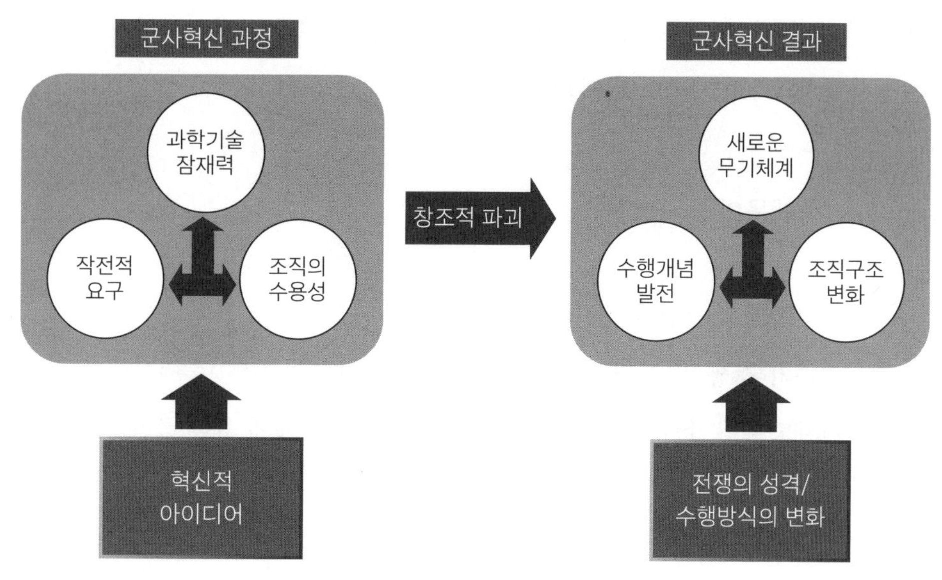

〈그림 4-1〉 분석의 틀: 군사혁신에 대한 포괄적 관점

군사혁신의 결과를 만들어낸 핵심요소로 '수행 개념 발전', '무기체계 개발', '조직구조의 변화'를 규정했다면, 역으로 군사혁신 이전의 상황으로 돌아가 당면 문제 인식을 통한 '작전적 요구', 새로운 무기체계를 건설할 수 있는 '과학기술의 잠재력', 변화를 수용할 수 있었던 '조직의 수용성'을 추정해볼 수 있다. 이러한 요소들의 규정을 통해 어떠한 논리가 군사혁신의 과정을 이끌게 되었는지 알 수 있을 것이다.

위와 같이 군사혁신 사례 분석을 통해 원인과 결과를 규정하게 된다면, 용병술과 군사혁신의 개념 이해와 적용에서 관건은 '창조적 파괴'에 있다는 것을 인식하게 될 것이다.

3. 군사혁신 사례 분석

군사혁신 사례 분석은 나폴레옹 전쟁, 몰트케의 독일 통일전쟁, 제2차 세계대전 시 독불 전역, 걸프전이 될 것이다. 이 사례들은 여러 군사전문가가 공감하는 군사혁신의 성공사례이기 때문이다.

1) 나폴레옹의 군사혁신

우선 나폴레옹 전쟁의 군사혁신을 결과론적 관점에서 분석해보자. 나폴레옹 전쟁이 기존의 전쟁 및 작전수행방식과 완연한 차이점은 첫째, 중세시대 용병집단이나 기사도 같은 소수 전문직업군 제도에서 국민개병제에 의한 국민군과 표준화된 대규모의 제대편성이 일반화되었다는 점이다. 이것은 프랑스 혁명으로 절대왕정이 무너지고 시민의식이 등장하여 황제나 군주에 대한 강요된 충성이 아닌 프랑스의 영광을 위한 시민의 자발적인 참여가 이루어졌을 뿐만 아니라 산업혁명에 의한 대량 생산이 가능해짐으로써 대규모의 표준화된 장비를 편성할 수 있게 되었기 때문이다. 이런 연유로 전쟁이 대규모화되고, 전장지역이 광역화되었으며, 전쟁기간도 장기화했다. 이전까지의 전쟁은 정해진 시간과 장소에서 단 한판의 결전으로 승부가 결정되었다면, 국가 총동원이 가능해진 국민군 시대에는 다양한 전술집단에 의한 일련의 동시적·연속적 전투로 결정적 전투에서 승리해야 전쟁의 승부가 결정되었다.

군사혁신의 결과적인 모습을 요소별로 조합해보면 좀 더 선명한 추론이 가능하다. 첫째, 수행개념의 발전 측면이다. 나폴레옹은 동시적·연속적 전투를 구상하면서 제병협동전투 개념과 현지조달이라는 보급제도를 창안했다. 군사력 운용면에서도 기존의 밀집대형 기동형태를 벗어나 산개대형으로 분산 기동하여 결정적 전투에 집중하여 적을 포위 격멸하는 기동형태로 변경했다.

둘째, 새로운 무기체계 측면이다. 후방장전식 화승총의 사격속도를 혁신적으로 향상한 격발식 소총 개발, 돌격 시 소총에 부착할 수 있는 총검, 보병의 진격 속도에 맞추어 효과적인 화력지원이 가능한 경량화된 표준형 화포, 보병들의 행진 속도를 향상하기 위한 개인 전투군장의 경량화 등이 새롭게 등장했다.

셋째, 조직구조의 변화 측면이다. 나폴레옹 군대는 새로운 개념과 무기체계를 효율적으로 활용하기 위해 부대를 군단, 사단으로 편제화했다. 그렇게 함으로써 제병과 혼합편성 운용이 가능해졌고, 산개대형 등 다양한 기동형태를 적용하여 부대의 집중과 분산이 자유로워졌다. 전투력의 상승효과를 극대화하기 위해 제병과를 혼합 편성했으며, 지휘관의 결심을 보좌할 수 있는 참모들을 운용하여 지휘의 완전성을 높였다.

이상의 세 가지 요소가 서로 결합함으로써 과거와 완전히 다른 전쟁 양상과 수행방식이 만들어졌다. 그렇다면 이러한 변화를 가져오게 된 원인은 무엇일까? 군사혁신의 인과론적 관점에서 살펴보도록 하자.

우선 작전적 요구 측면이다. 1789년 프랑스 혁명은 봉건적 특권을 폐지함으로써 의회가 인정되고 헌법을 제정하여 공화국을 선포했다. 프랑스의 시민혁명은 절대군주제를 유지하고 있던 유럽의 인접국들에 체제의 위협으로 인식되었다. 1973년 1월 프랑스 국왕 루이 16세가 참수당하자 충격을 받은 군주들은 자국민들이 혁명사상에 동요될 것을 염려하여 이를 차단하고자 했다. 프랑스 혁명전쟁과 나폴레옹 전쟁에서 영국을 중심으로 한 유럽 국가들이 프랑스 제1공화국의 타도를 목적으로 대프랑스동맹을 결성했다. 대불동맹국의 위협에 맞서기 위해서는 단기간 내에 대규모 군대를 동원할 수 있어야 하며, 양병기간을 최대한 단축시켜야 했고, 다방면에서 연속적인 전투를 수행할 수 있어야 했다. 이러한 작전적 요구를 해결하기 위해서는 새로운 용병술이 필요해졌다.

둘째, 기술 잠재력의 측면이다. 프랑스는 시민의식의 성장을 토대로 국민개병제를 시행하여 국가 동원제를 시행함으로써 대규모의 국민군을 조직할 수 있었다. 또한 산업혁명을 이룩한 과학기술의 잠재력을 활용하여 표준화된 대규모의 부대를 소총으로 무장할 수 있었다. 격발식 소총 개발과 포구 천공법 기술을 활용한 화포의 경량화 및 표준화는 발사속도의 향상과 장비운용의 효율성을 증폭시켰다.

셋째, 조직의 수용성 측면이다. 프랑스 혁명 후 기존 군사체제의 붕괴로 새로운 지휘체제가 필요했다. 무능한 귀족 위주의 군사조직을 해체하고 능력 위주의

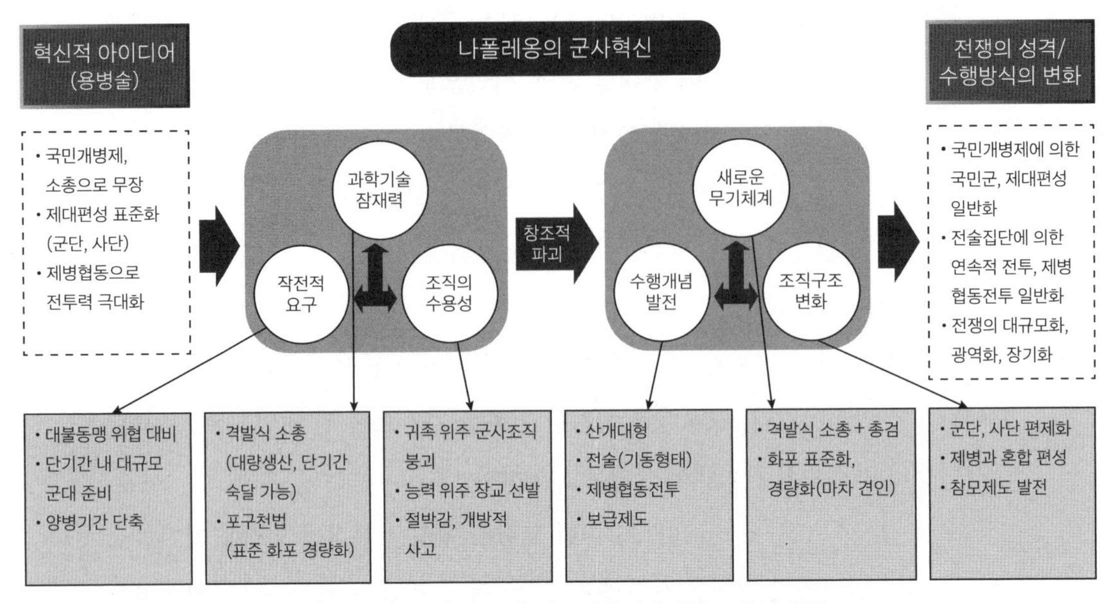

〈그림 4-2〉 나폴레옹 전쟁의 군사혁신에 대한 포괄적 관점

장교를 선발하여 제대를 지휘하게 했다. 전투 시에는 전투력의 효율성을 증대시키기 위해 제병협동작전을 적용했다.

이상 세 가지 요소의 상호작용을 정리해보면 〈그림 4-2〉와 같다. 작전적 요구와 과학기술의 잠재력, 그리고 조직의 수용성이 새로운 용병술, 즉 혁신적 아이디어에 의해 논리적으로 결합함으로써 전쟁의 대규모화·광역화·장기화 양상과 다양한 전술집단에 의한 동시적·연속적 전투 수행의 시대를 초래한 군사혁신이었다고 설명할 수 있겠다.

2) 몰트케의 군사혁신

다음 사례는 임무형 지휘와 작전적 기동을 토대로 한 포위섬멸전을 구사하여 보오전쟁과 보불전쟁에서 승리하고 독일제국의 기틀을 조성했던 프로이센 총참모장 몰트케의 군사혁신이다.

독일의 통일은 1871년 여러 군소국가로 분열되어 있던 독일지역을 하나의 국가로 통일하고자 한 움직임이었다. 통일 방식은 오스트리아제국을 배제하고 프로이센 왕국을 중심으로 민족국가를 수립하자는 소독일주의와 오스트리아를 포함해야 한다는 대독일주의 갈등 속에서 소독일주의 주장을 따랐다. 그 당시 독일은 나폴레옹과의 전쟁 패배 이후 부국강병에 대한 절실함, 독일 통일에 대한 국민의 염원, 지정학적으로 양면 전쟁의 불가피성을 인식하게 되었다.

이러한 정치·사회적 환경에서 독일의 군사혁신은 〈그림 4-3〉에서 보는 바와 같이 추론해볼 수 있다. 첫째, 작전적 요구 측면이다. 독일의 최대 과제는 서부전선 프랑스와 동부전선 오스트리아 및 러시아와의 양면 전쟁에 대비하는 것이었다. 내선의 이점을 활용하여 제한된 부대의 신속한 전환이 결정적인 요건이었다. 그러기 위해서는 양쪽 전선의 변화에 적시적이고 신속한 결정을 내릴 수 있는 지휘체계가 필요했다. 즉, 군사 분야의 전문성과 자율성이 요구된 것이다.

둘째, 기술의 잠재력 측면이다. 산업혁명 이후 철도와 전신의 발달은 군부대

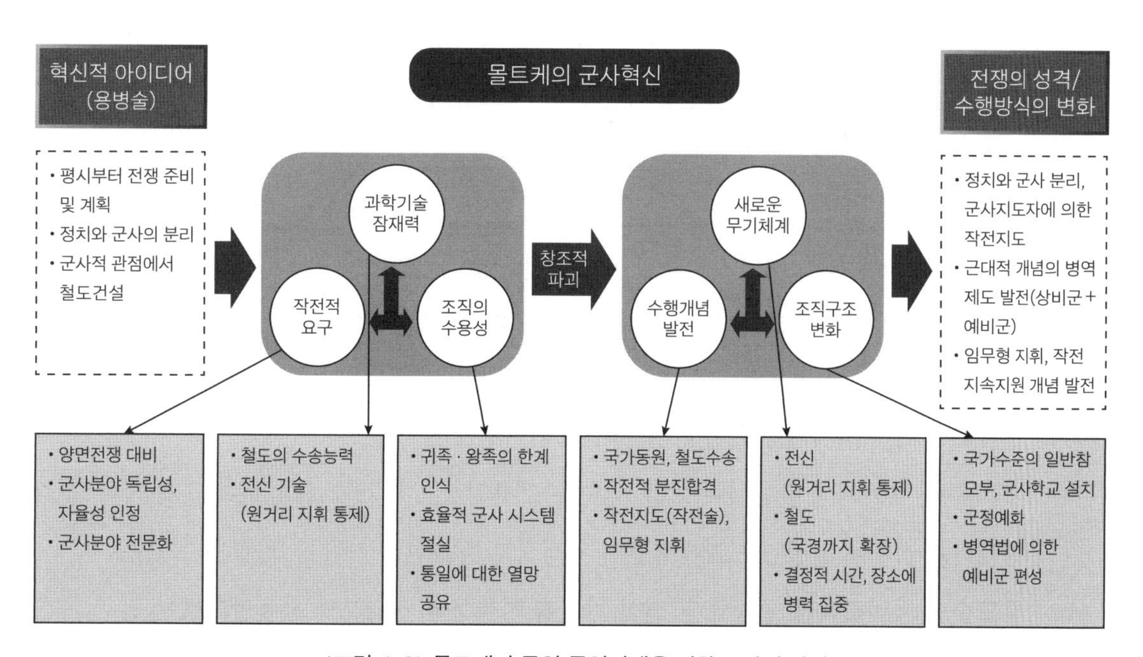

〈그림 4-3〉 몰트케의 독일 통일전쟁을 위한 포괄적 관점

의 대규모 수송과 원거리 지휘통제를 가능하게 한 중요한 수단이었다. 철도수송을 이용하면 요망하는 시간과 장소에 원하는 규모의 부대를 투입할 수 있었으며, 원거리 신속한 전환도 보장할 수 있었다. 또한 전신을 활용하면 전쟁지도부의 결심이나 지시사항을 전령에 의한 지연이나 도난의 위험 없이 신속하게 전달할 수 있었다.

셋째, 조직의 수용성 측면이다. 독일은 프랑스와의 전쟁에서 연패한 이후 귀족과 왕족 중심의 군사지휘부에 대한 한계를 인식했다. 이를 극복하기 위해 유능한 군사전문가를 선발 운용함으로써 효율적인 군사 지휘체계를 구축하고자 했다. 또한 정치지도자와 군사지휘부는 독일 통일에 대한 열망을 공유하고 있었다.

위와 같은 세 가지 요소가 혁신적 아이디어를 통해 새로운 용병술 개념을 창출해냈다. 독일 통일이라는 국가전략 목표를 달성하기 위해 평시부터 장기간에 걸친 전쟁 준비와 계획이 필요했다. 평시 전쟁 준비에서 정치가의 불필요한 간섭은 군사 분야의 효율성을 저해할 수 있다. 독일은 정치와 군사를 분리하여 정치에 관해서는 재상인 비스마르크가, 군사에 관한 일은 총참모장 몰트케가 전담함으로써 국가적 수단들을 효율적으로 통합했다. 이러한 통합의 결과가 철도를 이용한 전략적 기동 및 부대의 전환, 전문적인 군사 시스템 구축이라는 군사혁신 목표를 도출하게 한 것이다.

군사혁신 결과로서 첫째, 수행 개념 발전 측면이다. 국가 동원, 철도수송이라는 국가 차원에서의 산업·시설동원 개념이 발전했다. 또한 임무별 부대할당과 철도 이동은 작전적 분진합격(分進合擊)의 기동형태와 임무형 지휘를 정형화했다. 전신·전보 기술의 활용은 계획의 집권화와 실행의 분권화를 가능하게 함으로써 작전술에 의한 작전지도 개념을 만들어냈다.

둘째, 무기체계 발달 측면이다. 철도를 군사적으로 활용할 수 있도록 접경 국가들과의 국경에 건설함으로써 결정적 지점으로 필요한 군사력을 전개할 수 있는 철도수송 작전체제를 구축했다. 전신 기술을 지휘통제 수단으로 활용함으로써 원거리 지휘통제 및 작전적 지도를 보장했다.

셋째, 조직구조 변화 측면이다. 국가 수준의 일반참모본부가 창설되어 정치 지도자의 군사 지휘를 보강했다. 군의 전문화와 정예화를 위해 군사학교를 설치했으며, 병역법을 시행함으로써 예비군을 편성하고 유지할 수 있게 되었다.

위의 세 가지 요소가 상호작용하여 전쟁의 성격 및 수행방식의 변화를 이루어냈다고 할 수 있다. 우선 정치와 군사의 분리로 군사 분야의 독립성과 전문성이 인정되었으며, 군사 지도자에 의한 작전지도가 가능해졌다. 또한 근대적 개념의 병역제도가 발전하여 상비군과 예비군이라는 총력전의 기틀이 만들어졌다. 용병술에서는 임무형 지휘, 일반참모부, 작전지속지원 등 전쟁 수행을 위한 새로운 개념들이 창출되었다고 볼 수 있다.

3) 제2차 세계대전 독불 전역에서의 군사혁신

다음은 제2차 세계대전의 독불 전역에서 나타난 독일군의 군사혁신 사례다. 기존의 전쟁 양상 및 전쟁수행방식과 두드러진 차이점은 대규모 전차부대를 적의 중심에 집중적으로 운용하는 종심기동 단기속결전의 시조가 되었다는 것이다.

〈그림 4-4〉에서 보는 바와 같이 전격전의 군사혁신 과정과 결과를 추론해볼 수 있다.

먼저, 작전적 요구 측면이다. 독일은 제1차 세계대전의 패전국으로 영토 분할과 군비제한, 막대한 배상금 지급 등의 가혹한 책임을 져야 했다. 그런데 그 당시 독일은 전쟁으로 국토가 피폐해지고 산업시설 가동이 정지되어 화폐가치가 70%까지 폭락해 배상금 지불이 더욱 힘들어졌다. 더군다나 세계의 경제를 나락으로 빠뜨린 대공황이 발생하면서 독일 국민은 비참한 현실을 모면하기 위해서라도 전쟁을 통해 '생활권' 확보를 위한 투쟁에 적극적인 지지를 보냈다. 독일은 제1차 세계대전처럼 잘 구축된 적 방어진지에 교착되어 장기간 대량의 소모전을 치르는 상황을 반드시 피하고자 했다. 그렇게 하기 위해서는 단기속결과 신속한 부대전환, 확장된 전선돌파 그리고 종심기동 능력 등이 요구되었다.

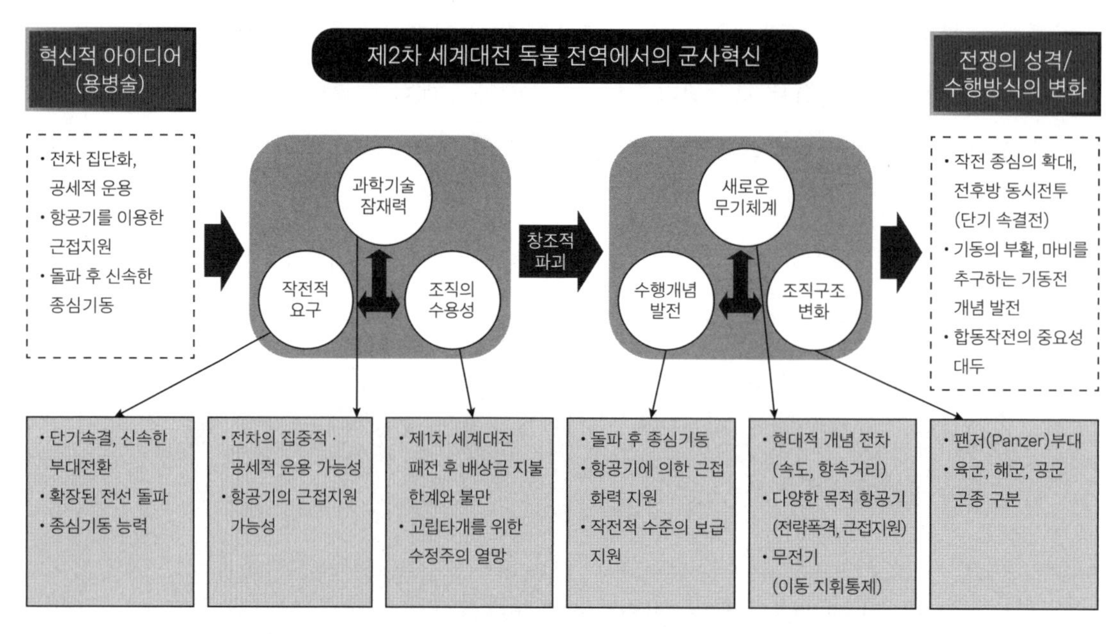

〈그림 4-4〉 독일군의 제2차 세계대전 시 전격전을 위한 포괄적 관점

둘째, 기술 잠재력 측면이다. 전차는 영국 해군성에서 제1차 세계대전 중 프랑스와의 공동연구로 종심돌파용 장비로 기획되었다. 제1차 세계대전 당시의 보병 종심은 참호선과 철조망, 기관총 진지 그리고 후방 포병지원으로 구성되어 있었다. 이러한 방어 진지들의 중첩으로 포병사격 후 보병 돌격식의 전술은 대부분 저지되었고, 엄청난 사상자를 내면서도 이렇다할 전과를 얻지 못하는 악순환이 반복되었다. 전차는 '탱크'라는 암호명으로 참호, 철조망, 기관총이라는 방어진지를 극복하기 위한 수단으로 개발되었다. 1916년 솜 전투에 처음 투입되었지만, 잦은 고장과 기동로 제한으로 위력을 발휘하지 못했다. 하지만 독일군은 탱크의 무서운 위력에 겁을 먹었고, 전차에 관한 연구를 시작했다. 전차의 집중적·공세적 운용 가능성에 주목했으며, 특히 항공기의 근접지원과 통합 운용하는 방안을 강구했다.

셋째, 조직의 수용성 측면이다. 그 당시 독일은 전쟁을 감수하고서라도 경제적 어려움을 극복하려는 열망이 지배적이었으며, 패배를 설욕하기 위한 군비증강에 모두가 동참하는 분위기였다.

위와 같은 세 가지 요인의 상호작용 속에서 혁신적 아이디어가 수렴되었다. 전차 위주의 대규모 공세부대 편성과 항공기에 의한 근접 항공지원의 통합으로 방어선 돌파와 종심기동을 가능하게 한다는 것이다. 대량살상의 소모전이 아닌 기갑부대를 활용한 종심기동과 마비 추구로 단기속결전 개념의 군사혁신을 이룩하고자 한 것이다.

위와 같은 독일군의 군사혁신 과정이 어떠한 결과로 나타났는가를 전쟁 초기 독불 전역에서 확인할 수 있다. 첫째, 새로운 개념발전 측면이다. 전차부대의 집중운용과 항공기에 의한 근접화력지원, 작전적 수준의 보급지원 등이 종심기동, 단기속결전의 핵심 개념으로 정립되었다.

둘째, 무기체계 발달 측면이다. 속도와 항속거리가 증가한 현대적 개념의 전차가 탄생했고, 전략폭격과 근접항공지원 등 다양한 목적의 항공기가 제작되었으며, 이동 간 지휘통제가 가능하도록 무전기가 편성되었다.

셋째, 조직구조의 변화 측면이다. 전차 운용의 기본 모델이 된 기갑부대(Panzer)의 등장과 항공기의 근접화력지원을 효시로 육군, 해군, 공군의 고유영역과 운용에 대한 구분의 필요성이 대두되었다.

위 세 가지 요소의 상호작용을 통해 작전 종심의 확대, 전후방 동시전투의 일반화, 마비를 추구하는 기동전 개념의 발전, 합동작전의 중요성 대두 등 새로운 전쟁의 성격 및 수행방식의 변화를 가져왔다고 할 수 있다.

4) 미국의 걸프전에서의 군사혁신

마지막으로 걸프전에서 나타난 미국의 군사혁신 사례다. 걸프전은 1991년 1월 17일 쿠웨이트를 침략한 이라크군을 섬멸하고 강제병합된 쿠웨이트의 독립을 회복하기 위해 이라크와 미국 중심의 다국적군 사이의 전쟁이었다. 이 전쟁을 통해 최첨단 병기와 공군의 위력을 확인할 수 있었으며, 최첨단 군의 사상자가 획

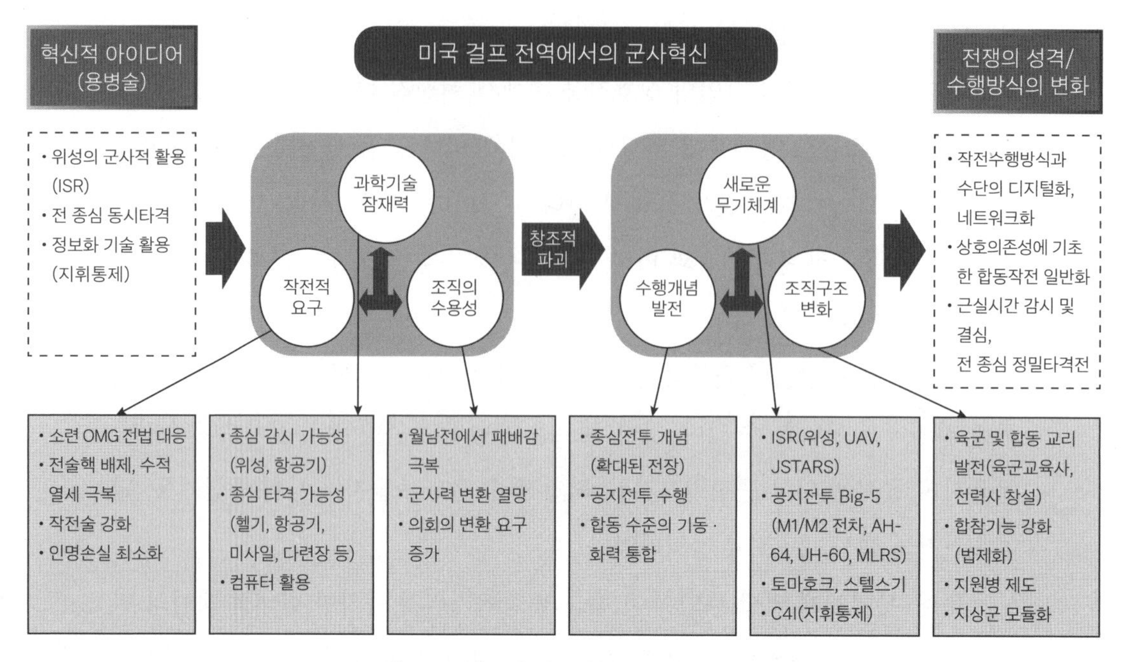

〈그림 4-5〉 미국의 걸프전을 위한 포괄적 관점

기적으로 감소한다는 사실을 실증해주었다.

〈그림 4-5〉와 같이 걸프전에서 미국의 군사혁신 과정과 결과를 추론해볼 수 있다. 첫째, 작전적 요구 측면이다. 미국은 베트남전에서 전략적 패배를 경험함으로써 군에 대한 변혁의 필요성을 절감하게 되었다. 베트남전 패인의 가장 중요한 부분은 전략과 전술을 연결하는 중간적 영역의 중요성을 인식하지 못한 점이었다. 이것은 수많은 전투에서 승리했음에도 전쟁의 목표인 월맹군의 격멸을 달성하지 못하고 철군할 수밖에 없었던 미군의 과오를 대변할 수 있는 원인이었다. 미국은 전략과 전술을 연결하는 작전술의 영역을 식별하고 작전적 수준의 활동들을 규정함으로써 전략, 작전술, 전술이라는 새로운 용병술 개념을 교리화했다. 한편, 핵전력 측면에서 소련이 '상호확증파괴' 능력을 보유하게 됨으로써 핵무기 사용의 한계 인식과 병력상 수적 열세를 극복할 수 있는 대책이 요구되었다. 소련과 재래식 전쟁을 한다면 그들의 '작전적기동군단(OMG)' 운용 전법에 대응할 수 있는 개념이 필요했다. 또한 국제적으로 인권의 중요성이 확산함으로써 인명손실을

최소화할 수 있는 전쟁방식이 요구되었다.

둘째, 과학기술 잠재력 측면이다. 정보화시대의 과학기술은 군사력 운용에 놀라운 변화를 초래할 수 있었다. 대표적으로 위성·항공기에 의한 전 전장 감시 가능성, 항공기·헬기·다련장로켓·미사일 등 통합 종심타격 가능성, 컴퓨터를 활용한 지휘-결심-타격의 신속성·정확성 보장 가능성 등이다.

셋째, 조직의 수용성 측면이다. 세계적 군사강국인 미국이 베트남전에서 패배했다는 사실은 미국 국민에게 충격적이었다. 실패 요인을 분석하고 대응책을 마련하는 데 있어서 군 내부는 물론 언론, 학계, 심지어 국회의 압력까지 총체적 노력이 집중되었다. 군사적 변화를 이끌기 위해 교육사령부를 창설하고, 변화된 개념들을 공식적 군사행동 지침인 교리로 정립해나갔다.

이상 세 가지 요소의 상호작용을 고려함으로써 위성의 군사적 활용, 전 종심 동시 타격, 정보화 기술 활용 지휘통제라는 혁신적인 아이디어가 탄생했다. 이러한 아이디어를 개념화한 '전 전장 동시타격, 공세적 기동전' 수행을 위한 군사혁신 과정이 추진되었다고 추론해볼 수 있다.

그렇다면, 군사혁신의 결과는 어떻게 확인할 수 있을까? 첫째, 새로운 개념발전 측면이다. 소련의 OMG 전법에 대응하기 위해서는 적 방향으로 전장을 확대하여 대기 중인 2제대, 3제대, 화력지원부대, 지휘시설을 종심에서부터 무력화시킴으로써 아군의 방어진지에 도달하는 적의 압력을 최소화해 조기에 공세종말점에 도달하게 하는 것이다. 적 지역에서의 작전은 공지전투의 수행을 보장하기 위한 합동수준의 기동과 화력의 통합이 핵심 개념이 되었다.

둘째, 무기체계의 발달 측면이다. 정보화시대의 과학기술은 위성, JSTARS, UAV 등 새로운 체계를 개발할 수 있게 했다. 공지전투를 수행하기 위한 Big 5로 불리는 M1, M2전차, AH-64 공격헬기, UH-60 기동헬기, MLRS 등의 무기체계가 개발되었다. 최첨단 토마호크미사일, 스텔스기 등이 운용되었고, 인터넷 기반의 지휘통제체계가 구축되었다.

셋째, 조직구조 변화 측면이다. 교육사와 합동전력사령부가 창설되어 미 육군교리와 합동교리가 발전했으며, 합참의 기능이 「골드워터-니콜스」법에 의해 강화되었다. 또한 지원병 제도로 전환하여 군의 전문화와 정예화를 추진했다. 그리고 공세적 기동전 수행을 위해 부대구조를 여단 중심의 모듈화 군으로 전환했다.

이상의 세 가지 요인의 상호작용을 통해 전쟁의 성격 및 수행방식의 변화로 '공지전투'라는 군사혁신의 결과물이 탄생했다. 즉 네트워크 작전환경 하의 작전수행방식과 상호의존성에 기초한 합동작전의 일반화, 근 실시간대 감시 및 결심, 전 종심 정밀타격이 가능한 '입체고속기동전'이 등장하게 되었다고 추론해볼 수 있다.

4. 한국의 군사혁신 방향

미래의 전쟁을 준비하기 위해서는 우선 미래의 전쟁이 어떻게 변화할 것인지, 어떤 결정요인에 의해 변화하는지에 대한 논의가 필요하다. 전쟁의 변화요인은 다양하지만, 많은 연구는 '위협'과 '군사기술'을 지배적인 요소로 꼽는다.[8] 위협에 대한 대비 개념에서 작전적 요구가 나오고, 과학기술의 잠재력에 의해 군사기술이 결정되며, 조직의 수용성을 통해 혁신적 아이디어가 수렴된다. 위와 같은 세 가지 요인의 상호작용과 기존 개념에 대한 창조적 파괴를 통해 전쟁의 성격과 수행방식의 변화를 초래하는 군사혁신이 이루어진다.

위에서 살펴본 군사혁신 사례의 공통적 특징은 다음과 같다. 첫 번째로, 군사혁신은 대상 국가별 정치·사회적 배경과 전략적 환경에 기초하여 혁신적 아이디어를 발휘한다는 점이다. 나폴레옹의 국민군, 몰트케의 철도수송을 활용한 분산기동 포위섬멸전, 독일의 대규모 기갑부대를 활용한 전격전, 미국의 최첨단 과학기술을 활용한 전 전장 동시타격 및 공세적 기동전 등은 모두 그 시대의 전략적

8 손한별, 「2040년 한반도 전쟁양상과 한국의 군사전략」, 『한국국가전략』 13, 2020, pp. 111-128.

환경을 반영한 것이다.

둘째, 군사혁신은 미래의 위협(주적)과 이에 따른 문제 인식에서 출발하고 있다는 점이다. 국가에 대한 위협은 군사력의 운용과 건설의 기준점이 되기 때문이다. 기준점이 명확해야 목표 기간, 대상, 추진 일정, 예산 편성 등이 합리적이고 평가가 가능해진다. 공개적인 평가는 군사혁신에 대한 국민의 공감과 지지를 얻을 수 있는 유용한 수단이 된다. 국민이 군사혁신에 대한 절박감과 필요성을 인식하게 된다면, 군사력 운용과 건설에서 국민의 지지와 동참을 끌어낼 수 있다. 그렇게 된다면, 국가안보 요소와 활동들을 종합적으로 운용하여 위협의 원인과 확대 요인을 제거하고, 발생할 수 있는 위협을 방지하며, 위협의 확대를 방지하는 데 집중할 수 있을 것이다.

셋째, 군사혁신은 혁신적 아이디어에 대한 갈등, 공감 과정을 거쳐 새로운 개념을 형성하게 되었다는 점이다. 작전적 요구와 과학기술의 잠재력, 조직의 수용성 등 상호작용을 반복하면서 다양한 의견을 수렴하고, 논쟁을 통해 집단지성이 발휘되도록 함으로써 최선의 개념이 형성되었다.

넷째, 군사혁신은 과학기술의 취사선택, 기존 및 새로운 기술에 대한 다른 시각과 접근방법이 존재했다는 점이다. 군사혁신 과정에서 살펴보았듯이 동일한 전차라도 운용하는 개념과 방법에 따라 그 위력이 달라진다. 같은 철도라도 군사적 관점에서 설계된 철도는 내선작전의 핵심적인 기동수단으로 활용될 수 있었다.

다섯째, 군사혁신은 개념에 기초하여 작전수행방법 + 무기체계 + 조직 구조가 통합적으로 발전되었다는 점이다. 군사혁신의 출발점이 개념이라고 주장하는 전문가와 과학기술의 잠재력이라고 주장하는 전문가가 다 같이 존재한다. 개념을 만들 때 혁신적 아이디어가 무엇으로부터 발생했는지를 구분하기는 쉽지 않다. 어떤 경우는 개념이 우선일 수 있고, 어떤 경우에는 무기체계나 장비를 기준으로 개념을 만들어낼 수 있기 때문이다. 작전적 요구나 과학기술의 잠재력, 조직의 수용성 이 세 가지 포괄적 관점에서 개념이 탄생하므로 그 개념을 구현하기 위한 수단의 개발은 작전수행방법, 무기체계, 조직구조가 통합된 형태로 나타나는 게 당연하다.

여섯째, 군사혁신은 장기간에 걸쳐 지속적인 자원과 노력이 투입된다는 점이다. 군사혁신은 전쟁의 성격과 작전수행방법을 근본적으로 변화시킨다고 했다. 이러한 변화는 단기간에 이루어지기 어렵다. 새로운 개념과 무기체계, 그리고 조직 전체의 적응이 이루어져야 군사혁신이 완성되기 때문이다.

일곱째, 군사혁신의 효과는 단기적이며, 다른 국가의 모방 및 대응 개념 개발에 따라 감소한다는 점이다. 군사혁신의 결과로 압도적인 승리를 달성한 국가에 대해 잠재적 적대국들은 싫든 좋든 거기에 적응하거나 상대적 우위를 달성할 수 있는 새로운 방법을 연구할 수밖에 없다. 군비경쟁에서 뒤처지면 위협에 노출되는 취약성이 그만큼 증가하기 때문이다. 이러한 상쇄 작용으로 인해 군사혁신의 효과는 오래가지 못할 가능성이 크다.

여덟째, 전쟁의 승패는 군사혁신 자체가 아니라 상대적 이점을 활용한 용병술에 의해 결정된다는 점이다. 군사혁신은 혁신적 아이디어를 개념화함으로써 새로운 개념과 무기체계, 조직의 변화가 융합되어 전쟁의 성격 및 수행방식이 기존의 것과는 완전히 다른 양상을 만들어낸다. 그러므로 전쟁의 주체들은 변화된 개념과 무기체계, 조직구조에 정통해야 하며, 새로운 전쟁수행방식에 능수능란할 수 있도록 훈련되어야 한다. 즉, 새로운 용병술 활용이 전제된다고 보아야 한다.

위와 같은 군사혁신의 특징을 고려한다면, 한국의 군사혁신 방향을 정리해볼 수 있다. 첫째, 한국의 군사혁신은 위협(주적)의 규정과 위협의 우선순위를 결정하는 데서부터 시작해야 한다. 위협의 우선순위는 군사력 건설과 운용에서 군사혁신의 목표와 목표 추진에 대한 평가 기준을 제시해준다. 군사혁신에 대한 공개적인 평가와 검증이 확인된다면, 국민의 지지와 동참이 유지되면서 강력한 추진력이 발휘될 것이다.

둘째, 혁신적 아이디어에 대한 공개토론과 다양한 콘퍼런스를 통해 새로운 개념을 형성할 필요가 있다. 군사혁신을 군사 분야로만 한정한다면, 작전적 요구와 과학기술의 잠재력을 포괄적으로 연계시킬 능력이 부족할 수 있기 때문이다.

군사 분야에 전념한 사람들에게 4차 산업혁명으로 일컬어지는 과학기술의 잠재력을 충분히 이해할 전문적인 능력이 부족한 것은 당연한 일이다. 특히 개념에 기초한 군사력 건설 체계를 유지하고 있는 한국으로서는 '개념'의 명확성, 실행 가능성, 평가 가능성, 제원의 가용성 등을 종합적으로 검토하여 규정해야 한다.

셋째, 조직의 수용성 측면에서 선진국의 사례를 충분히 활용할 수 있으나, 한국의 작전적 요구와 과학기술의 잠재력, 조직의 수용성 등을 냉철하게 판단하여 한국형 군사혁신을 추진해야 한다.

넷째, 무기체계 개발 중심의 군사혁신보다 급변하는 작전환경에 최적화된 용병술을 발휘할 수 있는 인간중심의 군사혁신이 되어야 한다. 군사혁신이 새로운 개념발전, 신무기체계의 개발, 조직의 적응성이라는 세 가지 요인이 상호 융합되어 새로운 전쟁수행개념과 체계가 완성되어야 군사혁신의 효과가 발휘된다. 이 세 가지 요인 중에서도 새로운 개념과 조직의 적응이 핵심 요건이다. 전쟁의 승패는 군사혁신 자체가 아니라 상대적 이점을 이용하는 용병술에 더 의존하기 때문이다. 아무리 최첨단 무기라도 저항 의지가 없고, 그 무기를 다룰 훈련이 안 된 장병들에게 맡겨진다면 전쟁수행 자체가 불가능할 수 있다. 오히려 정신력이 강하고 기존 전투 장비에 잘 숙달된 부대가 더 막강한 군대를 맞이하여 승리한 사례는 역사 속에 수없이 존재한다는 사실을 기억해야 한다.

5. 결론

국가안보를 달성하는 주된 방법과 수단은 군사력 운용과 건설로 결정된다. 이를 통해 국가는 당면 위협을 효과적으로 배제하고, 발생할 수 있는 위협을 미연에 방지하며, 불의의 사태에 적절히 대처함으로써 위협의 확대를 방지할 수 있기 때문이다. 제한된 국방예산으로 최적의 국방태세를 확립하는 것은 국가안보에서 중요한 과제다. 용병술은 미래의 전쟁을 규정하고 구상하는 데 기반이 되는 지식

체계가 될 것이며, 군사혁신은 현실적 군비경쟁에서 패하지 않을 군사태세를 확립하는 데 중요한 수단이 된다.

용병술은 군사력 운용과 건설에 필요한 지식 체계로 전쟁수행에 대한 이론과 실제라고 할 수 있다. 용병술은 전쟁이라는 사회현상을 객관적 시각에서 기술하고 설명하며 해석할 수 있는 이론이면서, 전쟁에서의 활동을 예측하고 준비하며 실행함으로써 전쟁의 승리를 달성해가는 실제적 능력이다. 정치의 연속으로서 전쟁은 용병술 활용이 필수다. 파괴와 살상으로 폐허가 된 상태에서 거둔 승리는 생존과 번영의 차원에서 진정한 승리라고 볼 수 없기 때문이다. 따라서 용병술은 국가전략 개념 하에 전쟁을 준비하고 수행하는 활동으로서 국가안보전략 목표 달성을 위한 전략, 작전술, 전술을 망라한 이론과 실제라고 이해해야 한다.

군사혁신은 파괴적 창조의 과정으로, 새로운 개념의 발전, 무기체계의 개발, 그리고 조직구조의 변화라는 세 가지 요소가 상호작용하여 전쟁의 성격과 수행방식의 변화를 이룩해낸 상태를 의미한다. 창조적 파괴를 통한 새로운 개념과 용병술이 적용됨으로써 잠재적 적국에 대해 압도적 우세를 달성할 수 있다. 그러므로 군사혁신에 성공한 국가는 국제질서를 유지하는 데 중추적인 힘을 발휘할 수 있게 된다.

기존의 패러다임에서 벗어나 이전과는 완전히 새로운 형태의 개념과 무기체계를 창출해냄으로써 잠재적 적국보다 압도적 우세를 달성하기 위해서는 용병술과 군사혁신의 적용이 전제되어야 한다. 용병술 측면에서는 위협의 양상이 복잡하여 기존의 개념으로는 부적절한 대응에 머물게 되고, 군사혁신 측면에서는 인공지능(AI), 사물인터넷(IoT), 가상현실(VR), 증강현실(AR), 빅데이터 등 4차 산업혁명의 첨단기술들이 새로운 체계들의 운용 효과를 발휘함으로써 기존의 무기체계로는 대응이 어려워질 수 있기 때문이다. 즉, 미래전에서 승리하기 위해서는 새로운 개념과 기술을 활용할 수 있는 지혜가 요구된다.

앞에서 역사 속 전쟁사례를 통해 군사혁신의 과정과 결과를 추론해보았다. 이을 통해 용병술과 군사혁신의 원천은 비판적 · 창의적 사고에서 출발한다는 사실을 인식했다. 미래전에 대한 예측은 어느 한 사람만의 고민으로 해결할 수 있는 성격의 단순한 문제가 아니다. 이러한 문제는 각자의 창의성이 집결되어 집단지성으로 승화되어야 해결책을 찾을 수 있다. 혁신적인 아이디어가 새로운 개념으로 탈바꿈되고, 과학기술의 잠재력이 새로운 무기체계로 전력화되며, 조직이 새롭게 변화된 체계에 적응되어야 원하는 군사혁신을 완성했다고 할 수 있다.

이러한 맥락에서 한국의 군사혁신 방향은 첫째, 위협(주적)의 규정과 위협의 우선순위를 결정하는 것이다. 둘째, 혁신적 아이디어에 대한 공개토론과 다양한 콘퍼런스를 통해 새로운 개념을 형성하는 것이다. 셋째, 조직의 수용성 측면에서 선진국의 사례를 충분히 활용할 수 있으나, 한국의 작전적 요구와 과학기술의 잠재력, 조직의 수용성 등을 냉철하게 판단해야 한다. 넷째, 무기체계 개발 중심의 군사혁신보다 급변하는 작전환경에 최적화된 용병술을 발휘할 수 있는 인간중심의 군사혁신을 추진하는 것이다.

전쟁사례를 보면, 최첨단의 무기를 보유하고 있더라도 싸울 의지가 없는 부대는 요망된 전투력을 발휘하기 어려울 뿐만 아니라 위험에 처하게 되면 무기를 버리고 도망치는 경우가 빈번했다. 반면 정신력이 강하고 기존 전투 장비에 잘 숙달된 부대는 전력비가 훨씬 높은 막강한 군대를 상대하더라도 종국에는 승리의 주인공이 되는 사례도 많다.

인간중심의 군사혁신은 용병술에 기초한 인간의 지혜를 우선시하는 군사혁신이다. 혁신적 아이디어를 용병술로 개념화하고 과학기술의 잠재력과 조직의 적응성을 고려하여 새로운 수행개념의 발전과 무기체계, 조직구조의 변경을 완성함으로써 한반도에서의 전쟁 성격과 수행방식의 변화를 이룩해야 한다.

참고문헌

국방대학교. 『안전보장이론』. 국방대학교, 1985.

김훈상. 『Ends, Ways, Means 패러다임의 국가안보전략』. 지식과감성, 2013.

손한별. 「2040년 한반도 전쟁양상과 한국의 군사전략」. 『한국국가전략』 13, 2020. 7.

유재갑 외. 『전쟁과 정치』. 한원출판사, 1989.

육군교육사령부. 『군사이론 연구』. 육군교육사령부, 1987.

이근욱. 「미래의 전쟁과 전쟁의 미래: 이라크전쟁에서 나타난 군사혁신의 두 가지 측면」. 『신아세아』 17(1), 2010, 봄.

합동참모본부. 『이라크전쟁 종합분석』. 합동참모본부, 2003.

해리 서머스. 민평식 역. 『미국의 월남전 전략』. 병학사, 1983.

Krepinevich, Andrew F. "The pattern of Military Revolutions." *The National Interest*, Fall, 1994.

Luttwak, Edward N. Strategy: *The Logic of War and Peace*. Cambridge, MA: Harvard University Press, 1987.

Owens, Admiral W. "Emerging System of Systems." *Military Review* Vol 75. No 3, May-June 1995.

U.S. Joint Chiefs of Staff. *Doctrine for the Armed Forces of the United States*. Pentagon Washington D.C.: JCS, 2013.

William S Lind et al. *The Changing Face of War: Into the Fourth Generation*. Marine Corps Gazette, Oct 1989.

5장

대북정책의 모호성과 군사전략의 딜레마, 그리고 군사지도자의 선택

김남철

1. 서론

한반도는 1945년 일본제국으로부터 해방된 이후 1948년 하나가 아닌 2개의 정부가 한국과 북한에 각각 수립[1]되면서 분단되었고, 그 분단체제는 오늘날까지 이어져오고 있다. 이러한 분단체제 형성은 한국이 대북정책을 추진함에 있어 본질적으로 모호한 속성을 가지게 만들었다. 한반도 분단에 따른 특수한 점은 한국과 북한이 국제적으로는 국제사회로부터 별개의 국가로 인정받고 있다는 것이며, 동시에 국내적으로는 하나의 민족으로 하나의 국가를 달성하려는 목표를 가

1 한국은 해방 3년 만인 1948년 8월 15일 대한민국 정부를 수립했고, 북한은 20여 일 뒤 1948년 9월 9일 조선민주주의인민공화국을 수립했다.

지고 있다는 것이다. 한국의 대북정책은 국제적 현안이면서 동시에 국내적 현안으로서 혹은 이 둘의 조합으로 추진될 수밖에 없기 때문에 명확하고 일관적인 정책을 추진함에 상당한 제한요소들이 작용하고 있어 국가정책의 모호성을 내포하게 된다.

한국의 대북정책은 국가 대 국가 관계인 국제관계 속에서의 정책이면서, 동시에 하나의 국가로 통일을 달성하려는 국내적 정책이다.[2] 게다가 한국과 북한은 정치적·군사적으로 적대관계에 놓여 있어 한민족이자 적(適)이라는 독특한 환경에 처해 있기 때문에 한국의 대북정책은 모호하게 될 수밖에 없는 구조적 모습을 가지고 있다. 국제질서 속에서 함께 생존하고 번영해나가야 할 대상인 동시에 상호 생존과 번영에 위협을 주는 적이며 격멸하거나 병합해야 하는 대상이기 때문이다.

특히, 1948년 한국과 북한에서 2개의 정부가 수립된 이후 지금까지 통일담론은 한국의 대북정책에 커다란 영향을 끼쳐왔다. 한국과 북한의 공통적인 통일에 대한 기조는 어느 한쪽에 의한 통일된 국가의 수립을 목표로 한다는 것이며, 이러한 통일에 대한 기조는 한국의 대북정책에 모호성을 생산하게 되는 원인이 되고 있다. 그 이유는 한국에 의한 통일은 북한의 멸망이나 북한 정권의 해체에 따른 한국의 병합 또는 흡수통일이 전제되어야 하기 때문이다. 이에 따라 통일담론이 대북정책과 이를 지원하는 군사전략에 영향을 끼쳐왔다.

그러나 시간이 경과하면서 21세기 초에 접어들어 두 가지 측면의 커다란 변화가 발생하고 있다. 첫째, 한국과 북한에서 공통적으로 통일에 대한 접근방식의 변화가 나타나고 있다. 즉, '1민족 1국가체제'를 지향하던 데서 '1민족 2국가체제' 또는 'two korea'를 지향하는 모습을 보이고 있는 것이다. 둘째, 통일담론에 추가하여 평화담론의 중요성이 부각되고 있다. 이러한 새로운 변화는 대북정책을 추

---

2 국가 대 국가의 국제관계 속에서의 정책은 국가주의 패러다임에 기반하며, 하나의 국가로 통일을 달성하려는 국내적 정책은 민족주의 패러다임에 기반한다.

진함에 있어 모호성과 군사전략을 수립하는 데 딜레마를 발생시키는 원인이 되고 있다. 기존의 통일담론 중심의 대북정책이 통일담론과 평화담론의 조합을 중심으로 변화되면서 모호성의 문제는 더욱더 가중되었기 때문이다.

21세기 초 현재의 시점에서 한국과 북한의 국가전략목표는 본질적으로 같다고 평가할 수 있다. 한국은 두 국가가 평화롭게 공존하면서 생존과 번영을 이룩하고 궁극적으로 통일 한국을 달성하겠다는 것이고, 북한도 김정은 정권유지 및 북한체제 안전을 보장받아 현상을 유지하고 궁극적으로 한반도의 적화통일을 달성하겠다는 것이다. 즉, 한국과 북한은 공통적으로 현재의 상태인 'two korea'를 유지하겠다는 당면국가목표와 궁극적으로 한쪽에 의한 통일을 달성하겠다는 최종국가목표를 가졌다는 공통점이 있다. 이는 현상유지정책과 현상타파정책의 결합을 의미하며, 평화담론의 기초 위에 형성된 당면국가목표와 통일담론 중심의 최종국가목표를 모두 달성해야 하는 복잡성이 가중되는 형국이 되었고, 이는 대북정책 추진의 모호성으로 연결되고 있다.

대북정책의 모호성은 이를 지원하는 군사전략에 영향을 끼치게 되었고, 이것은 군사전략의 딜레마로 이어지게 되었다. 왜냐하면 국가정책을 지원하기 위해 군사전략을 수립하고, 군사전략을 수립할 때는 정치지도자의 전략지침을 따르기 때문이다. 따라서 북한을 대상으로 하는 대북정책이 갖는 모호한 속성은 군사전략에도 반영될 수밖에 없게 된다.

대북정책의 모호성은 군사전략을 수립하는 데 기초가 되는 전략지침 하달에 있어 정치지도자의 역설적인 전략지침을 양산할 수밖에 없는 구조를 가지게 되는 원인으로 작용하게 된다. 정치지도자의 전략지침이 모호하거나 역설적일 수도 있는 이유는 바로 자유민주주의 국가의 특성 때문일 것이다. 국가의 모든 힘은 국민으로부터 나오고 국민이 정치지도자를 뽑는다. 따라서 정치지도자는 국민의 인식을 반영해야 하며, 국민의 지지를 기반으로 하는 정책을 추진해야 하기 때문이다.

군사지도자는 정치지도자의 전략지침에 의거하여 군사전략을 수립하고, 이것을 군사작전으로 전환한다. 군사지도자의 성공적인 군사작전을 위해서는 이론상으로 정치지도자로부터 정확하고 명확한 전략지침이 하달되어야 한다. 그러나 현실에서는 역설적인 전략지침을 수명하게 되는 경향이 발생하기도 한다.[3] 클라우제비츠도 이론과는 달리 현실에서는 정보의 불확실성과 마찰로 인해 그리고 정치적 목적에 따라 대응방책이 다양하게 변할 수 있다고 강조한다. 이때, 이러한 상황에 처한 군사지도자는 '어떻게 행동해야 하는가?' 또는 '어떤 선택을 해야 하는가?'에 대한 문제에 봉착하게 된다. 결국, 국가안보를 담당하는 군사지도자는 대북정책의 모호성과 군사전략의 딜레마 속에서 국가안보목표 달성에 부합한 선택을 할 수 있는 사고가 요구된다.

기존의 연구를 살펴보면 한국의 대북정책과 관련된 연구가 대부분이다. 통일과 평화를 위해 국가주의 패러다임, 민족주의 패러다임, 보편주의 패러다임 등으로 대북정책의 방향을 제시하고 있다. 그러나 대북정책을 추진함에 있어 발생하는 모호성이 대북정책을 지원하는 군사전략의 딜레마를 생성시키고, 이러한 환경에서 군사작전을 수행하는 군사지도자의 선택에 대한 연구는 미비하다.

따라서 이 글의 목적은 모호한 대북정책과 역설적 전략지침이 포함될 수밖에 없는 환경에서 외부의 위협으로부터 국가안보를 위해 군사지도자가 어떠한 선택을 해야 하는지 국가정책-군사전략-군사작전 사이의 관계라는 관점에서 검토해 보는 것이다.

---

3 전략지침은 국가전략을 군사전략으로 전환하기 위한 지침으로 합동작전계획을 수립해야 하는 특정 위협에 대한 국가전략목표, 군사전략목표, 군사전략 개념, 부대와 자원, 제한사항 등을 제시하는 정치지도자의 지침이다. 합동참모본부, 합동교범 0 『군사기본교리』, 합동참모본부, 2014, pp. 4-1; 이상적으로는 국가안보전략-군사전략-작전계획의 위계 속에 존재하는 기획문서이기에 명확하고 정확한 지침이 하달되어야 한다. 그러나 전략지침은 모호하고, 각각의 지침이 상충하는 내용이 있을 수도 있다고 군사교리에서도 설명하고 있다. 합동참모본부, 합동교범 5-0 『합동기획』, 합동참모본부, 2018, pp. 3-37.

2. 국가정책-군사전략-군사작전의 관계

1) 국가정책과 군사전략의 관계

모든 국가가 추구하는 궁극적인 목적은 국가의 생존과 번영에 있으며, 모든 국가의 활동은 이 목적에 부합해야 한다. 국가의 활동은 헌법의 정신과 가치를 구현하고 국가이익[4]과 국가목표[5]를 달성하는 데 있다. 국가는 평시에는 국가를 발전시키고, 유사시에는 국가적 위협에 대응하기 위해 국가정책[6]을 수립하고 시행한다.

국가정책은 국가의 궁극적 목적인 생존과 번영에 부합하고 국가목표를 달성하기 위해 그 기능에 따라 〈그림 5-1〉과 같이 국가안보정책과 국가번영정책으로 구분할 수 있다. 그리고 국가안보정책과 국가번영정책을 실현하기 위해 국가안보요소를 고려한 분야별 정책으로 정치·외교정책, 정보정책, 국방정책, 경제정책, 사회·문화정책, 과학기술정책 등으로 구분할 수 있을 것이다.

먼저, 국가안보 측면에서 국가는 국내·국외로부터의 직접적 위협, 잠재적 위협, 그리고 비군사적 위협으로부터 국민, 주권, 영토를 수호한다. 곧, 국내·국외로부터의 각종 군사적 위협, 정치·외교·정보·경제·사회·문화·과학기술적 위협으로부터 국가를 수호하는 것이다. 이를 위한 것을 '국가안보정책'이라고 한다.

---

4 조영갑은 국가이익이란 "국민의 영속적인 염원인 국가목적을 추구하고, 국가가 처한 현실적인 상황 속에서 국가목표를 달성하기 위하여 국력을 집중하고 노력하는 데 있어서 국가의지를 결정할 때 가치기준"이라고 정의하고 있다. 조영갑, 『국가안보학』, 선학사, 2009, p. 52; 군사기본교리에서는 국가이익은 헌법에 반영된 기본정신에 따라 국가의 존립과 발전에 도움이 되는 것을 의미하며, 어떠한 경우에도 최우선적으로 추구해야 할 기본적인 가치로서 국가목표 설정 및 선택의 기준이 된다고 명시하고 있다. 합동참모본부, 합동교범 0『군사기본교리』, 합동참모본부, 2014, pp. 1-9.

5 하정열은 국가목표는 "국가이익을 구현하고 신장하기 위하여 국가가 달성하고자 하는 목표"라고 정의한다. 하정열, 『국가전략론』, 박영사, 2009, p. 32; 군사기본교리에서는 "한 국가가 국가이익을 보호하고 증진하기 위하여 국가정책과 전략이 지향되고 국가의 모든 노력과 자원이 집중되어야 할 목표"라고 정의하고 있다. 합동참모본부, 합동교범 0『군사기본교리』, 합동참모본부, 2014, pp. 1-10.

6 국가정책은 국가목표를 달성하기 위하여 국가 차원에서 채택한 광범위한 방책 또는 지침이다. 합동참모본부, 합동교범 0『군사기본교리』, 합동참모본부, 2014, pp. 1-10.

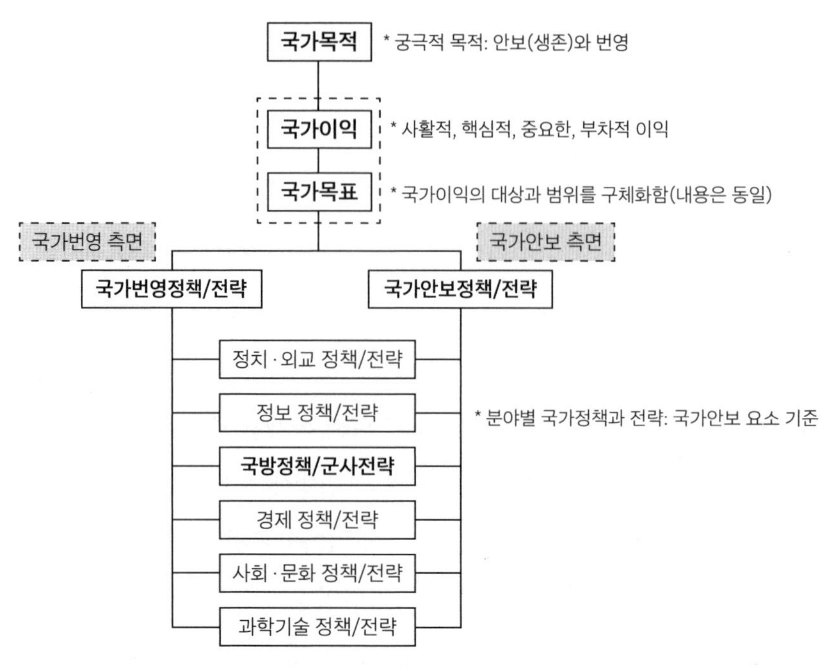

〈그림 5-1〉 국가정책과 군사전략의 관계

출처: 국가의 목적(생존과 번영)과 국가안보요소를 기준으로 필자가 재구성[7]

또한, 국가번영 측면에서 국가는 튼튼한 국가안보를 바탕으로 정치적·경제적·사회적·문화적으로 자아를 실현하게 하고 삶의 질을 향상시키기 위해 노력한다. 자유민주주의와 인권신장, 경제발전과 복지증진, 세계평화와 인류공영에 기여 등이 포함될 수 있을 것이다. 이를 위한 것을 '국가번영정책'이라고 한다.[8]

7 한국의 국가이익은 노무현 정부 당시 "국가이익은 국가의 생존, 번영과 발전 등 어떠한 안보환경 하에서도 지향해야 할 가치를 말한다. 또한 모든 국가는 국가이익을 보호하고 증진하기 위해 노력하므로 국가이익은 내용상 국가목표와 동일하다. 참여정부는 대한민국 헌법에 근거해 국가이익을 ① 국가안전보장, ② 자유민주주의와 인권신장, ③ 경제발전과 복리증진, ④ 한반도의 평화적 통일, ⑤ 세계평화와 인류공영에 기여 등 다섯 가지로 정의했다"라고 발표한 사례가 있으며, 이후 국가안보전략 등 문서상에 기술되지 않아 이를 사용하고 있다. 국가안전보장회의(NSC), 『평화번영과 국가안보』, 2004, p. 20; 또한 국가목표는 "1973년 제23회 국무회의에서 ① 자유민주주의 이념하에 국가를 보위하고 조국을 평화적으로 통일하여 영구적 독립을 보전한다. ② 국민의 자유와 권리를 보장하고 국민생활의 균등한 향상을 기하여 복지사회를 실현한다. ③ 국제적 지위를 향상시켜 국위를 선양하고 항구적인 세계평화유지에 노력한다"와 같이 의결했고, 이후 문서화되지 않아 이를 적용하고 있다. 제23회 국무회의 의결(1973. 2. 16. 의안번호 제367호)

8 국가안보 분야를 다루는 군사교리에서는 국가안보정책만 제시하고 있으며, 국가번영정책에 대한 설

군사전략은 〈그림 5-1〉과 같이 국가안보정책·전략과 국가번영정책·전략을 지원하는 분야별 전략 중 하나로, 국방정책을 지원할 수 있도록 이를 효과적으로 운용하는 과학과 술이라고 할 수 있다. 군사교리에서는 국가안보전략의 일부로, "국방목표를 달성하기 위해 군사전략목표를 설정하고 군사력을 건설하여 운용하는 술과 과학"이라고 정의하고 있는데, 이는 국가안보 측면을 중심으로 다루고 있기 때문이다.[9]

따라서 국가는 기능에 따라 국가안보정책·전략과 국가번영정책·전략을 수립하고, 이를 실현하기 위해 국가안보요소별 분야별 정책·전략을 수립한다. 즉, 국가안보정책·전략과 국가번영정책·전략은 국가목표를 달성하기 위해 제 국가안보요소(이 가운데 DIME[외교, 정보, 군사, 경제]를 제 국력요소로 사용)를 종합적으로 운용한다. 이러한 관계에서 군사전략은 국가안보정책·전략으로부터 영향을 받는다. 국방정책·군사전략은 국가안보와 국가번영을 위한 국가기본정책 실현을 위한 분야별 정책·전략 중 하나이기 때문이다.

2) 국가정책-군사전략-군사작전의 관계

국가안보 측면에서 국가정책이 군사전략 수립 및 군사작전으로 전환되는 데 미치는 과정을 살펴보면, 〈그림 5-2〉에서와 같이 정치지도자의 국가안보전략지침과 국가전쟁지도지침에 따라 국방부는 국방기본정책서와 국방전시정책서를 작성한다. 이러한 국방기본정책서와 국방전시정책서에는 군사전략지침이 포함되

명은 없다. 국가번영정책을 포함한 국가전략에 대한 설명으로 조영갑은 국가기본정책으로 국가복지번영정책과 국가안전보장정책으로 구분하고, 국가일반정책으로 분야별 정책(정치·외교, 경제, 사회·심리, 과학기술, 국방)을 구분했다. 조영갑, 『국가안보학』, 선학사, 2009, pp. 60-65; 하정열은 국가전략추진체계를 4개의 기능별 전략(안보전략, 번영·발전전략, 통일전략, 선진일류국가전략)과 8개의 분야별 전략(국방, 외교, 정치, 경제, 사회복지, 문화, 과학기술, 교육)으로 구분했다. 하정열, 『국가전략론』, 박영사, 2009, p. 24.

9 합동참모본부, 합동교범 5-0 『합동기획』, 합동참모본부, 2018, pp. 1-6.

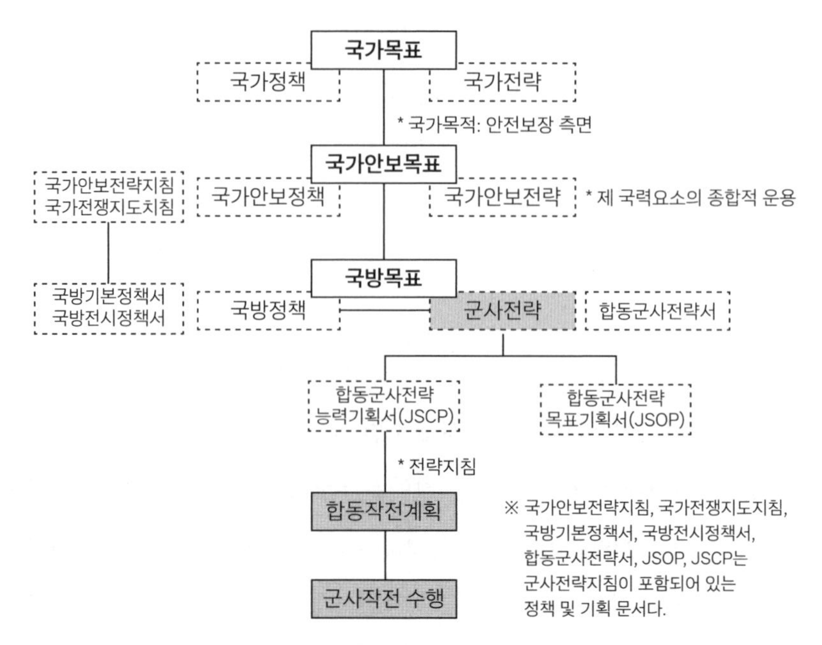

〈그림 5-2〉 국가정책-군사전략-군사작전의 관계

출처: 국가기획/합동기획을 참고하여 안보 측면에서 국가정책이 군사작전으로 전환되는 과정을 재구성[10]

며, 합동참모본부는 군사전략지침이 포함된 합동군사전략서(JMS: Joint Military Strategy), 합동군사전략목표기획서(JSOP: Joint Strategic Objective Plan), 합동군사전략능력기획서(JSCP: Joint Strategic Capabilities Plan)를 작성함으로써 국가안보정책이 군사전략에 영향을 미치게 된다.[11]

그리고 군사전략의 기획문서인 합동군사전략서(JMS)는 현재와 미래의 안보환경변화에 대비하고 국가안보목표와 국방목표를 달성하기 위해 안보전략환경을 평가하여 국가안보에 영향을 미치는 제반 위협을 분석하고, 이에 대비하기 위한 군사전략목표와 군사력 운용 개념, 군사력 건설방향 등을 제시한다. 즉, 군사력

10 국방부는 미래국방혁신을 위해 현재 사용 중인 명칭을 개정하여 국방기획관리체계를 개선하고 있다. 국방기본정책서를 국방전략서로, 국방전시정책서를 국방전쟁수행지침으로, 합동군사전략능력기획서를 합동군사전역계획서로 명칭을 변경하고 개정을 추진할 계획이다. 국방부 훈령 제2627호, 『국방기획관리기본훈령』, 2022, pp. 100-3~100-5.

11 위의 책, pp. 1-3~1-19.

운용을 위한 작전기획지침을 제공함으로써 군사작전으로 전환되는 데 영향을 끼친다.

결국, 상위의 정책·전략이 군사작전으로 전환되는 것은 전략지침[12]을 통해 나타난다. 국가의 안전보장 측면에서 국가방위를 위해 국가안보전략이 군사전략을 통해 군사작전으로 전환되는 과정에서 군사력 운용의 근거가 되는 것이 전략지침이다. 국가의 안전보장을 위한 최후의 수단으로 사용하게 되는 군사력의 운용은 군사작전의 모습으로 구현되는데 정치지도자, 국방부 장관, 합참의장의 전략지침이 반영되도록 체계가 구축되어 있다.

클라우제비츠는 "전쟁은 다른 수단에 의한 정치의 연속에 불과하다"고 강조한다. 전쟁은 정치적 도구로 다른 수단에 의한 정치적 활동의 연속이라는 것[13]이며, 이는 현대의 전략과 자유민주주의 국가의 문민통제에도 유의미한 영향을 미치고 있다. 이런 의미에서 국가안보정책·전략은 군사 분야의 국방정책·군사전략을 선도하고 제어할 수 있어야 한다. 따라서 국가안보정책·전략에 부합한 군사전략을 수립하고, 군사전략의 목표와 개념에 부합한 군사작전계획을 수립하는 위계질서를 갖게 된다.

미국은 전쟁 경험을 통해 정책-전략-작전의 위계질서를 정립했다고 평가할 수 있다. 미군은 미·소 대결의 냉전시기부터 오늘날에 이르기까지 전쟁을 통해 이를 입증해주고 있다. 미국은 베트남 전쟁, 아프가니스탄 전쟁 및 이라크 전쟁에서 군사작전을 성공으로 이끌었음에도 전쟁을 승리로 이끌지 못했던 뼈아픈 경험을 통해 군사력이 국력의 주수단으로 국가정책의 결정적 역할을 할 수 있다는 과

---

12 전략지침은 국가안보목표를 달성하기 위한 군사력 운용의 일반적인 지침으로, "국가안보목표와 전쟁종결조건, 군사전략목표, 가용자원, 제한사항 등을 포함하며 합참과 각 군 그리고 타 정부부처 및 국가기관의 모든 활동을 통합하고 동조하기 위한 공통적인 기준임과 동시에 합동작전계획을 수립해야 하는 특정 위협에 대한 국가안보목표 및 군사전략목표, 군사전략 개념, 부대와 자원, 제한사항 등에 다양한 형태로 제시되는 대통령과 국방부장관의 지침"이라고 정의하고 있다. 합동참모본부, 합동교범 10-2『합동·연합작전 군사용어사전』, 합동참모본부, 2020, p. 253.

13 카를 폰 클라우제비츠, 황제승 역, 『전쟁론』, 책세상, 2008, p. 55.

신보다는 군사력을 국가안보정책 · 전략의 하나의 수단으로 운용하는 것이라는 결과를 교훈으로 도출했다.[14]

이러한 경험을 통해 상위의 정책 · 전략-군사전략-군사작전 사이의 위계질서를 확립하기 위해 국가안보전략(NSS: National Security Strategy), 국가방위전략(NDS: National Defense Strategy), 국가군사전략(NMS: National Military Strategy)을 문서화하여 발간[15]하고 있으며, 이를 기반으로 군사작전을 수행하는 방식으로 합동참모본부는 합동전영역작전(JADO: Joint All-Domain Operations), 육군은 다영역작전(MDO: Multi-Domain Operations), 해군은 분산해양작전(DMO: Distributed Maritime Operations)), 공군은 신속전투배치(ACE: Agile Combat Employment), 해병대는 원정전방기지작전(EABO: Expeditionary Advanced Base Operations)을 발전시키고 있다.

3. 대북정책의 모호성과 군사전략의 딜레마

한국의 대북정책의 모호성은 통일담론과 평화담론으로부터 발생하고 있다. 먼저, 통일담론의 영향이다. 일제의 지배로부터 해방된 한반도는 남과 북으로 분단되었고, 그때부터 하나의 민족으로 하나의 통일된 국가를 만들겠다는 통일에 대한 열망이 지속되고 있다. 한국 내에서는 지금까지 통일에 대해 국가주의 패러

14 바이든 행정부의 2021년 국가안보전략 중간지침에서도 "미국은 군사력 운용에 관하여 원칙에 입각해 현명한 선택을 내릴 것이며, 외교를 최우선적인 수단으로 삼을 것이다. 미국의 핵심적 국익을 수호하기 위해 무력 사용이 필요할 경우 결코 주저하지 않을 것이나, 무력 사용은 최우선이 아닌 최후의 수단이 되어야 한다"고 명시하고 있다. The White House, *INTERIM NATIONAL SECURITY STRATEGIC GUIDANCE* (March, 2021), p. 14.

15 국가안보전략(NSS)은 미국의 국가이익, 안보목표, 정치, 경제, 군사 등의 대외정책 기조를 담은 국가안보 최상위 전략문서이고, 국가방위전략(NDS)은 국방부가 국가안보전략의 내용을 국방 차원에서 구체화하여 국방전략 및 목표, 전쟁수행개념, 전력구조 등을 담은 전략문서이며, 국가군사전략(NMS)은 합참의장이 국가안보전략과 국가방위전략을 바탕으로 합참구성원들과 통합군 사령관들이 마련하는 군사전략문서다.

다임과 민족주의 패러다임[16]이라는 통일담론이 대립과 갈등을 지속해왔다. 문제는 이 두 통일담론은 '하나의 민족, 하나의 통일국가'라는 동일한 방향을 추구하고 있다는 것이다.

둘째, 평화담론의 부상이다. 소련이 붕괴된 이후 탈냉전기 평화담론의 대두가 또 다른 하나의 요인이다. 통일을 궁극적인 목표로 남겨두면서 북핵의 위협과 북한의 도발 및 침략으로부터의 위협을 제거하여 현재의 평화로운 상태를 지속하려는 평화를 더욱 중요시하는 인식이 생겨났다. 이것은 한반도 안정과 평화의 정착, 공동번영 추구 등의 정책으로 나타나고 있다.

통일담론과 평화담론은 한국의 대북정책에 커다란 영향을 끼치고 있으며, 정부의 대북정책을 지원하기 위한 군사전략은 그 영향으로 인해 딜레마에 봉착할 수밖에 없는 구조적 모습을 내재하고 있다.

1) 대북정책의 모호성

(1) 통일담론의 영향

대북정책의 모호성은 통일담론으로부터 시작되었다. 통일에 대한 담론이 대북정책의 모호성을 유발하는 이유는 첫째, 통일에 대한 국가정책화의 복잡성이다. 통일을 국가전략목표로 하는 대북정책은 국가주의 패러다임과 민족주의 패러다임의 대립으로부터 모호해지기도 하고, 두 패러다임이 공통적으로 갖는 하나의 민족으로 하나의 통일국가를 이루겠다는 속성에 의해 모호해지기도 한다. 이것은 통일담론이 대북정책에 있어 현상변경을 추구하는 본질을 가지고 있기 때문에 발생한다.

---

16 한반도의 통일담론에서 가장 중요한 문제는 남북관계를 상충(相衝)과 공존이 교차하는 국가 대 국가의 관계로 볼 것인가, 아니면 연대와 상조(相助)를 본분으로 하는 민족 내부의 문제로 볼 것인가 하는 문제다. 통상적으로 국가 대 국가 관계로 보는 사고를 '국가주의 패러다임'이라고 하고, 민족 내부의 특수관계로 보는 사고를 '민족주의 패러다임'이라고 본다. 정수일, 『민족론과 통일담론』, (주)통일뉴스, 2020, pp. 132-133.

김기정은 한국의 국가전략목표에 대해 1948년 이후 한국의 국가관리에는 '1민족 2개 국가체제'를 유지하는 가운데 국가주권을 확보해야 한다는 목표와 함께 역설적이지만 이러한 분단상태를 변경하여 통일을 이루어야 한다는 현상변경의 욕구가 공존하는 독특한 양식이 존재해온 것이라고 주장한다. 그는 분단에 의한 한국의 대북정책의 두 가지 관점에 대해 한반도 분단은 한국과 북한 두 정권에 상호모순적인 과제를 동시에 부여했던 것으로 평가한다. 국가로서의 존립, 즉 주권확립 및 국가 생존확보가 하나의 과제였다면, 다른 하나는 통합지향의 민족영역 문제였다. 전자가 국가안보의 논제라면, 후자는 분단을 극복하고 민족통합을 추진해야 한다는 역사적 당위성과 관련된 과제였다는 것이다. 1948년 이후 한국 외교에 주어진 과제에는 대한민국이라는 국가의 존립을 지키기 위한 목표가 그 하나였다면, 남북한 분단을 극복하여 통일된 한반도를 이루기 위해 국제정치적 조건을 조성해야 하는 목표가 동시에 존재해온 것임을 강조하고 있다.[17] 한국의 대북정책은 생존과 통일을 두고 당시의 국제 및 국내정세에 맞게 추진해온 것이었으나, 일관된 모습으로 나타나지 않았다.

둘째, 국가전략목표의 모호성이다. 통일은 공통적으로 한국과 북한 두 정권의 국가전략목표 중 하나다. 통일은 현상변경을 목표로 하는 것이다. 한국과 북한은 궁극적으로는 '1민족 1국가 건설'이라는 현상변경을 추구한다고 선언하고 있지만, 21세기 초 현재는 상호 현상유지를 원하는 것으로 평가된다. 한국은 더욱 발전되고 번영된 선진국으로의 도약을 추구하고, 북한은 김정은 정권유지가 당면한 목표다. 따라서 통일과 관련된 국가전략목표는 현상변경과 현상유지를 동시에 추구하는 아주 모호하고 독특한 모습을 보이고 있다. 즉, 한국과 북한 두 정권의 국가전략목표가 현재와 미래가 다르며, 현재의 시점에서 '어떻게 할 것인가?' 하는 질문에 대해 모호성을 나타내고 있다.

한국과 북한의 헌법에서도 이러한 이중적 모습이 나타난다. 두 국가의 공통

---

17 김기정, 『한국 외교 전략의 역사와 과제』, 서강대학교출판부, 2019, pp. 66-77.

점은 상대방에게 승리하여 자신의 국가에 의한 하나의 국가를 수립하려 한다는 것과 민족을 중심으로 하나의 통일국가를 수립하려 한다는 것이다.[18] 그런데 이러한 두 국가의 공통점은 상호 적이자 같은 민족이라는 문제를 발생시키고 있다.

두 정권은 분단체제라는 특수한 구조 때문에 자연적으로 대립할 수밖에 없는 환경에 처하게 되었고, 이것은 한국이 대북정책을 수립하는 과정에서 그리고 국가전략목표를 설정함에 있어서 모호성을 양산하는 결과로 이어지게 되었다. 또한 한국과 북한의 통일에 대한 인식의 변화가 없는 이유 중 하나로 민족을 국가로 인식하고 있기 때문일 것이다.

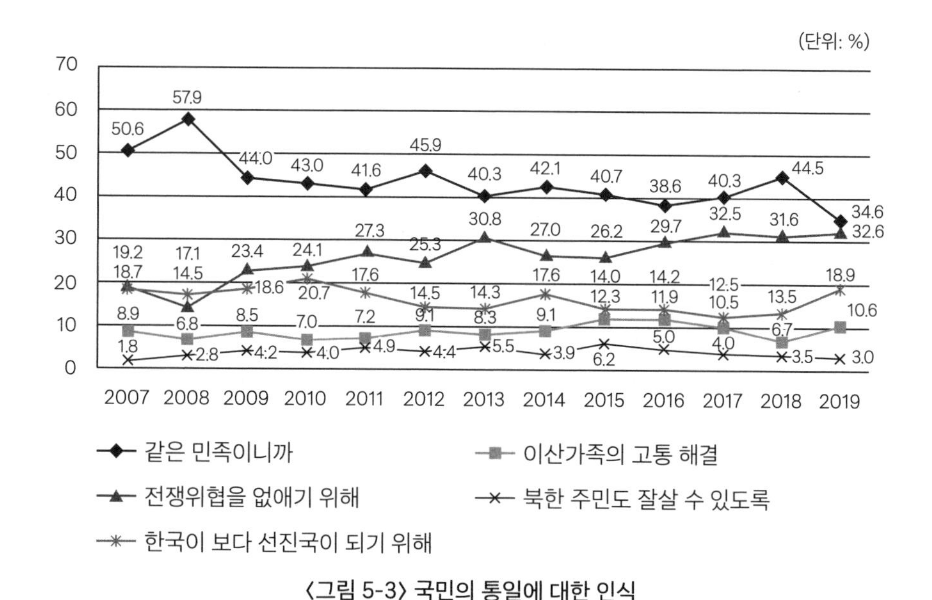

〈그림 5-3〉 국민의 통일에 대한 인식

출처: 서울대학교 통일평화연구원, 『2019 통일의식 조사』, p. 39.

---

18 대한민국헌법에는 제3조 "대한민국의 영토는 한반도와 그 부속도서로 한다", 제4조 "대한민국은 통일을 지향하며, 자유민주적 기본질서에 입각한 평화적 통일 정책을 수립하고 이를 추진한다", 제5조 "대한민국은 국제평화의 유지에 노력하고 침략적 전쟁을 부인한다"라고 명시했고, 조선민주주의인민공화국 사회주의헌법에는 제9조 "조선민주주의인민공화국은 북반부에서 인민정권을 강화하고 사상, 기술, 문화의 3대혁명을 힘있게 벌려 사화주의의 완전한 승리를 이룩하며 자주, 평화통일, 민족대단결의 원칙에서 조국통일을 실현하기 위하여 투쟁한다"라고 명시했다.

(2) 평화담론의 영향

대북정책의 딜레마를 유발하는 또 다른 원인은 평화담론이다. 소련의 붕괴는 한반도에도 영향을 끼쳤다. 냉전종식 이후 남북 사이의 화해와 불가침 및 교류·협력에 관한 합의서(1991), 6·15 남북공동선언(2000), 남북관계 발전과 평화번영을 위한 선언(2007), 평양공동선언(2018)에서도 국가중심적 사고와 민족중심적 사고의 혼재, 그리고 통일과 평화의 혼재를 찾아볼 수 있다.[19] 한국과 북한은 하나의 민족임을 강조하면서도 동시에 통일을 위해 특수한 관계로서 1민족 2국가 체제를 상호 인정하고 있고, 통일과 평화를 불가분의 관계로 이해하고 있으며 최근에는 평화의 중요성이 부상하고 있다.

평화담론이 대북정책에서 모호성으로 작용하는 이유는 첫째, 통일만큼 평화가 중요한 문제로 대두되었기 때문이다. 이것은 국가전략목표의 모호성과도 연관성을 가지게 되었다. 한국은 한반도 안정과 평화의 정착이라는 현상유지를 통해 자유민주주의의 보편적 가치 및 선진국 진입 등을 추구하게 되었고, 북한도 핵·미사일을 수단으로 미국의 대북정책에 대한 억제수단으로 그리고 김정은 정권 유지를 위한 협상수단으로서 현상유지를 추구하고 있다.

또한, 국민의 의식이 통일만큼이나 평화를 희망하고 있다. 〈그림 5-3〉에서와

---

19 1991년 남북 사이의 화해와 불가침 및 교류·협력에 관한 합의서에는 "쌍방 사이의 관계가 나라와 나라 사이의 관계가 아닌 통일을 지향하는 과정에서 잠정적으로 형성되는 특수관계라는 것을 인정하고, 평화통일을 성취하기 위한 공동의 노력을 경주할 것을 다짐하면서, 제1조에서 남과 북은 서로 상대방의 체제를 인정하고 존중한다"고 합의했고, 2000년 6·15 남북공동선언에서는 "서로 이해를 증진시키고 남북관계를 발전시키며 평화통일을 실현하는 데 중요한 의의를 가진다고 평가하며, 남과 북은 통일문제를 그 주인인 우리 민족끼리 서로 힘을 합쳐 자주적으로 해결해 나가기로 했다"고 합의했고, 2007년 남북관계 발전과 평화번영을 위한 선언에서는 "남북관계 발전과 한반도 평화, 민족공동의 번영과 통일을 실현하는 데 따른 제반문제를 허심탄회하게 협의했다. 남과 북은 우리 민족끼리 정신에 따라 통일문제를 자주적으로 해결해나가며, 남과 북은 사상과 제도의 차이를 초월하여 남북관계를 상호존중과 신뢰관계로 확고히 전환시켜 나가기로 했다"고 합의했다. 2018년 평양공동선언에서도 "민족자주와 민족자결의 원칙을 재확인하고, 남북관계를 민족적 화해와 협력, 확고한 평화와 공동번영을 위해 일관되고 지속적으로 발전시켜 나가기로 했으며, 현재의 남북관계 발전을 통일로 이어갈 것을 바라는 온 겨레의 지향과 여망을 정책적으로 실현하기 위해 노력해 나가기로 했다"고 합의했다. 통일교육원, 『2021 한반도 통일 이해』, 통일교육원, 2021, pp. 214-233.

같이 국민의 관심이 국가의 궁극적 목표인 통일은 미래의 모습이고, 직면하고 있는 북한의 안보위협으로부터 안정된 국가를 유지하는 현재의 모습으로 그 관심이 이동했다. 즉, 국민의 관심이 한반도 안정과 평화의 정착으로 이동한 것이다. 통일에 대해 평화를 위한 하나의 과정으로 인식하고 있다.[20] 즉, 전쟁의 위협을 제거하여 평화를 유지하기 위해 통일을 해야 한다고 인식하고 있다.

고대훈은 국민의 의식 변화에 대해 한국의 20대 가치관은 기성세대와 다르다면서 그들에게 민족주의 패러다임의 환상은 없다며 "이것은 시대착오적인 개념"이라고 강조한다. 한국의 청년들은 북한이 자주 주장하는 '우리 민족끼리' 자주적으로 통일문제를 해결하자는 것에 대해서도 통일은 소원이 아니라 선택이라고 규정하고 있으며, 서로 교류하고 공존하는 이웃 나라로서 투 코리아(Two Korea)를 선호하고 있고, 북핵폐기와 통일비용 등 천문학적인 비용을 감당해야 할 당사자가 바로 자신들이라는 것을 잘 알고 있음을 보여준다[21]면서 통일담론에 대한 한국 청년들의 변화된 인식을 설명하고 있다.

미 국무부에서 한반도 정책을 총괄했던 전 동아태 차관보인 제임스 켈리는 「지금 당장은 2개의 한국(Two For Now)」이라는 기고문에서 한반도 현상유지의 중요한 논거로서 한국사회의 북한에 대한 태도를 지적하며, 한국은 추상적으로는 통일을 선호하지만 경제적 궁핍과 북한 주민들을 흡수해야 하는 잠재적인 비용을 두려워하고 있다고 평가했다. 북한 인권문제에 대한 대북 무관심과 북한의 협박에 굴복해서 민간단체의 대북전단 살포를 가로막는 등의 현실은 미국이 한반도 정책을 논의할 때 한국이 한반도 통일이 아니라 현상유지를 해야 한다고 주장할 가능성이 있다고 예측했다.[22]

---

20 통일부도 한반도에서 통일과 평화는 불가분의 관계에 있으며, 21세기에 들어와 한반도의 분단과 통일을 이해하기 위한 개념으로 평화와 평화주의가 부상했으며, 한국은 통일을 한반도에서 평화로운 공동체를 실현하는 일종의 과정으로 그리고 평화를 실현하는 새로운 출발로 설명하며 평화의 중요성을 강조하고 있다. 위의 책, pp. 8-9.

21 고대훈, "통일은 소원이 아니었다. … 20대와의 대화", 『중앙일보』, 2018년 4월 13일자, 13면.

22 이하원, "한국은 과연 통일을 원하는가?", 『조선일보』, 2008년 12월 22일자.

둘째, 국민 통일의식의 변화다. 2020년 범국민 안보의식 조사를 살펴보면 국민이 당장의 통일을 원하는 것이 아니라 현재의 한반도 안정 유지와 장기적인 목표로 통일을 희망하고 있는 추세를 엿볼 수 있다. '한반도 평화체제로의 전환이 언제쯤 이루어질 수 있을 것으로 전망하는가?'라는 질문에 일반국민은 '10년 이후'(33.4%), '10년 이후에도 불가능'(47.1%)으로 응답했으며, 전문가는 '10년 이후'(40.3%), '10년 이후에도 불가능'(21.0%)으로 응답했다. 또한, '한반도 통일이 언제쯤 이루어질 것으로 생각하는가?'라는 질문에 일반국민은 '30년 이후'가 34.4%, '30년 이내'가 32.9%로 67.3%가 30년 전후로 응답했으며, 전문가는 '30년 이후'가 43.5%, '30년 이내'가 27.4%로 70.9%가 30년 전후로 응답했다.[23] 이것은 통일을 당면한 국가전략목표로서 가까운 시간 내에 해결해야 할 문제로 인식하고 있지 않음을 보여주는 것이다.

서보혁은 '우리는 어떤 통일을 바라는가?'에 대해 민족주의 통일론과 1국가 1체제 통일론은 국론분열, 한국과 북한 간 불신, 통일에 대한 회의론을 가져왔음을 지적하면서 보편주의 통일론을 제시했다. 보편주의 통일론은 통일을 한반도 전역에 인류 보편가치를 달성하는 과정으로 정의하며, 오늘날 국제사회에서 보편적 가치로 여겨지는 민주주의, 평화, 인권, 정의와 화해, 인도주의, 발전 등을 통일 과정에 조화롭게 담아내는 노력이 필요하다고 강조하고 있다.[24] 이러한 통일에 대한 보편주의 패러다임은 다른 시각의 접근과 새로운 인식의 변화를 제시하고 있으며, 이것은 평화담론의 우세로 평가해볼 수 있을 것이다.

정영철은 지금까지 한국의 통일담론은 국가를 우선에 놓고 체제의 통일을 목적으로 하는 국가주의 통일론과 민족공동체 완성을 궁극적 목적으로 통일을 추구하는 민족주의 통일론으로 크게 구분되었는데, 1990년대 이후 한국사회의 변화와 세계화의 물결, 그리고 보편적 가치관의 증대로 국가 또는 민족 우선의 패러다

---

23 국방대학교 국가안전보장문제연구소, 『2020년 범국민 안보의식 조사』, 국가안보문제연구소, 2020, pp. 206-210.

24 서보혁, 「보편주의 통일론의 탐색」, 『한국국제정치학회소식』 149, 2014.

임은 더 이상 설득력을 얻기 힘들어졌으며, 이러한 상황에서 자유, 평등, 정의, 인권, 민주주의 등의 보편적 가치를 통일의 핵심가치로 설정하고 추구해야 한다는 보편주의 통일론이 등장하게 되었고, 국가 및 민족 중심의 통일론은 약화되고 보편주의 통일론이 강화되었다고 강조한다. 이에 따라 한국은 민족과 보편적 가치를 넘어서는 새로운 사고가 절실히 요구된다고 주장한다.[25]

셋째, 통일담론과 평화담론이 결합된 사고가 확산되었기 때문이다. 한국의 국가정책이 한반도의 안정과 평화 정착이라는 현상유지에 우선을 두고 추진하고, 궁극적인 목표로 통일이라는 현상변경을 추진하는 방식의 두 담론이 결합된 모습을 보이고 있다. 또한, 대북정책을 바라보는 인식적 측면에서 국민은 분단체제의 영향으로부터 발생하는 국가주의 패러다임과 민족주의 패러다임의 결합된 사고의 접근을 하고 있으며, 국가목표 달성의 측면에서 통일담론과 평화담론을 분리하거나 결합해서 접근하고 있기 때문에 이것은 항상 논란을 양산하는 원인이 되기도 한다.

한국이 당면하고 있는 북한의 핵무기에 대한 국민안보의식에서 국민은 북핵 위협을 가장 큰 안보위협으로 인식하고 있으며, 동시에 한국과 북한 간의 교류·협력이 북한 체제 변화에 영향을 줄 수 있어 교류사업을 추진해야 한다는 응답비율이 높았다.[26] 이것은 직면하고 있는 북핵 위협으로부터의 한반도 안정이라는 현상유지 정책의 평화담론과 향후 30년 전후 통일이라는 통일담론이 결합된 모습으로 평가할 수 있을 것이다.

넷째, 국민의 전쟁에 대한 높은 이해력 때문이다. 군사력을 사용하여 전쟁을 수행하는 것은 『손자병법』에서 제시하는 "계산해서 승산이 있으면 전쟁을 하고

---

25 정영철, 「국가-민족 우선의 통일론에 대한 성찰」, 『통일인문학』 74, 2018.

26 '북한의 핵무기 개발이 한국 안보에 어느 정도 위협이 되는가?'라는 질문에 일반국민 71.7%, 전문가 88.7%가 '위협이 된다'고 응답했고, '남북한 교류 · 협력이 북한의 체제 변화에 영향을 주고 있는가?'라는 질문에 일반국민 47.8%, 전문가 59.7%가 '영향을 준다'고 응답했으며, 한국과 북한 간의 교류사업 추진에 대해서는 일반국민 51.8%, 전문가 72.6%가 추진해야 한다고 응답했다. 국방대학교 국가안전보장문제연구소, 『2020년 범국민 안보의식 조사』, 국가안보문제연구소, 2020, pp. 173-190.

승산이 없으면 때를 기다린다는 것"과 "전쟁을 결심했으면 부전승해야 한다"[27]는 가르침에 위배된다는 것을 대다수 국민이 이해하고 있다. 이러한 국민의 인식은 대북정책에 있어 상당한 영향요소로 작용하게 된다.

또한, 6·25전쟁의 경험을 통해 국가기반시설 파괴와 전쟁으로 인한 국가적 고통을 잘 알고 있고, 또다시 전쟁이 발생한다면 한국은 멸망에 이를 수 있을 만큼 약해질 수 있을 것이라는 우려에 따라 전쟁은 안 된다는 절대적 인식을 가지고 있다.

지금까지 진보정권이든 보수정권이든 확실한 해결안을 제시하지 못했고 모호한 정책을 추진했다. 한국이 가진 본질적 문제는 명확한 하나의 대안을 찾을 수 없는, 그리고 국가주의 패러다임과 민족주의 패러다임이라는 두 관점의 결합을 포기할 수 없기 때문일 것이다. 따라서 한국의 대북정책은 본질적 모호성을 내포하고 있다고 평가해볼 수 있다.

2) 군사전략의 딜레마

군사전략은 '어떻게 싸울 것인가?' 하는 전쟁에서의 승리에 대한 문제다. 정치지도자가 국가전략목표를 달성하기 위해 최종적 수단으로 군사적 수단을 선택했을 때 군사력을 운용하는 과학과 술이다.

군사전략이 딜레마에 봉착하는 이유는 첫째, 군사전략은 통일담론과 평화담론이 복잡하게 반영되는 대북정책으로부터 영향을 받기 때문이다. 국가주의 패러다임과 민족주의 패러다임의 조합 그리고 통일 및 평화담론이 조합을 이루는 대북정책은 본질적으로 모호성을 내포하게 된다. 따라서 모호하고 역설적인 특성을 내포하는 대북정책을 지원하기 위한 군사전략은 그 본질적 문제를 승계받을 수밖에 없다.

---

27 화산, 이인호 역, 『온전하게 소통하는 손자병법』, 도서출판뿌리와이파리, 2016, p. 36, 72, 78.

둘째, 확전우려 및 확전방지에 따라 군사작전 수립을 위한 전략지침이 역설적이거나 상충될 수 있기 때문이다. 합동참모본부는 군사교리인 『합동기획』에서 전략지침의 이해에 대해 "전략지침은 모호하고, 각각의 지침이 상충하는 내용이 있을 수 있다"고 명시하고 있다.[28] 이러한 표현은 어쩌면 당연한 것일 수 있다. 자유민주주의 체제의 정치지도자는 국민의 지지를 받을 수 있는 의사결정을 선택할 가능성이 높고, 통일과 평화에 대한 국민의 대립하는 인식들이 공존하고 있기 때문에 이를 반영한 모호한 전략지침이 하달될 수도 있다. 예를 들어, 군사적 위협이 고조될 경우 '억제하라', '위기를 완화시켜라' 동시에 '적극적으로 대응하라' 그리고 적이 도발할 경우 '단호히 대응하라', '승리하라' 동시에 '확전을 방지하라' 같은 지침은 모호한 전략지침이다.[29] 군사력을 운용함에 있어서 적의 도발이나 침략을 억제하기 위해 단호하고 강력한 대응을 한다. 단호한 대응을 했을 때 상대의 선택에 따라 나의 의도대로 억제될 수도 있고, 상대의 반대되는 결정에 따라 확전을 불러올 수도 있다는 것을 생각해본다면 상충되는 지침이 혼재되어 있다.

셋째, 연합방위체제로부터 영향을 받는다. 이는 한국의 국가안보와 관련하여 한국의 독자적 의사결정에 영향을 끼칠 수도 있다. 〈그림 5-4〉에서와 같이 한미 연합방위체제에서는 한미안보협의회의(SCM: Security Consultative Meeting), 한미군사위원회(MC: Military Committtee)를 통한 전략지침(지시)이 하달된다. 이러한 지휘구조는 미국의 의견도 반영될 수 있는 구조다. 이것은 한국과 미국의 국가이익이 상충될 경우 또는 이견이 발생할 경우에는 한국의 군사작전 수행에 영향을 끼치게 될 수도 있다는 것을 의미한다.

21세기 초 한국은 미중 패권경쟁의 국제환경 속에서 안미경중(安美經中: 안보

---

28 합동참모본부, 합동교범 5-0 『합동기획』, p. 3-37.

29 그 예로 제1연평해전에서 이러한 전략지침을 확인할 수 있다. "확고한 안보태세로 북의 도발을 막아야 한다. 동시에 과거처럼 냉전 일변도의 정책으로 가서는 안 된다. 무력도발 불용, 흡수통일 배제, 남북화해 · 교류라는 3원칙은 지켜나가야 한다." "6.15 서해교전 변함없는 '햇볕정책'", 『조선일보』, 1999년 6월 16일자.

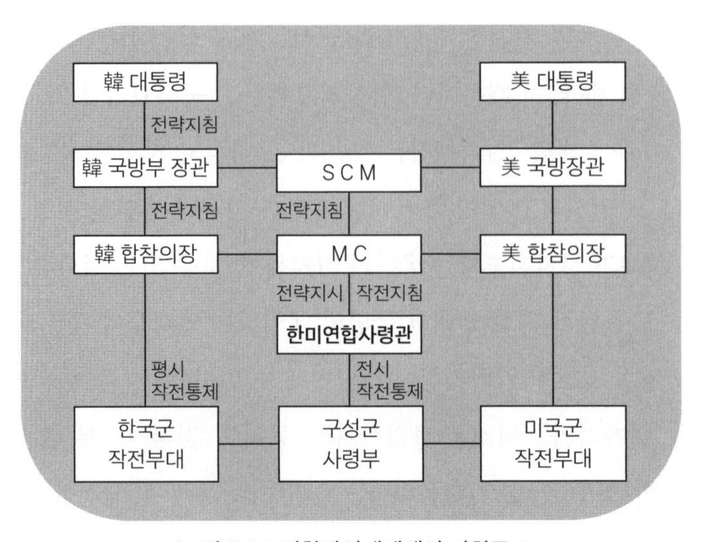

〈그림 5-4〉 연합방위체제에서 지휘구조

출처: 합동참모본부, 『군사기본교리』, 2014, p. 4-3.

는 미국, 경제는 중국)이라는 선택의 딜레마가 존재하고, '한국과 미국의 연합방위체제는 군사적 수단 외 타 수단에 의한 정책을 추진할 경우 북한과의 교류·협력에서 정치와 경제를 연계할 것인가? 또는 분리할 것인가?'라는 논란에 마주하게 될 수 있으며, 이는 군사전략 수립에 영향을 미칠 수밖에 없다.

넷째, 군사적 대응의 딜레마다. 군사전략 개념의 변화는 새로운 딜레마를 형성한다. 한국의 군사전략목표는 한반도에서 전쟁이 발생하지 않도록 억제하고, 억제 실패 시 전쟁에서 승리하는 것으로서 본질적으로 변하지 않았다. 그러나 적의 도발에 대한 군사전략 개념은 거부적 억제에서 적극적 억제, 능동적 억제로 변화해왔다. 노무현 정부까지는 거부적 억제를 추진했고, 천안함 피격(2010. 3. 26) 및 연평도 포격도발(2010. 11. 23)이라는 북한의 연이은 고강도 도발로 인해 이명박 정부는 적의 도발에 즉각적이고 단호하게 응징하는 적극적 억제[30]를, 북한의 4차(2016. 1. 6), 5차(2016. 9. 9), 6차(2017. 9. 3)에 걸친 연속적인 핵실험으로 인해

---

30 "'천안함 사건' 이명박 대통령 대국민담화 전문", 『조선일보』, 2010년 5월 24일자.

북핵의 위협이 고조되자 박근혜 정부는 북한의 다양한 도발과 위협에 대처할 수 있도록 능동적 억제[31]를 추진했다.

이러한 새로운 군사전략 개념은 '북한의 도발 및 침략 위협이 임박했을 경우에 선제공격이 가능한가?, 국제사회에서 용인할 것인가?' 하는 논란과 마주하게 됨으로써 군사작전의 실행 가능성에 있어 또 다른 딜레마를 조성하게 된다.

다섯째, 북한의 일관된 대남 군사전략을 두고 한국 내 대응방책에 대한 논란이다. 북한은 6·25전쟁 이후 〈표 5-1〉에서 보는 바와 같이 전면전보다는 침투 및 국지도발을 지속적으로 자행해왔다.

〈표 5-1〉 북한의 대남 침투·국지도발 현황

구 분	1950년대	1960년대	1970년대	1980년대	1990년대	2000년대	2010년대
계	398	1,336	403	227	250	241	264
침투	379	1,009	310	167	94	16	27
국지도발	19	327	93	60	156	225	237

출처: 국방부, 『2020 국방백서』, p. 319.

또한, 〈그림 5-5〉에서와 같이 북한은 제한전과 전면전에 이르지 않는 계산된 도발을 해왔다. 이러한 데이터가 의미하는 것은 군사적 수단을 이용한 고강도의 도발은 억제되었고, 북한의 정치적 계산에 의한 저강도의 도발이 주를 이루었다고 평가되며, 북한은 현대전쟁의 교훈을 반영하여 향후에는 확장된 전장공간을 이용하여 다영역 및 회색지대에서 도발할 것으로 예측된다.

이미 북한은 한국을 대상으로 회색지대[32] 전략을 구사하며 군사적 수단 외에

---

31 황경상, "군, 대북 선제대응으로 '능동적 억제'", 『경향신문』, 2014년 3월 6일자.

32 2019년 랜드연구소는 회색지대를 "전쟁과 평화 사이의 작전 공간으로, 간혹 군사 및 비군사적 행동의 경계 그리고 사건의 귀속을 모호하게 함으로써 대개의 경우 재래식 군사적 대응을 촉발시킬 수 있는 데까지는 미치지 못하는 현상을 변화시키기 위한 강압적인 행동을 수반하는 것"이라고 정의하고 있다. Lyle J. Morris, et al., *Gaining Competitive Advantage in the Gray Zone: Response Options for Coercive A ggression Below the T hreshold of Major War* (Santa Monica: RAND Corporation, 2019), p. 8.

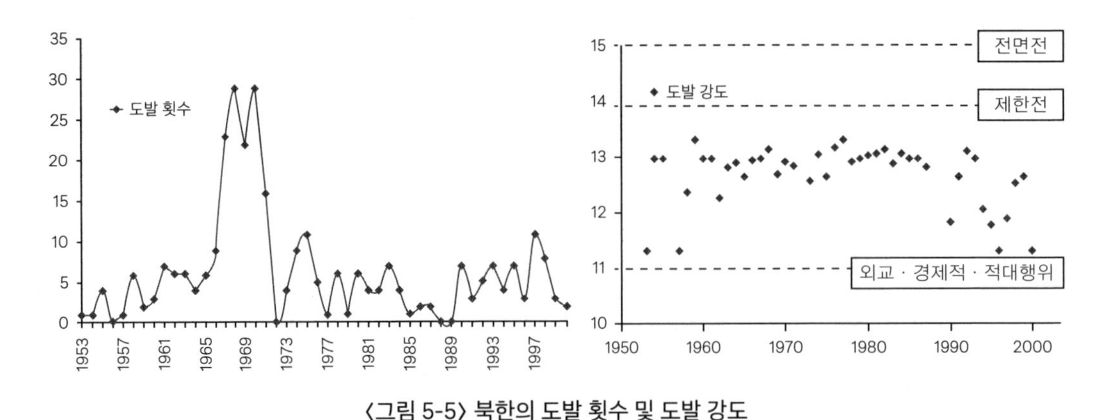

〈그림 5-5〉 북한의 도발 횟수 및 도발 강도

출처: 김종하·김남철·최영찬, 「북한의 대남 회색지대전략: 개념, 수단 그리고 전망」, 『한국군사학논총』, 2021, p. 41.

외교적·정보적·경제적 수단을 이용한 도발을 병행하고 있다. 김종하는 "북한은 군사적 수단과 타 수단의 조합에 의한 도발을 하는데, 군사적 도발은 위기를 조성하기 위한 것이며 실제로는 한국의 정치·경제·사회적 불안정을 유발하거나 협상 시 유리한 상황을 선점하기 위한 것"이라고 강조한다.[33]

이러한 북한의 대남 군사전략에 대해 한국 내에서는 '국가의 목적인 생존과 번영을 연계할 것인가? 또는 분리할 것인가?'에 대한 논란, 그리고 '같은 민족으로 상호공존 및 번영해나갈 것인가? 또는 직접적 위협으로서 생존에 위협이 되므로 강력한 군사적 대응으로 나갈 것인가?' 하는 문제가 논란으로 대두됨으로써 군사전략 수립에 영향을 미치게 되었다. 향후 북한의 도발은 다영역에서 그리고 회색지대를 이용한 도발이 예상되어 북한의 대남군사전략에 대한 대응은 더욱 복잡해져가고 있는 것이 현실이다.

33 김종하 외, 「북한의 대남 회색지대전략: 개념, 수단 그리고 전망」, 『한국군사학논총』, 2021, p. 39.

3) 군사작전 전환 시 문제점

군사작전의 성공을 위한 작전계획은 군사전략으로부터 영향을 받는다. 군사교리적 측면에서 국가정책이 군사전략에 영향을 끼치고, 군사전략은 군사작전계획에 영향을 끼치게 된다. 문제는 만약 북한이 군사적·비군사적 도발을 복합적으로 조합하여 감행한다면 대북정책의 모호성과 군사전략의 딜레마는 군사작전에 직접적인 영향을 끼치게 될 수 있다는 것이다.

대북정책의 모호성과 군사전략의 딜레마가 군사작전에 미치는 영향은 첫째, 군사지도자가 선택의 딜레마에 마주하게 된다는 것이다. 대북정책이나 군사전략이 모호하면 최후의 수단으로 군사적 수단을 사용하기로 결정했을 때 군사지도자는 '어떻게 해야 하는가?' 하는 문제에 봉착한다. 이때 군사지도자의 의사결정이 매우 중요한 요소로 등장한다. 그런데 이것은 '군사지도자의 선택이 군사력을 정치의 한 도구로 운용함에 있어서 문제통제에 부합한가?' 하는 또 다른 문제로 전환되어 문제의 복잡성을 가중시키게 된다.

대북정책을 추진하면서 통일과 평화에 대해 국가주의 패러다임, 민족주의 패러다임과 대안으로 보편주의 패러다임을 조합함에 있어서 대외적으로는 국가주의 패러다임과 보편주의 패러다임의 조합된 모습으로, 대내적으로는 민족주의 패러다임과 보편주의 패러다임의 결합된 모습으로 나타나게 될 가능성이 크며, 이는 관점에 따른 많은 모호성을 나타내게 됨으로써 이러한 정책을 지원하는 군사전략은 딜레마에 빠지게 될 수도 있다.

둘째, 북한이 한국의 대북정책의 모호성과 군사전략의 딜레마를 지속적으로 역이용한다는 것이다. 북한도 하나의 국가로서 국가전략목표를 달성하기 위해 국가안보전략과 군사전략, 그리고 이를 달성하기 위한 군사작전계획을 수립하여 시행할 것이다. 한국이 딜레마에 빠지게 되는 모호한 분야는 북한이 이용하기 좋은 회색지대가 될 것이다. 북한의 도발과 침략 위협이 다영역에서 지속되고 있는 현실이 이를 증명하고 있다.

북한은 2010년 천안함 폭침사건과 연평도 포격도발을 통해 한국의 군사적 대응에 대한 엄청난 학습을 경험했다. 북한이 얻은 학습효과는 북한의 국지적 군사도발에 대해 한국은 확전을 우려하여 강력한 대응을 하지 못한다는 것을 확인한 것이다. 이후 한국은 군사대비태세의 개선을 통해 더욱 단호하고 강력한 대응태세를 유지하고 있다. 하지만 이러한 경험은 향후 북한이 전략적 판단에 의거하여 필요하다고 판단할 경우 또 다른 도발이 발생할 수 있음을 말해주고 있다.

또한, 북한은 전쟁을 바라보는 한국 국민의 정서를 이용하기 위해 저강도의 군사도발, 사이버 공간을 이용한 공격, 언론전 등을 통해 한국 내에서 남남갈등을 유발하여 한국의 적시적절한 대응이 제한되도록 조장해나갈 것으로 예측해볼 수 있을 것이다.

셋째, 군사행동체계인 군사교리적 측면의 복잡성이다. 군사교리에서는 〈그림 5-6〉과 같이 작전단계화를 6단계 모형으로 제시하고 있다. 작전의 단계화는 작전을 효과적으로 계획하고 통제하기 위해 작전을 여러 개의 단계로 구분하고 순서화하여 단계적으로 임무를 수행하는 것이다.

〈그림 5-6〉에서 보는 바와 같이 0단계(여건조성) 및 1단계(억제)는 군사작전의 목표가 현상유지에 있으며 군사작전이 평화 지향적임을 알 수 있다. 그러나 2단계(주도권 확보) 이후부터는 군사작전의 목표가 현상변경에 있으며, 군사작전이 통일 지향적이라고 평가할 수 있다. 군사력 운용의 행동체계인 군사교리에서도 평화담론과 통일담론이 결합되어 나타나고 있다.

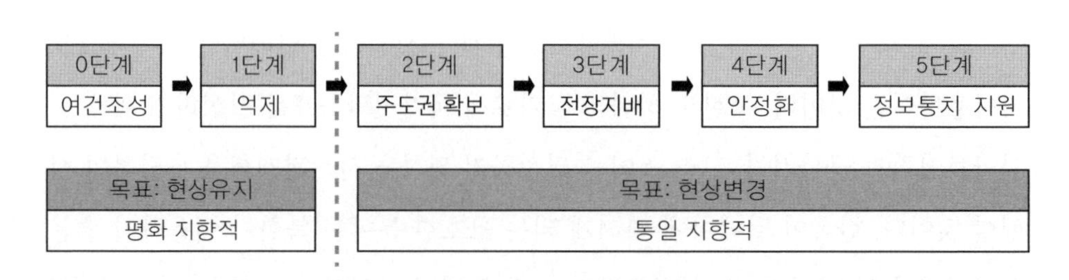

〈그림 5-6〉 작전단계화

출처: 합동교범 3-0 『합동작전』, pp. 4-3~4-7을 참고하여 필자가 재구성

평화와 통일이라는 군사전략목표가 복합적일 경우 1단계(억제)에서 2단계(주도권 확보)로 전환하는 시점에서 매우 다양한 난제들이 발생할 수밖에 없어 군사작전에 영향을 끼치게 된다. 군사작전에서 최종상태가 명확하지 않고 작전단계별 군사전략목표가 수정 및 변화될 경우 전쟁의 역사에서 군사작전의 성공 가능성은 매우 낮았다. 6·25전쟁 시 트루먼과 맥아더의 전쟁목표의 차이,[34] 그리고 미국의 베트남 전쟁 시 정치와 군사의 연계[35] 등에서 명확한 군사적 목표를 제시하지 못함으로써 대부분의 군사작전이 성공했음에도 전쟁을 승리로 이끌지 못했다는 교훈이 이를 증명한다.

4. 군사지도자의 선택

1) 국가중심적 사고에 우선한 의사결정

군사지도자는 정치지도자가 추구하는 국가정책(국가안보정책과 국가번영정책) 가운데 국가안보정책을 담당하는 사람으로, 국가안전보장을 위해 군사적 조언을 하고, 최후의 수단으로 군사력 사용 시 전쟁에서 승리해야 한다. 결과적으로 군사지도자는 국가안보를 위해 국가중심적 사고에 우선한 의사결정을 해야 한다.

한국은 기존의 통일담론에 추가하여 실리적인 평화담론이 결합된 대북정책

34 맥아더 장군은 6·25전쟁에서 인천상륙작전을 통해 전세를 뒤집는 데 성공하여 유엔군의 결정적인 전기를 마련했으나, 이후 중공군이 개입하자 만주의 중국군 기지를 폭격하고 중국 연안을 봉쇄하며 대만군을 중국 본토로 공격할 것을 트루먼 대통령에게 요구했다. 트루먼 대통령은 6·25전쟁이 세계전쟁으로 확대되는 것을 저지하는 정책의 추진으로 맥아더와 이견을 보였고, 결국 트루먼은 맥아더를 해임한 사례가 있다. 조영갑, 『민군관계와 국가안보』, 북코리아, pp. 212-213.

35 해리 서머스는 베트남 전쟁에 참전한 장성들이 전쟁목표에 대한 확신이 없었고, 정책결정자들이 달성 가능한 구체적인 목표를 제시하지 못하는 무능 때문에 실패했으며, 미군은 남베트남의 국가재건(國家再建)이라는 군사적으로 합당하지 못한 임무를 부여받았고, 앞으로 정치지도자들이 현실성 있는 정치적 목표를 부여해주어야 한다고 강조하고 있다. 해리 서머스, 민평식 역, 『미국의 월남전 전략』, 병학사, 1997, p. 135.

이 추진되는 환경 속에서 국가의 생존과 번영을 위해 노력하고 있다. 그러한 과정에서 6·25전쟁의 아픈 경험으로 인해 한반도에서 다시는 전쟁이 일어나서는 안 된다는 인식 때문에 "아무리 나쁜 평화라도 전쟁보다는 낫다"는 주장이 있기도 하다. 평화담론의 등장은 때로 국론분열 등의 논란의 모습으로 나타나기도 했다.

최후의 수단으로 군사력을 사용하고자 결정하기 전, 곧 전쟁을 시작하기 전에는 승산 있는 결정인지 국가전략적 차원에서 계산해보아야 한다. 손무의 가르침대로 전쟁은 국가의 중대사이기 때문에 신중해야 하며 위험과 비용도 계산해야 한다.[36] 이는 정치지도자의 영역이다. 그러나 국가안보 측면에서 전쟁은 국가목적-국가이익(국가목표)-국가안보정책·전략-군사전략-군사작전의 연계된 위계질서 가운데 상호작용을 통해 수행되는 것이다. 곧, 군사작전은 정치지도자의 전략 지침을 적용한 상위의 위계질서에 부합하게 군사작전을 수행하게 되는 것이다.

이러한 상황에서 국가안보를 담당하는 군사지도자는 국가중심적 사고로 접근해야 한다. 평화는 국가의 목적에 해당한다. 국가의 궁극적 목적인 생존과 번영을 위해 평화를 추구하는 것이다. 반면, 전쟁은 국가목표를 달성하기 위해 국력의 요소들을 운용하는 수단이다. 정치지도자가 최후의 수단으로 군사력을 이용한 전쟁을 하기로 결심했을 경우 평화를 달성하기 위해 전쟁을 하는 것이다. 즉, 평화는 전쟁의 목적이고 전쟁은 수단이다.

최근 들어 미래 전쟁 양상이 군사적 수단보다는 비군사적 수단의 운용, 또는 군사적 수단과 비군사적 수단의 복합적 조합방식으로 진화하고 있다는 주장이 주

---

36 손무는 『손자병법』 「시계(始計)편」에서 전쟁을 하기 전에 오사칠계(五事七計)로 계산해보라고 경고했다. 승산이 확실할 때만 군사력을 사용하여 전쟁을 하는 것이고, 승산이 없다면 전쟁을 하지 말고 때를 기다리라고 강조하고 있다. 화산, 이인호 역, 『온전하게 소통하는 손자병법』, 도서출판뿌리와이파리, 2016, pp. 36-84; 또한, 미국의 군사교리에서는 전략 수립 시에는 목표(Ends), 개념(Ways), 수단(Means), 위험(Risks), 비용(Costs)을 고려해야 한다고 기술하고 있다. 미 합동참모본부, Joint Doctrine Note 1-18 *strategy* (2018), p. I -1, 그리고 국가안보전략서에서도 군사력 운용의 기준으로 ① 사용목적과 임무가 명확하게 달성 가능한 경우, ② 통합적인 전략의 일부로서 적절한 자원이 뒷받침될 경우, ③ 국가의 가치관 및 법에 일관될 경우, ④ 자국민이 정보에 입각한 동의를 할 경우에만 무력이 행사되어야 한다고 명시했다. The White House, *INTERIM NATIONAL SECURITY STRATEGIC GUIDANCE* (March, 2021), p. 14.

류를 이루고 있다. 그렇다고 군사력을 바탕으로 국가안보를 달성하는 기존의 개념이 흔들려서는 안 된다. 미래 전쟁 양상의 변화추세에도 불구하고 강대국들은 군사력이 뒷받침된 가운데 국가안보를 달성하고, 이를 통해 국가의 번영과 발전을 꾀하고 있다. 2009년 류밍푸는 『중국몽(中國夢)』이라는 책에서 "중국이 글로벌 리더십을 확보하려면 세계적 수준의 군사력이 뒷받침되어야 하며, 미국을 추월한 이후에는 군사력으로 중국의 새로운 지위를 지켜야 한다"[37]고 역설하고 있다. 또한 크리스티안 브로스는 『킬 체인(The Kill Chain)』에서 "미중경쟁에서 미국의 가장 소중한 것을 지켜낼 수 있는 확실한 군사력이 있어야 하며, 미군이 상황을 이해하고 결정을 내리고 행동을 취하는 킬 체인을 완료해야 한다"[38]고 강조한다. 전쟁 양상의 변화에도 군사력을 바탕으로 국가안보를 달성하는 국가중심적 사고에는 변화가 없다는 것이다.

2) 국제사례의 교훈

분단국가들의 통일사례를 살펴보면, 국가중심적 사고가 우선되어야 한다는 교훈을 확인할 수 있다. 즉, 국가의 궁극적 목적인 생존과 번영에서 '생존'이라는 기본적 바탕 위에 번영을 추구해야 한다는 것을 보여주고 있다.

먼저, 독일의 통일사례를 보면 서독은 국가안보에 바탕을 둔 상태에서 국력의 차이를 이용하여 동방정책을 추진하여 동독을 흡수통일했다. 경제발전에 따른 자신감 보유, 북대서양조약기구 가입을 통한 집단안보체제의 확립, 그리고 적극적인 외교적 노력을 통해 적극적으로 동방정책을 추진할 수 있었다. 곧, 집단안보체제의 확립으로 인한 국가안보 불안요소가 감소하면서 동독에 대한 포용정책을 지속할 수 있었다.[39]

---

37 마이클 필스버리, 한정은 역, 『백년의 마라톤』, 영림카디널, 2016, pp. 45-47.

38 크리스티안 브로스, 최영진 역, 『킬 체인』, 박영사, 2022, pp. 113-114.

39 통일교육원, 『2021 한반도 평화 이해』, 통일교육원, 2021, pp. 22-24.

둘째, 베트남의 통일사례에서 남베트남은 국가안보에 대한 대비 부족으로 북베트남에 의해 적화통일되었다. 흔히들 베트남 전쟁은 미군과 북베트남군 및 인민해방전선 간의 전쟁으로 이해하는데 북베트남과 남베트남의 전쟁으로 한정하여 해석해보면, 남베트남의 최대 위협은 부패한 정부기구, 정치적 리더십의 결여, 그리고 무능한 정부군이었으며, 남베트남 정부는 국민에게 정치적 지지를 얻지 못했다. 따라서 미국의 막대한 경제원조와 강력한 군사적 지원에도 불구하고 전쟁을 승리로 이끌 능력이 전혀 없었다고 평가된다. 남베트남은 북베트남군과 인민해방전선을 굴복시킬 수 없었고, 인민해방전선의 정치공작이나 파괴공작에 효과적으로 대처하지 못했다. 미국은 냉전 시대에 공산주의의 팽창을 저지하고자 남베트남 정부를 유지하기 위해 군사적으로 개입했으나, 남베트남 정부는 국가안보를 견고히 하지 못함으로써 패배하게 되었다고 평가된다.[40]

북베트남의 정치적 목표는 자신들의 통치방식으로 베트남을 통일하는 것으로 필요한 경우 무력을 통해 통일을 달성하는 것이었으며, 일관되게 추진한 목표였다. 그러나 남베트남의 정치적 목표는 북베트남에 의해 흡수되는 현상을 방지하는 것으로 방어적인 성격의 것이었으며, 이러한 남베트남의 정치적 목표는 국민에게 지지를 받지 못했다. 미국은 남베트남군을 훈련 및 무장시켜 자국의 국가안보를 굳건히 유지하는 가운데 남베트남이 재건할 수 있도록 도와주는 것이었으나, 남베트남군은 규모와 장비 면에서 다른 선진국 군대보다 못하지 않았지만 군사작전에서 부대이탈 등의 모습으로 국가안보를 확보하려는 의지가 부족했고,[41] 결국 북베트남에 의해 통일되었다.

---

40 노나카 이쿠지로 외, 임해성 역, 『전략의 본질』, 라이프맵, 2011, pp. 283-323.

41 도날드 M. 스노우, 권영근 역, 『미국은 왜 전쟁을 하는가?』, 연경문화사, 2002, pp. 261-274.

3) 국내사례의 교훈

북한은 한국의 대북정책의 모호성과 군사전략의 딜레마를 역이용하기도 한다. 한국이 딜레마에 빠지는 이 부분이 바로 북한이 한국을 대상으로 전략·전술을 구사할 회색지대가 된다. 북한은 이러한 딜레마에 봉착하는 지점에 대한 공략 시 한국이 제대로 대응하기 어렵다는 일반적인 교훈을 도출했다. 그러나 한국 군사지도자의 적시적절하고 올바른 의사결정으로 북한의 도발을 억제하고, 도발했을 때 현장부대의 군사작전 승리를 달성한 성공사례가 있다.

먼저, 조성태 장관의 군사작전을 위한 전략지침이다. 1998년 출범한 김대중 정부는 북한에 대해 '햇볕정책'이라고 하는 유화적인 대북정책을 추진했다. 그러나 북한은 이를 역이용해 NLL의 무력화를 시도했다. 정치지도자가 추구하는 정치적 목표와 이를 이용하여 도발하는 북한군에 대한 국방목표가 충돌하게 되는 환경이었다. 조성태 국방부 장관은 이러한 환경에서 국가안보를 담당하는 자로서의 선택을 했다. 대통령의 지침은 "승리하라. 그리고 확전을 방지하라"는 것이었고, 이는 모순을 포함한 모호성을 내포하고 있어 장관은 "승리하라"를 제1의 지침으로 인식한다며 작전부대 지휘관에게 명확한 지침을 하달했다. 이러한 군사지도자의 선택에 따라 1999년 6월 15일 제1연평해전에서 승리를 이끌어낸 사례가 있다.[42]

국가안보와 관련한 위기관리는 정치적 영역에서는 전쟁을 초래하지 않는 선택을 하는 것이 일반적이고, 군사적 영역에서는 승리하는 것이다. 위기가 발생했을 때 두 가지 영역의 조화가 잘 이루어져야 하는데, 제1연평해전 이후 김대중 정부는 북측의 도발에 엄중히 항의하면서 안보를 바탕으로 한 대북포용정책을 일관성 있게 추진해나갈 것이라고 밝혔다. 이 사례는 국가안보를 바탕으로 한다는 원칙 아래 정치지도자의 지침을 따르면서 군사지도자로서 적절한 의사결정을 한 사

42 "DJ 모순된 지침 바로잡고 2함대사령관 지휘권 보장", 『신동아』 670, 2015년 6월호, pp. 282-287.

례라고 할 수 있다.

둘째, 2010년 11월 23일 발생한 연평도 포격전 이후 김관진 장관의 군사작전을 위한 전략지침이다. 연평도 포격전 직후인 2010년 12월 4일 이명박 대통령은 김관진을 국방부 장관으로 임명했다. 김관진 국방부 장관은 북한의 도발이 발생하면 주저 없이 강력히 보복할 것을 천명하면서 적이 완전히 굴복할 때까지 강력히 대응하고, 전쟁을 원하지 않지만 결코 두려워해서는 안 된다고 강조했다.[43] 이후에도 완벽한 군사대비태세를 통한 국가안보를 바탕으로 하는 "북 도발 시 지휘관에게 물을 필요 없이 즉시 응징하라"는 강력한 대응지침을 내림으로써 북한의 도발을 효과적으로 억제했다는 뜻의 '김관진 효과'라는 말이 생겨났다.[44] 국방부 장관의 이런 확실한 지침은 군사작전을 수행하는 작전부대에 실질적인 군사대비태세를 갖추게 하는 데 크게 기여한 사례라고 할 수 있다.

반면에 군사지도자의 적시적절한 의사결정의 부재로 인해 군사작전에 실패한 사례도 있다. 천안함 피격사건 및 연평도 포격전 시 의사결정의 문제였다. 먼저, 천안함 피격사건의 문제점으로 합참의 위기관리능력의 부재, 반복되는 징후정보에 대한 둔감성, 합참의 의사결정능력과 지휘능력의 부재, 해상에 대한 인식과 지식부족 등으로 나타났으며, 특히 합참은 '예고 없이 시작된 일'에 대해 적시적절한 의사결정능력이 부족했던 것으로 평가되었다.[45] 합참의 의사결정 부재는 곧바로 작전부대의 실시간 조치에 커다란 영향을 끼치게 되었고, 군사전략의 딜레마로 인해 군사작전이 실패한 사례로 남게 되었다.

민군합동조사단은 조사 결과에서 피격 직후 국방부 및 합참의 위기관리가 제대로 가동되지 못했고, 침몰원인 및 공격한 대상을 두고 판단에 혼선이 있었으며, 외교안보장관회의에서도 북한의 공격 가능성에 대해 신중한 판단을 강조한 나머

---

43 정호재, "김관진 국방부 장관 취임 '北 추가도발시 완전 굴복할 때까지 강력대응'", 『동아일보』, 2010년 12월 4일자.

44 한영탁, 「김관진 효과」, 『한국논단』 284, 2013, pp. 45-47.

45 황선남, 『조직정치와 합동성』, 북코리아, 2017, pp. 272-276.

지 신속하고 체계적인 상황조치가 이루어지지 않아 군의 군사작전에 영향을 미쳤다고 발표했다.[46] 이명박 정부의 대북정책은 북한의 어떠한 도발에도 강경하게 대응한다는 원칙을 추구하고 있었음에도 합참의 의사결정 부재로 군은 인명구조를 위한 탐색구조작전 외에 북한의 도발에 대한 확실한 군사적 대응을 하지 못했다.

둘째, 연평도 포격전 시 의사결정의 문제다. 연평도 포격전은 2010년 11월 23일 북한군이 해안포와 곡사포를 이용하여 해병대 연평부대와 일반국민이 거주하는 마을에 170여 발을 사격했고, 연평부대가 K-9 자주포를 이용하여 80여 발로 대응한 사건으로, 북한의 포격도발에도 현장부대에 대응지시를 내리지 않았던 합참의 의사결정 부재의 문제점을 드러냈다. 이때 정치지도자의 확전 자제 발언 때문에 대응수위를 낮추었다는 논란이 제기되기도 했다.[47] 동시에 현장부대의 작전지휘관으로서 단호한 대응을 하겠다는 의사결정을 하여 K-9 자주포로 대응사격을 실시한 연평부대장의 적절한 의사결정이 함께 존재했다.

성공 및 실패사례를 통해 확인할 수 있는 교훈은 첫째, 명확한 전략지침이 군사작전을 용이하게 했다는 것이다. 국가안보 차원에서 북한의 직접적인 군사적 위협이 존재하고 있어 튼튼한 국가안보를 바탕으로 대북정책을 추진해야 하며, 이때 정치지도자 및 군사지도자의 명확한 전략지침과 의사결정이 군사작전을 성공으로 이끌 수 있게 된다.

둘째, 전략지침을 제대로 이해하고, 작전부대가 군사작전을 수행할 수 있도록 하는 군사지도자의 의사결정이 작전을 승리로 이끌었다는 것이다. 군사작전으로 전환할 때 작전부대는 작전적 제한사항을 결정한다. 작전적 제한사항은 외교협정, 국제법, 정치적·경제적 여건에 따른 정부의 방침, 교전규칙 같은 기타 제약에 의해 지휘관의 행동의 자유를 제한하는 것을 말하며, 반드시 어떤 행동을 수행하라고 지시하는 준수사항과 어떤 행동을 하지 말라고 지시하는 금지사항이 있

46 대한민국 정부, 『천안함 피격사건 백서』, 2011, p. 57.

47 황선남, 『조직정치와 합동성』, 북코리아, 2017, pp. 281-286.

다.[48] 정치지도자의 전략지침을 제대로 이해하여 현장의 작전부대 지휘관이 위기 발생 시 곧바로 군사작전으로 전환 및 수행할 수 있도록 최대한 행동의 자유를 확보할 수 있도록 하는 군사지도자의 의사결정이 필요하다는 것이다.

5. 결론

국가정책-군사전략-군사작전의 관계에서, 이론적으로는 국가정책을 지원하기 위한 군사전략을 수립하고 군사전략목표를 달성하기 위한 군사작전을 수립하도록 되어 있다. 그러나 현실에서는 클라우제비츠의 가르침처럼 정보의 불확실성과 마찰에 의거하여 정치적 목적을 달성하기 위한 국가정책에서의 모호성이 발생하기도 한다. 이러한 모호성을 내포하는 국가정책은 군사전략 수립의 제한요소로 작용하여 딜레마를 형성하기도 하고, 정치지도자의 전략지침에 따라 군사작전을 계획하고 시행하는 데도 영향을 미치게 된다. 이때, 이론과 현실 사이에서 군사지도자의 선택은 국가안보를 달성하는 데 매우 중요한 요소가 아닐 수 없다.

대북정책과 군사전략의 관계를 통해 현 실태를 평가하면, 한국은 한반도의 안정과 평화를 유지하기 위해 대북정책을 추진해왔다. 북한에 대한 제 국력 수단의 운용에서 한국은 평시에는 외교·정보·경제적 요소를 주수단, 군사적 요소를 지원수단으로 운용하며, 도발 및 침략 시에는 군사적 요소를 주수단, 외교·정보·경제적 요소를 지원수단으로 운용해왔다. 곧, 평시의 제 국력요소 운용에서 군사적 수단은 상수이고, 비군사적 수단인 외교·정보·경제적 요소를 변수로 적용해온 것이다. 그러나 현재 북한의 핵·미사일, 장사정포의 위협은 지속적으로 증강하고 있어 한반도에서의 안보위협은 지속되고 있다. 곧, 국가안보 측면에서 지금까지 대북정책의 성공 여부는 좋은 평가를 받기 어렵다고 볼 수 있다.

---

48 합동참모본부, 『합동기획』, 합동참모본부, 2018, pp. 4-12~4-13.

북한이 한국을 대상으로 도발 및 침략을 감행했을 경우 군사적 요소는 주수단이 되기 때문에 변수가 된다. 경험적으로도 한국이 강력한 대응 태도를 지향했을 때 북한은 도발을 자제하거나 방향을 선회해왔고, 미온적으로 대응했을 때는 도발을 지속해왔음을 알 수 있다. 군사력을 주수단으로 운용할 때는 군사지도자의 선택이 중요한 요소로 대두됨을 확인할 수 있었다.

국제적 환경과 국내적 환경에 의거하여 정치지도자의 의사결정은 모호성을 갖게 될 수도 있으며, 그 모호성은 군사전략과 군사작전에 영향을 미치게 된다. 그래서 국가안보 담당자로서 군사지도자의 강력한 대응을 선택하는 의사결정이 한반도의 안정과 평화정착에 중요한 요소가 될 것이다. 위협이 위기로 전환 시 군사작전의 성공은 필수적인 것이며, 군사지도자의 지혜, 경험 및 역량에 의해 군사작전을 성공으로 이끌 수 있다. 국가안보에서의 안정과 완벽성이 바로 외교·정보·경제적 요소 등 다른 수단의 운용에 기반이 되기 때문이다.

국가정책, 군사전략 그리고 군사전략의 관계를 군사교리적 관점에서 살펴보면, 전쟁의 결심(시작, 종결)은 정치지도자가 중요한 역할을 수행하고, 정치지도자가 DImE(외교, 정보, 경제가 주수단, 군사는 지원수단으로 운용)로 해결 불가 시 diMe(군사가 주수단, 외교, 정보, 경제가 지원수단으로 활용)로 전쟁을 결정하게 되면 군사지도자의 역할이 중요해진다. 최후의 수단으로 정치지도자가 군사력을 운용하기로 결정했을 경우 군사지도자는 명확한 군사전략목표와 전략지침(지시)을 하달하여 작전부대가 군사작전으로 전환하고 상황 발생 시 망설임 없이 즉각적이고 적시적절한 작전을 수행할 수 있도록 해야 한다. 정치지도자와 군사지도자 모두 제 역할을 정상적으로 수행할 경우 승리의 가능성은 증대하고, 어느 한쪽이 문제가 있을 경우 또는 하나의 팀으로 소통되지 않을 경우에는 실패의 확률이 높아진다.

국가정책·전략을 담당하는 정치지도자는 국가주의 패러다임, 민족주의 패러다임, 보편주의 패러다임 등의 다양한 조합, 통일과 평화담론의 조합에 의한 대북정책을 결정할 수밖에 없을 것이며 이것은 때로 모호성을 내포할 수도 있다. 군사전략 수립을 위한 전략지침을 하달할 때도 모호하거나 역설적인 전략지침을 제

공하게 될 수도 있을 것이다.[49]

이때, 군사지도자는 국가중심적 사고에 우선순위를 둔 의사결정을 해야 한다. 왜냐하면 군사전략을 담당하는 군사지도자는 제 국력요소의 운용에서 군사적 요소를 관장하고, 정치지도자에게 군사 분야에 대해 적시적절한 조언을 하는 역할을 담당하며, 국가의 생존과 번영을 위한 국가목표를 달성함에 있어 국가의 생존과 밀접한 관련이 있는 국가안보 분야를 담당하기 때문이다. 물론 최종적인 의사결정은 제 국력요소의 종합적 운용을 고려하여 정치지도자가 하는 것이며, 군사적 요소는 최후의 수단으로 사용하기 때문에 국가안보 분야의 문제도 군사지도자의 조언과는 다른 방향으로 정치지도자가 의사결정을 할 수도 있을 것이다. 군사지도자는 정치지도자의 전략지침을 제대로 이해하고 현장의 작전부대가 군사작전을 용이하기 위한 국가안보 달성과 국가중심적 사고에 기반한 의사결정을 해야 한다.[50]

제1연평해전 이전 조성태 장관의 군사작전을 위한 전략지침과 연평도 포격전 이후 김관진 장관의 군사작전을 위한 전략지침의 사례에서 확인할 수 있듯이, 전략지침의 모호함 속에서 군사지도자로서의 국가안보에 우선한 의사결정을 함으로써 강력한 군사대비 및 대응을 했을 때 북한은 직접적 군사적 도발을 중지하고 남북고위급회담 등 다른 방향으로 선회했다. 만약, 국가안보를 담당하는 군사지도자의 국가중심적 사고를 통한 의사결정의 선택이 없다면 북한에 의한 유사한

---

49 정치지도자는 안보에 관한 위기가 발생하면 ① 국가주의 · 민족주의 · 보편주의 패러다임과 ② 통일담론과 평화담론 ③ 국가의 생존과 번영을 고려하여 전쟁을 회피할 수 있는 의사결정을 하는 경향이 강하게 작용한다. 즉, 정치지도자는 전쟁을 초래하지 않는 선택을 하는 것이 당연할 것이다.

50 정치지도자가 최후의 수단으로 군사력 사용을 결정했을 경우, 군사지도자는 승리를 목적으로 한다. 문민통제 기반의 국가에서는 정치지도자가 하달하는 전략지침에 따른 정치적 제한의 범위 내에서 군사지도자는 군사력을 운용하는 것이다. 오늘날 억제전략은 현대전략의 주요한 위치를 차지하고 있다. 곧, 현대의 전략은 군사력을 주수단이 아닌 최후의 수단으로 사용하는 것을 전제로 하여 발전하고 있으며, 전쟁에서의 승리보다는 전쟁을 예방 · 방지하기 위한 술의 개념으로 전환되었다. Thomas C. Schelling, *The Strategy of Conflict* (Cambridge: Harvard University Press, 1960), p. 9. 군사전략은 적의 도발 및 침략을 억제하고, 억제실패 시 전쟁에서의 승리를 목표로 한다. 적의 도발 및 침략이 발생했을 경우에도 정치지도자는 전쟁방지 및 확전방지를 고려하는 것은 당연한 일이라고 볼 수 있다.

도발은 지속될 가능성이 높다.

문민통제 하에서 군사지도자의 역할은 정치지도자에게 군사적 조언을 하는 것이며, 정치지도자는 일반적으로 국가안보를 위해 군사적 조언을 반영한 의사결정을 할 것이나, 제 국력요소를 종합적으로 판단한 결과로 군사지도자의 조언과 다른 의사결정을 할 수도 있을 것이다. 또한, 최후의 수단으로 군사력을 운용하기로 결심했을 때도 모호하거나 역설적이거나 상충되는 전략지침을 하달하는 경우가 발생할 수도 있을 것이다. 군사지도자의 국가중심적 사고에 우선한 의사결정의 중요성과 더불어, 정치지도자가 최후의 수단으로 군사적 수단을 사용하기로 의사결정을 했을 때 군사작전을 수행하는 가운데 예상과 달리 군사작전을 실패했을 경우에 그 책임을 지는 것도 군사지도자에게 매우 중요한 요소가 될 것이다. 군사작전에 실패했을 때 군사지도자의 책임에 대한 더욱 세부적인 연구도 필요할 것이다.

참고문헌

국가안전보장회의(NSC). 『평화번영과 국가안보』. 2004.

국방대학교 국가안전보장문제연구소. 『2020년 범국민 안보의식 조사』. 국가안보문제연구소, 2020.

김기정. 『한국 외교 전략의 역사와 과제』. 서강대학교출판부, 2019.

김종하 · 김남철 · 최영찬. 「북한의 대남 회색지대전략: 개념, 수단 그리고 전망」. 『한국군사학논총』, 2021.

노나카 이쿠지로 외. 임해성 역. 『전략의 본질』. 라이프맵, 2011.

대한민국 정부. 『천안함 피격사건 백서』. 2011.

도날드 M. 스노우. 권영근 역. 『미국은 왜 전쟁을 하는가?』. 연경문화사, 2002.

마이클 필스버리. 한정은 역. 『백년의 마라톤』. 영림카디널, 2016.

미 합동참모본부. Joint Doctrine Note 1-18 『strategy』, 2018.

서보혁. 「보편주의 통일론의 탐색」. 『한국국제정치학회소식』 149, 2014.

이용필. 「국제위기와 국가위기관리」. 『위기관리론 이론과 사례』. 인간사랑, 1992.

정수일. 『민족론과 통일담론』. ㈜통일뉴스, 2020.
정영철. 「국가-미족 우선의 통일론에 대한 성찰」. 『통일인문학』 74, 2018.
조영갑. 『국가안보학』. 선학사, 2009.
______. 『민군관계와 국가안보』. 북코리아, 2009.
카를 폰 클라우제비츠. 황제승 역. 『전쟁론』. 책세상, 2008.
크리스티안 브로스. 최영진 역. 『킬 체인』. 박영사, 2022.
통일교육원. 『2021 한반도 통일 이해』. 통일교육원, 2021.
하정열. 『국가전략론』. 박영사, 2009.
한영탁. 「김관진 효과」. 『한국논단』 284, 2013.
합동참모본부. 합동교범 0 『군사기본교리』. 합동참모본부, 2014.
______. 합동교범 5-0 『합동기획』. 합동참모본부, 2018.
______. 합동교범 10-2 『합동 · 연합작전 군사용어사전』. 합동참모본부, 2020.
해리 서머스. 민평식 역. 『미국의 월남전 전략』. 병학사, 1997.
화산. 이인호 역. 『온전하게 소통하는 손자병법』. 도서출판 뿌리와이파리, 2016.
황선남. 『조직정치와 합동성』. 북코리아, 2017.

Lyle J. Morris, et al. *Gaining Competitive Advantage in the Gray Zone: Response Options for Coercive A ggression Below the Threshold of Major War*. Santa Monica: RAND Corporation, 2019.
The White House. *Interim National Security Strategic Guidance*. March, 2021.
Thomas C. Schelling. *The Strategy of Conflict*. Cambrige: Harvard University Press, 1960.

고대훈. "통일은 소원이 아니었다. …20대와의 대화". 『중앙일보』, 2018년 4월 13일자.
국방부. 국방부 훈령 제2627호 『국방기획관리기본훈령』, 2022.
이하원. "한국은 과연 통일을 원하는가?". 『조선일보』, 2008년 12월 22일자.
정호재. "김관진 국방부 장관 취임 '北 추가도발시 완전 굴복할 때까지 강력대응'". 『동아일보』, 2010년 12월 4일자.
제23회 국무회의 의결(1973. 2. 16. 의안번호 제367호).
"천안함 사건 이명박 대통령 대국민담화 전문". 『조선일보』, 2010년 5월 24일자.
황경상. "군, 대북 선제대응으로 '능동적 억제'". 『경향신문』, 2014년 3월 6일자.
"DJ 모순된 지침 바로잡고 2함대사령관 지휘권 보장". 『신동아』 670호, 2015년 6월호.
"6.15 서해교전 변함없는 '햇볕정책'". 『조선일보』, 1999년 6월 16일자.

6장

군사지휘관의 지휘결심 타당성 분석과 시사점: 태평양 전쟁 중 필리핀해 해전의 지휘결심 사례 중심[1]

최영찬

1. 서론

본 논문의 목적은 태평양 전쟁 중 필리핀해 해전[2] 수행과정에서 있었던 스프루언스(Raymond A. Spruance) 제독과 미처(Marc A. Mitscher) 제독 간 작전수행 건의와 지휘결심 사례를 교범에 명시되어 있는 방책들의 타당성 판단기준, 그리고 작전을 수행하는 전 과정에서 부대 또는 전투력 운용에 영향을 미치는 상황평가와 판단기준인 임무변수[3]로 분석하는 것이다.

---

1 이 글은『합동군사연구』32, 2021에 발표한 논문을 수정 및 보완한 것이다.

2 일본에서는 필리핀해 해전을 '마리아나 해전'으로 호칭하기도 한다.

3 방책타당성 판단기준은 적합성, 실행 가능성, 수용성, 구분성, 완전성을 말하고, 임무변수는 전술적 고려요소(METT+TC)라고 하며 임무, 적, 지형 및 기상, 가용부대, 가용시간 등을 말한다. 합참,『합동

연구목적을 이와 같이 설정한 첫 번째 이유는 두 군사지휘관의 지휘결심 및 판단에 대한 용병술 수준 — 전략적 · 작전적 · 전술적 수준 — 에 대한 논의가 필요했기 때문이다. 필리핀해 해전에서도 두 지휘관의 지휘결심과 판단은 미국의 태평양 전쟁 전략과 국가목표와 국가이익에 영향을 미칠 수 있는 매우 중요한 사안이었다. 하지만 두 지휘관의 지휘결심이 용병술 수준에서 적합했는지에 대해서는 아직까지 논란이 되고 있다.

오늘날 용병술 수준은 투입된 부대규모나 작전지역의 대소와 관계없이 이들의 행동이 국가이익에 얼마나 직접적인 영향을 미치느냐에 따라 결정된다고 볼 수 있다. 소규모 부대의 행동이 작전적 수준의 행동이 될 수도 있는 반면, 역으로 대규모 부대라도 전술적 수준이 될 수 있다. 대규모 부대라고 하더라도 작전술 차원의 고려가 아닌 단순한 전투행위의 임무에 투입될 경우 이들은 전술적 차원의 행위를 하는 것이다.[4] 이러한 논리는 '전략적 상병(Strategic Corporal)'[5]이라는 용어로도 설명되고 있다. 이러한 맥락에서 두 군사지휘관의 지휘결심 및 판단이 임무변수와 방책 타당성 판단기준에 충족할 수 있는 것이었는지에 대한 분석이 필요했다.

전술한 바와 같이 두 군사지휘관의 상반된 지휘결심 및 판단에 대한 찬반 논쟁은 태평양 전쟁이 종료된 이후에도 지속되었지만, 아직까지 결론에 도달하지 못했다. 니미츠(Chester W. Nimitz) 제독은 일본 본토공략을 위한 차기작전의 근거지

교범 5-0: 합동기획』, 합동참모본부, 2018, pp. 4-35~4-38; 육군, 『야전교범 1: 지상작전』, 육군본부, 2018, pp. 4-2~4-3.

4 오늘날의 무력행사는 항상 전략제대-작전술제대-전술제대의 순차적인 절차를 거쳐 이루어지지 않을 수 있다. 예를 들어 영국의 포클랜드 전쟁이나, 미국의 빈라덴 공격작전 같은 작전은 비록 전술제대 또는 그 이하 규모의 전투부대에 의해 교전이 이루어지나, 그들의 행위가 곧 국가이익과 직결되기 때문에 그 부대의 행동은 곧 작전적 수준의 행동이라 할 수 있다. 즉, 대규모 부대라고 하더라도 작전술 차원의 고려가 아닌 단순한 전투행위의 임무에 투입될 경우 이들은 전술적 차원의 행위를 하는 것이다. 김정익, 「작전적 수준과 작전술」, 『한국군사학논총』 4(1), 2015, pp. 73-74.

5 전략적 상병이란 자신의 행동이 전술적 수준뿐만 아니라 작전 및 전략수준에도 영향을 미칠 수 있는 사람을 의미한다. 따라서 용병술체계는 부대의 크고 작음보다는 부대 또는 역할에 따라 결정된다. 로렌스 프리드먼, 이경식 역, 『전략의 역사』, 비즈니스북스, 2019, p. 435.

로 마리아나제도에 있는 사이판, 티니안, 괌 등의 점령을 5함대사령관인 스프루언스 제독에게 지시한다. 일본은 이를 저지하기 위해 연합함대를 구성하여 함대결전[6]을 계획하게 되고, 미국과 일본함대 간 탐색 초기단계에서 항모기동부대사령관인 미처 제독은 스프루언스 제독에게 일본함대와 근접하여 함대결전을 할 수 있도록 마리아나제도 인근의 미군 전력들을 필리핀해로 서진(西進)시킬 것을 건의했으나, 스프루언스는 이를 반려하고 동진(東進)했다.[7]

두 제독의 건의 및 지휘결심은 후일 지휘관 판단의 쟁점과 논란이 되었다. 대부분 미처 쪽이 훌륭한 판단을 했다고 주장하고 있으나, 미처 쪽에 비중을 두는 부류는 대부분 미국 군인이라는 점과 이 부류들은 당시 군내 전반적으로 만연해 있던 함대결전을 통해 일본해군 격멸이라는 마한의 사상(Mahanian)에 심취해 있던 부류였기 때문에 더욱 객관적인 연구의 필요성이 제기되었다.

둘째, 필리핀해 해전이 태평양 전쟁에 미친 영향에 비해 상대적으로 연구가 미비했기 때문이다. 필리핀해 해전에서 일본함대는 단 이틀 동안 90% 이상의 전력을 손실하게 됨으로써 재기불능상태에 처하게 되었다. 필리핀해 해전은 실질적으로 일본해군 항모부대의 소멸을 자초함으로써 태평양 전쟁 승패의 분수령이 된 결정적인 해전이었다. 미국은 이 해전을 통해 전쟁의 주도권을 잡고 작전을 수행할 수 있었던 반면, 일본은 수세적 입장으로 전환할 수밖에 없었다.[8]

본 논문의 연구대상은 필리핀해 해전에 국한하며, 분석 시 임무변수 중 평가에 제한이 있는 민간요소와 방책 타당성 판단기준 중 구분성과 완전성 부분은 분석에서 제외했다.

---

6 함대결전(Decisive Engagement of Fleet)은 두 국가 주력함대 간 결전을 의미한다. 마한은 제해권을 획득하기 위해서는 적 함대를 격멸해야 하고, 그 유일한 수단이 함대결전이며, 따라서 해군작전은 적 함대를 찾아 결전을 수행하는 데 주력해야 한다고 주장했다. 해군 전력분석시험평가단, 『해양전략용어 해설집』, 해군 전력분석시험평가단, 2017, p. 130.

7 해군대학, 『필리핀해 작전』, 해군대학, 1980, p. 63, 106.

8 일본에서는 필리핀해 해전을 전략적으로 패전을 최종적으로 결정한 전투이며, 최후 옥쇄전으로 평가한다. 후지와라 아키라, 엄수현 역, 『일본군사사』, 시사일본어사, 1994, pp. 266-270.

2. 분석을 위한 이론적 고찰

1) 임무변수의 개념

작전수행과정은 작전을 수행하는 일련의 순환과정으로 계획수립, 작전준비, 실시, 평가의 연속적이고 반복적인 과정으로, 전장상황 변화에 따라 여러 가지 활동이 순차적 또는 동시적으로 이루어지도록 한다. 작전수행 과정상의 사고과정과 행위과정은 작전수행 전 과정에서 지속적으로 이루어지는 지휘관과 참모의 활동이며, 사고과정의 내용을 행위과정을 통해 공유하게 된다. 지휘관과 참모는 작전을 계획·준비·실시할 때 각각 또는 함께 사고하고 행동하면서 지속적으로 노력이 통합되도록 활동한다. 사고과정은 지휘관과 참모가 논리적으로 생각하는 것으로 통상적으로 상황평가, 참모판단, 지휘관 판단, 작전구상 등이 있다.[9]

상황평가(Evaluation of Situation)는 작전환경을 포괄적으로 이해한 가운데 변화하는 상황이 작전에 미치는 영향을 판단하고 분석하는 활동이다.[10] 이는 지휘관과 참모가 상황이 작전에 미치는 영향을 평가하는 것으로 임무변수(Mission Variables)를 활용한다. 육군에서는 이를 '전술적 고려요소'라고도 하며, METT+TC(Mission, Enermy, Terrain, Weather, Troops + Time, Civil)로 상황을 평가한다. 즉, 임무변수는 작전환경 특징이 임무에 어떻게 영향을 미치는가를 분석하는 수단과 방법이며, 작전을 수행하는 전 과정에서 부대를 효율적으로 운용하기 위해 고려해야 할 사항이다.[11]

작전수행과정 상황평가 요소인 임무변수는 지휘관과 참모 판단의 기초가 된다. 각 전술적 고려요소는 전투 간 수시로 변화하여 동일한 상황을 만들어내지 않

---

9 육군, 『야전교범 1: 지상작전』, pp. 4-2~4-3.

10 합참, 『합동교범 10-2: 합동연합작전 군사용어사전』, 합동참모본부, 2020, p. 156.

11 임무변수와 유사용어로 '작전변수'라는 것이 있다. 작전변수(PMESII-PT)란 PMESII체계에 물리적 환경(Physical environment)과 시간(Time)을 추가한 용어로, 작전환경을 이해하는 수단이나 방법을 말한다. 합참, 『합동교범 5-0: 합동기획』, p. 3-44; 육군본부, 『야전교범 1-1: 군사용어』, 육군본부, 2019, p. 87.

는 가변성 있는 변수다. 이는 각급 제대 지휘관과 참모가 변수들의 상호작용을 통해 피아 작전에 미치는 영향과 상관관계를 논리적으로 분석할 수 있는 도구다. 전술적 고려요소는 지휘관과 참모가 자신의 책임분야에 대해 상황평가를 통해 과업달성 가능성과 제한사항을 도출하고, 상황평가와 과업평가를 기초로 상황판단을 하는 데 활용된다.[12] 이러한 상황판단을 효과적으로 수행하기 위해 사용되는 도구는 상황에 따라 다를 수 있으나, 일반적으로 이용할 수 있는 것은 임무변수를 활용한 방법이다. 임무변수의 각 요소에 대한 개념[13]은 다음과 같다.

먼저, 임무(Mission)는 부대 또는 개인이 상급부대에서 부여한 과업을 기초로 해야 할 일을 결정한 것으로 임무변수의 핵심이다. 임무는 다른 요소들이 부대 또는 전투력 운용에 어떠한 영향을 미치는지에 대한 평가 및 분석의 기준이 되며, 상급지휘관의 의도, 적 위협 변화, 부여된 과업 조정에 따라 변경될 수 있다. 다른 임무변수 분석 및 평가결과와 연계하여 상급부대 작전목적 달성을 위한 임무달성 제한사항, 임무 재조정 필요성 여부 등을 판단하여 대책을 강구한다.

적(Enermy)은 싸워야 할 대상의 배치 및 구성, 위협, 기도, 강약점 등을 평가 및 분석하는 것으로 임무달성에 영향을 주는 잠재적 적까지 평가 및 분석한다.

작전지역의 지형 및 기상(Terrain & Weather)은 전투 시 피아에 마찰요인이면서 상승요인으로 작용할 수 있다. 지형 및 기상이 피아 작전에 미치는 영향을 평가 및 분석하여 아군은 이를 최대한 이용하거나 대비하고, 적에게는 마찰 요인을 증대시키도록 이용해야 한다.

가용부대(Troops)는 임무달성을 위해 운용하거나 지원받을 수 있는 전투력의 총체적 역량으로, 가용부대 규모와 수, 형태, 능력, 훈련 상태 등 전투력의 양뿐만 아니라 질까지 평가 및 분석하여 능력을 최대한 발휘하도록 하되, 제한사항은 극복할 수 있는 대책을 강구해야 한다.

---

12 육군본부, 『야전교범 기준 3-1: 전술』, 육군본부, 2017, p. 2-4.

13 위의 책, pp. 2-3~2-4.

가용시간(Time)은 아군이 작전준비 또는 임무수행을 위해 물리적 시간과 피아 작전속도를 고려한 시간 등을 평가 및 분석하여 적시성을 달성하는 데 활용한다.

민간요소(Civil)는 아군이 활용함으로써 효과적인 작전수행이 가능한 반면, 적이 이용하거나 파괴 시 혼란이 가중될 수 있으므로 작전지역 내 주민, 민간기관 및 시설 등 유·무형 요소가 군사작전에 어떤 영향을 미치는가를 평가 분석한다.

2) 방책 타당성 판단기준의 개념

방책분석에 선정된 모든 방책은 타당해야 하며, 참모는 적합성, 실행 가능성, 수용성, 구분성, 완전성의 다섯 가지 타당성 판단기준 중 어느 하나라도 충족하지 못하는 방책은 제거해야 한다.[14] 먼저, 적합성(Adequate)으로 유효한 방책은 지휘관의 지침 범위 내에서 임무를 달성할 수 있어야 하며, 다음 몇 가지 요건을 구비해야 한다. 즉, '방책이 임무를 달성할 수 있는 것인가?', '지휘관 의도를 충족하는 것인가?', '모든 필수과정을 완수할 수 있는 것인가?', '요망하는 군사적 최종상태를 달성할 수 있는 것인가?' 등의 검사를 충족해야 한다.

둘째, 실행 가능성(Feasible)은 방책이 계획된 시간, 공간, 자산의 범위 내에서 임무를 달성할 수 있는지를 평가하는 요소다. 할당된 부대와 자산을 이용하여 계획된 시간 내에 물리적 환경의 어려움과 적의 저항을 극복하고 방책을 수행할 수 있다면, 실행 가능성이 있는 것이다.

셋째, 수용성(Acceptable)은 방책이 예상되는 비용 및 위험과 얻을 수 있는 이익을 비교하여 균형을 유지해야 하며, 다음 몇 가지 요건을 구비해야 한다. 우선, '방책이 수용할 수 없는 위험을 내포하고 있는가?'이다. 이것은 비용을 지불할 가치가 있는지 평가하는 것을 말한다. 비용을 지불할 가치가 있다고 판단되면 그 방책은 수용성이 있는 것으로 판단한다. 이때 판단기준은 부대, 시간, 위치 및 기회 면

14 합동군사대학, 『미 합동교범 5-0 번역본: 합동기획』, 합동군사대학교, 2017, pp. 139-140.

에서 아군의 손실을 평가하는 것이다.

넷째, 구분성(Distinguishable)은 주된 노력의 중점과 방향, 기동계획, 순차적 기동 대 동시 병행적인 기동, 임무달성을 위한 격퇴 및 안정화 메커니즘, 전투편성, 예비대의 운용 등 여러 요소가 다른 방책들과 충분히 구분될 수 있어야 한다.

끝으로, 완전성(Complete)은 방책이 누가, 무엇을, 언제, 어디서, 어떻게, 왜라는 요소를 기술할 수 있어야 하며, 작전목표, 효과 및 과업, 필요한 주요 부대, 전개, 운용, 지속지원 개념, 작전목표 달성에 필요한 시간 판단, 군사적 최종상태 등의 요소들을 포함해야 한다.

3. 필리핀해 해전 수행과정 분석과 쟁점

이 장에서는 작전수행과정 상황평가 요소인 임무변수와 방책 타당성 판단기준을 활용한 분석을 실시하기 전에 필리핀해 해전 시 미국과 일본의 전략과 필리핀해 해전 수행과정에서 발생한 두 지휘관 간의 지휘결심 내용과 그 결과에 따른 논란들에 대해 논의해보고자 한다.

1) 미국과 일본의 필리핀해 해전 수행 전략

(1) 일본의 필리핀해 해전 수행 전략

태평양 전쟁에서 일본의 전쟁목적은 스스로 위치를 지키고 방위함을 뜻하는 자존자위를 수행하고, 대동아의 신질서를 수행하는 것이었다. 이 두 가지 목적 중 중점은 자존자위이며, 신질서 건설은 작전 결과로 얻어지는 결과적인 것으로 양자는 표리관계에 있었다. 즉 지도자들 간에 견해가 일치되지 않아 천황이나 해군

은 자존자위에 중점을 두었으나, 정부나 육군은 신질서 건설에 비중을 두었다.[15]

일본 대본영의 군사목표는 남방자원지대를 공략하여 장기지구전에 대비하고 전략상 장기불패 태세를 확립하는 것이었으며, 이에 육군부의 작전계획은 남방작전을 주체로 동아시아에서 미국과 영국에 이어 네덜란드 주요 근거지를 제거하여 남방의 중요지역을 점령 · 확보하는 것이었고, 해군부는 신속히 적의 함대 및 항공병력을 격멸하여 남방 중요지역을 점령 · 확보하고 지구불패의 태세를 확보하며, 이사이에 적 함대가 공격하면 추격 격멸하여 전의를 분쇄한다는 것이었다.[16]

일본의 전쟁목적과 군사목표는 20세기 들어 잠재적국 1순위로 등장한 미국에 대항하기 위한 작전개념으로 현실화되었다.[17] 즉, "열세한 해군력을 가지고 어떻게 우세한 미국의 해군력에 도전할 것인가?"라는 딜레마에서 일본은 차단-소모전략을 수립하게 되었다. "방어는 충분하나, 공격은 불충분하다(Sufficiant to Defend but Insufficiant to Attack)"라는 딜레마에서 도출된 차단-소모전략은 일본이 확보하고 있는 해양도서 및 해상 플랫폼들의 작전반경을 고려하여 방어구역을 설정하고, 소모전을 통해 방어구역을 통과하는 적을 축차적으로 공격하여 전력을 약화시키며, 결정적 지점에서 함대결전을 통해 대응한다는 작전개념으로 발현되었다.[18]

이러한 작전개념은 3단계로 구성되었다.[19] 1단계는 잠수함 함대를 미 함대의 소재지에 파견하여 그 동정을 감시하고 미 함대가 출격한 경우에는 추적하여 동정을 명확하게 파악하는 한편, 반복적인 습격으로 적 전력을 감쇄시키는 것이다. 2단계는 기지항공부대를 마리아나, 캐롤라인, 마셜군도에 전개하고 적 함대가 그 세력권 내에 진입하면, 육상항공부대와 항모 탑재 항공부대가 협력하여 공격을

---

15 森松俊夫, 국방대학교 역, 『전쟁지도사: 일본의 대본영』, 국방대학원, 1985, pp. 136-137.

16 위의 책, pp. 298, 317-318.

17 일본은 러일전쟁에서 승리한 후 1907년 4월 국방제국방침(帝國國防方針)을 최초로 제정하여 러시아, 프랑스와 함께 미국을 가상적국의 하나로 상정했다. 해군본부, 『일본 · 영국 해군사연구: 해군력 발전 · 건설과정을 중심으로』, 해군본부, 1997, pp. 9-63.

18 장광호, 『미국의 태평양 해양전략 전개에 관한 연구』, 국방대학교 박사학위논문, 2015, pp. 168-169.

19 정호섭, 「태평양 전쟁시 일본의 해양전략상의 실착」, 『해양전략』 106, 2000, p. 25.

가함으로써 적 세력을 한층 감쇄시킨다. 마지막 3단계에서는 적 함대가 결전장에 도착하면 고속전함으로 호위된 수뢰전대가 야간 어뢰공격을 감행하여 적 함대에 커다란 타격을 부여하고, 야전에 이어서 여명 이후에는 전함부대를 중핵으로 하는 전 병력을 집결하여 결전을 수행함으로써 적을 격멸한다는 개념이다.

이러한 작전단계는 필리핀해 해전에도 투영되었다. 일본은 함대결전 전략을 바탕으로 한 아호작전을 계획하고 최후의 결전을 준비했다. 아호작전은 해 · 육상 항공기의 동시 집결이 용이한 서캐롤라인 해역을 주 전장으로 하여 티니안에 본부를 둔 가쿠다 중장이 지휘하는 1항공함대 1,600여 대의 육상 항공기와 오자와 지사부로의 제1기동함대가 미 함대를 격멸한다는 개념이었다. 오자와에게는 니미츠와 스프루언스를 상대하여 함대결전을 수행하기 위해 오자와 함대를 제외한 1개 이상의 부대가 필요했다. 즉, 그에게는 육상기지 항공기 지원이 필요했던 것이다.[20] 오자와의 계획은 스프루언스의 5함대를 육상기지 항공력과 항공모함 항공력의 맹공 속으로 밀어 넣는 것이었다.

이를 위해 일본함대의 1기동함대 사령관인 오자와는 함재기의 성능을 최대한 활용하기 위해 적으로부터 380마일 이상 이격된 거리에서 공격기를 발진시켜 선제공격을 가하는 이점을 노리고, 종심 배치진으로 미 해군함정과 함재기의 사정권 밖에서 전투를 전개하는 아웃레인지(Out Range) 전법을 구상하여 작전에 임했다. 즉, 상대보다 긴 팔로 상대의 팔이 닿지 않는 거리에서 자유자재로 때려눕힌다는 개념으로 수적 열세를 극복하려 했다.[21]

(2) 미국의 필리핀해 해전 수행 전략

미국은 러일전쟁 전에 러시아가 차지하고 있던 힘과 영향력의 대체자로 일본이 등장함에 따라 일본을 공식적 잠재적국으로 인식하기 시작했고, 오렌지계획을

---

20 Paul S. Dull, *A Battle History of the Imperial Japanese Navy, 1941-1945* (Annapolis: Naval Institue Press, 1978), p. 303.

21 박지환, 「필리핀해 해전시 미 · 일 해상지휘관의 작전적 사고」, 『세계의 함선』, 2019, p. 114-105.

수립하여 일본과 전쟁을 구체화했다. 오렌지계획은 미국의 대일 전쟁구상으로 세 가지 기본요소를 바탕으로 계획되었다. 즉, 미국의 태평양전략은 무엇보다 본토 및 하와이에서 서태평양까지의 거리(Distance)와 우세한 해·공군력이라는 힘(Power)의 방정식이었다. 여기에 추가되는 요소는 바로 섬나라 일본의 고립적인 특성인 지리(Geography), 즉 해상교역에 의존한다는 전략적 취약점이었다.

오렌지계획에서는 거리, 힘 및 지리라는 세 가지 요소를 바탕으로 3단계 작전 개념을 상정하고 있다.[22] 첫 번째 단계에서 일본은 미국의 극동기지들을 탈취하여 말레이 및 네덜란드령 동인도제도 등 남방 및 서방지역의 유전과 천연자원을 장악하게 되는데, 이때 필리핀에 있는 미군 요새들은 일본의 전진을 지연시키는 역할을 할 것이며, 태평양함대는 일본의 주력공격으로부터 치명적인 피해를 모면하여 적의 취약기지를 타격하면서 전투기회를 노리게 된다는 것이다.

두 번째 단계에서는 우세한 해군과 항공력으로 구성된 미 원정군이 서쪽으로 반격하며, 소규모이지만 격렬한 전투를 통해 중앙태평양에 있는 일본의 점령도서들을 미국이 탈취함으로써 전방 해·공군기지가 구축되고 병참선을 확보한다는 것이다. 이에 일본에 의해 탈취된 도서들에 대해 연쇄적으로 상륙작전이 실시되며, 일본은 이를 방지하기 위해 함대결전에 임하게 된다고 상정한다.

세 번째 단계에서는 일본에 대한 경제전을 수행하는 데 필요한 도서기지들을 구축하기 위해 미군은 일본의 외곽도서들을 따라 북진하며, 일본이 평화협상을 요청해올 때까지 주요 항만 봉쇄와 산업중심지에 대한 공중폭격으로 유린하고, 결국 일본을 항복하게 만든다는 것이다. 즉, 미국의 전쟁목적은 일본을 굴복시키는 것이다. 전략도서를 획득하고 일본함대를 격파시킨 후, 일본 본토를 봉쇄하여 완전한 승리를 달성하는 것이었다.

미국은 오렌지계획의 2단계 작전수행을 위해 니미츠 라인인 중부태평양 횡

---

22 오렌지계획의 최초입안자는 1907~1911년간 미 해군대학에서 교관을 역임한 제임스 올리버(James H. Oliver) 중령으로 전해진다. 오렌지계획 3단계 작전 개념에 대해서는 에드워드 S. 밀러, 김현승 역, 『오렌지 전쟁계획: 태평양 전쟁을 승리로 이끈 미국의 전략, 1897-1945』, 연경문화사, 2015, p. 23.

단과 맥아더 라인인 뉴기니-민다나오를 양축으로 일본을 공격하는 2정면 전략(Dual Advance)을 선택하고 마리아나제도의 사이판, 티니안, 괌 점령을 군사목표로 설정했다. 마리아나제도를 장악할 경우 일본의 전진기지들을 고립시켜 일본을 압박할 수 있고, 해상교통로 차단에 유리한 위치를 점할 수 있으며, 일본 본토의 붕괴를 막기 위해 일본함대가 나서게 될 것이고, 미 함대는 일본함대와 함대결전에서 승리하여 전쟁의 승패를 결정지을 수 있게 된다고 판단했다. 2정면 전략의 군사목표를 달성하기 위한 임무는 스프루언스가 수행하게 되었다.

결과론적으로, 1944년 7월 미국의 마리아나제도 점령은 네 가지 중요한 결과를 낳았다. 첫째, 일본해군은 미 함대에 대항하기 위해 잔여 항공함대 전력의 대부분을 동원했으나, '마리아나의 대규모 칠면조 사냥(Turkey Shoot)'[23]이라고 불린 미 해군의 일방적인 공격으로 인해 대부분의 항공기를 상실했고, 일본함대는 두 번 다시 미 함대를 위협하지 못하게 되었다. 둘째, 괌에는 미 해군의 보급기지가 설치되었고, 이후 태평양함대 사령부가 이곳으로 이동함으로써 괌은 태평양 전쟁의 3단계 작전을 지원하는 3개의 서태평양 전략기지 중 하나가 되었다. 셋째, 사이판, 티니안 및 괌 점령으로 예상보다 6~9개월 앞서 일본 본토를 직접 폭격할 수 있는 중폭격기 전개기지를 확보하게 되었다.[24]

2) 필리핀해 해전 수행 경과

1942년 6월 미드웨이 해전 이후 전쟁의 주도권을 잡은 미국은 1943년 1월 과달카날에서 일본군을 격퇴하고 솔로몬제도로 북상하면서 전력을 재정비했다.

---

23 칠면조 사냥이란 미국과 일본해군 함재기 간 공중 요격전에서 압도적인 승리를 거둔 후 렉싱턴항모에 탑재되어 있던 F6F Hellcat 조종사가 "해냈다! 이건 익숙한 칠면조 사냥같잖아?!"라고 아유했고, 이것이 나중에 'Great Mariana's Turkey Shoot'이라는 말의 어원이 되었다. 박지환 역, 앞의 논문, pp. 114-106~114-107.

24 에드워드 S. 밀러, 김현승 역, 앞의 책, p. 537.

1944년에 접어들면서 반격의 속도를 높이던 미국 지휘부에서는 일본 본토로부터의 보급선을 차단할 수 있을 뿐 아니라 전략적 가치를 고려하여 B-52 폭격기로 일본 본토 공습이 가능한 마리아나제도를 탈취·확보하고자 했다.[25]

이에 따라 미 태평양 함대는 1943년 11월 길버트제도의 타라와와 마킨섬을, 1944년 1월에는 마셜제도의 쿼잘린과 매주로섬을, 2월에는 에니웨톡섬을 점령했으며, 4월에는 항모기동부대가 캐롤라인제도의 일본기지 트럭섬을 공습으로 무력화시켰다.[26] 중부태평양을 횡단하여 진격한 미 해군은 일본군의 방어시설이 있는 도서는 항모기와 함포사격으로 무력화시키는 한편, 비교적 방어가 취약한 도서를 골라 상륙·점령하는 이른바 개구리 뛰기식(Frog Jump) 전법으로 전진했으며, 6월에는 스프루언스가 지휘하는 58기동함대를 일본의 절대 방위선인 마리아나제도로 진출시켜 사이판, 티니안, 괌을 점령하기로 계획했다.[27]

일본은 본토를 방어하고 해상교통로를 유지하기 위한 방어선을 필리핀을 중심으로 한 마리아나제도로 결정하고, 미국과 결전을 계획하고 있었다. 일본의 연합함대는 함대결전의 시기가 임박했음을 인식했다. 이에 오자와 지사부로 제독의 지휘하에 항모를 주력으로 하는 1기동함대를 창단하여 필리핀과 보루네오섬 중간의 타위타위섬을 거점으로 일본의 절대국방권 각지에 대한 전력을 증원함과 동시에, 미국이 공격해올 경우에 대비한 반격작전인 아호작전을 수립했다. 태평양전쟁 중 일본의 절대국방권 현황은 〈그림 6-1〉과 같다.

필리핀해 해전은 1944년 6월 11일 미국의 사이판 강습으로 시작되었다.[28]

---

25 해군대학, 『상륙전사』, 해군대학, 2000, pp. 244-245. 마리아나제도에 폭격기를 배치했을 경우, 일본 본토와 2,500마일, 폭격기로 3시간 이내 본토 공격이 가능해진다.

26 해군대학, 『세계해전사』, 해군대학, 1998, pp. 331-332.

27 '아일랜드 호핑(Island Hopping, 징검다리) 전략'으로 호칭되기도 하는데, 미국은 아일랜드 호핑으로 순차적으로 공략하여 절대국방권의 마리아나제도를 공격하는 약탈자(Forager) 작전을 시행했다. 박지환 역, 앞의 논문, p. 114-103.

28 해전경과는 조덕현, 『전쟁사 속의 해전』, 신서원, 2016, pp. 443-454; 이정수, 『제2차 세계대전 해전사』, 공옥출판, 1999, pp. 285-303의 내용을 요약정리했다.

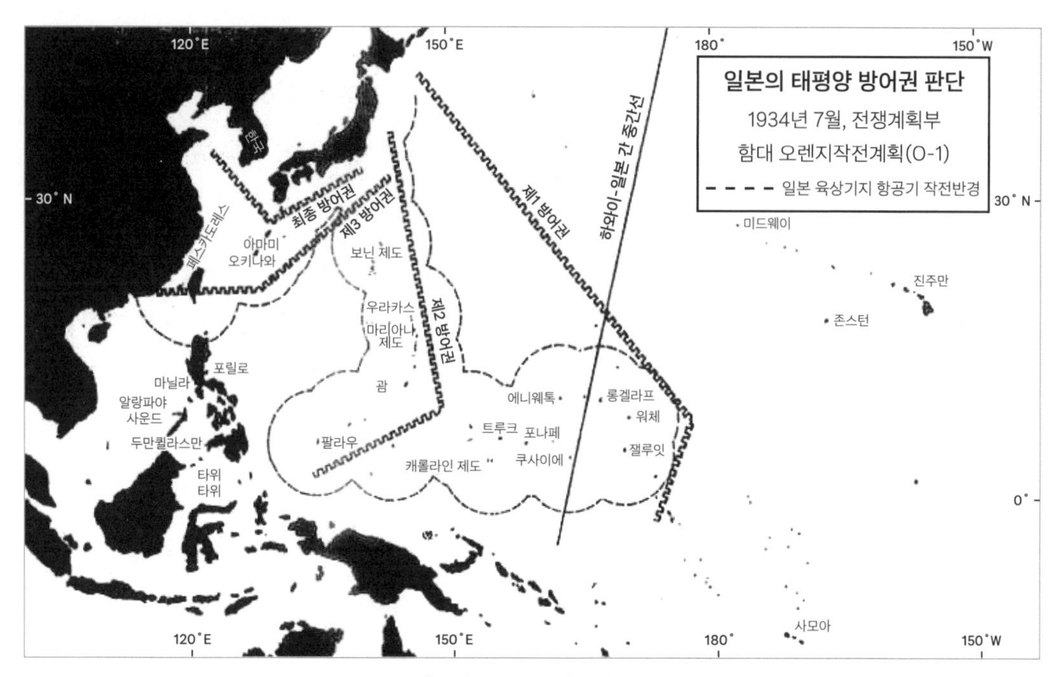

〈그림 6-1〉 태평양 전쟁 중 일본의 절대국방권 현황

출처: 에드워드 S. 밀러, 김현승 역, 『오렌지 전쟁계획: 태평양 전쟁을 승리로 이끈 미국의 전략, 1897-1945』, p. 303.

미국이 마리아나에 대한 대공세를 취하자, 일본은 1기동함대를 마리아나로 출동시켜 함대결전을 불사하겠다는 아호작전을 발동했다.

한편 6월 14일 미처 제독 휘하의 2기동전대와 3기동전대는 사이판 서쪽으로 기동하여 상륙엄호 임무를 수행했고, 클라크 제독이 지휘하는 1기동전대와 4기동전대는 북상하여 이오 및 치치섬을 폭격한 후 6월 18일 미처부대에 합류했다. 6일 15일 터너 제독이 사이판 상륙작전을 감행하자, 오자와 함대는 6월 16일 필리핀 동쪽에서 4개 항모군으로 편성, 본대 100마일 전방에 항공전대(구리다 제독)를 선봉으로 하여 반격작전을 실시하고자 했다.

미국함대는 세력이 우세했고, 일본함대는 항공기 성능이 우세했다. 따라서 스프루언스는 일본 항공기 공습을 고려한 진형을 편성했고, 오자와 제독은 육상기지 항공기 지원과 함재기의 아웃레인지 전법을 구상했으나, 티니안에 본부를 둔 가쿠다 중장이 지휘하는 1항공함대 1,600여 대의 육상 항공기는 미 함대의 사전공습으로 대부분 무력화되어 전혀 도움을 주지 못했다.

한편, 스프루언스는 잠수함(플라잉피시함, 시호스함)으로부터 6월 15일 필리핀해에 진입하여 동진 중이던 오자와의 주력부대와 우가키 전함단대를 발견하여 보고함에 따라 2개의 적 부대가 접근 중인 것으로 판단하여 6월 18일로 예정되었던 괌 상륙작전을 연기했다. 또한 6월 17일에는 플라잉피시와 교대한 잠수함(카발라함)이 대형 유조선 2척과 구축함 3척을 1차로 발견하여 보고했고, 이후 15척 이상의 함정이 동진 중인 것을 보고해왔으므로 스프루언스는 정보국의 정보(일본 세력: 40척)와 비교하여 2개 이상의 일본함대가 출동했다는 판단을 했다.

6월 18일 18:00에 전력이 보강된 58기동부대는 사이판 서방 180마일 해점에서 집결을 완료했으며, 주간은 전방정찰을 하면서 서진하고 야간에는 동진했으나, 별다른 정보를 얻지 못했다. 스프루언스 제독은 동진을 진행한 지 2시간이 경과한 후 오자와 함대가 서남서 300마일에 위치하고 있다는 니미츠 제독의 정보와 잠수함(스팅그레이함)에 대한 일본의 무선방해 첩보를 비교 분석했고, 두 위치 간에는 175마일의 차이가 있었으며 그것(스팅그레이함의 작전위치)을 토대로 일본함대의 위치가 니미츠 제독의 정보인 300마일보다 아측에 더 가까울 것이라고 판단하여 동진을 계속할 것을 결심했다.

이에 반해, 미처 제독은 "6월 19일 새벽 5시 정각에 항공공격을 감행할 수 있도록 새벽 1시 30분에 서진할 것"을 건의했으나, 스프루언스는 1시간에 걸쳐 심사숙고한 후 이를 반려했다.

정찰에 먼저 성공한 측은 일본이었는데, 6월 18일 일본 선봉부대(구리다)의 정찰기가 스프루언스 함대를 발견하여 보고한 후 오자와는 즉각 전투진형을 취하고 아웃레인지 전법을 구사하기 위해 적 부대와 400마일의 간격을 유지하고자 남서에서 남동 방향으로 기동했다. 결과적으로 오자와는 스프루언스의 정보를 잘 알고 있었고, 스프루언스는 오자와 함대에 대해 정보가 부족한 상태였다.

6월 19일 일본 오자와 함대의 선제공격이 시작되었다. 04:45부터 일본의 선견부대인 구리다 부대가 정찰기(43대)를 3단계에 걸쳐 발진시켜 사이판 서남방

90마일 해상에서 기동하고 있던 스프루언스 부대를 발견했다. 이때 스프루언스 기동함대는 오자와 함대의 선봉인 구리다함과 300마일 거리에 있었다. 가쿠다 제독이 지휘하는 기지 항공대의 협공을 기대하면서 아웃레인지 전법으로 선제기회를 포착한 오자와 함대는 08:30부터 326대의 항공기를 출격시켜 기습을 감행했으나, 미 항모의 대공레이더에 의해 150마일 전방에서 사전에 파악되었다. 이에 미처 제독은 폭격기와 뇌격기를 출격시켜 괌을 폭격하는 한편, 전투기를 출격시켜 공중전을 전개했으며, 일본함대는 별다른 전과도 올리지 못한 채 미처 제독의 칠면조 사냥에 걸려 막대한 인명손실을 입었고 작전은 실패로 돌아갔다.

19일 하루 동안 미국은 항모항공기 30대와 항모, 전함 1척씩의 가벼운 피해를 입은 반면, 일본은 총 314대의 항공기가 격추되었고 미 잠수함의 어뢰공격에 의해 일본의 주력항모 2척(다이호함, 쇼가쿠함)이 침몰하게 됨에 따라 오자와 제독은 오키나와로 퇴각했다.[29]

6월 20일 미처 제독은 제4기동전대를 사이판 해역에 남겨두고 고속 항모전단을 이끌고 북서진하여 퇴각하는 오자와 함대를 추격하여 항모 3척에 손상을 입히고, 항모 1척(히요함)과 유조선 2척을 격침시켰다.

양일간 전투로 일본의 아호작전은 항모 3척, 항공기 476대, 2,900여 명의 손실을 남기고 실패로 끝났으나, 미처 제독도 최대 공격거리까지 출격했다가 연료가 고갈되어 복귀하는 항공기를 착함시키는 데 많은 희생을 감수해야 했다. 20일 항모 공격 중에 상실된 항공기가 20대였는데, 귀환으로 치른 희생은 80대나 되었다.

---

29 칠면조 사냥(Turkey Shoot)은 오늘날까지 미군이 한 전장에서 하루 만에 가장 많은 적기를 격추한 기록으로 남아 있다. 하루 동안 일본 제1기동함대는 4회의 공습에서 326대를 출격시켜 총 220대를 상실했다. 이 외에 정찰기 43대 중 19대를 잃었으며, 여기에 지상발진 항공기 상실 숫자 18대를 더하면 일본 측이 스프루언스 측과의 교전에서 잃은 항공기는 257대가 되며, 여기에 사고 등으로 잃은 57대를 합치면 314대나 되었다. "필리핀해 해전",https://namu.wiki.(검색일: 2021. 5. 11); "필리핀해 해전, 위대한 마리아나의 칠면조 사냥", https://m.blog.naver.com(검색일: 2021. 5. 11)

3) 필리핀해 해전 수행과정의 쟁점과 논란

해전은 미국의 일방적인 승리로 끝났으나, 필리핀해 해전 수행과정에서 있었던 5함대사령관 스프루언스 제독과 예하 항모기동부대사령관인 미처 제독 간의 의견 불일치와 이에 따른 논란이 지속되었다.

스프루언스와 미처 사이의 의견 불일치는 6월 18일 일본함대의 위치와 관련하여 미국의 항모기동부대 전력을 어느 곳에 위치시키는 것이 효과적인가를 두고 발생했다. 6월 19일 새벽, 미처 제독은 미 전력을 일본함대에 항공공격을 감행할 수 있는 최적의 위치로 서진을 건의했지만, 스프루언스는 각종 첩보와 가능성을 고려하여 일본함대와 멀어지는 방향으로 동진할 것을 결심했다.

많은 군인들에 의해 스프루언스와 미처 제독의 판단 중 어느 것이 전쟁의 목적에 부합할 수 있었는지 대한 논란으로 귀결되었다. 대부분 당시 미 해군은 스프루언스의 상황판단에 대해 혹평했다. 미처 제독도 전투보고서에서 "적은 도주했다. 그들이 우리의 공격범위 안에 있을 때, 우리가 단 한 번만이라도 항공공격을 했더라면 대단한 피해를 입혔을 것이다. 그 함대는 침몰하지 않았다"고 썼으며, 진주만의 항공관계자들도 불만을 표시했는데, 이는 1944년 6월 태평양함대 사령부의 전략개요에 잘 드러나 있다. 전략개요에서는 "항공모함 및 포함으로 이뤄진 우리의 주력부대가 상륙작전부대와 상관없이 서쪽으로 밀고 나갔더라면, 함대끼리의 결정적인 항공전이 발생하여 일본함대가 격멸되고 전쟁의 종말을 재촉했을지도 모른다"고 언급했다.[30]

또한, 이 전투에서 4척의 항모를 지휘했던 1항모기동전대 지휘관 클라크(J. J. Clark) 제독도 "스프루언스가 절호의 기회를 놓쳤다"고 비난했으며, 2항모기동전대 지휘관 몽고메리(A. E. Montgomery) 제독도 "작전 결과는 모든 사람들에게 몹시 실망스러웠다"는 공식적인 보고를 올렸다. 또한 진주만의 해군 항공관계자 가운

---

30 E. B. 포터, 김주식 역, 『태평양 전쟁, 맥아더, 그러나 니미츠』, 신서원, 1997, pp. 487-489.

데 "한 세기에 있을까 말까 한 기회를 놓쳐버린 사실을 의심하는 사람은 없었다. 이런 일은 비행기를 탄 적 없는 사람에게 항공관계의 일을 지휘하도록 맡긴 데서 생긴 일이다"라는 입장을 보이기도 했다.[31]

해군 조종사들뿐만 아니라 전 항공국장이었고, 필리핀해 해전 시 태평양함대 부사령관이던 타워스(John Towers) 제독도 니미츠 제독에게 일본함대를 도망치게 놔둔 것에 대해 스프루언스의 지휘권을 박탈해야 한다고 주장했다.[32]

스프루언스의 판단을 옹호하는 입장도 있다. 그의 상관인 니미츠 제독과 해군참모총장이던 킹(Ernest King) 제독은 스프루언스의 결정을 지지했다. 킹 제독은 "그 지역에서 미군 부대의 중요한 임무는 마리아나제도를 점령하는 것이었으므로 우리는 모든 희생을 무릅쓰고 사이판의 상륙작전부대를 적의 간섭으로부터 보호해야 했다. 필리핀해 해전으로 전개된 자신의 계획을 수행하면서, 스프루언스는 이런 기본적인 의무를 올바르게 지켰다"고 언급했다.[33]

스프루언스와 미처 제독에 대한 논란은 함대결전을 주장하는 마한주의자(Mahanian)들에 의해 넬슨추종자(Nelsonian)의 트라팔가(Trafalgar) 해전과 젤리코(John Jellicoe) 제독의 유틀란트(Jutland) 해전을 비교하면서 전개되기도 했다. 트라팔가 해전은 항공모함 조종사들에게 호감을 산 대담한 전투로, 보수적인 스프루언스가 아마도 선호했을 전투유형인 유틀란트 해전과 비교함으로써 스프루언스의 결정에 대한 비판론을 전개하고 있다.[34]

---

31 존 톨런드, 박병화 · 이두영 역, 『일본제국 패망사: 태평양 전쟁 1936-1945』, 글항아리, 2019, p. 782.

32 Thomas B. Buell, *The Quiet Warrior: A Biography of Admiral Raymond A. Spruance* (Boston: Little, Brown, 1974), p. 277.

33 E. B. 포터, 김주식 역, 앞의 책, p. 488.

34 Russell F. Weigley, *The American Way of War* (Bloomington: Indiana Univ., 1977), pp. 296-300. 트라팔가 해전은 1805년 10월 영국해군과 프랑스해군 및 스페인 연합함대가 벌인 전투로, 넬슨 제독의 과감한 행동으로 제해권을 장악했다. 반면, 유틀란트 해전은 1916년 5월 덴마크의 유틀란트반도 근해에서 영국해군과 독일해군이 벌인 해전이다. 이 해전에서 영국함대가 함정 척수 및 화력 면에서 우세했음에도 승패가 가려지지 않았으며, 독일함대는 우수한 광학장치를 이용하여 정밀사격 효과를 보면서 영국에 상당한 피해를 입혔다. 영국함대 사령관이던 젤리코 제독은 영국의 함대전력 보존과 독일함대 격파라는 이중적인 부담 속에서 전투시기를 지연함으로써 결정적인 승리를 상실하는 우를 범했지

4. 지휘관의 지휘결심 타당성 분석

1) 임무변수 측면의 분석

먼저, 임무 측면의 분석이다. 필리핀해 해전에서 스프루언스 제독과 미처 제독에게 부여된 임무를 분석하기 위해서는 태평양 전쟁의 목표와 상급지휘관인 니미츠 제독의 임무를 살펴보아야 한다. 즉, 스프루언스와 미처 제독의 임무는 전쟁을 효과적으로 수행하기 위해 이러한 목표를 지향하는 것이어야 한다.

미국의 태평양 전쟁 목적은 일본을 굴복시키는 것이었으며, 이를 달성하기 위해 맥아더 장군의 서태평양 진격과 니미츠 제독의 중부태평양 진격을 골자로 하는 2정면 전략을 수행했다. 작전적으로 일본 본토에 직접적 압박을 가할 수 있으며, 대동아공영권 구상과 연계한 일본의 전쟁지속능력을 감소시킬 수 있는 해상교통로를 차단하기 위해 마리아나제도를 점령하는 것이 목표였다. 이는 상급지휘관인 니미츠와 차상급지휘관인 해군총장 킹 제독의 언급을 통해서도 알 수 있다.

니미츠 제독은 그의 전기에서 "스프루언스가 받은 명령은 사이판, 괌, 티니안을 점령하여 지키라는 것이었으며, 적 함대에 대해 공세를 취하라고 말한 적이 한 번도 없었다"라고 언급하며, "마리아나제도에 접근하여 괌과 로타에 있는 비행장을 사용할 수 없도록 만든 일은 58기동함대가 일본으로부터 날아온 적기에 의한 공격이나 왕복공격을 받지 않도록 하는 가장 확실한 방법이기도 했다"라고 술회했다.[35] 킹 제독 역시 전술한 바와 같이 미군부대의 임무를 마리아나제도를 점령하는 것으로 명확히 했다. 스프루언스는 자신에게 주어진 지상목표의 방어임무, 즉 사이판, 티니안 그리고 괌을 공격·점령하고 방어하는 일이며, 사이판에서 멀

만, 독일함대가 그 후 거의 자국 항만 내에서만 대기하는 상태가 됨으로써 영국해군에 더 이상 적수가 되지 못하게 되는 결과가 되어 이 해전의 결과는 영국의 전략적 승리로 간주된다. 해군대학, 『세계해전사』, pp. 187-197.

35 E. B. 포터, 김주식 역, 앞의 책, p. 486.

리 떨어져 있는 것은 적당치 않다고 판단했다.

스프루언스와 미처 제독의 임무가 '마리아나 점령'인지, '일본함대의 유인 및 격멸'인지, 아니면 양측 모두인지에 관하여 논란이 있을 수는 있겠으나, 이는 미국의 대일본 전쟁계획인 오렌지계획과 레인보우계획을 통해 확인할 수 있다. 미국은 대일본 전쟁계획인 오렌지계획을 개정하여 1939년 레인보우계획을 작성했는데, 여기에서는 태평양함대의 임무를 "일본의 전쟁 수행능력을 약화시키고, 말레이방어선의 방어를 지원하는 데 가장 적합한 방책을 구상하여 공세적인 작전을 수행하는 것"으로 명시하고 있다. 태평양함대가 일본이 점령하고 있는 중부태평양에서 활발한 작전을 펼치게 된다면 일본의 연합함대가 말레이방어선 공격에 전력을 투입하기 어려울 것이며, 연합함대의 상당 부분을 캐롤라인제도 근해로 유인해낼 수 있을 것으로 기대했고, 이를 위해 태평양함대는 마셜제도에서 강력한 공세를 펼칠 수 있도록 세부계획을 작성하라는 지시를 받았다.[36] 따라서 태평양함대는 주어진 임무를 수행하기 위해 미 함대의 진로를 위협하고 있는 마리아나제도의 점령을 계획했는데, 이것이 스프루언스와 미처가 상부로부터 부여받은 임무였다.

그러나 마한(Alfred T. Mahan)의 함대결전론의 영향을 받은 미처 제독을 옹호하는 자들은 태평양함대의 임무가 마리아나제도를 통제하게 되면 일본의 전진기지들을 고립시켜 일본을 압박할 수 있고, 일본의 해상교통로 차단에 유리한 위치를 점할 수 있으며, 결국 일본함대를 함대결전으로 유인하여 격멸한다는 함대결전 사상에 얽매어 있었던 것으로 판단된다.

이렇게 판단한 이유는 태평양 전쟁에서 미국 해군의 임무가 섬에 대한 침공활동을 보호하고 돕는 것이며, 특히 필리핀해 해전에서 미국의 목표는 적 함대 격파가 아니라 사이판 점령이었고, 그것은 독자적인 해군작전이 아니라 사이판 침

---

36 레인보우계획 상 태평양함대 임무는 전쟁문서인 ABC-1, Rept, 27 Mar 41; United States-British Staff Conversations, ABC-1, Report, 27 Mar 41, Scholarly Microflims, roll 5 참조. 에드워드 S. 밀러, 김현승 역, 앞의 책, p. 452에서 재인용

공의 지원을 의미했기 때문이다. 즉, 미국 해군은 마한의 독자적인 해군전략으로부터 육상작전을 지원하는 전략으로 방향을 바꾸고 있었기 때문이다.[37] 미처의 서진 건의가 타당성을 갖추었다고 하더라도 함대가 부여받은 주요 임무를 달성하는 데 필요한 부수적인 임무를 혼동하고 있다는 것이 문제였다.

둘째, 점점 좁혀오는 일본 본토에 대한 압박과 해상봉쇄의 일환인 미 함대의 마리아나제도 공격은 일본함대를 미국의 의도대로 움직이게끔 만들었기 때문이다. 일본함대는 본토를 방어하고 해상교통로를 유지하기 위해 아호작전을 수립하여 미국과 함대결전을 계획하고, 필리핀과 보루네오섬 중앙에 위치한 타위타위섬을 거점으로 결전의 시기를 노리게 되었다.

일본은 차단 및 소모전략을 추진할 수 있는 국가적 · 군사적 역량이 부족했음에도 함대결전을 통해 미국의 압박을 타파하고자 했는데, 이는 승리에 대한 열망이 너무 강하고, 1944년 일본 최고지도부에 마한의 전통이 계속 남아 있었기에 수립될 수 있었다. 일본함대 사령관인 오자와를 포함하여 일반적으로 일본군 장교들은 해양에서 결전을 통해 전쟁을 충분히 승리로 이끌 수 있다는 것을 여전히 믿고 있었고, 어떻게 하면 전투를 강행할 것인가에 집중했다.[38] 이러한 일본의 의도는 시작부터 잘못된 계산이었다.

일본의 전쟁지침인 국방제국방침(國防帝國方針)에서도 전략의 기본으로 함대결전 사상을 견지하고 있었다. 이는 1905년 발발한 러일전쟁의 교훈을 바탕으로 미국함대가 공격차 서태평양으로 진공해오는 것을 격멸하여 함대결전에 의해 승패를 결정 짓는다는 구상이었다. 이러한 함대결전 중심의 사고방식은 태평양 전쟁 시까지 지속되었는데, 가장 근본적인 원인은 "해전의 결정적 승리는 함대결전을 통해 달성된다"는 마한의 함대결전 사상에서 일본해군이 한 발짝도 벗어날 수 없었고, 전함에 대한 일본해군의 절대적인 신뢰가 전혀 흔들리지 않았기 때문이

---

37 George W. Baer, 김주식 역, 『미국 해군 100년사』, 해양전략연구소, 2005, p. 466.

38 위의 책, p. 460.

다. 즉, 일본해군은 러일전쟁 시 대마해협 해전과 제1차 세계대전 당시 유틀란트 해전 같은 결전이 장래에도 일어날 것이라고 확신했다. 이는 일본함대가 미국함대의 우세한 항공전력에 의해 압도당하고 마는 결과를 초래했다.[39]

만일, 스프루언스 함대도 일본처럼 일본함대와 결전만 추구했다면 전쟁의 결과는 완전히 다른 방향으로 전개되었을 수도 있다. 스프루언스는 마리아나제도에서 해군작전을 독자적 작전이 아니라 육상작전을 지원하고, 궁극적으로는 전쟁의 목적과 군사적 목표를 달성하는 방향으로 전투를 운용했다는 면에서 미처 제독에 비해 더 현명하게 상황평가를 한 것으로 판단한다.

일본함대 배치와 구성, 강약점 측면에서 분석해보았을 때도 스프루언스의 판단이 더욱 효과적이었다고 판단된다. 스프루언스가 니미츠로부터 일본함대의 위치를 전달받은 시각은 6월 18일 22:00이며, 당시 일본함대의 위치는 스프루언스 제독의 5함대로부터 355마일 떨어져 있었다. 스프루언스에 의해 대부분 파괴되었으나 괌에 남아있는 50대의 일본 육상항공기의 가용성과 양 함대가 보유한 항공기의 성능 등을 고려할 때, 스프루언스의 판단이 옳았다는 것을 증명할 수 있다.

먼저, 일본 항공기의 작전반경이 미국 항공기의 작전반경보다 월등하게 넓었다는 점이다. 일본 항공기들은 500마일까지 정찰을,[40] 300마일까지 공격임무를 수행할 수 있었으며, 반면에 미처 제독의 항공기는 350마일까지 정찰을, 200마일까지 공격할 수 있었다. 당시 두 함대 간 거리가 355마일이었고 미처의 건의대로 서로 가까워지는 방향인 서진을 했다면, 스프루언스 함대는 공격 최적위치로 기동할 수 있었겠으나, 동시에 일본함대의 최적 전투거리에 진입하게 되었을 것이다.

일본함대에는 조종사의 미숙한 능력[41]과 대공레이더 미장착 등의 약점은 있

---

39 정호섭, 알의 논문, p. 47.

40 Thomas B. Buell, *The Quiet Warrior: A Biography of Admiral Raymond A. Spruance*에서는 일본 항공기들의 정찰 반경을 560마일로 명시하고 있다.

41 1941년 기준, 일본 조종사들의 평균 비행시간은 600시간이었는데, 진주만 기습에 참가한 조종사들은

었으나, 미처 제독의 일본함대를 향한 서진은 이러한 약점을 상쇄시켜줄 수 있는 방책이 되었을 것이며, 50여 대의 기지 전개 항공기와 항모탑재 항공기의 협공을 받을 수 있었다. 오자와 제독의 의도는 스프루언스 함대를 함재기와 육상기지 발진 항공기로 동시 공격하여 함대결전을 수행하는 것이었다.

또한, 항공탐색 기술의 우위와 야간 전투능력(특히 야마토급 전함에 탑재된 세계 최대구경과 사정거리를 자랑하는 산소어뢰 공격) 및 전함에 장착된 함포의 성능 우세[42]는 스프루언스 함대에 적잖은 피해를 입힐 가능성이 있었다.

특히, 스프루언스나 예하 7척의 전함으로 구성된 7기동전대 사령관인 리(Willis Lee) 제독은 미국보다 야간전투에 잘 훈련된 일본함대와 '아수라장 같은 야간전투(Night Melee)'를 원하지 않았다.[43] 리 제독의 부대는 항속거리가 긴 일본 항공기의 공습에 대비하여 스프루언스가 5함대의 전위에 배치한 부대로, 리 제독이 야간훈련 부족에서 생기는 야간작전의 위험성을 경고했을 때 미처 제독의 건의는 받아들여지지 않았다.[44] 미처 제독의 건의대로 서진했다면, 여명 이전에 일본 항공기의 야간공습이 리 제독의 부대에 집중되어 불필요한 피해를 입을 가능성도 배제할 수 없었다.

대략 800시간 이상의 경험과 10%가량의 조종사들이 실전경험을 가지고 있었으나, 일본 육군과 해군은 1942년과 1943년 사이 주로 솔로몬과 비스마르크, 그리고 뉴기니에서 약 1만 명의 항공요원을 손실함으로써 항공요원의 부족을 초래했다. 이에 일본이 대규모 항공요원의 양성계획을 실행함에 따라 1945년에는 겨우 100시간의 비행교육이 이뤄졌는데, 100시간의 비행시간은 이륙 후 목적지까지 도달한 후 겨우 계획된 목적지에 착륙할 수 있는 수준으로 전쟁 막바지에 자살공격 이외에 전술적인 활동을 할 수 없었다. 임명종, 「태평양 전쟁 항공전역 분석」, 국방대학교 석사학위논문, 2007, pp. 51-55.

42 일본해군은 워싱턴 군축회의에서 강요당한 전함 보유량의 열세를 질로 만회하려는 정책을 추진했는데, 이 정책의 일환으로 항공기(제로-센)의 성능개선, 전함에 40cm포를 탑재하고 있는 미 전함들보다 사정거리가 2천 m나 긴 46cm포를 탑재했고, 93식 주력어뢰는 사정거리가 22,000~44,000야드로 미국의 MK15 어뢰의 6,000~15,000야드보다 길었다. 허무현, 「모델스키의 장주기이론을 통한 아태해역에서의 제해권 전이에 관한 연구」, 국방대학교 석사학위논문, 2008, pp. 67-68.

43 Thomas B. Buell, *The Quiet Warrior: A Biography of Admiral Raymond A. Spruance*, p. 269.

44 리 제독은 "야간공격은 미국의 우세한 능력을 상쇄시키는 것"이라고 주장했고, 스프루언스는 이에 동의했다. Malcom Muir, Jr., "Misuse of the Fast Battleships in World War Ⅱ," *United States Naval Institue Proceeding* 105-2 (Feb, 1979), pp. 60-61.

셋째, 지형 및 기상 측면의 분석이다. 오자와는 중부태평양상 배치된 섬들의 이점을 최대한 활용하려 했다. 스프루언스와 미처의 함대를 괌과 일본함대 사이에 위치시켜 오자와 함재기와 육상발진 항공기의 공격거리에 두되, 오자와 자신의 항모부대는 미처의 항공기가 공격할 수 없는 거리에 위치시키길 원했다. 스프루언스는 함대를 동진시킴으로써 함대의 능력을 최대한 발휘하고, 오자와 함대의 약점을 이용할 수 있는 위치를 스스로 만들었으며, 동시에 괌과 로타에 있는 일본 항공기를 무력화시킴으로써 오자와의 지형적 이점을 배제했다.[45] 격리되고 요새화된 도서에 배치되어 작전하는 항공력이 미국 해군에 감당할 수 없는 소모전을 강요할 것이라는 일본의 희망은 애당초 잘못된 것이었고,[46] 이러한 희망은 스프루언스에 의해 깨졌으며, 잘못된 발상이라는 것이 증명되었다.

당시 바람은 동북동(ENE)과 동남동(ESE) 사이에서 불었기 때문에 오자와 함대가 스프루언스 함대에 비해 함재기의 이착함에 유리했으나, 거의 무한대에 가까운 운고(雲高)와 시정(視程)은 항모 렉싱턴의 함교에서 40마일까지 관측이 가능했고, 대기조건은 항공기 함미에서 나는 긴 흰 줄기를 원거리에서 관측할 수 있었으므로 방자(防者)인 스프루언스에게 이점을 제공할 수 있었다.

미처 제독이 건의한 대로 함대를 오자와 함대 쪽으로 가까워지도록 서진을 지시했다면, 상륙작전을 위해 일본이 점유한 섬에 대한 함포와 항공 포격에 집중할 수 없었을 것이고, 함포와 항공 포격을 실시하는 일부 전력을 이탈시킴으로써 기지전개 항공기를 지휘하는 가쿠다 중장에게 시간적 여유도 줄 수 있었다.

넷째, 가용부대 규모와 수 등에서는 스프루언스 측이 월등한 전력을 보유하고 있었다. 필리핀해 해전 시 미국은 항모 15척, 전함 7척 등 수상함 112척, 함모

---

45 니미츠는 그의 전기에서 괌과 로타에 비행장을 사용하지 못하게 한 것은 58기동함대가 일본으로부터 날아온 적기에 의해 공격이나 왕복공격을 받지 않도록 하는 가장 확실한 방법으로 언급했다. E. B. 포터, 김주식 역, 앞의 책, p. 486.

46 콜린 그레이, 임인수 · 정호섭 역, 『역사를 전환시킨 해양력: 전쟁에서 해군의 전략적 관점』, 한국해양전략연구소, 1998, p. 384.

함재기 894대를 보유하고 있었던 반면, 일본은 항모 9척, 전함 5척 등 수상함 55척, 항모함재기 340대를 보유하고 있었기 때문에 수상함 전력은 2 : 1, 함재기는 2.6 : 1로 일본이 열세한 형편이었으나, 가쿠다 중장이 지휘하는 육상발진 항공기 1,600대를 포함하면 2.17 : 1로 일본 측이 절대적으로 우세했다.

능력과 훈련 면에서는 앞서 언급한 바와 같이 일본의 함재기들이 장거리 정찰 및 공격능력을 보유하고 있었고, 일본 전함들은 사정거리 6,000~15,000야드의 미국 어뢰에 비해 22,000~44,000야드에 달하는 산소어뢰를 장착하고 있었으며, 함포도 미국에 비해 2,200야드 긴 사정거리를 가지고 있었다. 또한 일본함대는 미국함대에 비해 야간전투에 적합하도록 잘 훈련되어 있었으며, 매복작전과 부대를 분리하여 측면을 공격하는 데 익숙해 있었다. 스프루언스 제독은 대마도 해전에서 러시아 함대의 접근을 기다렸던 도고의 전략과 니미츠 제독이 보낸 일본의 기밀서류인 항모운용 교리책자를 통해 일본이 산호해, 과달카날, 미드웨이 해전에서 시도했던 우회전법(End-Run)을 예상했다.[47]

반면, 일본 항공기는 장거리 정찰 및 공격능력을 보유하고 있었으나 조종사 능력이 저조했는데, 진주만 기습 당시 조종사들의 평균 비행시간이 800시간이었던 데 반해 필리핀해 해전에 참가한 조종사의 비행시간은 100시간에 머물렀다.

가용부대 측면에서 미처 제독의 주장대로 서진했다면, 미국함대가 제공권을 확보할 수 있었을지 의문이며, 비록 규모와 수적으로는 우세하나 야간전, 매복전 및 측면 공격 등 일본의 강점에 지향하는 행동이 되었을 것이므로 스프루언스보다 안전한 승리를 추구하는 건의로 판단하기에는 무리가 따른다.

다섯째, 시간 측면에서 스프루언스의 동진 결정은 방어의 이점을 최대한 이용하려는 방책으로 판단할 수 있다. 스프루언스는 미처 제독이 건의한 대로 임무

---

47 황운연, 「필리핀해 해전과 지휘관들의 전쟁철학」, 『해군』 344, 2000, p. 50; 스프루언스는 미처의 서진 건의를 반려할 때, 일본의 도고 제독이 1906년 대마해협 전투에서 러시아 함대가 자기 쪽으로 다가오길 어떻게 기다렸는지 기억했고(우리는 얼마쯤 이와 비슷한 상황에 처해 있다), "귀관의 제안은 바람직하지 않아 보입니다"라고 언급했다. 존 톨런드, 박병화 · 이두영 역, 앞의 책, p. 776.

를 수행하여 완전한 해양통제권을 확립할 수 있는 기회가 있었을 때조차 상륙부대의 호위부대를 이동시키려 하지 않았고, 그의 전투계획은 방어 위주로 수립되었다. 스프루언스는 자신의 측면을 보호해야 했고, 오자와가 유틀란트 해전 같은 해전이나 속임수를 준비하고 있을 가능성을 배제할 수 없었다.[48] 이를 통해 스프루언스 제독은 일본의 의도를 매번 무산시켰다.[49]

또한, 이러한 스프루언스의 결심은 기지전개 항공기를 지휘하는 가쿠다 중장에게 시간적 여유를 제공하는 것을 거부했다. 따라서 일본 측에 가장 유용한 공격수단인 항공기의 증원을 차단할 수 있었다. 일본함대에 항공기의 증원 여부는 조만간 발생할 필리핀해 해전의 승패에 영향을 줄 수 있는 요소였다. 1천 척 이상의 병력수송함과 보급함에 일어날 모든 가능성에 대한 대비와 함대의 결정적인 승리를 위해서도 스프루언스의 판단은 합리적이었다.

반면, 미처가 건의한 대로 서진했다면, 해전의 시작시간이 실제보다 앞당겨졌을 것이고, 이는 일본함대와 육상기지의 능력을 고려해봤을 때, 미처에게 시간적 이점을 충분히 제공하지는 못했을 것으로 판단된다. 그는 스프루언스에게 새벽 5시 정각에 공격을 시작할 수 있도록 새벽 1시 30분에 서쪽 방향으로 이동하는 것을 허락해 달라고 요청했으나, 그가 제시한 전투개시 시점은 미국함대의 안전을 위해 합리적이지 못한 것이었다. 왜냐하면, 일본은 6월 15일 미군이 사이판에 대한 상륙작전을 개시할 때, 그들의 장기인 야간기습 전술로 미군에게 많은 피해를 입혔고, 새벽 5시 45분이 되자 기습이 절정에 달했다는 전사는 미처의 전투개시 시점에 대한 판단이 잘못되었다는 것을 간접적으로 말해주고 있다.

---

48 George W. Baer, 김주식 역, 앞의 책, p. 464.

49 전후 일본 측 자료를 열람한 결과 당시 스프루언스 제독의 판단이 매번 옳았음이 증명되었다. "레이먼드 스프루언스", https://namu.wiki.(검색일: 2021. 5. 11)

2) 방책 타당성 판단기준 측면의 분석

전쟁수준은 크게 전략적 수준(Strategic Level of War)과 작전적 수준(Operational Level of War), 전술적 수준(Tactical Level of War)으로 나눌 수 있다. 먼저 전략적 수준의 전쟁은 주요한 지역 또는 세계적 분쟁의 경우에 나타날 수 있으며, 제2차 세계대전 시 태평양 지역에서 일어난 전쟁을 생각할 수 있다. 작전적 수준의 전쟁은 주어진 작전전구 내에서 실시된다.[50] 이 수준에서 초점은 전략, 전역, 주요 작전, 전투들의 구상, 조직, 통합, 실시를 통해 전략적 목표들을 달성하기 위한 군사력 사용에 관한 것으로 작전전구 사령관은 전쟁 전구 최고사령관에 의해 부여된 전략적 목표들에 군사력을 적용하는 데 집중하는 특성을 갖는다. 마지막으로 전술적 수준의 전쟁은 주요 작전의 일부분으로 독립적인 전술적 목표 또는 작전적 목표를 달성하기 위한 전투력의 전술적 운용에 관한 것으로서 전적으로 물리적인 전투의 사용에 초점을 일치시킨다는 특성이 있다.[51]

위의 구분에 따라 필리핀해 해전 시 태평양 전쟁에 책임을 지고 있던 니미츠 제독은 전략적 수준의 전쟁을 수행하는 지휘관이었으며, 스프루언스 제독은 중부태평양 작전전역에 대해 책임을 지는 작전적 수준의 지휘관이었고, 미처 제독은 상륙작전을 엄호하고 항모기동부대를 지휘하여 전술적 수준의 전쟁을 수행하는 지휘관으로 구분할 수 있다.

결론적으로 적합성 측면에서 볼 때, 양 지휘관의 상황판단은 각각의 전쟁수준에서 임무를 달성할 수 있는 방책으로 평가한다. 당시 스프루언스는 5함대사령관으로서 중부태평양 지역의 총지휘를 맡고 마리아나 작전, 즉 항모부대뿐만 아니라 사이판의 지상부대 및 괌의 공략을 포함한 전반적인 분야를 지휘하고 책임지고 있었다. 따라서 스프루언스 제독의 임무는 미 합동참모본부의 전략인 2정면

50 Dwight L. Adams and Clayton R. Newell. "Operational Art in the Joint and Combined Area," *Military Review* 6 (1988. 6) pp. 35-36.

51 Clayton R. Newell, "What is Operational Art?," *Military Review* 9 (1990. 6), p. 4.

전략의 목표를 달성하기 위해 작전적 수준의 임무인 마리아나 확보를 위해 사이판에 대한 상륙작전을 보호한다는 임무를 수행하는 것이었다.

단지 전술적 견지에서 본다면, 스프루언스가 미처의 건의를 받아들여 일본함대가 있는 서쪽으로 항로를 변경하여 그들에게 심각한 타격을 가한다는 것은 미국을 공격하고자 오고 있는 일본을 기다리는 것보다 만족스런 방책이었을 것이다.

그러나 미 함대는 일본 본토로 진격하기 위해 마리아나라는 교두보에 대규모 상륙작전을 막 시작하려고 하는 초기단계에 있었고, 모험을 강행하여 이 작전을 위태롭게 하는 것은 작전적 수준의 지휘관으로서는 선택할 수 없는 방책이었다. 스프루언스 제독은 "전술적인 면에서 보면, 일본군을 쫓아가서 그들의 항공모함을 공격하는 것이 그들이 공격해오기를 기다리는 것보다 훨씬 효과적이고 만족스러웠을 것이나, 우리는 이제 막 매우 중요한 대규모 상륙작전을 시작했기 때문에 그 작전을 위험에 빠뜨릴 수 없었다"고 언급했다.[52]

결국, 항공모함을 상륙작전 지역에 묶어두고 근접지원함으로써 상륙부대를 보호하려는 스프루언스의 결정, 그리고 위협이 되는 대응공격의 주요 근원지로서의 기지나 적 함대에 타격을 가함으로써 항공모함의 기동성 — 항공모함이 비행장에 대해 가지고 있는 유일한 장점 — 을 낙관하는 미처 제독 및 태평양지역 사령관과 타워 제독 간의 논란[53]에서 스프루언스는 자유로울 수 있었다.

왜냐하면, 스프루언스의 결심은 그에게 부여된 마리아나 상륙작전 임무와 상급지휘관인 니미츠 제독의 의도 및 일본 본토를 공격하기 위한 교두보 확보라는 군사적 최종상태를 달성할 수 있었기 때문이다. 주임무를 수행함으로써 달성될 수 있는 부가임무에 대한 혼돈이 이러한 논란을 불러왔으며, 이러한 논란은 수십 년 동안 마한의 함대결전이라는 협의의 해군전략이라는 틀 속에서 진행되었으므로 부가임무를 주임무로 인식하는 경향이 나타났다. 사이판 상륙작전을 보호하기

---

52 Thomas B. Buell, *The Quiet Warrior: A Biography of Admiral Raymond A. Spruance*, p. 280.

53 E. B. Potter, *Bull Halsey* (Annapolis: Naval Institue Press, 1986), p. 272.

위한 스프루언스의 결정은 전쟁의 불확실성과 개연성을 배제시켰으며, 자신에게 부여된 주요 임무를 완수할 수 있었다. 일본함대를 섬멸하는 것은 실패했지만, 제공권 및 제해권을 확보했고, 그로 인해 도서에 산재해 있는 일본군이 어떠한 희망을 갖는 것도 봉쇄하는 부가임무도 달성했다.

둘째, 스프루언스와 미처 중 누가 효과적으로 임무를 달성할 수 있었는지가 실행 가능성 요소를 평가하는 관건이 된다. 스프루언스는 미처의 건의를 거부하고 동진함으로써 자신에게 할당된 전력을 집중하여 작전적 목적인 마리아나 상륙작전을 보호할 수 있었을 뿐만 아니라 일본함대의 강점인 야간공격, 우회공격 능력과 우수한 무기체계의 우월성을 회피할 수 있었다. 또한, 일본함대에 최대한의 타격을 가할 수 있는 최적의 위치에 함대를 위치시킬 수 있었고, 무엇보다 작전적 중심인 일본이 점령한 도서에 전개한 항공기와 비행장을 무력화시킬 수 있는 시간적 여유를 갖도록 지휘관 판단을 실시했다.

또한, 스프루언스는 미 정보국이 획득한 적 함대의 척수가 40여 척이라는 사실과 일본의 해군교리에서 습득한 일본의 장기인 우회전술, 잠수함 스팅그레이함의 전문 중 미수신한 전문이 적 함대 접촉보고일 가능성을 감안하여 고주파방향탐지기의 위치와 잠수함 카발라함이 접촉 보고한 15척은 오자와 함대의 일부이며, 나머지는 측면공격을 해올 가능성에 대비해야 했다. 즉 스프루언스의 동진 결정은 가용한 자산을 최대로 활용하여 자신의 임무를 달성할 수 있는 최선의 방법이었고, 결과론적으로 19일 하루 동안 미국은 항모항공기 30대 손실과 항모 및 전함 1척씩 가벼운 손상을 입은 반면, 일본은 주력항모 2척(다이호함, 쇼가쿠함)이 침몰되었고, 작전에 투입된 일본 항공기 372대 중 30대만 귀환했으며, 괌 및 로타섬에 배치된 항공기 300대와 비행장도 무력화시킬 수 있었다.

만약 스프루언스 함대가 미처 제독의 건의대로 일본함대를 함재기의 행동반경 안에 넣기 위해 서쪽으로 나아갔더라면 일본의 항공모함 몇 척은 침몰시킬 수 있었겠지만, 그보다 일본 측이 미국 항공모함을 침몰시킬 더 좋은 기회를 잡았을 것이다. 왜냐하면 미처는 자신의 항공기를 2개 부대로 나누어 하나는 수비를, 다른 한 부대는 공격을 맡도록 했기 때문이다. 6월 19일 미처는 우위를 점함으로써 마리아나제도의 칠면조 사냥을 위해 대공포화뿐만 아니라 모든 전투기를 이용할 수 있었다. 19일 그의 항공기와 대공포화가 실제보다 더 적은 수의 적기를 떨어뜨렸더라면, 그들은 20일에 훨씬 더 많은 적과 싸워야 했을지도 모른다. 하여튼 미처는 마리아나제도에 가깝게 접근함으로써 자신의 폭격기들을 괌과 로타에 있는 적기들을 파괴하는 데 활용할 수 있었고, 그 섬에 있는 비행장을 못 쓰게 만들어 오자와의 왕복공격 시도를 좌절시킬 수 있었다.[54]

비록 스프루언스 함대가 보유한 가용자산 측면에서 항공기 작전반경을 제외하고 일본에 비해 우세했고, 일본에 비해 2배 가까이 많은 항공기 및 수상함을 보유했을 뿐만 아니라 우수한 조종사 및 150여 마일을 접촉할 수 있는 대공레이더를 보유하고 있었을지라도 미드웨이 해전이 보여주듯이 항상 행운의 여신이 전력이 우세한 함대를 선호한다고는 확증할 수 없다는 것이 전장임을 이해해야 한다.

셋째, 수용성 측면에서 스프루언스는 최소한의 비용과 희생으로 필리핀해 해전의 목적을 달성했고 상위 목표를 충분히 지원할 수 있는 지휘결심을 실시했으나, 미처는 일정 부분 함대의 손실을 감수하면서 전술적 수준에서 자신의 목표와 상위목표와 차상위 목표를 지원하는 데 성공했다고 판단한다.

스프루언스의 입장에서 동진은 자신의 세력을 최대한 집중하여 손실을 최소화하고, 마리아나 상륙작전의 성공적인 지원도 달성할 수 있었다. 물론, 미드웨이 해전의 결과로 궁지에 몰린 일본함대를 격멸하지 못함으로써 차후 해전을 수행할 수 있는 여지를 일본에 제공했다고 볼 수 있고, 궁극적으로는 조기에 태평양 전쟁 승리라는 전쟁목표를 지원하는 데는 부족했다고도 평가할 수 있다.

그러나 일본함대가 스프루언스와 해전을 치른 이후 레이테만 해전에서 미 함대에 의해 완전히 격멸되기 전까지 미 해군를 위협하지 못하게 되었다는 점[55]을

---

54 E. B. 포터, 김주식 역, 앞의 책, p. 489.

55 에드워드 S. 밀러, 김현승 역, 앞의 책, pp. 537-542.

고려해볼 때, 스프루언스의 행동이 조기에 태평양 전쟁 승리라는 전쟁목표를 지원하는 데 부족했다고 치부할 수만은 없다. 필리핀해 해전 이후 일본은 자국의 함정을 한 곳에 집결시킬 수조차 없었다. 필리핀해 해전의 영향으로 레이테만 해전을 위해 차출된 일본 함정들은 군수품이 없고 연료만 있는 싱가포르와 연료는 없고 군수품만 있는 본토 해역 사이에 나눠져 있어야 했다.[56]

반면, 미처 제독의 건의는 일본함대의 완전한 격멸이라는 전술적 목표를 달성할 수 있었을지 모르나, 일정 부분 혹은 전세에 악영향을 미칠 위험한 대승을 추구함으로써 차상위 목표를 달성하는 데 문제를 발생시킬 수 있는 것이었다.

5. 결론: 군사지휘관의 지휘결심에 주는 시사점

태평양 전쟁 중 필리핀해 해전 수행과정에서 있었던 스프루언스와 미처 제독 간 작전수행 건의와 지휘결심 사례를 분석해본 결과, 스프루언스의 결심을 "한 세기에 나올까 말까 한 기회를 잃었다"고 혹평하고, 미처의 건의를 "태평양 전쟁기간을 단축시킬 수 있었다"고 옹호했던 당시의 판단과는 대비되는 결과를 도출할 수 있었다.

미국의 전쟁목적은 '일본의 완전한 타도(Total Defeat)이며, 완전한 승리(Total Victory)'였다.[57] 이를 위한 군사적 목표는 마리아나제도의 점령이었으나, 미처 제독과 미처 제독을 옹호하는 사람들, 심지어 일본함대 사령관인 오자와 제독조차 함대결전을 통해 상대편의 해군력을 격멸하는 것을 주목적으로 인식하고 있었다. 즉, 미처와 그를 옹호하는 사람들은 전쟁목적을 달성하기 위해 전투를 운용하기보다는 마한의 함대결전 사상에 심취하여 해군력을 전장에서 단독적이며 독자적

56 Paul S. Dull, *A Battle History of the Imperial Japanese Navy, 1941-1945*, p. 331.

57 Kent Roberts Greenfield, *American Strategy in World War Ⅱ: A Reconsideration* (Florida: Krieger Publishing Company, 1963), pp. 10-11.

으로 운용해야 한다는 편향되고 시대적 요구에 부응하지 못하는 '협의의 전략을 추구하는 힘'으로 한정시켜버렸다.

반면, 스프루언스는 지상작전을 지원하고 전쟁목표를 달성하기 위해 전투를 작전적으로 운용하는 광의의 전략을 추구하는 방향으로 군사력을 운용했다. 왜냐하면 필리핀해 해전에서 스프루언스의 임무는 적 함대의 격파가 아니라 사이판 점령이었고, 그것은 독자적인 해군작전이 아니라 사이판 침공 지원을 의미했기 때문이다. 조지 비어(George Baer)가 언급했듯이, 미국 해군은 마한의 독자적인 해군전략으로부터 육상작전을 지원하는 해양전략으로 방향을 바꾸고 있었기 때문이다. 즉, 합동작전을 추구하고 있었다.

미처 제독도 오자와 제독과 마찬가지로 주력함대의 격멸을 제일 중요시함으로써 결국 전력을 무익하게 소모시키는 결과를 창출할 수 있었다. 함대결전과 함대결전을 주장하는 미국과 일본 지휘관 사이에 해전이 발생했다면, 부여받은 주임무보다는 부수 임무에 집중하게 되는 해전이 전개되었을 것이고, 이는 더욱더 경계해야 할 전쟁사례의 연구대상이 되었을 것은 자명하다.

스프루언스 제독은 함대결전을 추구하는 일본의 약점에 정확히 전력을 집중한 것으로 판단한다. 일본은 태평양 전쟁이 종료될 때까지 함대결전 사상에서 벗어나지 못했고, 이는 결국 함정 건조와 재정비를 정책의 최우선순위로 추진하게 되었다. 반면, 해상교통로 보호와 점령한 중부태평양상 도서들의 방어력 향상 등 방어적인 측면은 2차적 문제로 무시하거나 경시하게 되었다.[58] 결국, 스프루언스는 이러한 점에 전력을 집중한 반면, 오자와는 일본인이면서 일본의 약점을 정확히 계산하지 못하고 기지 항공기가 자신을 지원할 것이라고 낙관한 것이다.

본 연구의 시사점은 다음과 같다. 우선, 지휘관은 자신이 수행하는 전쟁수준

58 일본의 이러한 경향은 각종 전투에서 여실히 증명되었다. 1944년 2월 트럭섬 공격 시 태평양 중부의 방어망 중에서 가장 강력한 전초기지로 오랫동안 간주되어온 트럭섬 방어가 보잘것없다는 것이 드러났는데, 그것은 미국인을 놀라게 만들기 충분했다. 일본은 1944년까지 기지 방어진지를 구축하지 않았고, 미국의 상륙작전이 진행되기까지도 구축하지 못한 상태였다. George W. Baer, 김주식 역, 앞의 책, p. 456.

의 임무달성뿐만 아니라 그 임무가 상위 전쟁수준의 임무달성에 지향하는지를 판단해야 하며, 이를 위한 전력운용이 필요하다. 전쟁은 지상력에 의해서도, 해양력에 의해서도, 항공력에 의해서도 단독으로 수행할 수 없다는 점을 인식해야 한다. 전술적 차원에서 미처 제독의 판단이 비판을 받을 이유는 없다. 일본함대보다 우세한 전력과 그 자신 항공 전문가로서 승리할 수 있다는 확신을 가지고 있었으며, 자신의 항모 세력에 위협이 되는 일본함대를 격파하여 주도권을 확보하고자 하는 의지는 전술적 차원에서는 타당한 것일 수 있으나, 함대목표는 적 주력을 파괴하는 것보다는 '평화를 지속시키고 승리를 위한 더 큰 목적'이었다. 무엇보다 미처 제독이 경계해야 했던 것은 변화하는 전쟁상황에 적응하지 못했던 자신에게서 되도록이면 빨리 탈피할 필요가 있었다는 것이다.

필리핀해 해전은 미처 제독이 오자와 함대를 격멸한 것 이상으로 태평양 전쟁에서 미국의 승리에 결정적 역할을 했다. 일본함대는 항공기가 없는 불구가 되었고, 미 해군은 제해권과 제공권을 확보함으로써 마리아나 전역에서 승리했다. 결국 마리아나제도에서 승리는 미국의 승리를 필연적인 사건으로 만들었다.

둘째, 전쟁원칙은 전쟁목적을 달성하는 데 비용과 효과를 면밀히 검토한 후 적용할 필요성이 있다. 미처 제독은 우세한 전력을 갖고 있었고, 항공 전문가로서 승리할 수 있는 확신을 갖고 전력을 공세적으로 운용했으나, 미처 제독의 건의대로 19일 새벽 일본함대에 대한 공격이 실행되었다면, 해전의 승리 여부와 관계없이 미국함대의 일정한 전력 손실도 예상될 수 있었다. 미국함대의 함재기는 몇몇 일본의 항모를 격침했을 것이나, 일본의 함재기 또한 집중적으로 운용하여 미국의 항모를 격침시킬 수 있었을 것이다.

셋째, 지휘관은 전장상황에서 발생할 수 있는 모든 가능성을 고려해야 한다. 실제로 오자와 함대가 세력을 분할하여 미국함대의 측면으로 기동할 위험성은 존재하지 않았지만, 일본군 전술과 교리 등에 명시된 가능성 있는 행위에 대한 작전적 고려가 있어야 한다. 발생할 수도 있는 위험에 대한 경계는 반드시 실행되어야 한다. 미국은 일본군의 1941년 진주만 기습에 대한 숱한 사전경고와 정보에도 불구하고 적절히 대비하는 것에 실패함으로써 불필요한 전력을 잃게 되었다.

넷째, 지휘관은 예하 지휘관의 건의가 성과에 얼마나 기여하는가를 판단해야 하며, 이에 맞는 의사결정을 할 필요성이 있다. 당시 스프루언스 예하 지휘관들은 서진하여 일본함대를 격파해야 한다는 신념을 가지고 있었던 것으로 판단된다.

그러나 스프루언스는 군사력의 운용은 전술적 효과에 한정될 수 없으며, 그 이상의 효과에 지향할 필요성을 인식함으로써 동진이라는 의사결정을 했는데, 이는 오늘날 추종자들을 의사결정에 참여시키는 리더십이 가치가 있는 것으로 인식되는 것과 달리 전장상황에 직면한 지휘관에게 때로는 독단적 리더십이 필요함을 보여주는 것이다. "추종자들의 의사결정 참여는 그것이 도덕적으로 옳고 민주적이기 때문에 어떤 경우에든 추구되어야 한다는 주장은 옳지 않다. 참여란 그 자체가 목적이 아니다. 참여의 정도는 그것이 성과에 얼마나 기여하는가에 의해 평가되고 결정되어야 한다"라고 언급한 브룸과 야고(Vroom & Jago)의 주장[59]은 스프루언스 제독의 리더십을 가장 적절하게 설명해주고 있다.

이상으로 두 지휘관의 판단에 대해 합동기획 절차를 활용하여 분석하고 시사점을 도출했다. 필자가 이 과정을 통해 다시 한번 강조하고 싶은 것은 "전쟁에 이기려면 적의 중심을 신뢰성 있게 공격해야 하고, 이를 공격할 수 있는 군사력 중 지상력이나, 해양력이나, 항공력이나 전쟁에서는 독자적이고 결정적인 도구로 인식될 수 없다"[60]는 교훈이다. 스프루언스는 이를 준수하여 필리핀해 해전을 일본의 '옥쇄전'으로 만들었고, 미처와 오자와는 이를 준수하는 데 실패함으로써 '태평양 전쟁의 전세에 악영향을 미칠 수 있는 위험한 대승'을 추구했다.

---

59 스프루언스의 리더십은 리더가 스스로 문제를 풀고 의사결정을 내리는 '순수 독단형' 또는 리더가 하급자들로부터 단순 정보를 얻되, 더 이상의 하급자 참여 없이 리더 스스로 결정을 내리는 '참고적 독단형'에 가까웠다. 리더가 결정방식 선택 시 고려해야 하는 상황변수들에 따라 필리핀해 해전 당시의 상황을 대입하여 필요한 의사결정 방식을 확인한 결과 스프루언스 제독의 의사결정방식이 적합했다. 이에 대해서는 백기복, 『이슈 리더십』, 창민사, 2000, pp. 318-332 참조.

60 콜린 그레이, 임인수 · 정호섭 역, 앞의 책, p. 415.

참고문헌

김정익. "작전적 수준과 작전술". 『한국군사학논총』 4(1), 2015. 6.

로렌스 프리드먼. 이경식 역. 『전략의 역사』. 비즈니스북스, 2019.

박지환. 「필리핀해 해전시 미 · 일 해상지휘관의 작전적 사고」. 『세계의 함선』, 2019. 4.

백기복. 『이슈 리더십』. 창민사, 2000.

에드워드 S. 밀러. 김현승 역. 『오렌지 전쟁계획: 태평양 전쟁을 승리로 이끈 미국의 전략, 1897-1945』. 연경문화사, 2015.

육군. 『야전교범 1: 지상작전』. 육군본부, 2018.

육군본부. 『야전교범 1-1: 군사용어』. 육군본부, 2019.

______. 『야전교범 기준 3-1: 전술』. 육군본부, 2017.

이원우. 『세계 해전사』. 해군대학, 1998.

이정수. 『제2차 세계대전 해전사』. 공옥출판, 1999.

임명종. 「태평양 전쟁 항공전역 분석」. 국방대학교 석사학위논문, 2007.

장광호. 『미국의 태평양 해양전략 전개 연구』. 국방대학교 박사학위논문, 2015.

정호섭. 「태평양 전쟁시 일본 해양전략상 실착」. 『해양전략』 106, 2000. 3.

조덕현. 『전쟁사 속의 해전』. 신서원, 2016.

존 톨런드. 박병화 · 이두영 역. 『일본제국 패망사: 태평양 전쟁 1936-1945』. 글항아리, 2019.

콜린 그레이. 임인수 · 정호섭 역. 『역사를 전환시킨 해양력: 전쟁에서 해군의 전략적 관점』. 한국해양전략연구소, 1998.

폴 콜리어, 알라스테이 핀란 외. 강민수 역. 『제2차 세계대전: 탐욕의 끝 사상 최악의 전쟁』. 플래닛미디어, 2008.

합동군사대학. 『미 합동교범 5-0 번역본: 합동기획』. 합동군사대학, 2017.

합참. 『합동교범 5-0: 합동기획』. 합동참모본부, 2018.

______. 『합동교범 10-2: 합동연합작전 군사용어사전』. 합참, 2020.

해군대학. 『필리핀해 작전』. 해군대학, 1980.

______. 『기준교범 5: 해군기획』. 해군본부, 2019.

______. 『상륙전사』. 해군대학, 2000.

______. 『일본 · 영국 해군사연구: 해군력 발전 · 건설과정을 중심으로』. 해군본부, 1997.

해군전력분석시험평가단. 『해양전략용어 해설집』. 전력분석시험평가단, 2017.

허무현. 「모델스키의 장주기이론을 통한 아태해역에서의 제해권 전이에 관한 연구」. 국방대학교 석사학위논문, 2008.

황운연. 「필리핀해 해전과 지휘관들의 전쟁철학」. 『해군』 344, 2000, 봄.
후지와라 아키라. 엄수현 역. 『일본군사사』. 시사일본어사, 1994.
森松俊夫. 국방대학원 역. 『전쟁지도사: 일본의 대본영』. 국방대학원, 1985.
Baer, George W. 김주식 역. 『미국 해군 100년사』. 해양전략연구소, 2005.
E. B. 포터. 김주식 역. 『태평양 전쟁, 맥아더, 그러나 니미츠』. 신서원, 1997.

Adams, Dwight L. and Newell, Clayton R. "Operational Art in the Joint and Combined Area." *Military Review* 6, 1988. 6.

Buell, Thomas B. *The Quiet Warrior: A Biography of Admiral Raymond A. Spruance*. Boston: Little, Brown, 1974.

Dull, Paul S. *A Battle History of the Imperial Japanese Navy, 1941-1945*. Annapolis: Naval Institue Press, 1978.

Greenfield, Kent Roberts. *American Strategy in World War Ⅱ: A Reconsideration*. Florida: Krieger Publishing Company, 1963.

King, Gray. Keohane, Robert O. & Verba, Sidney. *Designing Social Inquiry: Scientific Inference in Qualitative Research*. Princeton: Princeton Univ. Pres, 1994.

Muir, Jr., Malcom. "Misuse of the Fast Battleships in World War Ⅱ." *United States Naval Institue Proceeding* 105-2, Feb, 1979.

Newell, Clayton R. "What is Operational Art?" *Military Review* 9, 1990. 6.

Potter, E. B. *Bull Halsey*. Annapolis: Naval Institue Press, 1986.

Weigley, Russell F. *The American Way of War*. Bloomington: Indiana Univ., 1977.

"레이먼드 스프루언스". https://namu.wiki. (검색일: 2021. 5. 11)

"필리핀해 해전". https://namu.wiki. (검색일: 2021. 5. 11)

"필리핀해 해전, 위대한 마리아나의 칠면조 사냥". https://m.blog.naver.com. (검색일: 2021. 5. 11)

3부

동북아 군사전략

7장
창군 이후 한국의 군사전략 변화와 결정요인

연제국

1. 서론

국가의 궁극적인 목적은 '생존과 번영'이고, 군사전략은 국가의 궁극적인 목적을 달성하기 위해 결정적이고 중요한 역할을 담당한다. 따라서 군사전략은 국가의 안보에 직간접적으로 영향을 미치는 전략환경을 평가하여 설정하게 된다. 군사전략을 수립하기 위한 전략환경 평가는 『합동교범 5-0 합동기획』에 명시된 바와 같이 일반적으로 상위지침 이해와 안보정세 평가, 위협분석 및 미래전 양상 전망 등 국가안보에 영향을 미치는 다양한 요소들을 고려하여 수립된다.[1]

본 연구는 『합동기획』에 명시된 군사전략 영향 요소에 기반하여 창군 이후

1 합동참모본부, 『합동교범 5-0 합동기획』, 합동참모본부, 2018, pp. 2-8~2-13.

한국의 군사전략이 어떤 요소에 의해 영향을 받아왔으며, 변화되어왔는지를 설명하는 것이다. 이러한 연구목적을 달성하기 위해 제기된 연구문제는 다음과 같다. 첫째, 창군 이후 각 시대별 한국의 군사전략은 무엇이었고, 군사전략 수립에 영향을 준 결정요인은 무엇인가? 둘째, 통시적 관점에서 각각의 결정요인 변화가 군사전략에 어떠한 영향을 주었는가?

연구 방법은 문헌연구 방법을 사용했다. 이를 위해 국방부와 합참의 공식문헌(국방백서, 국방사, 국방정책 변천사 등)과 합동교범 및 교리(군사기본교리, 합동기획 등), 군사전략 관련 일반서적 및 논문(전략이론, 군사전략 이론 등)을 참고했다. 특히, 창군 시부터 전두환 정부까지는 군사전략 관련 비밀로 작성되었다가 유효기간이 경과하여 일반문서로 재분류된 국방사[2]를 주로 참고했다.

연구 범위는 1948년 창군 이후부터 2017년 박근혜 정부까지로 한정했다. 고대부터 일제 강점기까지 군사전략은 자료의 한계와 현대 군사전략에 주는 함의를 고려하여 대상에서 제외했다. 시대 구분은 군사전략 성격을 고려하여 창군기(1948년~1950년대, 이승만 정부), 자주국방 추진기(1960~1970년대, 박정희 정부), 자주국방 발전기(1980~1990년대, 전두환·노태우·김영삼 정부), 북핵 대응 전환기(2000년대, 김대중·노무현 정부), 북핵 대응 구체화기(2010년대, 이명박·박근혜 정부)의 5개 시대로 구분하여 분석했다.

본 논문은 총 5개의 절로 구성했다. 2절에서 이론적 배경 및 분석의 틀을 제시했다. 3절은 창군 이후 박근혜 정부까지 시대별 군사전략이 어떻게 수립되었는지를 분석했다. 4절은 분석의 틀에서 제시한 결정요인별로 각 시대 군사전략 변화를 검토하여 결정요인 변화가 군사전략의 변화에 주는 영향을 분석했다. 5절 결론은 연구 결과를 요약하고, 한국의 군사전략에 주는 함의 및 제한사항을 포함했다.

---

2 국방부, 『국방사 2 1950~1961.5』, 전사편찬위원회, 1987; 국방부, 『국방사 3 1961.5~1971.12』, 전사편찬위원회, 1990; 국방부, 『국방사 4 1972~1981.12』, 군사편찬연구소, 2002; 국방부, 『국방사 5 1982~1990』, 군사편찬연구소, 2011.

2. 이론적 배경 및 분석의 틀

1) 군사전략의 개념과 결정요인

'전략(戰略)'의 사전적 의미는 '戰'(싸울 전), '略'(꾀 략)으로 '싸움에서 이기기 위한 꾀'를 의미한다. 동양에서 전략은 기원전 12세기 병서 『육도』에 군략, 병법, 병도 등을 통해 발전했다. 서양에서는 전략을 'strategy'라고 하는데, 이는 고대 그리스어 중 군사령관을 의미하는 'strategos'와 사령관실을 의미하는 'strategia'에서 비롯되었다.[3]

일반적으로 전략을 정의하는 데는 '목표', '수단', '방법'의 세 가지 요소가 포함된다. 따라서 전략은 "주어진 목표를 달성하기 위해 가용한 수단을 운용하는 술과 과학"으로 정의할 수 있으며, 군사전략은 "정치적 목적 또는 전쟁의 목적을 달성하기 위해 가용한 군사적 자산을 운용하는 술과 과학"이라고 할 수 있다.[4] 군에서는 군사전략을 "국가안보전략의 일부로, 국방목표를 달성하기 위하여 군사전략 목표를 설정하고 군사력을 건설하여 운용하는 술과 과학"으로 정의한다.[5] 군에서는 이러한 군사전략을 체계적으로 수립하기 위해 합동전략기획 절차를 따르며, 그 내용은 다음과 같다.[6]

〈표 7-1〉 합동전략기획 절차

• 1단계: 전략환경 평가 • 2단계: 군사전략목표 설정, 군사전략 개념 구상 • 3단계: 군사력 건설방향 제시 • 4단계: 군사력 건설 소요판단 · 제기 · 조정 · 결정 • 5단계: 작전기획지침 수립

3 박창희, 『군사전략론』, 플래닛미디어, 2019, pp. 65-66.

4 위의 책, pp. 101-102.

5 합동참모본부, 『합동 · 연합작전 군사용어사전』, 합동참모본부, 2020, p. 56.

6 합동참모본부, 『합동교범 5-0 합동기획』, pp. 2-7~2-13.

군사전략은 합동전략기획 절차 중 1단계부터 3단계까지 적용하여 수립한다. 4단계는 '합동군사전략목표기획서', 5단계는 '합동군사능력기획서'를 작성할 때 적용한다. 1단계는 군사전략 수립에 영향을 주는 요소들을 평가하는 단계이고, 2·3단계는 목표, 방법, 수단에 관해 군사전략을 수립하는 단계다.

1단계 전략환경 평가는 상위지침을 이해하고, 안보정세를 분석하여 군사적으로 대응해야 할 안보위협을 도출하며, 미래전 양상을 전망하는 과정이다. 이러한 전략환경 평가는 위협을 식별하고 구체화하는 단계로, 상위지침 이해, 안보정세 평가, 위협분석, 미래전 양상 전망 순으로 진행한다.

상위지침은 전략환경 평가를 위해 이해해야 할 국가안보전략지침, 국방기본정책서 등의 문서뿐 아니라 대통령 및 국방부 장관 연설문, 구두 지시 등이 있다. 안보정세 평가는 국내외 종합적인 안보상황을 평가하여 안보위협을 도출하는 과정이다. 위협분석은 안보정세 평가를 통해 도출된 안보위협 중에서 군사적으로 대응해야 할 위협을 분석하는 것이다. 미래전 양상 전망은 위협분석에서 도출된 위협이 우리에게 장차 어떻게 실제화될 것인가를 판단한다.

이처럼 군사전략 수립에 영향을 주는 요소는 네 가지로, 상위지침 이해, 안보정세 평가, 위협분석, 미래전 양상 전망이다. 그중 미래전 양상 전망은 관련 자료 수집의 한계로 본 연구에서는 제외했다. 나머지 세 가지 요소 중 상위지침 이해와 안보정세 평가의 국내 안보상황 부분은 정부 지도층과 국내 여론 등에 관한 사항으로 국내정세로 통합하여 정리했다. 안보정세 평가 중 국외 안보상황은 국제정세로 평가했다. 위협분석은 군사적 및 비군사적 위협요소를 도출하여 군사적 대응에 중점을 두고 분석했다.

2) 분석의 틀

창군기 이후 한국의 군사전략은 국제정세, 위협, 국내정세를 평가하여 주요 결정요인이 무엇인지를 분석했다. 분석은 두 가지 방법으로 실시했다. 첫째, 연구

범위에서 정리한 시대별로 국제정세와 위협, 국내정세를 평가하고, 그에 따라 군사전략이 어떤 영향을 받아서 수립되었는지를 분석했다. 이를 통해 시대별 군사전략의 특징을 이해할 수 있도록 했다. 둘째, 결정요인별로 통시적으로 시대별 군사전략의 변화과정을 분석했다. 시대별 분석에 이어 결정요인별로 분석한 이유는 한국의 군사전략과 각 결정요인 간 인과관계를 더욱 잘 이해할 수 있기 때문이다. 지금까지 논의한 내용을 바탕으로 구성한 본 논문의 분석 틀은 〈그림 7-1〉과 같다.

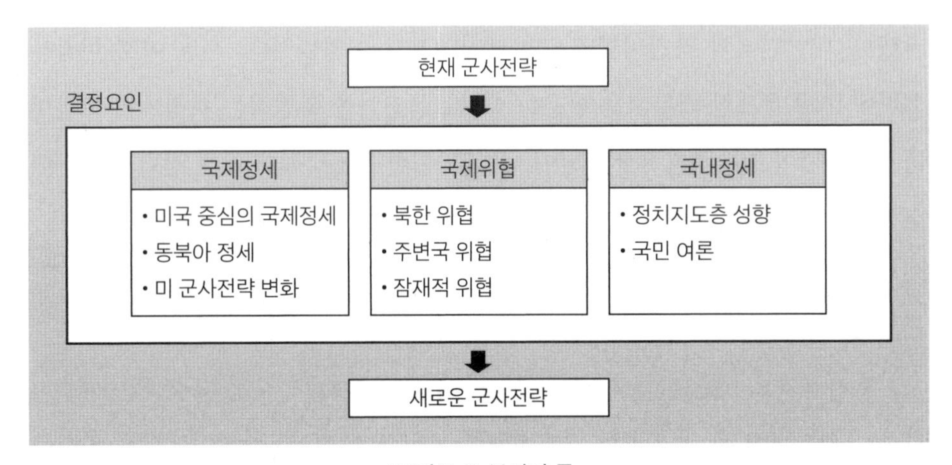

〈그림 7-1〉 분석의 틀

3. 시대별 군사전략 변화과정 분석

1) 창군기 군사전략(1948~1950년대, 이승만 정부)

1950년대는 국가 독립, 창군 및 6·25전쟁 등 국가적으로 혼란한 시기로, 명문화된 군사전략이 확인되지 않지만, 육군본부 작전명령 38호 하달 등 군사전략에 대한 인식이 태동하는 시기였다.

(1) 국제정세 평가

1945년 제2차 세계대전이 끝나고 세계는 미국과 소련을 중심으로 한 냉전 시대가 시작되었다. 1945년 핵무기 개발에 성공한 미국은 핵 우위를 기반으로 핵 위주 군사전략을 추진했다. 1949년 소련이 핵실험에 성공하고, 중국이 공산화되자 이는 대한민국을 비롯한 아시아 국가에 큰 위협으로 다가왔다. 이러한 위협 속에 미국은 1949년 한국에 군사고문단만 남겨놓고 주한미군을 철수했으며, 이듬해 1월 미 국무장관은 애치슨라인을 선언했다.[7]

1950년 대한민국에 6·25전쟁이 발발하자 국제사회는 UN 결의에 의해 참전했고, 대한민국의 작전지휘권은 유엔사령부로 이양되었다. 휴전 이후 미국은 소련에 비해 우세한 핵무기를 활용한 대량보복전략을 추진하는 과정에서 주한미군 7개 사단이 철수하여 2개 사단이 남았다. 주한미군 감축에 따른 전력공백을 해소하기 위해 대한민국에 전술핵을 배치했다.

(2) 위협 평가

북한정권은 1948년 9월 9일 조선민주주의인민공화국으로 탄생했고, 이로써 한반도에는 남과 북에 상반된 정치체제가 들어섰다. 북한정권은 냉전 시대의 영향으로 대한민국 정부를 미 제국주의의 식민지로 간주했고, 민족해방을 위해 무력에 의한 조국통일을 추구했다. 따라서 조선인민군 창설 이후 소련군의 체계적인 지원과 김일성의 정치적 야심으로 군사력을 지속적으로 증강했고, 19.8만여 명의 병력과 240여 대의 전차로 1950년 6·25 남침을 감행했다.

휴전 이후에는 북한 내부 경제를 복구하고 군대를 재건하기 위해 일시적으로 적화통일을 포기했으나, 그 대신 남한에 반정부 통일전선을 형성함으로써 남한 내부의 혼란을 가중시켰다.

---

7 미국의 아시아·태평양지역 방위권역이 알류산열도-일본 열도-오키나와열도-필리핀에 이르고, 한국과 대만은 제외되었다. 애치슨선언은 북한의 김일성이 미국의 아시아·태평양지역 전략을 오판하게 함으로써 6·25전쟁을 유발했다는 비난을 받았다.

(3) 국내정세 평가

1945년 독립을 맞이한 대한민국은 미 군정을 거쳐 1948년 대한민국 정부를 수립했다. 1948년 육군과 해군을 창설하고, 1949년 해병대와 공군을 창설함으로써 대한민국 국군이 제 모습을 갖추게 되었다. 그러나 미 군정은 대한민국의 전략적 중요성을 인식하지 못했고, 국내 역시 좌우 정치세력의 갈등 속에 국군의 무장은 더딜 수밖에 없었다. 그 결과 경무장 위주의 국군은 북한의 6·25 남침으로 한때 낙동강전선까지 후퇴했고, 국군과 유엔군의 피나는 노력으로 한중 국경선까지 진출했으나, 결국 1953년 휴전을 맞이했다.

휴전과 동시에 대한민국 정부는 한미상호방위조약을 체결하여 북한에 대한 안보 불안감을 해소하고 전후 경제복구에 전념했다. 1950년 유엔군사령부로 이양된 작전지휘권은 1954년 한미합의의사록에 의해 '작전지휘권'은 '작전통제권'으로 축소되었고, '현재의 전쟁상태가 지속되는 기간 동안'이라는 문구는 '유엔사령부가 대한민국 방위를 위한 책임을 부담하는 동안'으로 변경되었다.[8]

국방정책 기조는 '연합국방'이었다. 이범석 초대 국방부 장관은 국제 공산세력의 위협에 대응하기 위해 미국을 중심으로 한 '연합국방'을 시책의 기본으로 삼았다. 전쟁이 발발하면 미국의 군사지원을 받아 공동작전을 전개하고, 현재의 휴전은 일시적인 정전이라는 개념에 입각한 정책을 추진함으로써 북진통일을 추구했다. 또한 안보 차원에서 주한미군이 주둔할 수 있도록 한미상호방위조약을 체결했다.[9]

(4) 군사전략

대한민국은 국군 창설 이후 6·25 남침으로 인해 제대로 된 군사전략을 수립할 여유가 없었고, 명문화된 군사전략도 확인되지 않고 있다. 이는 당시 한국의

---

8 국방부, 『한미군사관계사』, 국방부 군사편찬연구소, 2002, p. 631.

9 국방부, 『국방 100년의 역사』, 국방부 군사편찬연구소, 2020, pp. 120-122.

군사제도가 초보적인 수준이었고, 군 간부들의 전문성이 부족하며, 정치지도자들의 국정운영도 미숙했기 때문으로 판단된다.[10]

명문화된 군사전략이 확인되지 않았다는 것은 현 시대에서 정의한 군사전략, 즉 군사전략 목표와 수단, 방법을 모두 포함하는 군사전략을 이야기한 것이다. 그러나 현재의 시각으로 과거의 시대를 이야기하기에는 무리가 있다. 마치 이순신 장군의 군사전략을 이야기할 때 군사전략 목표와 수단, 방법이 모두 포함된 문건이 없다고 하여 당시 군사전략이 없었다고 결론내릴 수 없는 것과 같은 이치다.

육군본부는 대한민국을 방위하기 위해 작전계획을 1950년 3월 25일 수립했고, 육군본부 작전명령 38호가 하달되었다. 주요 내용은 다음과 같다. 첫째, 방어의 중심은 의정부 축선이고, 방어지역은 38도선을 따라 구축한다. 둘째, 방어지역은 경계진지, 주방어진지, 예비진지로 구성하고, 적이 침투하면 사단 자체 역습으로 방어지역을 탈환한다. 셋째, 예비진지들은 최후방어선이며 고수되어야 한다. 피탈 시는 육군 예비대를 운용해서 탈환한다. 넷째, 주방어진지 전방 장애물을 설치하고, 수도경비사령부 및 3개 사단이 전방부대를 증원한다.[11]

이 문건은 당시 존재한 유일한 방어계획이면서 동시에 군사전략으로 평가된다. 물론 국가전략과 군사전략의 연계성이 부족하고, 사단 및 군단급 전술계획이라 이야기할 수 있지만, 당시 상황을 고려하면 최선의 결과라 평가되기 때문이다.

군사력 건설은 양적 증가에 특징이 있다. 북괴의 위협에 대비하여 창군기 10만여 명의 군대는 6·25전쟁 기간 동안 60만여 명으로 증가했고, 전후 63만여 명으로 조정되었다. 국방정책에 의해 지상군 위주로 확장했고, 해군과 공군은 미군의 지원을 받는 것으로 추진되었다.

당시 한국 정부의 세입 대비 미국의 대충자금[12]은 거의 절반을 넘는 수준이었

---

10 이병태, 『대한민국 군사전략의 변천 1945-2000』, 양서각, 2018, p. 106.

11 위의 책, pp. 105-106.

12 미국이 원조한 잉여농산물을 한국시장에 팔아서 누적한 원화자산

고, 국방비에서 미국의 군사원조 비율은 70%를 상회[13]했다. 따라서 미국은 한국의 정치, 경제, 군사 등 제 분야에서 절대적인 영향력을 발휘할 수 있었고, 대한민국은 고유의 군사전략을 수립하기보다 미군의 편성과 무장, 훈련 등을 수용할 수밖에 없었다.

위에서 논의된 창군기 군사전략을 표로 요약하면 〈표 7-2〉와 같다.

〈표 7-2〉 창군기 군사전략

구분	창군기(1948~1950년대)	
국제정세	• 미소 냉전	• 중국 공산화
위협	• 6·25전쟁	• 대남 위협
국내정세	• 정부수립/창군	• 6·25전쟁, 전후 복구
군사전략	• 명문화된 군사전략 미확인	• 육군본부 작전명령 38호

2) 자주국방 추진기 군사전략(1960~1970년대, 박정희 정부)

자주국방 추진기는 국제적으로 냉전과 데탕트 시대, 신냉전 시대의 변화와 북한의 지속적인 대남 위협 가운데 박정희 정부가 경제성장과 베트남 전쟁 파병을 추진한 시기였다. 1960년대 수세적 개념으로 한국군 최초의 군사전략이 수립되었고, 1970년대에는 주한미군 철수와 연계하여 자주국방이 반영된 군사전략이 수립되었다.

(1) 국제정세 평가

1960년대는 냉전이 극에 달한 시대였다. 1962년 일어난 쿠바 미사일 사태는 소련의 쿠바 미사일 기지 건설로 인해 미국과 소련이 대립한 군사위기로 냉전

13 이병태, 앞의 책, pp. 91-94. 1957년 정부세입은 424억 원, 대충자금은 224억 원. 1955~1960년 기간 중 국방비(100%) 대비 국내조달(23.2%), 미국 예산지원(17.9%), 미국 물자지원(58.9%)로 미국의 군사원조 비율은 77% 수준이다.

의 절정이라고 평가된다. 또한 1964년 벌어진 베트남 전쟁은 분단된 남북 베트남 사이의 내전이면서 동시에 냉전 시대에 민주주의 진영과 공산주의 진영이 대립한 대리전 양상이었다.

1970년대는 1972년 미·중 정상회담과 1979년 미·중 국교 수교를 통해 데탕트 시대를 맞이했다. 그러나 1979년 소련이 아프가니스탄을 침공함으로써 국제사회는 다시 신냉전 시대로 전환되었다.

미국의 군사전략은 핵 위주의 전략을 기본으로, 케네디 정부는 유연반응전략,[14] 닉슨 정부는 닉슨 독트린[15]을 추진했다. 미 군사전략의 변화에 따라 주한미군은 1971년과 1978년 두 차례 철수했다.

(2) 위협 평가

1960년대 북한은 쿠바 미사일 사태와 중·소의 이념분쟁, 소련의 경제적 지원 감소 등으로 4대 군사노선[16]과 3대 혁명역량[17] 강화를 추진했다. 또한 조·소 조약, 조·중 조약을 체결함으로써 군사협력을 강화했다. 1960년대 초반 영변에 원자로를 설치함으로써 핵개발을 추진했고, 1970년대 중반 스커드미사일 자체 생산에 성공했다.

대남 우위의 경제력을 바탕으로 군사력을 대폭 강화하여 병력은 40여만 명에서 60여만 명으로, 전차는 430여 대에서 2,600여 대로 대폭 증강했다. 군사전략 측면에서 미국이 베트남 전쟁에서 철수하는 모습을 보고 군사적 자신감은 한층 강화되어 7일 만에 한국을 압도하는 전략을 수립했다.

---

14 핵전쟁으로부터 대게릴라전에 이르기까지 모든 단계의 작전에 대비하여 군사력을 준비함으로써 어떤 규모의 전쟁에도 유연하게 대응한다는 전략

15 중·소의 대립으로 세계가 다극화되어가는 과정에서 미국의 역할을 재조명하고, 이에 따른 동맹국의 책임분담을 요구하는 것으로, 핵 공격 이외에 아시아 방위는 아시아인의 손으로 한다는 것이 주 내용이었다. 닉슨 독트린은 이후 주한미군 철수로 연계되었다.

16 전 인민의 무장화, 전군의 간부화, 전군의 현대화, 전 지역의 요새화

17 북조선 혁명역량 강화, 남조선 혁명역량 강화, 국제적 혁명역량 강화

주요 도발사례는 1969년 1·21사태와 푸에블로호 납치, 울진/삼척지구 무장공비 침투, 1976년 도끼만행사건, 1970년대 중반 제 1·2·3땅굴 등이 있다.

(3) 국내정세 평가

대한민국의 1960~1970년대는 박정희 정부(1961~1979) 시기였다. 박정희 정부는 1962년부터 경제개발 5개년 계획을 추진하여 고도 경제성장을 달성했다,[18] 베트남 파병(1964~1973)을 통해 한국군은 현대화를 위해 노력했고,[19] 더 많은 경제성장을 이룰 수 있었다. 1972년 7·4 남북공동성명을 발표하고, 10월에 유신체제로 전환함으로써 장기집권을 추구했다.

국방정책은 1960년대 초반 '선경제건설 후자주국방'을 추진했으나, 1960년대 후반 1·21사태와 푸에블로호 납치사건을 처리하는 과정에서 자주국방을 우선으로 하는 정책으로 전환했다.[20] 1968년 자주국방을 천명했고, 주요 내용은 첫째, 유엔 중심의 국방태세를 자주국방태세로 전환하고, 둘째, 향토예비군 250만 명을 무장하며, 셋째, 연내에 무기 생산 공장을 세우는 것이었다.

이와 같은 자주국방 의지는 1969년 닉슨 독트린과 1971년 1차 주한미군 철수,[21] 1978년 2차 주한미군 철수[22]와 연계되어 적극적으로 추진되었다. 전력 증강

---

18 연평균 경제성장률은 1차 경제개발 5개년 계획 기간(1962~1966) 중 7.9%, 2차 경제개발 5개년 계획 기간(1967~1971) 중 9.7%를 달성했다.

19 1966년 체결된 브라운 각서를 통해 파병되는 한국군의 전쟁물자를 제공하고, 한국군 3개 예비사단을 전투사단으로 장비화시켰으며, 1.6억 달러의 차관을 제공하기로 했다.

20 1968년 일어난 두 사건을 처리하는 미국의 태도가 대통령을 시해하기 위한 도발인 1·21사태는 미온적인 반면, 푸에블로호 납치에 대해서는 북한과 비밀교섭을 통해 푸에블로호 송환만 관심을 두고 무장공비 침투 언급을 회피하는 모습을 보이자 미국에 대한 불신이 형성되었다.

21 1969년 닉슨 독트린의 결과로 미 제7사단이 철수하고, 미 제2사단은 휴전선 방어에서 동두천 일대로 철수했다. 주한미군 철수 결과 주한미군은 제2사단만 남았고, 한미연례국방장관회의가 개최되었다. 또한 한국군이 판문점을 제외한 전 휴전선을 방어하게 되었고, 한국군 현대화 5개년 계획을 위해 미국이 15억 달러를 지원하기로 약속했다.

22 데탕트 시대 카터 대통령의 주한미군 감축지시에 의해(1982년까지 3단계 철수) 1단계 철수가 이루어졌으며(미 제2사단 일부, 3,400여 명), 레이건 정부에 의해 취소되었다. 주한미군 철수에 따른 안보 불안감을 해소하고, 한국 방위를 확고히 하는 차원에서 한미연합사가 창설되었고, 군사위원회(MC)가

과 방위사업 육성을 위해 1974년 제1차 율곡사업[23]을 추진했다.

(4) 군사전략

1960년대 북한의 위협을 고려하여 한미 연합방위를 기반으로 한 최초의 군사전략이 수립되었다.[24] 군사전략의 중점은 한미 연합방위에 입각한 수세적 방어전략으로 북괴를 중심으로 하는 공산세력의 위협에 대처하는 것이었다. 이에 따라 전면전 대응태세, 국지도발 대응태세, 비정규전 대응태세로 구분했다. 주요 내용으로 전면전 대응태세는 한미연합작전으로 지·해·공 합동작전태세를 확립하여 초전에 전방지역에서 적의 공격을 저지 및 격퇴하는 것이었다. 국지도발 대응태세는 예상되는 국지도발 양상을 상정하여 육·해·공 합동작전으로 신속히 대처하는 것이었다. 비정규전 대응태세는 향토예비군과 대간첩대책본부를 창설하여 민·관·군 협조된 공동방위체제를 유지했다.

1960년대 군사전략 특징은 첫째, 남한을 한반도 내 유일한 합법정부로 인정하여 북한을 '북괴'로 표현했다. 둘째, 북괴의 공격을 저지 및 격퇴하는 수세적 개념의 방어전략이었다. 한강선으로 축차적으로 후퇴하여 방어하고 현 휴전선을 유지하는 개념으로, 통일을 추구하는 개념은 반영되지 않았다. 셋째, 적의 간첩침투, 무장공비 등에 대비한 비정규전 대응태세가 반영되었다. 이는 북괴가 1960년대 남한 내 혁명역량 세력을 강화하고, 대남 폭력전술을 구사함에 따라 북괴 도발에 의한 사상자가 사망 428명, 부상 665명이나 발생했기 때문이다.

1970년대 군사전략은 경제성장 및 주한미군 철수와 연계한 자주국방을 추진하는 군사전략이 수립되었다. 경제성장에 따른 서울 및 수도권의 중요성이 부

신설되었다.

23 국방부, 『국방 100년의 역사』, pp. 225-228. 제1차 율곡사업(1974~1981)은 자주국방을 위한 군사전략 수립과 군사력 건설에 착수하고, 작전지휘권 인수 시에 대비한 장기 군사전략의 수립, 중화학공업 발전에 따라 고성능 전투기와 미사일 등을 제외한 주요 무기와 장비를 국산화하는 것을 주요 목표로 제시했다.

24 국방부, 『국방사 3 1961.5~1971.12』, 국방부 전사편찬위원회, 1990, pp. 386-389.

각되자 수세적 방위 개념인 기존 한강선 방어에서 현 위치 고수방어 개념으로 변화되었고, 한강 이북지역에 몇 개의 주방어선을 구축했다.

군사전략 목표는 상당기간 전쟁을 억제하여 군사력을 증강하고, 북괴의 군사력을 분쇄하여 국토통일을 실현하는 것이었다. 군사전략 기본 개념은 첫째, 상당기간 전쟁을 억제하는 데 주안을 둔다. 둘째, 전쟁억제를 통해 시간을 얻어 공수 양면의 신축성 있는 군사력을 건설하여 공세에 바탕을 둔 전략을 발전시킨다. 셋째, 전쟁억제에 실패할 때는 방위전략을 적용한다. 넷째, 평시 국지적 도발에는 응분의 응징보복을 한다.

이에 따라 '억제전략'은 한미연합 억제전략으로 한미상호방위조약 기반하에 한미 군사협력체제를 유지하고, 점차적으로 독자적인 억제전략을 구사할 수 있도록 상대적으로 우세한 군사력을 건설한다.[25] '방위전략'은 적 기습효과를 극소화하고, 현 방어지대에서 적 주력을 격멸하여 수도권 안정 보장을 위한 공간을 확보하며, 적의 제2전선 형성 거부, 공세이전[26]의 호기를 형성한다. '공세전략'은 적 야전군 주력을 대동강 이남지역에서 동서로 분할하여 포위섬멸하고, 신속히 한중 국경선에 도달한다. '보복전략'은 도발과 관련하여 더 이상의 적대행위를 포기할 수 있는 응징적 효과를 고려했다.

1970년대 군사전략의 특징은 첫째, 창군 이후 처음으로 한국군 독자적 방위 전략이 구상되었고, 자주국방 의지가 명확하게 나타나는 전략이 수립되었다.[27] 둘째, 수세적 방위전략에서 '공세적 방위전략'이라는 용어가 최초로 사용되었다. 한강선 방어에서 현 전선 방어로, 휴전선 유지에서 남북통일의 전략이 반영되었다. 셋째, 핵 및 화학무기 확보 의지를 반영했다.

---

25 군사력 건설에는 핵 및 화학작용 능력 확보도 포함되어 있다.

26 고양-의정부-가평-소양강-양양 전방에서 반격을 위해 주도권을 확보하는 것으로 반영되었다.

27 연합방위를 통해 상당기간 억제기조를 유지하는 동안 군사력을 건설하고 군사전략을 발전시켜 연합전력 억제에서 점차적으로 독자적 억제를 추구했다.

군사력 건설과 관련하여 국방조직은 합동참모본부가 설치(1963)[28]되었고, 향토예비군(1968)과 한미연합사(1978)가 창설되었다. 전투력 증강으로 한국군 현대화 계획에 의해 주한미군 감축 대비 한국군의 장비 현대화가 이루어졌다. 1차 율곡사업을 통해 대북 억제력은 50.8%에서 54%로 향상되었다. 방위산업 구축을 위해 국방과학연구소가 설립되었고, 백곰사업으로 한국형 중·장거리 지대지 유도탄을 개발(1978)했다.

위에서 논의된 자주국방 추진기 군사전략을 요약하여 나타내면 〈표 7-3〉과 같다.

〈표 7-3〉 자주국방 추진기 군사전략

구분	자주국방 추진기(1960~1970년대)	
국제정세	• 냉전 → 데탕트 → 신냉전	• 베트남 전쟁, 닉슨 독트린
위협	• 4대 군사노선/3대 혁명역량 강화, 1·21사태, 푸에블로호 납치 등	
국내정세	• 박정희 정부, 경제개발, 베트남 전쟁 파병	• 주한미군 철수('71/'78)
군사전략	1960년대	1970년대
	• 최초의 군사전략 수립 • 한미연합방위 기조 • 수세적 방어전략 - 한강선 후퇴방어 - 북한공격 저지/격퇴(현 전선 유지)	• 경제성장, 주한미군 철수 → 자주국방 • 한국군 독자적 방위전략을 최초로 구상 • 공세적 방위전략 - 수도권 안정(수도권 북방 고수방어) - 수세 후 공세, 통일달성 • 북괴: 공세적 방위

3) 자주국방 발전기 군사전략(1980~1990년대, 전두환·노태우·김영삼 정부)

자주국방 발전기는 냉전과 탈냉전의 국제정세 변화와 북한의 경제적 위기 속에서 대한민국 정부가 탈냉전 상황과 북한의 경제개방 가능성, 전시작전통제권 전환 등 다양한 변화를 고려하여 군사전략을 수립한 시기였다.

---

28 당시는 국방장관이 군정·군령권을 통괄하되, 각 군 총장을 통해 행사했다. 합참은 법률상 최초의 상설기구로 국방장관의 자문기구 역할을 수행했고, 지금과 같이 직접지휘는 실시하지 않았다.

(1) 국제정세 평가

1980~1990년대는 국제정세 격변의 시기였다. 1979년 소련의 아프가니스탄 침공으로 시작된 신냉전은 1980년대에도 지속되었다. 그러나 1980년대 후반 공산권 국가들의 몰락을 시작으로 1991년 소련이 해체됨으로써 냉전은 종식되었고, 탈냉전 시대가 도래했다. 소련과 중국은 각각 1990년과 1992년에 대한민국과 국교를 수교했다. 탈냉전 시대에는 기존 냉전체제에서 억눌려온 많은 문제들, 즉 민족주의와 종교적 문제, 기후 변화나 해적 등 범세계적인 문제들이 대두되었다.

미국의 군사전략은 1980년대 초반 냉전 시기에 레이건 정부가 동시다발 보복전략을 추진하면서 카터 정부에서 추진했던 주한미군 감축계획을 취소했다. 1989년 조지 H. W. 부시 정부는 신냉전 종료를 선언하고 동아시아 전략구상을 통해 주한미군 철수를 추진하여 1992년 미 제2사단 일부가 철수했다. 클린턴 정부는 윈-윈 전략[29]을 통해 다시 한번 주한미군 철수를 취소했다.

(2) 위협 평가

북한은 1994년 김일성이 사망하고 김정일 체제로 전환되어 정치적 안정이 필요한 시기였다. 경제적으로는 소련의 경제원조가 중단되어 어려운 가운데 농작물의 흉작이 겹쳐 일명 '고난의 행군' 시기를 거쳤다. 그럼에도 군사력은 증강하여 1980년대 초반 68만여 명에서 1990년대 말 108만여 명까지 대폭 확장했다. 미얀마 아웅산 테러(1983) 같은 도발을 지속했고, 1993년에는 IAEA의 북한 핵 사찰을 거부함으로써 1차 북핵위기가 발발했으나, 경수로 지원과 함께 NPT 복귀 및 IAEA 사찰을 수용했다.

---

29 주요 전구 전쟁과 세계 도처 급변사태에 대한 대응전략으로 동시전 승리전략이다. 탈냉전 이후 한반도가 급변사태 가능성이 높은 지역으로 분류되어 동시전에 승리하기 위해 주한미군을 전진배치하는 신아태전략을 구상했다.

(3) 국내정세 평가

1980~1990년대는 전두환·노태우·김영삼 정부 시기였다. 1979년 12·12 사태로 정권을 잡은 전두환 정부에 대해 국민은 1980년대 민주화운동을 지속적으로 전개했다. 1990년대 탈냉전 시대를 맞아 남북 간의 체제경쟁에서 승리한 자신감을 가진 노태우 정부는 남한 내 비핵화를 선언하고, 남북 동시 UN 가입을 실시했다.

국방정책으로 1980년대는 군사대비태세, 자주국방태세, 한미연합방위 등 냉전 시대 정책을 그대로 추진했으나, 1990년대는 탈냉전으로 인해 국방정책에 많은 변화가 있었다. 주요 내용으로는 첫째, 안보상황의 이중성을 고려하여 국방태세를 확립한다. 둘째, 주한미군 감축 및 철수에 따른 국방태세를 재정립한다. 셋째, 남북 평화공존 및 통일시대를 대비하여 국방태세를 기획한다. 이는 국제적으로 탈냉전을 맞이하고 있으나, 남북한의 냉전은 지속되고 있는 이중적 상황이 반영된 것이다. 주한미군 철수 관련 자주국방과 전·평시작전통제권 전환을 지속 추진하여 1994년 평시작전통제권을 인수했다. 북한의 경제적 위기를 고려하여 통일을 대비한 군사전략을 수립토록 했다.

(4) 군사전략

1970년대까지 우리 군은 미래의 정세에 능동적으로 대처할 독자적 군사전략은 수립하지 못했다. 그러나 1983년 전두환 정부 때 『장기합동군사전략기획서('87~'01)』를 발간함으로써 우리 군 최초로 장기기획문서가 만들어졌다.

군사전략 목표는 첫째, 북한의 전쟁도발을 억제하여 국가안보와 평화통일을 뒷받침하고, 둘째, 전쟁 억제에 실패하여 전쟁이 발발했을 때는 적의 전쟁의지를 조기에 분쇄하여 국토방위 목표를 달성하며, 셋째, 제반 분쟁사태에 적절히 대처하여 우리의 국가이익을 수호하는 데 두었다.

군사전략 개념은 대북한 군사전략과 대주변국 군사전략으로 구분되었다. 대북한 군사전략은 평시에 도발을 억제하고, 국지 제한 도발 시에는 강력 응징하며,

전면도발 시에는 대량 응징으로 국토를 통일하는 개념이었다. 대주변국 군사전략은 통합된 억제전력으로서 거부적 억제전력을 확보하고, 우방국 군사협력 및 대주변국 외교노력을 강화하며, 도발 시 즉응 분쇄하도록 하는 개념이었다.[30]

1980년대 전두환 정부 군사전략의 특징은 첫째, 1970년대 박정희 정부의 '공세적 방어' 전략을 계승했고, 둘째, 주변국 군사전략이 최초로 등장했으며, 셋째, 현 『합동군사전략서』의 시초가 된 『장기합동군사전략기획서』를 최초 발간함으로써 우리 군의 독자적인 장기 군사전략을 수립할 수 있게 했다.

1980년대 후반부터 1990년대 초반까지 노태우 정부의 군사전략 목표는 적의 전쟁도발을 억제하여 국가의 안전보장과 번영 및 평화통일을 뒷받침하고, 전쟁 발발 시에는 적의 전쟁의지를 조기에 분쇄하여 국토방위의 목표를 달성하며, 제반 분쟁사태에 적절히 대처함으로써 국가이익을 수호해나가는 것이었다.

군사전략 개념으로 대북한 군사전략은 첫째, 평시 전쟁억제를 위해 확고한 한미 연합억제태세를 유지하고, 장차전 양상에 부합하는 부대구조와 배비 및 전력확보를 통해 도발 억제력을 제고한다. 둘째, 소규모 군사적 도발은 한미 연합전력으로 선별적 응징보복을 실시하고, 도발의 조기종식과 확전 및 재발방지를 위해 신축성 있는 군사적 대응태세를 확립한다. 셋째, 전쟁을 도발할 때는 한미 연합전력을 토대로 적극적 방위전략의 구상에 따라 수도권의 안전을 우선적으로 고려하면서 적의 전쟁 수행 의지를 분쇄하고 적 내부 체제의 와해를 촉진시켜 최소의 전력과 희생으로 적을 격멸하여 통일의 기반을 조성하는 것으로, '적극적 방위' 개념을 정립했다.

대주변국 군사전략으로는 기존의 한미 안보협력 체제를 바탕으로 주변국가와의 상호 호혜적 군사협력관계를 더욱 증진시키고 다변화시키며, 분쟁과 갈등의 요인을 사전에 제거 또는 완화함으로써 동북아의 평화와 번영에 주도적으로 기여

---

30 국방부, 『국방사 5 1982~1990』, 국방부 군사편찬연구소, 2011, pp. 144-153.

하는 '거부적 억제전략'을 구사했다.[31]

노태우 정부의 군사전략 특징은 첫째, 탈냉전기 국제사회와 남북관계 안보상황의 이중성을 보여주고 있다. 즉 국제사회는 동구권의 붕괴로 화해 분위기가 조성되고 있으나, 남북관계는 냉전체제가 유지되고 있어 군사전략 측면에서 냉전시대와 마찬가지로 북한의 위협을 우선적으로 반영했다. 둘째, 주한미군 철수에 대비한 전·평시작전통제권 전환을 지속 추진한 가운데 1991년 평시작전통제권 전환에 대해 합의했다. 셋째, '장차전 양상에 부합되는 부대구조와 배비, 전력 확보'를 위해 장기국방태세 발전방향(일명 818계획)[32]에 대한 연구를 통해 합참개편 등 군 구조 개편 및 무기체계 발전을 위해 노력했다.

1990년대 중·후반 김영삼 정부의 국방정책은 "적의 무력침공으로부터…" 대신에 "외부의 군사적 위협과 침략으로부터…"로 바뀌었다. 이는 기존에 북한의 군사적 무력침공만을 국가보위의 대상으로 했으나, 당시의 안보 개념이 군사 위주의 개념에서 정치, 경제, 외교 등을 포함한 총체적 안보 개념으로 변화함에 따라 예상할 수 있는 모든 형태의 위협에 대처한다는 포괄적 개념으로 범주를 확대한 것이다.[33]

군사전략은 이전 정부의 군사전략 개념을 그대로 유지하여 대북한 '적극적 방위', 대주변국 '거부적 억제'전략을 수립했다. 특이한 사항은 북한군이 보유하고 있는 스커드미사일 및 공세전력의 기습 및 단기 속전속결 전략을 고려하여 개전 초기 2~3일간의 전투가 전쟁의 승패에 결정적인 영향을 미칠 것으로 판단하여

31 국방부, 『국방백서 1992~1993』, 국방부, 1992, pp. 81-82.

32 국방부, 『국방정책 변천사 1945~1994』, 국방부 국방군사연구소, 1995, pp. 311-324. 818계획의 추진 배경은 세계적인 탈냉전, 전작권 전환에 대한 요구, 국방정책의 투명성 등으로 독자적 군사전략 정립, 통합전략 발휘 위한 군 구조 개선, 공세적 군사력 건설을 중점으로 추진했다. 합동참모본부를 자문형 합참의장제에서 통제형 합참의장제로 전환하는 등 상부지휘구조를 개편했으나, 군 구조 분야에 치중하고, 군사전략과 무기체계 분야는 다소 미흡했다.

33 국방부, 『국방정책 변천사 1945~1994』, p. 302.

이에 대한 대응책을 강조했다.[34]

군사력 건설 관련 국방조직은 합동참모본부 개편 등 상부지휘구조를 개편했다. 전력증강을 위해 1·2·3차 율곡사업(1974~1992)을 추진한 결과 사단은 27개에서 50개로, 전차는 840여 대에서 1,800여 대로, 야포는 2천여 문에서 4,500여 문으로 대폭 증가했고, 대북 전력은 51%에서 71%로 상향되었다. 이후 방위력 개선사업(1992~1998)으로 대북 전력은 75%로 향상되었다.[35]

앞에서 설명한 자주국방 발전기 군사전략을 정리해보면 〈표 7-4〉와 같다.

〈표 7-4〉 자주국방 발전기 군사전략

<table>
<tr><th>구분</th><th colspan="4">자주국방 발전기(1980~1990년대)</th></tr>
<tr><td>국제정세</td><td colspan="2">• 신냉전('79, 소련, 아프간 침공)</td><td colspan="2">• 동구권 몰락/탈냉전('90), 걸프전</td></tr>
<tr><td>위협</td><td colspan="2">• 1차 북핵위기('93), 김일성</td><td colspan="2">• 김정일 체제('94), 고난의 행군</td></tr>
<tr><td>국내정세</td><td colspan="4">• 민주화운동('80), 올림픽('88), 남북 UN 동시 가입('91), 평시작전통제권 환수('94)</td></tr>
<tr><td rowspan="2">군사전략</td><td>전두환 정부('83~'88)</td><td colspan="2">노태우 정부('88~'93)</td><td>김영삼 정부('93~'98)</td></tr>
<tr><td>• 이전 정부 공세적 방위/자주국방 기조 유지
• 주변국 군사전략 반영
• 독자적 장기 군사전략을 최초로 수립
• 북한: 공세적 억제/방어
• 주변국: 통합적 억제</td><td colspan="2">• 탈냉전/북한 고난의 행군, 자주국방 반영(전작권 전환, 부대구조개편 등)
• 북한: 적극적 방위
• 주변국: 거부적 억제</td><td>• 이전 정부 전략과 유사
• 개전 초 생존성 보장 강조
• 북한: 적극적 방위
• 주변국: 거부적 억제</td></tr>
</table>

4) 북핵대응 전환기 군사전략(2000년대, 김대중·노무현 정부)

북핵대응 전환기는 9·11테러의 영향으로 세계적인 테러와의 전쟁 속에서 정부의 햇볕정책으로 두 차례의 남북정상회담과 경제협력이 실시되었다. 따라서 2000년대 전반기에는 북한위협과 주변국 및 비군사적 위협에 동시 대비하는 미

34 국방부, 『국방백서 1997~1998』, 국방부, 1997, p. 112.

35 국방부, 『국방 100년의 역사 1919~2018』, pp. 228-240.

래지향적 군사전략이 수립되었으나, 후반기 1차 북핵 실험으로 북한의 핵 위협에 대비한 군사전략이 수립된 시기였다.

(1) 국제정세 평가

2000년대 국제정세는 테러와의 전쟁 시대였다. 2001년 발생한 9·11테러로 인해 테러 주범인 오사마 빈 라덴을 제거하기 위해 미국이 아프가니스탄을 침공했고, 2003년에는 이라크 전쟁을 감행했다. 미국의 군사전략으로 조지 W. 부시 정부는 2001년 발표한 핵태세검토보고서(NPR, Nuclear Posture Review)를 통해 일방주의적 핵전략을 추진했고, 오바마 정부는 북한 핵에 대해 전략적 인내를 추구했다.

(2) 위협 평가

북한은 정치적으로 두 차례 남북정상회담[36] 이후 6·15 남북공동성명[37]과 10·4 남북공동성명[38]을 발표했다. 경제적으로는 2000년 개성공단이 합의되었고, 1998년부터 2008년까지 금강산 관광이 지속되었으나, 북한의 핵실험으로 2006년 대북 경제제재가 단행되었다. 북한은 1999년과 2002년 각각 1·2차 연평해전을 도발했다. 핵을 지속적으로 개발하여 2002년 2차 북핵 위기 이후 2003년 NPT를 탈퇴했고, 2006년 1차 핵실험을 실시했다.

---

36 1차 회담은 2000년 김대중 대통령과, 2차 정상회담은 2007년 노무현 대통령과 실시했다.

37 주요 내용은 통일문제는 우리 민족끼리 자주적으로 추진, 남한의 연합제안과 북한의 낮은 연방제안은 공통점이 있어 이 방향으로 통일 지향, 8·15 이산가족 교환방문, 경제협력 및 신뢰 구축, 김정일 국방위원장 서울 방문이다.

38 공동성명 주요 내용은 6·15선언 적극 구현, 상호 존중과 신뢰, 한반도 긴장완화 및 평화 보장(서해 공동어로수역), 현 정전체제 종식, 종전 선언, 경제협력(해주 경제특구, 개성공단 2단계 사업, 남북 철도 연결), 문화교류(백두산 관광), 인도적 협력사업(이산가족 상봉), 남북 총리회담 등이다.

(3) 국내정세 평가

국내는 김대중 정부(1998~2003)와 노무현 정부(2003~2008) 시기였다. 김대중 정부는 50여 년 만에 정권교체를 이루었고, 햇볕정책을 통해 정경분리와 대북 포용정책, 선평화 후통일 정책을 추진했다. 금강산 관광이 해상으로 먼저 실시되었고, IMF를 극복했으며, 2002 한일 월드컵을 개최했다. 그러나 미군 장갑차에 여중생이 사망함으로써 반미감정이 고조되었다. 노무현 정부는 대북 평화번영정책을 추진하면서 금강산 육로개통을 실시했고, 개성공단에 시범단지가 입주했다.

국방정책은 첫째, 북한의 위협에 대비하는 것을 중점으로 하는 국방정책에서 미래 불확실한 위협에도 동시 대비하는 정책으로 전환한다. 둘째, 능력에 기초한 국방발전을 추구함으로써 국력에 걸맞은 방위력을 구축하여 국가 이익을 확실하게 보호한다. 셋째, 대외적 군사관계를 강화하여 쌍무적 또는 다자적인 전략적 상호 협력관계를 구축한다.[39]

노무현 정부는 국방백서에서 주적 개념을 삭제했고, 국방개혁을 법제화했다. 또한 전시작전통제권을 2014년 4월 17일 전환하기로 한·미 간 합의했다.

(4) 군사전략

김대중 정부의 군사전략 목표는 첫째, 북한 위협에 대비하여 평시 전쟁을 억제하고 전시 최단기간 내에 전승 달성, 둘째, 잠재적 위협에 대비하여 평시 전쟁을 억제하고, 전시 침공 격퇴, 셋째, 자주적 방위역량을 토대로 전방위 군사대비태세 확립, 넷째, 국가이익을 보호하고 평화통일 뒷받침, 다섯째, 항구적인 국가번영을 위해 지역적 안보여건 발전을 설정했다.[40]

군사전략 개념은 한미 연합전력으로 북한과 주변국 도발을 억제하는 개념으로 국지도발 시 응징보복과 확전방지 개념을 발전시켰고, 전면전시 공세적 방위

---

39 국방부, 『국방 100년의 역사 1919~2018』, p. 156.

40 김희수, 『한국 군사전략에 대한 비판적 검토: 국민의 정부 이후 전략 환경평가와 전략기획을 중심으로』, 충남대학원 군사학과 박사학위논문, 2020, p. 74.

로 국토통일을 달성하는 개념을 구상했다. 첫째, 조기경보체제 유지를 위해 한미 연합 감시자산을 활용하여 전선지역부터 북한의 후방지역까지 주요 전력의 이동 및 훈련을 추적 감시한다. 둘째, 평시 군사대비태세를 확립하기 위해 휴전선을 따라 설치된 철책과 감시초소, 해안선 및 국가중요시설에 대한 경계를 철저히 수행하고, 민·관·군 통합방위작전을 수행하는 통합방위 개념을 정립하여 경계태세 및 조기경보체제를 구축한다. 셋째, 개전 초기 생존성 보장과 주도권 확보는 대단히 중요하여 '기습과 화생전' 대비에 주안을 두고 작전계획 5027을 개정했으며, 특히 수도 서울 방어를 최우선으로 하는 작전 개념을 발전시켰다.

특히 북한의 불안정(급변)사태 시 북한의 내부사태가 한반도 전체로 확산되지 않도록 전쟁억제 및 접경지대 봉쇄, 질서유지 등을 포함한 계획을 발전시켰다. 여기에는 대량 탈북주민에 대한 대책과 북한 내 인도주의적 지원작전, 대량살상무기 사용통제를 위한 계획 등이 포함되었다.[41] 북한에 대해서는 '공세적 방위', 주변국에 대해서는 '거부적 방위' 전략을 추진했다.

김대중 정부 군사전략의 특징은 첫째, 북한의 군사적 위협 위주에서 불특정 및 비군사적 위협을 동시에 대비했다. 둘째, 북한의 불안정한 정세를 고려한 급변사태 대비 군사전략을 수립했다. 셋째, 북한의 대포동미사일 시험발사와 화생전 위협을 고려하여 전면전 시 '화생방 위협 종합대비책'을 수립했다.

노무현 정부의 군사전략 목표는 첫째, 한미 연합방위태세로 북한의 도발을 억제한다. 둘째, 북한이 무력 도발할 경우 한미 연합전력을 활용하여 공세적 방위로 초전에 적 주력을 격퇴하여 수도권의 안전을 확보하고 반드시 승리한다. 셋째, 잠재적 위협에 의한 분쟁을 억제하고 억제 실패 시 거부적 방위로 침공을 격퇴한다. 넷째, 비군사적 위협을 예방한다.[42]

군사전략 개념은 한미 연합방위체제를 기반으로 한 대북 억제력을 강화하여

---

41 국방부, 『국방백서 1999』, 국방부, 1999, pp. 63-68.

42 김희수, 앞의 논문, p. 102.

북한으로 하여금 무력에 의한 적화통일전략이 불가함을 인식시키는 것이었다. 첫째, 조기경보체제 확립을 위해 한반도 주변에 다양한 정찰 및 감시 수단과 한미연합정보자산을 운용하여 24시간 감시 및 조기 경보체제를 유지한다. 둘째, 침투, 국지도발에 대비하여 언제, 어떤 상황이 발생하더라도 즉각 대응할 수 있는 대비태세를 유지한다. 셋째, 북한이 전쟁을 도발할 경우 한미 연합 조기경보체제와 신속한 대응조치로 적의 기습을 거부하고, 개전 초부터 적의 장사정포와 미사일 등 핵심 전력을 정밀타격함으로써 조기에 수도권의 안전을 확보하고 전장의 주도권을 장악한다. 넷째, 현존하는 북한의 군사적 위협뿐 아니라 테러 등과 같은 비군사적 위협과 미래의 잠재적 위협에 대비하고, 이러한 다양한 위협에 즉각적이고 효과적으로 대응할 수 있도록 전방위 군사대비태세를 유지한다. 다섯째, 북한의 핵과 관련하여 한미동맹 차원에서 대응하는 것을 기본 개념으로 하면서 우리 군의 독자적인 대응능력의 점진적 확충을 포함한 구체적인 계획을 발전시키고자 했다.[43] 대북한 '공세적 방위', 대주변국 '거부적 방위' 개념을 발전시켰다.

노무현 정부의 군사전략 특징은 먼저 한반도 정세판단의 변화에 있다. 김대중 정부는 햇볕정책을 통해 평화가 정착되고 통일이 달성될 것으로 예상했으나, 노무현 정부는 핵실험으로 인해 북한의 현실적인 위협을 인정하고 평화정착에 최대 걸림돌로 인식했다. 따라서 북한의 핵 위협에 대비한 군사전략이 최초로 반영되었다.

군사력 건설 관련, 국방조직 변화는 법제화된 국방개혁을 추진하기 위해 2006년 국방부에 국방개혁실이 신설되었고, 방위사업청이 개청했다.

위에서 논의된 북핵대응 전환기의 군사전략을 표로 나타내면 〈표 7-5〉와 같다.

---

43 국방부, 『국방백서 2006』, 국방부, 2006, pp. 51-54.

〈표 7-5〉 북핵대응 전환기 군사전략

<table>
<tr><th>구분</th><th colspan="2">북핵대응 전환기(2000년대)</th></tr>
<tr><td>국제정세</td><td colspan="2">• 9·11테러/아프간 침공('01), 이라크 전쟁('03)</td></tr>
<tr><td>위협</td><td colspan="2">• 남북정상회담('00/'07), 2차 북핵위기/NPT 탈퇴('03), 1차 핵실험('06)</td></tr>
<tr><td>국내정세</td><td colspan="2">• 햇볕정책, 남북정상회담, 개성공단/금강산관광, 한일 월드컵('02)</td></tr>
<tr><td rowspan="2">군사전략</td><td>김대중 정부('98~'03)</td><td>노무현 정부('03~'08)</td></tr>
<tr><td>• 탈냉전, 햇볕정책, 9·11테러 영향
• 북한위협과 불특정/비군사적 위협 동시 고려
• 급변사태 대비 군사전략 최초 반영
• 북한: 공세적 방위
• 주변국: 거부적 방위</td><td>• 북핵 실험 관련 북한위협 현실화 반영
• 북핵위협 대비 군사전략 최초 반영
• 북한: 공세적 방위
• 주변국: 거부적 방위</td></tr>
</table>

5) 북핵대응 구체화기 군사전략(2010년대, 이명박·박근혜 정부)

북핵대응 구체화기는 국제적인 미중 패권경쟁과 북한의 지속적인 핵 실험 및 도발 속에서 북핵대응 방법이 구체적으로 발전하여 대북 강경 군사전략이 수립된 시기였다.

(1) 국제정세 평가

2010년대 국제정세는 미중 패권경쟁의 시대였다. 오바마 정부는 2011년 아시아 회귀전략을 추진하면서 이라크 전쟁에서 미군을 철수했고, 트럼프 정부는 인도·태평양 전략을 발표했다. 중국은 시진핑 주석 취임 후 일대일로를 표방함으로써 미국과의 경쟁이 본격화되었다.

(2) 위협 평가

북한은 정치적으로 김정일이 사망하고 김정은 체제로 전환되었다. 경제적으로 경제건설과 핵 무력 건설 병진노선을 추진했으나 대북 경제제재에 의해 경제난은 가중되었다. 군사적으로 천안함 피격 및 연평도 포격전, DMZ 목함지뢰 도발 등을 자행했고, 2~5차 핵실험을 실시했으며, 다수의 대륙간탄도미사일 시험 발사가 이루어졌다.

(3) 국내정세 평가

국내는 이명박·박근혜 정부 시기로, 한국인 관광객 피살로 인해 금강산 관광이 중단되었고, 북한의 핵실험으로 개성공단이 폐쇄되었다. 아덴만 여명작전과 성주지역 사드배치, 세월호 침몰 사고가 발생했고, 대통령이 탄핵되었다.

국방정책은 정예 선진국방을 중점으로 적의 도발에 즉각적이고 단호한 응징 태세, 전투임무 중심의 선진강군 육성, 장병 복무여건 개선을 주요 정책으로 추진했다. 이명박 정부는 전시작전통제권 관련 북한의 2차 핵실험 및 천안함 피격 등 한반도 안보상황의 불안정 등을 고려하여 전환 시기를 2012년에서 2015년으로 조정했다. 박근혜 정부는 2014년 조건에 기초[44]한 전작권 전환에 합의했다. 국방백서에 "북한정권과 북한군은 우리의 적"이라는 표현이 다시 등장했다.

(4) 군사전략

이전 정부에서 북한의 위협과 미래 불특정 위협 및 비군사적 위협을 동시에 대비했으나, 이명박 정부는 위협의 강도와 현실화 가능성이 가장 높은 북한의 위협에 우선적으로 대비하는 전략을 수립했다.

이에 따른 군사전략 목표는 첫째, 평시 북한의 국지도발을 억제하고, 국지도발 시 단호한 대응으로 추가 도발의지를 분쇄하며, 전면전으로 확전을 방지한다. 둘째, 전면전 도발 시 단기간에 적을 격멸하여 통일여건을 조성하고, 급변사태 시 한반도 안정을 조기에 회복하며 통일여건을 조성한다. 셋째, 잠재적 위협에 의한 분쟁을 억제하고, 억제실패 시 침공을 단기간에 격멸하여 확전을 방지한다.[45]

---

44 여기서 조건이란 첫째, 연합방위 주도를 위해 필요한 군사적 능력, 둘째, 동맹의 포괄적인 핵, 미사일 대응능력, 셋째, 안정적 전작권 전환에 부합한 한반도 및 역내 안보환경을 말한다.

45 김희수, 『한국 군사전략에 대한 비판적 검토: 국민의 정부 이후 전략 환경평가와 전략기획을 중심으

군사전략 개념은 국지도발 및 전쟁을 억제하기 위해 한미연합방위태세를 강화하고 국지도발 대응 및 전쟁수행 능력을 향상시키고자 했다. 전면전에 대비하여 공세적 방위 개념에 입각하여 적의 기습을 거부하고, 초전 생존성을 보장하면서 수도권 북방에서 저지 및 격멸하여 조기 공세이전하고, 결정적 공세로 전쟁수행 능력을 와해시킨다는 개념을 구상했다.

특히 북한의 핵 및 탄도미사일 위협에 효과적으로 대비하기 위해 2012년 미사일 지침을 개정하여 북한 전 지역을 타격할 수 있도록 사거리를 300km에서 800km로 확대했다. 또한 2015년 전시작전통제권 전환에 대비하여 독자적인 전구작전 계획수립 등 핵심군사능력을 구비하고자 한미 공조하 공동작전계획 등 전·평시 작전계획을 발전시켰다.[46] 대북한 전략으로 평시 '적극적 억제' 및 전시 '공세적 방위', 대주변국 전략으로 '거부적 방위' 전략을 수립했다.

이명박 정부의 군사전략 특징으로는 첫째, 북한의 위협에 우선적으로 대비했고, 둘째, 북한의 핵 및 미사일 위협에 대비하여 구체화하여 반영했으며, 셋째, 서북도서에 대한 북한 도발에 대응하여 서북도서 방어사령부 창설 및 감시·타격자산을 대폭 강화했다. 넷째, 북한 국지도발에 한미 공동으로 대응할 수 있도록 '한미 공동 국지도발 대비계획'을 발전시켰다. 다섯째, 전시작전통제권 전환에 대비한 군사전략이 검토되었다.

박근혜 정부의 군사전략 목표는 첫째, 외부의 군사적 도발을 억제하고 조기 전승 및 통일여건을 조성한다. 둘째, 북한의 잠재적 위협과 사이버 및 비군사적 위협에 적극 대응하고 조기 안정을 회복하는 것으로 수립되었다. 군사전략 개념으로 평시 군사도발에 대한 능동적 억제와 전면전시 공세적 방위로 조기에 전승을 달성하는 개념을 구상했다. 또한 북한의 핵·WMD 위협에 대비한 한미 맞춤형 억제전략을 구상하고, 3축 체계[47]를 구축하며, 북한의 핵 도발징후가 포착되면 도

로』, p. 124.

46 국방부, 『국방백서 2012』, 국방부, 2012, p. 51.

47 킬 체인(Kill-Chain), 한국형 미사일방어체계(KAMD), 대량응징보복(KMPR).

발 이전에 압도적 우위의 공격수단을 이용한 선제공격으로 북한의 핵 위협과 전쟁 지도시설을 사전에 제거한다는 선제적 자위권에 근거한 북한의 핵·WMD 사용을 억제 및 대응하는 개념을 발전시켰다.[48] 대북한 군사전략은 평시 '능동적 억제', 전시 '공세적 방위' 전략을, 대주변국 군사전략은 '거부적 억제' 전략을 추진했다.

박근혜 정부의 군사전략 특징은 이전 정부의 군사전략 개념을 유지한 가운데 북한의 핵 위협에 대비하여 선제적 자위권 개념이 반영된 군사전략이 수립되었다.

군사력 건설을 위한 국방조직은 사이버사령부와 서북도서 방어사령부가 창설되었다. 전력증강은 천안함 피격의 영향으로 미래 위협 대비, 좀 더 현존 북한위협에 대비하고, 연평도 포격전으로 국지도발 대비 전력이 강화되었으며, 핵·WMD에 대응하기 위해 한국형 3축체계를 구축하는 방향으로 우선순위가 조정되었다.

지금까지 논의한 북핵대응 구체화기의 군사전략을 요약하면 〈표 7-6〉과 같다.

〈표 7-6〉 북핵대응 구체화기 군사전략

<table>
<tr><th>구분</th><th colspan="2">북핵대응 구체화기(2010년대)</th></tr>
<tr><td>국제정세</td><td colspan="2">• 미중 경쟁시대, 북미 정상회담('18/'19)</td></tr>
<tr><td>위협</td><td colspan="2">• 천안함 피격/연평도 포격전('10), 김정은 체제('11), 2~6차 핵실험('09~'17)</td></tr>
<tr><td>국내정세</td><td colspan="2">• 개성공단/금강산관광 중지</td></tr>
<tr><td rowspan="2">군사전략</td><td>이명박 정부('08~'13)</td><td>박근혜 정부('13~'17)</td></tr>
<tr><td>• 북한 위협에 우선적 대비
• 북핵/미사일 위협 구체화 반영
• 서북도서 방어능력 강화
• 북한: 적극적 억제/공세적 방위
• 주변국: 거부적 방위</td><td>• 이전 정부와 유사
• 북핵 대비 구체화(한미맞춤형억제전략, 한국형 3축체계)
• 북한: 능동적 억제/공세적 방위
• 주변국: 거부적 억제</td></tr>
</table>

48 김희수, 앞의 논문, pp. 150-151.

4. 결정요인별 군사전략 변화과정 분석

지금까지 시대별로 국제정세와 위협, 국내정세를 평가하고, 그에 따라 군사전략이 어떻게 수립되었는지를 설명했다. 이 절에서는 결정요인으로 식별된 세 가지 요인, 즉 '국제정세', '위협', '국내정세'별로 통시적 관점에서 군사전략의 변화과정을 설명하고자 한다. 이를 통해 결정요인의 변화에 따라 군사전략이 어떻게 변화했는지를 이해하고, 미래 군사전략을 수립하는 데 함의를 찾을 수 있을 것이다.

1) 국제정세의 변화요인 측면

1948~1950년대 국제정세는 냉전 시대로 트루먼 정부와 아이젠하워 정부는 핵 위주의 대량 보복전략을 추진하면서 재래식 전력을 감축했다. 그 결과 미 군정 이후 3개 사단이 철수했고, 6·25전쟁이 정전된 후 주한미군은 7개 사단이 철수했다. 작전지휘권은 6·25전쟁 기간 중 유엔사령부로 이양되었고, 휴전 이후 한미상호방위조약 부속합의서에 의해 유엔사령부가 한국 방위를 책임지는 동안 작전통제하는 것으로 조정되었다. 대한민국은 작전지휘권이 유엔사령부로 전환됨에 따라 독자적인 군사전략을 수립하지 못했으나, 육군본부 작전명령 38호를 하달함으로써 군사전략 수립을 위한 노력을 지속했다.

1960년대는 냉전이 극에 달한 시기로 미국은 핵과 재래식 전력에 모두 대응한다는 유연반응전략을 수립했다. 베트남 전쟁에 한국군을 파병했고, 최초로 한국군 독자적인 지휘권을 행사했다. 미국의 군사전략과 베트남 파병의 영향으로 한국군 현대화가 추진되었다. 박정희 정부에서 한국군 최초의 군사전략이 수립되었고, 주요 내용은 한강 이남으로 철수하여 북한의 공격을 저지 및 격퇴하는 수세적 방어전략이었다.

1970년대는 데탕트 시대로 닉슨 정부는 닉슨 독트린을 발표하고 국방비를 축소하고 병력을 감축했다. 그 결과 1971년 주한 미 7사단이 철수하고, 미 2사단만 남게 되었다. 또한 1970년대 후반 카터 정부는 유럽 중심의 스윙 전략을 구사하면서 1978년 주한 미 2사단의 일부를 철수했다. 그 영향으로 한미연합사가 창설되었고, 한국은 군사위원회를 통해 최초로 한미 공동으로 연합사에 지휘권을 행사할 수 있게 되었다. 주한미군 철수와 연계하여 박정희 정부는 자주국방을 추진하면서 공세적 방위전략을 추진했다.

1980년대 국제정세는 소련의 아프가니스탄 침공으로 인한 신냉전 시대로, 레이건 정부는 동시다발 보복전략을 추진하면서 재래식 전력을 증강했다. 따라서 대소 봉쇄정책의 일환으로 주한미군의 중요성을 고려, 카터 정부에서 추진한 주한미군 철수계획을 취소했다. 전두환 정부는 박정희 정부와 유사한 군사전략 기조를 유지한 자주국방 추진과 공세적 방위 개념의 군사전략을 수립했다.

1990년대 초반에는 소련의 해체에 따른 탈냉전의 영향으로 조지 H. W. 부시 정부는 새로운 동아시아 전략구상을 통해 아태지역 주둔 미군을 재검토하여 1992년 주한미군 2사단 일부를 철수했다. 노태우 정부는 평시작전통제권 전환에 합의했고, 전시작전통제권 전환 이후 한미 간 한국 방위의 주도적 역할을 한국군으로 전환하는 것을 검토했다.

1990년대 후반 클린턴 정부는 신아태전략을 구상하면서 아태지역에 10만여 명의 미군을 유지하고, 한국을 분쟁 가능성이 많은 지역으로 분류했다. 그 결과 부시 정부의 주한미군 철수계획은 백지화되었다. 김영삼 정부는 평시작전통제권을 환수했고, 전시작전통제권 전환을 고려한 군사전략을 지속 검토했다.

2000년대는 9·11테러의 영향으로 테러와의 전쟁시기였다. 김대중 정부는 테러의 영향으로 비군사적 위협을 군사전략에 반영했다. 노무현 정부는 전시작전통제권을 2012년 전환하는 것으로 합의했고, 전시작전통제권 전환 대비 독자적 전쟁 수행 능력을 향상하고자 노력하면서, 북핵 관련 대응을 최초로 한국군 군사전략에 반영했다.

2010년대는 미중 패권경쟁 및 인도·태평양 시대로, 미국 전략의 중심이 유럽에서 아시아로 전환되었다. 이명박 정부는 전시작전통제권 전환 시기를 2015년으로 연기했고, 박근혜 정부는 조건에 기초한 전환에 합의했다.

위에서 살펴본 바와 같이, 미국의 전 세계적 군사전략의 변화에 따라 주한미군은 총 다섯 차례 철수했다. 1차 철수(1946~1949)는 핵 위주 군사전략에 따라 3개 사단이 철수했고, 2차 철수(1954~1955)는 핵 위주 대량보복전략에 의해 7개 사단이 철수했다. 1971년 3차 철수는 닉슨 독트린에 의해 1개 사단이 감축되었고, 1978년 4차 철수는 스윙전략에 의해 미2사단 일부(3,400명)가 감축되었다. 마지막 5차 철수는 1992년 신동아시아 전략구상에 의해 미2사단 일부 6,900명이 철수했다.

주한미군 철수는 한국 방위에 많은 영향을 미쳤다. 2차 철수 결과 한국군 20개 사단이 창설되고, 전술핵무기가 배치되었다. 3차 철수로 미2사단이 후방으로 이동하면서 휴전선을 한국군이 방어하게 되었고, 한미국방장관회의가 개최되었다. 4차 철수로 한미연합사가 창설되었고, 군사위원회(MC)를 통해 한국군이 최초로 지휘에 참여할 수 있게 되었다. 특히 1970년대 두 차례의 철수는 대한민국을 자주국방으로 전환하게 하는 결정적 요인으로 작용했다.

자주국방 추진과 함께 작전지휘권 전환을 위한 노력도 지속되었다. 노태우 정부와 노무현 정부 때 각각 평시작전통제권과 전시작전통제권 전환에 합의했다. 작전지휘권 전환을 추진하는 과정에서 베트남 전쟁 파병 시에는 미군 작전통제를 벗어나 한국군 단독으로 지휘했고, 연합사령부 창설로 군사위원회(MC)를 통해 한국군이 작전통제권을 공동행사할 수 있게 되었다. 그 결과 평시작전통제권은 1994년 김영삼 정부 때 전환되었고, 전시작전통제권은 현재 조건에 기초한 전환을 추진 중에 있다.

2) 위협의 변화요인 측면

위협의 유형 변화에 따른 군사전략 변화는 북한의 6·25전쟁과 대남 도발의 영향으로 북한 위협에 대비한 군사전략이 박정희 정부에서 최초로 수립되었다.

이후 국력의 신장과 경제성장의 영향으로 주변국의 위협에 대해서도 고려하기 시작했고, 주변국 위협에 대한 군사전략은 전두환 정부 때 반영되었다. 국제적 탈냉전의 영향과 북한의 경제위기로 북한 정권의 붕괴에 대해 많은 학자들이 연구하기 시작했고, 북한의 급변사태는 김대중 정부 때 최초로 반영되었다. 9·11테러는 국제 및 국내적으로 많은 영향을 미쳤고, 군사적 위협뿐 아니라 비군사적 위협도 검토되기 시작했으며, 김대중 정부 때 군사전략에 반영되었다. 2006년 북한이 1차 핵실험을 실시함으로써 노무현 정부는 핵 관련 군사전략을 최초로 반영했다.

핵 위협과 관련하여 북한의 핵실험은 2006년부터 2017년까지 총 6차에 걸쳐 실시되었다.[49] 핵과 관련된 군사전략의 변화는 먼저 이승만 정부 시절 미국의 핵 위주 대량보복전략과 연계하여 주한미군이 철수하면서 1958년 전술핵을 한반도에 배치했다. 박정희·전두환 정부는 자주국방을 추진하면서 한국군 군사력 강화를 추진했고, 핵 보유의 필요성을 주장했다. 그러나 국내외적으로는 불확실 핵정책(NCND)[50]을 추진했다. 노태우 정부는 체제 경쟁에서의 승리와 경제성장에 따른 국력의 우위를 바탕으로 1991년 남한 내 비핵화를 선언하면서 전술핵을 철수했다. 그러나 북한은 지속적으로 핵개발을 시도했고, 1993년 NPT 탈퇴를 선언함으로써 1차 북핵위기를 맞이했다. 이후 김영삼·김대중 정부에서는 핵과 관련된 군사전략이 반영되지 않았으나 북한의 핵 능력은 지속적으로 평가했고, 북한이 한두 개의 초보적인 핵무기를 생산할 수 있는 능력은 보유하고 있는 것으로 추정했다.[51]

2006년 1차 북핵 실험이 실시된 이후 노무현 정부에서 최초로 핵과 관련된

---

49 국방부, 『국방백서 2020』, 국방부, 2020, p. 295. 북한 핵실험 현황

구분	1차	2차	3차	4차	5차	6차
일자	'06. 10. 9	'09. 5. 25	'13. 2. 12	'16. 1. 6	'16. 9. 9	'17. 9. 3
위력(kt)	0.8	3~4	6~7	6	10	50

50 NCND(Neither Confirm Nor Deny): 한반도를 포함한 특정지역에 핵무기가 존재하는지의 여부에 대해 시인도, 부인도 하지 않는 핵 정책

51 국방부, 『국방백서 1999』, 국방부, 1999, p. 45.

군사전략을 반영했고, 주요 내용은 북핵 관련 한미동맹 차원에서 대응하는 것을 기본 개념으로 우리 군의 독자적인 대응능력의 점진적 확충을 포함한 구체적인 계획을 발전시키도록 했다. 이후 이명박 정부에서는 북한 핵 및 미사일 위협에 대응하여 미사일 사거리를 연장하는 등 구체적인 핵 대응 군사전략이 반영되기 시작했다. 박근혜 정부는 한미 맞춤형 억제전략과 선제적 자위권 행사에 따른 킬 체인과 KAMD를 구체화하고 전력화를 추진하는 내용을 군사전략에 반영했다.

북한의 전면전 양상과 관련하여 박정희 정부부터 이명박 정부까지는 북한의 위협 양상을 대규모 재래식 전력 위주의 전면전이 우선순위가 높다고 평가했다. 그에 따라 대규모 재래식 전력 위주 전면전에 대응하는 군사전략이 수립되었고, 작전계획 5027로 발전했다. 박근혜 정부는 지속적인 북한의 핵실험 및 비대칭전력 증강에 따라 위협 양상이 비대칭 전력 위주로 제한된 목표에 대한 대규모 기습공격을 시도할 것으로 평가했다.[52] 따라서 군사전략도 핵 및 미사일 등 비대칭위협에 대한 대응 개념이 구체화되었다.

위협의 우선순위와 관련하여 박정희 정부는 6·25전쟁의 영향과 북한의 대남도발 영향으로 반공을 국시로 삼고 북한의 위협에 대비한 군사전략만 수립했다. 전두환·노태우 정부는 주변국 위협에 대비한 군사전략을 수립했으나, 위협의 우선순위는 북한에 있었다. 그러나 김대중 정부는 햇볕정책을 추진하면서 북한을 평화공존의 대상으로 인식했고, 북한의 위협과 미래 주변국 위협 및 비군사적 위협을 동시에 대비했다. 노무현 정부는 북한의 1차 핵 실험 영향으로 북한의 위협을 현실화하여 반영했다. 이명박·박근혜 정부는 북한의 천안함 피격, 연평도 포격전, 그리고 2~5차 핵실험 등의 영향으로 북한의 국지도발 억제와 핵 억제에 우선순위를 둔 군사전략을 수립했다.

52 국방부, 『국방백서 2016』, 국방부, 2016, p. 23.

3) 국내정세의 변화요인 측면

국내정세 변화와 관련하여 1950년대 이승만 정부는 대한민국 독립과 창군, 6·25전쟁 등의 영향으로 명문화된 군사전략이 확인되지 않았다.

1960년대 박정희 정부는 경제성장과 한국군 현대화를 추진하면서 한미연합 방위의 기조 하에 한강선에서 수세적 방어개념의 군사전략을 최초로 수립했다. 1970년대는 경제성장에 따른 수도권 중요성의 부각과 주한미군 철수에 따른 자주국방 추진으로, 수도권 이북 현 전선에서 방어 후 공세로 전환하여 통일을 달성하는 공세적 방위개념의 군사전략이 수립되었다.

1980년대 전두환 정부는 국내 경제성장 국력신장 결과 주변국 군사전략을 반영하고 자주국방과 공세적 방위 개념을 적용했다. 1990년대 노태우·김영삼 정부는 자주국방과 공세적 방위개념을 유지한 가운데 작전통제권 전환에 관한 군사전략을 지속 연구했다.

2000년대 초반 김대중 정부는 햇볕정책 추진으로 현존 북한 위협과 미래 주변국 및 비군사적 위협을 동시에 대응하는 미래지향적 군사전략을 수립했다. 또한 북한 붕괴 대비 통일연구 등의 영향으로 북한 급변사태 대비 군사전략이 수립되었다. 그리고 2000년대 중반 노무현 정부는 전시작전통제권 전환 합의, 국방개혁 법제화 등의 영향으로 군사전략에 전시작전통제권 전환에 대한 의지가 반영되었다.

2010년대 이명박·박근혜 정부는 북한의 천안함 피격 및 연평도 포격전, 지속된 핵 실험의 영향으로 대북 강경 국지도발 개념과 북핵 대응이 구체화된 군사전략이 수립되었다.

그 가운데 박정희 정부는 한국 군사전략의 기본 틀을 마련했다. 한미 연합방위 기조 하에 대북 군사전략을 최초로 수립했고, 수도권 안전 보장을 위해 서울 북쪽에서의 전방방어 개념과 공세적 방위 개념을 정립했다. 자주국방을 추진하여 작전통제권 전환을 위한 토대를 마련했고, 방위산업 육성으로 무기 국산화와 현대화를 달성했다.

대북 인식은 각 정부의 성격에 따라 지속적으로 변화되어왔다. 국방백서와 군사전략서상에 표현된 주적 개념의 변화를 살펴보면, 박정희·전두환 정부는 북한을 '북괴(북한 괴뢰공산집단)'로 기술했다. 노태우 정부는 북괴를 '북한'으로 수정했는데, 이는 경제성장과 공산권 몰락에 따른 자신감의 결과였다. 김영삼 정부는 국방백서에 "북한을 주적으로 상정하며…"라고 기술하여 최초로 주적 개념을 명시했다. 김대중 정부도 국방백서에 "주적인 북한의 현실적 군사 위협뿐만 아니라…"로 기술하면서 주적 개념을 반영했다.

그러나 노무현 정부는 "북한의 재래식 군사력… 직접적 군사위협…"으로 명시하면서 주적 개념을 삭제하는 대신 재래식 군사력을 위협으로 명시했다. 이명박·박근혜 정부는 국방백서에 "위협이 지속되는 한 그 수행주체인 북한정권과 북한군은 우리의 적"으로 명시함으로써 다시 주적 개념을 부활시켰다. 이처럼 북한의 실체가 변화 없는 가운데 정부의 성향에 따라 북한을 바라보는 인식이 지속적으로 변화했고, 그에 따라 군사전략도 달라졌다.

북한의 급변사태와 관련된 군사전략은 탈냉전 시대에 최초로 김대중 정부에서 반영했다. 주요 내용은 한미 연합자산이 아닌 한국 주도로 급변사태를 대처하고, 그 과정에서 통일을 위한 전략적 기회로 활용하고자 했다. 이후 이명박·박근혜 정부까지 급변사태에 대한 군사전략은 동일한 기조를 유지하고 있다.

5. 결론

창군 이후 한국의 군사전략을 정리해보면 다음과 같다. 첫째, 창군기 군사전략은 대한민국 정부의 수립과 창군, 6·25전쟁 시기로 명문화된 군사전략은 확인되지 않았다. 둘째, 자주국방 추진기 군사전략은 한미 연합방위 기조 하에 수세적 방위전략이 최초로 수립되었고, 자주국방 추진으로 공세적 방위전략이 반영된 한국군 독자적 군사전략이 최초로 수립되었다. 셋째, 자주국방 발전기에는 초기 공세적 방위 및 자주국방 기조를 유지했고, 후반기는 탈냉전에 의한 북한의 급변사태와 통일에 관한 군사전략이 반영되었다. 넷째, 북핵대응 전환기에는 초기 햇볕정책으로 북한 위협과 미래 주변국 및 잠재적 위협에 중점을 둔 군사전략을 수립했으나, 후반기에는 북핵 실험에 따라 북핵 위협 대비 군사전략이 최초로 반영되었다. 다섯째, 북핵대응 구체화기에는 북한의 지속적인 핵 실험과 미사일 도발로 북핵에 대비한 구체적인 군사전략이 수립되었다.

시기별 군사전략 변화의 결정요인은 국제정세, 위협, 국내정세 세 가지로 도출했다. 국제정세 측면에서 냉전 시대에 북한의 6·25전쟁과 대남 위협이 지속되는 가운데 미국의 군사원조에 의지하던 대한민국은 한미 연합방위를 선택했다. 이후 국제정세는 지속적으로 변화했으나, 군사전략은 한미 연합방위 기조 아래 발전해왔다. 미 군사전략 변화에 따라 1970년대 두 차례 주한미군 철수는 자주국방이 반영된 군사전략 수립에 직접적인 영향을 주었다.

위협과 관련하여 북한의 6·25 남침과 대남 도발은 대한민국이 대북 위주의 군사전략을 수립하도록 강요했고, 대북 억지력을 우선적으로 확보하기 위해 지상군 위주의 군사력을 건설함으로써 3군의 균형발전에 저해요인으로 작용했다. 탈냉전 시기 북한의 경제적 위기 상황에서는 급변사태가 반영된 군사전략을 수립했고, 국지도발 및 핵 위협의 변화에 따라 군사전략 개념이 지속적으로 변화되었다.

국내정세와 관련하여 북한정권에 대한 대한민국 정부의 인식 차이도 군사전략에 많은 영향을 주었다. 보수 성향의 정부는 6·25전쟁과 북한의 대남위협, 직접적인 군사도발 등의 영향으로 북한정권과 북한군을 주적으로 명시하고, 북한 위협 위주의 군사전략을 수립했다. 진보 성향 정부는 햇볕정책과 남북정상회담의 영향으로 북한을 평화공존의 관계로 인식하여 남북 신뢰구축이 반영된 군사전략을 수립했으며, 주변국과 비군사적 위협의 비중을 강화했다.

본 연구를 통해 얻은 연구 성과는 첫째, 한국 군사전략 수립 변화에 영향을 미치는 세 가지 결정요인을 도출했고, 둘째, 결정요인별로 통시적으로 군사전략을 분석함으로써 각각의 결정요인 변화에 따라 군사전략이 어떻게 변화하는지를 분석했으며, 셋째, 이를 통해 미래 군사전략 수립 시 향후 정세 변화에 대응할 수 있는 통찰력을 갖출 수 있다는 것이다.

제시할 수 있는 정책적 함의는 첫째, 군사전략은 결정요인인 국제정세와 위협, 그리고 국내정세의 변화가 상호 조화를 이룬 가운데 수립되어야 한다는 것, 둘째, 군사전략은 국가안보의 사활적인 관점에서 장기적으로 일관성 있게 발전시켜야 한다는 것이다.

끝으로 본 연구의 미비점과 이를 보완할 수 있는 후속 연구의 필요성을 제기하면, 군사전략은 비밀이라는 근본적인 제한사항이다. 비밀은 접근하기 어렵고, 접근한다고 해도 일반 문서로 표현할 수 없다. 따라서 많은 군사전략 관련 논문이나 서적이 국방백서를 기초로 작성했고, 그 결과 국방정책과 군사전략의 혼돈을 초래했다. 이러한 문제를 해결하기 위해 군사전략 관련 비밀문서로 작성되었다가 일반문서로 해제된 『국방사』 2·3·4·5권과 『육군발전사 제4권』[53]을 참고하여 창군부터 전두환 정부까지의 군사전략은 최대한 비밀 내용 위주로 작성했다. 그러나 노태우 정부 이후부터는 관련 비밀 해제 문건을 찾을 수 없어 국방백서를 우선적으로 참고했다. 향후 군사전략 관련 비밀문건이 해제된다면 추가적인 분석이 필요하다.

참고문헌

강병철. 『한국의 국방: 군사전략, 동맹구조, 그리고 국방개혁』. 바른북스, 2020.

국방부. 『국방사 2 1950~1961.5』. 전사편찬위원회, 1987.

______. 『국방사 3 1961.5~1971.12』. 전사편찬위원회, 1990.

______. 『국방사 4 1972~1981.12』. 군사편찬연구소, 2002.

---

53 군사 Ⅱ급 비밀로 작성되었으나, 재분류 결과에 의해 일반문서로 전환되었다.

______. 『국방사 5 1982~1990』. 군사편찬연구소, 2011.
______. 『국방 100년의 역사 1919~2018』. 군사편찬연구소, 2020.
______. 『한미군사관계사 1871~2002』. 군사편찬연구소, 2002.
______. 『1945~1994 국방정책변천사』. 국방부, 1995.
______. 『국방백서 1992~1993』. 국방부, 1992.
______. 『국방백서 1997~1998』. 국방부, 1997.
______. 『국방백서 1998』. 국방부, 1998.
______. 『국방백서 1999』. 국방부, 1999.
______. 『국방백서 2006』. 국방부, 2006.
______. 『국방백서 2012』. 국방부, 2012.
______. 『국방백서 2016』. 국방부, 2016.
김정익. 『한국군, 어떻게 싸울 것인가』. 황금알, 2015.
김희수. 『한국 군사전략에 대한 비판적 검토: 국민의 정부 이후 전략 환경평가와 전략기획을 중심으로』, 충남대학원 군사학과 박사학위논문, 2020.
박창희. 『군사전략론』. 플래닛미디어, 2019.
육군본부. 『육군발전사 제4권』. 육군본부, 1984.
이수형. 「노태우 · 김영삼 · 김대중정부의 국방정책과 군사전략 개념: 새로운 군사전략 개념의 모색」, 『한국과 국제정치』 18, 2002.
이병태. 『대한민국 군사전략의 변천 1945-2000』. 양서각, 2018.
장영호. 『남북한 군사전략의 전개과정과 결정요인에 관한 연구』. 충남대학원 군사학과 박사학위논문, 2014.
조영갑. 『국가안보학』. 선학사, 2011.
______. 「한국군 군사전략의 역사적 변천과정과 전략적 특징의 정립」, 『군사논단』 54, 2008.
클라우제비츠. 류제승 역. 『전쟁론』. 책세상, 2004.
합동참모본부. 『합동 · 연합작전 군사용어사전』. 합동참모본부, 2020.

8장

주변국 군사전략의 변화와 한국의 대응

허광환

1. 서론

국가안전보장은 국가의 생존과 번영에 관련된 위협이 사라짐으로써 안전과 평화가 확보된 상태를 의미한다. 국가는 이러한 상태를 달성하기 위해 국가안보목표를 설정하고, 정치·외교력, 정보력, 군사력, 경제력으로 구분되는 국력의 제요소를 활용한다. 우리나라의 국가안보목표는 "북핵문제의 평화적 해결 및 항구적 평화 정착, 동북아 및 세계평화와 번영에 기여, 국민의 안전을 도모하고 생명을 보호하는 안심 사회 구현"이다.[1] 국력(DIME)의 종합적 운용은 당면 위협의 효과적인 배제, 일어날 수 있는 위협의 사전 방지, 불의의 사태에 적절히 대처하기 위

1 국가안보실, 『문재인 정부의 국가안보전략』, 국가안보실, 2018.

한 활동으로 집결된다. 이런 활동을 '국가방위'라고 한다.

국가방위는 군사적 · 비군사적 위협이나 침략행위를 억제 또는 제거함으로써 국가의 평화와 독립을 수호하고 국가의 생존을 보존하는 활동이다. 국방목표는 국가안보목표를 달성하기 위해 군사적 수단과 노력이 집중되어야 할 목표를 지칭한다. 우리나라의 국방목표는 "외부의 군사적 위협과 침략으로부터 국가를 보위하고, 평화통일을 뒷받침하며, 지역의 안정과 세계평화에 기여"하는 것이다.[2]

군사력은 국가안보를 위한 직접적이고 실질적인 국가안보수단이자 군사작전을 수행할 수 있는 군사적 능력을 의미한다. 군사력의 사용 목적은 국가방위의 수단으로서 무력의 침략을 격퇴 및 격멸하고, 억제 수단으로서 전쟁 억제 및 국가이익을 보호하며, 기타 수단으로서 국가정책과 민간 지원 활동 등에 있다.

국가 간 갈등의 최고상태는 무력충돌인 전쟁으로 확대되는 것이다. 전쟁은 상호 대립하는 2개 이상의 국가 또는 이에 준하는 집단이 정치적 목적달성을 위해 자신의 의지를 상대방에게 강요하는 조직적인 폭력행위다. 군사 문제 전문가들은 전쟁을 최후의 정치적 수단이라고 간주한다. 전쟁은 군사력을 포함한 제 국력 요소를 활용하며, 통상 선전포고로 개시되고, 평화조약에 의해 종결된다. 전쟁의 종결은 정치적 목적이 달성될 조건이 충족되었을 때 이루어진다. 이러한 조건은 군사력의 운용 결과에 따라 결정되며, 군사작전의 최종상태에 이르는 조건을 구성하는 기준이 모두 군사전략을 기준으로 한다.

교리로서 군사전략은 "국가목표 또는 국방목표를 달성하기 위해 군사력을 건설하고 운용하는 술과 과학"이라고 정의한다. 술로서의 군사전략은 군사 지도자들의 의지와 선호가 반영된다는 측면이며, 과학으로서의 군사전략은 축적된 경험과 지식에 의해 객관적이고 합리적인 논리가 적용되는 측면이다. 군사학이 일반 학문과 다른 이유는 사회현상으로서 전쟁이 동일한 형태로 반복되거나 일정한 패턴으로 범주화하기 어려운 불확실성의 영역이기 때문이다.

2 국방부, 『2020 국방백서』, 국방부, 2020, pp. 37-38.

조지프 나이 교수는 정치 및 국제관계를 설명하는 이론들이 "허튼소리로 가득한 텍스트들"이라 평가하면서, 학구적인 이론과 실제 현상과의 간극이 점점 커지고 있는 부정확함을 지적한다.[3] 국제정치라는 복잡하고 혼란스러운 영역에서 벌어지는 전쟁은 특정한 이론이나 원리로 설명하기에는 한계가 있다는 것이다. 이론과 실제 사이의 간극을 메우기 위해서는 이론과 역사 사이의 진솔한 대화를 통해 실수를 피할 수 있는 통찰력을 얻으라고 권고한다.

이 글의 목적은 우리의 주변 강대국인 미국·중국·일본·러시아의 군사전략을 분석하고 우리에게 주는 군사적 함의 및 시사점을 도출하는 데 있다. 도출된 결과들은 미래 불확실성의 시대를 대비한 한국의 군사전략을 모색할 때 핵심적으로 고려할 요소가 될 수 있다.

이러한 목적을 달성하기 위해 필자는 주변국 군사전략의 결정, 결정된 군사전략의 변경, 그리고 군사전략의 전망을 전체적으로 살펴보았다. 주변 강대국인 미국·중국·일본·러시아의 군사전략 수립과정과 변경 논리, 전망을 추론해봄으로써 어떤 요소들이 상호작용을 하고 있는지 규명해보는 것이다. 이 과정에서 우리는 군사전략은 어떻게 수립되는가? 주요 의사결정자들은 왜 그러한 결정을 했는가? 결정된 군사전략이 왜 시간이 지나면서 변화되고, 새로운 군사전략이 수립되는가? 이러한 의문들을 밝혀낼 것이다. 그렇게 함으로써 군사전략이 어떤 결정적인 요소들에 의해 결정되고 변경되며 발전되어갈 것인지를 설명하고 전망해본다.

주변국의 군사전략 분석을 통해 도출된 핵심 요소들은 한국의 군사전략 분석 및 수립 시에도 충분히 활용해야 한다. 국가별로 지정학적 상황과 안보환경이 다를지라도 핵심 변수들의 상호작용을 고려한다면 더욱 합리적인 의사결정을 할 수 있기 때문이다.

이 연구는 국가안보에 관심을 두고 있는 일반학자들이나 국방정책 담당자, 고급 간부인 합동고급정규과정 학생들에게 군사전략 접근방법을 제시해줄 것이다.

---

3 조지프 나이, 양준희 · 이종삼 역, 『국제분쟁의 이해: 이론과 역사』, 한울엠플러스(주), 2018, p. 14.

2. 군사전략 이론 및 분석의 틀

1) 군사전략 개념

군사전략은 국가이익과 안보환경의 차이로 인해 다양한 형태로 정의되고 있으며, 학자마다 군사전략을 규정하는 관점이 다르고 합의된 정의도 찾아보기 힘들다. 더군다나 군사전략은 국가의 기밀 내용을 담고 있어서 공개되는 경우가 드물고, 공개된 내용일지라도 그 진의를 파악하기에는 접근에 한계가 있다. 그러므로 군사전략 연구는 군사전략을 분석하고자 하는 목적에 적합한 정의와 접근방법을 정립해야 한다.

군사전략을 정의하기 위해서는 전쟁을 이해하는 데서 시작해야 한다. 군사전략의 본질은 전쟁에서 승리하는 방법과 관계되기 때문이다. 일반적으로 전쟁은 "국가의 이익을 보호하고 증진하기 위해 가용한 심리적·물리적 수단과 방법을 모두 활용하여 벌이는 국가 간의 조직적인 폭력"이라고 정의한다. 정의대로라면 전쟁은 군사문제에 국한된 군사력 운용의 영역이 아니라 정치와 경제, 외교 및 군사를 아우르는 포괄적 영역이라고 할 수 있다.

투키디데스(Thucydides)는 전쟁의 원인을 "두려움(fear), 명예(honor), 이익(interest)의 상호작용"이라고 규정했다. 클라우제비츠(Clausewitz)는 '정부(government)-국민(people)-군대(military)'가 정치적 이해관계에 의해 힘의 균형을 깨뜨리려 하므로 혼란(chaos)에 빠질 수밖에 없으며, 이로 인해 전쟁은 현실 세계에서 필연적으로 발생할 수밖에 없다고 보았다.[4] 현실 세계의 정치는 이성적 판단으로 최종목적을 달성하려는 의지(will)가 일치하기 때문에 전쟁은 "다른 수단에 의한 정치의 연속"이라고 정의한다. 그런데 현실 세계의 필연적인 전쟁을 피할 수 있는 유일한 방법

4 전쟁의 이해에 관해서는 김훈상, 『Ends, Ways, Means 패러다임의 국가안보전략』, 지식과감성, 2013 참조.

도 이성적 판단에 의존한다는 사실이다. 헨리 키신저(Henry Kissinger)는 국가 간의 관계에서 도덕(moral)이나 정의(just) 같은 이상적(idealism) 개념의 적용보다는 현실 세계의 '정치적 힘의 균형(balance of power)'을 유지하는 것이 중요하다고 강조했다.

전쟁은 정치적 충돌의 결과라고 할 수 있다. 정치적 목적을 달성하기 위해 자신의 의지를 상대방에게 강요하는 조직적인 폭력행위가 전쟁이기 때문이다. 전쟁은 수많은 군사적 활동의 집합체다. 군사교리에서는 군사적 활동을 기준으로 전략, 작전술, 전술의 수준으로 구분하여 전쟁의 수준을 지칭한다. 전략은 전쟁의 최상위 수준이고, 전술은 최하위 수준이며, 작전술은 전쟁의 중간 수준으로 전략과 전술을 연계시키는 활동들로 이루어진다. 전쟁의 활동들은 수준 간 중첩되거나 연계되어 있어서 어떤 경우에는 정치적 목적을 달성하기 위한 과업이나 임무의 성격에 따라 구분될 때도 있다.

전략은 "어떤 목표를 효과적으로 달성하기 위해 가용자원을 준비하고 활용하는 술(art)과 과학(science)"이라고 정의한다.[5] 교리적으로는 국가목표를 달성하고자 제 국력요소를 동시·통합적으로 운용하기 위한 술과 과학이라는 의미다. 과학에 술을 더한 이유는 인간의 의지와 철학이 개입된 개념이기 때문이다. 즉, 국가가 정치적 목적을 달성하기 위해서는 과학적 계산도 필요하지만 의사결정자의 선호와 직관 등이 더 중요하게 작동될 수 있다는 의미다.

군사전략은 국가안보전략의 일부로서 국방목표를 달성하기 위해 군사전략목표를 설정하고 군사력을 건설하여 운용하는 술(art)과 과학(science)이다. 국가안보전략은 국가안보정책을 지원하여 국내외의 군사 및 비군사적 위협으로부터 국가안보목표를 달성하기 위해 제 국력요소를 효과적으로 준비하고 활용하는 술과 과학이다. 국가안보전략은 국력의 크기 또는 국가가 처한 상황에 따라 그 범위와 수준이 변경될 수 있다. 국가별 국제체제상에서의 위상과 영향력에 격차가 있기 때문이다. 군사전략 또한 국가정책을 기반으로 하므로 군 통수권자의 의지와 철

5 합동참모본부, 『합동 · 연합작전 군사용어사전』, 합동참모본부, 2014, p. 404.

학, 국력에 따라 차이가 날 수 있다.

군사전략은 상위전략인 국가전략과 국방전략에서 제시된 목표와 할당된 자원, 운용 방법에 대한 지침을 준수해야 한다. 군사전략은 국가정책을 기반으로 하여 군사력을 운용하고 건설함으로써 국가안보전략목표 달성에 기여할 수 있어야 한다.

2) 군사전략 구성 모델

군사전략에 대한 정의, 역할, 기능에 대해서는 잘 알려졌지만, 무엇을 군사전략이라고 할 것인가에 대한 합의된 관점은 없는 실정이다. 미국 육군전쟁대학 전략학 교수인 아서 리케(Arthur Lykke)는 군사목표(ends), 방법(ways), 수단(means)이라는 세 가지 요소로 구성되는 군사전략의 틀(framework)을 제시했다. 즉 군사전략 구성요소인 목표, 수단, 방법이 균형을 이루었을 때 최적의 안전보장 상태를 유지하나 어느 한 요소라도 불균형 상태가 된다면, 국가안보가 위험하게 된다는 주장이다.

미 해군전쟁대학 전략학 교수인 헨리 바렛(Henry C. Bartlett)은 전략의 구성요소를 안보환경, 자원의 제한, 최종목적, 수단, 위험 등의 요소로 규정하고 이들 요소 간의 지속적인 상호작용을 통해 군사전략을 수립해야 한다고 주장한다. 그는 리케의 군사전략 모델에 외부의 가변요소인 '안보 환경, 국가자원의 제한' 요소를 추가했다. 안보환경은 국제정치, 인구의 변화, 문화, 인종 및 종교분쟁 등 세계 각국에서 전개되는 제반 문제를 포괄하는 것이고, 국가자원의 제한은 수단의 가용성에 관련된 요소다. 위험은 각각의 구성요소가 조율되는 과정에서 발생할 수 있는 수단의 부족, 방법의 부적절, 목적의 부적합 등으로 불균형이 발생하여 국가안보가 위태로워지는 것을 말한다.

미국 공군전쟁대학의 해리 야거(Harry R. Yarger) 교수는 전쟁의 수준인 전략, 작전술, 전술의 관계가 군사전략에서도 동일하게 적용된다고 보았다. 국가안보전략은 우산과도 같은 역할을 하는 것으로 국가안보전략의 지침에 따라 예하제대의 전략이 수립되어야 한다고 주장한다. 이러한 수직적 전략의 체계를 '포괄적 전략 모델'이라고 한다. 이 모델의 핵심은 모든 전략은 상호 일관성 및 연동성을 유지해야 한다는 것이다.

위에서 살펴본 바와 같이 전략의 구성요소는 기본적으로 최종목적(ends), 방법(ways), 수단(means)이라고 할 수 있다. 최종목적은 시작과 끝이 있는 일련의 과정을 거친 종착지 또는 요망하는 최종상태를 뜻한다. 방법은 최종목적을 달성하기 위해 가용한 수단을 운용하는 전략적 접근을 의미한다. 수단은 최종목적 달성에 직접적으로 기여하거나 목표에 도달할 수 있도록 해주는 국력의 제반 요소다. 자원과의 차이점은 자원 자체만으로는 수단이 될 수 없다는 것이다. 자원을 운용 가능한 수단으로 전환할 수 있는 능력이 국력을 가늠하는 기준이 된다.

3) 군사전략 결정 요인

군사전략의 결정 요인을 규정할 수 있다면, 현재와 미래의 전쟁에서 승리할 수 있는 최선의 군사전략을 결정할 수 있을 것이다. 어떻게 군사전략을 수립하고 선택하는가에 관한 판단 기준을 제공해주기 때문이다. 군사전략을 수립할 때 무엇을 핵심 요소로 볼 것인가는 군사전략 수립 관계관들에게 공통의 관점과 의사소통의 도구를 제공해줄 수 있다.

군사전략을 수립하기 위해서는 여러 단계의 절차가 필요하다. 군사전략 수립에 지침을 제공해줄 상위 목표 및 정책이 있고, 군사전략이 지침을 제공할 하위 전략과 정책이 연계되어 있기 때문이다. 〈그림 8-1〉은 군사전략의 수직적 위치와 상호연계성을 보여주고 있다.

군사전략을 기준으로 보았을 때 상위지침으로 국가이익 및 국가목표, 국가정책 및 국가전략을 기초로 수립된 국가안보전략이 있고, 아래로는 작전술과 전술로 이어지는 작전전략과 전장전략이 있다. 따라서 군사전략의 결정적 요인을 규정한

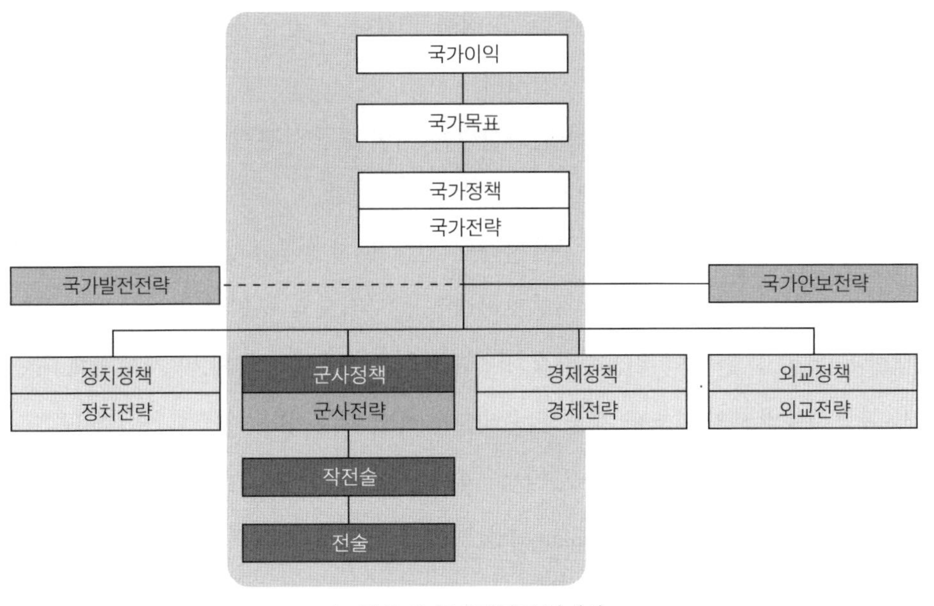

〈그림 8-1〉 군사전략의 연계성

출처: 김훈상, 『Ends, Ways, Means 패러다임의 국가안보전략』을 기초로 필자가 재구성

다면 국가이익, 국가목표, 국가안보전략, 작전술, 전술이라고 한정해볼 수 있다.

결국, 군사전략은 국가이익, 국가목표, 국가안보전략, 작전술, 전술이라는 요인들의 상호작용으로 최종목적(ends), 방법(ways), 수단(means)이 선정되고, 이들 상호 간 최적의 균형이 맞추어짐으로써 결정된다고 할 수 있다.

4) 분석의 틀

전쟁 양상의 변화를 정리해보면, 제1차 세계대전 시 대규모 화력과 참호를 이용한 소모전, 제2차 세계대전 시 지·해·공 입체작전과 대규모 기동전, 걸프전 시 장거리 정밀타격 및 마비전, 러시아의 크림반도 합병 시 하이브리드전, 그리고 미국의 모자이크전 발전, 미래에 펼쳐질 로봇전, 사이버전, 유·무인복합전 등이다. 이처럼 전쟁은 인류 문명의 발달과 함께 그 성격과 방식을 달리하고 있다. 전쟁연구가들은 지금의 분쟁을 전쟁과 평화 사이의 모호한 지점에서의 경쟁이라는

'회색지대 분쟁(gray zone conflict)'으로 지칭하고 있다. 그만큼 평화와 전쟁의 경계가 불분명해진 시대에 살고 있다는 것이다.

전쟁의 성격과 수행방식이 변화한다는 의미는 군사전략이 한번 결정되었다고 해서 그것이 최선의 방책으로 지속되기에는 한계가 있다는 사실이다. 전쟁의 패러다임이 변화하는 것처럼 군사전략도 새로운 전쟁에서 승리할 수 있는 길을 모색해야 한다. 군사전략은 국가안보전략을 군사적으로 구현하기 위해 군사력의 개발과 운용 및 관리의 우선순위를 정하고, 이를 바탕으로 기획 및 계획체계 내에서 합동전투발전의 기초를 제공하는 역할을 하기 때문이다.

합동기획교리는 〈그림 8-2〉에서처럼 군사전략의 수립과정을 정립해놓았다. 군사전략은 전략적 틀(strategic context)을 기초로 상황에 따라 가변적이며 유생물처럼 진화하는 개념을 적용하고 있다.

먼저, 전략환경 평가를 통해 군사력의 역할, 안보위협, 전략적 요구사항을 도출한다. 전략적 요구사항에 따라 가정을 설정하고, 군사전략 목표 및 개념을 설정

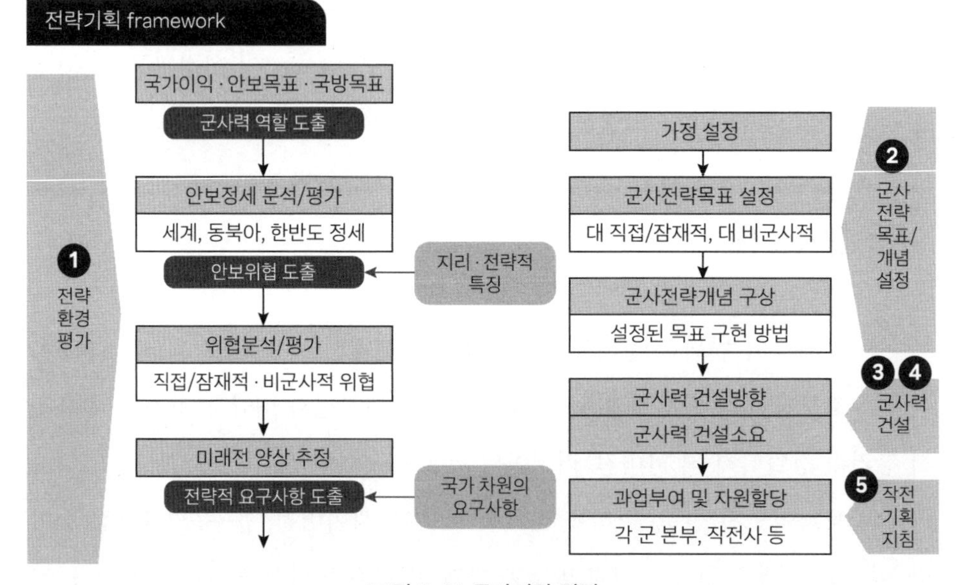

〈그림 8-2〉 군사전략 결정

출처: 합동교범 5-0 『합동기획』, 합참, 2018을 참고로 필자가 재구성

한다. 이후 군사력 건설방향과 군사력 건설소요를 판단하고, 각 군 본부 및 작전사 등에 과업 부여 및 자원할당 등 작전기획지침을 작성한다. 이러한 절차와 과정을 복합적으로 적용함으로써 집단지성이 발휘되도록 하는 과정이라고 할 수 있다.

필자는 주변국 군사전략의 결정 과정을 위와 같은 전략의 틀 속에서 규정해 볼 것이다. 그러고 나서 군사전략의 변화과정을 군사전략의 불균형 해소 관점에서 설명하고자 한다. 전략의 불균형 해소관점은 아서 리케 교수의 목적-방법-수단의 균형 모델을 적용한 것이다. 헨리 바렛 교수가 주장했듯이 전략구성 요소 간의 불균형은 위험의 요소를 증가시켜 군사전략을 위태롭게 만든다. 따라서 위험을 해소하기 위해서는 기존의 전략을 변경하거나 새로운 전략을 수립해야 한다. 이것을 군사전략의 변화요인이자 과정을 설명할 수 있는 논리로 규정해볼 수 있다.

마지막으로 군사전략의 전망은 전략의 불균형을 해소하는 방법 측면에서 군사전략의 목표 조정, 군사전략의 수단 조정, 군사전략의 방법 조정으로 한정했다. 위의 상황들을 종합한 것이 〈그림 8-3〉의 분석 틀이다.

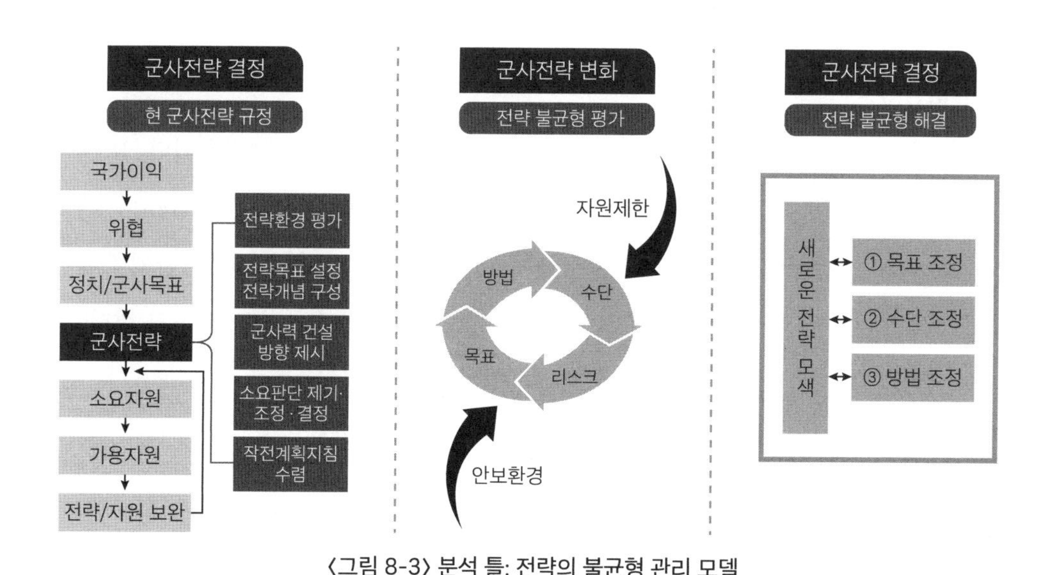

〈그림 8-3〉 분석 틀: 전략의 불균형 관리 모델

출처: 김태현, 「북한군 군사전략 변화에 관한 연구」 내용을 토대로 필자가 재구성

3. 주변국(미·중·일·러) 군사전략 분석

주변국 군사전략 분석은 한반도의 안보환경에 결정적 영향을 미치는 미국, 중국, 일본, 러시아의 군사전략을 대상으로 한다. 먼저, 군사전략 결정과정을 전략기획의 틀 속에서 결정적 요인별로 살펴본다. 각국의 국방백서나 국회, 국방부, 합참 등의 발행물을 기준으로 한다.

다음으로 결정된 군사전략이 왜 변화되는가를 설명하기 위해 전략의 불균형 평가를 통해 변화의 원인을 규명해본다.

마지막으로 위험관리 관점에서 목표, 수단, 방법의 조정을 통해 어떻게 새로운 군사전략을 유지할 것인가를 평가 및 전망해본다.

이렇게 함으로써 탈냉전 시대 주변국 군사전략의 전체적 구성 논리를 이해할 수 있게 된다. 이러한 이해는 한반도 안보에 미치는 군사적 함의와 시사점을 파악하게 해주며, 한국의 군사전략 모색에 적용할 수 있는 통찰력을 갖게 할 것이다.

1) 미국의 군사전략

(1) 군사전략 결정

미국은 전 세계를 대상으로 군사전략을 수립하는 유일한 강대국이다. 또한 국가안보전략을 공개적으로 발표하는 국가이다 보니 전략 연구의 주된 대상국이며, 전략이론 대부분의 근거지이기도 하다. 공개된 자료를 중심으로 전략기획의 틀에 맞추어 추론한 내용을 정리함으로써 전체적인 인과관계를 살펴보고자 한다.

우선, 추론된 미국의 전략환경 평가다. 미국의 국가이익 · 목표, 국방목표에서 군사력 역할을 도출하고, 안보정세 분석과 평가를 통해 안보위협을 도출하며, 위협분석 및 평가를 통해 미래전 양상을 추정함으로써 전략적 요구사항을 도출하는 과정이라고 할 수 있다.

미국의 국가이익은 미국의 안보와 행동의 자유 보장, 국제공약의 준수, 경제적 복지 증진에 대한 기여라고 크게 나눌 수 있다.[6] 미국 국가안보전략의 구상 지침을 정리해보면, 자유와 정의를 방어하여 인간의 존엄성 향상, 세계적 테러리즘을 패배시키기 위한 동맹 강화와 미국과 우방에 대한 공격 예방, 지역분쟁을 감소시키기 위한 다른 국가와 협력, 대량살상무기에 대한 미국 및 동맹국에 대한 위협 예방, 세계 경제 성장, 개방사회와 민주주의 기반 구축으로 발전의 환경 확장, 주요 세계적 힘의 중심과 협력적 행동을 위한 대안 개발 등이 담겨있다.[7] 미국의 국방정책 목표를 정리해보면, 동맹국 및 우방국에 대한 확신 제공, 잠재적 적대세력의 경쟁 포기 유도, 미국의 이익에 대한 위협과 강압의 억제, 억제실패 시 적에 대한 결정적 격퇴 등이다. 국방전략목표는 미국 본토의 방위, 지역적 안전보장, 적대세력의 억제 및 격퇴, 동맹국과 우방국의 군사능력을 지원하기 위한 전 지구적 군사태세 건설, 전 세계적 세력투사능력 유지, 미군의 작전 및 지원능력의 균형 달성 등이다. 이를 종합해보면, 미국은 전진배치와 개입을 통해 침략을 억제하고 억제실패 시 격퇴하며, 결정적 지역에서 동맹국들의 방위를 확실히 보장함으로써 평화로운 국제질서 체제를 유지하려고 한다. 결국 국가이익을 포함하여 상위 목표들을 검토해보면, 군사력의 역할은 '억제와 방위' 그리고 '국가의 위신 또는 영향력 확대'에 있다고 도출해볼 수 있다.

둘째, 안보 위협 도출이다. 미국은 위협의 범주를 세 가지로 규정하고 있다.[8] 첫째는 국가수준의 분쟁으로 발생 가능성은 낮지만 발생 시 그 영향이 큰 것으로 미국에 위협이 되는 국가들이 분쟁을 일으킬 가능성이다. 예를 들어 러시아의 주변국에 대한 공격, 중국의 미국에 대한 반접근/지역거부 분쟁, 북한의 핵미사일 위협 증가 등이다. 둘째는 혼합적인 분쟁으로 재래식 분쟁과 비정규적 분쟁의 혼합형태로서 국가수준과 비국가수준의 분쟁이 혼합되어 발생할 가능성이다. 예를

6 미국의 이익에 대한 세부 내용은 공군대학, 『미국의 QDR과 합동비전 2020』, 2001 참조.

7 미국의 국가안보전략구상 지침에 대한 세부 내용은 The White House, *The National Security Strstegy* (2002) 참조.

8 미국의 위협인식에 대한 세부 내용은 국방대학교, 『미 · 중 · 일 · 러 · 북한의 군사전략』, 2019 참조.

들어 테러조직과 테러네트워크에 의해 노정된 위협, 비정규적 위협에 대응하기 위한 전쟁, 분란전 등이다. 셋째는 비국가적 수준의 분쟁으로 소규모 집단과 네트워크 조직이 정부와 사회를 혼란시키기 위해 급조폭발물, 소형무기, 선전선동, 테러 등 공격을 일으킬 가능성이다.

셋째, 전략적 요구사항 도출이다. 미국은 전에 없는 속도로 변화하는 세계에 직면함으로써 현존하는 위협과 미래의 도전에 동시 대비할 수 있는 위험관리 능력이 요구되었다. 소련이 해체된 이후 특정한 적이 사라진 미국은 '누구와 싸울 것인가?'라는 것보다 어떤 적이 어떻게 공격하더라도 격퇴할 수 있는 능력을 요구하게 되었다. 그것이 능력에 기초한 전략기획제도를 도입한 이유다. 미국 혼자서는 전 지구적 분쟁을 관리할 수 없다는 한계를 인식하면서 동맹 및 동반자 관계를 강화하는 안보관계 구축이 요구되었다.

위와 같은 전략상황평가 결과를 고려하여 군사전략목표를 구상해볼 수 있다. 공표된 자료에 의하면, 미국의 군사전략목표는 미국(본토) 방호, 분쟁과 기습공격 예방, 적을 압도적으로 격파 등이다.[9] 냉전 이후 10여 년간의 과도기에 미국의 군사전략목표는 적의 도발을 억제하거나 격퇴하는 것이었으나 9·11 이후 적의 도발을 억제하고 결정적으로 격멸하는 것으로 강화되었다. 규모는 작아졌지만 유동적이고 범지구적으로 분산되며 그 실체가 불명확한 미래의 적에 대항하기 위해서다.

첫 번째 목표인 미국(본토) 방호 개념이다. 미국 방호를 위한 개념으로 근원에 근접하여 위협에 대항, 전략적 접근로 방호, 국내에서 방호, 범지구적 대테러 환경 조성을 제시했다. 주방어선을 전방으로 추진하되, 4개 핵심지역에서 미군을 사전 배치 및 운용하고, 범지구적 전력투사를 보장하기 위한 군사대비태세를 유지한다. 또한 본토 안보를 위해 공중, 해상, 지상 및 우주로의 접근로를 방어하고 직접적인 공격으로부터 통합적으로 방호한다. 전방방어를 돌파한 공격으로부터 미국

9 미국의 군사전략목표 구상에 대한 세부 내용은 박기련 외, 『21세기 미국의 국방전략』, 한국학술정보, 2008 참조.

을 방어할 능력을 유지하고, 범지구적 대테러 환경을 조성하여 테러리즘을 일으키는 환경을 감소시킨다.

두 번째 목표인 분쟁과 기습공격 예방 개념이다. 이것은 전방추진 대비태세 및 배치, 안보증진, 침략억제, 기습공격 예방을 의미한다. 전방추진 주둔군, 특정 임무에 맞춘 순환 및 임시 전개 능력 혼합 운용, 핵심지역과 중요한 교통로에 전략적인 접근 보장, 전장 공간 전체에서 작전 지속능력 구축, 안보협력, 신속 위기 대응, 동맹국과 군사작전의 통합 등이 주요 개념이다. 또한 위협의 종류에 따라 억제할 군사적 대안을 제공하고, 적 침략 이후 사후 대응에서 예방적 임무 수행으로 전환한다.

세 번째 목표인 적을 압도적으로 격파하는 개념이다. 여기에는 적 신속 격파, 결정적인 승리, 안정화 작전 등이 있다. 신속한 주도권 탈취 및 분쟁의 확대 예방, 적 성역 거부 및 공격 능력 거부, 핵심 전역에서 신속하게 결정적인 승리로 이끌고 그 성과 유지, 미국에 유리한 안정 및 안보 상황 조성 등이다.

다음은 군사전략 개념을 위한 요구 능력(군사력 건설 및 소요)인 수단의 결정이다. 오늘날 군사작전의 기본 형태는 연합 및 합동작전이다. 합동군에게 요구되는 능력을 살펴보면, 완전한 통합, 해외작전 능력, 네트워크화, 분권화, 적응성, 의사결정의 신속성, 무기효과의 치명성 등이다. 이러한 개념군의 특성을 고려하여 군사력 건설 방향이 설정된다. 전략적 억제와 미사일 방어 제공 능력, 전진억제 능력(유럽, 동북아, 동아시아 연안, 중동 및 서남아 지역), 전 지구적 차원에서 주요 전투작전 수행 능력, 소규모 우발사태에 대한 작전 수행능력 등이다.

마지막으로 작전기획지침 작성이다. 작전기획지침은 '지금 당장 전쟁이 발생한다면 어떻게 싸울 것인가?'와 관련된 과업 및 자원의 할당으로 전쟁수행방식을 유추해볼 수 있다.

〈그림 8-4〉에서 보는 바와 같이 1960년대 미국은 유럽과 아시아지역 2개 지역의 전역에서 동시 승리하고, 나머지 중동지역 등 지역분쟁에 대비하는 개념의 2와 1/2 전쟁 대비방식을 취했다. 이후 1980년대까지는 소련과의 다면 전쟁

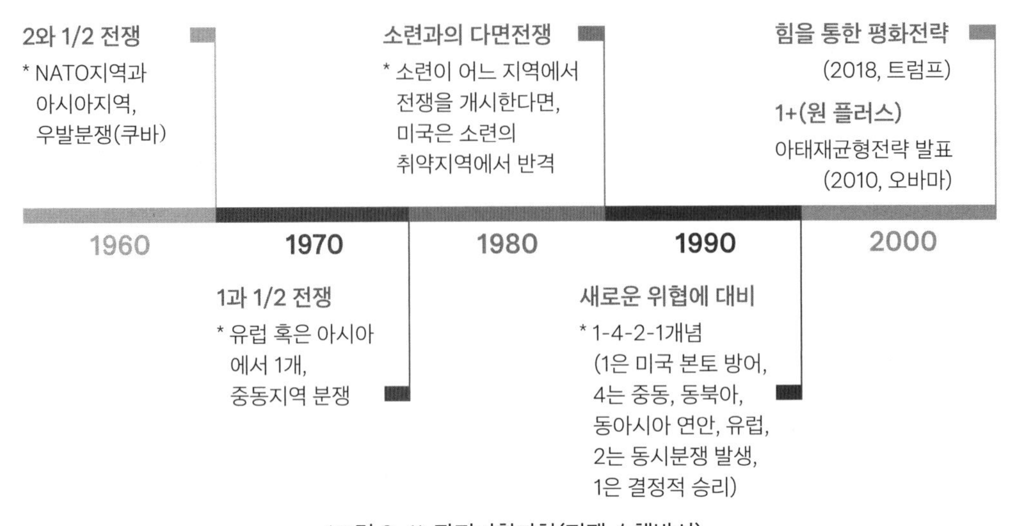

〈그림 8-4〉 작전기획지침(전쟁 수행방식)

출처: 미국의 공개된 『국방백서』 등의 내용을 종합하여 필자가 재구성

에 집중하여 대비하는 개념이었다가 소련이 해체되고 나서부터는 대규모 전쟁 대신 중동과 한반도 두 곳의 분쟁에 집중적으로 대비하도록 했다. 2001년 9·11테러 이후에는 미 본토 방어를 우선적으로 대비하고, 4개의 핵심 지역 분쟁을 억제하며, 중동과 한반도지역 동시 분쟁 발생 시 한쪽은 견제하고 한쪽은 결정적으로 승리하는 방식의 대비 개념을 발전시켰다.

미국은 정규전 중심의 대규모 공격과 장거리 정밀 폭격전을 수행하여 신속결정전 중심의 전쟁방식에 강점이 있다. 반면에 지역분쟁의 역사적 과정이나 배경, 문화 등을 소홀히 한 효과 위주 전쟁수행으로 전후 안정화나 지역주민의 지지 획득에 큰 노력이 소요된다는 단점이 있다.

이상의 추론을 종합해서 미국의 군사전략 개념을 정의해본다면, 전 세계를 대상으로 하는 공세적 전방위 전략이자 전진억제전략이라고 할 수 있겠다.

(2) 군사전략 조정

미국 군사전략의 변경 과정은 안보환경과 자원제한 등의 외부변수와 목표,

방법, 수단, 위험이라는 내부변수들의 상호작용으로 설명할 수 있다. 우선 미국의 안보환경 평가다. 미국은 전 세계를 권역별로 나누어 육·해·공군과 해병대를 통합지휘하는 6개의 통합전투사령부를 유지하고 있다. 중부사령부(중동 일대), 유럽사령부(러시아 대응), 아프리카사령부, 북미사령부, 남미사령부, 인도·태평양사령부를 말한다. 미국은 태평양 국가임을 천명하고 있다. 이 지역은 세계 10대 군사강국 중 7개 국가가 위치해 있고, 이 중 6개국이 핵무기를 보유하고 있다. 또한 해상교역의 60%가 아시아를 가로질러가며 전 세계 물동량의 1/3이 남중국해를 통과하고, 세계 GDP의 60%를 점한다. 미국은 자유롭고 개방된 인도·태평양을 위한 비전과 원칙을 천명했다. "모든 국가의 주권과 독립을 존중하고, 분쟁에 대해서는 평화적으로 해결하며, 개방된 투자와 협정을 보호한다. 또한 자유롭고 공정하며 호혜적인 무역, 항행과 비행의 자유를 포함한 국제 규칙과 규범을 준수한다"라는 것이다.[10]

미국이 인도·태평양 지역으로 국가이익의 우선순위를 조정함에 따라 위협의 인식도 변경되었다. 현상타파 국가로서의 중국, 회생한 해로운 국가로서의 러시아, 불량국가로서의 북한, 그리고 초국가적 위협의 확산을 위협으로 규정했다.[11] 중국은 단기적으로 인도·태평양지역에서 지역패권국을 추구하고, 장기적으로는 전 세계적 패권을 추구하고 있다. 중국은 핵무력의 현대화, 사이버·우주·전자전 영역에서 작전능력 개발, 다방면의 반접근/지역거부(A2/AD) 능력 발전, 무력충돌의 문턱 아래 수준, 평화적 관계와 적대적 관계 사이인 '회색지대'에서 낮은 수준의 강압적 활동을 지속할 것으로 인식된다.

러시아는 인도·태평양지역에서 존재감을 부각하기 위한 노력으로 핵무기, A2/AD 시스템, 그리고 장거리 비행 훈련을 포함하여 전략적 능력을 확대해가고 있다. 미국의 국제질서 리더십과 규범에 입각한 국제질서를 약화시키려 시도하는

10 미국의 인도·태평양을 위한 비전과 원칙의 세부사항에 대해서는 해군대학 역, 『인도·태평양 전략 보고서』, 2019 참조.

11 미국의 동아시아지역 위협인식에 대한 추가적인 사항에 대해서는 해군대학 역, 위의 책 참조.

중이며, 미·중 간의 긴장관계를 이용해 스스로 중립적 제3자로 표현하면서 동남아시아로 외교적 확장을 강화하고자 한다. 북한은 최종적이고 완전히 검증 가능한 비핵화 추진을 거부하면서 국제적 안보위협으로 존재하고 있다. 미국 본토를 타격할 수 있는 대륙간탄도미사일 개발을 시도하고 국제적 제재와 미국 주도의 대북 압박 활동을 지속해서 회피하고 있다. 미국은 이들 국가뿐만 아니라 악성 전염병, 자연재해, 테러리즘, 불법무기, 마약, 인신매매 등의 초국가적 위협의 확산도 심각한 위협으로 간주한다. 이러한 위협인식의 변화는 전략의 불균형을 초래할 수밖에 없었다.

다른 군사전략의 변화요인으로 자원의 제한 여부 평가다. 미국은 9·11테러 이후 세계 곳곳에서 미국의 군사개입을 약속하는 안보 공약이 증가하는 것에 대비해 충당할 제원의 압박이 심화했다. 특히 대테러 전쟁수행비용 증가는 미국의 재정적자를 급속도로 증가시키는 계기가 되기도 했다. 또한 유일한 군사 초강대국으로서 적극적인 군사개입과 군사력 운용에 대한 미 국민의 정당성에 대한 비판과 반대 여론이 대두되었다. 군사적 개입에서 해당 국가의 역사와 문화, 지역주민의 정서를 고려한 군사작전이라기보다 정치적 목적을 달성하기 위한 성과 중심의 일방적 군사작전이 초래한 반발 때문이었다.

이러한 취약성을 보완하고자 미국은 전 세계에 배치된 미군의 태세조정을 일방적으로 감행했다. 전 세계의 미군기지와 능력을 신속 결전, 네트워크 중심작전, 효과 중심의 전쟁수행체제로 전환하고 대규모 정규전 중심의 체제에서 다양한 형태의 비정규전에 대한 대비와 군사력 건설 방향으로 전환하게 된 것이다.

안보환경의 변화와 자원의 제한 여부 평가는 군사전략의 결정을 조정하는 준거가 되었다고 할 수 있다. 〈그림 8-5〉는 위협 해소를 위한 미국의 전략조정을 추론해본 것이다. 미·소 냉전 시대에는 전통적 위협의 대응 전략에 중심을 두었다면, 탈냉전 시기의 9·11테러 이후에는 미국 본토 방어 최우선 전략이나 아태 재균형 전략에 우선권을 부여할 수밖에 없게 되었다.

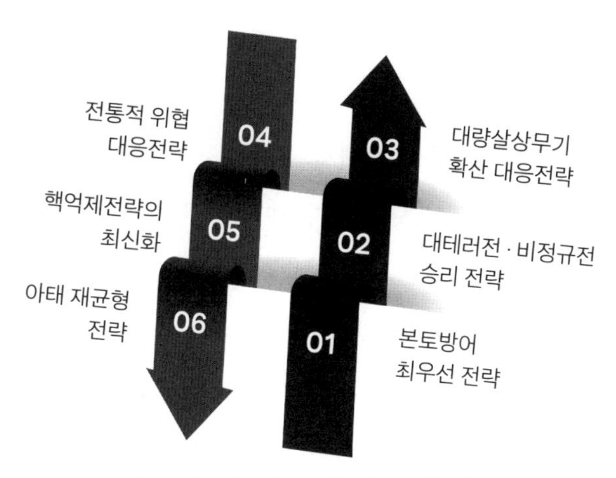

〈그림 8-5〉 전략의 불균형 평가: 위험의 해소

출처: 미국의 공개된 『국방백서』 등의 내용을 종합하여 필자가 재구성

(3) 군사전략 전망

지금까지 미국 군사전략의 결정과 군사전략의 변경 과정을 추론해보았다. 그렇다면, 현재와 미래의 군사전략은 어떻게 될 것인가? 군사전략의 전망은 위험관리 관점에서 전략의 불균형을 해소하려는 노력으로 목표, 수단, 방법의 조정으로 한정해보았다.

먼저 군사전략 목표의 조정 측면이다. 미국은 미국의 안보와 번영에 가장 유리한 국제질서를 발전시킨다는 근본 목표를 기조로 하되 우선순위를 조정할 것이다. 미국(본토) 방어, 우월한 군사력 유지, 핵심지역에서의 힘의 균형 보장 등에 더욱 역량을 집중할 것이다.

두 번째, 방법의 조정 측면이다. 전 지구적 안보공약을 준수하기 위해서는 핵심지역에 주둔하고 있는 미군의 능력을 네트워크로 연결하고, 지역안정을 위한 고정배치보다는 국가이익의 우선순위 변경에 따라 신축적으로 대응할 수 있는 기동 대응군으로서 전진배치 개념을 발전시킬 것이다. 그러기 위해서는 동맹국 및 지역 협력국들과 파트너십을 증진해나가야 한다. 역내 네트워크 강화로 상호운용성과 협조된 작전 능력을 강화해야 하기 때문이다.

세 번째, 수단의 조정 측면이다. 미국은 인도·태평양 전략을 구현하기 위해

지역 내 미군의 전력구조를 개편해야 한다. 중국의 인도양 진출을 견제하고, 그들이 구축하고 있는 A2/AD 전략을 격퇴할 수 있는 체계를 구축해야 한다. 특히 수직적·수평적으로 확장된 전장 공간에서 군사력 우위를 달성하기 위해서는 우주군 창설, 통합 미사일방어체계 구축 등 다영역 작전능력(Multi-Domain Operations)을 더욱 발전시킬 것이다.

냉전 종식 이후 세계질서는 불확실성이 증대하고 테러와의 전쟁 노력이 증폭되고 있다. 더군다나 국제적 성격의 분쟁, 집단안보의 취약성은 국가안보 문제의 내용과 성격을 준군사적·비군사적 측면까지 확장시켰다.[12] 미국은 국제질서 유지의 리더십을 유지하기 위해 핵전쟁, 대칭형 재래식 전쟁, 제3세계 국가에서의 저강도 분쟁, 비재래식 전쟁, 반란전, 비대칭전쟁 등에 효율적으로 대응할 수 있는 군사전략을 발전시켜야 한다.

2) 중국의 군사전략

(1) 군사전략 결정

중국의 국가안보전략은 미국과 같이 공식적으로 공개된 부분이 많지 않기 때문에 추론의 신빙성이 떨어질 수 있다. 그렇지만 군사전략을 수립하는 과정이 크게 다르지 않을 것이라는 전제하에 분석 틀을 통해 접근해보고자 한다.

먼저 중국의 국가이익이다. 중국의 국방백서에 의하면, 첫 번째 국가이익은 국가 주권·안보·발전이익의 확고한 수호로서 중국의 강대국 부상과 군사굴기, 중화민족의 위대한 부흥 실현(장쩌민), 화평발전론(후진타오), 글로벌 강대국으로 도약한다는 중국몽(시진핑) 등이다. 두 번째는 패권 및 팽창 추구를 부인하며 중국특색의 강군의 길 유지다. 셋째는 인류운명공동체 건설에 공헌하는 것이다.[13] 냉전

---

12 국가안보문제의 내용과 성격에 대한 세부사항은 Dennis M. Drew, Donald M. Snow, 권영근 역, 『21세기 전략기획』, 한국국방연구원, 2010 참조.

13 중국의 국가이익에 관한 세부 사항은 국방정보본부, 『2015년 중국 국방백서』, 2011 참조.

기 동맹체제를 대신하여 대화, 불대립, 비동맹에 기반한 국제적 동반자 관계를 구축하고, 국제문제를 서구식 군사적 해결보다는 대화를 통한 정치적 해결로 중국 주도의 새로운 질서를 구축하는 데 국가이익을 두고 있다.

중국의 국방목표는 침략해 대비하고 대항하며, 영토·내수·영해·영공의 안전을 보위하고, 국가의 해양 권익을 수호하는 것이다. 또한 사회의 조화와 안정을 수호하고 국방 및 군 현대화를 달성하는 것이다. 즉 "세계평화와 안정을 수호하고 국가의 주권, 안전, 발전이익을 수호하는 것"이라고 공표하고 있다.

중국은 미국과의 전략적 경쟁, 대만의 독립을 위한 활동, 국경문제와 영토분쟁 가능성, 해상보급로에 대한 위협, 주변지역의 불안정, 초국가적 위협을 안보위협으로 간주하고 있다.[14]

이러한 중국의 전략환경평가를 토대로 군사전략목표를 추론해볼 수 있다. 첫째, 군사위협뿐만 아니라 광범위한 위기에 단호히 대처하는 것이다. 중국의 주권과 영토, 영해, 영공의 안보 수호와 하나의 중국 달성이라고 할 수 있다. 둘째, 새로운 영역에서 중국의 안보와 이익 수호다. 미국관의 전략적 경쟁을 고려한다면 우주 및 사이버 영역에서 군사적 투쟁 준비가 되어있어야 한다는 것이다. 셋째, 전략적 억제를 유지하고 핵 반격 이행이다. 핵보유국으로서의 위상과 역할을 해야 한다는 것이다. 넷째, 지역 및 국제안보 협력에 참여하고 지역 및 세계 평화유지에 책임 있는 대국으로서 역할을 확대하겠다는 의미다. 다섯째, 침투, 분리주의, 테러리즘에 대한 대응 강화다.

이러한 군사전략목표를 달성하기 위한 군사전략 개념은 '적극방어 군사전략 방침'에서 추론해볼 수 있다. 전략적 차원에서는 방어를 취하되 작전적 및 전술적 차원에서는 공격 태세를 취한다는 것이다. 이는 방어의 원칙, 자위의 원칙, 후발제인의 원칙을 천명하고 있는 데서 알 수 있다. 2015년 발표된 '신형세 하에서의 적극방어 군사전략 방침'은 기계화 전쟁에서 정보화 전쟁으로 전환하기 위한 능력

14 중국의 위협인식에 관한 세부적인 설명은 국방대학교, 『미 · 일 · 중 · 러 · 북한의 군사전략』, 2019 참조.

을 구축하며, 융통성과 기동성, 융통성을 갖춘 영활한 기동과 자주작전을 강조하고 있다. 또한 방어적 국방정책을 견지하고, 포괄적 안보위협에 대응하며, 당의 절대영도체제 유지하에 합동작전의 시너지 효과를 발휘하도록 하고 있다. 인민전쟁 개념을 지속 발전시키고, 군사 및 안보협력을 확대하며, 지역적 안보협력의 틀을 구축하는 것이다.

군사전략 목표와 방법을 연결하는 수단으로서 군사력 건설방향은 우선, 전략적 핵심 전력인 핵전력 최적화(최소억제)다. 선제불사용과 자위적 핵전략을 견지하고 있지만, '로켓군'을 창설하여 핵과 재래식 전력을 결합한 전력으로 미사일체계의 생존성, 신뢰성, 효과성을 강화하고, 전략적 억제력과 핵 반격, 그리고 장거리 정밀타격 능력을 강화하고 있다.

둘째, 미국의 미사일방어체계를 무력화하는 능력건설이다. 기동핵탄두탑재미사일(MARV), 다탄두각개목표재돌입미사일(MIRV), 위장미사일(decoy), 레이더탐지 방해용 금속편, 반위성무기(ASAT) 등 개발에 역량을 집중한다.

셋째, 적 대형함정을 공격하기 위해 중거리 탄도미사일 개량(DF-21D)사업이다. 이것은 대함탄도미사일을 종말단계에서 탄도를 변경할 수 있도록 하고, 50~60기의 대륙간탄도미사일을 보유함으로써 미 본토를 타격할 수 있도록 한다는 것이다.

넷째, 우주 및 사이버 전력의 구축이다. 국가경제 및 사회발전과 우주 안보를 유지하는 데 필요한 우주자산을 확보한다. 위성통신, 정보·감시·정찰(ISR), 위성항법, 기상 및 우주탐사 능력 등이 여기에 해당한다. 추가하여 인터넷 강국 건설을 목표로 정보방어능력 및 정보전에서 승리할 수 있는 능력을 강화하고 사이버 전력 개발에 중점을 두고 있다.

다섯째, 재래식 전력의 현대화다. 육군은 기동작전과 다차원적 공격 및 방어 능력을 갖출 것을 요구하고 있다. 이것은 전역방어형에서 전역기동형으로 전환을 시도하는 것으로 특수작전부대, 회전익 육군항공전력, 지휘통제 능력, 전투부대의 차량화 및 기계화, 개량된 방공 및 전자전 능력, 특수부대의 무력투사능력 강화 등이다. 해군은 근해방어 위주에서 근해 방어 및 원해호위로 전환하여 활동영역을 원해까지 확대할 것을 요구하고 있다. 통합된 다기능의 효과적인 해상작전 능력 체계 구비를 추진하며, 전략적 억제와 반격, 해상기동작전, 해상합동작전, 종합방어작전 및 종합적 지원 능력 강화에 집중하고 있다. 또한 잠수함 전력의 현대화로 핵탄도미사일잠수함(SSBN, 4척), 공격용 핵잠수함(SSN, 5척), 공격용 잠수함 53척 건설 목표를 추진 중이다. 공군은 항공우주 능력 및 공방겸비 작전수행 능력을 갖춤으로써 국토방위형에서 공방겸비형으로 전환을 추진한다. 전략적 조기경보, 항공타격, 제5세대 스텔스전투기 개발, 공중급유기, 장거리 타격이 가능한 공세적 능력 강화에 집중하겠다는 것이다. 더불어 전략적 방공체계 개발로 방공능력 강화에도 힘쓰고 있다.

마지막으로 중국의 작전기획지침 분석을 통해 그들의 전쟁수행방식을 추론해보면 〈그림 8-6〉과 같다. 중국은 미·소 냉전 시대인 1960~1970년대에는 군사능력의 부족으로 수세적인 인민전쟁 방식을 선택했다. 탈냉전 시대에 접어들면서 1990년 첨단기술 조건 하 국지전, 2000년대에 정보화 조건 하 국부전쟁 수행

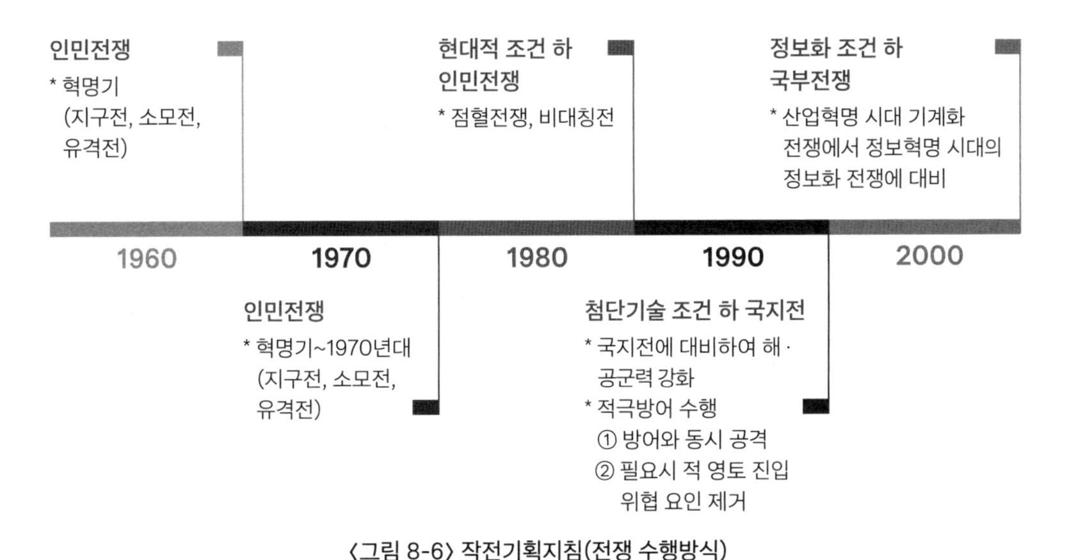

〈그림 8-6〉 작전기획지침(전쟁 수행방식)

출처: 중국의 공개된 『국방백서』 등의 내용을 종합하여 필자가 재구성

개념으로 경제력과 과학기술력의 향상을 전쟁방식의 변화에 활용했다.

이상의 추론을 종합해보면, 중국의 군사전략 개념은 새로운 국제질서 체제에서 중국의 역할을 확대하고, 동아시아지역의 패권을 추구하는 '적극적 방어전략'이라고 할 수 있겠다. 여기서 주의할 점은 수사적으로는 '적극적 방어'라고 표현하지만, 실상은 공세적 전투력 투사를 전제로 한 방어개념이라는 점이다. 공세적 전투력 투사는 중국의 국가이익에 따라 선제 및 예방전쟁도 불사하겠다는 의도를 숨기고 있는 표현이기 때문이다. 중국의 군사력 건설 방향에서 공격형 무기 비중이 대폭 증가하고 있음에 주목해야 한다.

(2) 군사전략 조정

중국의 군사전략 변화과정을 안보환경과 자원의 제약이라는 두 가지 변수로 설명할 수 있다. 먼저, 안보환경 평가 측면이다. 중국은 소련의 붕괴로 인해 당장 직면한 위협이 약화했음에도 국력이 강화됨에 따라 오히려 안보적 요구가 증가하는 형국에 처하게 되었다. 냉전기 소련의 위협에 대비하느라 해양에서의 이익을 추구할 엄두를 내지 못하다가 경제적 부상으로 인해 강국의 지위를 차지하면서 국가안보의 외연이 확대되었다. 과거 전통적 군사위협에 초점이 맞춰졌다면, 이제는 군사적 위협, 내부의 위협, 그리고 초국가적 위협 모두에 관심을 집중할 수밖에 없게 되었다. 국제화 시대에 복잡한 안보환경 속에서 균형 있고 조화로운 안보관이 요구되었다. 중국은 이를 '총체적 국가안보관'으로 공표했다. 이는 대외안보와 국내안보, 국토안보와 인민안보, 전통안보와 비전통안보, 발전문제와 안보문제, 국가안보와 공동안보를 동시에 중시하는 개념이다. 또한 전쟁 양상의 변화를 고려하여 네트워크에 의한 정보화된 전쟁을 추구하고 있다. 즉 우주전, 정보전, 전자전, 유도탄전, 환경전, 생태전, 심리전, 경제전, 네트워크전 등을 중점적으로 대비해야 함을 인식했다.

두 번째, 자원의 제한 여부 평가 측면이다. 중국은 정보화 전쟁 개념을 받아들여 과학기술군으로의 군사혁신을 추진하고 있다. 연안 적극방어에서 원해에서

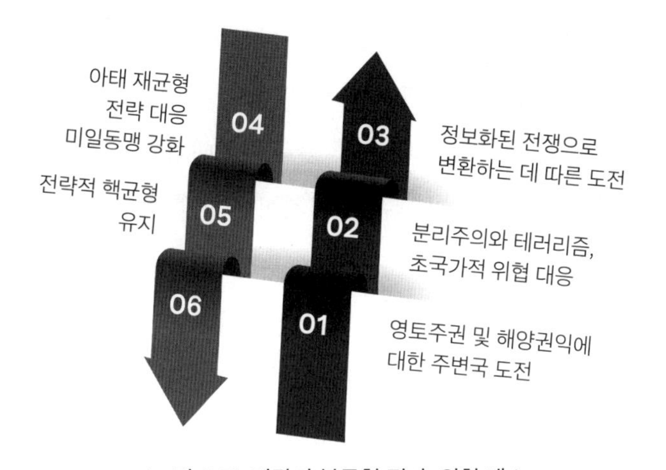

〈그림 8-7〉 전략의 불균형 평가: 위험 해소

출처: 중국의 공개된 『국방백서』 등의 내용을 종합하여 필자가 재구성

의 작전능력 확보, 7개 내부 군사지역에 할당된 고정적 방어 병력에서 공격적이고 기동지향적인 전력으로, 제한된 지역방어를 위한 군에서 가능한 유동적이고 신속한 군으로의 전환, 우주정보전을 수행할 수 있는 능력 확보, 통합 네트워크 전자전 수행 능력 등이 요구되고 있다.

안보환경의 변화와 자원의 제한 평가 결과 전략의 불균형성을 추론해볼 수 있다. 〈그림 8-7〉은 전략의 불균형 평가 결과 위험관리 관점에서 군사전략의 우선순위를 조정해본 것이다. 중국은 미국의 '아태 재균형 전략'에 대한 대응과 전략적 핵균형 유지의 필요성을 강하게 인식하고 있다. 이러한 불균형을 해소하기 위한 중국의 대응이 군사전략의 변경 과정이라고 설명할 수 있다.

(3) 군사전략 전망

중국의 군사전략을 평가 및 전망해본다면, 전략의 불균형을 해소함으로써 미국과 핵 균형을 유지하여 미국의 공격을 억제하고, 전략적 안정을 유지하며, 분쟁이 발발하면 확전을 통제할 수 있는 군사전략 개념을 실현할 것이다. 이것을 '신형세 하 적극방어 군사전략'의 본질이라고 볼 수 있을 것이다.

중국의 군사전략 발전 방향을 추론해보자면, 먼저 목표 조정 측면이다. '정보화 조건 하 국부전쟁'에서 승리할 수 있는 능력과 태세 구비를 목표로 할 수밖에 없다. 일대일로를 뒷받침하기 위한 해외기지 건설, 미국의 진출을 차단하기 위한 반접근 및 지역거부(A2/AD) 체계의 구축, 중국의 현대화와 발전을 지원할 수 있는 강한 군대 건설이 중국몽 실현의 최우선 과제이기 때문이다. 또한 국제 안보에 이바지할 수 있도록 무력 투사 능력을 강화하는 지름길이기도 하다.

두 번째, 방법의 조정 측면이다. 중국은 정보화 전쟁의 본질을 체계 전쟁으로 규정한다. 거대체계 내의 네트워크가 파괴되거나 마비된다면 하위 체계들은 정상적으로 작동할 수 없게 되어 효율적인 전쟁수행이 불가능하게 된다고 간주하기 때문이다. 여론전, 심리전, 법률전의 수행과 정보주도, 정타요해, 연합제승의 개념들이 중심사고다.

세 번째, 수단의 조정 측면이다. 중국 특색의 군사변혁 추진이다. 지휘체계 개편의 '군위관총', 합동성 기반의 작전지휘권 강화를 의미하는 '전구주전', 군종별 군사력 건설 및 관리를 의미하는 '군종주건'이 그것이다. 중국은 육·해·공군, 로켓군, 전략지원부대, 합동작전 지휘 조건 구비에 역량을 집중해나갈 것이다.

3) 일본의 군사전략

(1) 군사전략 결정

일본의 군사전략은 격년 단위로 발간되고 있는 방위백서를 통해 추론해볼 수 있다. 먼저 일본의 국가이익이다. "일본의 주권·독립을 유지하고 영역을 보존하여 국민의 생명·신체·재산의 안전을 확보하며 풍요로운 문화와 전통을 계승하면서 일본의 평화와 안전을 유지하고 존립시키는 것"이라고 기술하고 있다.[15] 경제발전을 통해 일본 국민의 한층 높은 수준의 번영을 실현하고 일본의 평화와 안전을 더욱 굳건히 만든다는 의미다. 또한 자유, 민주주의, 기본적인 인권 존중, 법

15 일본의 국가이익에 대한 세부적인 사항은 국방정보본부, 『일본 방위백서 2020』, 2020 참조.

치주의 같은 보편적인 가치와 규범에 기초한 국제질서를 유지·옹호하는 것이 포함된다.

일본의 국가안보목표는 일본의 능력, 역할의 강화 및 확대, 미·일 동맹의 강화, 평화와 안전을 위한 동반자와의 외교·안보 협력 강화, 전 세계적 문제해결을 위한 보편적 가치통합과 협력 강화, 그리고 국내 기반 강화와 내외적 이해의 촉진이다.

일본은 안보위협을 무력공격 사태 등 존립위기 사태(사태 대처법), 긴급사태, 그리고 국제평화 공동대체 사태라고 규정하고 있다. 무력공격 사태는 일본에 대한 외부로부터의 무력공격을 의미하고, 존립위기 사태는 밀접한 관계에 있는 국가에 대한 무력공격을 의미한다. 긴급사태는 무력공격 수단을 활용하여 다수를 살상하는 행위가 발생한 경우 치안 활동, 해상경비 행동, 해적대처 행동, 탄도미사일 등에 대한 파괴조치, 영공 침해에 대한 조치, 재외국민 등의 보호조치·수송 등의 경우를 의미한다. 국제평화 공동대체 사태는 해적 대처, 대량살상무기 비확산, 국제 테러의 위협 등이 발생한 경우다.

위와 같은 전략환경 평가 결과를 고려하여 군사전략 목표를 설정하면 다음과 같다. 첫째, 평시부터 그레이존 사태의 대응이다. 일본 주변을 계속하여 감시하고, 영공침범에 대한 경계와 긴급발진 태세를 유지한다는 것이다. 둘째, 도서지역을 포함한 공격에 대한 대응이다. 다양한 수단을 활용한 우주·사이버·전자파 영역에서의 대응이 포함된다. 셋째, 대규모 재해 등에 대한 대응, 미·일 동맹에 기반을 둔 미국과 공동 대응, 안보협력 추진 등이다.

이러한 군사전략 목표를 달성하기 위한 개념은 '전수방위'로 공표되어 있다. 상대방으로부터 무력공격을 받았을 때 처음으로 방위력을 행사하고 그 형태도 자위를 위해 필요 최소한으로 하며, 보존하는 방위력도 자위를 위해 필요 최소한으로 한정한다는 의미다. 이는 일본의 헌법정신으로 수동적인 방위전략의 표본이다. 즉 군사 대국이 되지 않는 것, 비핵 3원칙(핵무기 미취득, 미제조, 미보유)과 문민통제의 확보를 골간으로 하고 있다. 전수방위 개념에는 일본 주변에서의 상시 감시,

일본의 주권을 침해하는 행위에 대한 조치, 도서지역을 포함한 일본에 대한 공격의 대응, 미사일 공격 등에 대한 대응을 포함한다.

군사전략 개념을 구현하기 위한 군사력 건설 방향은 영역횡단작전에 필요한 능력을 강화하는 것으로 설정했다. 우주·사이버·전자파 영역에서 육·해·공 자위대의 통합을 증진하기 위한 목적이다. 미일 동맹 및 안보능력을 강화하여 철저히 효율적이고 합리적인 방위력 정비를 추진하고 있다.

마지막으로 작전기획지침을 통해 본 일본의 전쟁방식은 〈그림 8-8〉과 같다. 일본은 1990년대까지는 전수방위 전략에 충실해 보인다. 그런데 2004년부터 새로운 위협과 다양한 사태에 실효적으로 대응한다는 개념이 수립되었다. 그리고 2010년에는 동적 방위력 구축과 실효적 억제와 대처 능력을 추구하며, 전쟁을 선포하고 군사력을 건설할 수 있는 보통국가화의 길을 추구하고 있다. 2018년에 들어와서는 '다차원 통합방위력' 구축을 목표로 미국의 다영역 작전과 상호운용성이 보장될 수 있도록 적극적 협력 정책을 추진하고 있다. 이러한 일본의 노력은 우수한 경제력과 과학기술을 바탕으로 군사 강대국화를 노리는 전략이라고 할 수 있다. 즉, 일본은 현명하게도 미국과의 동맹관계를 더욱 굳건히 함으로써 미·일

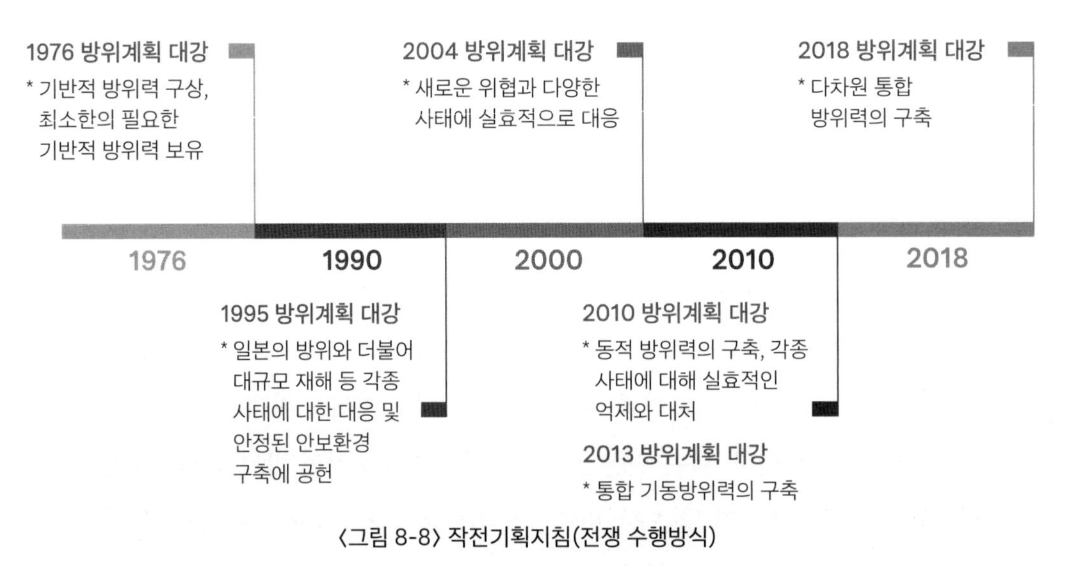

〈그림 8-8〉 작전기획지침(전쟁 수행방식)

출처: 일본의 공개된 「일본 방위백서」 등의 내용을 종합하여 필자가 재구성

연합방위태세를 통해 국가의 위상과 영향력을 확대해가는 '다차원 통합방위 전략'을 채택했다. 이것은 미국 전쟁방식의 모방이라고 할 수 있다.

(2) 군사전략 조정

일본의 군사전략 변화과정을 추론해보자. 먼저, 안보환경 평가다. 일본은 국제적 불확실성에 대비한 전략적 연대와 신영역 방위력 증강의 필요성을 인식했다. 오늘날에는 국경을 초월한 위협이 증대되어 자국의 힘만으로는 평화와 안전을 지킬 수 없다. 또한 독자적인 주장이나 힘을 배경으로 한 일방적인 현상 변경 시도, 대량살상무기 및 그 운반수단인 탄도미사일 등의 확산, 테러 및 폭력적인 과격주의의 확대 등도 새로운 위협으로 인식되었다. 대규모 군사력을 보유한 국가들이 집중된 동북아지역의 안보 환경은 지역협력을 위한 안보 협력체제가 제도화되어 있지 않아 영토와 통일문제가 여전히 남아 있다. 또한 주변국의 군사력 강화 및 현대화, 그리고 군사 활동의 활성화 경향이 뚜렷이 나타나는 등 일본 주변의 안보상 과제와 불안정 요인이 증대되었다고 판단한다. 급속한 기술혁신에 따른 군사기술의 진전을 배경으로 새로운 전장 영역의 안정적인 이용 능력 확보, 북한의 핵·미사일 위협과 일본인 납치, 중국의 광범위하고도 급속한 군사 활동 등을 위협으로 인식했다.

다음은 자원의 제한 여부 평가다. 일본의 군사력 건설 중점은 다차원 통합방위를 실현할 수 있는 방위력 건설이다. 일본에 침해를 입히기는 쉽지 않다는 것을 상대에게 인식시켜 위협을 억제하고, 위협이 있는 경우에는 확실하게 위협에 대처하고 피해를 최소화해야 한다. 특히 '영역횡단 작전'에 필요한 능력의 강화로 우주·사이버·전자파 영역에서의 작전 능력이 필요하다고 판단했다.

이상과 같은 안보환경 변화와 자원제한 여부 판단 결과를 종합해보면, 전략의 불균형 평가를 〈그림 8-9〉와 같이 정리해볼 수 있다. 일본은 전수방어 전략, 미·일 동맹 강화 전략을 기반으로 해서 대량살상무기 확산 대응 전략과 다국 간 안전보장 협력 전략으로 나아가고 있다.

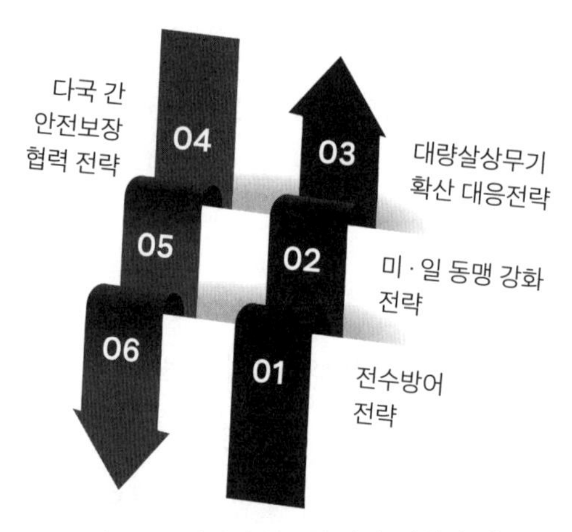

〈그림 8-9〉 전략의 불균형 평가: 위험의 해소

출처: 일본의 공개된 『일본 방위백서』 등의 내용을 종합하여 필자가 재구성

(3) 군사전략 전망

일본은 전략의 불균형을 해소하기 위해 새로운 군사전략을 발전시켜나갈 것이다. 먼저, 목표의 조정 측면이다. 일본은 전수방위 개념에서 벗어나 다차원 통합방위 개념으로 군사력의 역할과 운용의 범위를 넓혀갈 것이다.

둘째, 방법의 조정 측면이다. 다차원 통합방위 개념은 영역횡단 작전으로 구현된다. 영역횡단 작전은 모든 분야에서 육·해·공 자위대의 통합 운용을 전제로 한다. 이것은 방어 위주의 고정된 운용에서 기동과 화력 위주의 공세적 운용으로 전력의 운용 방법이 전환되었음을 의미한다.

셋째, 수단의 조정 측면이다. 일본은 다차원 통합방위와 영역횡단 작전을 구현하기 위해 새로운 영역에서의 능력을 요구한다. 우주·사이버·전자파 같은 영역을 의미한다. 지휘통제·정보통신 능력의 강화 및 방호, 통합미사일 방호 능력, 기동·전개 능력 등 기존 영역에서의 능력 강화, 방위력의 지속·강인성 강화 요구 등이다.

일본의 군사전략은 전수방위 전략을 표방하고 있으나 현실적으로는 영역횡단 작전 능력을 배양하고, 보통 국가처럼 해외파병을 위한 기동성 있는 전력을 구축하고 있는 점 등으로 보아 미래에는 공세적 기동방어 전략을 채택할 것으로 판단된다.

4) 러시아의 군사전략

(1) 군사전략 결정

러시아는 국가안보전략이나 군사전략을 공표한 적이 없다. 그래서 러시아에 관한 연구는 외국 무관이나 서방측에서 번역한 자료에 의존할 수밖에 없다. 국가체제나 사상적 배경의 차이가 있음에도 군사전략의 틀 안에서의 사고 과정은 크게 다르지 않을 것이라 전제한다.

먼저, 러시아의 국가이익 분석이다. 러시아의 국가이익은 강력한 국가 재건과 강대국 지위의 회복, 유라시아에 대한 지배력 회복과 다극질서의 한 축 형성, 에너지 자원의 초강대국 위상 확보, 그리고 유라시아주의에 입각한 동질적 사회문화 공간의 창출로 정리해볼 수 있다.[16] 러시아는 포스트 소비에트 공간에서 과거의 지배력과 영향력을 회복하기 위한 강군 건설에 총력을 기울이고 있다.

러시아의 국방정책 목표는 첫째, 러시아 연방과 그 동맹국을 군사적으로 보호하고 핵 및 재래식 군사 분쟁을 억제 및 예방하는 것이다. 둘째, 전략적 억제 수단으로서의 핵 보유 및 선제적 사용이다. 셋째, 첨단 정밀무기로 군 현대화, 방산 수출 역량 강화, 평시에도 연방 헌법 수호와 질서 확립을 위해 군사력 사용, 군조직 개혁을 통한 첨단 신속기동군 중심 체계로의 개선 등이다.[17]

러시아의 위협인식은 첫째, 나토(NATO)의 강화 및 러시아 국경으로의 인프라 확대다. 둘째, 전략균형을 해치는 미국의 미사일방어체계(MD)다. 이를 위해 러시아는 글로벌 신속 타격 개념을 현실화하고, 우주에 무기를 배치하며, 비핵 정밀

---

16 러시아 국가이익에 대한 세부 사항은 고재남 · 엄구호, 『러시아의 미래와 한반도』, 한국학술정보, 2009 참조.

17 러시아의 국방정책 목표에 대한 세부 사항은 해군미래혁신연구단, 『러시아 해양전략과 해군』, 국군인쇄창, 2021 참조.

무기를 발전시키고자 한다. 셋째, 러시아의 이익을 위협하는 정권교체 활동이다. 넷째, 대내 군사 위협으로 헌법 질서의 강제적 변경, 국내 불안정, 테러조직 활동, 전통을 침해할 목적의 정보적 영향 활동, 국제적·사회적 긴장, 극단주의, 인종 및 종교적 혐오 조장 등이다. 다섯째, 군사 정치 상황의 급격한 첨예화와 군사력 사용 조건 형성이다. 전략핵 능력, 미사일 공격 탐지체제, 주요 시설의 기능 방해 등이 포함된다.

러시아의 위협인식을 토대로 군사전략 목표를 설정해보면, 러시아의 영토 및 주권, 국민의 생명과 재산의 보호, 국제사회의 평화 및 안정 유지, 러시아와 동맹국에 대한 전쟁 및 기타 무력 분쟁 억제 및 방지, 그리고 러시아와 동맹국의 피침 시 침략 격퇴와 동시에 적 섬멸 등이다.

러시아의 군사전략 목표를 달성하기 위한 전략개념은 '공세적 전방위 기동방어'라고 할 수 있다. 나토(NATO)의 코소보 공습 이후 지역 내 국가들의 분쟁에 대한 미국의 무력 개입 가능성이 증대되었고, 일본의 군사적 역할 확대에 대응할 필요성이 증대되었다. 미·일 협력은 나토의 동진정책과 함께 러시아를 지정학적으로 고립시킬 가능성이 커지기 때문이다. 러시아는 과거 지역방위 개념의 고정군 운용의 취약성을 보강하고, 전투의 성격과 상황에 따라 융통성 있게 대처할 수 있는 기동작전 능력이 필요함을 인식했다. 경장비부대를 중심으로 공수에 의한 원거리 작전 능력을 보유한 신속대응군 운용과 중장비부대를 중심으로 타격력을 보유한 긴급전개군을 편성하여 전방위 기동작전수행개념을 정립했다. 유사시에는 공세적 방어를 위해 핵 선제공격 및 핵무기를 포함한 모든 군사력 사용을 포함한 개념이다.

러시아의 군사력 건설 방향은 전방위 기동작전수행개념을 구현하기 위한 요구 능력을 갖추는 것이다. 핵무기는 전쟁 억제 수단, 군사 강국으로서의 위상 강화, 재래식 전력의 약점 보강 역할을 할 수 있다. 러시아는 핵무기를 능동적 억제 전략 구현 차원에서 선제공격, 맞공격, 보복공격 방식으로 운용하고자 한다. 또한 국가이익이나 가치와 관련된 상황 발생 시에도 적극적 군사력 사용태세 완비를

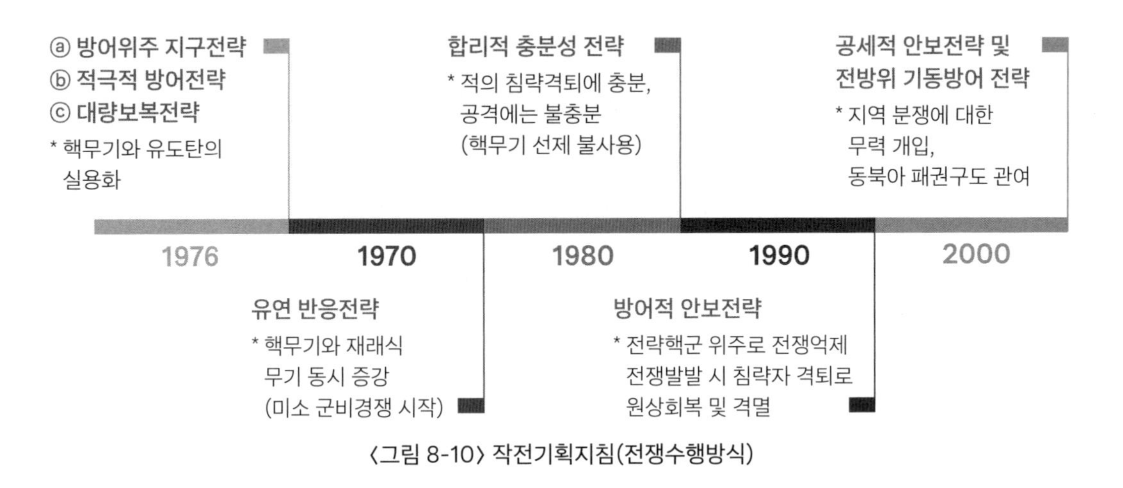

〈그림 8-10〉 작전기획지침(전쟁수행방식)

출처: 국방대학교, 『미·일·중·러·북한의 군사전략』을 종합하여 필자가 재구성

추구한다. 무기현대화, 군사훈련 확대 등 러시아의 국가무장계획은 이러한 러시아의 의도를 보여주고 있다.[18] 러시아는 군사력 사용 여건 보장을 위해 통합작전 능력 구비에 역량을 집중한다. 이는 현대전의 특성에 맞추어 군사적 수단과 비군사적 수단을 통합하여 운용하는 개념이다.

러시아의 작전기획지침을 통해 〈그림 8-10〉과 같이 그들의 전쟁방식을 추론해볼 수 있다. 냉전 시대에는 대량보복전략에서 유연반응전략, 상호확증파괴전략, 합리적 충분성전략 등으로 주로 미국의 견제에 목적을 두었다면, 소련연방 해체 이후에는 방어적 안보전략을 취하다가 2000년대에 들어오면서 공세적 전방위 기동방어전략을 수립하여 공세적 군사력 운용을 추구하고 있다.

(2) 군사전략 조정

러시아의 군사전략 변화과정을 외부변수인 안보환경 평가와 자원제한 평가요소로 한정하여 추론할 수 있다. 먼저, 안보환경 평가의 적용 측면이다. 러시아는 중국의 강대국 부상을 미국 중심의 일극 체제에서 다극 체제로 국제질서가 이전

18 러시아의 국가무장계획에 대한 추가적인 사항은 정한범 외, 『2020 동아시아 전략평가』, 동아시아안보전략연구회, 2020 참조.

되는 과정이라고 간주한다. 러시아를 중심으로 한 유라시아경제연합, 유럽연합, 그리고 중국, 인도, 미국 같은 국가들이 각 지역에서 주도적 역할을 하는 다중심적 체제 형성을 의미한다.

미국과 중국의 전략적 경쟁은 국제 안보 환경을 지속해서 불안하게 만들 수 있다. 중국의 부상은 러시아에 전략적 협력의 의지와 경계의 필요성을 동시에 초래한다. 중국은 러시아의 지하자원과 에너지가 필요하고, 미국과의 무역 갈등에서 러시아의 지원이 절대적으로 필요하다. 러시아는 시베리아 지역과 동아시아지역 경제 활성화를 위해 동북아 국가들과 국제협력이 불가피하지만, 중국과의 힘의 역전 관계는 인정하고 싶지 않을 것이다. 한편 포스트 소비에트 공간에서 발생한 색깔 혁명과 친미 정권의 등장은 러시아의 세력권을 더욱 축소해 러시아의 위상을 저해하는 요인이 되고 있다.

두 번째, 자원제한 여부 평가다. 러시아는 미국을 위시한 나토 회원국이 진행하고 있는 경제제재와 정치, 경제, 정보 차원에서 압력을 받고 있다. 이러한 상황에서 러시아는 혼자의 힘만으로는 미국의 압박을 견뎌내기 어렵다고 판단하여 중국과의 전략적 협력관계를 추구한다. 구소련지역에서 집단안보체제 유지, 중동지역에 영향력을 강화하기 위해 시리아 지원 활동을 지속하고 있다.

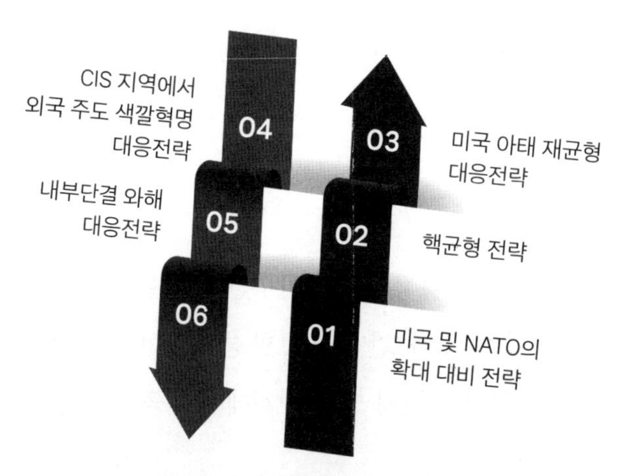

〈그림 8-11〉 전략의 불균형 평가: 위험의 해소

출처: 국방대학교, 『미·일·중·러·북한의 군사전략』을 종합하여 필자가 재구성

러시아의 안보환경과 자원제한 평과 결과를 기초로 군사전략의 불균형을 평가해보면 〈그림 8-11〉과 같이 정리해볼 수 있다. 러시아는 미국 및 나토의 확대 대비 전략과 미국의 아태 재균형 대응 전략에 우선순위를 조정할 것으로 추론해 볼 수 있다.

(3) 군사전략 전망

러시아는 전략의 불균형을 해소하기 위한 새로운 전략을 발전시켜나갈 것이다. 먼저 목표의 조정 측면이다. 러시아는 국가이익 달성 수단으로서 군사력 사용 태세 완비를 목표로 설정한다. 국가 위상 회복과 강군 건설이 최우선 과제이기 때문이다.

둘째, 방법의 조정 측면이다. 러시아는 미국과의 정면 대결로는 승산이 없다는 사실을 잘 알고 있다. 게라시모프 총참모장은 정치 및 전략목표를 달성하기 위해 군사 및 비군사적 수단을 통합적으로 운용할 것을 강조하고 있다. 비군사적 수단의 활용은 전쟁과 평화의 구분을 모호하게 만들고, 비군인의 활동이 전투에 동원된다. 군대의 무기를 소지한 어부들이 민간 선박을 활용하여 폭력을 행사하는 행위와도 비슷하다. 서방측 군사전문가들은 이러한 형태의 전쟁 양상을 '하이브리드전'이라고 칭한다. 정규전과 비정규전의 동시 수행, 즉 복합전의 의미에 가깝다.

셋째, 수단의 조정 측면이다. 러시아는 강군 건설을 위해 국가무장계획을 지속 추진할 것이다. 전략적 억제 달성, 통합작전능력 구비, 주요 전략 지역으로 신속 기동능력 향상, 전자전 능력 향상 등을 주수단으로 삼는다.

러시아의 국방개혁은 군의 첨단화와 현대화에 중점을 두고 있다. 강대국 러시아의 부활이라는 러시아인의 염원을 우선 과제로 선정했다. 탈냉전 이후 러시아인이 겪은 모욕감과 허탈감, 상실감과 안보 불안을 고려할 때 러시아 강국 및 강군 건설을 지속 추진할 것이다. 이러한 맥락에서 러시아의 군사전략은 구소련의 제국적 강대국 지위를 회복하려는 러시아인의 염원을 구현하기 위한 공세적 전방위 기동방어 전략이라고 할 수 있겠다.

4. 군사적 함의 및 한국의 대응 방향

1) 군사적 함의

주변국 군사전략의 변화가 우리에게 주는 군사적 함의는 다음과 같다. 첫째, 동아시아의 지정학적 가치 확장과 동아시아의 안보 위협요인 증가다. 동아시아는 아시아 대륙과 서태평양을 연결해주는 문명의 교차로로서 대륙세력과 해양세력이 접하는 지정학적 요충지이기 때문이다. 동아시아는 중국의 경제적 영향력이 높은 국가와 미국의 정치적 영향력이 높은 국가가 혼재되어 있어서 미국과 중국의 갈등 격화는 지역 안정에 심각한 영향을 미칠 수 있다. 미중의 전략적 충돌과 연계하여 일본은 중국을 견제할 목적으로 미국과 동맹관계를 더욱더 강화하고 있다. 러시아는 미국을 견제하기 위해 중국과 전략적 동반자 관계를 맺고 중국과의 연합훈련을 활성화하고 있다. 미국은 중국의 팽창을 봉쇄하기 위해 호주와 인도, 일본과 함께 강력한 안보협력체를 구성하는 등 중국·러시아 진영과 미국·일본 위주의 진영으로 블록화 현상이 강화되고 있다. 미국의 인도·태평양 전략과 중국의 일대일로 전략이 충돌하고 있는 현장으로 분쟁 촉발 요인이 상존한다.

둘째, 미·중 동북아 군사전략의 충돌 가능성 증대다. 중국은 위대한 중화민족의 부흥과 중국몽 실현을 위해 반접근 및 지역거부(A2/AD) 체계를 구축했다. 중국은 동중국해, 남중국해, 서태평양에서 해양 통제권을 확보하기 위해 원해작전이 가능한 해군 건설에 박차를 가하고 있다. 미국은 A2/AD 체계 위협을 극복하기 위해 '합동전영역작전'이라는 새로운 개념을 발전시키고 있다. 분쟁의 초기 단계부터 중국의 방공망과 A2/AD 체계를 돌파하여 중국군의 핵심전력을 타격하기 위함이다. 중국은 공세적 신시대 적극방어 전략을 채택함으로써 해외군사기지 확장과 해양을 통한 해외 진출을 적극적으로 추진 중이다. 또한 군사훈련을 인도양, 서태평양, 지중해까지 확대했고, 훈련 빈도 및 참가 병력, 장비 수량 등을 대폭 증가시키고 있다. 따라서 미국의 아시아 회귀, 재균형 전략과 부딪힐 수밖에 없는 상황에 직면해 있다. 미국은 인도·태평양지역 내 법치, 항행의 자유, 자유무역체제 확산을 위해 일본, 인도, 호주 및 아세안과의 연대 강화를 추진하고 있으므로 중국의 해양을 통한 해외진출 및 해외군사기지 확장 정책과 충돌할 수밖에 없다.

셋째, 동아시아지역에 대한 러시아의 영향력 확대 강화 시도다. 러시아는 남·북·러 3각 협력사업 추진을 통해 극동지역 투자확대와 경제발전, 동북아 지역 내 자유로운 교역과 교류를 강화하고 있다. 또한 미국의 압박과 견제에 대항하기 위해 중국과 공동전선을 형성한다. 이러한 러시아의 정책을 '신동방정책'이라고 한다. 러시아는 동북아를 에너지 시장으로 선정하여 중국과 한국, 일본, 대만과의 협력을 강화하고, 동북아 역내 교역 확대와 투자 증진을 통해 하나의 단일시장을 형성하고자 한다. 동북아 평화와 안정을 통한 경제발전이 러시아의 국가이익으로 선정되었기 때문이다.

넷째, 일본의 전략적 연대와 신영역 방위력 증강이다. 일본은 북한 문제를 비롯한 지역 및 국제사회의 과제 해결, 자유롭고 열린 인도·태평양 유지 및 강화를 위해 미국과의 연대를 공고히 하고 있다. 미·일 동맹은 일본 외교와 안전보장의 기축으로 지역 및 국제사회의 평화와 번영에 기여하기 위해 신영역 방위력 증강에 집중하고 있다. 일본이 전수방위의 방패 역할이라면, 미국은 타국을 공격하는 창의 역할 관계인 셈이다. 미국과 일본 양국은 2020년 미·일 안보조약 체결 60주년을 맞아 전 지구적 협력 차원의 전략동맹으로 확대했다. 일본은 첨단 정보수집수단의 확충과 다차원 통합기동방위력 구축으로 해외파견도 가능하도록 '보통국가의 군대'로 변환하는 경향을 보인다.

다섯째, 미래 전쟁방식의 변화다. 미국의 합동전영역작전(Joint All Domain Operations), 중국의 A2/AD 전략 기반의 공세적 적극방어, 일본의 다차원 통합기동방위력 기반의 영역횡단작전, 러시아의 공세적 전방위 기동방어전략 하의 하이브리드전 수행방식 등이 그 예다. 이들의 공통점은 모든 전장영역에서 인공지능(AI)의 발달과 첨단 무기체계를 통합하는 방식이다. 네트워크 중심전이 정보와 지휘통제의 집중화를 통해 의사결정의 효율화를 달성하고, 인공지능과 자동화를 통해 정보와 의사결정의 분권화가 이루어짐으로써 우군에게는 의사결정 시간이 단축되며, 적에게는 결심의 질과 속도가 지연되도록 한다. 모든 정보를 공유하고 전 영역에서 결심체계와 실행을 연계시키는 상호운용성이 달성됨으로써 '결심중심전(DCW: Decision Centric Warfare)'이 미래전쟁의 승패를 결정하는 핵심 요소가 된다.

2) 한국의 대응 방향

주변국의 군사전략 변화는 한국의 안보환경과 자원제한 변수에 심대한 영향을 미친다. 즉, 군사전략의 불균형을 초래함으로써 위험관리관점에서 군사전략의 조정이 불가피하다는 의미다. 그렇다면 우리는 어떤 위협에 대해 무엇을 준비해야 하는가?

첫째, 동아시아 다자협력과 한반도 공진화다. 국제관계의 전문가들은 세계의 중심이 지중해 RIM → 대서양 RIM → 태평양 RIM으로 전환하고 있다고 주장한다.[19] 동북아는 중국의 부상을 견제하는 미·일 동맹과 이를 견제하는 중국과 러시아의 전략적 동반자 관계를 축으로 주변국 간의 팽팽한 긴장감이 형성되어 있다. 미·중·일·러의 협력과 편 가르기가 병행하는 다차원적인 구조인 셈이다. 한반도는 해양과 대륙을 잇는 반도로서의 지정학적 요충지다. 해양세력인 미국과 일본, 대륙세력인 중국과 러시아의 접합점에서 한국의 역할이 중요한 변수가 될 수 있다. 한국은 해양 쪽으로만 진출할 수 있었다. 하지만 이제는 유럽과 아시아를 잇는 동북아 경제의 중심축으로 부상할 수 있는 준비를 해야 한다.

둘째, 주변국의 군사개입 가능성 배제다. 한반도는 중국과 러시아의 군사개입 가능성이 증가하고 있다. 중국과 러시아는 한반도와 국경을 접하고 있는 지정학적 위치 때문에 완충지대 확보, 국제적 영향력 확대, 친중·러정권 수립, 핵·WMD 문제, 탈북민 통제, 군사적 동맹관계 등이 복합적으로 얽혀있기 때문이다. 특히 미

---

19 세계중심의 변화에 관해서는 박영준, 『한국 국가안보 전략의 전개와 과제』, 한울엠플러스, 2017 참조.

국의 아시아 회귀, 재균형 전략과 중국의 A2/AD 전략의 충돌, 러시아의 신동방 정책에 따른 동아시아지역 영향력 확대 및 강화 등이 분쟁의 가능성을 증대시키고 있다. 러시아는 한반도 주변 전략자산 전개와 KADIZ 무력화 시도 등 한반도와 동북아에서 군사적 역할 강화와 확장을 시도하고 있다. 러시아의 한반도 정책 요체는 정치·안보 측면에서 한반도에 대한 영향력 강화와 경제적 이익 창출을 위한 발판을 확보하는 데 있다. 한국은 미국과 동맹국인 만큼 미국의 적은 한국의 적으로 간주할 수밖에 없다. 강대국 간의 분쟁에 연루될 수밖에 없는 우리에게는 이들에 대한 대응책 마련이 필수다.

셋째, 한반도의 미래전 양상 전망과 대비다. 미국과 중국은 정보화 전쟁을 넘어 지능형 전쟁의 시대를 준비하고 있다. 초지능·초연결 기반의 유·무인 전투체계 간 협업 수준을 증가시키고 있다. 무기체계의 사거리, 명중률, 파괴력 증대와 지휘통제능력의 발전으로 일정한 전선을 형성하지 않고도 전후방에서 동시에 전투가 가능해졌다. 러시아는 정규전과 비정규전, 사이버전, 정보전, 심리전, 테러 등 군사·비군사적 수단을 통합하여 정치 목적을 달성하는 하이브리드전 개념을 채택했다. 이러한 맥락에서 보면, 한반도의 미래전 양상은 지금처럼 북한과의 전면전 형태에 편중될 수 없다. 미국의 다영역 작전에서 제시하고 있는 '경쟁-무력충돌-경쟁으로 회귀'라는 전쟁과 평화의 상태가 명확히 구분되지 않는 '분쟁의 연속체' 양상이 될 것이다. 우리도 이러한 형태의 한반도 분쟁 가능성에 대비해야 한다.

넷째, 한국의 군사전략 모색이다. 전략은 엄청난 전력의 열세에도 지혜와 통찰력을 활용하여 모두가 실패할 수밖에 없을 것으로 생각하는 전쟁에서 승리를 거둔 위대한 장군들의 지혜다. 군사전략은 국가안보 목표를 달성할 수 있는 군사력 운용과 건설에 관한 방향과 지침을 정립한 지혜의 산물이다. 주변 강대국들은 국가이익을 중심으로 군사력 역할을 도출하고, 안보위협의 우선순위를 규정하며, 전략적 요구사항을 반영하여 목표, 방법, 수단 간의 균형을 맞춘 군사전략을 발전시키고 있다. 이들 전략의 공통점은 미래 첨단과학 기술과 작전개념이 결합한 '결심중심전'의 '인공지능 기반 하 합동전영역작전' 개념을 토대로 한다는 것이다. 우리도 전략적 수준에서 경쟁과 방어를 할 수 있고, 필요한 상황에서는 공세적 작전을 펼칠 수 있는 능동적 방위전략의 발전이 필요하다.

5. 결론

주변국의 군사전략을 전략기획의 틀에 따라 군사전략 결정, 결정 후 변화과정, 그리고 평가 및 전망까지 공개된 내용을 토대로 역추론의 방법으로 재구성해 보았다. 주변국의 군사전략을 정리해보면 다음과 같다.

미국의 군사전략은 전 지구적 억제와 방위를 달성하기 위한 전략으로 공세적 전진 방어전략이라고 할 수 있다. 핵무기에 대한 직접 및 확장 억제, 전 지구적 세력 투사 능력 유지와 행동의 자유를 추구하는 공격전략이다. 또한 미래의 군사적 경쟁 시도 자체를 단념시키는 공세적 전략이며, 전 세계의 핵심지역에서 힘의 균형을 유지하고자 하는 전진 방어전략이다.

중국의 군사전략은 정보화 조건 하 국부전쟁에서 승리를 추구하는 공세적 전진 방어전략이다. 핵무기에 대해서는 최소 억제 및 미국과 핵 균형 유지전략이며, 해양세력의 접근과 지역점령을 거부하는 제1 · 2도련선 중심의 적극적 전진 방어전략이다.

일본의 군사전략은 전수방위전략이다. 그렇지만 미국과의 동맹 강화와 확대를 통해 전수방위 개념을 벗어나 다차원 통합방위 능력을 구축하여 영역횡단작전 개념을 수행하는 공세적 방어전략이라고 할 수 있다. 영역횡단작전은 미국의 다영역 작전과 동일한 개념으로 공세적인 합동전력의 운용을 전제로 하기 때문이다.

러시아의 군사전략은 과거 강대국의 지위 회복을 목표로 하는 핵 억제전략 및 공세적 전방위 기동전략이다. 러시아는 핵 무력에서 미국과 최대억제 및 충분성 전략을 유지하고 있으며, 지역별 고정군 개념에서 벗어나 요구되는 지역에 즉각적으로 집중할 수 있는 신속 기동군체제로 전환했다. 즉, 공세적 기동방어 전략을 구현하기 위해 국가무장계획을 강력히 추진하고 있다.

이와 같은 주변국 군사전략의 변화가 우리에게 주는 군사적 함의는 첫째, 동아시아의 지정학적 가치가 확장되었다는 것이다. 중국의 경제적 영향력이 높은 국가들과 미국의 정치적 영향력이 높은 국가들이 서로 혼합되어 있어서 경제·군사적으로 복잡한 양상을 만들어내기 때문이다.

둘째, 동아시아의 안보위협 요인이 증대되고 있다는 것이다. 미·중의 동북아 군사전략 충돌과 러시아의 신동방정책, 일본의 전략적 연대와 신영역 방위력 증강 등이 동아시아의 세력균형 변화와 위협의 우선순위 조정을 초래했기 때문이다.

셋째, 동아시아의 미래전 양상 변화다. 미국의 합동전영역작전, 중국의 공세적 신시대 적극방어(A2/AD전략), 러시아의 하이브리드전, 일본의 영역횡단작전 등 기존과는 전쟁의 성격과 수행개념이 완전히 다르다. 전쟁과 평화의 구분이 모호해지고, 군사·비군사적 수단의 통합 운용이 요구된다는 점이다. 따라서 미래의 전쟁은 분쟁의 연속체로서 다양한 갈등의 양상으로 나타날 것이다.

이상과 같은 군사적 함의는 우리에게 새로운 대응 방안을 요구한다. 안보환경의 변화와 자원의 제한성 평가를 통해 위험관리 관점에서 전략의 불균형을 해소할 수 있어야 한다. 그러기 위해서는 첫째, 동아시아 다자협력과 한반도 공진화다. 해양국가와 대륙국가를 연계함으로써 육지와 바다로 모두 뻗어나갈 수 있는 잠재력을 발휘할 수 있어야 한다. 둘째, 주변국 군사개입의 가능성을 배제하는 것이다. 한국은 미국과 동맹국인 만큼 미국의 적은 한국의 적으로 간주할 수밖에 없다. 강대국 간의 분쟁에 연루될 수밖에 없는 우리에게는 이들에 대한 대응책 마련이 필수다. 셋째, 한반도의 미래전 양상 전망과 대비다. 미국의 다영역 작전에서 제시하고 있는 '경쟁-무력 충돌-경쟁으로 회귀'라는 전쟁과 평화의 상태가 명확히 구분되지 않는 '분쟁의 연속체' 양상이 될 것이다. 우리도 이러한 형태의 한반도 분쟁 가능성에 대비해야 한다. 넷째, 한국의 군사전략 모색이다. 전략적 수준에서 경쟁과 방어를 할 수 있고, 필요한 상황에서는 공세적 작전을 펼칠 수 있는 능동적 방위전략의 발전이 필요하다.

주변국 군사전략에 관한 연구는 공개된 자료에 의존해야 하는 제한점을 가지고 있다. 국가별로 처한 안보환경과 자원의 제한 조건이 다르므로 같은 전략의 틀로 분석하는 데는 다양한 변수의 영향을 받을 수밖에 없다. 그럼에도 동일한 변수와 이들 변수 간의 상호관계를 분석해봄으로써 군사전략에 있어서 핵심적 요소들을 규정해볼 수 있다. 이러한 요소들은 한국의 군사전략 모색에 유의미한 통찰력을 제공해줄 수 있다.

참고문헌

고재남 · 엄구호 역. 『러시아의 미래와 한반도』. 한국학술정보(주), 2009.

공군본부. 『2020 외국 군구조 편람』. 공군본부, 2020.

국방기술품질원. 『미국 국방부 연례의회 보고서』. 국방기술품질원, 2010.

국방대학교 국가안전보장문제연구소. 『세계안보정세 종합분석』. 국가안전보장문제연구소, 2017.

국방정보본부. 『2015 중국 국방백서』. 국방정보본부, 2016.

______. 『일본 방위백서 2020』. 국방정보본부, 2020.

권영근 역. 『21세기 전략기획』. 한국국방연구원, 2010.

김훈상. 『Ends, Ways, Means 패러다임의 국가안보전략』. 지식과감성, 2013.

엄태암 외. 『미국의 아태지역 재균형정책과 한반도 안보』. 한국국방연구원, 2015.

육군교육사령부. 『중국 북부전구 작전수행 역량』. 육군교육사령부, 2020.

육군군사연구소. 『2014년 러시아의 우크라이나 개입』. 육군군사연구소, 2015.

이상우. 『21세기 국제환경과 대한민국의 생존전략』. 도서출판기파랑, 2020.

이용인 · 테일러 워시번 공편. 『미국의 아시아 회귀전략』. 창비, 2014.

임길섭 외. 『국방정책 개론』. 한국국방연구원, 2020.

정보사령부. 『김정일과 함께한 러시아 동방특급』. 정보사 발간대, 2002.

정한범 외. 『2020 동아시아 전략평가』. 동아시아안보전략연구회, 2020.

조지프 나이. 양준희 · 이종삼 역. 『국제분쟁의 이해: 이론과 역사』. 한울, 2018.

조지프 프리드먼. 『21세기 지정학과 미국의 패권전략』. 김앤김북스, 2018.
최영찬. 『미래의 전쟁 기초지식 핸드북』. 합동군사대학교, 2021.
한용섭 외. 『미 · 일 · 중 · 러 · 북한의 군사전략』. 국방대학교, 2019.
해군미래혁신연구단. 『러시아 해양전략과 해군』. 해군미래혁신연구단, 2021.

Arthur K. Cebrowski & John H. Garstka. "Network-Centric Warfare: It's Origin and Future." *Proceedings* 124, Annapolis, MD: U.S. Naval Institute, 1988.

Carl von Clausewitz. Edited and Translated by Michael Howard and Peter Paret. 8th. ed, On War, Princeton, New Jersey: Princeton University Press, 1984.

U.S. Army Training and Doctrine Command. TRADOC Pamphlet 525-3-1, *The U.S. Army in Multi-Domain Operations 2028* (2018. 12. 6.), https://www.tradoc.army.mil (검색일: 2019. 1. 5.)

U.S. Department of Defense. *Indo-Pacific Strategy Report*. Washington D.C.: DoD, June 1, 2019.

U.S. Headquarters Department of the Army. APT 5-0.1 *Army Design Methodology*. Washington, DC: HDA, 2015.

U.S. Joint Chiefs of Staff. JP 5-0. *Joint Planning*. Pentagon Washington DC.: JCS. 2020.

William S. Lind. Keith Nightengale, John F. Schmit. Joseph W. Sutton. Gary I. Wilson. "The Changing Face of War: Into The Fourth Generation." *Military Review*, October 1989.

9장

작전통제권 전환 결정과정 및 영향요소에 관한 분석[1]

김홍철

한미 국방부 장관은 2018년 50차 SCM을 통해 전작권 전환 이후 지휘구조를 한측 4성 장군이 지휘하는 미래연합사(Future-CFC) 체제로 결정했다. 또한, 51차 SCM을 통해 전시작전통제권 전환을 위한 기본운용능력(IOC)을 평가한 결과를 검토하면서, 2020년에는 양국이 동의하는 전략문서 발전을 기반으로 완전운용능력(FOC)을 검증평가하는 것으로 결정했다.[2] 일부에서는 1994년 평시작전통제권 전환 이후 오랜 시간 동안 추진되어온 전시작전통제권 전환이 마침내 결실의 단계로 접어들었다는 긍정적인 반응을 보이기도 한다. 그러나 일각에서는 ① 북한이 2021년에는 약 8회 12발, 2022년에는 32발 등 새롭게 개발한 미사일과 방

---

1 이 글은 『국방정책연구』 36(2), 2020에 발표한 논문을 수정 및 보완한 것이다.

2 국방부, "50차 SCM Joint Communique 8항, 51차 SCM Joint Communique 11항" https://www.defense.gov/Newsroom/Releases/Relaese/article/2018651/joint-communique(검색일: 2020. 3. 5)

사포를 발사하며 도발 수위를 높이고 있고,[3] ② 조건에 기초한 전작권 전환을 위한 세 가지 조건 충족이 요원한 상황이며, ③ 북한의 핵능력과 주변국의 위협이 증가되어가고 있는 시점인 지금 전시작전통제권 전환을 추진하는 것이 타당한가에 대해 반문하며 전시작전통제권 전환 노력을 중단해야 한다고 주장한다.

전·평시작전통제권 전환의 시점과 필요성에 대한 논쟁은 최근의 일만은 아니다. 이것은 1994년 평시작전통제권 전환 준비 시나 최근에만 집중적으로 논의된 이슈라기보다는 6·25전쟁 시 유엔군 사령관에게 작전통제권이 이양된 이후부터 시작되어 한미 간 전략적 이익의 변화, 국내 정책변경 등 다양한 요인에 의해 쉬지 않고 환수를 위한 방향으로 논의 및 발전되어온 오래된 문제다. 또한, 작전통제권 전환은 한국과 미국 양국 간에 국한된 문제이지만, 한국 혹은 미국 어느 한 국가가 제안한다고 기존 합의가 변경되거나 급조될 수 있는 정책이 아니다. 한미동맹과 연합방위태세를 유지하는 당사자 간 전략적 이익 및 입장이 제도적 장치인 회의체 및 협의체를 통해 전환에 대한 합의가 이루어져야 변경이 가능한 국가정책이라는 점이다. 실제로 최근의 사례를 보면, 전시작전통제권 전환기준이 미국의 대한반도 정책변화, 북한 및 주변국의 위협변화, 남북 간 대화 추이와 비핵화 논의 상황 등에 따라 시기에서 조건으로 변경되었음을 확인할 수 있다. 동시에 전작권 전환 이후 한미의 지휘구조도 주도-지원의 병렬관계에서, 미래사령부(Future Command)를 거쳐 2018년 미래연합사(Future CFC) 형태로 변천되었다. 이것은 지금껏 진행되어온 작전통제권 전환 방향에 대해 양국이 시시각각 변화하는 안보환경에 대응하고, 서로 필요하다는 공동의 이익을 반영하는 과정을 거쳐 결정된 것이다. 즉, 북한 및 주변국의 위협이 증대되는 상황에 역행하기 위해 갑자기 결정된 것이 아니라 한미 국방당국 간 담당 조직이 제도적 기반과 기존의 정책적 의사결정을 고려해서 협의를 통해 결정 또는 진행되고 있는 사항이라 볼 수 있다. 그렇다면, 작전통제권 전환 논의 시 한국과 미국이 고려하는 사항들과 우선순위는

3 "北, 올해 13번 도발… 미사일 · 방사포 쏘며 무력키웠다", 『뉴스핌』, 2019년 12월 23일자.

무엇인가? 또한, 최종적인 의사결정에 있어 양국의 입장에 영향을 미치는 요소들은 무엇인가?

작전통제권 전환 관련 연구에서 많은 학자들이 모로(James D. Morrow)와 부에노 디 메스퀴타(Bruce Bueno de Mesquita) 등 동맹의 형성과 분열주기이론을 적용하여 분석하고 있다. 그러나 이 이론은 동맹의 형태와 전쟁발생 가능성 간의 상관관계 및 동맹 간 이익 분담에 대한 거래, 동맹의 영속성 여부 등에 대한 설명으로는 상당 부분 효용성이 있지만, 작전통제권 전환 결정 영향요소들을 식별하고 이들이 종속변수에 미치는 영향력을 분석하기에는 자칫 편향(bias)이나 주요 변수를 제외시켜 발생되는 오차(Omitted Variable Bias)로 인해 오류가 내포된 분석결과를 제시할 수 있다. 왜냐하면, 기본적으로 작전통제권 전환은 한미동맹이 유지되는 상태에서 전환을 추진하는 것을 기본 전제로 하기에 전쟁 결정과 같이 상대국에 대한 정보우위 비대칭(Information Asymmetry) 요소가 필수적인 상황에서 해야 하는 의사결정과는 차이가 있기 때문이다. 또한, 작전통제권 전환은 전쟁과 같이 보안이 유지되는 상황에서 개시되는 것이 아니라 상호 이익과 입장이 외교적·제도적 장치를 통해 충분히 소통되면서 진행된다. 따라서 작전통제권 전환 방향 결정요소 식별에 있어서 제도적 요소의 고려는 방법론적으로 매우 중요하다. 그러나 기존 연구들은 작전통제권 전환 관련 한미가 특별한 결정을 했던 역사적 특정 상황에서의 지도자, 국내 여론, 미국의 입장 등에 대한 현상 관찰적으로 접근하는 경향이 많았다. 상대적으로 한국과 미국의 전략적 이익의 변화와 전작권 전환에 대한 입장이 실제 협상과정을 거치면서 어떻게 변화되었고, 한미 간 결정된 정책방향이 안보환경 변화에 따라 어떠한 변화과정을 가지게 되는지 변화요소들과 정책결정 간의 상관관계를 분석한 접근은 미흡했다. 따라서 한국과 미국이 국내 및 국제적 요소에 대한 각각의 상이한 분석 및 인식을 통해 발생하는 전략적 이익의 대칭 또는 비대칭 관계가 협상을 통해 전작권 전환 추진에 어떠한 방식으로 영향을 미쳤는지에 대해 밝히는 것은 학문적 기여를 넘어서 현재 진행되고 있는 전시작전통제권 전환에서 객관적인 참조점을 제시할 수 있어 의미가 있다고 볼 수 있다.

이에 대한 단계적인 설명을 위해 먼저 다음 절에서는 연구설계를 통해 2단계 분석 틀의 개념 및 이론적 특징에 대해 설명한다. 2절에서는 6·25전쟁 이후부터 현재까지 한국과 미국의 전략적 이익의 변화에 영향을 주는 요인들을 식별하고, 이들이 작전통제권 전환에 어떤 영향을 미쳤는지 5개의 역사적 시간 구간으로 분리하여 살펴본 후 최종 협상단계에서 제도적 장치들의 역할을 설명한다. 3절에서는 정책적 함의 설명을 통해 기존 연구들과의 비교 및 새로운 정책방향을 제시하고, 결론에서는 연구의 제한점 및 차후 연구방향에 대해 기술했다.

2. 본론

1) 연구범위와 방법론

전·평시작전통제권 전환과 관련된 전 영역을 대상으로 한국과 미국의 정책결정과정에 영향을 미치는 요소들을 분석하기 위해 시간 영역(Temporal Domain)은 작전통제권이 유엔군 사령관에게 위임된 1953년부터 현재까지로 설정했다. 연구방법(method)은 작전통제권 전환과 연관된 과거 자료와 합의 및 공동성명 등에 포함된 내용 등을 근거로 정성적으로 분석했고, 자료가 부족한 경우에는 타당성과 신뢰성을 확보하기 위해 인터뷰 내용이나 2차 자료를 부분적으로 참고했다.

연구방법론은 다음과 같은 논리적 과정을 거쳐 결정되었다. 먼저, 작전통제권 전환은 6·25전쟁 초반인 1950년 7월 14일 이승만 대통령이 당시 유엔군 사령관이던 맥아더 장군에게 한국군에 대한 일체의 지휘권을 서한을 통해 이양하면서 시작되었고,[4] 1953년 '한미상호방위조약'(1953. 10. 1)과 '이승만-덜레스 공동

4 박휘락(2014) 교수는 당시 이승만 대통령이 이양한 것은 군의 지휘권이 아니라 작전통제권이라고 평가하고 있다. 그 이유는 이양한 이후 한국군에 대한 군수, 행정, 군기, 편성, 훈련 등에 대해 한국군이 지속 행사했기 때문이라고 설명한다. 박휘락, 「참여정부의 전시작전통제권 전환추진 배경의 평가와

성명'(1953. 8. 7)[5]을 통해 공고화되었다. 즉, 작전통제권 전환은 기본적으로 한국과 미국 두 국가 간의 특정한 사안이므로 전환을 결정하는 주체도 양국이 되어 결국 두 국가 간 협상(negotiation)을 통한 의사결정과정으로 이루어진다. 그러므로 작전통제권 전환 여부에 대한 정책결정은 한국과 미국이 주요 행위자들이고, 의사결정은 2단계 협상 절차에 의해 이루어진다고 볼 수 있다. 1단계는 작전통제권을 전환 협상의 주체인 한국과 미국 대표들이 협상을 시작하기 위해 각국의 고려사항들을 충분히 반영한 입장을 설정한다. 2단계는 각국의 입장을 협상장에서 피력하며 서로가 만족하는 결과에 도달할 때까지 논의하는 것이다. 이와 같은 과정은 Two-Stage Least Squares(2SLS) 같은 접근방식으로 분석하는 것이 적절할 것으로 생각되고, 이를 수학적 모델로 표현하면 다음과 같다.

1단계: $\acute{Y}$(작전통제권 전환 관련 한국 입장) $= \alpha + \beta_1 X_1 + \beta_2 X_2 + \cdots + \varepsilon_{ij}$

$\acute{Y}$(작전통제권 전환 관련 US 입장) $= \alpha + \beta_1 X_1 + \beta_2 X_2 + \cdots + \varepsilon_{ij}$

2단계: Y(작전통제권 전환 정책결정) $= \alpha + \beta_1 \acute{Y}$(한국 입장) $+ \beta_2 \acute{Y}$(US 입장)

$+ \beta_3$(한미동맹) $+ \cdots + \varepsilon_{ij}$

모델의 1단계에서는 작전통제권 전환에 대한 한국과 미국의 입장이 종속변수 위치에서 각국의 고려사항(X1, X2, …), 즉 다양한 독립변수와의 관계에서 각국의 입장을 설정한 후 이를 반영시킬 협상전략을 수립하는 단계로 보면 될 것이다. 2단계에서는 한미 양국의 작전통제권 전환 관련 정책결정이 종속변수로 위치하고, 전환 관련 한측[Ý(한국 입장)]과 미측[Ý(US 입장)]이 독립변수 위치에서 어느 정도 영향력을 행사하는지를 평가하는 것이다. 여기에 추가하여 고려해야 할 사항은 작전통제권 전환은 한미 간의 관계이고, 한미동맹을 기반으로 이루어짐에 따

교훈」, 『군사』 90, 2014.

5 공동성명을 통해 '한미상호방위조약' 발효 시까지 한반도에 주둔하고 있는 한미 양국의 부대는 유엔군 사령관의 지휘하에 둔다고 발표했다.

라 한미동맹의 효과를 통제할 변수가 필요하다. 동맹의 기간이 길어질수록 의사소통 및 협상의 경험과 제도적 장치들이 많아지고 상호 신뢰의 수준이 높아질 가능성이 있기에 양국의 의견이 합리적으로 조율되어 긍정적인 협상 결과를 도출할 가능성이 높기 때문이다. 따라서 이 변수는 개입변수(Intervening Variable) 또는 통제변수(Control Variables) 형태로 모델에 포함할 필요성이 있다. 기타 요인으로 당시의 급격한 안보환경변화나 정치·군사적 쇼크 등이 존재할 가능성이 있으므로 이들은 기타 변수(Error Term, εij) 형태로 고려하여 포함한다.

2) 이론적 모델 수립

(1) 1단계: 작전통제권 전환 관련 각국의 의사결정

기존 연구 중 손대선,[6] 최윤미[7] 등과 같은 연구자들은 작전통제권 전환 관련 정책 결정 과정에서 식별된 다양한 영향요소들이 전환 관련 최종 방향에 어떠한 영향을 미쳤는지를 방대한 자료와 설득력 있는 논거를 바탕으로 설명하고 있다. 그러나 상기 연구에서 한국과 미국이라는 두 행위자가 기본적으로 군사력, 전략적 이익 추진방향, 선호 우선순위(Preference Ordering) 등에 차이가 있음을 충분히 고려하지 않았다. 부연하면, 각국의 차별화된 선호 우선순위에 따라 전략적 이익 계산에 변화가 발생하여 각국의 입장에 영향을 미칠 수 있음을 충분히 고려하지 않고, 특정 시점에서 각국의 정책·전략적 입장을 비교함에 따라 그 당시의 의사결정이 각국의 과거나 미래의 정책과 어떠한 관계에 있고 어떤 정책방향으로 모멘

6 손대선은 "전작권 전환정책 결정요인에 관한 연구"를 통해 전작권 전환 형태를 결정하는 주요 원인들로 ① 지도자의 군사력 수준 인식에 따른 적국의 위협 수준 인식, ② 북한의 위협과 미국의 전략변화, ③ 국내 정치적 역학관계로 선정하여 분석했다. 손대선, 「전시작전통제권 전환정책 결정요인에 관한 연구」, 『군사연구』 143, 2015.

7 최윤미는 "전시작전통제권 전환 정책에 대한 영향요인 분석"을 통해 ① 개인(정권 이념), ② 국가(북한 위협), ③ 국제수준(미국의 안보전략) 세 가지 측면에서 설득력 있는 결과를 제시했다. 최윤미, 「전시작전통제권 전환 정책에 대한 영향요인 분석: 세가지 분석 수준을 활용한 주요 변수들의 영향력 평가」, 『국방연구』 62(4), 2019.

텀이 유지되기 때문에 그와 같은 결정이 이루어졌는지에 대한 설명이 다소 제한적이다. 국가의 정책결정은 과거, 현재 및 중·장기 전략을 바탕으로 정해진다는 것을 가정할 경우 이와 같은 분석은 인과관계(causality)에 대한 설명이라기보다는 전후관계를 오인한 분석(post hoc)이 될 개연성이 있기 때문이다. 아울러, 영향요인 분석을 위해 제시한 원인 또는 변수들이 상호 배타적인 관계가 아니고 안보상황, 상대방의 입장, 위협수준에 따라 상호 영향을 받게 됨에도 이들의 내생적 관계(endogenous relations)를 통제하려는 노력이 제한적이다. 이것은 변수 간 상호작용(correlation)으로 인한 오차(bias)를 발생시키고, 이를 방법론적으로 충분히 통제하지 못할 경우, 각 변수의 영향이 실제의 효과보다는 과소 또는 과대 포장되어 결과분석에서 일반화의 오류를 범할 수 있다.[8]

이와 같은 문제들을 해결하기 위해 1단계로 양국의 의사결정에 미치는 영향요인들을 식별하고, 이에 대한 각국의 선호 우선순위를 정한 후 이에 따른 영향력을 고려한 각국의 기본입장을 제시한다. 예를 들어 설명하면, 첫째, 미국은 국제적 패권국가로서 한반도의 전작권 전환을 국제적인 수준에서 전략적 이익과의 관계로 분석한다. 즉 한국군의 전작권 전환은 미국이 패권국으로서의 국제현상유지(International Status Quo) 가능성, 러시아의 국제 패권에 대한 도전 수준, 중국 지역패권 확보를 위한 노력 수준, 북한의 핵 및 재래식 위협의 수준, 미국의 경제상황 및 군사비, 한국군의 대응능력 및 한미동맹의 전략적 유용성, 한국민의 자율성 확대 요구도 등의 순으로 국제적인 패권경쟁에서 한반도의 전략적 유용성을 가늠하는 형태로의 선호 우선순위 속에서 작전통제권 전환 여부를 결정할 가능성이 높다(Macro-Micro App, Wide-Narrow App, Outside-In App).

반면, 한국은 국가안보와 생존의 측면에서 북한의 위협, 국가경제발전, 군사력 발전 수준, 지도자 성향에 따른 남북대화 및 비핵화 논의 수준, 민주적 성숙도

8 Gary King, Robert O. Keohane and Sidney Verba. *Designing Social Inquiry: Scientific Inference in Quantitative Research* (Princeton University Press. 1994). p. 115.

에 따른 국가의 자율성 요구 수준, 북한에 대한 미국의 정책변화, 주변국 위협 등의 순으로 국내적인 문제를 중심으로 미국과 주변국의 전략적 움직임을 평가하는 형태로 전략적 이익을 판단하고 전작권 전환의 방향을 결정할 가능성이 높다. 이를 수학적 모델로 표현하면 다음과 같다.

1단계: Ý(전작권 전환 관련 US 입장) = α + β1(패권유지) + β2(러시아 위협) + β3(중국 위협) + β4(북한 위협) + β5(美 경제·군사비) + β6(韓 전략적 유용성) + β7(韓 요구수준) + … + εij

Ý(전작권 전환 관련 韓 입장) = α + β1(북한 위협) + β2(韓 경제력) + β3(韓 군사력) + β4(지도자 성향) + β5(민주화/자율성) + β6(미측 요구수준) + β7(중국 위협) + … + εij

(2) 2단계: 협상을 통한 양국 간 의견 재조정

앞서 설명한 바와 같이 작전통제권 전환 관련 각국의 정책결정은 과거, 현재 및 중·장기 전략을 바탕으로 이루어진다. 따라서 작전통제권 전환 관련 한미 양국 간 특별한 시점에 어떤 결정을 한 이유를 분석 및 설명하기 위해서는 양국의 전략적 이익 변화를 시간적 흐름에 맞추어 분석하고 이를 상호 비교하여 그 결정이 균형점(equlibrium)에 위치한 결정이라는 것을 설명할 수 있어야 한다. 동맹 관련 논문들을 살펴보면 많은 학자들이 전작권 전환 결정과 관련하여 모로(Morrow)가 주장하는 비대칭 동맹에서의 자율성-안보 거래모델(Autonomy-Security Trade Model)을 적용하여 설명하고 있다. 이 모델은 한국과 미국처럼 국력의 차이가 있는 두 국가가 동맹을 맺을 시 한국 같은 약소국(minor power)은 국가 안보(security)를 위해 미국 같은 강대국에 군사기지 등을 제공하고 자국의 자율성을 제한한다는 것이다. 즉, 안보를 위해 자율성을 도구로 거래한다는 것이다.[9] 이와 같은 비대칭

---

9 James D. Morrow, "Alliances and Asymmetry: An Alternative to the Capability Aggregation Model of

동맹은 대칭 동맹보다 ① 약소국의 국력 신장이 양국 간의 근본적인 거래 관계에 영향력이 적고, ② 동맹을 통한 약소국의 안보 이익(utility)과 강대국의 자율성 확보를 통한 이익(utility)의 합(surplus)이 대칭 동맹에서 발생하는 가치보다 커서 동맹이 더 오래 지속된다는 이론이다.[10]

이 모델은 국가 간의 동맹 형태와 지속 여부를 설명하기 위한 이론으로는 적합하지만, 굳건한 한미동맹을 기반으로 진행하는 작전통제권 전환 관련 부차적 정책결정과정을 설명하기 위해서는 다소 문제가 있다. 왜냐하면, 작전통제권 전환의 전제는 한미동맹을 근간으로 한국과 미국이 적절한 방법을 협의하기 때문이다. 따라서 협의가 지연되거나 결렬된다고 해서 한미상호방위조약이 무효화되는 것은 아니다. 유사한 측면에서 작전통제권 전환이 이루어진다고 해도 한미동맹 기반 하 연합방위태세가 유지되는 조건으로 진행되기 때문에 자율성 확보가 자동으로 국가안보의 저하를 유발한다는 설명 또한 적절하지 않다. 다만, 전작권을 미국이 보유하고 있는 상황을 자율권을 안보와 거래한 것으로 분석한다는 측면에서 모델 자체가 일정 부분 유용한 설명력을 지니고 있어 필요성은 인정한다. 하지만 협상 측면에서는 양국 간의 관계에 작용하는 영향요소를 다수 고려하지 못한다는 제한사항이 있으므로 다항방정식(multi-variate equation) 개념을 활용한 수학적 모델의 개념 틀을 기준으로 분석하는 것이 더 유용하다고 주장한다.

예를 들면, 만약 한미가 각각의 선호 우선순위를 통해 선정한 입장을 가지고 협상할 때 양국의 전략적 이익이 대칭을 이룬다면 작전통제권 전환 관련 상호가 원하는 방향으로 결정될 것이다. 반대로, 양국의 전략적 이익이 비대칭을 이룰 시 각국의 입장을 주장하며 모로가 주장하는 비대칭 동맹에서의 자율성-안보 거래 모델(Autonomy-Security Trade Model)이 예측하는 것처럼 작전통제권 전환 연기를 통한 안보 확보를 목적으로 미측의 요구사항을 수용하며 자율성을 제약하는 결정을

Alliance." *American Journal of Political Science*, Vol. 35. No.4 (1991). p. 916.

10 ibid., pp. 917-919.

할 수도 있다. 그러나 작전통제권 전환 결정은 동맹의 지속 여부와 무관하게 주한 미군 감축처럼 미국의 정책에 대한 한측의 반작용으로 1994년의 경우처럼 평시 작전통제권 전환으로 귀결될 수도 있지만, 1978년의 경우처럼 한미 연합사 창설이라는 대안이 나오거나, 2009년 럼스펠드의 전작권 전환 요구에 대해 2010년 천안함 폭침과 같이 예측하지 못한 정치·군사적 쇼크에 의해 2015년으로 지연될 수도 있다. 즉, 한미 간 협의하는 작전통제권 전환 결정은 모로의 자율성-안보 거래모델이 예측한 내용을 양국의 균형점(equlibrium) 또는 최종상태로 보기에는 변이(variation)가 너무 많다고 보아야 할 것이다.

이와 같은 약점을 보완하기 위해서는 자율성-안보 거래모델 개념을 수학적 모델의 대리변수(Instrumental Variable) 형태로 포함시키고, 협상을 통한 재판단의 과정(refinement)이 추가되는 2단계 모델이 제시되어야 한다. 예를 들면, 전작권 전환 관련 협상에 한미 양국은 각자의 입장을 가져오지만, 동 협상은 한미동맹을 기반으로 다년간 실시되어왔기 때문에 협상 시 공동의 안보환경평가 및 자유로운 입장 개진 등을 통해 한미 간 상호 이해뿐만 아니라 충분한 신뢰가 쌓인 상태에서 진행된다. 따라서 강대국인 미국의 전략적 이익의 변화에 따라 미국이 일방적으로 이익을 추구할 시 이를 반영한 정책결정이 이루어질 수도 있지만, 협상 중 한국이 제안한 고려요소들이 미국의 전략적 이익을 넘어서는 중요성과 타당성이 입증될 때 한국의 의견이 반영된 전작권 전환 방향이 결정되는 측면도 과거의 사례를 비추어보면 가능하다고 할 수 있다. 그러므로 2단계 모델은 각국의 입장들이 한미동맹의 성숙도(한미 간 협의를 위한 제도 유무, 한미 간 신뢰성) 효과 같은 개입변수 혹은 통제변수로 포함될 수 있도록 디자인되어야 한다. 이러한 고려사항을 반영한 수학적 모델은 다음과 같다.

2단계: $Y(\text{정책결정}) = \alpha + \beta 1\acute{Y}(\text{韓 입장}) + \beta 2\acute{Y}(\text{US 입장}) + \beta 3(\text{동맹의 제도}) + \beta 3(\text{한미 신뢰성}) + \cdots + \varepsilon ij$

본 논문에서는 상기 거론된 변수들을 관련 데이터 및 사례를 활용하여 증명하기 위한 정량적 분석은 실시하지 않는다. 다만, 이 모델들은 앞으로의 분석에 활용할 틀과 방법론을 명확히 한다는 점에서 유용하기 때문에 제시한 것이다. 다음 절에서는 이와 같은 연구의 틀을 가지고 작전통제권 전환의 역사를 분석해보기로 한다.

3) 작전통제권 전환 과정 및 결정요인 분석

한국군의 작전통제권 전환 과정에 있어 중요한 정책결정이 있었던 시기를 기준으로 다음과 같은 5개 구간으로 구분했다. 첫 번째 시기는 1950년 6·25전쟁 시 지휘권을 유엔군 사령관에게 이양한 이후부터 닉슨 독트린과 카터의 주한미군 철수 추진의 대안으로 창설한 한미연합사령부 창설(1978)까지, 두 번째 시기는 평시작전통제권의 한국 정부로의 전환(1994)까지, 세 번째 시기는 전시작전통제권 전환에 대한 합의가 이루어지고 최초로 기본운용능력 검증이 있었던 2009년까지, 네 번째는 2015년으로 전작권 전환시기가 연기된 시점(2010)부터 조건에 기초한 전작권 전환이 합의된 2015년까지, 다섯 번째는 조건에 기초한 전작권 전환의 지휘구조가 변경되고 조속한 추진이 진행되고 있는 현재 시점까지다. 5개의 기간은 작전통제권의 부분적 전환 또는 환수라는 측면에서 역사적으로 매우 중요한 분수령이다. 그러므로 각각의 기간에서 한미 양국 각각의 변수를 고려한 양국의 전략적 이익 추세를 고려한 선호 입장을 예측하고, 협상 과정을 통해 각국의 선호가 어떻게 균형점에 도달하게 되는가에 대한 다이내믹을 설명하는 것은 진행 중에 있는 전시작전통제권 전환에서도 많은 정책적 함의를 지닌다고 본다. 이를 염두에 두고 각 구간의 역사적 사례들에 대해 2단계 분석 틀을 적용하여 단계적으로 설명하기로 한다.

(1) 6·25전쟁~연합사 창설(1978)

미국은 트루먼 대통령의 한국전쟁 관련 성명서 발표(1950. 6. 27)와 동시에 참전을 결정하고 1950년 7월 24일 유엔군 사령부를 창설했다. 앞서 언급한 바와 같이 10일 전인 7월 14일 이승만 대통령의 서한을 통해 한국군의 작전지휘권은 맥아더 사령관에게 이양되었고, 맥아더 사령관은 한국의 지상군은 주한 미8군 사령관에게, 해군과 공군은 미극동 해·공군사령관에게 7월 17일 재이양했다. 미군의 국군에 대한 실질적인 작전통제권 행사는 1954년 미태평양사의 작전통제를 받는 주한미군사 창설(1957. 7. 1)과 주한미군사령관의 유엔군 사령관 겸직을 통해 시작되었다. 그러므로 1978년의 연합사령부 창설은 1954년 작전통제권이 미측에 이양된 이후 한측으로 부분적 환수가 최초로 이루어졌다는 측면에서 의미가 매우 크다고 평가할 수 있다.

전술한 바와 같이 먼저 1단계 모델에서 제시된 변수들을 통해 미국의 전략적 이익 변화에 따른 작전통제권에 대한 미국의 입장 추이를 분석하면, 첫째, 미국은 소련과의 패권경쟁을 위해 베트남 전쟁 이후 유럽으로 관심을 돌렸고, 동시에 한측의 독립적인 방어능력 구축을 강조하며 작전통제권 전환을 선호하는 입장에 있었다. 미국은 제2차 세계대전 승리 이후 패권국으로의 위치를 공고히 하기 위해 이데올로기 분쟁이던 6·25전쟁에 참가했다. 반면, 소련은 1949년 8월 최초 핵무기 폭발 실험에 성공하고 6·25전쟁 개입을 통해 한반도 영향력 확대를 도모하며 동북아지역뿐만 아니라 패권국으로 미국과의 경쟁을 공식화했다. 또한, 중국의 마오쩌둥은 장제스와의 내전을 종료한 후 내부의 불만을 외부로 전환하기 위해 6·25전쟁에 참여하게 됨에 따라 냉전 및 패권경쟁과 관련 3국 간 전략적 힘의 균형게임이 시작되었다.[11] 이후 미국과 소련은 1962년 쿠바 미사일 위기 시 핵전쟁에 직면할 정도로 심각한 충돌을 경험했다. 미국은 1965년 베트남 전쟁에 참가

---

11 Lowell Dittmer, "The Strategic Triangle: An Elementary Game-Theoretical Analysis." *World Politics.* Vol. 33, No. 4 (1981). p. 485.

하면서 또 한 번 대리전쟁을 수행하게 된다. 이에 1969년 닉슨 대통령은 급증하는 군비 지출 증가를 억제할 필요성이 있다고 인식하여 닉슨 독트린 선포와 함께[12] 베트남 전쟁 조기 철군을 공약했다.

〈그림 9-1〉에서 볼 수 있듯이 1972년 소련의 군사비 지출이 미국을 초과하고 있어서 다른 지역의 위협보다는 소련의 국제현상에 대한 도전을 더욱 위중하게 여길 수밖에 없는 상황이었다. 상대적으로 중국과 북한 위협은 관리가 가능한 수준이었다. 먼저 중국은 1964년 핵실험에 성공했고, 1967년 최초 수소폭탄 실험[13]까지 종료하며 소련과 함께 핵보유국으로 미국의 국제현상에 위협을 가할 수 있는 국가가 되었다. 그러나 1969년 중국의 우수리강 전바오(Zenbao)섬 인근에서 벌어진 소련과의 국경분쟁 이후부터 중·소 간 분리 현상이 깊어져가며 전략적 삼각관계(Strategic Triangle)에 금이 가기 시작했다. 게다가 1972년 닉슨 대통령의 중

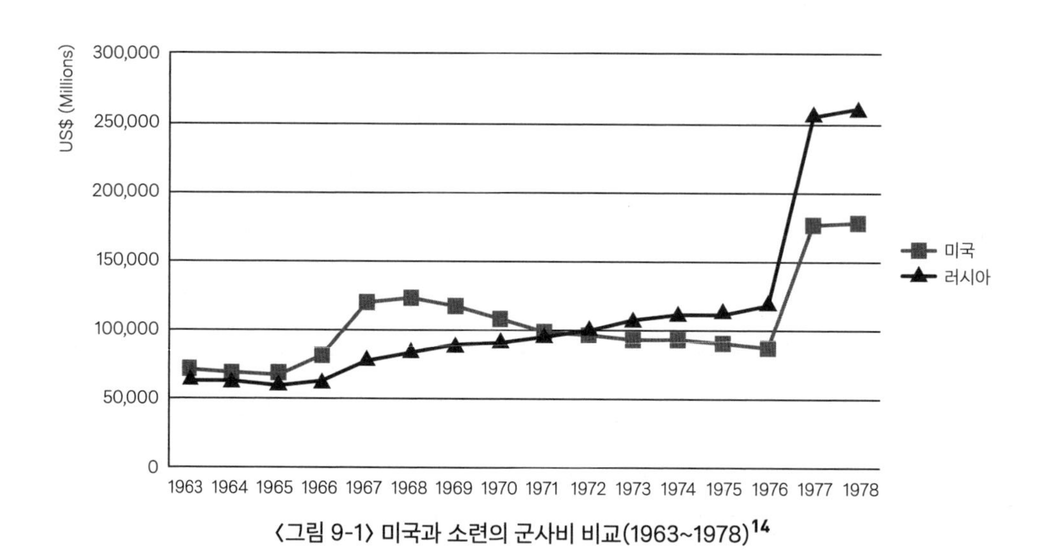

〈그림 9-1〉 미국과 소련의 군사비 비교(1963~1978)[14]

---

12 1969년 7월 25일 괌에서 발표한 대아시아 외교정책으로 "아시아 방위는 아시아의 힘으로, 베트남전의 베트남화"를 선언한 독트린으로 타국의 전쟁에 개입을 회피하고 자주국방을 강조한 정책이다.

13 국방부, 『대량살상무기 이해와 실제』, 국방부, 2018, p. 47.

14 Department of State, *World Military Expenditure and Arms Transfer 1964-1997* (https://2009-2017.state.gov/t/avc/rls/rpt/wmeat/c50834.htm(검색일: 2020. 3. 9)

국 방문 이후부터 형성된 미·중 간 화해 무드(Sino-American rapprochement)는 미국으로 하여금 국제현상(Hegemonic International Status Quo)에 대한 소련의 도전을 억제하는 데 집중하게 했다. 북한의 경우는 지역화된 재래식 위협으로 영향력이 적었고, 특히 1958년 미 7사단이 팬토믹 사단으로 개편되며 한반도에 배치됨에 따라 미국의 전술핵무기[15]로 충분히 억제가 가능한 상태였다.

결과적으로 미국은 중국과 북한의 위협을 국제화되지 못한 것으로 평가했고, 베트남 전쟁 비용의 과다에 따라 미군 철수와 함께 소련의 NATO 국가들에 대한 위협을 억제하기 위해 관심을 중동과 유럽지역으로 돌렸다. 또한, 이와 같은 스윙전략(Swing Strategy)[16]의 연장선으로 1977년 5월 5일 카터 대통령은 주한미군 철수계획을 발표했고, 이것은 미국의 중심이 한반도를 떠남을 공식적으로 선언하는 것이었다. 이와 같은 상황을 고려하여 분석하면, 이 당시 미국의 입장은 전·평시작전통제권이 한국군으로 전환되어 자국 방위를 담당해주기를 원했다고 볼 수 있다.

둘째, 한국도 6·25전쟁 이후부터 주한미군의 지속적인 감소에 대한 우려와 북한의 도발에 대한 독자적 대응능력이 요구됨에 따라 자주국방 능력 확충을 통해 작전통제권을 환수하는 것이 필요하다는 입장에 있었다. 1954년 11월 17일 서명한 『한국에 대한 군사 및 경제원조에 관한 합의 의사록』을 통해 한국군은 '작전통제권(Operational Control)'이 유엔군 사령부 예하에 있음을 재확인했다.[17] 따라서 북한 무장공비의 청와대 습격(1968. 1. 21), 미국 푸에블로호 납치 사건(1968. 1.

---

15 국방부, 『대량살상무기 이해와 실제』, p. 68. 미국은 1953년 총 20문을 생산한 M65 '아토믹 애니' 280mm 원자포를 시작으로 어네스트존 미사일, 서전트 미사일, M-28 전술핵 무반동포, 핵배낭 등 다양한 전술핵무기를 1991년까지 한반도에 배치했다.

16 송기풍우, 「스윙전략(Swing Strategy)이 태평양 국가에 미치는 영향」, 『군사연구』 115, 1980, pp. 102-106. 소련이 NATO를 공격할 위험이 높아질 경우 서태평양의 미 해군 일부를 유럽으로 전환하는 전략으로 닉슨 및 카터 정부도 이 전략을 승계한 것으로 설명하고 있다. 아울러 미 브라운 국방장관의 브리핑 내용을 인용하여 스윙전략은 국방부 실무자 수준의 연구내용이며 미 정부의 공식입장이 아니라고 주장함과 동시에 스윙은 유럽뿐만 아니라 아시아 쪽으로도 일어날 수 있음을 설명하고 있다.

17 문보승, 「작전통제권 환수결정 변화요인 연구: 인식된 순위협의 변화를 중심으로」, 『한국군사학론집』 71(1), 2015, p. 32.

23), 울진삼척 무장공비 침투(1968. 10. 15), 판문점 도끼만행사건(1976. 8. 18) 등 6·25전쟁 이후부터 있었던 북한의 수차례 침략 및 도발에 대한 대응도 유엔군사령부 지휘하에 진행되었다.

그러나 당시 한국은 1962년 경제개발 5개년 계획을 시작하며 괄목할 만한 경제발전을 이루기 시작했다. 군사적인 측면에서는 6·25전쟁 이후 아이젠하워 미 행정부가 수립한 뉴룩정책(New Look Military Program)으로 주한미군이 감소 일로에 있었지만, 반대로 한국군의 능력을 79만 명으로 증강시키는 발판을 마련한 시기였다. 아울러, 1953년 미 제10군단은 제1군사령부로 작전지휘권을 이양했고, 이듬해 제2군사령부 등 각 군단급 작전지휘권이 한국군에 이양되었으며,[18] 1961년 「국가재건최고회의-UNC 간 작전지휘권의 유엔군사령관 복귀에 관한 공동성명」을 통해서는 한국군 2개 예비사단, 1개 공수특전단, 전방 헌병중대 5개 등으로 하여금 국내 치안질서 유지 및 경비 임무도 미군으로부터 이양받도록 했다. 나아가 1964년에는 베트남 전쟁에 한국군을 파병할 정도로 군사력 증강을 이루었다.

이와 같이 한국군의 능력이 증가되는 기간에 1968년 1·21사태가 발생했는데, 이 사건은 작전통제권 전환 관련 논쟁을 촉발시키는 계기가 되었다. 당시 한국을 뒤흔든 이 사태에 대해 미국은 미온적으로 대응하며 거의 아무 조치도 취하지 않았던 것과 대조적으로 푸에블로호 납치 사건에 대해서는 DEFCON을 격상시키는 등 강력하게 대응했기 때문이다. 이에 대해 불만을 품었던 한국 국가통수기구 및 군 지휘부에서는 자주국방의 중요성 및 한국군의 작전통제권 부재를 거론하며 작전통제권 환수를 요구하는 의견이 높아졌다.[19] 이후 미측과 협의하여 1968년 2월 1일 합참이 대간첩작전을 통합 지휘하는 보유할 수 있게 되었고, 4월에는 예비군을 창설하여 후방지역 대침투작전을 담당하는 성과를 거두기도 했

---

18 국방부 군사편찬연구소, 『한미동맹 60년사』, 군사편찬연구소, 2013, pp. 70-72. 미 아이젠하워 대통령의 지시로 한국군 증강문제를 1954년 집중적으로 논의했으며, 1954년 11월 "한국에 대한 군사 및 경제원조에 관한 대한민국과 미합중국 간의 합의의사록"을 통해 79만 명으로 정하게 되었다.

19 위의 책, p. 89.

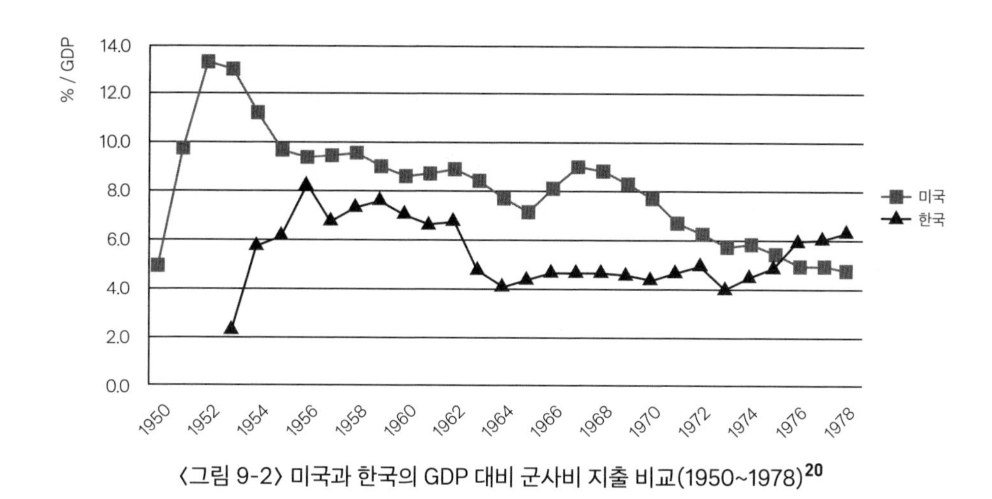

〈그림 9-2〉 미국과 한국의 GDP 대비 군사비 지출 비교(1950~1978)[20]

다.[21]

〈그림 9-2〉는 SIPRI 자료를 활용하여 미국과 한국의 GDP 대비 군사비 지출 현황을 표시한 것이다. 1975년 이후부터 한국이 미국보다 GDP 대비 군사비 지출이 더 많아지는 것을 볼 수 있다. 이것은 동 기간에 주로 이루어진 주한미군 철수에 대비하여 한국의 자주국방을 위한 노력이 얼마만큼 절실했는지를 방증하는 증거라고 볼 수 있다. 이와 같은 상황들을 종합할 때 당시 한국도 작전통제권 전환을 선호하는 입장에 있었다고 평가하는 것이 적절하다고 볼 수 있다.

결론적으로 동 기간에 미국은 닉슨 독트린 및 유럽국가들의 보호와 냉전 승리를 위해 한국의 작전통제권 전환을 선호했고, 왕성한 경제발전과 베트남에 파병이 가능할 정도로 강력해진 군사력을 보유하게 된 한국도 북한의 위협에 대응하기 위한 작전통제권의 자율성 확대를 선호했던 것으로 분석할 수 있다. 따라서 작전통제권 전환에 대한 양국의 전략적 이익은 대칭상태에 있었고, 선호 우선순위에서도 상위를 점했다고 평가할 수 있다.

---

20 SIPRI. *Military Expenditure Exel data for all countries (1948-2018)*, Stockholm International Peace Research Institute (https://sipri.org./databases/milex (검색일: 2020. 3. 12)

21 윤우주, 『한국군의 군제 개혁사』, 한성애드컴, 2010, p. 125; 정경영, 『통일한국을 향한 안보의 도전과 결기』, 지식과감성, 2017, p. 82.

양국이 공통의 이익을 가지고 있다면 정책결정 결과는 모로의 자율성-안보 거래모델이 예측할 수 있는 전·평시작전통제권의 즉각적인 전환이 이루어져야 할 것이다. 그러나 결과는 부분적인 작전통제권 전환인 한미연합사령부 창설로 결정되었다. 2단계 모델을 통해 그 이유를 알아보면 다음과 같다. 첫째, 한미 양국은 동맹으로서 매년 SCM을 통해 안보환경 평가를 해왔고, 이를 통해 북한의 위협과 이 지역의 중국과 소련의 위협을 무시하기는 어려운 상황임을 인식했다. 둘째, 닉슨 독트린에서 제시한 것처럼 미국의 유엔군 사령부 역할 축소와 카터 행정부의 주한 미 지상군 단계적 철수정책을 보완한다는 측면에서의 1977년 제10차 SCM에서 대안을 협의했다. 관련 논의를 위해 설치된 '한미공동위원회'와 '공동실무위원회'를 통한 협의 결과는 작전통제권 전환이 아니라 1978년 제1차 MCM을 통해 한미 연합방위태세를 강화한다는 차원으로 연합사를 창설하는 최적의 방안에 귀결하게 되었다.[22]

이것은 '미 합참의 직접 지휘를 받던 유엔군 사령관 체제'에서 '한미 합참의장이 공동위원장인 군사위원회의(MC)의 지시를 받는 연합군 사령관(美 4성 장군) 체제'로의 재조정을 의미하는 것이다. 또한, 이것은 한미동맹에 의해 설치된 제도적 장치가 작전통제권의 즉각 이양보다는 연합사 창설을 통한 단계적 이양이라는[23] 대안을 더 높게 평가하게 만들었다는 것이다. 즉, 연합사 창설이라는 한미관계의 새로운 변곡점은 신뢰를 기반으로 한 협의체와 회의체가 양국의 기존 선호입장을 상호 만족하는 차선책으로 전환시킬 수 있음을 방증하는 것이기도 하다.

(2) 베트남 전쟁 이후(1979)~평시작전통제권 전환(1994)

첫째, 미국은 동 기간에도 냉전 이후 단극체제를 유지하며 주한미군 철수와 함께 한국에 전·평시작전통제권을 전환한다는 입장을 가지고 있었다. 베트남전

---

22 국방부 군사편찬연구소, 앞의 책, p. 119.

23 위의 책, pp. 168-169.

에서 패배를 경험한 미국은 소련과의 냉전에서 승리하기 위해 군사적 및 제도적 측면에서 노력을 배가했다. 먼저 군사적 측면에서 첫째, 미국은 베트남전뿐만 아니라 1980년 이란 인질 구출작전, 1983년 그라나다 침공작전 실패 등을 경험하며 국방개혁의 필요성을 인식하고 1986년 「골드워터-니콜스(Goldwater-Nichols Act)」법을 제정했다. 이 법안은 자군 이기주의 타파를 위해 합참의장 및 통합사령관의 권한행사를 보장하고, 합동부서 근무 장교의 인사관리 정책을 개선하는 등 합동성을 강화함으로써 군의 정예화 및 효율성을 달성했다.[24] 둘째, 핵무기 증강을 통한 소련의 압도적인 재래식 군사력에 대한 억제를 위해 고안된 아이젠하워 행정부의 '1차 상쇄전략'은 소련(1949), 중국(1964), 프랑스(1960), 영국(1952), 인도(1974)까지의 수평적·수직적 핵확산으로 효력이 유명무실해졌다. 따라서 당시 카터 행정부는 소련의 재래식 군사력 억제를 위해 기술적 우위의 첨단무기체계 개발 및 보유를 통한 거부적 억제전략인 '2차 상쇄전략'으로 선회하게 되었고, 이와 같은 노력은 1991년 걸프전을 통해 그 효과가 증명되었다.[25]

제도적인 측면에서는 1970년 비확산조약(NPT), 부분적핵실험금지조약(PTBT)과 1974년 미소 간 체결된 지하핵실험제한조약(TTBT) 등으로 핵확산 방지를 통해 미국의 국제현상 유지를 위한 여건이 조성되었다. 동시에 소련과 1979년 SALT-Ⅱ 및 1989년 전략무기감축조약(START-1) 조인을 통해 전략핵무기 감축이 시작되었고, 1987년 중거리 핵전력 감축(INF, Intermediate -Range Nuclear Forces) 조약을 통해 투발수단의 감축도 달성했다. 나아가 1991년 부시 대통령의 핵 구상(PNI, Presidential Nuclear Initiatives)에 의한 소련의 전술핵무기 감축 등으로 전략·전술핵무기 및 투발수단 감축, 이에 대한 투명성을 유지하도록 하는 국제적인 체계 수립에 성공하며, 제도적인 장치를 통한 소련의 핵 억제를 완성했다.[26]

---

24 김동기 · 권영근, 『합동성 강화: 美 국방개혁의 역사』, 연경문화사, 2005, pp. 187-206.

25 박상현 · 신범철 · 권보람 · 백민정, 「아태재균형정책 이후 미국 군사전략의 변화와 한미동맹」, 『한국국방연구원 연구보고서』, 2016, p. 71.

26 국방부, 『대량살상무기에 대한 이해』, 국방부, 2007, pp. 102-104; US DoD, *Nuclear Matters Handbook*

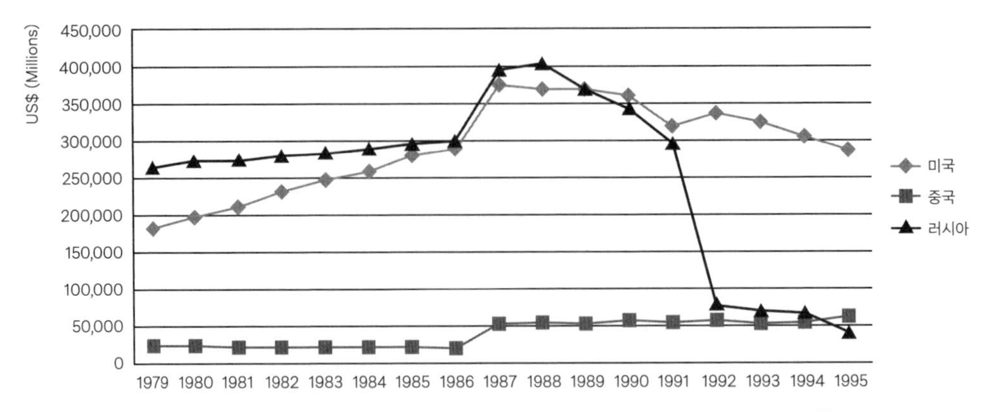

〈그림 9-3〉 미·소 / 러·중 군사비 지출 비교(1979~1994, WMEAT 자료)[27]

베트남 전쟁 이후 미국의 소련에 대한 데탕트(Detente)는 1979년 소련의 아프가니스탄 침공과 함께 사실상 붕괴되었고, 브레즈네프 정부에서의 경제 정체는 미국과 캐나다로부터의 곡물 수입에 의존할 수밖에 없도록 만들었다. 1985년 고르바초프 서기장의 취임과 함께 진행된 페레스트로이카와 아프가니스탄 패전 등은 소련의 몰락을 앞당겼다. 소련과 대조적으로 중국은 1976년 마오쩌둥의 사망과 함께 등장한 덩샤오핑이 개혁 및 개방정책으로 미국과 협력관계를 지속했다. 〈그림 9-3〉은 1979년부터 1994년까지 미국, 소련/러시아, 중국의 군사비 지출을 비교한 것이다. 그래프를 비교해보면, 소련의 군사비 지출은 냉전 기간 내내 미국의 군사비를 앞질렀으나, 1989년을 기점으로 소련의 붕괴와 함께 급격하게 감소했다. 1992년 이후에는 러시아와 중국의 군사비 지출을 합해도 미국의 1/3 수준에도 못 미치게 되었다. 이것은 냉전 종식 이후 미국 주도의 단극체제가 본격화됨을 보여주는 좋은 사례라 볼 수 있다.

당분간 자국의 국제현상에 도전할 수 있는 국가가 없을 것으로 평가한 미국은 1989년 넌·워너 수정안(Nunn-Warner Amendment)을 통해 해외 주둔 미군 병력

2016 (2016), pp. 15-18.

27 US DoD, *World Military Expenditure and Arms Transfer 1964-1997*, Department Of State (https://2009-2017.state.gov/t/avc/rls/rpt/wmeat/c50834.htm)[검색일: 2020. 3. 9]

감축과 구조 개편을 제안하는데, 그중 1990년 4월까지 미 국방부가 주한미군 철수 계획을 수립하여 보고하도록 법안이 마련되었다. 이를 위해 미 국방부는 1990년 동아시아 전략구상(EASI, East Asia Strategy Initiative)을 통해 3단계 주한미군 철수를 제안하며 1단계로 한국, 일본, 필리핀에서 1만 5천 명을 감축하게 된다. 동시에 한국으로 하여금 작전통제권 전환을 강조한다. 한 예로, 1990년 2월 딕 체니(Richard B. Cheney) 미 국방장관은 한미 회담차 방한 시 노태우 대통령과의 오찬에서 평시작전통제권 행사문제와 관련하여 신중한 검토를 하자는 한측의 제안과는 반대로 미측은 1991년 1월 1일에 즉각 이양이 가능하다는 식으로 답변했다.[28] 이와 같은 상황을 종합할 때 당시 미국은 평시뿐만 아니라 전시작전통제권도 전환이 가능하다는 입장을 견지한 것으로 평가할 수 있다.

둘째, 한국은 주한미군 철수 및 북 도발로 인해 독자적인 군사력 현대화 및 경제발전을 기반으로 한 작전통제권 전환 추진이 필요하다는 입장에 있었다. 연합사 창설 이후에도 한국은 미국의 스윙전략에 의한 유럽 중심적 접근 및 주한미군 철수 등에 대해 심각하게 우려하고 있었다. 이러한 상황에서 북한은 미얀마 아웅산 폭탄 테러사건(1983. 10. 9), 대한항공 858기 폭파사건(1987. 11. 29) 등 심대한 도발을 했고, 1989년에는 프랑스의 상용위성이 북한의 영변 핵시설 사진을 공개하며 제1차 북핵위기가 시작되었음에도 미국은 부시 대통령의 핵 구상(PNI) 정책 시행으로 인해 북한을 억제했던 전술핵무기 전체를 한반도에서 철수하게 되어 안보 불안감이 급격히 높아졌다.[29] 다행스럽게도 중국(1992)과 소련/러시아(1990)의 수교를 통한 새로운 관계로 주변국에 대한 위협이 경감되었으나, 북한위협 고도화에 반해 주한미군 및 전술핵무기 철수로 억제력은 급격히 감소되는 불균형으로 인해 한국군에서는 자주국방 능력을 키우는 방법 외에는 대안이 없다는 만트라에

---

28 미 정부는 평시(정전 시) 작전통제권 전환에 매우 적극적인 것으로 평가하고 있다. 국방부 군사편찬연구소, 『한미동맹 60년사』, p. 275.

29 합동참모본부, 『비핵화에 대한 이해 I』, 합동참모본부, 2018, p. 103; US DoD, *Nuclear Matters Handbook 2016* (2016), p. 17.

서 벗어나기 어려운 상황에 있었다.

이와 같은 이유로 1980년대를 거쳐 비약적인 경제발전을 이룬 한국은 경제력을 바탕으로 한 군사력 발전에 박차를 가한다. 예를 들면, 1973년 합참에서 작성한 합동기본군사전략을 근거로 군 장비 현대화를 위해 제1차 율곡사업(1974~1981)을 추진했고, 「방위산업 특별조치법」과 시행령 제정 및 국방과학연구소(ADD) 설립 등을 통해 체계적이고 획기적인 전력증강을 이루게 되었다. 1980년대에는 제2차 율곡사업(1982~1986) 등을 통해 자주국방의 군사적 초석을 마련했다.[30] 게다가, 미국의 골드워터-니콜스 국방개혁과 걸프전에서의 미국의 압도적 위용을 목격한 한국군은 이를 벤치마킹하여 군구조 개혁에 착수했다. 기존 자문형 합동참모본부를 통제형 합동군제로 개편하여 지휘기능을 강화하는 등 8·18 계획을 통한 상부지휘구조개혁을 시작하며 안보환경변화에 적극적으로 부응할 수 있는 현대화된 기술집약형으로 구조로 개선했다. 이것은 증가되는 미국의 작전통제권 환수 압박에 대비하기 위한 준비이기도 했으나, 동시에 작전통제권 전환을 선호하는 발로로 평가할 수도 있다. 요약하면, 미국은 베트남전 이후 단극체제 완성 시기였던 1990년대에도 다양한 정책을 통해 작전통제권 전환을 계획하며 한측을 압박하는 입장에 있었고, 한국도 1987년 8월 노태우 대통령 후보가 "작전통제권 환수 및 용산기지 이전"이라는 선거공약을 제시하는 등 이에 대해 수동적인 입장에만 있었던 것이 아니라는 것을 볼 때,[31] 동 기간(1979~1994)에도 작전통제권 전환에 대해 한미 양국은 다소 불균형은 존재하지만 비교적 대칭적 이익을 보유하고 있었다고 분석할 수 있다.

그렇다면, 한미는 전·평시작전통제권을 전환한 것이 아니라 왜 평시작전통제권 환수 단계에서 멈추었을까? 1991년 한국 국방부의 계획은 평시는 1993년, 전시는 1995년 작전통제권 환수를 원했다.[32] 앞에서도 설명했듯이 미측도 전·평

---

30 윤우주, 앞의 책, pp. 128-131.

31 국방부 군사편찬연구소, 앞의 책, p. 275; 윤우주, 위의 책, p. 33.

32 윤우주, 앞의 책, p. 134.

시작전통제권 전환을 지지했다. 그러나 제23차 SCM 및 제14차 MCM에서 협의한 결과는 전시작전통제권 전환과 분리하여 넌-워너 2단계 기간인 1994년 평시작전통제권만 환수하는 것으로 합의했다. 그 이유로는 첫째, 당시 연합사 보고서 "Campaign 2000"에 의하면 미 정부의 의견과 다르게 주한미군사령부는 평시작전통제권마저 주한미군 위상 약화, 방위비 분담에 대한 부정적인 영향 등의 요소를 고려하여 1996년 이양해야 한다고 부정적인 생각을 했다.[33] 둘째, 1993년 북한이 NPT를 탈퇴하게 됨에 따라 발생하게 된 '제1차 북핵위기'는 예상치 못한 정치·군사적 충격으로 한미 간 충분한 영향평가가 필요하게 되었고, 동아시아 전략구상에 의한 2단계 주한미군 철수계획은 유보 및 재고가 필요하다는 평가에 도달하게 되었다.

결과적으로, 기존 한미 간 대칭적 이익으로 인식되었던 작전통제권 전환은 한미 간 추가적인 논의가 필요한 사항이 되었다. 이것은 그동안 한미동맹을 통해 신뢰성을 높여온 제도적 장치인 SCM, MCM 등을 통해 협상이 이루어졌고, 수차례의 협의 과정을 통해 의견이 재조정되어 본래 1996년 추진하려 했던 전시작전통제권 전환은 연기하는 것으로 합의되었다. 또한, 1994년 10월 제네바 합의를 통해 북한의 핵 위기가 해결됨에 따라 평시작전통제권은 정상적으로 한국 정부에 전환하는 것으로 결정되었다.

(3) 평시작전통제권 전환 이후~시기에 의한 전시작전통제권 전환(2009)

첫째, 미국은 '럼스펠드 독트린'에 의해 주한미군 일부 감축과 동시에 발전된 한국군의 역할 확대 필요성 및 전략적 유연성 확보를 위해 전시작전통제권 전환 논의가 필요한 입장이었다. 냉전 이후 미국의 단극체제 초기에는 이를 도전할 수 있는 국가의 부재로 좋은 적이 필요하다고 할 정도였다. 실제로 냉전 이후부터

---

33 즉, 연합사령부의 의견이 한미 간 의견의 개입변수(Intervening Variable)로 영향을 미치게 되었다는 것이다.

2001년 이전까지의 QDR을 보면, 국방혁신(Revolution in Military Affairs)과 군사변형(Transformation) 등을 통한 미군의 효율적 운용 및 군축 등이 미국의 주요 관심사였다. 아울러, 효과기반작전 및 신속결정작전, C4ISR+PGM을 활용한 네트워크 기반전 등의 개념 발전과 이를 가능하게 한 정밀유도 무기체계의 등장은 미군의 능력을 현저하게 향상시켰고, 이것은 보스니아전과 코소보전을 통해 달라진 미군의 위상을 전 세계에 알리는 데 크게 기여했다.[34]

당시의 국제현상에 대해 일부 학자들은 중국의 군사비가 1995년을 기점으로 러시아를 추월했고, 1997년부터 2000년 UN안전보장이사회의 표결에서 미국이 제출한 안건에 대해 4회에 걸친 중국의 거부권 행사, 23차례 기권 행사 등에 대해 미국의 패권에 대한 중국 도전의 시작이라고 주장하기도 했다.[35] 그러나 〈그림 9-3〉에서 볼 수 있듯이 1990년대 중국의 군사비는 미국의 15%대에 지나지 않았고, 2000년대 초반까지도 17%대로 미국에 큰 위협이 되지 않았다.[36] 또한, 1994년 북미 협상으로 타결된 제네바 기본 합의(Agreed Framework)를 통해 북한의 영변 핵시설 동결 및 IAEA의 사찰 수용 등으로 북한의 핵 위협도 비핵화 일로에 있었다. 따라서 동 기간처럼 미국의 단극체제가 견고하게 유지되는 상황에서의 국제현상에 대한 중·러·북의 도전 가능성은 매우 낮았다.

그러나 2001년 9·11사태 이후 미국은 기존의 국가 간 전쟁이 아닌 비국가 행위자(None-State Actor)인 테러단체와의 전쟁에 직면하게 되었고, 아프가니스탄전(2002)과 이라크전(2003)에 참전하면서 미국의 국제현상에 불만을 품은 불량국가 및 테러 단체들과 악의 축으로 명명된 국가들과 싸우게 되었다.[37] 미국의 적들은

34 조한승 · 김홍철, 「연합합동 항공작전 수행을 위한 핵심역량 강화방안: 미 · 중 경쟁구도와 한국군의 대응방향」, 『세종연구소 동북아 안보환경 변화와 한국공군 발전과제』, 2010, p. 148.

35 이동률, 「유엔에서의 중국 외교행태에 대한 실증 연구: 안보리 표결 행태를 중심으로」, 『한국과 국제정치』 23(3), 2007, pp. 95-128.

36 조한승 · 김홍철, 위의 논문, pp. 142-144.

37 Department of Defense, *Quadrennial Defense Review Report 2001/2006* (http://www.defense. gov/qdr)[검색일: 2020. 3. 12]; 김홍철 · 박상묵, 「국제 군 비행훈련 사례연구를 토한 자립형 군 전력발전

냉전 전후 미국의 압도적인 힘을 두려워하면서도 미국의 전쟁방식뿐만 아니라 전략·작전·교리 등을 연구하며 대비했고, 이것은 미국의 전쟁 참여와 함께 불편한 현실이 되었다.[38] 미군의 첨단전력은 게릴라전, 시가전, 대분란전 등 이전과 다른 새로운 형태의 전쟁 및 대량살상무기(WMD) 등과 같은 비대칭 위협에 대한 대응 한계를 드러내게 되었고, 이에 대한 대응전략 및 교리의 부재뿐만 아니라 전쟁 장기화에 의한 비용문제까지 노정했다.

당면한 문제 해결을 위해 미국은 '럼스펠드 독트린'이라고 불리는 정책을 통해 해외주둔 미군 재배치(GPR, Global Defense Posture Review)를 추진했다. 이는 21세기 테러와 전방위 대응이 필요한 위협에 대해 최인근 지역 미군으로 신속하게 대처한다는 개념 하에 기동성 및 첨단전투력 강화, 해외주둔 미군 재배치, 기지 통폐합 등을 시행하는 것이다.[39] 이에 따라 한국의 험프리스 기지도 일본 가데나 공군기지, 독일 람슈타인 공군 기지와 함께 주작전기지(MOB, Main Operating Base)로 구분되었고, 2004년 용산기지 이전 계획(YRP, Yongsan Relocation Plan)과 한미 연합토지관리계획(LPP, Land Partnership Plan)을 통해 한반도 전역에 흩어져 있는 미군 기지들은 평택, 대구 등 후방지역으로 통합되었다.

한반도에서의 이와 같은 조치는 첫째, 테러와의 전쟁과 같이 불특정 지역에서 미군에게 요구되거나 예상하지 못한 미래의 다양한 비계획 임무들, 또한 원거리 지역 분쟁 등에 신속하게 대응할 수 있는 '능력기반태세'를 갖추기 위한 것이었다.[40] 둘째, 이 정책은 아시아·태평양지역에서 북한을 억제하고 동맹국인 한국

사업에 대한 개념 논의」, 『국방연구』 53(3), 2010. pp. 131-132.

38 토프트와 왈츠(Toft & Waltz, 2005) 교수는 사회화 이론을 통해 잠재적인 적들도 상대국의 공격에 대비하여 평시부터 그들의 전략과 전술을 연구하고 대비하는 과정을 거친다고 설명하고 있으며, 실제로 2003년 이라크전 시 사담 후세인도 1991년과 다르게 미국의 전략과 전술에 대비한 대응방식을 보였던 것으로 확인되었다.

39 US DoD, *REPORT TO CONGRESS: Strengthening US Global Defense Posture* (2004), pp. 6-7.

40 ibid., pp. 9-10.

군의 능력 강화를 목적[41]으로 진행한 것으로, 한국군의 참여 없이는 불가능한 것이었다. 셋째, '효순·미선 사건' 등과 같이 동맹국과의 마찰로 반미감정을 일으킬 가능성이 있는 요소들을 감소시켜 미군의 주둔 안정성을 높이기 위해 취해진 것이었다. 여기에 설상가상으로 2007년 서브프라임 사건을 기점으로 시작된 글로벌 금융위기는 미국의 재정적 어려움을 가중시켜 동맹국인 한국의 군사적 기여를 더욱 필요하게 만들었다. 결국, 당시 미국은 미군의 전략적 유연성을 유지하고 지역 패권 유지를 위해서는 동맹국인 한국의 역할 확대가 필수불가결하게 되었고, 이를 위해 1·2차 북핵위기로 유보되었던 한국군의 전시작전통제권 전환의 재개는 미국의 정책 우선순위에서 다시 중요한 위치에 자리매김하게 되었다.[42] 그러나 이것은 과거의 닉슨 독트린과 넌-워너 수정안 등에 의한 주한미군 철수 또는 감축을 위한 미국의 동맹국에 대한 방기(Abandonment) 위협에 대한 반작용으로 시행된 전시작전통제권 전환이 아니라 미국이 새로운 위협에 대응하기 위한 일환으로, 안정된 한국의 기지를 장기적이고 효율적으로 이용하며 동시에 한국군의 역할 확대 필요성에 대한 전략적 인식을 통해 진행된 전시작전통제권 전환 논의라는 점에서 차별화된다고 볼 수 있다.

둘째, 한국은 다자간 국제협력에 의한 북한 핵 위협 완화와 동시에 동맹국의 역할을 강조하는 미국의 요청에 부응하기 위해 발전된 군사력 및 경제력, 성숙된 자유민주체제 등을 바탕으로 전시작전통제권 전환 구체화를 추진했다. 한국의 전시작전통제권 전환계획을 무산시켰던 제1차 북핵위기는 1994년 북미 협상을 통해 영변 핵시설 동결 및 IAEA의 사찰 수용 등으로 플루토늄 생산 시설에 대한 비핵화에 집중했다. 그러나 북한 핵문제는 시작에 불과했다. 북한은 2001년 9·11 사태 이후 미국의 악의 축 발언과 2002년 미 핵태세 보고서(NPR)에 북한 등 7개국을 핵사용 대상국가로 지정한 것에 반발했다. 2002년 10월 캐리 특사 방북 시

---

41 ibid., p. 12.

42 손대선, 앞의 논문, pp. 418-420.

고농축우라늄(HEU)을 이용한 핵개발 계획 추진을 시인하며 12월에는 IAEA 사찰단을 추방했다. 나아가 2003년에는 NPT 탈퇴 선언 및 영변 재처리 가동 등을 주장하며 한미를 압박했고, 동년 10월 16일 북한 외무성에서는 "때가 되면 우리의 핵억제력을 물리적으로 공개하는 조치가 취해질 것"이라고 발표하며 핵개발을 지속하겠다는 암시를 했다.[43] 다행스럽게도 2003년 8월부터 시작된 6자회담은 2005년 9월 19일 네 번째 회담을 통해 북핵문제의 평화적 해결을 위한 목표와 원칙을 담은 '9 · 19공동성명'을 발표하는 데 성공했다. 그러나 이후 경제제재(Secondary Boycott) 일환으로 진행되었던 방코-델타-아시아은행(BDA)에 있던 북한 자금 동결 결정은 북한으로 하여금 스커드, 노동, 대포동 1호 등 7발의 미사일 시험발사(2006. 7. 5)와 그간 비밀리에 개발해온 핵무기의 폭발실험(2006. 10. 9)을 감행하게 했다. 그럼에도 국제사회는 북미회담을 통해 북한 자금을 러시아 상업은행을 거쳐 북한으로 송금하며 문제를 해결했고, 6자회담을 통해 9 · 19 공동성명 이행을 위한 초기 조치 도출에 합의했다. 추가하여 남북은 2006년 10월 제2차 정상회담을 통해 북한의 핵불능화 등을 포함한 비핵화 조치에 합의하고 10월 4일 남북공동선언을 발표했고, 2008년 6월 27일에는 국제사회가 지켜보는 가운데 영변 원자로의 냉각탑을 폭파했다.

관심을 가져야 할 부분으로 이와 같은 비핵화 과정이 남북한 간 군사적 충돌이 없는 군축이 진행된 상태에서 진행된 것이 아니다. 이 와중에도 북한은 제1 · 2차 연평해전, 반잠수정 침투 등 1990년부터 2010년까지 491회의 침투 및 국지도발을 감행했다. 오히려 이 수치는 1980년대의 227회에 비교해서 비율적으로 증가한 것이다.[44] 그러나 이에 대한 정부의 대응은 다른 정부들과 사뭇 다른 특징이 있다. 예를 들면, 당시 북한의 도발에 대해서는 대부분의 다른 행정부들과 동일하게 직접적인 군사적 대응을 했다. 하지만 이것이 남북 경색국면으로 이어지게

---

43 합동참모본부, 앞의 책, p. 162.

44 국방부, 『2018 국방백서』, 국방부, 2018, p. 267; 국방부, 『2016 국방백서』, 국방부, 2016, p. 252.

하지는 않았다는 것이다. 동시에 당시 정부들은 남북대화, 다자간 협력체계 등 외교적 채널을 이용했을 뿐만 아니라 북한 비핵화 및 평화 정착을 견인하는 성명 발표 등과 같은 제도적 접근을 통해 적극적인 평화 유도를 병행하며 군사적 긴장을 관리했다는 것이다. 결국, 이러한 정부의 이중접근전략이 불안정한 안보환경을 전시작전통제권 전환에 대한 논의가 가능할 수 있는 여건을 조성한 것이다.

군사력 측면에서도 미 정책변화에 따른 우리의 책임국방의 필요성을 인식하고 1970년대부터 지속되어온 자주국방을 위한 전력발전과 1976년부터 시행된 한미연합훈련을 통한 연합방위태세는 동 기간 행정부들의 자주국방 노력을 통해 더욱 강화되었다. 이를 바탕으로 2002년 12월 제34차 SCM을 통해 한국군이 10대 임무에 대한 주책임을 전환받는 데 합의하고, 2004년부터 단계적인 시행에 돌입했으며, 2004년에는 이라크전에 3천 명 규모의 '자이툰부대'를 파병하여 이라크 재건에 기여 및 한국군의 우수성을 알리는 계기가 되기도 했다. 1970년대만 해도 열세에 있었던 경제력은 2007년 WMEAT GDP 기준으로 비교했을 때 북한의 약 68배 이상의 규모로 발전했고, 군사비 지출도 북한과 약 6배 이상의 격차를 유지하게 되었다.[45] 게다가, 이와 같은 경제성장은 1987년 이후부터 성숙되어온 한국 내 자유민주주의 체제의 정착을 더욱 가속시켰고, 이것은 한미관계의 자율성에 대한 국민의 요구를 증가하게 했다. 일례로, 1966년 체결된 SOFA(주한미군지휘협정)는 1980년대 주한미군 범죄 증가와 불평등 처리에 대한 반미운동 증가와 2000년 2월 주한미군 측의 포름알데히드 하수구 무단방출, 2002년 '효순·미선 사망 사건'을 계기로 대대적인 개정을 하게 되었다.[46]

이러한 상황에서 출범한 참여정부는 위와 같은 반미감정 형성의 배경을 우리가 작전통제권을 보유하고 있지 않기 때문이라고 생각했고, 대통령 인수위는 전시작전통제권 전환을 한반도 평화체제구축 3단계 계획에 포함시켰다. 노무현 대

---

45 US DoS, *World Military Expenditure And Transfers 2019*, p. 2.(http://www.state.gov/world- military-expenditure-and-transfers-2019(검색일: 2020. 3. 10)

46 국방부 군사편찬연구소, 앞의 책, pp. 110-113.

통령은 2003년 TV 국정토론에서 국방부에 전시작전통제권 환수를 포함한 자주 국방태세 5개년 계획을 제출하라고 지시한 상태라고 공표하며 이에 대한 강한 의지를 표명했다.[47] 앞에서 설명한 바와 같이 미측도 해외주둔 미군 재배치(GPR) 추진을 위해 동맹국의 참여가 필요한 상황임에 따라 전작권 전환 검토가 필요했고, 리처드 롤리스 미 국방부 아시아·태평양 총괄의 2007년 신동아 매체와의 인터뷰에서 전작권 전환을 3년 동안 준비해왔다는 럼스펠드 장관의 언급도 이를 뒷받침해준다.[48]

제도적인 절차 측면에서 2단계 협상 과정을 살펴보면, 한미는 2005년 제37차 SCM에서 전시작전통제권 및 지휘관계에 대한 논의를 적절하게 가속화하는 것으로 합의했고,[49] 노무현 대통령은 2006년 연두기자회견을 통해 미국과 협의하여 연내 전작권 환수문제를 매듭 짓겠다고 공표했다. 한발 더 나아가 미 럼스펠드 장관은 2009년 전작권 전환을 완료하겠다는 의사를 밝혔다.[50] 이와 같이 한국과 미국은 전작권 전환에 대해 대칭적 이익을 가지고 있었고, 정책적인 선언 등을 고려해보면 이는 양국의 전략적 선호 우선순위에도 거의 최상위에 있다고 볼 수 있다. 이후 2007년 2월 양국 장관 회담에서 2012년 4월 17일 전작권을 전환하는데 합의했고, 이어서 한미 연합이행실무단(CIWG)을 운용하여 한미 연합군사령부로부터 한국 합참으로 전시작전통제권 전환 이행을 위한 전략적 전환계획(STP, Strategic Transition Plan)을 수립했다. 당시의 전작권 전환 이후 지휘구조 개념은 연합사를 해체한 후 한국 합참이 주도하고 미한국사령부(USKORCOM)가 지원하는 병렬형 공동방위체제로 전환하는 것이었다. 이 계획은 2007년 11월 7일 제39차 SCM에서 양국 국방장관의 승인을 득하며 실질적인 추진기반을 마련하게 되었

---

47 손대선, 앞의 논문, p. 416; 최윤미, 앞의 논문, p. 80.

48 손대선, 앞의 논문, p. 419. 신동아의 "10시간 독점 인터뷰 미국 국방부 '아시아-태평양 총괄' 리처드 롤리스가 밝힌 한미동맹 진실"에 의하면 럼스펠드 미 국방장관은 3년 전인 2004년부터 전작권 전환을 준비해왔다고 설명한다.

49 국방부, 『2006 국방백서』, 국방부, 2006, pp. 230-231. 제37차 한미안보협의회 공동성명 9항 참조.

50 박휘락, 앞의 논문, p. 231.

다.[51] 한미 양국은 공동검증단을 구성하여 2009년 UFG 연습 시 합참의 기본운용능력을 검증하는 IOC(Initial Operational Capability) 검증평가를 성공적으로 마쳤으며, 검증 시 문제점들을 고려하여 전략적 전환계획 수정2호(STP Change 2)에 반영하고 완전운용능력(FOC, Full Operational Capability) 검증평가를 위한 노력에 착수하게 되었다.

(4) 시기에 의한 전작권 전환 연기(2010) 결정~조건에 의한 전작권 전환 추진(2015)

앞에서 설명한 것처럼 한미 양국이 전작권 전환을 매우 중요하게 생각하고 조속하게 추진하고자 했다면, 그 이후 전작권 전환 시기가 2015년으로 연기되고, 그것도 부족하여 전환 형태가 조건에 기초한 추진으로 5년이라는 짧은 기간에 또다시 변경된 이유는 무엇일까? 여러 가지가 있겠지만 가장 중요한 두 가지를 선정하라면, ① 중국의 급부상, ② 북한의 핵·미사일 능력 고도화가 한미 양국의 전략적 계산에 심각한 영향을 미치면서 시작된 것으로 볼 수 있다. 즉, 현 단계는 이전과 다르게 한국과 미국의 공통된 위협 인식이 전시작전통제권 전환 방식 변경에 대해 동의하게 했고, 이에 따라 한미 상호가 만족하는 전환 방향으로 논의가 가능했던 시기라고 볼 수 있다.

미국의 경우, 냉전 종식 이후 유지되어오던 국제패권이 이 기간에는 중국의 도전으로 위협받기 시작한 것이다. 예를 들면, 중국의 군사비 지출 측면에서 1994년 러시아를 추월했고, GDP 측면에서 2010년 일본을 제치며 명실상부하게 세계 2위 경제규모의 자리에 등극하게 되었다. 여기에 2002년부터 수행해온 아프가니스탄전과 이라크전의 장기화는 6,200여 명의 전사자와 천문학적인 예산 소요를 발생시켰고, 미국발 국제금융위기로 중국의 도전에 대한 대비는 불가능했다. 또한, 2010년 QDR에는 중국과 인도가 지역 강국으로 부상되는 것에 대

---

51 국방부 군사편찬연구소, 앞의 책, pp. 278-283.

한 우려가 포함되어 있다. 그중 중국의 반접근/지역거부(A2AD, Anti-Access Area Denial)에 대해 미국은 압도적인 전력투사 능력이 없는 한 미국의 영향력과 동맹국의 안보를 담보할 수 없을 것이라 평가하고, 공해전투 개념(Air-Sea Battle Concept)의 발전, 장거리타격 능력을 위한 전방전개부대 및 기지의 중요성을 부각시키는 등 잠재적 적국들에 대한 침략 억제 및 격퇴전략이 포함되었다.[52] 학계에서도 중국의 부상에 따라 아시아 지역 패권을 차지하기 위해 공세적으로 영향력을 확대하여 주변국 이익 침해 및 미국 주도의 국제현상유지에 위협을 줄 수 있다는 존 미어샤이머 교수의 공세적 현실주의(Offensive Realism)[53]가 각광을 받았다. 이와 함께, 중국이 미국의 군사력 80% 수준에 도달하면 강대국 간의 전쟁이 발생할 수 있다는 오간스키, 쿠글러, 렘키 교수 등이 주창한 세력전이이론(Power Transition Theory)[54]이 유행한 것을 보면 미국의 패권에 대한 중국의 도전을 정부뿐만 아니라 다양한 계층에서 심각하게 받아들이고 있었음을 알 수 있다. 또한, 2010년 QDR에서 제시한 아시아 지역 동맹국들과의 관계 강화 노력도 아시아·태평양지역에서의 중국의 영향력 확대, 군사발전 및 의사결정의 본질과 투명성 결여 등에 대한 반작용에 의한 것이라고 평가할 수 있다.[55]

이와 같은 미국의 전략변화에 추가하여 북한은 이란과 함께 미국의 중대한 위협으로 인식되기 시작했다. 가장 큰 이유로 북한이 2009년 2차 핵실험을 통해 3~4kt 규모의 핵무기를 보유할 가능성이 높아진 것이다. 2006년 1차 핵실험은 폭발위력 등 여러 측면에서 성공 여부를 장담하기 어려웠으나, 2차 실험은 북한

---

52 US DoD, *Quadrennial Defense Review Report*(2010) pp. 31-34; 김홍철, 「미국의 전략과 군사력」, 『동아시아 영토분쟁과 국제협력』, 디딤터, 2014, pp. 87-89.

53 John J. Mearsheimer, *The Tragedy of Great Power Politics* (New York · London: W. W. Norton & Company, 2001), pp. 4-8, 40-43.

54 태먼 외(Tammen et. al.)가 편집한 것으로, 압돌로히안, 에퍼드, 쿠글러, 렘키, 스탬, 오간스키 등 세력전이이론 학자들은 냉전 이후 미국의 국가정책방향에 대해 중국의 부상에 대비가 필요하다는 논조로 분석했다. Ronald L. Tammen et. al., *Power Transitions: Strategies for the 21st Century* (CQ Press, 2000).

55 US DoD. *Quadrennial Defense Review Report* (2010), pp. 59-60.

조선중앙통신의 발표나 우리나라 국방부와 외교통상부의 발표, 미 국가정보국(DNI) 발표 등에서도 나타나듯이 진전이 있는 것으로 분석되었기 때문이다.[56] 게다가 2010년 3월 천안함 폭침은 한국과 미국으로 하여금 북한의 위협이 직접적이고 중대한 위협으로 인식하게 했다. 시기적으로도 전작권 전환이 이루어지는 2012년이 김일성 탄생 100주년 및 김정일 탄생 70주년으로, 북한이 강성대국의 대문을 여는 해로 설정함에 따라 더욱 호전적으로 변할 것이라는 예측이 많았고,[57] 역내 국가들의 지도부 교체 등 정치·전략적으로 불확실성이 높은 시기라는 분석이 많아서 한미 양국도 연합사 해체 및 전작권 전환이 이루어지기에 적절한 시기가 아니라는 의견에 공감하게 되었다.[58] 여기에 보수층 및 예비역을 중심으로 '전작권 전환 연기, 한미연합사 해체 반대'를 위한 1천만인 서명운동이 전개되어 전작권 전환을 강력하게 반대했다.

북한의 위협이 급격하게 높아지고 중국의 급부상이 우려되는 상황이었지만, 2010년 미 탄도미사일방어보고서(BMDR)에서 묘사한 바와 같이 미 국방부는 중국과 러시아가 여전히 미국의 전략적 파트너로 좋은 관계를 유지할 수 있을 것으로 평가하고 있었고, 북한의 핵 위협도 한반도에 국한된 것으로 확장억제를 통해 억제가 가능한 것으로 생각하고 있어서 전작권 전환도 예정대로 진행되어야 한다는 생각이 강했다.[59] 하지만 미 조야에서는 전작권 전환이 되더라도 대북 억제에 효과적인 연합사를 폐지하는 것에 대해서는 재검토가 필요하다는 의견이 대두되었고, 오바마 대통령도 전작권 전환 연기에 동의하는 입장이어서 미측의 내부 의견 조율이 필요한 상황이었다.[60]

---

56 합동참모본부, 앞의 책, pp. 185-186.

57 박창희, 「전시작전통제권 전환과 신연합방위체계의 효율성」, 『국방정책연구』 26(2), 2010, p. 150.

58 박휘락, 앞의 논문, pp. 231-232.

59 Bruce Klingner, "It is not right time to discuss OPCON Transfer," *The Heritage Foundation* (2009. 6. 22), pp. 2-3.(https://www.heritage.org/defense/commentary/its-not-right-time-discuss-opcon-transfer. Klingner (검색일: 2020. 3. 17)

60 손대선, 앞의 논문, p. 424; 최윤미, 앞의 논문, p. 84; Bruce Klingner, "It is not right time to discuss

이와 같은 문제점들은 한미 정부 및 국방부 간 수차례의 논의를 걸쳐 해결되었다. 먼저, 2010년 6월 양국 대통령은 전작권 전환을 2015년 12월 1일로 연기하는 데 합의했고, 양국 국방부 장관은 제42차 SCM 시 '전략동맹-2015(SA2015)'를 통해 전작권 전환 시기 연기, 전환 이후 한국 주도의 연합방위태세 구축에 필요한 핵심군사능력 구비 등 포괄적 이행계획에 합의하며 상호 이익 비대칭의 격차를 해소했다. 이것은 전작권 전환 관련 한미 간 전략적 이익 등이 결부되어 발생한 비대칭도 오랜 기간 신뢰성을 쌓아온 협의체인 SCM, MCM 등을 통해 격차를 감소시킬 수 있음을 보여준 것이다. 또한, 이론적인 측면에서 이 사례는 강대국이 주장하는 상대적 이익(전작권 전환)도 약소국이 주장하는 강대국과의 공통 위협(북한 위협)을 통해 절대적 이익 추구(전작권 전환 연기)를 위해 조정될 수 있다는 것을 의미한다. 즉, 모로의 자율성-안보 거래 모델 같은 현실주의 기반 국제관계 이론의 한계를, 제도라는 개입변수를 통해 협상 당사자 간 가지고 있던 이익 비대칭을 감소시켜 갈등 해결 및 양쪽이 선호하는 균형점에 도달할 수 있음을 보여주고 있어서 주목할 만하다.

한미 간 전략적 이익은 중국 및 북한 위협의 변화에 연동되어 반응하고 있어서 2010년 전작권 전환 연기가 합의되었다고 해서 더 이상 논의가 불필요하거나 모멘텀이 종료된 의제로 보기에는 한미가 처한 전략적 환경 변화의 불확실성이 너무 높았다. 그래서 다음 두 가지가 전환 연기 결정 이후에도 한미 간의 핵심 논의사항으로 부상하게 되었다.

첫째, 전작권 전환 연기 이후 후속 발전 방향에 대해 동맹의 심도 있는 검토가 필요하다는 의견이 대두되었다. 미국은 러시아, 중국, 북한, 이란, ISIL 등을 현상변경 가능 국가들로 지목하고, 과거 대비 현격하게 넓어진 적의 스펙트럼에서 고차방정식의 대응을 고심해야 하는 상황이 되었다. 러시아는 크림반도 지역과 시리아에서 대리 국가들의 전쟁을 통해 미국에 대해 도전하고 있었고, 중국은 경

OPCON Transfer," p. 4-5.

제대국으로의 성장과 함께 군사력 증강으로 남중국해와 동중국해에서 해양경계선 재설정 및 미국에 대한 A2/AD 능력을 배가하기 위한 핵·미사일 및 원해 해군능력 증가 및 지역패권 확보를 위한 공세적인 노력 등으로 아시아·태평양지역의 불안정성을 증가시켰다. 북한과 이란은 상호 군사교류를 통해 핵개발과 미사일 능력을 증강시키고 있었으며, 동시에 이와 같은 기술들이 북한이나 이란을 통해 ISIL, 테러단체 등에 확산될 개연성이 높아 미국은 이를 매우 우려하는 상황이었다. 여기에 미국 연방정부의 재정지출 자동삭감(sequester)은 오바마 정부로 하여금 재균형(rebalancing) 전략으로 선회하게 만들었고, 이를 통해 동맹국의 역할 확대와 함께 스윙전략에 의해 유럽으로 이동했던 중심(pivot)을 아시아·태평양 지역으로 이동하게 했다. 특히, 중국의 급부상과 북한의 핵·미사일 능력 고도화 및 확산 가능성은 미국의 전략적 정책변경의 핵심요인이 됨에 따라 전작권 전환 등을 포함한 한반도 관련 동맹의 핵심군사정책은 뜨거운 감자로 재조명이 필요하게 되었다.

둘째, 연합사 폐지 및 주도-지원 관계 지휘구조에 대한 재검토 의견이다. 전작권 전환 연기 결정 이후 다양한 계층에서 연합사 폐지 및 병렬형 지휘구조를 반대하는 의견들이 제시되었다. 이들의 견해를 종합하면, ① '한국군 주도-미군 지원'이라는 병렬형 신연합방위체계는 전략적 유연성을 추구하고 있던 주한미군의 역할을 '지원'으로 명시하여 미군의 이동 자율화에 명분을 줄 수 있고, ② 이것은 한미연합방위태세의 약화라는 잘못된 신호를 북한에 제공하여 국지적 도발 유혹을 높일 수 있고, ③ 연합사 체제가 유지되는 상황에서는 한미가 갈등하더라도 대북 대응 및 억제는 가능했으나, 미군이 지원하는 전작권 전환 이후 상황에서는 억제 효력이 불투명해질 수도 있다는 이유로 재고를 촉구했다.[61] 또한, ④ 한국군 단독작전을 위해 필요한 전력증강사업이 지연되고 있었고, ⑤ 미국에도 중국을 견제하고 아태지역의 균형을 추진하는 데 한국의 전략적 가치가 중요해짐에 따라 30여 년간 성공적인 대북 억제로 효용성이 입증된 연합사 체제를 폐지하는 것은

61 박창희, 앞의 논문, pp. 147-152.

전략적 패착이 될 수 있다는 주장이다. 이와 같은 상황에서 2012년 6월 14일 조선일보는 당시 한미 연합사령관인 서먼 장군이 한미연합사를 존속시키는 대신에 사령관을 한국군 4성 장군으로 임명하는 방안을 한국 합참에 비공식적으로 제안했다고 보도하면서, 미래지휘구조에 대한 재검토 필요성이 탄력을 받게 되었다.

결국, 그해 제44차 SCM에서 한미 국방장관은 기존 한국 합참 주도-미 한국사령부 지원이라는 2개 사령부 체제는 연합작전의 효율성과 통합성 차원에서 미흡하다고 평가하고, 군사적 효율성이 검증된 연합사 체제의 장점을 계승하여 축소된 형태의 '미니 연합사'를 설립하는 방안을 논의하게 되며,[62] 전작권 전환 발전방향 및 미래지휘구조 개념에 대한 논의가 재개되었다. 또한, 당시 무엇보다 한미에 가장 위협적인 것은 북한이 2013년 제3차 핵실험을 통해 위력 6~7kt의 핵무기 개발 능력을 시현했고, 3월에는 노동당 중앙위원회에서 '핵·경제 병진 노선'을 채택하며 실질적인 핵 위협을 가하기 시작했다는 것이다.

결과적으로 첫째, 향후 전작권 전환 발전방향에 대해 한미 국방부 장관은 2014년 10월 46차 SCM을 통해 한측이 제안한 조건에 기초한 전작권 전환 접근방식으로 미군 주도의 연합사에서 새로운 한국군 주도의 연합방위태세 전환에 합의했다.[63] 나아가 2015년 11월 47차 SCM을 통해 46차 SCM 시 서명한 전시작전통제권 전환에 대한 조건에 기초하여 접근 이행 관련 한미 국방부 간 체결한 양해각서(COTP 이행을 위한 MOU)를 근거로, "조건에 기초한 작전통제권 전환 계획(COT-P, Conditions-based Operational Control Transition Plan)"에 서명했다.[64] 첫 번째 조건은 전작권 전환 이후 한국이 한미 연합방위를 주도를 위해 필요한 군사능력(핵심군사능력, 미국의 보완 및 지속능력 등)으로 기존 '전략동맹-2015'에서부터 추진되어 오던 항목이다. 두 번째 조건은 북한의 핵·미사일 위협에 대응하기 위한 동맹의 포괄적인 능력을 확보하는 것으로, 한국군은 북한의 핵·미사일 위협에 대해 미국

62 최윤미, 앞의 논문, pp. 84-85.

63 국방부, 『2014 국방백서』, 국방부, 2014, pp. 263-265. 제46차 SCM 공동성명 11항

64 국방부, 『2016 국방백서』, 국방부, 2016, pp. 255-259. 제47차 SCM 공동성명 11항

의 증원전력이 도착하기 이전 초기 단계에서의 필수대응능력을 확보하는 반면, 미국은 확장억제 수단(핵우산, 재래식 타격 전력, 미사일 방어 전력) 및 전략자산 제공 등을 통해 한미동맹의 포괄적 북한의 핵·미사일 대응능력을 보완하는 것이다. 세 번째 조건은 안정적인 전작권 전환에 부합하는 한반도(북한 위협) 및 지역 안보환경을 고려하는 것이다.[65]

둘째, 연합사 폐지 및 지휘구조에 대한 개선은 기존의 연합사 폐지 후 한국군 주도-미군 지원의 병렬형 사령부를 창설하는 것이 아니라 2013년 한미 합참의장 간 합참 내 연합조직형태인 미래사령부(Future Command)를 설치하는 방향으로 합의했다.[66] 즉, 평시에는 축소된 인원으로 작계발전 및 연합연습 등을 주도하고, 전시에는 한국 합참의장의 지휘하에 증원된 인원으로 전구작전을 수행하는 단일 연합지휘구조로 변경한다는 것이다.

위와 같은 결정과정을 제도적인 측면에서 설명하면, 한미 양국은 전작권 전환 여부에 대한 협의 과정을 통해 그간 제기되었던 많은 전략적 이슈들을 양국 공통의 문제로 인식했다. 양국은 약 2년에 걸친 공동연구와 기존의 다양한 회의 및 협의체를 제기된 사안들을 검토했고, 이를 통해 국방당국 간 발생했던 이견 사항들을 조율했다. 결과적으로 조건에 기초한 전작권 전환과 미래사령부 지휘구조 개념을 도출했으며, 이를 단계적으로 추진하는 데 동의했다. 이것은 안보환경이 급격하게 변하더라도 오랜 한미동맹의 역사를 통해 성숙되어온 신뢰성 있는 제도적 기반이 양국의 이익과 국내 여론 등을 즉각적으로 반영하여 미래 연합방위에 적합한 전작권 전환 방향을 결정할 수 있게 한다는 단면을 보여준다는 측면에서 의미가 깊다.

---

65 국방부, 『국가안보에 한치의 빈틈이 없도록 추진하겠습니다: 조건에 기초한 전시작전통제권 전환』, 국방부, 2015, pp. 7-15.

66 "연합사 사실상 유지… 한국군 대장이 미군 지휘", 『연합뉴스』, 2013년 6월 1일자.

(5) 조건에 기초한 전작권 전환 추진(2015)~조건에 기초한 조속한 전작권 전환 추진(2018)

첫째, 동 기간에 북한이 핵탄두 탑재가 가능한 ICBM을 포함한 다양한 미사일 능력을 보유하게 됨에 따라 한국뿐만 아니라 미국의 사활적 이익을 위협하게 되었다. 이에 따라 한국의 전시작전통제권 전환에 대한 미국의 관심이 높아지며 지휘구조나 전환 방식 등에 미국의 이익이 반영되도록 적극적으로 개입하는 시기다. 2016년 북한은 4차 핵실험을 통해 첫 수소탄 실험에 성공했다고 주장했다. 그리고 같은 해 3월 북한 로동신문에 KN-8 탄두부 공개 및 핵탄두의 소형화를 주장하는 사진 등이 포함된 기사를 내보냈고, 9월에는 5차 핵실험을 감행하며 핵무기 연구소를 통해 표준화·규격화된 핵탄두의 구조와 동작특성, 성능과 위력을 최종적으로 검토 및 확인했다고 성명을 발표했다.[67] 나아가 2017년 9월 6차 핵실험을 통해 ICBM 장착용 수소탄 시험에 성공했다고 조중통을 통해 주장했으며, 그 위력도 50~150kt 수준으로 평가되었다.[68] 설상가상으로 2011년 12월 김정일 사망 이후 시작된 김정은 시대 북한의 미사일 도발 횟수는 2017년까지를 기준으로 김정일 시대(1994~2011)에 발사한 미사일 숫자(9회 16발)보다 4배 이상 많았고, 2016년과 2017년에는 북극성 같은 SLBM, IRBM인 화성 12형, ICBM인 화성 14형과 15형의 발사 성공하여 중·장거리 핵투발능력을 보유를 현시했다. 여기에 이동식 발사대(TEL, FEL, MEL)와 잠수함 및 수중 발사를 통해 보여준 북한의 '제2격 능력(Second Strike Capability)'의 제한적 보유는 한국과 미국의 전략적 계산에 몇 겹의 복잡성을 부여했다.[69]

미국의 경우 비록 북한이 주장하는 핵탄두 소형화 및 ICBM 발사는 재진입

67 "북, 정권수립일에 5차 핵실험… 군 핵무기 위해시 김정은 응징", 『연합뉴스』, 2016년 9월 9일자.

68 "잦아지는 북한 지진… 곳곳서 핵실험여파 징후", 『연합뉴스』, 2017년 12월 7일자.

69 정성윤, 「김정은 정권의 핵전략과 대외 · 대남전략」, 『김정은 정권 5년 통치전략과 정책 실태』, 통일연구원, 2017, pp. 63-70; "북한 미사일, 이제껏 얼마나 쐈나 봤더니… 김정은 때만 86발", 『국제신문』, 2017년 11월 29일자.

에 대한 문제점, 비행 중 핵폭발 실험 미실시 등 제한점이 존재하는 것이 사실이지만, 지금껏 단거리미사일로 주한미군에만 재래식 위협을 가했던 북한이 괌, 하와이뿐만 아니라 본토를 위협할 수 있다는 것은 미국의 대응전략에 큰 변화가 필요했다. 아울러, 사드 배치 시 중국이 보여준 한국에 대한 외교적·경제적 압박은 미국에 한미동맹의 대북 핵미사일 방어를 위한 노력을 삼전(여론전, 심리전, 법률전)을 통해 방해하고 있는 것으로 여겨졌다. 그리고 남중국해 지역에서의 중국과 주변 5개국 간 영토분쟁 및 이 지역의 군사력 증강은 궁극적으로 재균형 전략을 통해 중국의 영향력 봉쇄를 추구하던 미국에는 강력한 도전이었다. 결국, 미국은 2018년 핵태세보고서(NPR)를 통해 북한에 대한 맞춤형 억제전략으로 북핵의 CVID만이 해결책임을 재강조했고,[70] 국가안보전략(NSS)에서는 중국과 러시아를 미국의 패권에 도전하는 세력으로 규정했다.[71] 국가방위전략에는 중국에 대해 주변국을 위협하며 영향력 확대에 집중하는 전략적 경쟁국가로 설명하고 있고, 이에 대한 대응을 위해 미래 전력 건설 및 핵미사일 능력의 현대화를 공표했다.[72] 따라서 한반도 내의 전략적 가치가 높아진 상황에서 한국의 전시작전통제권 전환은 미국의 입장에도 사활적 이익이 관련된 사안으로 인식하기 시작했다.

둘째, 한국도 군사력 증강을 통한 대북억제 유도와 동시에 외교적 접근을 통한 비핵화 유도라는 투트랙 접근으로 전작권 전환의 여건을 조성하고, 미국의 적극적 개입을 제도적 장치를 활용하여 상호 선호하는 방향으로 전환을 추진하는 시기다. 예를 들면, 북한의 핵·미사일 위협 고도화로 국내에서도 전술핵 재배치, NATO식 핵공유체계 도입, 확장억제 실행력 제고 등의 다양한 방안이 논의되었다. 현 정권도 출범과 동시에 북한의 6차 핵실험 및 지속적인 미사일 도발에 직면하게 되었고, 이에 대응능력 확보를 위해 3축체계 등 핵·미사일 대응체계 구축을 위한 예산을 증액시켰다. 그러한 가운데서도 조건에 기초한 전작권 전환의 조속

---

70 U.S. DoD, *Nuclear Posture Review* (2018), p. 32-33.

71 The White House, *National Security Strategy* (2017), pp. 2-3, p. 8.

72 U.S. Department of Defense, *National Defense Strategy* (2018), pp. 5-8.

한 추진을 국정과제로 포함시키며 추동력을 확보했고, 이를 실현하기 위해 필수적인 북한의 위협 감소 목적의 남북대화 재개, 비핵화 협상 견인, 9·19 남북군사합의 등 외교적·제도적 방안들을 추진해나갔다. 최대 압박 및 관여(Maximum Pressure and Engagement) 정책으로 북한과의 전쟁까지 고려할 정도로 심각한 상황에 직면했던 트럼프 정부도 북미회담을 통한 북한과의 위기 완화 및 비핵화는 매력적인 정책이었다. 또한, NATO 및 한국 등의 동맹국들에 대한 방위 필요성에 대해 부정적이고, 사용되고 있는 방위비용에 대해 불만이 많았던 트럼프 대통령에게도 전시작전통제권 전환은 정책 선호 우선순위가 높은 수용 가능한 옵션이었다. 따라서 한미동맹을 기반으로 하는 전시작전통제권 전환은 한미 국방당국 간에도 주요 의제가 되었고, 관련 논의도 더욱 긴밀하게 진행되어왔다.

양국은 제도적 기구를 통해 주기적인 협상을 실시했고, 이를 통해 전작권 전환과 관련하여 다음 세 가지 사항에 대한 합의에 이르렀다. 첫째, 제50차 SCM 시 "조건에 기초한 전작권 전환 계획 수정 1호(COTP CH' 1, Conditions-based Operational Control Transition Plan Change 1)" 서명을 통해 기존 지휘구조 개념이었던 '연합사 해체 이후 단일지휘구조 형태의 미래사령부(Future Command)를 합참 내에 설치'하는 방안에서 '전작권 전환 이후에도 미래연합사(Future CFC)'라는 한미 연합방위태세를 유지하는 것으로 변경했다.[73] 연합사 체제 유지는 미국의 인도·태평양 전략 수행 및 대중 견제, 북한의 핵 위협 억제라는 사활적 이익 충족을 위해 필수적인 사항임에 따라 미측에서 한측에 지속적으로 재검토를 요청한 사항이었다. 둘째, 2019년 6월 한미 국방장관 회담을 통해서는 기존에 추진되어온 합참의장의 미래연합사령관 겸직을 분리하여 미래연합사령관에 별도의 한국군 4성 장군으로 임명하는 방안에 승인했다.[74] 이것은 전·평시 다양한 임무를 수행해야 하는 합참의장의 책무를 경감시키고, 미래연합사에서 전쟁을 위한 준비 및 수행을 전담한다

73 국방부, 『2018 국방백서』, pp. 276-280. 제50차 SCM 공동성명 9항

74 KIDA에서 2019년 발간한 "ROK Angle"을 통해 정석환 국방부 정책실장의 설명(p. 2)과 주요 신문기사 참조.

는 차원에서 필요하다는 한미 간 인식하에 진행되었다. 셋째, 2019년 51차 SCM을 통해 동년 3월 결정된 한미연합사 캠프 험프리스 이전 관련 내용도 검토했다.[75] 이것은 연합사의 서울 잔류 결정으로 인해 논의되었던 국방부 내 연합사 건물 설립은 취소되고, 한미동맹 및 연합방위태세의 강화를 위한 현실적인 방안으로 평택에서 한미가 기존 연합사와 같이 동일한 공간에서 업무를 하는 체계로 전환한 것을 의미한다. 결과적으로, 2014년 서명한 조건에 기초한 전작권 전환은 그 내용 및 지휘구조 측면에서 많은 변화가 있었고, 기존과 완전히 다른 모습으로 추진되고 있다고 볼 수 있다.

이와 같은 최근 변화는 한미 국방당국 및 정부 간 다양한 협상과정을 거쳐 이루어진 것으로, 과거 작전통제권 협상과 다른 다음과 같은 특징들을 찾을 수 있다. 첫째, 한미 양국은 조건에 기초한 전작권 전환 추진이 5년 이상 진행되고 MCM, SCM 등을 통해 주기적인 협의가 이루어짐에 따라 이에 대한 상호 이해도 및 신뢰가 높아지게 되었다. 또한, 한미 전담부서를 통해 충분한 연구 및 분석을 기반으로 한미 국방당국의 의견이 반영된 진화적인 형태의 지휘구조로 발전할 수 있었다. 둘째, 한국의 군사·경제적 발전과 제도적 유사성은 한미동맹에 기반한 전작권 전환을 기정사실로 받아들이게 되었다. 따라서 미국은 전작권 전환에 대해 강대국의 입장에서 전략적 이익을 일방적으로 반영하기 위해 자율성을 제한하는 접근을 한다기보다는 전작권 전환 이후의 연합사 지휘구조가 한미 공동의 이익이 실현될 수 있도록 제도적인 채널을 활용하여 한국군과 합리적으로 협의하는 데 초점을 맞추게 되었다. 셋째, 이러한 한미 간 논의 방식은 과거와는 사뭇 다른 변화이고, 안보-자율성 거래 모델로 설명하기 어려운 사례다. 이것은 북한과 중국 위협이 한국과 미국 공통의 사활적 이익으로 인식되면서 전략적 이익 비대칭·대칭 개념보다는 공동 대응 방향 추진에서 서로의 지분이나 영향력 행사에 대한

75 국방부, "51차 SCM Joint Communique 8항"(https://www.defense.gov/Newsroom/Releases/ Relaese/article/2018651/joint-communique)[검색일: 2020. 3. 5]

협상이 시작된 것이라 볼 수 있다.

4) 정책적 함의

역사적 흐름에 따른 한미 양국의 전략적 이익 변화와 한국의 작전통제권 전환은 유의미한 연관관계를 지니고 있음을 보여준다. 그러나 전작권 전환 관련 한미 간 협의 결과는 현실주의적 모델인 안보-자율성 거래 모델에서 제시한 바와 같이 항상 강대국인 미국의 일방적인 주장에 의해 한국의 자율성이 제한되는 방향으로 이루어지지 않았다. 이것은 제도 및 한미동맹의 성숙도라는 개입변수에 의해 재조정되었고, 최종적으로 시대 상황에 맞는 균형점에 도달했다고 평가한다. 여기에서 우리가 관심을 가져야 할 정책적 함의는 다음과 같다.

첫째, 한국군의 작전통제권 전환은 미국의 전략적 이익 변화에 대한 한국군의 대응과 한미동맹에 의한 성숙된 제도적 장치를 통한 재조정에 의해 결정되었다. 미국이 주한미군 철수나 감군 추진을 고려한 상황은 ① 베트남전 이후 닉슨독트린 및 스윙전략 시행으로 미국의 중심이 유럽과 중동으로 전환되거나, ② 냉전 이후 동아시아전략구상(EASI)에 따른 3단계 주한미군 철수를 진행하거나, ③ 미국이 이라크전과 아프가니스탄전을 동시 수행하면서 직면한 안보제공의 한계를 실감하면서 진행된 해외주둔 미군 재배치(GPR)를 추진했던 시기라고 요약할 수 있다. 이와 같은 미국의 동맹 방기 같은 일방주의적 안보정책 결정에 대해 한국은 무작정 아무 준비 없이 미측의 요구를 수용하며 자율성을 제한하는 방법으로 해결을 시도한 것이 아니다.

〈그림 9-4〉 (a)에서 보는 바와 같이 6·25전쟁 이후 미군의 감축은 미국의 전략에서 당연한 목표였고, 한국 입장에서도 예상되는 결과였다. 따라서 한국군은 한미연합방위태세 강화를 위해 1976년부터 시행되어온 팀스피리트 등을 비롯한 한미 간 정기 연합훈련 및 〈그림 9-4〉 (b)에서 보는 바와 같이 미군 감축 대비 독자적인 군사비 증가 및 군사력 현대화 계획 수립·시행 등을 통해 한국군의

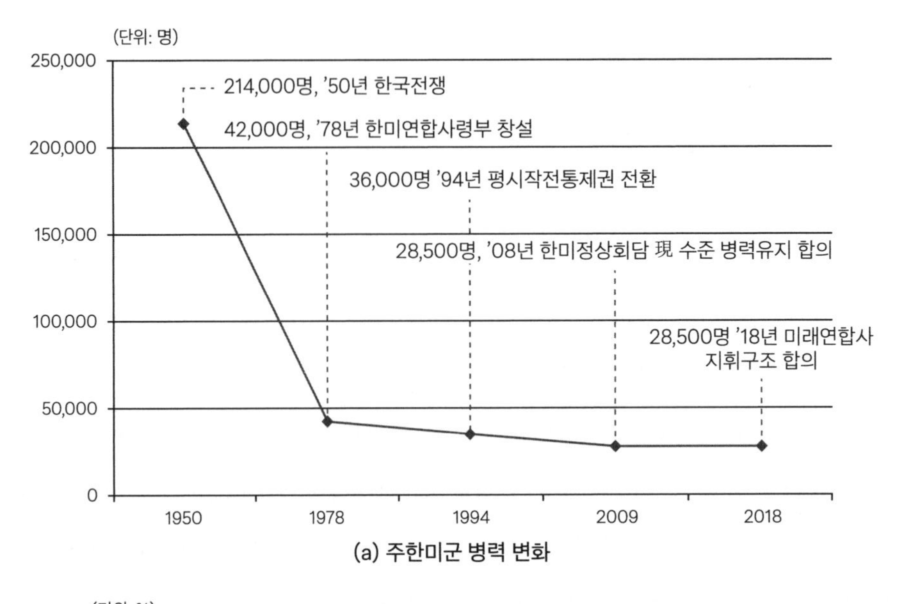

(a) 주한미군 병력 변화

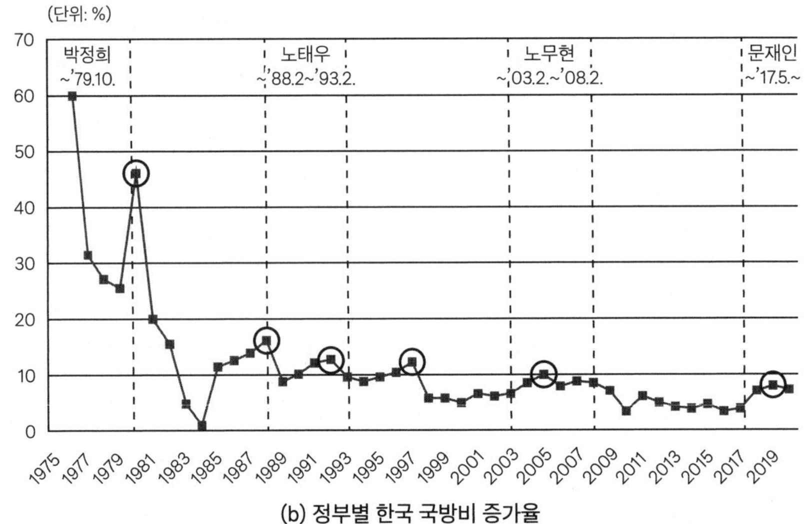

(b) 정부별 한국 국방비 증가율

〈그림 9-4〉 주한미군 병력 변화 및 한국 정부별 국방비 증가율[76]

76 외교부, 『미국개황』, 외교부, 2014, p. 158; 황인락, 『주한미군병력규모 변화에 관한 연구: 미국의 안보정책과 한미관계를 중심으로』, 경남대학교 대학원 박사학위논문, 2010, p. 33; 국방부, 『2020년도 국방예산』, 국방부 계획예산관실, 2020, pp. 54-55.

전력발전에 박차를 가했고, 한미 간 연례 협의체(SCM, 1968; MCM, 1978)와 한미동맹정책구상회의(FOTA, 2003), 안보정책구상회의(SPI, 2005) 등 다양한 회의체를 통해 북한의 상수적인 위협에 대해 평가하고, 이에 대한 대비 방향을 논의하며, 한국군의 자체적 대응능력 향상 및 한미동맹 발전에 매진했다. 그 결과 한국군은 단계적으로 연합사 창설 → 평시작전통제권 전환 → 전시작전통제권 전환 계획 수립 등의 순으로 한국군의 역할 확대 및 단계적 자율성 향상을 달성해올 수 있었다.

반면, 미국은 중국의 급부상 및 북한 핵미사일 위협의 고도화가 한미 양국의 사활적 이익에 영향을 미치며 재균형 정책, 인도·태평양 전략으로 전환하며 전작권 전환에 적극적인 관심 및 개입을 하게 되었고, 한미는 공통의 위협에 대응하기 위해 연례 협의체에 의한 주기적인 논의 및 연합연습을 통한 검증으로 최적의 전작권 전환 지휘구조를 찾기 위한 노력에 전념했다. 다년간의 한미 국방당국 간 논의를 통해 '연합사 폐지 및 주도-지원의 병렬형 지휘구조' → '전작권 전환 시기 연기 및 합참 내 미니 연합사 논의' → '조건에 기초한 전작권 전환 및 합참 내 미래 사령부 창설' → '조건에 기초한 전작권 전환 및 미래연합사 창설'이라는 다양한 변화과정을 거치며 현재의 결론에 도달하게 되었다. 결론적으로 미국의 전략변화는 무관심에서 개입으로 변천되는 과정을 지닌 독립변수로 한국군의 작전통제권 전환에 영향을 미쳐온 것은 사실이나, 실질적인 영향력은 한미동맹 같은 개입변수(Intervening Variable)에 의해 그 효과가 상쇄 혹은 조율되었다고 평가할 수 있다. 부연하면, 작전통제권 전환의 주체인 한국과 미국의 전략적 이익 비대칭도 한미동맹에 의해 다년간 쌓아온 신뢰 및 의사소통 체계인 SCM, MCM 등을 통해 상호 이익이 재조정되고 양국이 선호하는 정책결과에 귀결될 수 있었다는 것이다. 따라서 안보-자율성 거래 모델이 주장하는 현실주의적 관점에서의 상대적 이익(Relative Gain) 비대칭도 한미 간 다년간 운용되어온 신뢰성 있는 제도(Institution)를 통한 협상으로 비용을 낮추고 상호가 만족하는 결과(Parato Optimal Equilibrium)에 도달할 수 있다는 점에서 제도적 장치로서의 한미동맹의 중요성을 다시 한번 인식할 필요가 있다.

둘째, 작전통제권 전환은 국가안보와 연관된 사안으로 지도자의 성향과 무관하게 안보환경 변화에 지속적으로 적응해나가면서 환수 모멘텀을 가지고 지속되어온다는 것이다. 즉, 작전통제권 전환은 지도자의 개인적인 특성이나 선호 우선순위에 의해 결정되는 것이 아니라 6·25전쟁 시 유엔군 사령관에게 이양된 이후 역사 속에서 국가안보를 위한 자위권 차원의 노력의 일환으로 독자적인 환수 모멘텀을 가지고 진행되어왔다고 보는 것이 정확할 것이다.

예를 들면, 닉슨 독트린에 대한 대응으로 박정희 대통령은 연합사를 창설했고, 미 전술핵 철수 및 미국의 주한미군 단계적 감축에 대한 자구책으로 노태우 대통령은 평시작전통제권 전환 단행 및 전작권 전환에 대해서도 준비했다. 럼스펠드 독트린에 의한 미군의 전략적 유연성에 대비하기 위해 노무현 대통령은 주도-지원의 전시작전통제권 전환에 합의했고, 중국의 급부상에 따른 미국의 아시아 중시 전략으로 전환과 북한의 핵·미사일 위협 고도화에 대해 이명박·박근혜 정부는 기존 전작권 전환 시기를 연기하거나, 방법을 바꿔서 조건에 기초한 전시작전통제권 전환으로 변경했다. 현 정부에서는 북한의 핵·미사일 능력 고도화가 한국과 미국을 동시에 위협하여 양국은 북핵 억제를 위한 맞춤형 억제전략 구체화와 함께 비핵화를 위한 외교적·제도적 접근을 통해 한미 공동의 위협을 적극적으로 완화하며 전시작전통제권 전환의 조속한 추진을 진행하고 있다.[77]

작전통제권 전환은 북한의 핵·미사일 위협이 고도화됨에 따라 지연 및 조건에 기초한 전환 형태로 정책이 변화되는 시기도 있었지만, 전체적으로 지도자 및 정부의 성향과 무관하게 환수의 방향으로 모멘텀을 가지고 진전되어왔다고 분석할 수 있다. 물론, 지도자에 따라 국가안보 위협에 대응하는 형태와 방법이 항상 동일했다는 것은 아니다. 전술한 바와 같이 과거 및 현재 지도자들의 북한 위협 대응방식을 보면 안보환경 변화에 대해 때로는 적극적으로 또는 때로는 보수적으

---

77 국방부 군사편찬연구소, 『한미동맹 60년사』와 최근 주요 논문, 정책논단 등의 작전통제권 관련 주요 내용을 정리한 것이다.

로 대응한 것으로 분석될 수 있다. 작전통제권 전환에서 지도자의 성향에 따라 크고 작은 진전의 차이는 있었지만, 이양 이후부터 지금까지 전환을 위한 여건조성 및 단계적 환수는 계속되어왔고 지금도 진행 중이라는 것이다.

그렇다면 진보와 보수 정부 간 차이가 있는 것처럼 보이게 된 요인은 무엇일까? 실질적으로 많은 학자들이 노무현 정부 및 문재인 정부 같은 진보성향의 정부가 보수성향의 정부보다 작전통제권 전환에 더 적극적이라고 주장한다. 그러나 이 주장은 진보성향의 정부였던 김대중 정부에서는 전작권 전환에 대한 논의 및 진전이 거의 없었다는 점에서 설득력을 잃는다. 이것은 두 정부의 성향이 진보적이어서가 아니라 작전통제권 전환에 대한 접근방식이 달라서라고 평가한다. 예를 들면, 미국의 전략적 이익 변화와 북한 위협에 대한 두 정부의 대응방식은 다른 정부와 동일하게 독자적인 국방력 건설에 노력했다는 측면에서 다를 바 없다. 오히려 〈그림 9-4〉 (b)에 나타난 바와 같이 두 정부는 이를 달성하기 위해 국방비를 연 7~8% 이상 증가시켰다.[78] 다만, 두 정부는 전시작전통제권 전환을 자주국방의 중요한 선결조건으로 인식하고, 이를 달성하기 위해 여지껏 상수로 여겨온 북한의 위협을 억제하기 위한 핵심군사능력 확보와 더불어 남북대화, 6자회담, 양자·다자간 협력 등과 같은 추가적인 노력을 통해 해결하려 했다는 것이다. 다시 말하면, 북한 위협을 변수로 생각하고 접근했고, 억제를 위해 한미동맹의 연합방위태세 강화와 함께 제도적·외교적 방식을 병행하는 이중접근방식(Two-Track Approach)을 통해 남북 간 긴장 완화 및 북한 비핵화를 유도했다. 결국, 두 정부가 다른 진보정부와 다르게 보인 이유는 전시작전통제권 전환을 위한 우호적인 남북 및 한미 환경을 적극적으로 조성하며 진행한다는 추가적인 노력을 했기 때문이다.[79]

실제로 노무현 행정부는 '제2차 북핵위기'를 6자회담이라는 제도적 틀을 활용하여 2005년 9·19 남북공동성명을 달성했고, 남북대화 및 수차례의 6자회담

---

78 국방부, 『2020년도 국방예산』, pp. 54-55.

79 참고로 이와 같은 Two-Track 접근방식은 제한적이나마 1994년 제네바 합의를 유도하며 평시작전통제권을 전환했던 노태우 정부에서도 있었다고 볼 수 있다.

을 통해 2007년 2·13합의와 10·4 남북공동성명을 유도하며 북한의 핵 위협 완화를 이루었다. 문재인 정부에서도 초기부터 북한이 6차 핵실험 및 화성-12, 14, 15형 같은 IRBM과 ICBM을 여섯 차례 발사하며 위협을 고조시켰음에도 남북대화 및 북미대화라는 외교적 접근방식으로 2018년 4월 27일 '판문점 선언'과 '9·19 남북군사합의'를 유도해냈고, 이를 통해 군사적 긴장 완화 및 비핵화 노력을 추진했다.

그러나 현재는 이와 같은 노력들이 진전을 이루지 못하고 다소 답보 상태에 있다. 더욱 피하기 어려운 현실은 현 상황에서 북미회담 및 남북회담 등을 통한 북한 비핵화 유도 방안 등이 효과를 발휘하는 것 이외에는 전시작전통제권 전환에 우호적인 여건을 조성할 수 있는 다른 방안이 제한된다는 것이다. 따라서 앞으로도 과거 같은 전환 모멘텀을 유지하기 위해서는 현재의 이중접근방식을 활용한 지속적인 노력이 필요하며, 여기에 추가하여 기대효용성(Expected Utility)을 극대화할 수 있는 다양한 접근 방법을 고안하여 전략적으로 적용하는 것이 가장 긴요하게 요구되는 노력일 것이다.

셋째, 한미 양국 간 작전통제권 전환 결정은 양국 간 군사력, 경제력, 민주화 수준의 유사도가 높아지며, 양국의 의견이 반영되고 상호 선호하는 형태의 작전통제권 전환 방향 및 지휘구조로 발전되어가고 있다는 것이다. 한국과 미국같이 군사·경제적 능력 측면에서 심한 비대칭 상태로 출발하는 동맹은 모로의 안보-자율성 거래 모델이 예상하는 바와 같이 강대국의 요구에 대해 약소국의 자율성 제한은 당연한 결과일 것이다. 또한, 약소국의 능력이 발전한다고 해도 강대국과의 격차가 심하다면 이와 같은 거래는 지속될 것이다. 그러나 동맹 기간이 길어지면서 상호 동맹 방기에 대한 의심이 사라질 정도의 신뢰가 쌓이고, 동시에 약소국의 능력이 강대국의 적대국을 상대하는 데 필수적인 수준으로 성장한다면 동맹관계는 상대적 이익에서 절대적 이익을 추구하는 형태로 변할 것이고, 협상도 제도와 신뢰를 바탕으로 장기적 효용성을 높이는 형태로 결정될 개연성이 높다. 여기에 양국의 민주화 수준이 유사하다면, 각국의 입장 반영이 실패한 협상결과로 인한 청중 비용(Audience Cost)[80] 등과 같이 체제에서 오는 제한사항들을 서로 잘 이해할 수 있으므로 전략적 이해가 상충되어도 협상을 통해 상호가 선호하는 결과에 근접한 균형점에 도달하려고 노력할 가능성이 높다.

〈그림 9-5〉에서 보는 바와 같이 작전통제권을 유엔군 사령관에게 이양한 6·25전쟁 당시 미국의 군사력 및 경제력 세계 순위는 데이터 종류에 상관없이 1위를 하고 있었다. 한국의 경우는 전쟁 이후부터 1960년 초까지 미국으로부터 군사 및 경제원조를 받았다. 이를 고려한 가운데 SIPRI 데이터를 기준으로 1953년 한국의 군사력 세계 순위를 보면, 현재 수준의 국가 숫자로 환산할 경우 대략 107위 수준에 있었다. 이후 미국은 계속 1위 자리를 유지했고, 한국은 1978년 20위, 1994년 10위, 현재는 데이터마다 차이는 있지만 대략 세계 7~10위권까지 발전했다는 평가다. 경제력의 경우 World Bank 데이터 국내총생산(GDP)을 기준으로 볼 때, 미국은 6·25전쟁 시부터 지금까지 줄곧 1위를 유지해오고 있다. 한국은 1953년 세계 61위 수준에 있었으나 1961년까지 미국의 경제원조를 받았다는 상황을 감안하면 더 나쁜 상황이었다고 보는 것이 정확할 것이다. 그러나 1978년에는 37위 수준까지 발전했고, 1994년 14위 수준, 현재는 World Bank 15위에 랭크되어 있다. 다른 경제 데이터를 고려할 때 세계 10위권까지 성장했다는 것이 일반적 평가다.

이와 같은 한국의 군사 및 경제력 발전에 의한 미국과의 격차 감소는 작전통제권 전환 과정에도 영향을 미쳤다. 먼저 1978년 연합사 창설의 경우를 살펴보면, 당시 닉슨 독트린 등과 같은 미국의 전략적 이익 변화로 7사단 및 상당수의 주한미군이 철수하면서 한반도에 전력공백이 발생했다. 이 시기 한국의 방위역량은 1960년대 초부터 계속되어온 경제성장을 발판으로 군사력의 현대화가 이루어져 발전한 방위역량을 갖추게 되었다. 1972년 한국전 참전 유엔국가 중 마지막으로

80 James Fearon, "Domestic Political Audiences and the Escalation of International Disputes," *American Political Science Review* Vol. 88, No. 3 (1994), p. 577. 협상 대표들이 각국의 입장을 반영하지 못하고 실패할 경우 발생하는 국민의 비난을 광범위한 의미에서의 청중비용으로 표현한 것이다.

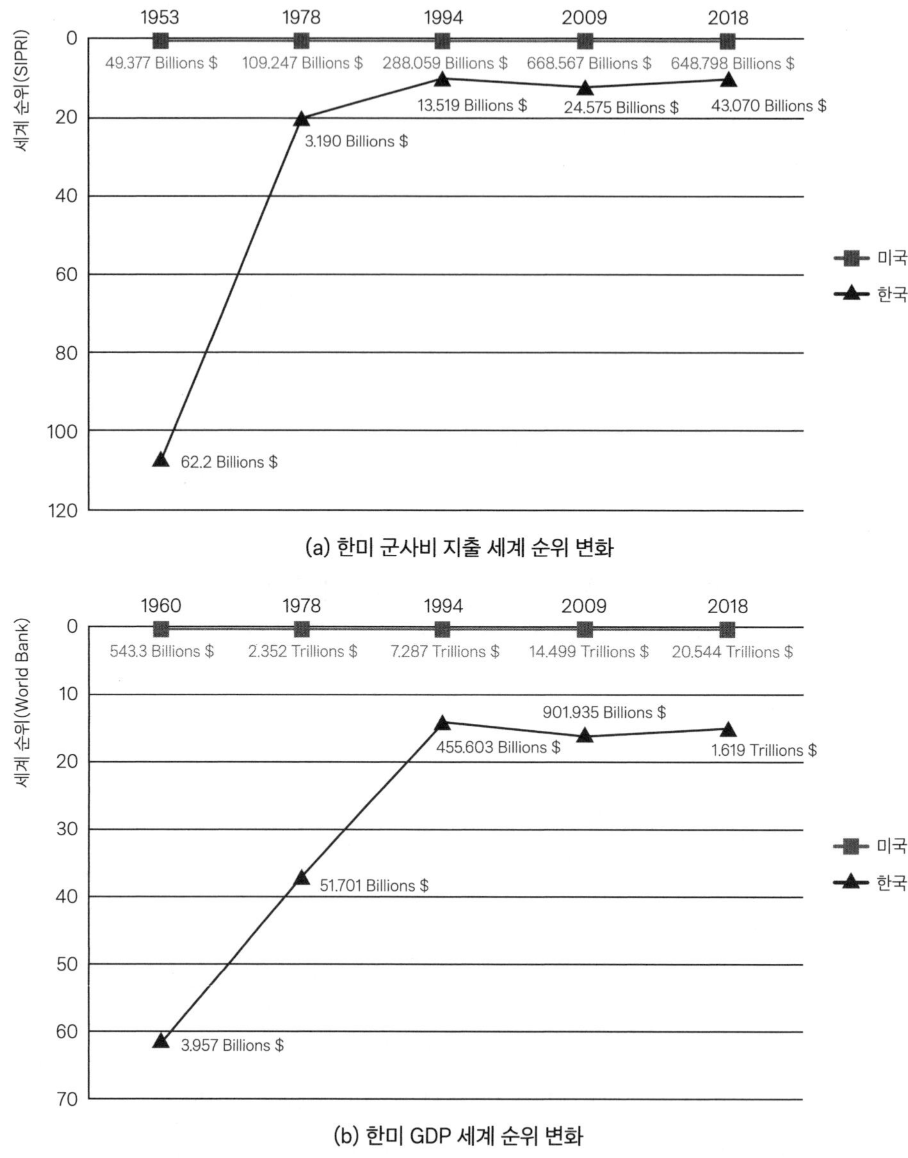

(a) 한미 군사비 지출 세계 순위 변화

(b) 한미 GDP 세계 순위 변화

〈그림 9-5〉 한국과 미국의 군사비 지출 및 GDP 세계 순위 변화[81]

81 SIPRI, *Military Expenditure Exel data for all countries (1948-2018)* https://sipri.org./databases/ milex (검색일: 2020. 3. 12) ; World Bank. GDP current US$ excel data(1960-2018), THE WORLD

태국군이 철수함에 따라 유엔군에는 미군만 남게 되었고, 1976년 8·18 판문점 도끼만행사건을 겪으며 미군 위주 유엔군 사령부의 작전통제권 행사에 문제를 인식하며 역량이 강화된 한국군을 포함한 한미연합사령부의 창설을 결정하게 되었다. 냉전 이후 미국의 주한미군 단계적 철수 이전부터 노태우 정부는 선거공약의 하나로 작전통제권 전환을 계획했을 정도로 군사력과 경제력이 세계 10위권으로 도약해 있었다. 또한, 미국의 2004년 해외주둔군 재배치 시에는 독일 및 일본과 함께 한국을 주요 주둔지로 지정할 정도로 동맹의 지위가 격상되었다. 나아가 2008년 이후부터는 주한미군의 병력 숫자도 2만 8,500명 수준으로 고정되어 12년간 유지되고 있는 것은 ① 안보환경의 변화에 대한 한국군의 대응능력이 충분하여 미군의 급격한 변화를 불필요하다는 것이고, ② 변화에 긴급하게 군사력의 확충을 뒷받침할 수 있는 한국의 경제력이 충분하다는 것이며, ③ 한미 간 협의한 결과가 이상 없이 지켜질 정도로 동맹의 신뢰성과 투명성이 높아져 전작권 전환을 위한 여건이 충분히 성숙되었음을 의미하는 것으로 평가할 수 있다.

아울러, 2002년 '효순·미선 사건'으로 이루어진 SOFA 개정은 미국이 한국의 민주화 및 여론의 중요성을 인식하는 계기가 되었고, 이후 한미 간 국방정책 결정은 국민여론 및 청중비용 등을 고려하며 합리적이고 신중하게 만들었다. 즉, 한국의 군사력, 경제력, 민주화 수준의 격차 감소 및 유사성 증가는 미국으로 하여금 한국민의 자율성을 침해하는 정책의 강행을 제한함과 동시에, 미국이 한국 방위를 계속 전담할 필요가 없고 분담이 적절하다는 생각을 더욱 증가시킬 것이다.

실질적으로 2006년을 기점으로 시작된 전시작전통제권 전환은 과거와는 다르게 한미 간 협의체 및 회의체를 통해 양국의 의견이 충분히 반영된 상태로 진행되고 있다. 그리고 북한과 중국의 위협 등을 고려하여 전작권 시기 연기, 방식의 전환, 지휘구조의 변화 등 다양한 의견이 상호 상생의 방향으로 소통되고 있다. 경제학자정보단체(EIU, Economist Intelligence Unit)에서 매년 발표하는 〈그림 9-6〉 (a)

BANK https://data.worldbank.org./indicator/NY.GDP.MKTP.CD (검색일: 2020. 3. 16)

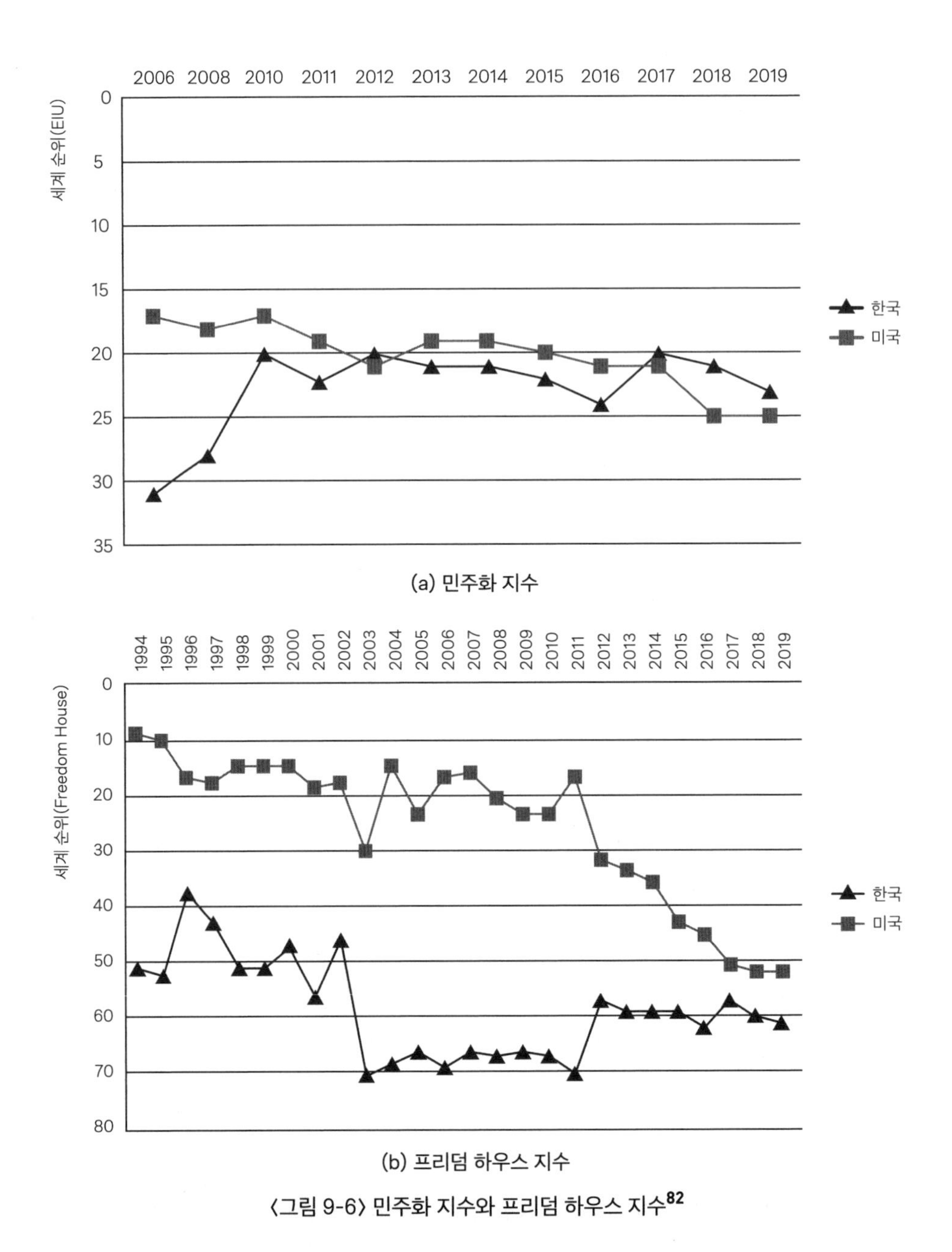

(a) 민주화 지수

(b) 프리덤 하우스 지수

〈그림 9-6〉 민주화 지수와 프리덤 하우스 지수[82]

---

82 The Economist Intelligence Unit, *Democracy Index 2007-2019*. https://www.eiu.com/topic/democracy- index (검색일: 2020. 3. 15); Freedom House, *Freedom In The World All excel data 2013-*

의 민주화 지수를 보면, 한국과 미국이 2010년을 기점으로 거의 유사하고, 2017년 이후에는 한국이 더 민주화된 것으로 발표하고 있다. 〈그림 9-6〉 (b)의 프리덤하우스 지수도 2012년 이후 급격하게 근접하고 있다.[83] 이것은 앞으로 한미가 결정한 정책에 대해 국민과 언론이 더욱 관심을 보이고 진행에 대한 경계도 높아짐을 의미함에 따라 이를 번복할 시 과거 대비 더욱 심각한 청중비용을 초래할 개연성이 크다는 것이다. 따라서 진행되고 있는 전시작전통제권 전환은 추진 관성이 더욱 높아질 것으로 예상되며, 갑작스러운 중단이나 한미 중 어느 한쪽이 원하는 방향으로의 일방적 추진 및 회귀도 어려울 것으로 평가된다. 결국, 시간이 걸리더라도 전작권 전환은 한미가 동등한 입장에서 동맹의 이익 극대화 또는 최적화를 이룰 수 있는 방향으로 진화될 수밖에 없다는 예견이 자연스러운 평가라고 본다.

3. 결론

작전통제권 전환은 한반도의 안보를 한국군 스스로 책임지겠다는 의지의 구현이자, 세계 10대 경제 강국으로 성장한 대한민국의 국력과 위상에 부응하는 조치이며, 향후 한미동맹을 상호보완적이며 미래 지향적으로 진화·발전시키는 데 분수령 역할을 할 중요한 전환점이다. 6·25전쟁 시 작전통제권을 이양한 이후부터 현재까지의 과정을 연구한 결과도 다음 세 가지 측면에서 이와 같은 명제의 타당성을 뒷받침한다. 첫째, 한국군의 작전통제권 전환은 미국의 전략적 이익 변화에 대한 한국군의 대응과 한미동맹에 의해 성숙된 제도적 장치를 통해 재조정되

2020. https://freedomhouse.org/ report/freedom-world(검색일: 2020. 3. 13); Freedom House, *Freedom Of The Press excel data 1979-2017*. https://freedomhouse.org/report/publication-archives (검색일: 2020. 3. 13)

83 자유 지수 관련 데이터가 2012년부터 2019년까지만 존재함에 따라 1994년부터 2011년까지는 프리덤하우스의 '언론의 자유' 지수를 사용하여 경향성을 분석했다.

어왔고, 둘째, 작전통제권 전환은 지도자의 성향과 관계없이 다양한 안보위협 속에서도 한국군의 환수 모멘텀 유지를 위한 노력을 통해 발전되어왔으며, 셋째, 양국 간 군사력, 경제력, 민주화 수준의 유사도가 높아지며, 양국의 균형 잡힌 의견이 반영되는 형태 및 지휘구조로 발전해가고 있다는 것이다.

현 정부는 한국군 핵심 군사능력을 조기 확보하고, '조건에 기초한 전작권 전환'을 추진하는 것을 국정과제 목표로 삼고 있다. 지금의 전작권 전환 절차는 2014년 한미가 합의한 내용 대비 조건 및 검증평가 절차라는 거시적인 테두리에서 변화가 없는 것처럼 보이지만, 현 연합사 구조를 유지하고 한국군 4성 장군이 지휘하는 미래연합사(Future CFC) 체제로 전환하여 합참의장의 미래연합사령관 미겸직, 연합사 캠프의 험프리스 이전 등을 포함하고 있다. 이것은 최근 2년 내에 발생한 변화로 많은 연구 및 검토가 필요하다. 벨, 샤프 등 전 한미연합사령관들과 클링너(Bruce Klingner), 스나이더(Scott Snyder), 오핸론(Michael O'Hanlon) 등의 학자들을 포함한 미 조야에서는 이미 새로운 지휘구조의 특성 및 영향요소 등에 대한 논의가 매우 활발하다. 이것은 미국에도 한국군 부대에 대한 모든 통제를 한국 정부로 이양하고, 미래연합사 체제를 통해 한국군 4성 장군에게 미군이 어디까지 지휘를 받아야 하는지를 제도적으로 약속하는 최초의 사례이기 때문이다. 또한, 미국이 추진하는 세계전략과의 연계성뿐만 아니라 미국 내의 반향 등을 고려해야 하는 민감한 내용이기에 더욱 관심이 높다. 하지만 국내에서는 한미동맹 재단과 일부 학자들을 제외하고는 이에 관한 연구가 매우 제한되고 부족한 상황이다. 이 논문을 통해 전문가들의 적극적인 관심을 촉구한다.

동북아 지역에서 북한과 주변국의 핵 및 재래식 전력 증강이 전략적 균형을 변화시킬 가능성은 여전하다. 이에 따른 한미의 상대적인 파워 손실에 의한 안보 딜레마도 피하기 어려운 현실이 될 수 있으며, 기존의 한미 연합지휘구조 및 억제방식도 한계를 노정시킬 수 있다. 게다가 적극적인 비핵화 시도를 통한 현재의 투트랙 접근방식도 북한의 비핵화 협의가 요원함에 따라 아직 그 효과를 예단하기가 제한된다. 그렇지만 확실한 것은 미래 위협대응을 위해 다양한 방식을 수용할 수 있는 유연한 한미연합방위태세와 전시작전통제권 전환 이후에도 지휘구조의 추가적인 진화가 필요하다는 것이다. 문제는 안보환경변화에 의한 불확실성이 높은 가운데 어떻게 추진할 것인가다. 2019년에는 10년 동안의 휴면기를 깨고 전작권 전환을 위한 기본운용능력(IOC) 검증을 다시 실시했다. 그리고 올해 8월 UFS에서 완전운용능력(FOC) 검증을 위한 한국 4성 장군 지휘하에 연합연습을 실시했다. 여러 가지 접근방식이 있겠지만, 연구를 통해 오롯이 효과를 확인할 수 있었던 것은 한미 양국이 위협을 같이 인식하고 노력을 통합할 수 있는 신뢰와 동맹의 정신이 투영될 수 있는 제도가 기반이 되어야 한다는 것이다. 앞으로도 유서 깊은 한미동맹이 한미 양국이 만족하는 전시작전통제권 전환 및 미래 지휘구조 형태로 안내할 것임을 믿는다.

참고문헌

국방부. 『국가안보에 한치의 빈틈이 없도록 추진하겠습니다: 조건에 기초한 전시작전통제권 전환』. 국방부, 2015.

______. 『2006~2018 국방백서』. 국방부, 2016~2018.

______. 『대량살상무기에 대한 이해』. 국방부, 2007.

______. 『대량살상무기 이해와 실제』. 국방부, 2018.

______. 『2020년도 국방예산』. 국방부 계획예산관실, 2020.

국방부 군사편찬연구소. 『한미동맹 60년사』. 군사편찬연구소, 2013.

김동기 · 권영근. 『합동성 강화: 美 국방개혁의 역사』. 연경문화사, 2005.

김홍철. 「미국의 전략과 군사력」. 『동아시아 영토분쟁과 국제협력』. 디딤터, 2014.

김홍철 · 박상묵. 「국제 군 비행훈련 사례연구를 토한 자립형 군 전력발전 사업에 대한 개념 논의」. 『국방연구』 53(3), 2010.

문보승. 「작전통제권 환수결정 변화요인 연구: 인식된 순위협의 변화를 중심으로」. 『한국군사학론집』 71(1), 2015.

박상현 · 신범철 · 권보람 · 백민정. 「아태재균형정책 이후 미국 군사전략의 변화와 한미동맹」. 『한국 국방연구원 연구보고서 안2016-3836』, 2016.

박창희.「전시작전통제권 전환과 신연합방위체계의 효율성」.『국방정책연구』 26(2), 2010.

박휘락.「참여정부의 전시작전통제권 전환 추진 배경의 평가와 교훈」.『군사』 90, 2014.

손대선.「전시작전통제권 전환정책 결정요인에 관한 연구」.『군사연구』 143, 2015.

송기풍우.「스윙전략(Swing Strategy)이 태평양 국가에 미치는 영향」.『군사연구』 115, 1980.

윤우주.『한국군의 군제 개혁사』. 한성애드컴, 2010.

외교부.『미국개황』. 대한민국 외교부, 2014.

이동률.「유엔에서의 중국 외교행태에 대한 실증 연구: 안보리 표결 행태를 중심으로」.『한국과 국제정치』 23(3), 2007.

정경영.『통일한국을 향한 안보의 도전과 결기』. 지식과감성, 2017.

정석환.「한미 국방장관회담의 성과와 의의」.『ROK Angle』, 2019.

정성윤.「김정은 정권의 핵전략과 대외 · 대남전략」.『김정은 정권 5년 통치전략과 정책 실태』. 통일연구원, 2017.

조한승 · 김홍철.「연합합동 항공작전 수행을 위한 핵심역량 강화방안: 미 · 중 경쟁구도와 한국군의 대응방향」.『동북아 안보환경 변화와 한국공군 발전과제』. 세종연구소, 2012.

최윤미.「전시작전통제권 전환 정책에 대한 영향요인 분석: 세가지 분석 수준을 활용한 주요 변수들의 영향력 평가」.『국방연구』 62(4), 2019.

합동참모본부.『비핵화에 대한 이해 I』. 합동참모본부, 2018.

황인락.『주한미군병력규모 변화에 관한 연구: 미국의 안보정책과 한미관계를 중심으로』. 경남대학교 대학원 박사학위논문, 2010.

Arreguin-Toft, Ivan. *How the Weak Win Wars: A Theory of Asymmetric Conflict*. New York: Cambridge University Press, 2005.

Dittmer, Lowell. "The Strategic Triangle: An Elementary Game-Theoretical Analysis." *World Politics* 33(4), 1981.

Economist Intelligence Unit. *Democracy Index 2007-2019*, 2019. The Economist Intelligence Unit (https://www.eiu.com/topic/democracy-index) (검색일: 2020. 3. 15).

Fearon, James. "Domestic Political Audiences and the Escalation of International Disputes." *American Political Science Review* 88(3), 1994.

Freedom House. *FIW 2013-2020*, 2020. (https://freedomhouse.org/report/freedom-world) (검색일: 2020. 3. 13).

______. *Freedom Of The Press data 1979-2017*, 2019. (https://freedomhouse.org/report/publication-archives) (검색일: 2020. 3. 13).

King, Gary. Keohane Robert O. & Verba Sidney. *Designing Social Inquiry: Scientific Inference in Quantitative Research*. Princeton University Press, 1994.

Klingner, Bruce. "It is not right time to discuss OPCON Transfer." *The Heritage Foundation*, 2009. 6. 22. (https://www.heritage.org/defense/commentary/its-not-right-time-discuss-opcon-transfer) (검색일: 2020. 3. 17).

Mearsheimer, John J. *The Tragedy of Great Power Politics*. New York · London: W.W. Norton & Company, 2001.

Morrow, James D. "Alliances and Asymmetry: An Alternative to the Capability Aggregation Model of Alliance." *American Journal of Political Science* 35(4), 1991.

Stockholm International Peace Research Institute. Military Expenditure data for all countries (1948-2018), 2020. (https://sipri.org./databases/milex) (검색일: 2020. 3. 12).

Tammen, Ronald L. et. al. *Power Transitions: Strategies for the 21st Century*. CQ Press, 2000.

The White House. *National Security Strategy*. 2017.

US Department of Defense. *National Defense Strategy*. 2018.

______. *Nuclear Matters Handbook 2016*. 2016.

______. *50·51th SCM Joint Communiqu*. 2016. (https://www.defense.gov/Newsroom/Releases/article/2018651/joint-communique) (검색일: 2020. 3. 5).

______. *Quadrennial Defense Review Report. 2001/2006/2010*. (http://www.defense.gov/qdr) (검색일: 2020. 3. 12).

______. *REPORT TO CONGRESS: Strengthening US Global Defense Posture*. 2004.

______. *Nuclear Posture Review 2018*. 2018.

______. *World Military Expenditure and Arms Transfer 1964-1997*. (https://2009-2017.state.gov/t/avc/rls/rpt/wmeat/c50834.htm) (검색일: 2020. 3. 9).

______. *World Military Expenditure and Arms Transfer 2019*, 2019. (https://2009-2017.state.gov/t/avc/rls/rpt/wmeat/c50834.htm(검색일: 2020. 3. 10).

World Bank. GDP data(1960-2018), 2020. WORLD BANK (https://data.worldbank.org./indicator/NY.GDP.MKTP.CD) (검색일: 2020. 3. 16).

"미래한미연합사령관, 한 4성 장군 맡기로… 軍 합참의장 업무 과중". 『뉴스원』, 2019년 6월 4일자.

"北, 올해 13번 도발… 미사일 · 방사포 쏘며 무력키웠다". 『뉴스핌』, 2019년 12월 23일자.

"북, 정권수립일에 5차 핵실험, 군 핵무기 위해시 김정은 응징". 『연합뉴스』, 2016년 9월 9일자.

"북한 미사일, 이제껏 얼마나 쐈나 봤더니… 김정은 때만 86발". 『국제신문』, 2017년 11월 29일자.

"연합사 사실상 유지… 한국군 대장이 미군지휘". 『연합뉴스』, 2013년 6월 1일자.

"찾아지는 북한 지진… 곳곳서 핵실험여파 징후". 『연합뉴스』, 2017년 12월 7일자.

10장

북한의 대남 회색지대 전략: 개념, 수단 그리고 전망[1]

김남철 · 최영찬

1. 서론

국가 간 이익이 충돌하여 발생하는 분쟁의 경우, 그 해결수단으로 군사력이 주로 사용되고 있다. 1918년부터 2015년까지 발생한 국제위기 475건 중 57%인 269건이, 또 세계분쟁 2,248건 중 73%인 1,643건이 군사력 사용을 통해 해결된 것이 이런 사실을 신뢰성 있게 뒷받침하고 있다.[2]

---

1 이 글은 『한국군사학논총』 10(1), 2021에 발표한 논문을 수정 및 보완한 것이다.

2 국제위기 현황은 ICB(International Crisis Behavior) 프로젝트를 통해 확인할 수 있다. ICB 프로젝트는 1975년 미국 듀크대학과 사우스캘리포니아대학에서 1918년부터 2015년까지 세계 위기사례 475건을 연구하여 데이터뱅크화한 것이다. https://sites.duke.edu; 세계분쟁 데이터는 COW(Correlates of War) 프로젝트에서 얻을 수 있었다. COW 프로젝트는 1972년 미시간대학의 싱어(J. David Singer) 교수에 의해 주도되었으며, 최근 이 데이터는 바넷과 스템(Bannett and Stem)에 의해 보완되었다. COW

지금 이 순간에도 세계 곳곳에서 발생하고 있는 크고 작은 분쟁을 해결하기 위한 각국의 노력을 군사력을 포함한 제 국력요소[3]의 운용 측면에서 분석해보면, 적어도 두 가지 일반적인 분쟁수행방식을 발견하게 된다. 첫째, 동일한 규칙 내에서 강자와 약자가 싸우면 강자가 이기는 것이 분쟁의 통상적인 양상이었으나, 최근 분쟁에서는 강자가 꼭 승리하는 것은 아니라는 사실을 보여주고 있다. 일례로 강대국과 약소국 간의 전쟁 197건을 분석한 결과, 강대국의 승률은 71%이고 약소국의 승률은 29%였지만, 전쟁방법을 달리했을 때 약소국의 승률이 무려 63%에 달했다는[4] 연구 결과가 이를 입증하고 있다. 이는 약자의 입장에서 강자가 결정한 분쟁의 규칙을 따르지 않고 자신이 결정한 규칙으로 주도권을 확보해 싸우는 새로운 분쟁수행방식을 고안해냈기 때문이다.

둘째, 국가 간에 분쟁이 발생하면, 각국은 상대의 강점을 회피하고 약점을 공략하기 위해 최대한의 노력을 기울인다는 점이다. 이 과정에서 강자든 약자든 상대방의 강점을 회피해가면서 상대방의 '중심(Center of Gravity)'과 '핵심적 취약점(Critical Vulnerability)'을 집중적으로 공략해 조기에 승리를 쟁취할 수 있는 새로운 분쟁수행방식을 고민할 수밖에 없다는 점이다. 일단 분쟁이 발생하면 승패와 관계없이 상호 간에 엄청난 유·무형의 피해를 초래하기 때문이다. 바로 이러한 이유 때문에 강자든 약자든 가급적 직접적인 군사적 충돌을 회피 혹은 최소화하면서 자국의 국가이익과 국가목표를 달성할 수 있는 방안을 고민하게 된다. 이렇게 해서 나오게 된 분쟁수행방식 가운데 하나가 바로 군사적 수단과 기타 비군사적

홈페이지에서는 1816년부터 2015년까지 세계분쟁 데이터를 제공하고 있다. https://correlatesofwar.org

3 일반적으로 국력의 수단들을 지칭하는 용어는 DIME(외교, 정보, 군사, 경제)가 주로 사용되고 있으며, DIME는 Diplomatic, Informational, Military, Economic의 약자다. 최근에는 새로운 용어인 MIDFIELD(군사, 정보, 외교, 자본, 지식, 경제, 법규, 개발)를 국력의 요소로 활용하기도 하며, MIDFIELD는 Military, Informational, Diplomatic, Financial, Intelligence, Economic, Law, Development의 약자다. U.S. JCS, Strategy (Joint Doctrine Note 1-18). pp.Ⅱ-5~Ⅱ-8.

4 Ivan Arreguin-Toft, "How the Weak Win Wars: A Theory of Asymmetric Conflict," *International Security* Vol. 26, No. 1(2001).

수단이 혼합된 전면전의 문턱을 넘지 않는 '회색지대(gray zone)'에서 이뤄지는 '복합전(hybrid warfare)'이다.

회색지대는 전쟁과 평화 사이에 있고 실제전투에 의존하지 않은 채 타 국가들에 대해 정치적 · 영토적 이득을 취하려고 하는 상태로, 일반적인 정상상태 외교보다 본질적으로 더 치열한 정치적 · 경제적 · 정보적 · 군사적 경쟁을 특징으로 한다.[5] 일례로 미국의 항행의 자유 작전(Freedom of Navigation Operations), 러시아의 크림반도 합병, 중국의 남 · 동중국해에서의 양배추 전략(Cabbage Strategy),[6] 북한의 비무장지대(DMZ) 내 남측감시초소(GP)에 대한 총격도발, 그리고 연이은 역정보 제공과 기만행위 등을 대표적인 사례들로 들 수 있다.[7] 이런 사례들은 사실 전쟁 혹은 분쟁으로 규정하는 것 자체가 모호하고 어렵기 때문에 상대국가가 군사적으로 단호하게 대응하는 것이 그리 쉽지 않다.

지금까지 북한에 대한 회색지대 전략 연구가 제대로 이뤄지지 않았을 뿐 러시아, 중국보다 회색지대 전략을 가장 먼저 적극적으로 활용해오고 있는 국가는 바로 북한이다. 북한은 정전협정 이후 지속해서 회색지대 전략을 추구해왔음에도 국내에서의 연구 결과는 매우 부족하다. 그동안의 연구는 대부분 중국의 남 · 동중국해에서 미 · 중 갈등과 동유럽에서 러시아의 행태에 초점을 맞추어 진행되어왔다. 그나마 북한의 회색지대 전략에 관한 연구로 주목할 수 있는 것은 반길주와 김창곤의 연구다. 먼저, 반길주는 동북아 국가에서 공통적으로 나타날 수 있는 회색지대 전략의 속성만 일부 취합하여 사례를 분석하면서, 북한의 회색지대 전략은 북방한계선(NLL: Northern Limit Line) 무실화, 정치(선거)에 영향을 주기 위한 도

5 Joseph L. Votel, Charles T. Cleveland, Charles T. Connet, and Will Irwin, "Unconventional Warfare in the Gray Zone," *Joint Force Quarterly* 80 (1st Quarter 2016), p. 102.

6 Zhenhua Lu, "China Accused of Entering 'Grey Zone' between War and Peace to Assert Control in Disputed Waters," *South China Morning Post* (June 28, 2019).

7 김종하, "恒在戰場 실종된 군대와 北복합도발", 『문화일보』, 2020년 5월 18일자. 〈http://www.munwha.com/news/view.html?no=2020051801073111000001〉(검색일: 2020. 10. 16)

발, 사이버전 및 핵·미사일 개발에 적용되었다고 주장했다.[8]

김창곤은 중·일 간 센카쿠열도 분쟁, 한반도 사드(THAAD: Terminal High Altitude Area Defense) 배치 갈등사례 분석을 바탕으로 핵·WMD(대량살상무기, Weapon of Mass Destruction)를 활용한 강압, 사회혼란 조성을 위한 역정보 전파 등을 북한의 회색지대 위협 양상으로 전망했다.[9] 그런데 북한의 회색지대 전략에 관해 드물게 연구된 위 2편의 성과물도 동북아 국가에 관한 포괄적인 연구로, 북한에 집중한 연구라고 보기 어려우며, 북한의 회색지대 전략에 대한 명확한 개념 설정과 방법에 대한 세부적인 논의가 부족하다고 판단된다. 또한, 가장 아쉬운 점은 북한이 회색지대 전략을 정전협정 이후 지속해서 추진해왔다는 전제와 그 전제를 뒷받침할 수 있는 논지가 다소 부족하다. 따라서 적어도 현시점에서 본 연구는 북한의 대남 회색지대 전략에 집중한 학술적 접근이라 할 수 있다.

이런 맥락에서 본 논문의 연구문제는 다음과 같다. 정전협정 이후 북한의 회색지대 전략 개념(ways)[10]은 무엇인가? 북한이 이러한 회색지대 전략을 추진하기 위한 수단(means)은 무엇인가? 향후 북한이 구사할 가능성이 높은 대남 회색지대 전략은 무엇이며, 우리가 유념해야 할 시사점은 어떠한 것들이 있는가? 이런 질문들을 해결하기 위해 본 논문은 5개의 절로 구성했다. 1절 서론에 이어 2절에서는 회색지대 전략의 개념과 특징을 검토했다. 3절에서는 전략의 구성요소 중에서 개념과 수단을 주요 분석요소로 북한의 대남 회색지대 전략을 분석했다. 이때, 수단은 제 국력요소(DIME)[11]를 사용했다. 4절에서는 장차 북한에 의해 한반도에서 벌어질 가능성이 높은 북한의 회색지대 전략을 전망하고, 이에 대한 시사점을 분석

---

8 반길주, 「동북아 국가의 한국에 대한 회색지대 전략과 한국의 대응방안」, 『한국군사』 7, 2020, pp. 35-69.

9 김창곤, 「한반도 주변의 회색지대 위협과 대응방향」, 『군사연구』 149, 2020, pp. 91-130.

10 U.S. JCS, *Strategy* (Joint Doctrine Note 1-18), p. I-1. 포괄적이고 효과적인 전략(Strategy)은 목표(Ends), 개념(Ways), 수단(Means), 위험(Risk)과 비용(Cost)을 고려한다. 이 책에서 제시하고 있는 개념(Ways)은 일반적으로 방법(Ways)과 혼용하여 사용되기도 한다.

11 제 국력요소로 DIME(외교, 정보, 군사, 경제) 요소를 사용했다.

했다. 끝으로 본 논문의 목적은 북한의 대남 회색지대 전략의 세부적인 전개 양상을 제시하려는 것이 아닌, 우리가 그간 간과했던 북한의 회색지대 전략의 위험성을 재인식하는 데 있다는 점을 강조한다.

2. 회색지대 전략의 개념과 특징

1) 회색지대 전략의 개념

사전적으로 회색지대는 "군사적으로는 전략무기인지 전술무기인지에 대한 판단이 어려운 회색무기"를 지칭하기도 하며,[12] "다른 국가에 해를 끼치는, 그리고 때때로 전쟁행위로 간주되기는 하지만, 법적으로는 전쟁이 아닌 어떤 국가의 활동들"을 의미하는[13] 용어로 정의하기도 한다. 따라서 어느 영역에 속하는지 불분명한 중간지대(Zone)뿐만 아니라 활동들(Activitys) 등을 포괄하는 용어로 사용한다.

냉전 시기에 헨리 키신저는 소련이 주변지대를 서서히 잠식하며 미국을 무력화하는 회색지대 전술을 쓴다고 언급한 적이 있다.[14] 미·중 패권경쟁이 심화되면서 이 용어가 다시 등장하게 되었고, 미국의 국방부, 합참, 그리고 각 군에서 복합전(Hybrid Warfare)을 묘사할 때 빈번하게 사용하고 있다. 2010년 미국 국방부는 『4년주기 국방검토보고서(QDR: Quadrennial Defense Review)』에서 중국의 부상을 염두에 두고 미래의 전략환경 가운데 하나로 전쟁도 평화도 아닌 회색지대에 주목할 필요가 있음을 명시하고 있다.[15] 또한 2015년 미국 특수전사령부 『회색지대』 백서

---

12 www.naver.com.(검색일: 2020. 10. 5)

13 dictionary.cambrige.org.(검색일: 2020. 9. 24)

14 Henry A. Kissinger, "Military Policy and Defense of the 'Gray Areas'," *Foreign Affairs* Vol. 33. No. 3 (1955), pp. 416-428.

15 U.S. DoD, *QDR* (Quadrennial Defense Report)[February 2010], p. 73.

에서 미국은 전통적 전쟁과 평화 사이에서 국가와 비국가 행위자 간의 경쟁적 상호작용으로서 회색지대 도전에 직면하고 있다고 기술하고 있다.[16]

그리고 2018년 미 합참 전투발전사령부의 『전략』에서 미국은 효과적으로 대응할 수 없는 경쟁자들로부터 혁신적인 대응이 필요한 다수의 복합적인 도전요인에 직면해 있고, 이러한 전략적 경쟁의 모습이 협력과 무력분쟁 사이에서 무력분쟁보다 낮은 수준의 경쟁이 나타나고 있다고 언급하고 있다. 무력분쟁보다 낮은 수준의 경쟁은 둘 이상의 전략적 행위자가 서로를 양립할 수 없는 이익을 추구하는 경쟁자로 인식할 때 발생하며, 경쟁자들은 상호 협력할 수도 있고, 다른 전략적 행위자의 이익에 불리한 방식으로 개입할 수도 있다고 기술하고 있으며, 일반적으로 설명하는 전쟁과 평화 사이를 다른 표현으로 '협력-무력분쟁보다 낮은 수준의 경쟁-무력분쟁'으로 구분해 설명하고 있다.[17]

2019년 랜드연구소는 "회색지대는 전쟁과 평화 사이의 작전 공간으로, 간혹 군사 및 비군사적 행동의 경계 그리고 사건의 귀속을 모호하게 함으로써 대개의 경우 재래식 군사적 대응을 촉발시킬 수 있는 데까지는 미치지 못하는 현상을 변화시키기 위한 강압적인 행동을 수반하는 것"[18]으로 정의하고 있다.

종합적으로 회색지대 전략은 "상대방과 정면대결을 하지 않으면서 애매모호한 회색지대에서 제 국력요소를 이용한 위협으로 갈등을 유발하여 상대방이 단호한 대응을 하지 못하도록 의사결정에 지장을 줌으로써 자신들이 설정한 이익을 달성하는 전략"으로 정의할 수 있다.

---

16 U.S. SOCOM (Special Operations Command), "The Gray Zone," *White Paper* (September 9, 2015).

17 U.S. JCS, *Strategy* (Joint Doctrine Note 1-18), p. I-1, pp. Ⅲ-1~Ⅲ-2.

18 Lyle J. Morris, et al., *Gaining Competitive Advantage in the Gray Zone: Response Options for Coercive Aggression Below the Threshold of Major War* (Santa Monica: RAND Corporation, 2019), p. 8.

2) 회색지대 전략의 특징

회색지대는 무력분쟁의 본질에 관한 모호성, 관련 당사자들의 불투명성 또는 관련 정책 및 법적 프레임워크에 대한 불확실성에 의해 특징 지어지며, 어느 정도의 '공격성(aggression)', 보는 관점에 따라 서로 다른 '시각-의존적(perspective-dependent)', '모호성(ambiguity)'을 가지고 있는 개념이라 할 수 있다.[19] 이 가운데 어느 정도의 '공격성'은 전쟁과 평화 사이에서 전쟁으로 치닫지 않을 만큼의 도발을, '시각-의존적'이라는 것은 동일 사건에 대해 한쪽은 평화의 영역으로 다른 한쪽은 전쟁의 영역으로 분류하거나 인식할 수도 있다는 의미다. 그리고 '모호성'은 기존의 방식에서 벗어난 다른 방법과 수단 사용의 모호성, 관련 행위자의 모호성, 기존의 규칙과 질서를 따르지 않는 모호성을 가지는 것을 의미한다.

이 세 가지 의미 가운데에서 회색지대 전략에서는 모호성의 개념이 특히 중요하다. 그 이유는 회색지대에서는 상대의 약점을 대상으로 자신의 군사력을 포함한 제 국력요소를 모두 통합해 다양한 방법으로 도발하며, 제 국력요소를 결코 전쟁으로 치닫게 하지 않는 수준에서만 사용하려는 목적을 갖고 있기 때문이다. 이런 모호성을 적극적으로 활용해 각국은 자국의 국가전략목표를 달성하려 하는 것이다. 회색지대 전략을 추구하는 행위자는 국가일 수도 비국가 행위자일 수도 있으며, 그들이 사용하는 방법은 비전통적인 방식을 포함하기도 하고, 수단은 군사력을 포함한 제 국력요소를 포함하기도 하며, 전쟁으로 넘어서지 않는 선에서 무력분쟁(전쟁)보다 낮은 수준의 경쟁을 활용한다.[20]

이러한 회색지대 전략은 전쟁의 발생과 확전을 우려하는 상대방에 대해 활용

---

19 U.S. SOCOM (Special Operations Command), "The Gray Zone," *Special Warfare* (Oct-Dec, 2015), pp. 20-22.

20 마자르(Mazarr)는 회색지대에서 이루어지는 전략은 구체적이고 빈번하게 행위자의 야심찬 목표를 위해 계산되고 통합된 방법으로 정치적 목표를 추구하고 이를 위해 주로 비군사적 또는 비활동적인 도구를 사용한다고 설명한다. Michael J. Mazarr, *Mastering the Gray Zone: Understanding a changing Era of Conflict* (Carlisle, PA: Strategic Studies Institute, 2015).

하는 데 상당히 유용한 전략이라 할 수 있다. 만약 북한이 한국에 대해 회색지대 전략을 빈번하게 활용할 경우, 이에 대처하는 것이 그리 쉬운 일은 분명히 아니다. 왜냐하면 한국처럼 대외 무역 의존도와 경제발전 정도가 높은 국가일수록 북한이 구사할 수 있는 회색지대 전략이 더욱 다양하고, 그 효과도 대단히 클 수 있기 때문이다.

이런 점을 염두에 두고, 본 연구에서는 북한의 회색지대 전략을 "전쟁과 평화 사이에서 또는 협력과 무력분쟁 사이에서 전쟁을 회피하면서 한국이 구축한 질서를 따르지 않고, 한국의 취약점에 대해 애매모호한 군사적·비군사적 수단과 방법으로 위협하며, 궁극적으로 북한의 국가전략목표를 달성하고자 하는 전략"으로 정의한다.

3. 북한의 대남 회색지대 전략 분석

6·25전쟁 이후부터 지금까지 북한의 전략적 목표(Ends)는 변하지 않았다. 궁극적 목표는 한반도 적화통일, 당면목표는 정권 유지 및 체제보장이다. 북한은 전략적 목표달성을 위해 전략 구성요소 중 개념(Ways)과 수단(Means)에 변화를 주면서 회색지대 전략을 지속해서 추구해나가고 있다. 이미 북한은 중국의 국공내전, 베트남 전쟁, 아프가니스탄 전쟁, 이라크 전쟁 등 과거와 현재의 전쟁이 주는 교훈을 보았으며, 북한은 이를 자신의 실정에 맞게 적용하고 있는 것으로 판단된다.

1) 과거 북한의 회색지대 전략

과거에 북한이 즐겨 사용해온 회색지대 전략은 '살라미(Salami)', '벼랑 끝(Brinkmanship)', '화전양면(Stick and Carrot)' 전략의 세 가지 형태로 분류해볼 수 있다.

우선, 살라미 전략은 큰 덩어리의 현안을 잘게 잘라서 쟁점화하고, 이를 하나씩 해결해나가면서 많은 실리를 챙기는 전략을 의미한다. 이것은 북한이 미국과의 핵 협상에서 자주 구사해온 방식이다. 핵을 전격적으로 폐기하지 않으면서 동결, 유예, 불능화, 봉인 등 다양한 개념을 개발해 단계적 해결방안을 제시하여 단계마다 상대에게 양보와 지원을 이끌어내왔다.[21]

둘째, 벼랑 끝 전략은 위험한 상황을 재앙 직전까지 밀어붙여 상대에게 유리한 결과를 얻어내는 책략이다. 극단적인 방법을 사용할 의도나 행동을 보여주어 상대로부터 양보를 이끌어내는 것이다. 북한은 핵을 수단으로 벼랑 끝 전략을 강행하고 있다. 선비핵화를 지향하며 제재로 북한의 변화를 유도하려는 한국과 미국에 대항하여 핵 보유를 체제 생존전략으로 내세우며 대립하는 상황에서 자주 활용하고 있다.

셋째, 화전양면 전략은 겉으로는 평화를 이야기하지만, 속으로는 전쟁을 준비한다는 뜻으로 화해와 위협을 반복하다가 전쟁을 일으키는 기술로 북한의 정형화된 전략이다. 최근에도 북한은 2019년 10월 4일과 5일 북미 실무협상을 진행하자고 합의해놓고 그 직전인 10월 2일 동해상으로 잠수함발사탄도유도탄(SLBM: Submarine-launched ballistic missile)으로 추정되는 발사체를 발사[22]해 한반도의 긴장상태를 조성한 바 있다.

북한은 이러한 형태의 회색지대 전략을 지속해서 적용하고 있는데, 이렇게 하는 가장 큰 이유는 한국과 북한 간 국력의 차이가 크기 때문이다.

데이비드 강(David C. Kang)은 그의 논문에서 비관론자들이 주장하는 제2의 한국전쟁이 발생하지 않은 이유를 국민총생산, 군사비 등의 차이 때문으로 평가했다. 그는 비관론자들은 한반도에서 전면전 가능성에 무게를 두어왔으며, 비관론자들에 의해 제기된 북한의 전면전 가능 시기는 1961년 박정희 대통령에 의한 군

---

21 심윤희, "살라미 전술", 『MK뉴스』, 2018년 3월 29일자. http://www.mk.co.kr/opinion/columnists/view/2018/03/202398 (검색일: 2020. 7. 7)

22 임락근, "북, 미 · 북 실무협상 개시 선언하고 SLBM 추정 미사일 발사… 화전양면전술?", 『한국경제』, 2019년 10월 2일자. http://www.hankyung.com/politics/article/201910028836i(검색일: 2020. 10. 16)

사혁명 시기, 1970년 닉슨 독트린에 의한 미군 철수 시기, 1979년 박정희 대통령 암살 시기, 1980년 전두환 대통령에 의한 집권 시기, 1986~1987년 민주화 운동 시기, 1992~1994년 북핵 위기 등 6개 시기로 평가했으나, 그 예측과 달리 한반도에서 전면전은 발발하지 않았다고 주장하면서, "비관론자들이 모든 면에서 뒤떨어진 북한이 왜 제2의 한국전쟁을 일으킬 것이라고 지속해서 믿고 있는지 의문이다"라고 혹평하고, 한국을 상승하고 있는 방어자(Rising Defender), 북한을 기진맥진해진 도전자(Moribund Challenger)로 평가했다.[23] 즉, 북한은 한국을 상대로 전쟁을 일으킬 만한 능력을 보유하지 못하고 있다고 평가하고 있는데, 이러한 주장은 북한의 회색지대 전략 추진 필요성과 당위성을 잘 대변해주고 있다.

이는 COW(Correlates of War) 프로젝트에서 개발한 국력지수를 제공하는 EUGene(Expected Utility Generation and Data Management Program) 프로그램[24]을 활용한 국력종합지수(CINC: The Composite Index of National Capability)[25] 비교를 통해서도 어느 정도 설득력 있는 설명이 가능하다.

〈그림 10-1〉은 국력종합지수와 군사력의 잣대인 국방비 지출액 변화를 나타낸 것이다. 국력종합지수에서는 1979년 이후 남북한 국력 격차가 더욱 분명하

---

23 David C. Kang, International Relations Theory & the Second Korean War, *International Studies Quarterly* 47-3 (2003), pp. 301-324.

24 국력측정은 국내에서는 클라인(Cline) 지수를 주로 사용하고 있는 편이지만, 세계적으로는 데이터뱅크화된 COW 지수를 더 널리 사용하고 있다. COW 프로젝트는 1972년 미시간대학의 싱어(J. David Singer) 교수에 의해 주도되었으며, 최근 이 데이터는 바넷과 스템(Bannett and Stem)에 의해 보완되었으며, 보완된 프로그램을 EUGene으로 부른다.

25 이 지수는 한 국가가 세계 전체 국가 중에서 어떤 위치에 있는가를 나타내주는 상대적인 국력지수다. 3개 분야란 인구, 산업, 군사 분야를 말하며, 각 분야에 두 가지 항목을 고려했다. 인구 분야에서는 국가별 총인구와 도시인구가 지표로 사용되었다. 도시는 2만 명 이상 거주하는 도시지역으로 정의된다. 산업 분야는 철강 생산량과 에너지 소비량이 지표로 사용되었으며, 철강 생산량 지수는 산업발전을 고려하여 1894년 이전에는 주철과 강철 모두를, 이후에는 강철을 기준으로 측정했다. 에너지 소비량은 각국의 석탄, 석유, 전기, 가스 등 여러 형태의 에너지 소비량을 석탄 소비량으로 환산한 것이다. 군사 분야에서는 정규군의 병력 수와 군사비가 지표로 선정되었다. 예비군은 산출대상에서 제외되었으며, 군사비는 기준환율로 환산하여 산출되었다. 시장환율을 기준으로 1919년 이전에는 파운드화, 이후에는 달러화로 환산했다. Stuart A. Bremer, "National Capabilities and War Proneness," *The Correlates of War: I* (New York: The Free Press, 1979), p. 60.

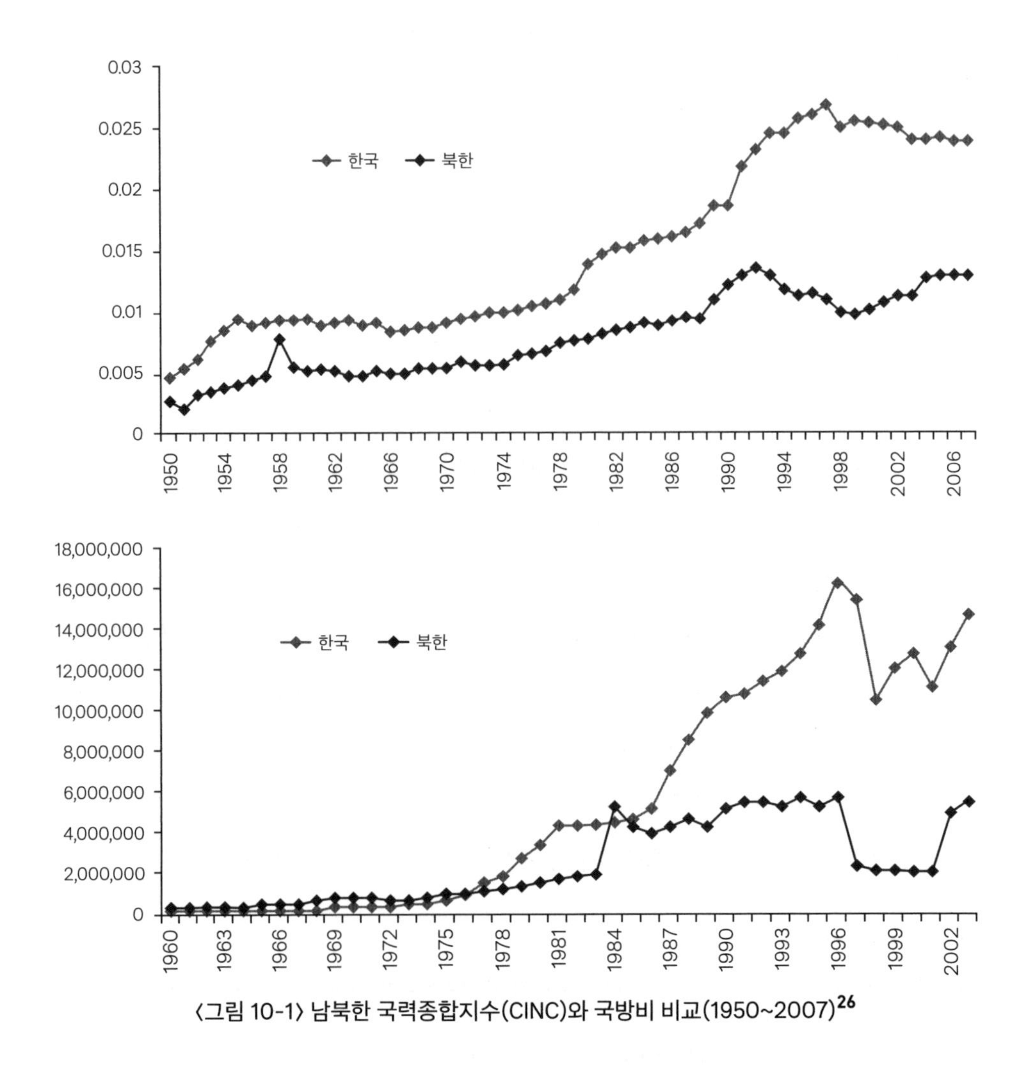

〈그림 10-1〉 남북한 국력종합지수(CINC)와 국방비 비교(1950~2007)[26]

게 벌어지고 있으며, 국방비 지출에서도 1987년 이후 그 격차는 더욱 심화되고 있다. 따라서 북한은 자신들의 국력 수준을 고려하여 실정에 맞는 회색지대 전략을 채택하고 있으며, 이것은 현대의 전쟁양상을 반영하면서 진화하고 있는 것으로 평가할 수 있다.

---

26 EUGene software ver 3.2에서는 1950년부터 1957년, 1959년과 2004년 이후 북한의 국방비를 제공하지 않으므로 이 부분은 분석에서 제외했다.

2) 최근 북한의 회색지대 전략 개념과 수단

최근 북한의 회색지대 전략은 전략의 구성요소로 평가해볼 때 전략적 목표(Ends) 달성을 위해 개념(Ways)과 수단(Means)을 새롭게 적용하고, 또한 비용(Cost)과 위험(Risk)까지도 반영하여 발전시킨 전략이라고 평가된다.

(1) 북한의 회색지대 전략 개념

최근 북한의 회색지대 전략은 더욱 지능화되고 정교해지고 있고, 전략 개념(Ways)은 군사력을 주수단으로 사용해 한국의 군사력을 공격하는 것처럼 위장하지만, 실제로는 한국의 정치·경제·사회적 취약점을 공격하는 형태로 진화하고 있다. 즉, 북한은 군사적 위협을 통해 위기를 조성하여 한국의 정치·경제·사회적 불안정을 불러일으켜 협상을 강요하고, 또 협상 시 유리한 위치를 점하는 전략을 취하고 있다.

위기강도가 증가할수록 상대국가의 정치·경제·사회적 불안정은 증대하게 된다. 이는 ICB 프로젝트에서 제공하는 국제위기 현황을 활용한 통계분석을 통해서도 잘 알 수 있다. 북한은 한반도에서 위기를 고조시켜나가는 것이 자신들의 전략목표 달성을 위해 효과적이라고 판단하고 있으며 이를 적극적으로 활용하고 있다.

〈표 10-1〉 위기 강도와 정치, 사회 및 경제적 불안정 간 분석 결과

종속변수		독립변수	Exp(B)	p
경제·사회적 불안정	생필품의 현저한 부족	위기강도	1.444*	.001
	생활비용의 현저한 증가		1.286*	.013
	식료품값의 현저한 상승		1.255*	.020
	경제상황의 현저한 악화		1.081	.398
정치적 불안정	집단 폭력행위의 현저한 증가		1.650*	.000
	정부불안의 현저한 증가		1.422*	.001

$p < .05$

〈표 10-1〉은 ICB dataset에서 제공하는 세계 국제위기를 바탕으로 위기강도에 따른 해당 국가의 정치적·사회적·경제적 불안정성을 통계프로그램 SPSS ver. 19를 활용해 이항로지스틱으로 회귀분석한 내용이다.[27] 분석 결과, 위기강도가 비폭력(Non-violence) — 위기가 발생했으나 상호 간 충돌이 없는 경우 — 과 사소한 충돌(Minor clashes), 심각한 충돌(Serious clashes) 및 전면전(Full scale war)으로 증가할수록 전반적으로 한 국가의 정치와 경제 및 사회적 상황 — 집단 폭력행위, 정부 불안정, 생필품 부족, 생활비용 증가, 식료품값 상승 — 은 위기발생 이전보다 현저하게 불안정[28]해질 상황으로 치달을 가능성이 1.286~1.650배 증가하게 된다.

이런 점을 한반도 현실에 적용해보면, 북한이 위기강도를 높이면 높일수록 한국의 불안정성은 증대하게 된다. 전쟁의 문턱을 넘지 않는 범위 내에서 위기 발생과 강도 조절은 북한에 상대적인 이득을 가져다줄 수 있는 매우 유용한 회색지대가 된다.

아울러, 북한은 위기 강도를 전쟁과 평화 사이에서 적절히 조정해 전략 목표를 달성하려 노력하고 있음을 보여주고 있다. 이는 북한의 지속적인 주요 도발사례 총 303건[29]을 갈등과 평화지수(COPDAB: Conflict and Peace Data Bank)화[30]해서 분

---

27 통계분석은 ICB 데이터 중 행위자 수준(Actor Level)을 기준으로 세계 위기 1,064건 중 결측치 등을 제외하고 490건에 대해 실시했으며, 독립변수는 위기강도(Non-violence, Minor clashes, Serious clashes 및 Full scale war) 네 가지, 종속변수는 정치, 사회 및 경제적 불안정성을 나타내는 지표(생필품 부족, 생활비용, 미취업, 인플레이션, 식료품값, 노동분규, 경제상황 악화, 사회폭동, 집단 폭력행위, 정부불안) 10가지로 선정했다. 통계분석은 원 자료들이 명목척도로 구성되어 있어 교차분석을 통해 위기강도와 불안정성 지표 간 연관성이 없는 변수인 미취업, 인플레이션, 노동분규, 사회폭동 네 가지는 이항로지스틱 분석에서 제외했다. 위기강도와 불안정지표에 대해서는 Michael Brecher, Jonthan Wilkenfeld, et al., *International Crisis Behavior Data Codebook, Version 12* (23 August 2017) 참조.

28 ICB에서는 위기발생 이전 4년간과 위기발생 시를 비교하여 정치, 경제 및 사회적 불안정성 데이터를 조사하여 제공하고 있다.

29 연구기간 중 북한의 도발목록은 합참정보본부, 『군사정전위원회 편람 제5집』, 합참, 2001, pp. 182-206에서 제공하는 북측의 정전협정 주요 위반사건 총 190건을 기준으로 국방부, 『국방백서 2010』, 국방부, 2010, pp. 250-251; 홍성우, 「북한의 도발패턴: 유형과 의도를 중심으로」. 성균관대학교 대학원 석사학위논문, 2018, 부록1. 시기별 북한의 대남도발사례 및 이윤규, 『대남 침투도발사』, 살림, 2014에 명시된 사례를 추가하여 목록화했다.

30 COPDAB은 미국 메릴랜드대 에드워드 아자르(Edward E. Azar) 교수에 의해 1948~1978년까지 30년

〈표 10-2〉 북한 도발에 대한 갈등지수

범주	도발행위	갈등지수	
외교경제 분야 적대행위	• 민간여객기 납치	11	11a
	• 군사분계선 작업인원 공격 • 어선·어부 나포 • 조업어선 공격 • 민간인 납치(주민납치)		11b
	• 해역침범, 군사분계선 월선 • JSA 무장병력 투입 등		11c
정치군사 분야 적대행위	• 무장간첩(반잠수정, 잠수함, 선박 등) • 민간시설 및 항공기 폭탄테러	12	12a
	• 영해영공 침범 · 땅굴 발견		12b
	• 국립묘지 현충탑 폭파 • JSA 난동 및 구타 • 공해상 미사일 발사		12c
소규모 군사적 행동	• 청와대 기습 • 대통령 저격사건 • 판문점 도끼만행사건	13	13a
	• 미 정보함 나포 • 군용기 공격 • 군함 공격		13b
	• 북 초소에서 아 초소 공격 • 군사분계선 월선, 초소 습격 등		13c

석해보면 더욱 명확해진다. 1953년부터 2000년까지 발생한 303건의 북한 도발 사례는 평화와 갈등지수를 활용하여 〈표 10-2〉와 같이 분류할 수 있다. 범주별 도발행위 내에서도 도발 강도를 구분할 필요성이 제기되어 갈등지수를 강도 순에

간 세계 135개국을 대상으로 국가 간 갈등과 평화지수를 계량화한 분석도구로 갈등(전쟁, 불안정, 국제적 긴장을 유도하는 사건 등) 및 평화(상호의존, 통합, 평화) 양상을 보인 사건에 대해 1(평화)부터 15(전쟁)까지 단계화하여 수치로 나타낸 것이다. 갈등 부분은 9부터 15까지이며, 갈등지수 9는 가벼운 구두적 적대감 또는 불화, 10은 강한 구두적 적대감, 11은 외교경제적 적대행위, 12는 정치군사적 적대행위, 13은 소규모 군사적 행동, 14는 제한전, 15는 전면전을 나타낸다. Edward E. Azar, "The Conflict and Peace Data Bank (COPDAB) Project, 1948-1978," *Journal of Conflict Resolution* Vol. 24 (1980), pp. 379-403.

따라 11a, 11b, 11c와 같이 다시 세 부분으로 세분화했다. 같은 범주 내에서도 도발사례에 따라 강도의 차이가 있으며, 이러한 강도의 차이가 있는 사례들이 다수 있으므로 연구 결과에 영향을 줄 수 있는 부분으로 판단했기 때문이다.

〈표 10-3〉과 같이 지수화한 결과, 기간 중 발생한 북한의 도발로 인한 한반도 갈등지수는 11.33부터 13.99로 구분할 수 있었다. 이는 아자르 교수의 갈등지수 9(가벼운 구두적 적대감 또는 불화)부터 15(전면전)에 이르는 7단계 중 제한전(갈등지수 14)과 전면전(갈등지수 15)에 이르지 않는 '계산된 도발'을 자행해왔음을 보여준다. 북한의 연도별 도발 강도는 〈표 10-3〉, 〈그림 10-2〉와 같다.

〈표 10-3〉 북한의 도발 강도 평균

구분	1953	1954	1955	1956	1957	1958	1959	1960	1961	1962	1963	1964
평균	11.33	12.99	12.99	0	11.33	12.38	13.33	12.99	12.99	12.28	12.83	12.91
구분	1965	1966	1967	1968	1969	1970	1971	1972	1973	1974	1975	1976
평균	12.66	12.96	12.99	13.16	12.71	12.93	12.87	0	12.58	13.07	12.66	13.19
구분	1977	1978	1979	1980	1981	1982	1983	1984	1985	1986	1987	1988
평균	13.33	12.94	12.99	13.05	13.08	13.16	12.90	13.08	12.99	12.99	12.83	0
구분	1989	1990	1991	1992	1993	1994	1995	1996	1997	1998	1999	2000
평균	0	11.85	12.66	13.13	12.99	12.08	11.80	11.33	11.91	12.54	12.66	11.33

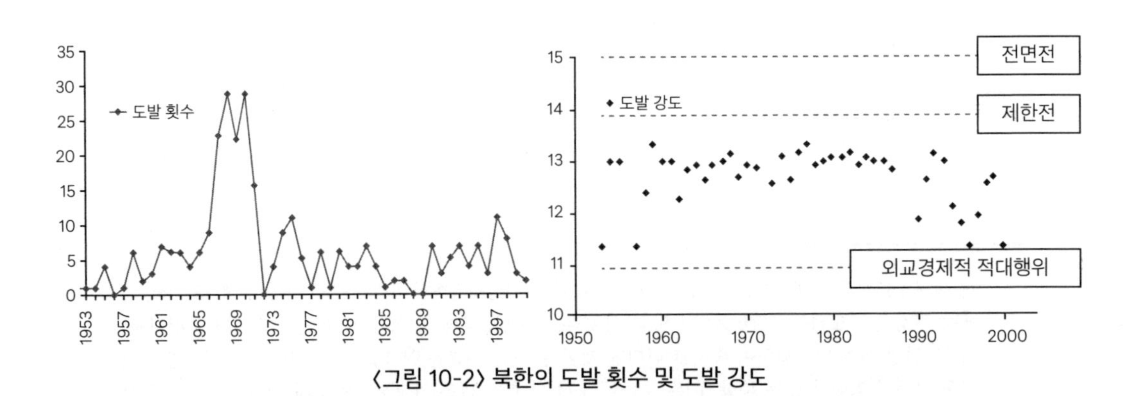

〈그림 10-2〉 북한의 도발 횟수 및 도발 강도

(2) 북한의 회색지대 전략의 수단

일반적으로 국가전략목표 달성을 위한 수단으로 제 국력요소(DIME)를 운용하는 방법은 상대의 PMESII[31]에 대해 평시에는 DImE(비군사적 수단인 DIE를 주수단으로 이용하고 군사적 수단인 M이 지원)을 운용하고, 전시에는 diMe(군사적 수단인 M을 주수단으로 운용하고 비군사적 수단인 DIE가 M을 지원)를 운용하는 것이다.

북한의 경우에도 제 국력요소를 통합적으로 운용하고 있다. 하지만 통상적인 운용과는 달리 특이한 운용방식을 선택하고 있다. 즉, 북한은 한국의 PMESII에 대해 전시와 평시의 구분 없이 DiMe(외교 · 군사적 요소를 주수단으로 이용하고 정보 · 경제적 요소가 지원)를 주로 운용하고 있다. 일반적으로 군사적 요소를 주수단으로 사용하고 있으나, 북한이 DiMe의 운용에서 주수단으로 운용하는 군사적 요소는 기만일 경우가 많았다. 즉, 군사적 요소는 위협의 수단으로서 위험을 고조시키는 역할만 수행하고, 실제적 효과는 타 국력요소(외교 · 정보 · 경제) 분야에서 발생하도록 유도하는 방법을 사용하고 있다.

이는 일반적인 국가들이 문제해결을 위해 먼저 비군사적 요소(외교 · 정보 · 경제)를 이용하고, 해결이 불가능할 경우 최후의 수단(Last Resort)으로 군사적 요소를 사용하는 것과 다른 특이한 행태로 판단된다. 북한이 제 국력요소를 이용해 한국을 대상으로 활용하는 회색지대 전략의 수단과 운용방법을 더욱 자세히 살펴보면 다음과 같다.

① 군사적 요소(M)

북한은 회색지대 전략의 수단인 군사적 요소를 교묘하게 운용하고 있다. 먼저, 북한은 군사적인 확전위협 행위를 즐겨 사용한다. 그 이유는 위기의 상승작용으로 인한 전쟁으로의 진행만은 저지해야 한다는 한국 내 지배적인 인식과 이에

---

31 PMESII는 정치, 군사, 경제, 사회, 정보, 기반시설을 말하며, PMESII는 Political, Military, Economic, Social, Information and Infrastructure의 약자다.

바탕을 둔 온건한 제반 대응들 때문이다. 즉, 북한은 자연스럽게 한국의 대응행태를 학습하여 이를 회색지대로 활용하고 있다.

북한은 군사적 수단에 의한 확전 위협과 혼합해 정보적 수단으로 한국 국민의 심리를 이용하는 방법을 병행하고 있고, 수사적 위협, 무력시위, 직접 도발 등과 같은 방법을 사용해 확전 가능성을 위협하면서 자신들이 원하는 목표달성을 추구하고 있다. 이처럼 군사적 수단을 활용한 확전 위협은 결과적으로 성공해온 것으로 충분히 평가할 수 있다. 확전 위협을 내세우면서 핵 및 미사일을 개발해왔으며, 2007년에는 자신들이 설정한 목표를 달성했다는 핵무장 완성을 발표하여 핵 보유를 기정사실화하려 시도했고,[32] 또 2010년 천안함에 대한 어뢰공격과 연평도 포격도발이라는 고강도 수준의 군사적 도발을 감행했으나, 한국은 확전을 우려하여 적절한 조치를 취하지 못했던 사례들이 이를 충분히 증명하고 있다.

둘째, 군사적 요소 사용 시 북한은 정치와 군사의 경계를 잘 활용함으로써 상대방이 적절한 대응행위를 하지 못하도록 하는 동시에 정치 목표를 효과적으로 달성하려고 노력한다. 즉, 한국은 정치적으로 협상이 진행되고 있는 과정에서 일정 부분 군사적 피해를 감내하고서라도 협상을 추진하고자 하는 경향이 있었고, 이는 북한에 자유롭게 군사력 사용을 활용할 수 있는 여지를 제공해줌으로써 결국 북한이 정치적 목적을 달성하는 데 유용하게 활용할 수 있는 회색지대가 되어왔다. 이는 북한이 자신들에게 유리한 협상 프레임을 구축하기 위해 상대방을 처음부터 수세의 위치로 몰아가려는 공산주의자들의 전형적인 행태[33]를 답습하고 있다고 판단된다.

---

32 유신모, "김정은 핵무력 완성 선언… 북 · 미 대화 '떠보기'", 『경향신문』, 2017년 11월 29일자. http://news.khan.co.kr/kh_news/khan_art_viewhtml?artid=201711291823001&code=910303 (검색일: 2020. 10. 17).

33 한국전쟁 정전회담 수석대표인 터너 조이(Turner Joy) 제독은 『공산주의자는 어떻게 협상하는가?(How Communists Negotiate)』라는 책에서 이러한 공산주의자들의 협상 행태를 '속임수가 숨어있는 의제', '사건들'로 설명하고 있다. Admiral C. Turner Joy, 김홍렬 역, 『공산주의자는 어떻게 협상하는가?』, 한국해양전략연구소, 2003, pp. 29-56 참조.

대표적으로, 2009년 10월 23일 한국 노동부 장관과 북한 통일전선부 부장이 싱가포르에서 만나 3차 남북정상회담 개최에 합의했으나, 11월 10일 북한은 대청도 인근에서 NLL을 군사적으로 침범했다. 물론 한국 측의 강력한 대응으로 대청해전이 발생하기도 했지만,[34] 북한의 도발에 대한 대응을 놓고 한국의 정치지도자와 군사지도자 간의 이견을 발생시켰다.[35] 따라서 대청해전은 정치에 의해 군사가 통제됨으로써 적절한 대응을 하지 못하는 상황으로까지 비화되지는 않았지만, 북한이 회색지대 전략을 추구했던 대표적 사례로 평가할 수 있다. 또한, 2019년 2월 하노이에서 2차 북미정상회담이 이루어졌으나, 김정은이 영변 핵시설 해체의 대가로 트럼프에게 모든 제재 해제를 요구하여 회담이 결렬되었고, 북한은 5월부터 11월까지 13차례에 걸쳐 신형 유도무기 및 단거리미사일을 발사하는 무력도발을 감행한 사건[36] 등도 정치와 군사의 경계를 잘 활용한 사례로 평가된다.

이 외에 제1연평해전도 김대중 정부가 햇볕정책을 본격적으로 추진하면서 남북한 평화, 화해, 협력이 조성되기 시작하던 시점에서 계획된 도발이었으며, 제2연평해전도 2002년 월드컵 기간에 의도적으로 계획한 도발로, 정치적으로 월드컵의 성공적 개최에 관심에 쏠려있던 시기에 정치적 공백을 활용한 군사적 보복 조치였다.

셋째, 북한은 군사적 요소를 사용할 때, 사전선포형 회색지대를 사용한다. 사전에 도발할 것이라고 엄포하여 인식시켜준 후 도발 시기와 장소는 자신들이 결

---

34 권혁철, "북 NLL침범 → 5차례 경고통신 → 경고사격 → 2분간 교전", 『한겨레』, 2009년 11월 10일자. http://www.hani.co.kr/arti/politics/defense/386946.html (검색일: 2020. 9. 8)

35 이상의 전 합참의장은 월간 『신동아』와의 인터뷰에서 대청해전 당시 이명박 대통령 간 전화 통화내용을 다음과 같이 진술하고 있다. "승리에 대해 칭찬해주실 줄 알았는데 대통령은 그 승리로 인해 3차 남북정상회담이 무산될 가능성에 대해 더 많은 이야기를 하셨다. 화까지 낸 것은 아니었지만, 왜 그렇게 강하게 대응했느냐며 매우 서운해했다. 말씀을 다 한 다음에도 미진한 감정이 남았는지 계속 혀를 차며 전화를 끊지 않았다. 전화 통화라 직접 얼굴을 뵐 수는 없었지만 남북정상회담이 무산될 수 있다는 것을 무척 안타까워하는 느낌이었다." 『프레시안』, 2014년 11월 26일자.

36 강정현, "성탄선물 빼도 올 13번 쐈다… 쉼없이 불 뿜었던 北발사체", 『중앙일보』, 2019년 12월 30일자. http://news.joins.com/article/23668548?cloc=joongang-article-photoissue (검색일: 2020. 9. 8)

정함으로써 한국군의 전투 피로도를 가중시키고 대응 정도를 약화시키는 주도권 확보 방법을 구사하고 있다. 사전에 선포 및 엄포를 놓을 때 북한은 추상적이고 모호한 표현을 사용해 도발 시기, 장소 및 방법을 한국이 스스로 판단해 대비하도록 강요하는 방법이 효율적이라는 것을 경험을 통해 습득하여 적절히 활용하고 있다.

이런 방법은 북한에는 도발을 준비하는 시간을 충분히 벌 수 있고, 한국에는 전투피로도와 혼란을 가중시키는 효과를 충분히 얻어낼 수 있다. 일례로 2010년 10월 29일 북한은 연평도 포격도발 직전에 "북한은 한미훈련에 대해 강력한 군사적 행동에 돌입할 것", "자비 없는 복수를 할 것"이라고 선포했고, 자신들이 정한 11월 23일 공격을 감행했다. 북한은 미사일 발사와 핵실험 전에도 유사한 패턴을 보이고 있다. 또한, 2020년 6월 13일에도 김여정은 멀지 않아 쓸모없는 남북공동연락사무소가 형체도 없이 무너지는 비참한 광경을 보게 될 것이라고 엄포한 후 북한이 결정한 시기인 6월 16일 실행에 옮긴[37] 사례들을 들 수 있을 것이다.

② 외교적 요소(D)

북한이 외교적 요소를 수단으로 운용할 때 활용하는 회색지대 전략은 다음과 같다. 먼저, 북한은 한국과 미국의 대통령 선거를 효과적으로 활용하고 있다. 미국 대통령 선거주기 4년, 한국 대통령 선거주기 5년을 이용하여 협상과 도발을 병행하고 있다. 미국의 대선은 한국에 중요하고 북핵 문제 및 한미동맹에 영향을 끼치고 있으며 북한도 이것을 인식하고 있는 것으로 보인다.

특히, 한·미 대통령 교체 주기를 적극적으로 이용한다. 1년차(도발)-2년차(협상)-3년차(시간 벌기/이익획득)-4년차(관망/재도발)의 악순환적 활동[38]을 통해 북한의

---

37 이근평, "김여정 경고 3일 만에 … 北, 남북연락사무소 폭파했다", 『중앙일보』, 2020년 6월 16일자. http://news.joins.com/article/2380854(검색일: 2020. 11. 13)

38 북한의 순환 사이클에 대해 벡톨은 수사적 비난공세 → 평화공세 → 도발 → 또 다른 평화공세 → 새로

이익을 달성해나간다. 대통령 취임과 이임 시기에는 국가적으로 다소 어수선하고 안보의식이 이완된 틈을 타 도발을 감행해 주도권을 확보하려 한다. 한국이 안정된 시기에는 협상과 시간 벌기 전략을 통해 우리의 의도에 말려들지 않는 범위 내에서 국가이익을 획득하는 사이클을 반복적으로 수행하고 있다.

둘째, 계산된 위험을 감내하고서라도 국제제재 내에서 회색지대를 발굴해 그것을 공략한다. 북한은 북핵 억제를 위한 국제사회의 경제제재가 진행 중인 가운데에서도 지속적으로 도발을 감행했다. 북한이 설정한 국가전략목표 달성을 위해 국제사회의 제재로부터 발생하는 손실을 감수하고 있다. 이는 무엇보다 유엔이 채택하는 대북제재 보고서가 강제성이 없다는 것에 기반한 행동으로 보인다. 대북제재 보고서에서는 북한이 어떻게 우회 및 회피 행위를 했고, 어떤 국가들이 대북제재 내용을 성실히 이행하지 않았는지 의혹이 있는 점이 적시될 뿐 대북제재 위반 회원국들에 대한 징계를 권고할 수 없다. 다만, 이들 회원국이 어떤 행위를 했는지 지적한다는 것 자체가 외교적 부담을 주고, 이들 국가를 국제사회가 주시하고 있다는 무언의 압력을 가한다는 의미밖에 없다는 사실을 북한은 너무나 잘 알고 이를 교묘하게 활용하고 있다. 이와 동시에 계산된 위험을 최소화하기 위해 유엔의 제재가 모호한 영역에서의 도발로 방향을 전환하고 있다. 예를 들어, 최근 북한은 중·장거리가 아닌 단거리미사일로 한국이나 미국의 영토를 위협하는 한계점은 피하면서도 점차 후순위로 밀려나는 북핵 문제에 관한 관심을 끌겠다는 상투적인 수법을 전개하고 있는 것을 들 수 있다. 이는 김두연 신미국안보센터 연구원이 언급한 것처럼 "김정은 정권이 전쟁과 평화라는 회색지대를 교묘하게 이용하는 법을 잘 알고 있음을 상기시켜주는 것"[39]이라 할 수 있다.

운 사이클 개시의 단계를 따른다고 주장했다. Bruce E. Bechtol Jr., "The North Korean Military Under Kim Jong-un Evolved or Still Following a Kim Jong-il Script?," *International Journal of Korean Studies* Vol. 17, No. 2 (Fall, 2013), pp. 93-115.

39 임병선, "[美 싱크탱크 브레인 4] 김두연 '美, 北 회색지대 전략에 맞설 필요". 『평화연구소』, 2019년 5월 15일자. http://peacemaker.seoul.co.kr/news/newsView.php?id=20190515500030&wlog_tag3=naver (검색일: 2020. 11. 20)

③ 정보적 요소(I)

정보적 요소를 수단으로 운용할 때 북한이 활용하는 회색지대는 한국 국민의 심리, 사이버공간, 언론으로 구분해볼 수 있다. 먼저, 북한은 한국 국민의 정서를 이용한다. 6·25전쟁 이후 지금의 발전된 한국을 건설한 한국국민에게 제2의 한국전쟁은 심리적 마지노선이며, 더욱 발전된 선진국으로 도약하기를 기대하는 인식을 가지고 있다. 이는 북한이 위협이나 도발을 가해오더라도 이에 대한 적절한 위기인식과 적극적인 대응에 걸림돌로 작용해온 것임을 부인할 수 없다. 이는 '안보불감증'이라는 용어로 지칭되기도 하지만, 북한의 입장에서는 회색지대 전략의 효과를 발휘할 수 있는 우호적 환경이 조성된 것이며, 실제로 정전협정 이후 이를 활용한 군사적 도발은 지속되어왔다. 이는 군사적 요소(M)의 확전위협과 맥을 같이하고 있다.

둘째, 사이버 공간은 전시와 평시를 구분하지 않고 수시로 한국을 공격할 수 있는 대표적인 회색지대다. 사이버 공격은 국력의 열세를 극복하며 효과를 극대화하기 위한 대표적인 저비용·저위험의 방법이며, 국방백서에서는 북한을 사이버 공격능력을 갖춘 대표적인 나라 중 하나로 평가한다.[40] 북한은 2011년 3월 4일 한국의 정부, 공공기관, 금융기관 등 40개 사이트에 대해 디도스(DDos) 공격을 감행하여 사이트 접속장애 및 하드디스크를 파괴했고, 2013년 3월 20일에는 KBS, MBC, YTN 등 방송사와 신한은행, 제주은행, 농협 등 금융기관을 해킹하여 서버, PC, ATM 등에 장애를 발생시키기도 했다.[41]

또한, 북한의 사이버 공격능력은 전시 한국 정부기관의 네트워크와 첨단과학기술전을 추구하는 한·미동맹에 또 하나의 회색지대로 평가된다. 북한은 군사 전략상 남북대치 상황을 군사적으로 고립된 상태(Deadlock)로 가정하고, 이러한 한반

40 2018 국방백서에 의하면 북한의 사이버전 인력은 6,800명 수준이며, 사이버공격 능력을 갖춘 대표적 나라 중 하나로 평가한다.

41 백승구, "진화하는 북한 사이버테러: 김정은 등장이후 사이버테러 급증, 공격기술 고도화", 『Daily 월간조선』, 2015년 9월호.

도 상황을 모면할 회색지대 전략으로 사이버전을 추구하고 있다. 사이버 도발은 북한이 전적으로 유리한 환경으로 전산적으로(Electronically) 체계화된 우리 군 조직의 네트워크를 무력화할 수 있는 것이며. 북한이 한국의 C4ISR(Command, Control, Communications, Computers, Intelligence, Surveillance and Reconnaissance)을 붕괴시킨다면 단시간 내 전쟁을 효과적으로 종결하는 것도 가능(Quick War, Quick End)할 것으로 판단된다. 북한이 판단하기에 네트워크화된 군대일수록 사이버 약점이 더 커지며, 결국 북한은 잃을 것이 없고, 한국은 잃을 것이 많으므로 북한에게 사이버전 능력은 빼놓을 수 없는 회색지대로 분석할 수 있다.

셋째, 북한은 한국 언론을 이용하여 언론전을 수행한다. 그 예로 북한은 2020년 7월 18일 해병대 2사단 지역을 통해 민간인이 월북했다고 우리보다 먼저 보도함으로써 한국 내에서 군 경계태세에 대한 논란을 더욱 유발하고 해당지역 지휘관을 보직해임 되도록 유도하기도 했다.[42] 2020년 9월 21일에는 연평도 근해에서 해수부 소속 공무원 한 명이 어업지도선에서 실종되었는데, 북한은 실종된 공무원을 사살하고 시신을 훼손했으나, 당시 한국 합참의 발표와 다른 내용의 통지문을 보냄으로써 한국 내에서 논란을 더욱 조장했다.[43] 이는 북한이 달성하고자 하는 남남갈등 유발이라는 목표에 부합한 행위로 분석할 수 있다.

그뿐만 아니라 북한은 한국의 주요 정치 이슈들에 대한 언론전을 통해 한국의 남남갈등 및 국론분열을 부추기고 있다. 특히, 각종 정치적 이슈를 총동원해 무차별적 공세로 전환하고 있는 것으로 보인다. 최근 이러한 현상은 눈에 띄게 증가하고 있다.

북한은 2012년 반값 등록금 논란을 한국에 대한 주요 공세 소재로 삼아 반정부 투쟁 선동을 실시했다. 4월 1일 대남 선전매체인 평양방송은 "등록금과 미

---

42 서한길, "'탈북민 월북' 감시장비에 7차례 포착… 해병2사단장 보직 해임", 『동아일보』, 2020년 7월 31일자. http://www.donga.com/news/article/all/20200731/102244494/1 (검색일: 2020. 10. 20)

43 한승곤, "'월북으로 단정 vs 월북의사 표명해' 북, 피격공무원 월북 논란", 『아시아경제』, 2020년 9월 30일자. http://view.asiae.co.kr/article/2020093007475531624 (검색일: 2020. 12. 4)

취업문제로 대학생 자살자가 속출"하고 있다며, 대정부 투쟁을 선동한 이래 지속적으로 대남 선전선동 공세를 벌인 바 있다. 2014년에는 도입이 결정된 F-35 도입에 대해 배신적 망동으로 비난했고, 2016년에는 최순실 국정개입 파문과 관련해 연일 박근혜 전 대통령에 대한 막말 비난, 2020년에는 한국 내 부정선거 조작 주장에 대해 비난했으며, 보수단체의 광화문 집회에 대해서도 "코로나 확산시키지 말고 무덤 속에 처박혀라"라는 원색적 비난을 하는 등 한국의 정치적 이슈를 대상으로 내정간섭에 가까운 언론전을 전개하고 있다.

④ 경제적 요소(E)

경제적 요소를 수단으로 운용할 때 북한이 활용하는 회색지대는 한국의 투트랙 대북정책, 남북경제협력이다. 먼저, 한국의 대북정책은 남북 간 군사적 관계의 민감성을 고려하여 피상적으로는 군사 분야와 경제 분야를 별도로 추진해왔으나,[44] 결국 그 목적은 경제와 군사, 나아가 정치적 분야의 협력이었다.

반면, 북한은 경제를 정치적인 요소와 연계시켜 협력을 이루어내려는 한국의 의도와 다르게 자신들의 이득을 챙길 수 있는 경제 분야에만 방점을 두고 정책을 추진했다, 결국 북한은 매번 협력, 갈등조장, 보상이라는 식의 남북협력을 추진하는 것으로 보인다. 따라서 한국의 대북정책 기조는 북한의 회색지대 전략을 수행하기 좋은 정치적 환경을 만들어주었다고 판단한다. 한국의 대북정책 기조는 남북한 경제적 협력을 바탕으로 정치·군사적 협력으로 순차적으로 협력수위를 높여나감으로써 궁극적으로는 통일여건을 조성하는 것임을 누구보다 잘 아는 북한으로서는 한국의 의도에 말려들지 않으면서 경제적 이득만 편취하는 방법을 지속해왔다고 판단된다. 또한, 앞의 ICB Dataset을 활용한 분석과 같이, 북한은 한국을 대상으로 군사적 위협이나 도발할 경우 한국의 불안정성이 가중되며, 이를 우

44 이제훈, "판문점 견학 재개… 이인영 통일장관 '세 가지 작은 걸음' 북에 공식 제안", 『한겨레』, 2020년 11월 4일자. 이인영 장관은 판문점견학지원센터 개소식에서 남북연락창구의 복원, 판문점 안 남북의 자유왕래, 판문점을 통한 이산가족 상봉 등을 북한에 제안했다.

려한 한국이 북한과의 관계개선을 다시 추진할 것이라는 '경험적 확신'을 갖고 있는 것으로 판단된다.

북한은 회색지대 전략을 남북경제협력에도 적용해왔다. 대표적으로 금강산관광 사업과 개성공단 사업을 진행하면서도 북한은 회색지대 전략을 지속적으로 추진해왔다. 1998년 11월부터 2008년 7월까지 약 10년간 금강산관광 사업을 진행하면서 경제적 이득만 취했고, 2008년 관광 중이던 한국인 민간인 1명이 북한군 초병의 총격으로 사망하면서 사업은 중단되었다. 또한, 개성공단 사업을 추진하여 2005년부터 한국기업들이 입주하여 2016년까지 개성공단이 가동되었는데, 이를 통해서도 북한은 경제적 이득만 취했다. 2016년 2월 한국은 북한이 핵무기 및 미사일 무력도발을 지속함에 따라 개성공단 운용을 중단했다. 즉, 한국의 대북정책과 경협 추진에 협력, 필요에 따라 위기 조성, 북한이 더욱 경제적 이익을 높일 수 있는 한국의 협력적 행동 강요, 군사적인 압박, 경협 재추진 등의 악순환 고리를 지속하면서[45] 궁극적으로는 한국의 의도를 교묘하게 우회하는 회색지대 전략을 사용했다.

종합적으로 북한의 회색지대 전략은 전략 구성요소로 평가해볼 때 국가전략 목표(Ends)를 달성하기 위해 수단(Means)과 개념(ways)을 새롭게 적용하며 비용(Cost)과 위험(Risk)까지도 반영하여 발전시킨 전략이라고 평가된다.

---

45 필자는 이러한 북한의 경향을 공산주의자들 고유의 협상방식으로도 설명이 가능할 것으로 판단한다. 조이 제독은 공산주의자들은 협상이 시작되면, 주도권 획득 및 선전목적으로 모종의 '사건'을 발생시키며, 협상성과를 중시하는 사람들에게 지연을 통해 조급성을 유도하고, 실현 불가능한 제안을 통해 협상이 파기되도록 유도한다고 주장한다. 또한, 공산 측 협상제안 일부를 수용하면 공산 측의 친절한 반응을 일으킬 것이라는 생각은 큰 오산이며, 공산주의자에게 1인치를 내어주면 1마일을 달라고 한다고 주장하면서, 공산주의자들에게 통하는 논리는 오직 '힘'이라고 언급했다. 공산주의자들의 협상방식에 관해서는 Admiral C. Turner Joy, 김홍렬 역, 『공산주의자는 어떻게 협상하는가?』 참조.

4. 향후 북한의 회색지대 전략 전망과 시사점

1) 향후 북한의 대남 회색지대 전략 전망

앞 절에서 분석한 것과 같이 북한의 회색지대 전략은 계속 진화하고 있으며, 향후 다영역 — 한국의 PMESII — 에서 다양한 방법으로 나타날 것으로 생각된다. 특히 수단을 다양화하고, 다양한 방법을 통한 회색지대 전략을 추구해나갈 가능성이 클 것이다. 미국 육군전쟁대학의 전략문제연구소에서도 북한을 중국, 이란, 테러집단 IS와 더불어 신회색지대의 기준(new gray normal)에 포함시키고, 북한은 아마 한 번도 경험해본 적 없는 새로운 회색지대 전략을 추구해나갈 것으로 예측했다.[46]

첫째, 대표적인 D+M의 혼합사용 외에 제 국력요소(DIME)의 다양한 결합을 통한 새로운 방식을 적용할 가능성이 높다. 외교적인 차원에서 한반도 평화를 외치며 군사적으로 도발하는 D+M 혼합방법을 기본으로 할 것으로 생각된다. 제 국력요소 간 상호의존성을 통한 결합이 증가하면 한국은 이에 대응하기가 쉽지 않을 것이고, 국력낭비가 지속될 것이기 때문에 북한은 이를 잘 활용할 가능성이 대단히 높을 것이다. 특히 북한은 M+E의 혼합으로 잠수함을 활용하여 한국의 해상교통로(SLOC: Sea Line Of Communications)를 위협할 가능성이 있다. 이는 천안함 사태의 교훈과 삼면이 바다인 지형적 여건과 해외무역에 전적으로 의존하는 한국의 경제구조, 그리고 전시 양륙항만 및 우방국 증원로에 대한 차단 위협을 고려할 때, 충분히 예측 가능한 사안이다. 사실 우리가 의존하는 해상교통로의 구조적 취약점과 해상교통로를 차단할 경우, 이것이 한국경제 전반에 미치는 파급효과[47]를

---

46 Freier, Nathan, et al., *Outplayed: Regaining Strategic Initiative in the Gray Zone* (Army War College Carlise Barracks PA: Carlise Barracks United States, 2016), p. 5.

47 해상교통로는 한 국가의 주권이 미치지 않는 공해상을 통해 길게 연결되어 있고, 반드시 통과해야 하는 핵심지역(Chock-point)과 선박 통항이 집중되는 종점지역으로 구성되어 있어 핵심지역과 종점지

고려할 때, 우리의 해상교통로는 북한에 새롭고 매력적인 회색지대가 될 것이 명확하다고 할 수 있다. 또한, M+I를 혼합해 활용하는 방식, 즉 한국을 군사적으로 위협하면서 동시에 우리 국민을 대상으로 정보전을 수행할 가능성도 높다고 평가된다.

둘째, 북한은 군인이 아닌 일반시민(civilian)을 회색지대 전략의 수단으로 활용할 것이다. 북한은 러시아가 수행한 크림전쟁 및 우크라이나 사태의 교훈[48]과 중국의 해상민병(People's Armed Forces Militia) 활용의 교훈을 적극적으로 반영해 국가 이외의 비국가 행위자를 대리자로서 활용할 가능성이 있다. 특히 북한의 경우에는 알카에다를 비롯한 여러 테러집단과 결탁되어 있기 때문에 이런 테러집단들을 십분 활용하는 회색지대 전략을 수행할 가능성도 결코 배제할 수 없을 것이다.[49] 일례로 1986년 아시안게임 개막전인 9월 14일 오후 3시 10분경 발생한 김포공항 테러는 팔레스타인 테러리스트 아부니달이 북한의 청부를 받고 자행한 사건이었다. 북한은 팔레스타인 테러조직을 지원해 1988년 서울올림픽을 앞둔 한국을 공격했다. 현재 북한은 아부니달뿐만 아니라 이와 유사한 팔레스타인 테러집단인 PLO(Palestine liberation organization), 그리고 하마스(Harmas)와도 친분을 유지 중인 것으로 알려지고 있다.[50]

또한 북한이 활용 가능한 민간인은 중동 테러조직과 더불어 국내외에 거주하는 조선족을 상정해볼 수 있을 것이다. 조선족은 한국에서 큰돈을 벌 수 있다는

역이 가장 취약하며, 해상교통로는 넓게 확장되어 있어 보호가 어렵다는 구조적 취약점이 있다. 또한, 수출이 차단되었을 경우, 연간 생산손실액은 1,271조 5,291억 원으로 평가된다. 최영찬, 『해상교통로 봉쇄의 유용성과 그 경제적 효과』, 북코리아, 2022, p. 191.

48 러시아는 우크라이나와 돈바스 전쟁에서 '리틀 그린맨'을, 크림반도 합병 시에는 '나이트 울브스(Night Wolves)'라는 폭주족 등을 비국가 행위자로 활용했다.

49 김동연, "북한과 테러집단 IS의 결탁을 입증하는 7가지 단서: 탄저균 · 마약 · 땅굴 · 돈세탁 등에서 협력", 『월간조선』, 2016년 1월호.

50 김동연, 「북한의 대남도발 양상과 대한민국의 방어태세」, 『월간조선』, 2016년 4월호에서는 이 내용이 이미 외교 전문매체인 『더 디플로매트(The Diplomat)』에 "북한의 중동 구심점"이라는 제목으로 보도된 바 있다고 주장했다.

꿈을 가지고 자국에서 막대한 비용을 치르며 한국에 왔지만, 정작 이들을 기다리고 있는 것은 불평등한 대우와 근무여건, 낮은 임금 등으로 표현되는 사회적인 불평등이다. 이러한 현실은 이들에게 기대와 현실의 괴리감과 '상대적 박탈감'을 느끼게 하기에 충분하다. 조선족의 이러한 사회적·심리적 좌절감 형성과 축적은 급기야 폭력사태로 발전할 가능성이 충분하다.[51] 특히, 조선족은 한국사회에 대한 소속감 부족, 불평등 및 결속력 약화, 그리고 사회적 병리 현상에 대한 거부감이 강하므로 북한의 지원을 받으며 국내에서 활동 중인 불순분자들에게 테러의 대리자로 활용될 가능성이 크다. 또한, 중국에서 북한 공작원들에게 포섭된 조선족이 국내에 불법 입국하여 간첩으로 활동할 수 있으며, 국내 불만세력에 동조하거나 이들과 규합하여 테러행위를 자행할 가능성도 충분히 고려할 수 있다.

셋째, 한국보다 상대적으로 우위에 있는 부분을 활용하고자 하는 유혹을 해소하면서 주체를 불분명하게 할 수 있는 방법을 사용할 가능성을 상정해볼 수 있을 것이다. 북한이 상대적으로 우위에 있는 부분은 사이버, 대량살상무기, 잠수함 능력 등을 들 수 있다. 사이버와 잠수함에 의한 도발은 지금까지 활용한 적이 많기 때문에 대량살상무기를 활용한 도발에 새롭게 주목할 필요가 있다. 미국 국가과학기술위원회(National Science and Technology Council)의 보고서는 생화학무기가 종래의 테러 수단이나 방법적인 측면에서 변화를 조장하고 있다고 강조하면서, 가장 편리하고 용이하게 소지하거나 활용될 수 있고 파급효과가 크며 증거인멸도 용이하다고 평가하며, 미국도 북한의 생화학무기 공격 위험에 노출되어 있기 때문에 큰 피해를 볼 수도 있다[52]고 주장한다. 특히, 북한은 장마 기간 중 한국으로 흐르는 강에 설치된 댐의 수위를 조절한다는 명목, 또는 통보 없이 생물 및 화학무기를 함께 방류하는 방법을 전개할 수도 있을 것이다. 이는 매년 예고 없는 댐 방류로 한국 측에 피해를 준 전례와 한국보다 우위에 있는 능력을 연계시켜 판단

---

51 Robert Merton, *Social Theory and Social Structure* (New York: Free Press, 1968), p. 200.

52 National Science and Technology Council, *Global Microbial Threats in the 1990s* (Washington D.C.: The White House, 1996), p. 2.

해볼 때 가능성 있는 회색지대 도발의 한 형태로 판단된다. 이와 유사하게 2020년 세계적인 문제로 대두된 COVID-19 사태를 참고하여 대도시를 중심으로 전염병 확산 방법을 이용한 전략을 구사할 가능성도 배제할 수 없다. COVID-19 사태는 북한에게 학습효과를 주었을 가능성이 높다. 미국 국방부는 『작전개념서 2020-2040』에서 북한은 미래에도 지속적인 갈등을 유발할 수 있는 국가로서 핵무기 및 탄도미사일 개발을 지속하고 있으며, 무시할 수 없는 재래식 전력도 보유하고 있고, 사이버전 및 생화학전 능력도 갖추고 있어 한반도에 배치된 미군은 CBRNE(생화학, 방사능, 고폭탄) 환경에서의 작전수행 능력이 있어야 한다고 강조하고 있다.[53]

넷째, 핵무기로 인해 만들어지는 전략적 기회를 바탕으로 더욱 빈번한 회색지대 도발을 감행할 것으로 판단된다. 북한은 위협 도구로서 핵무기를 전략적으로 활용할 것이다.[54] 연평도 포격도발과 같이 한국 본토에 대한 공격행위이지만, 북한의 핵무기로 인해 한국이 즉각적인 대응을 결심하기까지 정치 및 군사지도자의 고심을 유도할 수 있는 회색지대 도발을 지속할 것이다. 이와 더불어, 천안함 폭침과 같이 핵무기가 주는 전략적 효과와 은밀한 테러형태를 결합한 회색지대 도발도 지속할 것으로 판단된다. 천안함 폭침과 연평도 포격도발은 모두 우리 군의 허점과 북한의 핵무기가 주는 전략적 효과에 기반한 북한의 회색지대 도발 사례이며, 북한이 가장 빈번하게 사용할 수 있는 회색지대 도발 형태로 평가된다.

지금까지의 논의를 종합해보면, 향후 북한이 구사할 가능성이 높은 회색지대 전략은 DIME+C+α[55]로 전망할 수 있다. 과거에 수행하던 살라미 전략, 벼랑 끝

---

53 김동연, 「미국 국방부 내부자료와 현역 간부들이 전해 준 미국의 북한 공격설」, 『월간조선』, 2017년 5월호.

54 로버트(Robert Brad)는 회색지대 전략을 북한이 가장 빈번히 사용할 전략으로 꼽으면서, 천안함 공격과 같은 다양한 종류의 분쟁에서 자신의 핵 능력을 전략적으로 활용할 것으로 보았다. Robert Brad, *The Case for U.S. Nuclear Weapons in the 21st Century* (Stanford: Stanford University Press, 2016), pp. 60-79.

55 DIME+C+α에서 C는 Civilian, α는 제 국력요소의 다양한 조합에 의한 새로운 방법을 의미한다.

전략, 화전양면 전략에서 진화된 새로운 형태의 회색지대 전략인 DIME+C+α를 추구할 가능성이 높다고 생각된다. 북핵의 기정사실화를 추구하면서 제 국력요소의 다양한 결합을 통한 새로운 방식의 회색지대 전략을 구사할 것이며, 기존의 질서와는 다른 비국가 행위자나 테러집단의 활용, 댐과 물을 이용한 도발, 전염병 확산 등 새로운 회색지대를 개발하여 활용할 가능성이 있을 것으로 전망되고 있다.

2) 시사점

북한의 회색지대 전략 분석과 향후 회색지대 전략에 관한 전망이 우리에게 주는 시사점은 다음의 여섯 가지 측면에서 간략히 정리해볼 수 있다.

첫째, 북한의 회색지대 전략에 탄력적으로 대응하기 위해서는 국가적 의지를 결집시키는 것이 무엇보다 중요하다. 북한은 언론전, 정보전 등을 통해 한국의 남남갈등 및 국론분열 유도, 정치와 군사지도자의 의사결정 장애를 기대하고 있다. 이에 대처하기 위해서는 북한의 도발에 대한 국가, 군대 및 국민의 확고한 대응의지를 결집시키는 것이 무엇보다 필요하다. 2010년 천안함 폭침 사건 시 한국은 국론분열로 인해 적시적절한 대응을 하지 못했던 경험을 잊어서는 안 된다. 2010년 발생한 천안함 사건은 11년이 지난 2020년 현재까지 도발 주체를 두고 갈등을 빚고 있음을 상기할 필요가 있을 것이다. 자유민주주의 국가의 문민통제라는 정치제제 하에서는 국민적 공감대 형성이 없으면 대비태세를 유지하기 어렵다. 따라서 북한의 언론전, 정보전을 차단하고, 북한이 이를 활용하지 못하도록 하는 대응의지가 있어야 하며, 이를 국가적 차원에서 결집시키는 노력이 필요하다.

둘째, 명확한 임계선(Red Line)을 결정해야 한다. 북한이 회색지대에서 도발할 때 그 상황은 매우 애매모호할 것이다. 애매모호한 상황에서 모른 척하거나 대응하지 않는 것은 북한의 회색지대를 확장시키는 결과를 초래할 것이므로 한미가 양보할 수 없는 정책적 임계선을 설정하고, 이를 지속적으로 북한에 인식시켜야 한다.

셋째, 북한의 군사적·비군사적 회색지대 도발에는 반드시 그에 상응한 대응으로 학습효과를 차단할 필요가 있다. 지금까지 한국은 확전을 우려하여 북한에 강력한 답을 주지 않았고, 북한은 학습을 통해 이러한 경험과 도발표준을 정립했다. 명확한 임계선에 의거하여 반드시 회색지대 도발에 대한 대응을 해주어야 한다. 도발에 대한 단호한 대응이 결여된다면 북한의 회색지대는 더 확장될 수 있을 것으로 판단된다. 그간 북한의 도발에 대한 미온적 대응은 북한으로 하여금 도발표준을 정립할 수 있는 시간을 부여했다. 특히, 한국은 1953년 정전협정 이후 현재까지 지속된 북한의 도발에 대해 적절한 군사적 조치를 통해 북한이 도발표준을 정립하지 못하도록 하는 조치에 실패했다. 북한의 회색지대 전략에 적극적인 대응을 하지 못할 경우, 북한을 더욱 담대하게 만들고 도발표준을 정립하도록 방치하게 되어 더욱 위협적인 회색지대 도발에 직면할 수 있다는 사실을 망각해서는 안 된다.

넷째, 국제기구(UN 안보리)를 활용하여 실효성 있는 국제적인 제재방안을 강구하는 것이 필요하다. 쉽지는 않겠지만, 유엔이 채택하는 대북제재 보고서에 강제성을 더하기 위한 외교적 노력이 필요하다. 대북제재 보고서에 강제규정을 포함하는 것은 현실적으로 어렵다는 점을 고려하여 각국이 대북제재에 적극적으로 동참하게 하기 위한 국가역량 전 분야에서 국가적 전략적 커뮤니케이션(Strategic Communication)[56]을 강화해야 한다. 유엔 안보리의 대북제재 결의안이나 보고서 채택은 대북제재의 출발점에 불과하며, 실효성을 더하기 위해서는 보고서 채택 이후 한국의 주도적 역할이 중요하다는 것을 인식할 필요가 있다. 현실적으로 각국은 자신의 국익과 직접적으로 연관이 없는 국제적인 의제를 시행하기란 쉽지 않다는 생각으로 더욱 적극적인 자세가 필요하다.

다섯째, 우리의 대북정책 기조에 대한 북한의 악순환 고리 — 한국의 대북정

---

56 전략 커뮤니케이션은 국가이익과 목표달성에 유리한 환경을 조성하기 위한 국력의 제 요소 및 수단을 활용하여 주요 행위자들의 인식, 신념, 행동의 변화를 유도하기 위해 실시하는 통합된 노력을 말한다. 합동참모본부, 『합동연합작전 군사용어사전』, 합참, 2014, p. 407.

책과 경협 추진 협력, 필요에 따라 위기 조성, 북한이 더욱 경제적 이익을 제고할 수 있는 한국의 협력적 행동 강요, 군사적 압박, 경협 재추진 등 ― 를 끊을 필요가 있다. 북한은 성과에 갈급한 한국 정부의 조급성을 유도하고, 이를 이용하여 되도록 많은 이득을 편취하려 한다. 따라서 오직 북한에 통할 수 있는 논리는 '힘'이며, 이는 협상이 진행 중에도 적용되는 논리임을 인식해야 한다. 북한에 언제든지 협상을 종결할 수 있다는 것을 명백히 인식시켜줄 필요가 있으며, 협상 시 군사력 위협카드를 버리고 경제·정치적 카드를 사용해야 한다는 강박관념에서 벗어나야 한다.

마지막으로, 북한의 새로운 회색지대 전략 사용을 원천 차단하기 위한 대비책 강구가 필요하다. 먼저, 이슬람 세력과 조선족을 이용한 회색지대 도발에 대해 국가적 차원의 관리가 필요하며, 주기적으로 북한과의 연계성과 결탁 여부를 파악하고 이에 대한 대비가 필요하다. 또한, 노출된 한국경제의 구조적 취약점인 해상교통로에 대한 국가급 해상교통로 보호대책이 필요하다. 핵무기를 배경으로 한 북한의 회색지대 도발에 대해 우리 스스로 대응의 선택지를 줄이지 않도록 세심한 외교정책을 추진할 필요가 있다. 미국과 중국 사이에서 선택을 강요받는 한국에 전략적 모호성 유지 정책은 자칫 한미동맹의 신뢰성에 문제를 발생시킬 수 있으며, 이는 결국 한미 확장억제의 실효성에 영향을 줄 수 있고, 이에 따라 북한 핵의 전략적 사용에 대한 대응을 더욱 어렵게 할 수 있음을 잘 알아야 한다.

5. 결론

지금까지 회색지대 전략 개념과 특징을 바탕으로 한반도에서도 관찰되고 있는 북한의 대남 회색지대 전략을 전략의 구성요소 중 개념(Ways)과 수단(Means)을 사용하여 분석하고, 앞으로 북한이 구사할 가능성이 높은 대남 회색지대 전략을 전망한 후 우리가 유념해야 할 시사점에 대해 살펴보았다.

본 논문에서 분석된 연구 결과를 요약하면 다음과 같다. 먼저, 회색지대 전략의 학술적 개념과 특징을 검토하여 북한의 회색지대 전략을 "전쟁과 평화 사이에서 또는 협력과 무력분쟁 사이에서 전쟁을 회피하면서 한국이 구축한 질서를 따르지 않고, 한국의 취약점에 대해 애매모호한 군사적·비군사적 수단과 방법으로 위협하며, 궁극적으로 북한의 국가전략목표를 달성하고자 하는 전략"으로 정의했다. 이러한 북한의 회색지대 전략은 한국의 PMESII에 대해 전·평시 구분 없이 DiMe(DM을 주수단으로 이용하고 IE가 지원)를 주로 운용하는 특징이 있다. 일반적으로 군사적 요소(M)를 주수단으로 사용하고 있는 것 같으나, 이는 기만일 경우가 많았다. 군사적 요소는 위험을 고조시키는 역할만을 수행하고 실제적 효과는 타 국력요소(DIE)에서 발생하도록 유도하는 방법을 사용하고 있다.

북한이 한국을 대상으로 사용하는 회색지대는 군사적(M)으로 확전위협 행위, 한국의 정치와 군사 간의 경계를 활용한 강압, 한국군의 전투피로도와 대응정도 약화를 위한 사전선포형 회색지대 도발 등이며, 외교적(D)으로는 한국과 미국 대통령 선거를 활용한 협상과 도발의 악순환 구도 형성, 국제제재의 임계선(Red-Line) 회피 행위 등으로 분석된다. 정보적(I)으로 한반도에서 한국 국민의 심리적 회색지대를 활용한 도발, 전·평시 사이버공간 도발, 최근 전 영역에서의 무차별적인 언론전을 들 수 있으며, 경제적(E)으로는 한국의 투트랙 대북정책과 남북경제협력의 회색지대를 활용하여 자신의 국가이익을 편취하는 행위 등으로 평가된다.

향후 북한은 회색지대에서 더욱 다양한 형태의 제 국력요소의 결합을 통해 국가전략목표를 달성할 것으로 판단된다. 기본적으로 군사와 외교수단의 결합을 사용할 것이나, 다양한 요소의 혼합도 배제할 수 없다. 대표적으로 한국경제의 구조적 취약점인 해상교통로는 북한에게 매력적인 회색지대가 될 수 있으며, 이슬람 무장단체 및 조선족 등을 활용한 회색지대 도발도 가능성이 있다. 그리고 사이버 공격, '핵무기의 그림자 효과(Nuclear Shadow Effect)'를 활용한 연평도 포격, 천안함 폭침 등과 유사한 형태의 도발, 장마기간 댐 무단 방류 시 생물학 작용제를 혼합하여 방류할 가능성 등 진화된 형태의 회색지대 전략을 추구할 것으로 전망할 수 있다.

위의 분석을 바탕으로 제시할 수 있는 시사점으로 우선 북한의 회색지대 전략에 탄력적으로 대응하기 위해서는 국가적 의지를 결집이 필요하고, 명확한 임계선을 설정할 필요가 있다. 또한, 북한의 학습효과 차단을 위해 반드시 상응한 대응이 필요하며, 외교적 노력과 국제기구를 활용하여 북한의 회색지대에서의 도발을 차단해야 한다. 한국의 대북정책 기조를 역으로 이용하거나 민간인을 대리자로 활용하는 방식 등 새로운 방식의 전략 추구를 차단하기 위한 대비책도 필요하다.

끝으로 본 연구는 한국을 대상으로 하는 북한의 회색지대 전략에 대한 연구로 향후 연구에서는 한국이 북한을 대상으로 수행할 수 있는 회색지대 전략에 대한 연구가 필요하다. 이는 실질적인 군사력 사용이 제한되는 한반도의 전략적 상황을 타개하기 위해 필요한 연구 분야이기 때문이다. 한반도 전략상황을 주도할 수 있도록 한국이 북한의 중심과 핵심취약점을 공략할 수 있는 회색지대를 발굴하고 정책적으로 기여할 수 있는 연구의 확장을 기대한다.

참고문헌

국방부. 『2018 국방백서』. 국방부, 2018.

이윤규. 『대남 침투도발사』. 살림, 2014.

김동연. 「미국 국방부 내부자료와 현역 간부들이 전해 준 미국의 북한 공격설」. 『월간조선』 2017년 5월호.

______. 「북한의 대남도발 양상과 대한민국의 방어태세」. 『월간조선』 2016년 4월호.

______. 「북한과 테러집단 IS의 결탁을 입증하는 7가지 단서: 탄저균 · 마약 · 땅굴 · 돈세탁 등에서 협력」. 『월간조선』 2016년 1월호.

김창곤. 「한반도 주변의 회색지대 위협과 대응방향」. 『군사연구』 149, 2020.

반길주. 「동북아 국가의 한국에 대한 회색지대 전략과 한국의 대응방안」. 『한국군사』 7, 2020.

백승구.「진화하는 북한 사이버테러: 김정은 등장 이후 사이버테러 급증, 공격기술 고도화」. 『Daily 월간조선』 2015년 9월호.

최영찬.『해상교통로 봉쇄의 유용성과 그 경제적 효과』. 북코리아, 2022.

합동참모본부.『합동연합작전 군사용어사전』. 합참, 2014.

합참정보본부.『군사정전위원회 편람 제5집』. 합참, 2001.

C. Turner Joy. 김홍렬 역.『공산주의자는 어떻게 협상하는가?』. 한국해양전략연구소, 2003.

Arreguin-Toft, Ivan. "How the weak win wars: A theory Asymmetric Conflict." *International Security* 26(1), 2001.

Azar, Edward E. "The Conflict and Peace Data Bank (COPDAB) Project, 1948-1978." *Journal of Conflict Resolution* 24, 1980.

Bechtol Jr., Bruce E. "The North Korean Military Under Kim Jong-un Evolved or Still Following a Kim Jong-il Script?," *International Journal of Korean Studies* 17(2), Fall 2013.

Brad, Robert. *The Case for U.S. Nuclear Weapons in the 21st Century*. Stanford: Stanford University Press, 2016.

Brecher, Michael. Wilkenfeld, Jonthan. et al.. *International Crisis Behavior Data Codebook, Version 12*, 23 August 2017.

Bremer, Stuart A. "National Capabilities and War Proneness," *The Correlates of War: I*. New York: The Free Press, 1979.

Freier, Nathan, et al. *Outplayed: Regaining Strategic Initiative in the Gray Zone*. Army War College Carlise Barracks PA: Carlise Barracks United States, 2016.

Kang, David C. "International Relations Theory & the Second Korean War." *International Studies Quarterly* 47(3), 2003.

Kissinger, Henry A. "Military Policy and Defense of the 'Gray Areas'." *Foreign Affairs* 33(3), 1955.

Mazarr, Michael J. *Mastering the Gray Zone: Understanding a changing Era of Conflict*. Carlisle, PA: Strategic Studies Institute, 2015.

Merton, Robert. *Social Theory and Social Structure*. New York: Free Press, 1968.

Morris, Lyle J. et al. *Gaining Competitive Advantage in the Gray Zone: Response Options for Coercive Aggression Below the Threshold of Major War*. Santa Monica: RAND Corporation, 2019.

National Science and Technology Council. *Global Microbial Threats in the 1990s*. Washington D.C.: The White House, 1996.

U.S. DoD. *QDR* (Quadrennial Defense Report). February 2010.
U.S. JCS. *Strategy* (Joint Doctrine Note 1-18). 2018.
U.S. SOCOM. "The Gray Zone" *Special Warfare*, October-December, 2015.
______. "The Gray Zone." *White Paper*, September 9, 2015.

"김여정 경고 3일 만에… 北, 남북연락사무소 폭파했다". 『중앙일보』, 2020년 6월 16일자.
"김정은 핵무력 완성 선언… 북 · 미 대화 떠보기". 『경향신문』, 2017년 11월 29일자.
"북 NLL침범 → 5차례 경고통신 → 경고사격 → 2분간 교전". 『한겨레』, 2009년 11월 10일자.
"북, 미 · 북 실무협상 개시 선언하고 SLBM 추정 미사일 발사… 화전양면 전술?". 『한국경제』, 2019년 10월 2일자.
"살라미 전술". 『MK뉴스』, 2018년 3월 29일자.
"성탄선물 빼도 올 13번 쐈다… 쉼없이 불 뿜었던 北발사체". 『중앙일보』, 2019년 12월 30일자.
"월북으로 단정 vs 월북의사 표명해. 북, 피격공무원 월북 논란". 『아시아 경제』, 2020년 9월 30일자.
"'탈북민 월북' 감시장비에 7차례 포착… 해병2사단장 보직 해임". 『동아일보』, 2020년 7월 31일자.
"판문점 견학 재개… 이인영 통일장관 '세 가지 작은 걸음' 북에 공식 제안". 『한겨레』, 2020년 11월 4일자.
"恒在戰場 실종된 군대와 北복합도발". 『문화일보』. 2020년 5월 18일자.

11장

중국의 경제적 강압이 한국 안보에 미치는 영향: 경제적 위협의 효과성에 대한 정량적 분석, 1918~2017[1]

최영찬

1. 서론

미·중 간 패권경쟁은 21세기 국제관계의 중심적인 화두다. 특히, 중국은 범세계적인 영향력 행사를 위해 '세계 어느 곳으로든 자유로운 이동'이라는 미국의 영향력 행사 기반에 도전하고 있다. 이는 '투키디데스 함정(Thucydides Trap)'[2]의 위험성을 담지하고 있다. 중국은 동으로는 도련선(島鍊線) 전략을, 서로는 일대일로(一帶一路) 전략을 추진함으로써 미국과의 군사적 충돌 가능성을 증대시키고 있다.

그러한 위험성 중에서도 가장 시급한 안보 이슈는 중국이 남중국해와 동중국

---

1 이 글은 『한국군사학논총』 11(2), 2022에 발표한 논문을 수정 및 보완한 것이다.

2 고대 그리스의 역사가인 투키디데스가 아테네와 스파르타 간에 발생한 펠로폰네소스 전쟁의 발생 원인을 분석한 데서 따온 개념으로, 패권세력과 새로운 부상세력 간의 극심한 구조적 갈등을 말한다.

해뿐만 아니라 전방위적으로 구사하는 새로운 양상의 회색지대 전략(Gray Zone Strategy)이다. 중국은 이전과 달리 미국 중심의 전통적인 동맹기반 지역 질서를 약화시키며, 점진적으로 중국의 영향력을 확대하는 회색지대 전략을 취하고 있다. 이를 위해 미국과의 직접적인 군사적 충돌을 회피 또는 최소화하면서 가용한 군사적·비군사적 수단들을 활용하여 자국의 이익과 국가목표를 달성하기 위한 행보를 넓혀가고 있다.

특히, 중국은 회색지대 전략의 수단 중 주변국과 정치·외교적 갈등이 발생하면, 뿌리 깊은 중화(中華)사상을 토대로 경제적 보복과 그 위협을 통해 이익과 목표를 달성하는 '경제적 강압(Coercion)' 또는 '차이나 불링(China Bullying)'을 즐겨 사용해왔다. 한국, 일본, 필리핀, 베트남 등 아시아 국가들뿐만 아니라 영국, 프랑스 및 노르웨이 등 서방국가들도 차이나 불링의 대상이 되었다. 이러한 추세는 최근 경제 및 외교적으로 중국의 국가적 위상이 급상승하면서 그 빈도는 더욱 빈번해지고 강도는 점점 강해지고 있다.[3]

한국의 경우, 1992년 중국과 국교 정상화 이후 대중국 경제적 의존도는 비대칭적으로 전개되고 확대되고 있어 중국의 경제적 강압은 교류와 통상의 수준을 넘어 이제는 정치·외교적인 문제로 전개되고 있다. 즉, 한국과 중국 상호 간 경계 관계가 확대될수록 중국에 대한 취약성(Vulnerability) 증가라는 현상이 발현되고 있다.

실제로 한국의 무역에서 중국의 비중은 2010년 이후 20~25%로 꾸준히 증가하고 있다. 반면, 중국의 무역에서 한국의 비중은 6~7%에 불과했다. 따라서 한

---

3 차이나 불링에 대한 국가별 대응 유형은 네 가지로 구분된다. 먼저, 백기투항형이다. 영국과 프랑스는 달라이라마 면담에 대해 중국의 보복을 받자, 즉시 사과하고 티베트를 중국 영토로 인정한 사례가 대표적이다. 둘째, 읍소무마형이다. 이는 한국의 사드배치에 대한 중국의 보복에 따른 피해를 감내하며 한국의 국가안보 상황을 설명하고 3불(不)정책을 천명하여 중국의 양해를 촉구한 것과 같은 대응을 말한다. 셋째, 정면대응형이다. 이는 베트남과 필리핀이 중국과의 남중국해 영유권 분쟁 시 미국과 결속을 강화하고 국제중재재판소에 중국을 회부하는 등 강경한 대응을 수행하는 행태를 말한다. 끝으로, 와신상담형이다. 대만은 중국 유커 감소, 노르웨이는 자국산 연어 수입 금지에 대응하여 새로운 판매경로 개척으로 응수, 일본의 전자업계는 희토류 구매통로 다변화와 대체 및 재활용 기술개발을 통해 차이나 불링의 피해를 최소화한 사례를 들 수 있다. 박용삼 · 남대엽, 「차이나 불링(China Bullying), 대비가 필요하다」, 『POSRI 이슈리포트』, 2018, pp. 1-13.

국과 중국 간에 갈등이 발생한다면 다른 조건들이 동일하다고 가정할 때 한국 경제는 중국이 받는 영향의 6배 이상이 될 것으로 판단된다.[4]

물론, 상호 간 경제적 의존도 확대는 양국의 경제적 번영에 크게 기여해온 것이 사실이다. 하지만 역설적이게도 이러한 경제적 의존도 확대는 취약성 증가라는 안보 비용(Cost)을 요구하고 있다. 이론적으로 한·중 간 경제관계의 확대는 두 국가 간 갈등보다는 협상이나 평화를 가져올 수 있는 조건으로 분석할 수 있다. 하지만 한국과 중국 간 경제규모의 차이, 무역의 불균형은 중국 경제에 대한 취약성 증가로 이어져 의존적·굴종적인 한·중 간 경제관계로 진행될 수 있음을 유념해야 한다. 이러한 관계가 심화될수록 중국의 경제적 위협행위는 정치·외교적 지렛대로 빈번히 사용될 수 있다.[5] 더욱이 중국에 대한 한국의 경제적 의존도 심화는 경제적 영역에만 머무르지 않고 군사적 영역으로까지 확대될 가능성을 담지하고 있다.[6]

그럼에도 중국이 즐겨 사용하는 회색지대 전략의 수단인 경제적 위협에 대한 경험적 연구는 초기단계라 할 수 있다. 경제적 위협에 대한 기존 연구들은 정성적인 분석에 한정되어 있어 회색지대의 주수단으로 사용되는 경제적 위협이 국제관계적으로 유용한 국가의 정책적 수단인지를 경험적으로 증명하고자 하는 본 연구와는 차이점이 있다. 본 연구의 분석 수준은 국가의 정치적 목적을 달성하기 위한 방편으로서 경제적 위협이 얼마나 효과적인가를 경험적 사례들을 사용하여 분석

---

4 박재곤, 「중국의 대외교역과 한 · 중 간 무역」, 『중국산업경제 브리프』 83, 2021, p. 22.

5 주성환 · 강진권, 「한중경제관계 확대의 정치적 효과」, 『한중사회과학연구』 11(1), 2013, pp. 42-43; 2014년 한국이 미국의 사드 도입을 검토했을 때, 공교롭게도 이 시기는 미국이 아시아 재균형 정책을 선언한 이후 중국과 마찰이 있던 때였다. 당시 중국 주변국들은 자국의 이익 실현과 중국 견제 목적으로 미국에 편승했고, 중국은 이를 해소하기 위해 공세적으로 대응했다. 결국, 중국은 주변국이 미국에 편승하는 것에 대한 전략적인 불편함(strategic discomfort)과 한국이 미국 질서에 편입이 가능하다는 사고 때문에 경제적 보복조치를 시행했다. 결국 중국은 정치, 외교적인 국가이익과 목표를 달성하기 위해 경제적 강압을 선택한 것이다. 이기현, 「중국의 한국 사드(THADD) 배치 대한 인식과 대응: 전략적 불편과 희망적 사고」, 『국제관계연구』 23(2), 2018, pp. 41-65.

6 Peter Wallensteen, *Structure and War: On International Relations 1920-1968* (Stockholm: Raben & Sjogren, 1973).

하는 것이다.

강압적 경제, 통상 조치가 부과할 그레이 리스크(gray-risk)의 경험적 원인에 대한 연구가 부재하다면, 중국이 전방위적으로 펼치고 있는 회색지대 전략이 초래할 결과들과 이러한 결과들에 적절히 대응하기 위한 방안을 모색하는 것은 점점 더 까다로운 이슈로 발전할 수밖에 없다. 21세기 국제관계의 화두인 중국의 부상과 중국이 수행하고 있는 회색지대 전략의 주요 수단인 경제적 위협이 왜 활용되는지에 대한 경험적 연구의 결여와 사면적 논의들은 더욱 균형적으로 진행되어야 한다.

이러한 맥락에서 본 연구의 목적은 세계 위기사례(International Crisis Behavior, 이하 ICB)[7]를 활용하여 경제적 위협이 갖는 효과성을 정량적으로 분석하고, 한국안보에 주는 함의에 대해 설명하기 위함이다. 즉, ICB 중 데이터 추적이 가능한 1918년부터 2017년까지 ICB 1,077건을 대상으로 각국이 사용했던 정책들[8] 중에서 경제적 위협이 국가목표를 달성하는 데 기여한 정도를 실증적으로 분석해 봄으로써 경제적 위협이 효과적인 정치적 수단인지를 실증적으로 연구했다. 이는 다른 정책들과 달리 군사력을 사용하지 않으면서 강력한 효과를 창출할 수 있는 전략적 선택지가 무엇인지에 대한 답이 될 수 있을 것이며, 결과적으로 왜 중국이 경제적 위협에 집착하는지에 대한 판단이 될 수 있을 것이다.

본 연구는 다음과 같은 순서로 진행되었다. 먼저, 2절에서는 경제적 강압에

---

7 세계 위기사례는 ICB(International Crisis Behavior) 프로젝트를 통해 확인할 수 있다. ICB 프로젝트는 1975년부터 미국 듀크대학과 사우스캘리포니아대학에서 1918~2017년까지 세계 위기사례를 연구하여 데이터뱅크화했다. ICB에서는 487개의 세계 위기사례들(System Level)과 1,078개의 위기행위자(Actor Level)에 대한 정보를 제공하고 있다. 본고에서는 각 행위자의 정책행동에 대한 분석이므로 위기행위자에 대한 정보를 활용했다. https://sites.duke.edu.

8 ICB에서는 각 행위자들이 사용했던 정책들에 대해 경제적 위협(Economic threat), 제한된 군사적 위협(Limited military threat), 정치적 위협(Political threat), 영토점령 위협(Territorial threat), 영향력 약화 위협(Threat to influence in the international system or regional subsystem), 대규모 피해 위협(Threat of grave damage), 생존 위협(Threat to existence), 기타 위협(Other)의 일곱 가지로 분류하고 있다. Michael Brecher, Jonathan Wilkenfeld et al., *International Crisis Behavior Data Codebook, Version 14* (24 June, 2020), pp. 43-44.

대한 이론 등 분석을 위한 이론적 배경을 고찰했다. 3절에서는 경제적 위협의 효과성 판단기준을 검토하고, 각 변수들에 대한 정의, 경제적 위협의 효과성 검증방법 및 절차 논의 등 연구의 설계를 실시했다. 4절에서는 경제적 위협의 효과성을 통계방법으로 검증하고, 그 결과를 분석 평가했다. 5절에서는 경제적 위협의 효과성 분석 및 평가를 바탕으로 중국의 경제적 위협이 한국 안보에 주는 전략적 함의에 대해 논의했다.

본 연구는 다음과 같은 몇 가지 한계점을 가진다. 우선, 경제적 위협의 효과성에 관한 지표로 ICB에 포함된 '행위자들에 의해 설정된 기본 목표달성 여부(Achievement/Nonachievement of Basic Goals by a Crisis Actor)'를 설정하여 분석한 점은 효과성 판단기준들에 대해 더욱 엄격한 선정을 요구하는 학자들에게 비판의 대상이 될 수 있다. 하지만 정책의 효과성이 정책목표의 달성 정도를 의미하며, 평가의 가장 핵심적 작업이 효과성을 판단하는 것이기 때문에 다른 효과성 판단기준을 설정하지 않았음을 미리 알려둔다.

둘째, 경제적 위협 사례들이 세계 위기사례(ICB)에 한정된다는 점이다. 경제적 위협의 성공은 국내외적 환경뿐만 아니라 경제적 위협국과 피위협국 간의 국력 차이 등에 의해서도 영향을 받을 수 있다. 따라서 과거 사례에 대한 통계분석을 통해 일반성(Genernality)을 확보하는 데는 한계가 있을 수밖에 없다. 이러한 관점은 매우 적절한 것으로 판단된다. 따라서 이러한 한계점을 극복하기 위해 양적 분석에는 세계 모든 국가를 대상으로 한 분석뿐만 아니라 중국 같은 핵 보유국들이 수행하는 위협 행위들이 핵 미보유국들의 행위에 비해 상대적으로 얼마만한 효과성을 담보할 수 있는지를 추가로 분석했다. 또한, 이러한 양적 분석에 더하여 질적 분석을 수행함으로써 분석 결과에 대한 설명력을 제고하고자 노력했다.

2. 분석을 위한 이론적 고찰

1) 상호의존에 관한 국제관계학적 검토

경제적 위협에 대한 논의에 앞서 국가 간 상호의존이 의미하는 바가 무엇이며, 상호의존과 갈등 간의 관련성에 대한 검토가 필요하다. 왜냐하면, 이는 본 연구에서 논의하고자 하는 경제적 위협이 국가의 영향력 행사의 원천이 될 수 있는지에 대한 이론적 근거를 제공해줄 수 있기 때문이다.

국제정치학자들 사이에서 상호의존의 개념, 각 국가 간 상호의존과 갈등의 관련성에 대한 논의는 오래된 주제였다. 하지만 상호의존의 개념이 무엇이며, 상호의존과 갈등 간 연관성에 대한 해석 등에 대한 완벽한 합의는 이루어지지 않았다. 따라서 학자들 간의 분석과 주장들이 다양한 만큼 이에 대한 틀도 다양하게 제시되고 있다.

그러나 대부분은 상호의존 이론의 주창자인 코헨과 나이(Robert O. Keohane & Joseph S. Nye, Jr.)의 개념에 대체로 동의한다. 코헨과 나이는 의존(Dependence)을 "외부의 힘에 의해 결정되거나 영향을 받는 상태"로 정의하고, 국제정치에서 상호의존(Interdependence)이란 "국가 상호 간 또는 행위자들 서로 간 특별한 혜택을 주고받는 호혜적(Reciprocal) 효과에 의해 규정되는 상황"으로 정의한다. 여기서 호혜적 효과란 국경을 초월한 국가 간 교류로부터 재화, 인원 등과 같은 것을 얻는 특별한 혜택으로, 상호의존은 이러한 대가(비용)가 요구되는 교류의 효혜적 효과가 있는 곳에 존재한다는 것이다.[9] 즉, 상호의존이란 상호 특별한 혜택을 '주고받는(Give & Take)' 관계를 의미한다. 어느 일방이 관계단절 등과 같은 상호관계의 변화를 시도할 경우 그 관계를 맺고 있는 국가 또는 행위자들이 모두 그 비용(Cost)과 영향

---

9 Robert O. Keohane & Joseph S. Nye, Jr., "The Characteristics of Complex Interdependence," in *Classic Readings and Contemporary Debates in International Relations* edited by Phil Williams, Donald M. Goldstein and Jay M. Shafritz (Belmont Calif.: Wadsworth Publishing Co., 1994), pp. 75-77.

(Influence)을 받게 되는 상황을 말한다.

관계의 단절 등 의존관계 변화로 인한 비용과 영향은 상호의존으로 인해 발생할 수 있는 두 가지 특성, 즉 민감성(Sensitivity)과 취약성(Vulnerability)으로 설명된다. 민감성은 상대방의 상황에 영향을 받는 정도를, 취약성은 상대방의 행위로 인해 영향을 받는 정도를 의미한다. 통상 이러한 영향은 높은 수준의 비용과 영향을 유발하게 된다.[10]

상호 간 의존관계를 의미하는 민감성과 취약성은 상호의존 정도에 따라 달라질 수 있다. 상호의존 정도는 상호 대등한 경우와 한·중 관계와 같이 한쪽으로 심각하게 편향된 경우가 있을 수 있는데, 특히 후자의 경우와 같은 불균형 상황은 상호의존 정도가 낮은 국가가 상호의존도가 높은 국가에 영향력을 발휘할 수 있는 근원이 된다는 것이다.[11]

이러한 주장은 오닐(John R. Oneal & Frances H. Oneal) 등에 의해 보강되었다. 오닐은 "상호의존의 불균형성은 특정한 상황에 국가가 영향력을 발휘할 수 있는 상황을 조성해주며, 상대방에 대한 위협과 억지를 가능하게 해줄 수 있다"고 주장한다. 불균형 정도가 증가할수록 상대적으로 강한 국가의 영향력은 약한 국가에 대해 강화되며, 이것이 착취로 이어지기도 하고 분쟁의 근원이 되기도 한다는 것이다.[12] 이는 상호의존과 종속(Dependence)을 상호 호환될 수 있는 개념으로 인식하는 허시만(Albert O. Hirschman) 같은 학자들의 견해[13]와도 그 맥을 같이한다.

패럴과 뉴먼(Hanry Farrel & Abraham L. Newman)도 국제적 경제 네트워크들의 불

---

10 Robert O. Keohane and Joseph S. Nye, Jr., "Power and Interdependence revisited," *International Organization*, Vol. 41, No. 4 (1987), pp. 725-753.

11 Robert O. Keohane and Joseph S. Nye, Jr., "Power and Interdependence revisited," p. 728; Robert O. Keohane and Joseph S. Nye, Jr., *Power and Interdependence: World Politic in Transition* (Boston: Little Brown, 1977), pp. 8-11.

12 John R. Oneal & Frances H. Oneal et al., "The Liberal Peace: Interdependence, Democracy and International Conflict, 1950-85," *Journal of Peace Research*, Vol. 33, No. 1 (February, 1996), p. 16.

13 Albert O. Hirschman, *National Power and the Structure of Foreign ade. Reprint* (Berkeley: University of California Press, 1980), p. 10.

균형적 상호관계에 대해 탐구하면서 상호의존의 확대가 국제적인 협력을 저해하며, 오히려 '상호의존 관계가 무기화(Weaponized Interdependence)'되고 있다고 주장했다.[14]

상호의존에 대한 이론적 논의를 토대로 볼 때, 불균형적 또는 비대칭적으로 발전하고 있는 한·중 간 경제적 의존관계는 한국의 안보에 긍정적인 영향보다는 부정적인 영향을 미치게 될 것으로 예상된다. 앞의 언급과 같이, 한·중 간 경제적 의존도 확대는 그 이익으로 인해 한국에 민감성과 취약성 증가라는 비용을 요구하게 될 것이다. 한국은 중국과 경제적 관계의 확대로 중국의 상황에 영향을 받게 될 수 있다. 한국과 중국 간의 경제적 의존관계가 확대되는 과정에서 중국은 그 경제적 의존도를 활용하여 경제적인 강압을 행사함으로써 한국에 대해 정치적 지렛대를 확보하게 된 것이다.[15]

거시적인 관점에서 보면, 세계 각국은 국가 간 위기상황이 발생했을 때, 군사력 같은 폭력적 수단에 전적으로 의존하지는 않았다. 폭력적 수단에 의해 위기를 관리하기도 했으나, 그와 상응할 정도의 비폭력적인 수단을 활용하여 국가의 위기를 관리하고자 했다. 통계자료에 의하면, 세계 위기사례 1,077건 중 52.7%(568건)의 위기는 군사력의 실질적인 사용 등 폭력적 수단을 통해 관리되었으며, 나머지 47.3%(509건)가 경제적 위협 등 비폭력적인 수단을 통해 관리된 사실[16]은 이러한 논지를 신뢰성 있게 뒷받침한다.

〈그림 11-1〉과 같이 1918년부터 2017년까지 인류는 자국의 목표를 달성하기 위해 군사력으로 대표되는 폭력적 수단을 사용해왔지만, 비폭력 수단을 배제

---

14 Hanry Farrel and Abraham L. Newman, "Weaponized Interdependence: How Global Economic Networks Shape State Coercion", *International Security*, Vol. 44, No. 1 (Summer, 2019) pp. 42-79.

15 주성환 · 강진권, 앞의 논문, p. 22; 미국 국방부의 인도태평양전략보고서에서는 "경제안보가 국가안보(Economic Security is National Security)"라고 표현하고 있다. 이는 향후 통상과 안보 영역이 지속적으로 중첩되면서 새로운 문제들이 등장하게 될 것을 예고한 것으로 분석된다. Department of Defense, *Indo-Pacific Strategy Report: Preparedness, Partnetship, and Promoting a Networked Region* (June 1, 2019), p. 4.

16 https://sites.duke.edu. ICB dataset.

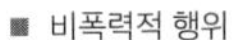

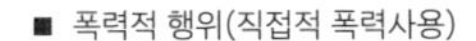

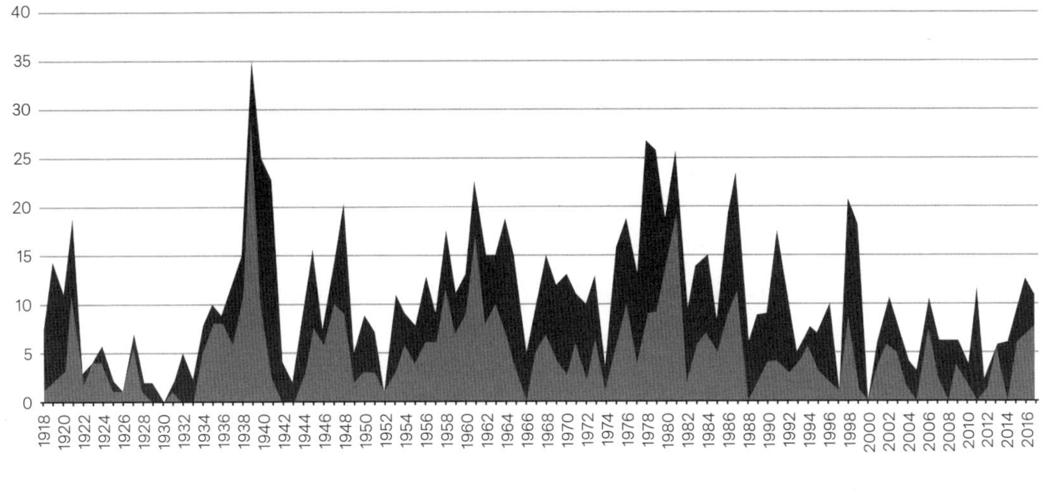

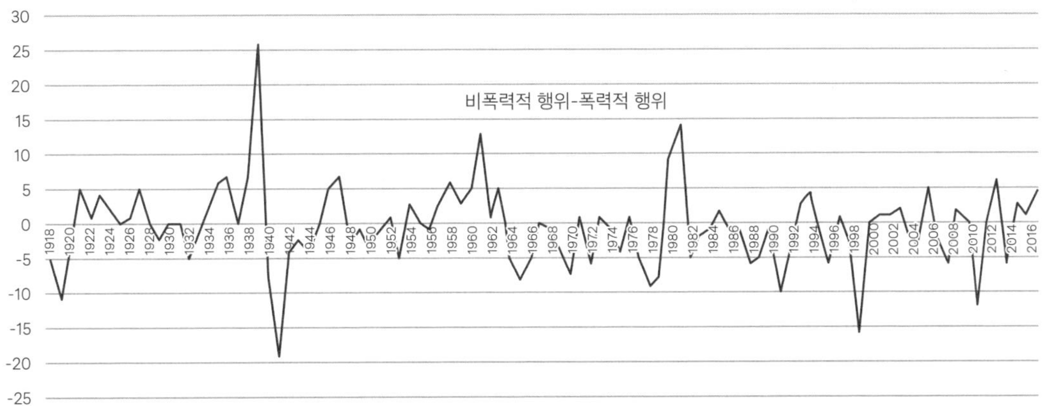

〈그림 11-1〉 폭력적 수단과 비폭력적 수단의 활용(1917~2017)

하지 않았다. 즉, 인류는 폭력적인 수단에 의존함으로써 그 반대급부로 받을 피해와 비극을 끊임없이 인식해왔고, 폭력적 수단과 함께 대안적인 수단을 지속적으로 모색해왔다.

중국은 실제로 자국의 정치적 목적을 달성하기 위해 대만 같은 민주주의 국가를 괴롭히거나 현금이 부족한 채무국에서 천연자원을 착취하는 등 강압적 경제 정책을 지속적으로 추진하고 있다. 오스트레일리아 전략·정책 연구소는 2020년 9월 연구에서 중국이 2010년부터 외국 정부와 기업을 상대로 '경제적 강압 외교

(무역 제재, 투자 제한, 관광 금지, 보이콧 등)'를 152회나 사용했다고 밝혔다. 중국은 전 세계 국가 중 약 3분의 2에 해당하는 국가를 상대로 최대 교역국이라는 재정적 우위를 바탕으로 상대국으로부터 정치적 굴복을 얻어내고 있는 것이다.[17]

중국에 대한 과도한 경제적 의존관계로 인해 발생할 수 있는 문제는 중국이 이를 지렛대로 삼아 정치·외교적인 분야에서 한국보다 유리한 위치를 선점하는 것이다. 즉, 중국은 경제적인 비대칭적 상호의존을 통해 효과적으로 국가이익을 점유할 수 있게 된 것이다. 이는 중국이 제 국력요소(DIME)[18] 중 한국에 대해 직접적인 무력 사용이나 그 위협(M)에 호소하지 않고도 경제요소(E)를 이용한 위협으로 갈등을 유발하는 동시에, 한국의 의사결정에 지장을 줌으로써 자신들이 설정한 이익을 달성하는 효과적인 회색지대 전략의 수단을 갖게 되었음을 의미한다.[19]

중국이 2000년대 초부터 아세안 국가들을 대상으로 전방위적으로 구사한 매력공세(Charm Offensive)[20]도 경제적 우위를 바탕으로 장기적인 측면에서 이익을 달성하려는 회색지대 전략의 사전 포석으로 해석할 수 있다.[21]

---

17 "중국의 '강압 외교'에 대응", 『Indo-Pacific Defense Forum』, 2021년 10월 20일자.

18 DIME는 Diplomacy(외교), Information(정보), Military(군사), Economy(경제)의 약어다.

19 회색지대 전략은 상대방과 정면대결을 회피하면서 애매모호한 회색지대에서 국가의 모든 국력요소를 활용하여 위협을 줌으로써 갈등을 유발하고, 단호하게 대응하지 못하도록 상대방의 의사결정체계가 제대로 작동하지 않도록 조장함으로써 자신들이 설정한 이익을 효과적으로 달성하는 전략이다. 김종하 · 김남철 · 최영찬, 「북한의 대남 회색지대 전략: 개념, 수단 그리고 전망」, 『한국군사학논총』 10(1), 2021, p. 35.

20 '매력공세'라는 용어는 1955년 7월 뉴욕신문 The Elmira Advertiser에서 처음으로 사용한 것으로 알려져 있다. 매력공세는 일반적으로 정치인이 자신의 카리스마나 신뢰성을 강조하는 선전 캠페인을 말한다. 이 표현은 20세기 중반부터 시작되었으며, 처음에는 냉전 시대 적의 정치적 전술을 설명하는 데 사용되었다. 매력공세의 유래와 개념에 대해서는 https://www.phrases.org.uk/ meanings/charm-offensive.html. 참조.

21 중국은 매력공세를 통해 경제적 우위를 바탕으로, 단기적으로 획득할 수 있는 경제적 이익은 다소 희생하더라도 장기적으로 달성할 수 있는 이익을 모색하는 전략적 행태를 보이고 있다. 이승주, 「아시아 패러독스(Asia Paradox)를 넘어서: 경제적 상호의존과 제도화의 관계에 대한 비판적 검토」, 『한국정치외교사논총』 36(2), 2015, p. 177.

2) 강압, 경제적 위협, 경제적 강압

강압(Coercion)은 상호의존과 마찬가지로 국제정치학자들 사이에 합의된 정의는 존재하지 않는다. 하지만 일반적으로 강압이란 "상대방의 행동에 영향을 행사하기 위한 위협(Threats), 즉 상대방의 행동에 영향을 미치기 위해 위협을 사용하는 능력"이다.[22]

강압은 상대방이 어떠한 행위를 시작하지도 못하게 위협을 가함으로써 상대방이 그 결과에 대한 두려움으로 인해 행위를 할 수 없도록 만드는 억제(Deterrence)와 특정한 행위를 하도록 만드는 강제(Compellence)를 포함한 개념이다.[23]

강압은 국제관계 속에서 국가가 다양한 분쟁에 사용하는 전략으로 사용되고 있으며, '강압외교(Coercion Deplomacy)'라는 용어로 통칭되고 있다. 여기서 강압외교란 "국가의 정치적인 목적 달성을 위해 상대국가에 위협을 행사하여 상대방의 행동 또는 의지에 영향을 주는 행위"로,[24] 강압의 방법인 위협(Threats)과 이를 통해 달성하고자 하는 지향점인 정치적 목적(Goals)이 강압외교의 핵심개념들이라 할 수 있다.[25] 따라서 본 연구에서는 '정치적 목적을 달성하기 위한 위협의 전략적 사용'을 강압외교의 개념으로 설정했다.

각국은 정치적 목적을 달성하기 위해 가장 적합하다고 판단되는 수단을 사용하여 피강압자의 선택지를 제한하고자 압박할 것이며, 그 수단은 일반적으로 정치·사회적, 군사적, 외교적, 경제적 위협 등으로 세분화할 수 있다.

이러한 맥락에서 볼 때, 경제적 강압(Economic Coercion)은 강압외교의 한 종류

---

22 Thomas C. Schelling, *Arms and Influence* (New Heaven: Yale University Press, 1966), pp. 2-6; Daniel Byman & Matthew Waxman, *The Dynamics of Coercion: American Foreign Policy and the Limits of Military Might* (New York: Cambridge Univ. Press, 2002) p. 1.

23 Thomas C. Schelling, *Arms and Influence*, pp. 69-86.

24 최종철, 「북핵 신 전략 구상: 한 · 미 · 중 연대 강압외교 전략」, 『통일정책연구』 15(2), 2006, p. 91.

25 최종철은 강압외교를 '강요적 설득(Forceful Persuasion)'으로 보고, 그 초점을 위협보다는 설득으로 인식했다. 최종철, 위의 논문, p. 91.

로 판단할 수 있다. 경제적 강압의 개념에 대해 합의된 개념은 존재하지 않는다.[26] 하지만 경제적 강압은 "국가목표를 달성하기 위해 경제적인 자원을 무기화하거나 자본 등을 사용하여 상대방의 경제적인 손실을 강요함으로써 영향력을 행사하고자 하는 제반 활동"을 말한다. 경제적 위협행위(Economic Threats)를 통해 목표를 달성하기 위한 일련의 활동이 경제적 강압의 개념인 것이다. 김창곤은 중국의 일대일로(一帶一路)를 추진하는 과정에서 나타나는 '국가의 채무를 악의적으로 활용한 함정외교(Debt-trap Diplomacy)'를 전형적인 경제적 강압의 예라고 주장했다.[27]

이는 마자르(Michael J. Mazarr)가 『Mastering the Gray Zone: Understanding A Changing Era of Conflict』(2015)에서 주장한 회색지대 기법의 스펙트럼(A Spectrum of Gray Zone Techniques) 중 '번영의 부정(Denial of Prosperity)' 개념과도 인식의 궤를 같이한다. '번영의 부정'은 제재, 자본 및 에너지 시장 조작, 사이버 작전, 경제 전망을 약화시키기 위한 무역정책(Sanactions, Manipulation of Capital and Energy Markets, Cyber Operations, Trade Policy Designed to Undermine Economic Prospects)을 말한다.[28]

---

26 경제적 강압은 일반적으로 사용되고 있는 개념이다. 예를 들어, 대니얼 크리튼브링크 미 국무부 동아태담당 차관보는 2021년 11월 12일 방한 시 "영내에서 다양한 국가들에 경제적 강압을 사용하려는 중국의 여러 가지 시도에 대해 우려한다"고 언급했다. 또한, 국가안보전략연구원 유현정 박사도 경제적 레버리지를 활용한 중국의 이중전략으로 중국의 국익에 도전하는 상대국에 대한 경제적 강압사례들을 명기했다. "미 차관보, 중국의 경제강압 시도 우려… 규칙기반 질서 지지해야", 『매일경제』 2021년 11월 12일자; 유현정, 「중국의 대아세안 이중전략: 사례분석을 중심으로」, 『INSS전략보고』 74, 2020, pp. 10-11.

27 김창곤, 「한반도 주변의 회색지대(the Gray Zone) 위협과 대응방향」, 『군사연구』 149, 2020, pp. 98-99.

28 마자르는 회색지대 기법의 스펙트럼으로 다음과 같이 순서대로 5단계를 제시했다. 내러티브 전쟁(Narrative War), 번영의 부정(Denial of Prosperity), 민간의 개입(Civilian Interventions), 적극적 침투(Active Infiltration), 강압적 의사전달(Coercive Signaling), 대리전 개입(Proxy Disruption)"이 그것이다. 내러티브 전쟁은 현재 국제질서를 구성하고 있는 역사성과 정당성의 맥락에 대한 공격을 의미한다. 내러티브 전쟁은 군사적 수단을 거의 동원하지 않으면서 선전활동과 트랙-2 활동으로 피공격자의 입장에서도 이를 회색지대 분쟁으로 인식하기조차 쉽지가 않다. 민간의 개입은 중국의 해상민병대와 같이 민간단체(인) 등을 동원하여 기정사실화하는 것을 말한다. 적극적 침투는 상대국에 자신의 역량을 좀 더 본격적으로 투사하는 공격이다. 정보요원들을 침투시켜 포섭활동을 하거나, 존재 자체를 부정할 수 있는 군사력(특히, 특수부대 등)을 이용한 활동, 직접적인 사이버 공격을 통해 상대방 국민으로 위장하여 자신에게 유리하도록 여론을 조작하는 활동, 국제적으로 기업후원을 가장한 특정 정당과 정치인들의 후원을 통해 정치적 영향력 행사 등 상대방의 주권에 대한 간접적인 공격적 활동을 가리킨다. 강압적 의사전달이란 군사력을 공개적으로 시현함으로써 강압적으로 자국 의사를 전달하는

양욱 박사는 이를 해당 국가의 기반에 대한 공격으로, 주로 경제적 측면에 대한 공격을 의미하는 것으로 분석했다. 또한 상대국의 번영을 부정하기 위한 공격은 상대국가에 일방적으로 불리한 무역정책, 기존에 향유하던 경제적 혜택을 줄이겠다는 위협에서 시작되며, 여기에는 상대국가의 경제에 직접적인 타격을 주기 위한 수출입 제한, 관광 금지, 자본시장이나 자원 및 에너지 시장의 인위적인 조작과 사이버 공격 등을 통한 경제적인 기반을 잠식하는 활동 등을 포함시켰다[29]

최근 경제적 강압은 비전통적 강압 또는 회색지대 강압(Gray Zone Coercion)의 한 종류로, 회색지대 강압의 범주 안에서 논의되고 있다. 회색지대 강압이란 말 그대로 전통적인 육·해·공의 정규 군사력을 동원하지 않는 활동으로, 그 대상국(Target State)으로 하여금 정규군을 동원한 대응을 어렵게 하며 이 활동을 빌미로 확전을 시키기도 어려운 수준의 전략적 활동을 말한다.[30]

강압 수단은 〈표 11-1〉과 같이 방법별·수준별로 제시할 수 있다. 먼저, 통상정책의 변화와 묵시적인 경제적 압박 등 저수준의 강압에서 시작하여 피강압국에 의해 표적화된 특정 경제 분야에 대한 통상과 교류의 거부와 일정수준의 제한된 제재를 가하는 중간수준의 강압 수단이 있다. 또한, 고수준의 경제적 강압 수단은

것을 가리킨다. 대리전 개입이란 대리인으로 기능할 수 있는 전력을 분쟁에 활용하는 단계다. Michael J. Mazarr, *Mastering the Gray Zone: Understanding A Changing Era of Conflict* (Carlisle Barracks, PA: United States Army War College Press, 2015), p. 60; 양욱, 「회색지대 분쟁 전략: 회색지대 분쟁의 개념과 군사적 함의」, 『전략연구』 82, 2020, pp. 271-273.

29 양욱, 위의 논문, p. 272.

30 RAND연구소는 아태지역의 급변하는 국제환경을 배경으로 한·미·일 동맹의 중요성을 이해하기 위해 2017년 초 해양, 사이버 및 우주 영역에서 중국의 회색지대 강압의 사용에 초점을 맞춘 회의를 실시했다. 랜드연구소는 2010년 센카쿠열도 선박충돌 사건 이후 일본에 대한 희토류 수출 제한, 2012년 필리핀의 영토분쟁에 대한 보복으로 바나나 수입 차단, 2017년 한반도 사드배치를 빌미로 한 경제적 보복행위들도 언급하면서 이를 '경제적 강압'으로 명시하고 있다. 또한, 이러한 제반 비전통적 강압을 회색지대 강압으로 표현하면서, 중국은 이를 통해 지역질서 변경을 추구하고 있다고 경고했다. 해럴드와 동료들은 회색지대 강압을 '전술적 활동'으로 언급했으나, 본 연구는 경제적 강압이 국가목표 달성에 기여했는가 여부를 판단하는 전략적 수준의 논의로 '전략적 활동'으로 명시했다. Scott W. Harold & Yoshiaki Nakagawa, et al., *The U.S.-Japanese Alliance and Detering Gray Zone Coercion in the Maritime, Cyber, and Space Domains* (Santa Monica, CAL: RAND Corporation, 2017)

〈표 11-1〉 회색지대 전략의 수준별 수행방법과 수단들

	고수준	중간수준	저수준
경제적	• 봉쇄 • 심각한 제재 • 에너지 강압	• 표적 부문별 거부 • 제한된 제재	• 통상정책 변화 • 묵시적 경제강압
군사적	• 핵 태세 • 부대이동 위협 • 상황의 정당성 조성 • 정권약화 목적 대규모 은밀행동 • 주요 순간에 개별 폭력 행위 • 부인 가능한 직접적인 행동(특수 부대의 은밀 작전) • 대규모 대리 폭력 후원	• 대규모 연습 • 강압 시그널링, 레버리지 • 특정목표에 은밀행동 • 중간 정도의 대리활동 지원 • 지역적 군사주둔 확대, 변경	• 소규모 은밀한 행동 • 대리공격에 지원(낮은 수준의 지원)
정보적	• 주요 선전 캠페인 • 대규모 기만과 부정(수정주의 의도 은폐)	• 역사적 내러티브 개발, 홍보 • 적절한 선전 캠페인	• 일반적인 정보외교
정치적	• 국내 반대파, 망명자, 게릴라, 민병대 지원 • 수정주의 의도를 지지하는 글로벌 포럼의 주요 주장(긴급규칙 변경 노력, 상품유통) • 공식 동맹 체결 • 조약 서명	• 적대적 야당과 대화 • 국제포럼에서 규칙개정을 위해 노력 • 지역적 콘서트 수행	• 글로벌 포럼 사용(지속적 목표 주장) • 네트워크, 트랙-2 노력
기타	• 대규모 사이버공격 • 비군사자산 사용, 사실상 주둔(해경, 어선)	• 사이버 공격(표적화된 사이버 행위)	• 지속적 사이버 활동(낮은 수준)

출처: Michael J. Mazarr, *Mastering the Gray Zone: Understanding A Changing Era of Conflict*, p. 60.

피강압국에 심각한 타격을 입힐 목적의 (해상)봉쇄,[31] 포괄적 경제제재행위와 에너지 수출입 금지 등 국가번영의 기반에 대한 제재행위들을 포함한다. 예를 들어, 2006년 몽고의 달라이라마 초청에 대한 보복으로 차관금 지급 연기, 전력공급 차단, 국경 통관세 부과, 2013년 필리핀에 대한 중국의 바나나 수입금지, 2014년 베트남산 리시(Lychee) 수입제한, 2016년 싱가포르와 대만의 합동군사훈련에 동

31 봉쇄라 함은 해상봉쇄, 육상봉쇄 등으로 구분할 수 있으나, 통상적으로 해상봉쇄를 의미한다.

원한 싱가포르군의 장갑차를 수송하던 선박 압류 등을 들 수 있다.[32]

둘째, 군사적 위협은 은밀한(Clandestine) 가운데 이루어지는 위협을 의미한다. 군사적 강압은 대리자(Proxy)에 대한 은밀한 지원, 상대방에게 강압 시그널을 주기 위한 대규모 연습, 핵 태세의 변경, 부대전개, 정권을 약화시키기 위한 대규모 은밀한 행동, 준군사조직(Para Militia)을 활용한 강압 및 존재 자체를 부정할 수 있는 군사력을 사용한 은밀 작전 등을 포함한다. 대표적인 예로 18만 7천여 척 이상의 어선과 30만여 명 이상으로 구성된 중국의 준군사부대 민병대의 활동, 2014년 크림반도 합병 시 러시아의 폭주족(NightWolves)을 활용한 공항 외곽도로 차단, 돈바스 전쟁 시 러시아의 반군과 군 표식이 없는 특수부대(리틀 그린맨) 운용 및 러시아 군사정보국(GRU) 장교들의 자문과 지원 등을 들 수 있다.[33]

셋째, 정보적인 위협은 상대방에 대한 일반적인 정보활동, 미디어를 활용하여 상대방의 인식(Cognition)을 공격하기 위한 선전활동 등을 말하며, 특히 미디어를 활용한 정보활동은 주요 여론의 조성과 심리전을 목적으로 하며, 의심, 반감, 역정보를 통해 피강압국에 대한 영향력 행사를 포함한다. 정보적인 강압활동의 대표적인 예는 아프간 전쟁을 들 수 있다. 100년 전쟁, 30년 전쟁에 이어 세 번째로 긴 21년이 걸린 분쟁인 아프간전에서 미국은 2천 명의 사망자와 2만 명의 부상자, 약 2천조 원의 전비를 소모하고도 승리하지 못했다.[34] 실패이유 중 하나가 뉴미디어를 활용한 정보적 강압에 효과적으로 대처하지 못했다는 점이다. 아프간 반군은 AK소총과 휴대폰, 노트북을 가지고 다니며 자신들의 영웅적 모습으로 지지자를 확보하고, 미군 공습의 피해를 노골적으로 편집해 반미 감정을 충돌질하기만 하면 되었다. "탈레반은 심리전에 90%, 군사력 사용에 10%의 노력을 기울

---

32 주요 사례에 대한 구체적인 설명은 유현정, 앞의 논문, pp. 10-11 참조.

33 주요 사례에 대한 구체적인 설명은 최영찬, 『미래의 전쟁 기초지식 핸드북』, 합동군사대학교, 2021, pp. 94-97, 167-168 참조.

34 "Afghanistan mirrors US evil acts, contrasting China's goodwill: Global Times editorial," 『Global Times』, 2019. 7. 9.

인 반면, 연합군은 군사력 사용에 90%, 심리전에 10%의 노력을 기울였다. 전장에서 조작된 인식은 현실이 되고, 이는 곧 진실로 고착된다. 탈레반은 이를 활용하여 세계인과 상대방의 인식을 공격하는 데 성공"했다.[35]

넷째, 정치적 위협은 정치지도자의 의사결정 과정과 정치적 활동에 영향을 주기 위한 활동을 말한다. 국제무대에서 자신에게 유리한 방향으로 통용되고 있는 기존 규범을 변경하려고 노력하거나 국내 반대파, 망명자, 게릴라 및 민병대의 지원 등을 포함한다. 크림반도 합병과 돈바스 전쟁 시 러시아가 친러 성향의 야누코비치 대통령을 집권시켜 정치적 소요사태를 조장하거나, 친러 성향의 분리주의자를 동원하여 탈우크라이나 분리독립 운동 전개, 우크라이나 경제상황을 조장하여 주민이 과도정부에 대한 반대를 하도록 유도했던 사례 등을 대표적인 예로 들 수 있다.[36]

끝으로, 기타 강압은 사이버 활동 및 기정사실화를 목적으로 한 해경과 어선을 이용한 사실상의 주둔 등이다. 특히, 사이버 활동은 상대방에게 물리적 피해를 발생시키거나 특정국가의 정치, 경제, 사회과정에 개입하여 국가활동을 방해하는 것을 포함한다. 그 예로, 2014년 북한의 소니영화사에 대한 사이버 공격, 2016년 방글라데시 은행에 대한 자금 탈취, 2017년 악성코드 유포, 2019년에는 미국의 에너지 업체 공격 등을 들 수 있다.[37]

---

35 Andrew Mackay & Steve Tatham, *Behavioral Conflict* (Saffron Walden, UK: Military Studies Press, 2011), p. 59.

36 정치적 강압의 대표적인 예는 Philip A. Karber, *The Russian Military Forum: Russia's Hybrid War Campaign: Implications for Ukraine & Beyond* (Center for Strategy International Studies, Washington D.C, 2015) 참조. 카버는 러시아의 우크라이나 개입을 분석하면서 러시아의 하이브리드전 단계를 ① Political Subversion(러시아인을 활용한 정치적 전복) ② Proxy(자원병, 폭주족 등을 활용한 대리전 수행) ③ Intervention(직간접적인 군사개입) ④ Coercive Deterrence(강압적 억지)로 구분했는데, Political Subversion(러시아인을 활용한 정치적 전복)이 정치적 강압에 해당하는 내용을 포함하고 있다.

37 김창곤, 앞의 논문, p. 99.

3. 연구설계

1) 경제적 위협의 유용성 검증기준 검토

강압이란 정치적 목적을 달성하기 위한 위협의 전략적 사용이며, 경제적 강압은 강압의 한 종류로, 경제적 위협을 통해 정치적 목적을 달성하기 위한 국가활동이다. 경제적 위협은 국가가 정치적 목적을 달성하기 위해 공식적으로 결정한 정책[38]으로 판단할 수 있다. 따라서 정책의 유용성을 판단하는 다양한 기준은 경제적 위협을 평가하는 기준으로도 사용될 수 있다.

국가의 정책활동인 경제적 위협의 유용성 평가 기준을 선정하기 위해서는 바람직함의 기준이 무엇인지에 대한 검토가 선행되어야 한다. 결론적으로 말하자면, 본 연구에서는 경제적 위협의 유용성 평가 기준으로 '목표달성 정도를 의미하는 효과성'을 선정했다.

정책의 유용성은 효과성(Effectiveness), 효율성(Efficiency), 형평성(Equity), 관리가능성(Manageability), 정통성과 정치적 이해 가능성(Legitimacy & Political feasibility) 등의 기준들로 평가된다.[39] 하지만 이러한 기준들 중에 가장 보편적이고 직관적인 기준은 효율성과 효과성으로, 효율성은 비용 대비 목표 달성의 정도를, 효과성은 비용과 무관하게 '목표달성 정도(Degree of Goal Achievement)'를 의미한다.[40]

특히, 효과성은 정책의 유용성을 판단하기 위한 가장 기본적인 기준이 된다.

---

38 정책은 "정책목표와 이를 달성하는 데 필요한 정책적 수단에 대하여 권위 있는 인사 및 정부기관들에 의해 공식적으로 결정한 기본방침"이다. 따라서 경제적 강압은 국가의 정책목표를 달성하기 위해 정부기관에 의해 결정된 방침이다. 정책의 정의는 정정길 · 최종원 외, 『정책학원론』, 대명출판사, 2010, p. 35 참조.

39 Odus V. Elliott, *The Tools of Government: A Guide to the New Governance* (Oxford University Press, 2002), pp. 23-24.

40 김재훈, 『정책효과성 증대를 위한 집행과학에 관한 연구』, 한국개발연구원, 2014, p. 42.

효과성은 국가에 의해 의도된 정책의 목표를 달성하기 위한 활동이다.[41] 정책목표의 달성이라는 효과성 평가의 목적은 현재 평가되고 있는 정책을 중단하거나, 축소, 현상유지 및 확대할 것인가를 선택하는 데 필요한 정보를 제공하는 것이다.[42] 즉, 효과성을 평가하는 것은 정부가 선택한 방법의 지속과 중단 등을 결정하는 근본적인 기준이자, 가장 핵심적이고 권위 있는 의사결정 과정이라 할 수 있다.

물론, 효과성만으로 국가가 선택한 정책을 최선의 것으로 판단할 수는 없다. 목표달성을 위해 희생해야 할 비용을 고려하지 않는 정책은 최선의 대안으로 보기 힘든 경우가 많기 때문이다. 하지만 경제적 보복 위협 시 '중국의 피해 정도는 한국의 6~8분의 1 수준'으로 판단되고 있다.[43] 또한, 그 격차는 국력의 차이에 따라 증대될 수 있는 등 경제적 강압이 정치·외교적 목표를 달성하는 데 효율적이기 때문에 중국은 한국과 경제적인 상호의존에도 불구하고 이러한 위협을 즐겨 사용하고 있다. 이러한 맥락에서 중국이 취하는 정책들의 효율성은 충족되었다고 보았다.

본 연구에서는 효과성만을 고려했다. 왜냐하면, 국가정책 달성방법으로 수행되는 경제적 위협을 평가하는 기본적이고 핵심적인 기준은 효과성이라 할 수 있기 때문이다. 국가가 특정한 정책을 선정하기 위해 가장 먼저 고려해야 하는 것이 '목표달성 정도'다. 이것이 경제적 위협의 유용성 판단기준으로 효과성을 선택한 이유라 할 수 있다.

---

41 윤건 · 최미혜 외, 「정부의 재난안전정책 효과성 영향 요인 실증연구」, 『한국정책과학학회보』 21(1), 2017, p. 3.

42 정정길 · 최종원 외, 앞의 책, p. 635.

43 박재곤, 앞의 논문, p. 22; 한반도 사드 도입 시 중국의 경제보복으로 인한 양국 간의 피해액은 각 기관마다 상이하나, 현대경제연구원에 따르면 한국의 피해는 약 8.5조 원(주요 제조업 수출, 투자 및 관광 등)이었다. 반면, 중국의 피해액은 1.1조 원으로 한국보다 8배 적은 것으로 분석하고 있다. 현대경제연구원, 「최근 한중 상호간 경제손실 점검과 대응방안」, 『현안과 과제』 17(10), 2017, pp. 7-8. 그 외에 사드 배치 시 중국의 경제보복으로 인한 손실액 추정 자료는 장우애, 「중국내 반한 감정 확산과 영향」, 『IBK경제연구소 연구보고서』, 2017; 산업은행 산업기술리서치센터, 「사드배치와 한중관계 악화에 따른 산업별 영향」, 『Weekly KDB Report』, 2017 참조.

국가의 위협행위들이 성공적이기 위해 가장 먼저 충족되어야 할 것은 그 위협행위들로 국가가 설정한 목표를 달성할 수 있는가다. 어떠한 상황에서건 목표달성 가능성, 즉 국가는 정책이나 전략의 효과성에 대한 전망이 호전되지 않거나 악화된다면 다른 방안을 모색해야 한다. 이러한 맥락에서 목표달성은 경제적 위협의 효과성을 지속적으로 평가할 수 있는 중요한 기준이라 할 수 있을 것이다.

경제적 위협을 포함한 강압국의 행위들은 각기 목표달성 정도가 차별적일 것이다. 또한 각국은 상호 갈등 시 이를 효과적으로 해결하기 위해 상대적으로 목표달성 정도가 높을 것으로 분석되는 행위들을 선택할 것이다. 중국이 경제적 위협을 주변국들에 대해 즐겨 사용하는 이유도 경제적 위협이 자국의 목표를 달성하는 데 효과적이기 때문인 것으로 전제할 수 있다.

2) 각 변수 정의 및 경제적 위협의 효과성 검증 절차

ICB(International Crisis Behavior) 프로젝트에서는 1918년부터 2017년까지 발생한 세계 위기사례를 연구하여 국제관계에서 국가의 주요 의사결정자가 위기의 기간 중에 발생한 가장 심각하다고 인식하는 위협들[44]을 다음 여덟 가지로 유형화하고 있다. ① 경제적 위협(economic threat), ② 제한된 군사적 위협(limited military threat), ③ 정치적 위협(political threat), ④ 영토 위협(territorial threat), ⑤ 국제 및 지역 체재 내 영향력 행사 위협(threat to influence in the international system or regional subsystem), ⑥ 중대한 피해 위협(threat of grave damage), ⑦ 존재(생존) 위협(threat to existence), ⑧ 기타 위협(other)이 그것이다.[45] 각 위협들은 경제적 위협을 중심으로 상대적인 효과성을 측정하기 위한 변수로 사용된다.

먼저, 경제적 위협이다. ICB 프로젝트에서는 1992년 이집트와 수단 간 갈등

---

44 "the Object of Gravest Threat at Any Time During the Crisis, as Perceived by the Principal Decision Makers of the Crisis Actor."

45 Michael Brecher, Jonathan Wilkenfeld et al., *International Crisis Behavior Data Codebook, Version 14*, p. 44.

시 수단이 캐나다 석유회사에 할라이브(Halaib) 지역 석유탐사 개발을 허가한 것과 같은 위협을 예로 들고 있다. 즉, 국가이익과 목표를 달성하기 위해 한 국가가 상대국가에게 영향을 끼치기 위해 경제적으로 상대방을 으르고 협박하는 행위를 말한다. 제한된 군사적 위협은 1976년 7월 엔테베공항에 대한 이스라엘의 공습과 같이 전면적인 군사력을 사용하기보다는 제한된 군사적 수단을 활용하여 상대방에게 위협을 가하는 행위를 의미한다.

정치적 위협은 정권의 전복 위협, 국가의 주요 제도와 규칙에 대한 변경 시도, 주요 정책결정자 등을 포함한 엘리트 교체 및 국내 정치에 대한 개입 등을 포함한 위협이며, 영토 위협은 상대방 영토의 통합이나 영토의 일부 병합 위협, 1931년 만주사변에서 일본의 분리주의 위협 등이 포함된다.

국제 시스템 또는 지역 하위 시스템에 대한 영향력 위협이란 글로벌 시스템 및/또는 지역 하위체제에서 영향력 약화 위협, 외교적 고립, 지원 중단 위협 등이며, 중대한 피해 위협은 전쟁, 대규모 폭격으로 인한 대규모 사상자의 위협을 의미한다. 또한, 존재에 대한 위협은 상대방 주민의 생존에 대한 위협, 대량 학살, 독립국 존재에 대한 위협, 완전한 합병, 식민통치, 점령 위협을 포함한다. 기타 위협은 가장 심각하다고 인식하는 위협들이 없거나 복합적인 위협, 결측치 등을 포함하는 것으로 추정된다.[46] 분석을 위해 각 위협들을 순서대로 1에서 8로 코딩했다.

핵 보유 여부는 ICB의 행위자의 핵능력(Nuclear Capability of Crisis Actor)을 변수로 선정했다. 행위자의 핵능력은 ① 핵능력 없음(No Nuclear Capability), ② 핵능력 보유 예정(Foreseeable Nuclear Capability), ③ 핵능력 보유(Possession of Nuclear Capability), ④ 2격 능력 보유(Second Strike Capability)의 네 가지 형태로 분류된다.[47]

핵능력 없음은 작전적·군사적으로 사용할 수 있는 핵무기를 보유하지 못한 경우를 말하며, 핵능력 보유 예정은 행위자가 위기 시작 후 5년 이내에 핵능력을

46 ICB Codebook에는 기타 위협에 대한 설명은 제시되지 않았다.

47 Michael Brecher, Jonathan Wilkenfeld et al., *International Crisis Behavior Data Codebook, Version 14*, p. 41.

개발하거나 획득할 수 있는 상태를 의미한다. 핵능력 보유는 행위자가 핵무기와 운반수단을 갖고 있으나 2격 능력은 없는 상태를 말하고, 2격 능력 보유는 초강대국 또는 선제공격을 흡수하고 보복하는 능력을 가진 강대국의 핵능력을 의미한다. 여기서 핵능력 없음은 0으로 코딩했고, 그 외는 핵능력을 보유한 것으로 판단하여 1로 코딩했다.

목표달성 여부는 ICB의 위기결과 형태(Content of Crisis Outcome)를 변수로 선정했다. 그 형태는 목표달성(Achievement of Basic Goals) 여부에 따라 ① 승리(Victory), ② 협상(Compromise), ③ 교착(Stalemate), ④ 패배(Defeat), ⑤ 기타(Other)의 형태로 제공된다.[48] 이는 각 행위들이 국가가 설정한 기본목표를 달성하는 데 효과적인지 아닌지를 분석할 수 있게 해준다. 이는 각 형태의 정의를 살펴보면 더욱 명확히 알 수 있다.

승리는 기본목표를 달성한 상태(Achievement of Basic Goals), 타협은 기본목표의 부분적인 달성 상태(Partial Achievement of Basic Goals)로 정의된다. 교착상태는 국가의 행위가 기본목표 달성에 영향을 미치지 않는 상태(No Effect on Basic Goals) 또는 행위들이 상황을 변화시키지 못한 상태(No Change in the Situation)를, 패배는 기본목표를 달성하지 못한 상태(Non-Achievement of Basic Goals)를 말한다.

본 연구에서는 ICB 프로젝트에서 제공하는 위기 결과의 형태가 승리(Victory), 협상(Compromise)일 경우에는 목표를 달성했다고 판단하여 1로, 교착(Stalemate), 패배(Defeat), 기타(Other)의 형태는 목표를 달성하지 못했다고 판단하여 0으로 코딩했다.

효과성 분석은 다음 절차에 의해 통계분석을 수행했다. 먼저, 여덟 가지로 유형화한 위협행위들에 대한 일반적 특성을 살펴보기 위해 빈도분석을 실시했다. 둘째, 각 위협행위들과 목표달성 간에 차이를 분석하기 위해 카이제곱 검정을 실

---

48 Michael Brecher, Jonathan Wilkenfeld et al., *International Crisis Behavior Data Codebook, Version 14*, pp. 25-23.

시하여 목표달성에 유의미한 차이가 있는지 분석했다. 유의수준은 a=.05로 설정했다. 셋째, 각 위협행위들의 목표달성에 대한 영향력을 판단하기 위해 교차비(Odds Ratio/OR, 오즈비 또는 승산비) 분석[49]을 실시하여 상대적인 목표달성비(比)를 분석했다. 분석도구는 SPSS프로그램을 사용했다.

목표달성비는 세 가지 경우를 상정했다. 상대방에게 가장 높은 압박을 줄 수 있을 것으로 예상되는 존재(생존) 위협과 역사적으로 각국이 가장 많이 사용했던 위협행위인 영토 위협에 대한 상대적 목표달성비를 분석했다. 또한 경제적 위협을 기준으로 각 행위들의 우선순위를 측정했다. 끝으로, 중국 같은 주요 행위자가 핵무기를 보유했을 경우와 그렇지 않은 경우에 비해 목표달성비가 어떻게 달라지는지를 분석함으로써 과거 사례에 통해 일반성을 확보하고자 하는 데 대한 한계를 보완했다.

4. 분석 및 평가

1) 위협행위에 관한 일반적 특성

위협행위에 대한 일반적인 특성을 살펴보기 위해 빈도분석을 실시했다. 그 분석 결과는 〈표 11-2〉와 같다. 1918년부터 2017년까지 각국이 수행한 위협행위는 1,077건으로, 그중에서 위기 해결을 위해 가장 많이 사용한 위협행위는 영토 위협 271건(25.1%), 체재 내 영향력 행사 위협 230건(21.4%), 중대한 피해 위협 176건(16.3%), 정치적 위협 172건(16%), 제한된 군사적 위협 109건(10.1%), 존재 위

49 교차비 분석은 범주형 자료분석에 활용되는 통계기법이다. 사건발생 가능성을 예측하는 통계분석 방법인 로지스틱 회귀분석(Logistic Regression)에서 결과를 해석할 때 사용한다. 주로 의료 분야에서 많이 사용하고 있는데, 예를 들어 환자가 위험요소에 노출된 경우 비노출된 경우에 비해 특정질환이 발생할 위험이 몇 배나 큰지를 분석할 수 있게 해준다. 교차비에 대한 설명은 노경섭, 『제대로 알고 쓰는 논문 통계분석』, 한빛아카데미, 2019, p. 271 참조.

협 66건(6.1%), 경제적 위협 38건(3.5%), 기타 위협 15건(1.4%) 순으로 나타났다.

〈표 11-2〉 위협행위에 대한 일반적 특성

위협행위	빈도(회)	백분율(%)
경제적 위협	38	3.5
제한된 군사적 위협	109	10.1
정치적 위협	172	16.0
영토 위협	271	25.2
체재 내 영향력 행사 위협	230	21.4
중대한 피해 위협	176	16.3
존재 위협	66	6.1
기타 위협	15	1.4
합계	1,077	100.0

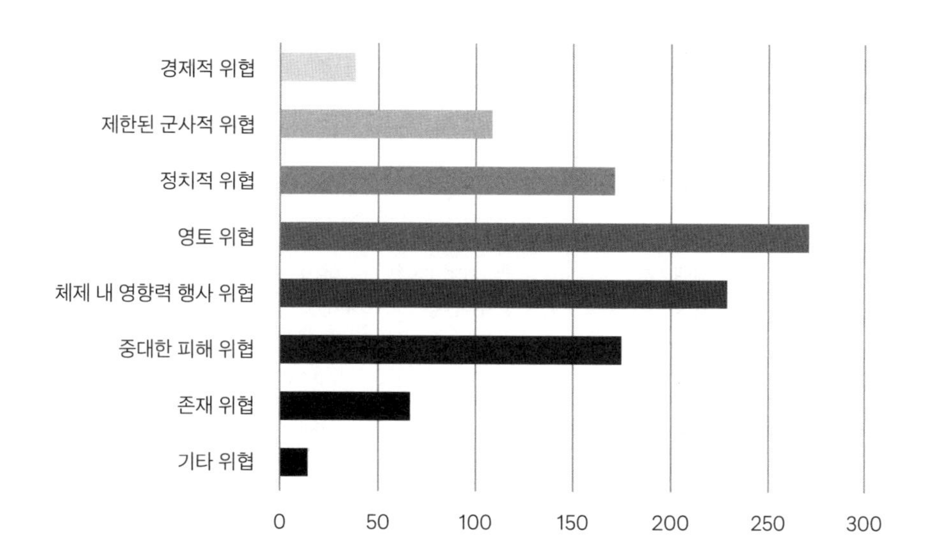

위협행위들의 일반적 특성과 목표달성의 차이를 분석하기 위해 실시한 카이제곱 검정 결과는 〈표 11-3〉과 같다. 카이분석에 사용된 위협행위의 빈도수는 1,077건으로 결측치는 없었다. 〈표 11-3〉에서 보는 바와 같이 경제적 위협에서 목표달성 24회, 목표 미달성 14회로 총 38회의 빈도수를 갖는 것으로 나타났다.

〈표 11-3〉 위협행위×목표달성 여부 카이제곱 분석 결과

구분		목표달성 여부		전체	X^2 (p)
		목표달성	목표 미달성		
경제적 위협	빈도	24	14	38	29.973* (.000)
	기대빈도	21.7	16.3	38.0	
	각 위협 중 %	63.2%	36.8%	100.0%	
	목표달성 여부 중 %	3.9%	3.0%	3.5%	
	전체 %	2.2%	1.3%	3.5%	
제한된 군사적 위협	빈도	55	54	109	
	기대빈도	62.1	46.9	109.0	
	각 위협 중 %	50.5%	49.5%	100.0%	
	목표달성 여부 중 %	9.0%	11.7%	10.1%	
	전체 %	5.1%	5.0%	10.1%	
정치적 위협	빈도	113	59	172	
	기대빈도	98.1	73.9	172.0	
	각 위협 중 %	65.7%	34.3%	100.0%	
	목표달성 여부 중 %	18.4%	12.7%	16.0%	
	전체 %	10.5%	5.5%	16.0%	
영토 위협	빈도	132	139	271	
	기대빈도	154.5	116.5	271.0	
	각 위협 중 %	48.7%	51.3%	100.0%	
	목표달성 여부 중 %	21.5%	30.0%	25.2%	
	전체 %	12.3%	12.9%	25.2%	
체재 내 영향력 행사 위협	빈도	154	76	230	
	기대빈도	131.1	98.9	230.0	
	각 위협 중 %	67.0%	33.0%	100.0%	
	목표달성 여부 중 %	25.1%	16.4%	21.4%	
	전체 %	14.3%	7.1%	21.4%	
중대한 피해 위협	빈도	94	82	176	
	기대빈도	100.3	75.7	176.0	
	각 위협 중 %	53.4%	46.6%	100.0%	
	목표달성 여부 중 %	15.3%	17.7%	16.3%	
	전체 %	8.7%	7.6%	16.3%	
존재 위협	빈도	31	35	66	
	기대빈도	37.6	28.4	66.0	
	각 위협 중 %	47.0%	53.0%	100.0%	
	목표달성 여부 중 %	5.0%	7.6%	6.1%	
	전체 %	2.9%	3.2%	6.1%	

구분		목표달성 여부		전체	X^2 (p)
		목표달성	목표 미달성		
기타 위협	빈도	11	4	15	29.973* (.000)
	기대빈도	8.6	6.4	15.0	
	각 위협 중 %	73.3%	26.7%	100.0%	
	목표달성 여부 중 %	1.8%	.9%	1.4%	
	전체 %	1.0%	.4%	1.4%	
전체	빈도	614	463	1077	
	기대빈도	614.0	463.0	1077.0	
	각 위협 중 %	57.0%	43.0%	100.0%	
	목표달성 여부 중 %	100.0%	100.0%	100.0%	
	전체 %	57.0%	43.0%	100.0%	

$p < 0.05$

경제적 위협에서 목표달성 63.2%, 목표 미달성 36.8%의 비율로 나타났다(각 위협행위의 %). 목표달성에서 경제적 위협이 차지하는 비율은 3.9%, 목표 미달성에서 경제적 위협이 차지하는 비율은 3.0%의 수치다(목표달성 여부의 %). 목표달성과 목표 미달성 전체에서 경제적 위협의 목표달성 비율은 2.2%, 목표 미달성 비율은 1.35%로 나타났다(전체 %). 즉 경제적 위협에서 목표달성은 목표 미달성보다 크다는 것을 알 수 있다.

제한된 군사적 위협은 목표달성 55회, 목표 미달성 54회로 총 109회의 빈도수를 갖는다. 제한된 군사적 위협에서 목표달성 50.5%, 목표 미달성 49.5%의 비율로 나타났다(각 위협행위의 %). 목표달성에서 경제적 위협이 차지하는 비율은 9.0%, 목표 미달성에서는 11.7%다(목표달성 여부의 %). 목표달성과 목표 미달성 전체에서 제한된 군사적 위협의 목표달성 비율은 5.1%, 목표 미달성 비율은 5.0%로 나타났다(전체 %). 즉, 제한된 군사적 위협에서 목표달성과 목표 미달성은 동일하다는 것을 알 수 있다.

정치적 위협은 목표달성 113회, 목표 미달성 59회로 총 172회의 빈도수를 갖는다. 정치적 위협에서 목표달성 65.7%, 목표 미달성 34.3%의 비율로 나타났다(각 위협행위의 %). 목표달성에서 정치적 위협이 차지하는 비율은 18.4%, 목표 미달성에서는 12.7%다(목표달성 여부의 %). 목표달성과 목표 미달성 전체에서 정치적 위협의 목표달성 비율은 10.5%, 목표 미달성 비율은 5.5%로 나타났다(전체 %). 즉, 정치적 위협에서 목표달성은 목표 미달성보다 크다는 것을 알 수 있다.

영토 위협은 목표달성 132회, 목표 미달성 139회로 총 271회의 빈도수를 갖는다. 영토 위협에서 목표달성 48.7%, 목표 미달성 51.3%의 비율로 나타났다(각 위협행위의 %). 목표달성에서 영토 위협이 차지하는 비율은 21.5%, 목표 미달성에서는 30.0%다(목표달성 여부의 %). 목표달성과 목표 미달성 전체에서 영토 위협의 목표달성 비율은 12.3%, 목표 미달성 비율은 12.9%로 나타났다(전체 %). 즉 영토 위협에서 목표달성과 목표 미달성은 거의 동일한 수준임을 알 수 있다.

체재 내 영향력 행사 위협은 목표달성 154회, 목표 미달성 76회로 총 230회의 빈도수를 갖는다. 체재 내 영향력 행사 위협에서 목표달성 67.0%, 목표 미달성 33.0%의 비율로 나타났다(각 위협행위의 %). 목표달성에서 체재 내 영향력 행사 위협이 차지하는 비율은 25.1%, 목표 미달성에서는 16.4%다(목표달성 여부의 %). 목표달성과 목표 미달성 전체에서 체재 내 영향력 행사 위협의 목표달성 비율은 14.3%, 목표 미달성 비율은 7.1%로 나타났다(전체 %). 즉 체재 내 영향력 행사 위협에서 목표달성은 목표 미달성보다 크다는 것을 알 수 있다.

중대한 피해 위협은 목표달성 94회, 목표 미달성 82회로 총 176회의 빈도수를 갖는다. 중대한 피해 위협에서 목표달성 53.4%, 목표 미달성 46.6%의 비율로 나타났다(각 위협행위의 %). 목표달성에서 중대한 피해 위협이 차지하는 비율은 15.3%, 목표 미달성에서는 17.7%다(목표달성 여부의 %). 목표달성과 목표 미달성 전체에서 중대한 피해 위협의 목표달성 비율은 8.7%, 목표 미달성 비율은 7.6%로 나타났다(전체 %). 즉 중대한 피해 위협에서 목표달성은 목표 미달성보다 크다는 것을 알 수 있다.

존재 위협은 목표달성 31회, 목표 미달성 35회로 총 66회의 빈도수를 갖는다. 존재 위협에서 목표달성 47.0%, 목표 미달성 53.0%의 비율로 나타났다(각 위협행위의 %). 목표달성에서 존재 위협이 차지하는 비율은 5.0%, 목표 미달성에서는

7.6%다(목표달성 여부의 %). 목표달성과 목표 미달성 전체에서 존재 위협의 목표달성 비율은 2.9%, 목표 미달성 비율은 3.2%로 나타났다(전체 %). 즉 존재 위협에서 목표 미달성은 목표달성보다 크다는 것을 알 수 있다.

기타 위협은 목표달성 11회, 목표 미달성 4회로 총 15회의 빈도수를 갖는다. 기타 위협에서 목표달성 73.3%, 목표 미달성 26.7%의 비율로 나타났다(각 위협행위의 %). 목표달성에서 기타 위협이 차지하는 비율은 1.8%, 목표 미달성에서는 0.9%다(목표달성 여부의 %). 목표달성과 목표 미달성 전체에서 기타 위협의 목표달성 비율은 1.0%, 목표 미달성 비율은 0.4%로 나타났다(전체 %). 즉 기타 위협에서 목표달성은 목표 미달성보다 크다는 것을 알 수 있다.

카이제곱 분석 결과, 유의확률이 0.000으로 각 위협행위에 따라 목표달성 여부 간에는 유의미한 차이가 있는 것으로 분석되었다. 구체적으로 카이제곱 값은 29.973이고, 기대빈도가 5보다 작은 셀은 하나도 없는 것으로 나타났다.

2) 경제적 위협의 효과성 검정 및 분석

경제적 위협의 상대적인 효과성은 세 가지 경우를 상정하여 교차비를 측정하여 검정했다. 먼저, 상대방에게 가장 높은 압박을 가할 수 있는 존재(생존) 위협과 사례의 빈도 측면에서 각국이 가장 많이 활용한 영토 위협에 비해 경제적 위협을 포함한 다른 위협의 목표달성비를 분석했다. 그 이유는 일반적으로 두 위협의 상대적 목표달성비가 가장 높을 것으로 예상될 수 있기 때문이다. 위협의 강도가 강할수록, 역사적으로 가장 많이 사용한 행위일수록 다른 행위에 비해 목표달성비가 높을 것이라는 판단에 따른 조치라 할 수 있다. 나머지 경우는 경제적 위협을 기준으로 다른 행위들이 갖는 상대적 목표달성비를 분석했다. 이는 경제적 위협이 1일 때 다른 행위들이 갖는 비(比)를 의미하는 것으로, 효과성 면에서 각국이 어떤 행위를 취할 수 있을 것인지에 대한 우선순위를 예측해볼 수 있을 것으로 판단된다.

위협국이 피위협국에 가하는 위협 중 가장 위협의 강도가 높다고 판단되는 존재(생존) 위협 대비 목표달성비를 산출한 결과, 경제적 위협은 존재 위협에 비해 상대적으로 목표달성비가 약 2배 높은 것으로 산출되었다. 〈표 11-4〉에서 보는 바와 같이 가장 높은 교차비를 갖는 위협행위 순으로 분류해보면, 체재 내 영향력 행사 위협이 2.29배, 정치적 위협이 2.16배, 경제적 위협이 1.94배, 중대한 피해 위협이 1.29배, 제한된 군사적 위협이 1.15배, 영토 위협이 1.07배 순이다.

둘째, 가장 빈도수가 많았던 영토 위협을 기준으로 상대적 목표달성비를 분석해보면, 경제적 위협의 목표달성비는 앞의 존재 위협과 비슷한 목표달성비인 약 2배를 보이는 것으로 측정되었다. 〈표 11-4〉에서 보는 바와 같이 교차비 우선순위는 체재 내 영향력 행사 위협이 2.13배, 정치적 위협이 2.02배, 경제적 위협이 1.81배, 중대한 피해 위협이 1.21배였으며, 제한된 군사적 위협은 영토 위협과 비슷한 수준인 1.07배였다.

셋째, 경제적 위협행위를 기준으로 분석한 상대적 목표달성비 측정 결과, 경제적 위협행위는 직접적인 물리적 위협인 제한된 군사적 위협, 중대한 피해 위협, 영토 위협, 존재 위협에 비해 목표달성비가 두 배 이상 높았다. 정치적 위협과 체제 내 영향력 행사 위협보다는 다소 낮거나 비슷한 목표달성비를 갖지만, 이러한 위협은 정권전복 위협, 주요 정책결정자 교체, 국내 정치 개입, 외교적 고립, 지원 중단 위협 등을 포함하는 행위다. 이러한 행위들은 강압의 강도를 증대시켜 정책의 실효성을 증대시킬 수 있지만, 자국과 주변국에 미칠 반대급부도 그에 상응할 것으로 예상된다. 따라서 이러한 행위들은 경제적 위협에 비해 좀 더 유연성을 갖는 선택지라 할 수 없을 것이다.

〈표 11-4〉 교차비 분석 결과

구분	OR		
	존재 위협 대비	영토 위협 대비	경제적 위협 대비
경제적 위협	1.94	1.81	1.00
제한된 군사적 위협	1.15	1.07	0.59
정치적 위협	2.16	2.02	1.12
영토 위협	1.07	1.00	0.55
체재 내 영향력 행사 위협	2.29	2.13	1.18
중대한 피해 위협	1.29	1.21	0.67
기타 위협	3.10	2.90	1.60
존재 위협	1.00	0.93	0.52

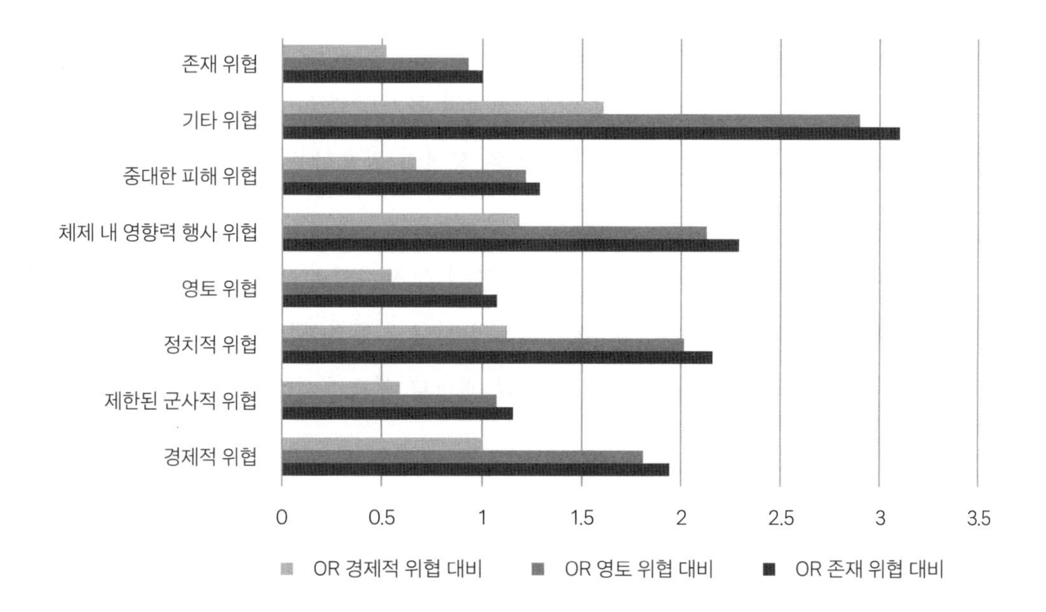

그렇다면 위협행위를 하는 국가가 핵능력을 보유한 경우와 보유하지 않은 경우, 목표달성비는 어떻게 변화할까? 상식적으로 핵능력을 보유한 국가의 목표달성비가 높을 것으로 생각되는데, 사실 그러할까? 이는 핵 그림자 효과(Nuclear Shadow Effect), 확전우세(Escalation Dominace) 개념을 명확히 해줄 수 있고, 이를 통해 중국, 러시아 등 핵보유국들이 사용하는 새로운 전략인 회색지대 전략이 왜 실효적

인지를 가늠하게 해줄 수 있을 것으로 판단된다. 즉, 회색지대 전략의 주수단인 경제적인 위협행위를 포함한 비군사적 위협행위들이 공포의 무기인 핵무기에 의해 효과성이 더욱 높아질 수 있다는 논리를 더욱 신뢰성 있게 뒷받침해줄 수 있다.

위기 상황에서 핵을 보유한 행위자와 보유하지 않은 행위자의 목표달성비를 교차비 분석으로 측정해보면, 행위자들이 핵을 보유한 경우, 그렇지 않는 경우에 비해 국가가 설정한 목표를 달성할 수 있는 가능성이 1.38배 높은 것으로 분석되었다. 핵능력을 보유하지 않은 국가에 비해 핵보유 국가의 목표달성 가능성은 138% 증대한다는 것이다.

이러한 맥락에서 중국과 러시아 등 수정주의 국가들이 목표를 달성하기 위해 경제적 위협을 직접적인 지렛대로, 그 지렛대를 더욱 공고히 해줄 수 있는 핵무기 효과를 또 하나의 지렛대로 사용할 경우, 정책의 목표달성도를 더욱 증대시킬 수 있다. 이러한 '동시 병렬적 지렛대'의 사용은 정책의 실효성을 더욱 강제할 수 있다고 보아야 한다.

실제로 러시아는 2014년 돈바스 전쟁에서 투자기회와 에너지 판매지원 중단 등 경제적 위협을 통해 3국 기업의 우크라이나 지원을 단절하도록 유도했으며, 위협의 효과성을 제고하기 위해 비공식 채널로 우크라이나에 대한 전술핵무기 사용 위협을 가했다.[50]

최근 러시아와 우크라이나 간 갈등에서도 유사한 상황이 전개되고 있다. 2022년 2월 18일 루간스크주의 가스관에서 큰 폭발로 화재가 발생했는데, 우크라이나 보안국(SBU)은 그 배후로 러시아 특수부대를 지목했다.[51] 2월 19일에는

---

50 러시아는 크림반도 군사작전 시 주민투표 하루 전에 우크라이나와 NATO 홈페이지에 대해 DDOS공격을 실시하고 비공식채널을 통해 핵무기 사용위협을 실시하여 정부군의 진압활동을 억제하고 서방의 대응의지를 차단하려고 노력했다. 김경순, 「러시아의 하이브리드전: 우크라이나사태를 중심으로」, 『한국군사』 4, 2018, p. 86.

51 "우크라 루간스크 가스관 폭발 · 화재… 친러 분리주의 반군, 러시아로 주민 대피", 『한국경제』, 2022년 2월 19일자.

푸틴이 벨라루스의 알렉산드르 루카셴코 대통령과 함께 극초음속 미사일을 포함, 핵탄두 탑재가 가능한 대규모 미사일 발사 훈련을 참관했다.[52] 이는 러시아에서 생산하는 천연가스의 사용 비중이 40%에 달하는[53] 유럽국가들의 개입을 차단할 목적으로 경제적 위협행위를 실시한 것이며, 그 효과를 극대화하기 위해 노골적인 핵 사용 위협을 실시한 것으로 판단된다.

5. 한국 안보에 주는 전략적 함의

1) 중국의 부상과 회색지대 전략으로서 경제적 위협

중국의 부상은 그동안 미국 주도의 자유주의 국제질서 체제와 그 하위체제인 동아시아 체제의 질서에 변화를 가져오는 주요 요인이다. 특히, 최근 중국의 회색지대 강압(Gray Zone Coercion)은 국제체제와 동아시아 체제의 변화를 초래하는 주 요인이며, 그중에서 경제적 강압은 이제 중국의 '전략적 선택의 규범(Norm)'[54]으로 자리 잡아가고 있다고 판단된다. 실제로 2010년부터 2020년 9월까지 전 세계 국가의 3분의 2에 해당하는 152개국이 중국에 경제적 위협을 당했고, 중국은 이를 통해 상대국으로부터 정치적인 이익을 달성할 수 있었다.[55]

중국은 1990년대 후반에 발생한 아시아 금융위기를 틈타 아세안 국가들에

52 "미사일 한발에 건물 초토화… ICBM · SLBM · 극초음속까지 꺼낸 푸틴 무력쇼", 『조선일보』, 2022년 2월 21일자.

53 "러시아 · 우크라이나 갈등 여파, 천연가스 가격 인상으로 이어져", 『이코노미스트』, 2022년 2월 20일자.

54 규범의 사전적 의미는 "마땅히 따라야 할 본보기"를 말한다. 여기서 경제적 강압은 각 국가 간 갈등과 분쟁이 발생하면 중국이 자신의 질서를 따르도록 강제하는데, 전략적으로 선택된 또는 즐겨 사용하는 방식이라는 의미다. 규범의 사전적 의미는 연세대 언어정보개발연구원, 『연세한국어사전』, 두산동아, 1998, p. 226 참조.

55 "중국의 '강압 외교'에 대응", 『Indo-Pacific Defense Forum』, 2021년 10월 20일자.

대한 경제적 입지를 강화했다. 중국은 2000년대 이후 괄목할만한 성장을 바탕으로 자국의 이익에 부합하도록 상대국의 행동을 강제하기 위해 경제적 지원과 투자라는 유인전략(Inducement)을 구사했다. 중국은 아세안에 영향력을 행사하기 위한 레버리지를 보유하기 위해 경제적 지원과 위협의 이중전략을 추구해왔다.[56]

특히, 2010년대 초부터 중국은 경제적 위협행위를 더욱 빈번하게 사용하고 있다.[57] 중국은 겉으로 화평굴기(和平崛起)를 강조하고 있으나, 중국의 대외정책은 더욱더 공세적으로 변화했고, 경제적 위협행위들을 사용하는 빈도가 눈에 띄게 증가했다. 일본과의 센카쿠열도 분쟁에서 희토류 수출 제한,[58] 노르웨이산 연어 수입통제,[59] 필리핀과의 영토분쟁에서 바나나 수입 금지, 한국의 사드배치 관련 경제적 보복 등이 대표적인 사례다.

최근 경제적 위협은 중국을 포함한 다수의 국가들이 시행하는 정책이 되었다. 중국과 비대칭적 의존도를 가진 다수의 국가들이 중국의 경제적 위협을 경험했고, 각국은 이에 대해 비난하고 있지만, 비난하는 국가들조차 상호의존을 활용하여 다른 국가에 대한 경제적 위협을 시행하고 있다는 사실은 주목할만한 현상이다. 예를 들어, 그동안 중국으로부터 경제적 보복을 당했던 일본 역시 2019년 7월 일제

---

56 유현정, 앞의 논문, p. 10.

57 영국 일간지 『파이낸셜타임스』는 중국은 이미 170여 년 전인 1846년부터 '보이콧 외교'를 전통적으로 구사해왔다고 주장한다. 1883년에는 청나라와 영국 간에 체결되었던 난징조약에 대한 항의 표시로 상해 지주들이 단체로 외국인에게 토지를 임대하는 것을 거부했으며, 1884년에는 중국 부두 노동자들이 청-프전쟁의 상대국인 프랑스 배에 대한 수리를 거부하면서 집단 파업에 돌입한 사례가 있다는 것이다. "중국 경제보복 외교는 170년 역사⋯ 효과 오래 못간다", 『연합뉴스』, 2017년 5월 4일자.

58 중국은 2010년부터 자국 내 희토류 생산량 제한 및 수출량 감축과 함께 희토류에 부과하는 세금을 대폭 인상하는 등 정부 통제하에 자원을 무기화하고 있다. 특히, 2020년 12월 최고 입법기관인 전인대 상무위원회에서 희토류 수출 통제 및 제한을 명시한 '수출통제법 입법계획'을 통과시켰다.

59 2020년 6월 중국 베이징 내 신종 코로나바이러스 확산의 주범이라며 유럽산 연어를 수입 금지하여 세계 최대 연어 수출국인 노르웨이가 막대한 피해를 입었다. 2014년 9월에도 노르웨이산 연어에 '전염성 연어 빈혈증'을 발생시키는 바이러스가 검출되었다는 사유로 연어 수입을 막기도 했다. 당시 노르웨이에서는 중국과의 외교적 갈등으로 수출 피해가 8~13억 달러(약 1조~1조 6천억 원)에 다다를 것으로 추산했다. 또한, 2010년에는 중국의 반체제 인사에게 노벨상을 수여했다는 이유로 6년간 수출을 하지 못하는 보복을 당했다. "'수입금지' 노르웨이 연어의 비극, 中 과거에도 희생양 삼았다", 『서울경제』, 2020년 6월 17일자.

강제징용 관련 한국의 대법원 판결을 문제 삼으며 반도체 생산에 필요한 핵심품목에 대한 수출 규제를 단행했다. 당시 일본은 경제 안보상의 조치라고 강조했지만, 이는 명백한 경제적 위협행위를 활용한 강압이었다. 이러한 맥락에서 경제적 위협은 양국 간의 경제적인 질서를 뛰어넘어 동아시아 지역의 전반적인 역학관계와 질서에 영향을 미치는 주요한 요인이다.

이렇듯 동아시아 안보에서 중국의 경제적 위협행위가 특별히 강조되고 있는 이유는 무엇일까? 이 질문은 중국이 왜 경제적 위협행위를 선호하는가의 문제에 관한 것으로, 그 이유에 대해서는 다음 네 가지로 제시해볼 수 있다.

우선, 정치적 목적을 달성하기 위한 대안적 수단으로서 경제적 위협행위를 사용하는 것이 군사적 수단을 사용하는 것보다 중국에 유리한 정책적 대안이기 때문이다. 본 연구의 발견은 중국의 경제적 위협행위들이 다른 군사적인 위협행위들 못지않게 자국의 정치적 목표달성 면에서 효과적인 수단이라는 것이다. 미국 회계감사원(United States General Accounting Office)과 헤리티지재단(Heritage Foundation)의 스채퍼(Brett Schaefer)도 경제적 위협을 국제정치 무대에서 중요하고 '전략적인 무기(Important Strategic Weapons)'라고 주장한 바 있다. 특히, 미국 회계감사원에 따르면, 경제적 위협행위는 '자신의 의도와 목표를 은폐(Less Ambitious and Unarticulated Goals)'한 가운데 대상국가를 처벌함으로써 국제규범을 유지하고, 미래에 바람직하지 않은 상대방의 행동(Objectionable Actions)을 억제하는 데 효과적인 수단임을 강조했다.[60]

그렇다면, 왜 군사적 행위의 대안으로 경제적 수단인가? 이는 다음 논의를 통해 설명될 수 있다. 클라우제비츠는 전쟁을 정치적 수단으로 인식하면서, 일단 전쟁을 시작하게 되면 극단적인 폭력으로 전개될 수 있음을 경고했다. 이는 수많은

60 Brett Schaefer, "A User's Guide to Economic Sanctions," *Heritage Foundation REPORT International Economies* (June 25, 1997), p. 3; United States General Accounting Office, "Economic Sanctions Effectiveness as Tools of Foreign Policy," *Report to the Chairman, Committiee on Foreign Relations, U.S. Senate* (February 1992), pp. 2-3.

전쟁을 통해 증명되었다. 폭력적인 수단을 사용하는 행위는 그 반대급부도 발생시켰다. 상호 간 막대한 피해 또는 공멸, 기존 정권의 교체 등 감당하기 어려운 급부들이 그것이다. 따라서 인류는 그 대안으로 국제연맹(연합), 무력사용의 원칙적인 사용금지를 명문화한 국제법 등을 탄생시켰으며, 협상과 조정, 중재 등과 같은 정치·외교적 활동도 지속해왔다.

그러나 그러한 기구와 규범들이 인류의 폭력적 행위에 대한 대안으로 출현한 것임에도 자국의 정치적 목적을 달성하기 위한 수단으로서는 유약할 수밖에 없었다. 이는 국제관계에서 각국은 국익을 추구하기 위해 더욱더 강력한 수단에 의존할 수밖에 없었기 때문에 당연한 귀결로 받아들여진다. 경제적 위협을 통해 목표를 달성하려는 경제적 강압은 이러한 배경 속에서 출발한 국제정치 수단이다.

중국이 회색지대 강압으로 경제적 위협을 사용하고 있는 이유에 대해서는 중국 정치의 불투명성이라는 특수성으로 인해 이론적인 담론에 머무를 수밖에 없다. 하지만 중국도 앞의 논의와 같은 맥락에서 기존처럼 직접적인 군사적 수단으로 국익을 실현하기보다는 오히려 중국의 경제적인 부상과 이에 따른 상호의존의 심화 현상을 이용하는 것이 더욱 효과적일 것이라는 판단 하에 경제적 위협을 시행하고 있다.

예를 들어 중국은 동·남중국해에서 다수의 국가와 영유권 분쟁을 수행하고 있는데, 군사적 수단을 활용한 문제해결은 필연적으로 미국의 적극적인 개입을 불러올 수 있다. 이로 인해 미국과의 군사적 충돌 가능성은 증대되는 동시에, 분쟁 당사국들의 연합전선에 직면하는 결과를 초래할 가능성이 높다. 따라서 중국은 '의도적으로 조정되고 기획된 전략적 선택'인 경제적 위협을 통해 목적을 달성하려고 하는 것이다.

둘째, 중국이 경제적 위협을 선호하는 이유는 상대방에게 감당하기 힘든 경제적 손실을 강요할 수 있는 반면, 자신은 손실이 적기 때문이다. 이러한 이유로 중국은 경제적 위협을 정치·외교적 목적 달성을 위한 지렛대로 활용하는 것이다. 실제로 2017년 사드 배치에 대한 중국의 경제적 보복으로 인한 한국의 피해는 8조

5천억 원(중국의 약 8배)인 데 반해, 중국의 피해는 1조 1천억 원으로 추산[61]되었던 사실은 이러한 논지에 신뢰성을 부여해준다.

경제적 위협이 상호 동일하거나 유사한 수준의 손익을 보장해준다면, 경제적 위협이 정치·외교적 수단으로서 가지는 유용성과 가치는 한계가 있을 수밖에 없다. 즉 경제적 위협의 효과를 따지는 문제는 경제적 상호의존의 형태가 상호 호혜와 이익을 보장해줄 수 있는 형태인지, 그렇지 않은지의 문제다. 결국, 한·중 간 경제적 의존관계가 비대칭적인 관계인가, 대칭적인 관계인가에 따라 한국의 취약성 여부가 결정된다.

셋째, 중국은 주변국들에 경제적 강압을 수행할 수 있는 환경을 비교적 용이하게 조성할 수 있었기 때문이다. 중국은 경제적 성장과 축적된 막대한 자본을 경제적으로 낙후된 후진국 또는 개발도상국들로 구성된 주변 아세안 국가들에 지원과 투자를 실시함으로써 경제적 위협을 행사할 수 있는 환경을 손쉽게 조성해왔다.

특히, 중국은 아세안 국가들의 '자기억제'를 유도하는 '자제전략(Dissuasion Strategy)'과 아세안 분리, 지배전략을 펼치고 있다. 당근과 채찍(Carrot & Stick), 회유와 강압(Inducement & Coercion) 및 화공(和攻)이라는 이중전략(Dual Strategy)을 적절하게 구사하면서 아세안 국가들이 중국의 이익에 반하는 정책결정을 자제토록 환경을 조성해왔다.[62] 그 유인책이 제대로 작동하지 않을 때는 직접적인 경제적 위협을 가해 상대국가를 강압했다.

중국은 필리핀의 옛 미군지지인 뉴클라크시티 재개발에 20억 달러(한화 2조 2,500억 원) 규모의 지원을 약속[63]한 것도 필리핀에 대한 남중국해 문제에 대한 강경한 태도를 취하지 못하도록 하려는 의도가 깔려있다고 판단된다. 2011년 중국의 필리핀산 바나나 수입, 2012년 남중국해 도서 영유권 문제로 갈등 시 중국의

---

61 현대경제연구원, 앞의 논문, pp. 7-8.

62 유현정, 앞의 논문, p. 3.

63 "중국기업, 필리핀 옛 미군기지 '뉴클라크시티'에 20억 달러 투자", 『연합뉴스』, 2018년 11월 19일자.

필리핀 과일 수출업체에 대한 대중국 수출 금지조치 등 일련의 행위들로 이러한 우려를 특정해볼 수 있다.

끝으로, 중국에 경제적 강압이 유용한 정책적 도구가 될 수 있는 것은 경제적 위협이 갖는 특징이 중국의 영향력 행사 방식에 적합하기 때문이다. 경제적 위협은 주변국들에 덜 야심적(Less Ambitious)으로 보이면서 다른 수단에 비해 은밀하게 수행할 수 있으며, 문제 발생에 대한 책임소재를 따질 때 중국에 부인 가능성(Plausible Deniability)을 제공해줄 수 있다. 중국은 자국 경제상황의 악화를 빌미로 경제적 위협행위를 부인할 수도 있다. 즉, 의도적으로 상호의존의 취약성 문제를 민감성 문제로 전환을 시도함으로써 모호성을 유지하는 것이다.

이러한 모호성은 경제적 위협의 반대급부로 발생할 수 있는 정치·외교 분야의 부정적인 결과들을 최소화하면서 목표를 달성하게 해줄 수 있다.[64] 경제적 위협행위는 군사적 수단 사용에 비해 국제사회와 여론들의 관심을 덜 받으면서 목표달성에 영향을 미칠 수 있는 세계 여론의 부정적 영향을 차단함으로써 강압의 유용성을 높일 수 있는 수단이다. 중국은 아세안 국가들과 미국의 군사력을 자극하지 않고 살라미(Salami) 전술을 통해 점진적으로 국익을 추구하고, 확보된 국익 축적을 통해 현상 변화와 기정사실화라는 전략적 목표를 달성하고자 한다.

2) 한국 안보에 주는 전략적 함의

중국의 경제적 강압은 한국 안보에 중요한 함의를 제공하고 있다. 앞으로 중국이 한국에 대한 경제적 강압을 사용할 동기가 날로 증대할 것이기 때문이다. 군사적 수단을 활용하는 전통적인 방법이 중국의 지도자에게 주는 부담과 불균형적으로 형성된 한·중 간 상호의존이 경제적 수단 등과 같은 비군사적 수단의 사용

---

64 John Chambers, *Countering Gray-Zone Hybrid Threats* (New York: Modern War Institute at West Point, 2016), pp. 16-23.

을 재촉하고 있다.

물론, 일반적으로 국가 간 상호의존이 심화될수록 경제적 위협의 효과는 감소된다고 생각할 수 있지만, 이는 상호의존 형태에 따라 달라질 수 있다고 보아야 한다. 한·중 간의 경제관계는 양국 간 교역에 의해 결정된다. 최근 한국경제에서 양국 간 교역이 차지하는 중요도가 증가한 반면, 중국경제에서 양국 간 교역이 차지하는 중요도는 2006년 이후부터 낮아지면서 전체적으로 한국이 중국에 전적으로 의존하는 '비대칭적인 의존형'으로 변화되고 있다.[65] 이제는 한·중 간의 관계가 의존을 넘어 종속적 관계로의 변화할 가능성을 내포하고 있다. 상호의존은 한·중 간의 평화적 관계를 유인하는 반면, 중국에게 한국을 정치·외교적으로 압박할 수 있는 강력한 수단도 제공할 수 있다. 상호의존성이 증대하고, 경제적 관계가 증대될수록 역설적이게도 대중국 관계의 위험성(Risk)이 커지고 있다. '상호의존의 무기화 현상'이 가속화되고 있는 것이다.

연구 결과에서 보는 바와 같이, 경제적 위협은 다른 수단에 비해 상대적으로 높은 효과성을 갖는 수단이다. 정책결정자들은 국가 간에 갈등이 발생할 경우, 문제해결을 위한 유력한 수단으로 높은 효과성을 갖는 수단을 고려할 것이며, 여기에 환경적 요건이 부합된다면 그 대안이 선택될 것이다. 이러한 맥락에서 중국이 경제적 위협을 통해 국가목표를 달성하고자 하는 강압은 한국 안보에 대한 심각성을 증대시키고 있다.

중국은 주변국을 경제적으로 위협하여 정치적 목적을 달성해왔다. 특히, 한반도 사드 배치 시에는 경제적 보복을 통해 한국으로부터 3불 정책(사드 추가배치 금지, 한·미·일 군사동맹화 반대, 미국 미사일방어체계 가입 금지)을 강제했다. 이렇게 경제적

---

65 주성환·강진권, 앞의 논문, pp. 35-43; 레크첸과 수바(David Lektzian & Mark Souva)는 상호의존과 경제적 강압 효과 간의 관계가 역의 관계가 있다고 주장한다. 하지만 이는 대칭적인 상호의존 상황에서나 가능한 것이며, 양국 간의 문제가 생존과 상호 양립할 수 없는 이익 충돌이 발생할 경우, 역의 관계는 정의 관계를 심화시킬 수 있다. 역의 관계에 대한 논의는 David Lektzian and Mark Souva, "An Institutional Theory of Sanctions Onset and Success," *Journal of Conflict Resolution*, Vol. 51, No. 6 (Dec., 2007), p. 862 참조.

위협을 통해 중국이 이득을 취할 수 있는 이유는 자신들의 폭력행위 정도(Extent of Violence)[66]에 따라 상대방의 불안정을 유도할 수 있으며, 이를 통해 자신들이 원하는 목적을 수용하도록 강제할 수 있기 때문이다. 폭력행위 정도가 점차 증가할수록 상대방은 폭력행위 발생 이전보다 현저하게 불안정해질 가능성이 1.3~1.7배나 증가한다.[67] 이러한 사실은 중국의 위협행위가 한국안보에 미칠 영향이 매우 크다는 것을 대변한다.

중국의 경제적 위협은 국제적 환경, 각국의 특수한 환경, 문제에 대한 양국 정책지도자 간의 인식 차이 등에 따라 저강도, 중강도 및 고강도 위협으로 구분할 수 있다. 저강도 위협은 단순한 무역과 통상 분야의 마찰 등 그 피해가 낮은 위협을 상정해볼 수 있으며, 중강도는 2017년 사드보복과 같이 한국의 국익에 현저한 영향을 미치지는 않겠지만, 상당한 수준의 피해를 초래할 수 있을 정도의 위협 등을 포함할 수 있다. 고강도 위협은 한국의 생존 및 번영과 관련된 것으로, 국가안보에 민감한 영향을 미치는 사안으로 반드시 국가의 관리가 요구되는 행위에 해당한다. 대표적으로 해상교통로(SLOC: Sea Line of Communications)에 대한 위협을 들 수 있다. 해상교통로가 중국의 고강도 경제적 위협의 대상이 될 수 있다고 판단하는 이유는 다음과 같다. 먼저, 한국 해상교통로는 평시에 사활적 이익을 보장하며, 전시에는 군수보급 통로로서의 역할을 수행한다. 따라서 해상교통로가 차단되면 국가부도가 발생할 것이며, 전시 동맹군과 물자 증원이 제한되어 전쟁 시도 자체가 불가능해질 수 있다. 반대로 중국은 해상교통로 차단 위협을 통해 미국과 미국의 동맹국인 한국으로부터 많은 것을 얻을 수 있다. 따라서 해상교통로는 중국에 매우 큰 정치·외교적인 인센티브를 제공해주는 요주의 대상이다.

아울러, 한국의 해상교통로는 미국의 인도·태평양 전략과 중국의 일대일로 정책이 상충하는 지점에 위치해 있다. 즉, 한국의 해상교통로는 미국과 중국이 패

66 여기서 폭력은 군사적 위협만을 의미하는 것이 아닌 경제적 위협 등 비폭력적인 행위를 포함한다.

67 김종하·김남철·최영찬, 앞의 논문, p. 39.

권을 다투는 경쟁의 장소이자, 한국의 사활적 이익을 놓고 선택을 강요받을 수 있는 시험대다. 중국은 한국의 해상교통로에 대한 위협을 통해 한국을 압박함으로써 미국 중심의 느슨한 동맹체제를 조성하고자 행동할 수 있다. 따라서 한국의 해상교통로는 중국의 회색지대 강압의 대표적인 장소가 될 수 있다.

끝으로, 우리의 해상교통로상에는 동아시아의 대표적인 해양분쟁이 산재한다. 특히, 대만해협, 센카쿠열도, 남사군도, 서사군도 영유권 분쟁, 이어도 영유권 주장 및 서해상 경계획정 등 중국의 핵심이익과 관련된 갈등들이 다수 존재한다. 따라서 중국은 영유권 분쟁을 빌미로 한국 해상교통로의 부분적 차단 또는 완전한 차단 위협을 시도할 수 있다.

이러한 국제환경과 해상교통로의 구조적인 취약점에 더하여 해상교통로가 한국경제에 미치는 효과는 왜 중국의 경제적 위협이 한국의 해상교통로를 지향할 수밖에 없는지를 말해주고 있다. 한국의 주요 해상교통로를 통한 수출이 막혔을 경우, 한국의 생산손실액은 1,271조 5,291억 원으로 2021년 국가 총 예산의 228%에 달하며, 그중 한중항로를 통한 생산손실액은 302조 6,102억원으로 국가 총 예산의 54%로 추산된다.[68] 중국에 한국의 해상교통로는 경제적 위협행위의 실효성을 담보해줄 수 있기 때문에 가장 정책적 신뢰성이 높은 몇 안 되는 위협 대상으로 유력하게 검토될 수 있다. 따라서 한국의 해상교통로에 대한 중국의 위협은 한국 안보에 막대한 부담으로 작용할 것으로 보인다.

앞서 살펴본 바와 같이 중국의 경제적 위협이 한국에 주는 전략적 위험성과 예상되는 부정적인 영향들에도 불구하고 중국의 경제적 위협사례를 분석해보면, 이를 해결하기 위해 우선적으로 조치해야 할 사항들을 상정해볼 수 있다.[69]

먼저, 중국의 경제적 위협은 철저히 계산적이다. 자신들에게 손해가 덜하고 한국에는 손해가 큰 분야만 정밀하게 공격하고 있다. 중국에 꼭 필요한 중국 내

68 최영찬, 『해상교통로 봉쇄의 유용성과 그 경제적 효과』, 북코리아, 2022, p. 192.

69 본 연구에서는 중국의 경제적 위협에 대한 대응방안을 제시하기보다는 경제적 위협의 효과성에 관한 것이므로 이 부분에서는 포괄적인 한국의 조치에 대해서만 언급했다.

경제 부문, 예를 들어 반도체 공장이나 대중국 부품 수출에 대한 위협은 시행하지 않고 있다.[70] 이는 곧 중국의 무기화 정책에서 제외된 상호 간 호혜적 이익이 존재한다는 의미다. 한·중 양국 간에 전반적으로 비대칭적인 상호의존적인 관계가 형성되고는 있으나, 중국의 입장에서도 한국 경제가 반드시 필요한 부분은 있다. 그 부분에 대한 식별과 집중적인 육성을 통해 한국 경제의 대중국 취약성을 상쇄시킬 수 있어야 한다. 중국의 경제적 위협이 한국의 정치·외교적 문제로 확대되지 않도록 관리되어야 한다.

중국의 경제적 위협에 적절히 대응하기 위해서는 전략적 모호성에 기반한 안미경중(安美經中)이라는 단순한 외교적 도식의 함정에서 탈피할 필요가 있다. 그 시기가 늦어질수록 중국의 경제적 위협행위의 효과성을 배가시켜줄 뿐임을 인식할 필요가 있다. 경제적 파트너를 중국으로 한정할수록 우리의 전략적 입지는 좁아질 수밖에 없다. 따라서 생존과 번영이라는 국가의 핵심가치를 구현하기 위한 실질적인 방안을 강구해야 한다. 이를 위해 대중국 경제협력도 중요할 수 있으나, 장기적인 이익을 추구하기 위해 대중국 경제적 취약성을 감소시켜나가야 한다. 호주, 아세안 국가들과 경제협력의 다변화를 추진하는 방안도 있을 수 있다.

향후 미·중 패권경쟁이 심화될수록 미국과 중국은 한국에 전략적 선택을 강요할 가능성이 높다.[71] 그만큼 한국의 정치·외교적인 자율성은 제약될 가능성이 커질 것이다. 하지만 그런 상황이 전개된다면, 한국은 생존을 위해 미국을 선택할 수밖에 없을 것으로 판단되며, 이에 따라 중국의 경제적 위협행위는 더욱 격화될 것이다. 따라서 국익에 부합한 국가안보 원칙을 세우고, 그 원칙에 맞게 정책을 추진할 필요성이 있다.

---

70 연상모, 「중국의 경제의 외교무기화에 어떻게 대처해야 하나?」, 『외교광장』, 한국외교협회, 2021.

71 미·중경쟁의 심화는 양국 간 대립의 심화로만 그치지 않고 점차 진영화로 이어질 가능성이 크다. 양국의 선택을 강요받는 경우가 더욱 빈번해지고, 그런 선택의 반복은 구조화되면서 미·중이 각기 중심인 2개의 진영 간 대립구도가 형성될 가능성이 커진다. 김영호, 「2022년 세계 안보정세 전망 및 대응」, 『국가안보전략』 108(11), 2020, p. 21.

6. 결론

중국은 신장된 국력을 바탕으로 주변국뿐만 아니라 전 세계 국가들을 대상으로 회색지대 강압을 추진하고 있다. 그중에서 경제적 강압은 중국이 즐겨 사용해온 정책이다. 따라서 본 연구에서는 중국이 경제적 강압을 수행하기 위해 사용하는 수단인 경제적 위협의 효과성을 양적으로 분석하고, 한국 안보에 주는 전략적 함의에 대해 논의했다.

이를 위해 1918년부터 2017년까지 세계 위기사례를 대상으로 각국이 사용했던 정책들 중에서 경제적 위협행위의 목표달성 정도를 실증적으로 분석해봄으로써 경제적 위협이 효과적인 정치적 수단이 될 수 있는지를 밝혔다. 이는 군사력을 사용하지 않으면서 강력한 효과를 창출할 수 있는 전략적 선택지가 무엇인지에 대한 답이 될 수 있을 것이며, 결과적으로 왜 중국이 경제적 위협에 집착하는지에 대해 학술적으로 유의미한 논의가 될 수 있기 때문이다.

본 연구를 통해 우리는 경제적 위협행위가 매우 효과적인 정치적 수단임을 증명할 수 있었다. 상대국가에 가장 심대한 위협을 가할 수 있어 높은 목표달성비가 예상되는 존재(생존) 위협과 역사적으로 가장 많이 사용되었기 때문에 목표달성비가 높을 것으로 예상되는 영토적 위협에 비해서도 상대적으로 높은 목표달성비를 보여준다는 것은 매우 주목할만한 발견이라 할 수 있다. 이와 더불어, 국가간 갈등이 발생했을 경우 핵을 보유한 국가가 비보유국에 비해 목표달성비가 높다는 결론을 도출할 수 있었다. 이는 중국 같은 핵보유 국가들이 수행하는 경제적 위협행위의 효과를 증대시킬 수 있는 요인이 될 수 있음을 의미한다.

실제로도 중국은 정치적 수단으로 경제적 위협을 선호한다. 그 이유는 경제적 위협행위가 상대방에게 감당하기 힘든 경제적 손실을 강요할 수 있는 반면, 자신은 비교적 손실이 적기 때문이다. 또한, 중국은 주변국들에 경제적으로 위협할 수 있는 환경을 비교적 용이하게 조성해왔고, 이에 따라 손쉽고 효과적으로 경제적 위협을 시행할 수 있기 때문이다. 아울러, 모호성과 부인 가능성 등과 같이 경제적 위협이 갖는 특징들은 미국과 치열하게 경쟁하고 있는 상황에서 영향력 행사 방식으로도 적합하기 때문이다.

군사적 수단 등 전통적인 방법이 중국의 지도자에게 주는 부담과 불균형적으로 형성된 한·중 간 상호의존이 중국의 경제적 위협의 사용을 재촉하고 있어 이에 대한 대비가 필요하다. 한·중 간에 상호의존성이 증대하고, 경제적 관계가 증대될수록 역설적이게도 대중국 관계의 위험성(Risk)이 커지고 있다. 이러한 위험성은 이제 미·중 패권경쟁의 현장이자 구조적으로 매우 취약한 한국의 해상교통로에까지 영향을 미칠 가능성이 상시 열려있다고 보아야 한다. 그 효과는 한국의 안보에 막대한 부담으로 작용할 것이다.

비대칭적인 상호의존 관계를 활용한 중국의 대한(對韓) 무기화 정책은 앞으로도 중국의 효과적인 정책적 수단으로 활용될 가능성이 높다. 특히, 미국과 패권경쟁을 하고 있는 중국은 한국이 안보, 경제적으로 중국보다 미국에 협력할 가능성을 높게 보고 있기 때문에 더욱 그러하다. 따라서 한·중 간 상호의존이 점점 비대칭적으로 진행될수록 그 정도는 더욱 강하고 빈번하게 발생할 것으로 판단된다. 한국의 대중국 안보는 점점 더 취약성을 더해갈 것으로 예상되므로 이에 대한 종합적인 대책이 필요하다.

본 연구는 경험적 사례를 통해 중국의 경제적 위협이 중국 국가목표를 달성하는 효과적인 수단임을 밝혔다. 하지만 이 연구는 경험적 사례가 중국에 일반적으로 적용될 것이라는 추정에 대해 부분적으로나마 증거를 제시한 성과물에 불과하다. 또한, 경제적 위협이 다른 전통적인 군사적 위협에 상응할 만큼 효과적이라는 사실이 경험적으로 검증되었다는 점에서 이론적 중요성은 크지만, 그 증거와 방법론은 매우 제한적이다. 차후 연구에서는 다음과 같은 몇 가지 쟁점들에 대한 보완이 이루어져야 한다.

먼저, 본 연구에서는 경제적 위협의 효과성을 판단하는 기준으로 목표달성을 선정했다. 목표달성을 포함하여 정책의 효과성을 판단하는 다른 기준들에 대한 논의와 적용이 필요하다. 또한, 경제적 위협의 성공은 위협국과 피위협국 간의 국력 차이 등 특수성에 영향을 받을 수 있다. 따라서 중국 또는 중국과 유사한 국가를 대상으로 한 분석이 필요하다. 이를 통해 본 연구에서 다소 결여하고 있는 일반성을 확보해나갈 필요성이 있다.

참고문헌

김경순. 「러시아의 하이브리전: 우크라이나사태를 중심으로」. 『한국군사』 4, 한국군사문제연구원, 2018.

김영호. 「2022년 세계 안보정세 전망 및 대응」. 『국가안보전략』 11, 한국국가전략연구원, 2020.

김재훈. 『정책효과성 증대를 위한 집행과학에 관한 연구』. 한국개발연구원, 2014.

김종하 · 김남철 · 최영찬. 「북한의 대남 회색지대 전략: 개념, 수단 그리고 전망」. 『한국군사학논총』 10(1), 충남대학교 미래군사학회, 2021.

김창곤. 「한반도 주변의 회색지대(the Gray Zone) 위협과 대응방향」. 『군사연구』 149, 육군본부, 2020.

노경섭. 『제대로 알고 쓰는 논문 통계분석』. 한빛아카데미, 2019.

박용삼 · 남대엽. 「차이나 불링(China Bullying), 대비가 필요하다」. 『POSRI 이슈리포트』, 포스코경영연구원, 2018.

박재곤. 「중국의 대외교역과 한 · 중간 무역」. 『중국산업경제 브리프』 83, 산업연구원, 2021.

산업은행 산업기술리서치센터. 「사드배치와 한중관계 악화에 따른 산업별 영향」. 『Weekly KDB Report』, 산업은행, 2017.

양욱. 「회색지대 분쟁 전략: 회색지대 분쟁의 개념과 군사적 함의」. 『전략연구』 82, 한국전략문제연구소, 2020.

연상모. 「중국의 경제의 외교무기화에 어떻게 대처해야 하나?」. 『외교광장』, 한국외교협회, November 26, 2021.

연세대 언어정보개발연구원. 『연세한국어사전』. 두산동아, 1998.

유현정. 「중국의 대아세안 이중전략: 사례분석을 중심으로」. 『INSS전략보고』 74, 국가안보전략연구원, 2020.

윤건 · 최미혜 외. 「정부의 재난안전정책 효과성 영향 요인 실증연구」. 『한국정책과학학회보』 21(1), 한국정책과학학회, 2017.

이기현. 「중국의 한국 사드(THADD) 배치 대한 인식과 대응: 전략적 불편과 희망적 사고」.

『국제관계연구』 23(2), 고려대학교 일민국제관계연구원, 2018.
이승주. 「아시아 패러독스(Asia Paradox)를 넘어서: 경제적 상호의존과 제도화의 관계에 대한 비판적 검토」. 『한국정치외교사논총』 36(2), 한국정치외교사학회, 2015.
장우애. 「중국내 반한 감정 확산과 영향」. 『IBK경제연구소 연구보고서』, 2017.
정정길 · 최종원 외. 『정책학원론』. 대명출판사, 2010.
주성환 · 강진권. 「한중경제관계 확대의 정치적 효과」. 『한중사회과학연구』 11(1), 한중사회과학회, 2013.
최영찬. 『미래의 전쟁 기초지식 핸드북』. 합동군사대학교, 2021.
______. 『해상교통로 봉쇄의 유용성과 그 경제적 효과』. 북코리아, 2022.
최종철. 「북핵 신 전략 구상: 한 · 미 · 중 연대 강압외교 전략」, 『통일정책연구』 15(2), 통일연구원, 2006.
현대경제연구원. 「최근 한중 상호간 경제손실 점검과 대응방안」. 『현안과 과제』 17-10, 현대경제연구원, 2017.

Brecher, Michael, Jonathan Wilkenfeld et al. *International Crisis Behavior Data Codebook. Version 14*, 24 June, 2020.
Byman, Daniel & Waxman, Matthew. *The Dynamics of Coercion: American Foreign Policy and the Limits of Military Might*. New York: Cambridge Univ. Press, 2002.
Chambers, John. *Countering Gray-Zone Hybrid Threats*. New York: Modern War Institute at West Point, 2016.
Department of Defense. *Indo-Pacific Strategy Report: Preparedness, Partnetship, and Promoting a Networked Region*. June 1, 2019.
Elliott, Odus V. *The Tools of Government: A Guide to the New Governance*. Oxford University press, 2002.
Farrel, Hanry & Newman, Abraham L. "Weaponized Interdependence: How Global Economic Networks Shape State Coercion." *International Security* 44(1), Summer 2019.
Harold, Scott W & Nakagawa, Yoshiaki et al. *The U.S.-Japanese Alliance and Detering Gray Zone Coercion in the Maritime, Cyber, and Space Domains*. Santa Monica, CAL: RAND Corporation, 2017.
Hirschman, Albert O. *National Power and the Structure of Foreign ade. Reprint*. Berkeley: University of California Press, 1980.
Karber, Philip A. *The Russian Military Forum: Russia's Hybrid War Campaign: Implications for Ukraine & Beyond*. Center for Strategy International Studies, Washington D.C, 2015.
Keohane, Robert O. & Nye, Jr. Joseph S. "Power and Interdependence revisited." *Internation-*

al Organization 41(4), 1987.

Keohane, Robert O. and Nye, Jr. Joseph S., "The Characteristics of Complex Interdependence," in *Classic Readings and Contemporary Debates in International Relations* edited by Phil Williams, Donald M. Goldstein and Jay M. Shafritz, Belmont Calif.: Wadsworth Publishing Co., 1994.

______. *Power and Interdependence: World Politic in Transition*. Boston: Little Brown, 1977.

Lektzian, David & Souva, Mark. "An Institutional Theory of Sanctions Onset and Success." *Journal of Conflict Resolution* 51(6), Dec., 2007.

Mackay, Andrew & Tatham, Steve. *Behavioral Conflict*. Saffron Walden, UK: Military Studies Press, 2011.

Mazarr, Michael J. *Mastering the Gray Zone: Understanding A Changing Era of Conflict*. Carlisle Barracks, PA: United States Army War College Press, 2015.

Oneal, John R. & Oneal, Frances H. et al. "The Liberal Peace: Interdependence, Democracy and International Conflict, 1950-85." *Journal of Peace Research* 33(1), February, 1996.

Schaefer, Brett. "A User's Guide to Economic Sanctions." *Heritage Foundation REPORT International Economies*, June 25, 1997.

Schelling, Thomas C. *Arms and Influence*. New Heaven: Yale University Press, 1966.

United States General Accounting Office. "Economic Sanctions Effectiveness as Tools of Foreign Policy." *Report to the Chairman, Committiee on Foreign Relations, U.S. Senate*, February 1992.

Wallensteen, Peter. *Structure and War: On International Relations 1920-1968*, Stockholm: Raben & Sjogren, 1973.

"러시아 · 우크라이나 갈등 여파, 천연가스 가격 인상으로 이어져". 『이코노미스트』, 2022년 2월 20일자.

"미 차관보, 중국의 경제강압 시도 우려… 규칙기반 질서 지지해야". 『매일경제』, 2021년 11월 12일자.

"미사일 한발에 건물 초토화… ICBM · SLBM · 극초음속까지 꺼낸 푸틴 무력쇼". 『조선일보』, 2022년 2월 21일자.

"'수입금지' 노르웨이 연어의 비극, 中 과거에도 희생양 삼았다". 『서울경제』, 2020년 6월 17일자.

"우크라 루간스크 가스관 폭발 · 화재… 친러 분리주의 반군, 러시아로 주민 대피". 『한국경제』, 2022년 2월 19일자.

"중국 경제보복 외교는 170년 역사… 효과 오래 못간다". 『연합뉴스』, 2017년 5월 4일자.

"중국기업, 필리핀 옛 미군기지 '뉴클라크시티'에 20억 달러 투자". 『연합뉴스』, 2018년 11월 19일자.

"중국의 '강압 외교'에 대응". 『Indo-Pacific Defense Forum』, 2021년 10월 20일자.

"Afghanistan mirrors US evil acts, contrasting China's goodwill: Global Times editorial." 『Global Times』, 2019. 7. 9.

https://sites.duke.edu.

https://www.phrases.org.uk/meanings/charm-offensive.html.

집필진 소개

김남철

해군사관학교(국제관계학 학사)
동국대학교(국제관계학 석사)
한남대학교(정치학 박사)
해병대 대대장
해군본부 지휘업무담당
현, 합동군사대학교 전략학교관

주요 저서 및 논문

『미래전과 동북아 군사전략(共著)』(2022)
『새로운 영역에서 전쟁수행, 인지전(共譯)』(2022)
「강대국들의 하이브리드전과 주요 사례분석」(2022)
「대북정책의 모호성과 군사전략의 딜레마」(2022)
「북한의 대남 회색지대 전략: 개념, 수단 그리고 전망」(2021)
「복합전 대비 '해군+해병대 팀' 운용개념과 전력발전」(2011) 등

김홍철

공군사관학교(경영학 학사)
미 미주리-컬럼비아대학교(국제정치학 석사)
미 플로리다주립대학교(국제정치학 박사)
국방부 국방정책개발담당
대통령비서실 외교안보수석실 행정관
합동참모본부 핵WMD대응과장
합참의장 비서실장
합참 전작권전환추진단 부단장
현, 합동군사대학교 총장

주요 저서 및 논문

『미래전과 동북아 군사전략(共著)』(2022)
『동아시아영토분쟁과 국제협력(共著)』(2014)
『메니페스토의올바른 이해와 사용(共譯)』(2007)
「How to Deter North Korea's MilitaryProvocations」(2013)
「Narrow Interests and Military Resource Allocation in Autocratic Regimes」(2013)
「북핵 위협 대비 공군전략 및 전력발전 방안 연구: Kill Chain 및 KAMD를 중심으로」(2013)
「The Paradox of Power Asymmetry」(2016)
「작전통제권 전환 결정과정 및 영향요소에 관한 분석」(2020) 등

연제국

육군사관학교(이학사)
대전대학교(군사학 석사)
대전대학교(군사학 박사과정)
국방대학교(안보과정)
육군대학 전술담임교관
육군 6군단 특공연대장
육군본부 부대계획과장
현, 합동군사대학교 전략학교관

주요 저서 및 논문

『미래전과 동북아 군사전략(共著)』(2022)
「국방개혁 2.0 적정 병력규모에 관한 연구」(2020)
「한국의 군사전략에 변화 방향에 관한 연구」(2021) 등

최영찬

해군사관학교(국제관계학 학사)
국방대학교(군사전략 석사)
합동군사대학교(합동고급정규과정)
한남대학교(국제정치학 박사)
국방부 국방정책관리담당
국가안보실 국가위기관리기획담당
1함대사령부 13전투전대장
현, 합동군사대학교 전략학교관

주요 저서 및 논문

『미래의 전쟁 기초지식 핸드북』(2021, 초판)
『미래의 전쟁 핸드북 2022』(2022, 증보판)
『해상교통로 봉쇄의 유용성과 그 경제적 효과』(2022)
『미래전과 동북아 군사전략(共著)』(2022)
『새로운 영역에서 전쟁수행, 인지전(共譯)』(2022)
「중국의 경제적 강압이 한국안보에 미치는 영향」(2022)
「미래분쟁과 뉴미디어: 분쟁영역의 확장, 물리영역에서 인지영역으로 진화 그리고 두 영역의 승수」(2022)
「북한의 대남 회색지대 전략: 개념, 수단 그리고 전망」(2021)
「전쟁수행 시 지휘관 지휘결심의 타당성 평가와 함의」(2021)
「해상교통로가 국민경제에 미치는 영향 연구」(2020) 등

허광환

육군사관학교(문학사)
국방대학교(군사전략 석사)
충남대학교(군사학 박사)
국방부 육군전투부대개편담당
합참 군구조기획담당
현, 합동군사대학교 전략학교관

주요 저서 및 논문

『미래전과 동북아 군사전략(共著)』(2022)
「한국의 미래 전쟁수행방식에 관한 연구」(2021)
「한국의 핵 · WMD 대응체계의 발전 방안」(2019)
「작전술과 군사혁신의 이해와 적용」(2019)
「미국의 다영역작전에 대한 비판과 수용」(2019) 등